清华大学能源动力系列教材

热工过程自动控制
（第2版）

Automatic Control for Thermal Process
(Second Edition)

杨献勇　编著
Yang Xianyong

清华大学出版社
北　京

内容简介

本书以能源动力系统为背景，介绍自动控制的基本原理，详细讨论了在能源动力系统控制中占有统治地位的PID控制的分析、整定方法。介绍了高度自动化的大型火电机组的主要控制系统，简要叙述了现代控制理论和离散控制系统的基本内容，并对目前正在研究发展的主要先进控制策略进行了分析和说明。

本书可作为能源动力类专业大学本科生学习自动控制原理和过程控制的教材，也可供研究生和从事热工过程控制的科研人员和工程技术人员参考。

图书在版编目(CIP)数据

热工过程自动控制/杨献勇编著.—2版.—北京：清华大学出版社，2008.6(2023.8重印)
(清华大学能源动力系列教材)
ISBN 978-7-302-16597-2

Ⅰ.热… Ⅱ.杨… Ⅲ.热力工程—自动控制—高等学校：技术学校—教材 Ⅳ.TK32

中国版本图书馆CIP数据核字(2007)第189527号

责任编辑：曾 洁 赵从棉
责任校对：刘玉霞
责任印制：杨 艳

出版发行：清华大学出版社
网 址：http://www.tup.com.cn，http://www.wqbook.com
地 址：北京清华大学学研大厦A座 **邮 编**：100084
社 总 机：010-83470000 **邮 购**：010-62786544
投稿与读者服务：010-62776969，c-service@tup.tsinghua.edu.cn
质量反馈：010-62772015，zhiliang@tup.tsinghua.edu.cn
印 装 者：天津鑫丰华印务有限公司
经 销：全国新华书店
开 本：185mm×230mm **印 张**：27.25 **字 数**：558千字
版 次：2008年6月第2版 **印 次**：2023年8月第5次印刷
定 价：69.00元

产品编号：023426-03

第2版前言

PREFACE

“热工过程自动控制”是清华大学热能工程系为能源动力及其自动化专业本科生高年级开设的一门课程，它包括自动控制原理和能源动力工业过程控制两部分内容。本书是在2000年第1版的基础上，经过几年的教学实践，并考虑课程体系的布局和自动化技术的发展修订而成的。

全书共分8章，第1章作为全书的绪论，介绍了自动控制的基本概念，使学生在学习本门课程的开始，对自动控制及其在能源动力工业应用中的基本问题能有一个总体认识。第2章和第3章介绍了经典控制理论的基本内容，是进一步学习以后各章的基础。这两章的内容主要是针对能源动力领域的应用特点选取和安排的，远不是经典控制理论的全部。在热工控制中，PID(比例、积分、微分)控制策略由于其原理清晰、整定简单、应用经验丰富，目前仍占有统治地位。第4章详细分析了PID单回路调节系统以及串级调节系统、前馈-反馈调节系统、解耦控制、纯滞后补偿等复杂调节系统的原理、性能和整定方法。在能源动力部门，大型火电机组的热力系统复杂，自动化水平高，具有典型性和代表性，第5章针对亚临界煤粉炉机组、超临界机组和循环流化床机组，比较全面地介绍了其主要控制系统的结构和分析整定方法。第6章介绍控制系统的状态空间分析方法和最优控制的基本概念，属于现代控制理论的范畴。虽然由于对模型的高精度要求限制了现代控制理论在热工过程控制中的应用，但是了解和掌握现代控制理论提出的状态空间分析方法和最优控制的基本思想仍然是十分必要的。控制技术的发展使计算机成为控制系统中的核心设备，作为离散设备的计算机不但代替了连续的控制器，实现控制策略，而且可以完成更复杂、更灵活的控制功能，因此掌握离散控制系统的分析工具和方法对于分析实际系统以及进一步学习后续有关课程是必不可少的。第7章结合能源动力工业的应用，介绍了离散控制的基本内容。为了发展对模型精度要求不高而控制性能又优于传统PID控制的控制策略，20多年来，人们进行了大量的研究和探索，提出了许多新的控制思想、策略和算法，它们统称为先进过程控制技术，虽然其理论和技术还在发展和完善中，但它们在包括能源动力工业在内的许多领域已得到了成功的应用。第8章简要介绍了这方面比较成熟的研究成果。本书前7章都附有一定数量的习题，力图反映课程的基本要求。

与第1版相比，第1章和第7章是新加入的。由于后续课程已安排包括集散控制系统在内的综合自动化方面的课程，故删去了第1版的第5章(集散控制系统)。对第2,3,4,5等章的内容和全部习题也根据教学实践和能源动力领域过程控制的发展进行了修改和补充。

本书在内容上力求密切结合热工对象及其控制的实际，文字上力求简明扼要，体系结构上主要考虑能源动力类专业本科生学习的方便，使他们在修完高等数学、线性代数及部分专业课后即可进入本课程的学习。

由于作者水平有限，书中难免有不当之处，恳请读者批评指正。

编　者

2007年7月

第1版前言

PREFACE

“热工过程自动控制”是清华大学热能工程系为热能动力类专业高年级学生开设的一门课程，它包括自动控制原理和热能动力工业过程控制两部分内容。本书是在总结多年教学经验的基础上，对历年使用的讲义、讲稿进行反复修改和完善而完成的。

本书共分 7 章。第 1 章和第 2 章介绍了经典控制理论的基本内容，是进一步学习以后各章的基础。这两章内容的选取和安排主要考虑了控制理论在热工过程中的应用情况，它远不是经典控制理论的全部。在热工过程控制中，PID（比例、积分、微分）控制器由于其原理清晰、整定简单、应用经验丰富，目前仍占统治地位。第 3 章详细分析了采用 PID 控制器的单回路系统的分析和整定方法，并在此基础上，介绍了在热工过程控制中广泛采用的串级调节系统、前馈-反馈调节系统、解耦控制和纯滞后补偿等几种复杂调节系统。在热能动力部门中，火电机组的热力系统复杂，自动化水平高，具有典型性和代表性，第 4 章比较详细地介绍了大型火电厂单元机组主要控制系统的结构及分析整定方法。自 20 世纪 70 年代以来，过程控制领域的一个主要技术进步是集散控制系统的应用，目前在热工过程控制中，集散控制系统已成为控制系统的主流，第 5 章概要介绍了集散控制系统的体系结构和发展状况。第 6 章介绍控制系统的状态空间分析方法和最优控制的基本概念，属于现代控制理论的范畴。由于现代控制理论对对象的模型要求较高，从而限制了它在热工过程控制中的成功应用。但是了解和掌握现代控制理论提出的基本概念和主要思想仍然是十分必要的。为了发展对模型精度要求不高而控制性能又优于传统的 PID 的控制策略，近 20 多年来，人们开展了大量的研究和探索，提出了许多新的控制思想、策略和算法，它们统称为先进过程控制技术。虽然其理论和技术还在发展和完善中，但它们在许多工业部门包括热能动力部门已得到了成功的应用，第 7 章简要介绍了这方面比较成熟的主要研究成果。本书第 1,2,3,4,6 章附有一定数量的习题，它们力图反映课程的基本要求，是根据多年教学中的使用经验选取和编写的。

本书在内容上力求密切结合热能动力对象的实际，文字上力求简明扼要，体系结构上主要考虑热能动力类专业本科生学习的方便，使他们在修完高等数学、线性代数及部分专业课后即可进入本课程的学习。

本书第 1,2,3 章和第 6 章由杨献勇编写,第 4,7 章由许立冬、杨献勇编写,第 5 章由李东海、杨献勇编写。由于作者水平有限,书中难免有不当之处,恳请读者批评指正。

编　者

1999 年 8 月

目录

CONTENTS

第1章

热工过程自动控制概述

CHAPTER 1

在生产过程和科学实验中，自动控制起着越来越重要的作用。它通常包括如下两方面的内容。

(1) 自动调节。为了保证产品的数量和质量以及设备的安全经济运行，必须要求生产过程在预期的工况下进行。但是，由于不可避免的各种干扰因素的存在，使得运行工况发生偏离。自动调节系统的任务就是在干扰发生时，能避免或减小这种偏离，使生产过程维持在希望的状态。

(2) 顺序控制。它通常是在生产过程的启动或停止时，按照预先拟定的条件和程序，完成多个设备的启停操作。另外，在事故发生时，也自动采取保护措施，按顺序启动或停止相应的设备。

本书仅讨论自动调节的理论和方法。由于自动调节一直伴随着生产过程进行，对于生产过程具有特别重要的意义。现代化的生产系统如果没有自动调节系统的配合，将根本无法运行。同许多文献一样，本书也将自动调节称为自动控制，不再对二者加以区别。

1.1 自动控制系统的基本结构

在工业生产中，有许多参数需要维持常数或按人们希望的规律变化，从而提出了控制的要求。下面通过两个例子说明自动控制系统的基本组成。

例 1-1 加热器温度控制。

如图 1-1 所示。加热器通过电加热将进入其中的冷水(流量为 W，温度为 t_1)加热成热水(流量为 W，温度为 t_2)提供给用户，根据用户的需求，热水的温度 t_2 需维持某一常数，但是由于干扰的存在(例如水流量 W、冷水温度 t_1 的变化以及电源电压的波动等)，t_2 会偏离希望的数值，于是就产生了控制的要求。

为了实现热水温度的控制，首先要对 t_2 进行测量，在图 1-1 中，用温度传感器测量温度 t_2。通常温度传感器输出的信号很小，需要用相应的变送器将其放大，这样图 1-1 中温度变送器的输出 I_{t2} 就代表实际温度 t_2。

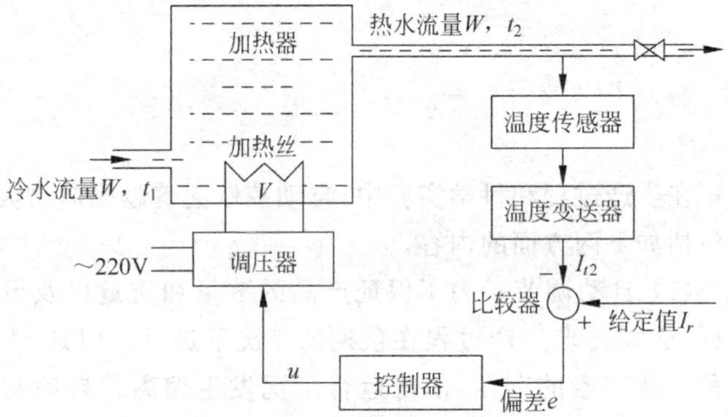

图 1-1　加热器温度控制系统

为了考察 t_2 是否满足要求，使 I_{t2} 通过一个比较器和从外部加入的给定值 I_r 进行比较（作减法），I_r 反映了对 t_2 的期望值，于是比较器的输出为

$$e = I_r - I_{t2}$$

式中，e 称为偏差信号。当反映实际温度的 I_{t2} 和代表期望温度的 I_r 相等时，$e=0$，即偏差为零，不需要进行调节。反之，如果 $I_r \neq I_{t2}$，则偏差 e 将不为零，需要进行调节。调节的方法是通过调压器改变加热丝的电压 V，若 $I_r < I_{t2}$，说明实际温度高于期望温度，需减小 V；反之，若 $I_r > I_{t2}$，说明实际温度低于期望温度，需增大 V。

偏差 e 和电压 V 的关系是由图 1-1 中的控制器（或称调节器）决定的。控制器接收偏差信号 e，输出决定加热电压 V 的信号 u。u 和偏差 e 的关系决定了控制系统的调节规律，即当偏差发生后，按照适当的规律改变加热电压 V，以尽快地、平稳地消除偏差。

由于调节器的输出 u 通常为弱电信号，不能直接控制加热电压，因此用图 1-1 中的调压器实现 u 到 V 的转换。

例 1-2　锅炉汽包水位控制。

汽包是锅炉的一个重要部件，如图 1-2 所示。冷水通过省煤器进入汽包，在汽包中加热成饱和状态，从汽包流出的饱和蒸汽经过热器加热成过热蒸汽后，进入汽轮机做功。在锅炉运行过程中，汽包水位是一个很重要的参数，必须严格维持在固定的范围，过高过低都会引起严重事故，因此汽包水位控制系统是一切汽包锅炉的一个重要控制系统。

为了实现汽包水位的自动控制，用水位测量设备实时测量实际水位 H，水位测量设备的输出 I_H 通过比较器与给定值 I_r 进行比较，产生偏差信号 e。当偏差不为零时，借助于给水管道上的调节阀门改变进入汽包的给水流量 W，达到使水位恢复到给定值的目的。由于调节器的输出信号 u 无法直接驱动调节阀门，在控制系统中，设置一电动执行器，它对 u 进行功率放大，带动调节阀门的开大或关小。

从上面的两个例子可以看出，要构建一个自动控制系统，需有如下几种设备。

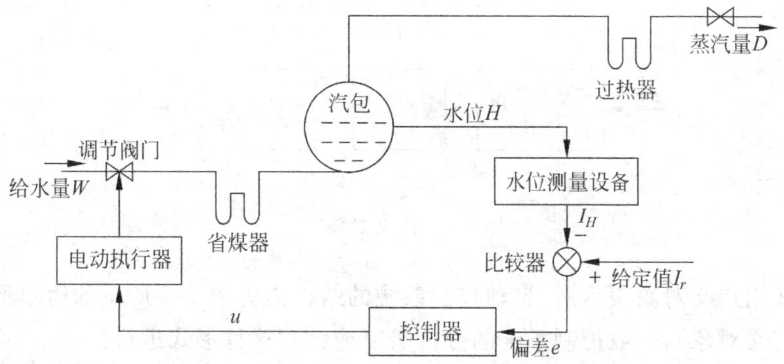

图 1-2　锅炉汽包水位控制系统

(1) 参数测量设备：它用来实时监测被控制的参数(如例 1-1 中的热水温度和例 1-2 中的汽包水位)，这是实现该参数控制的前提。

(2) 比较和控制设备：它将实际测得的被控制参数和期望值进行比较，产生偏差信号，送往控制器，由控制器根据偏差的情况决定如何进行控制。

(3) 调节机关和执行机构：当出现偏差时，需要通过调节机关(如例 1-1 中的调压器和例 1-2 中的调节阀门)来调节系统中的某一个量(如例 1-1 中的加热电压和例 1-2 中的给水流量)，如果调节器的输出无法直接驱动调节机关，还需要借助于适当的执行机构来实现(如例 1-2 中的电动执行器)。

实际上，自动控制是在手动控制的基础上发展起来的。设想一个操作员来控制某一参数的情况，他首先要用眼睛观察这个参数的大小，然后利用大脑将观察到的参数与期望值进行比较，并根据偏差的大小、方向、变化速度以及他积累的经验决定如何进行实际控制操作，最后通过手来执行。所以，自动控制系统中的参数测量设备、比较和控制设备以及调节执行机构分别实现手动控制中人的眼、脑和手的功能。

因此，对于任何一个自动控制系统，尽管被控制的物理对象完全不同，但控制系统却有大致相同的结构，如方框图 1-3 所示。

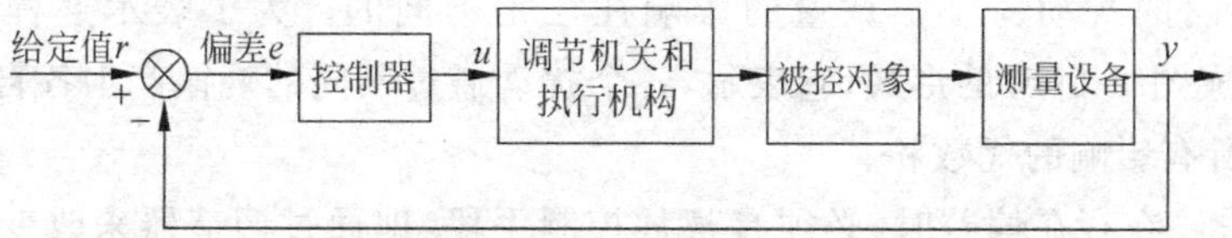

图 1-3　自动控制系统的基本结构

因为参数测量设备、调节机关和执行机构一旦确定就不再改变，故可以将它们视为被控对象的一部分，与原对象一起，称为广义对象，如图 1-4 所示。

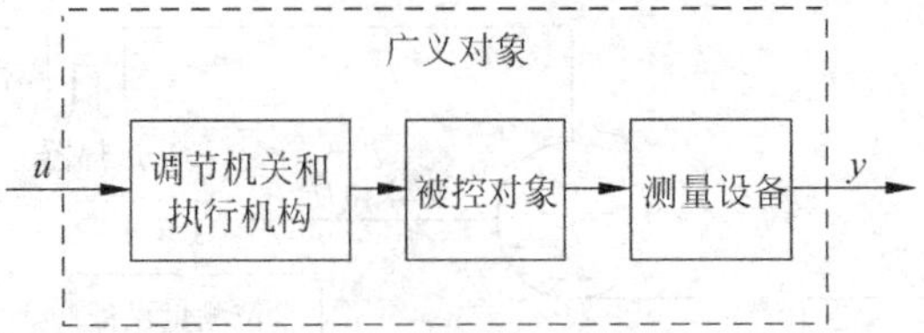

图 1-4　广义对象

将图 1-3 用广义对象表示后，自动控制系统的结构成为图 1-5 所示的简单形式(图中的对象即指广义对象)，一般控制系统的分析研究均针对这种形式进行。

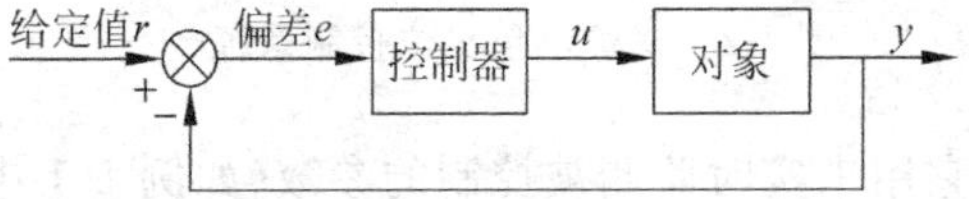

图 1-5　用广义对象表示的自动控制系统的基本结构

1.2　自动控制系统中的基本参数

下面针对图 1-5 所示的基本控制系统介绍有关参数和一些重要概念。

(1) 被调量　被调量是指自动控制系统要维持为规定值的物理量。在例 1-1 和例 1-2 中，被调量分别是热水温度和汽包水位，在图 1-5 中，被调量用 y 表示。

(2) 扰动　影响被调量的所有因素都称为扰动。在例 1-1 中，扰动(即影响热水温度的参数)有冷水的流量、温度、加热电压、加热器对外部的散热等。在例 1-2 中，扰动(即影响汽包水位的参数)有给水流量、出汽流量以及锅炉的燃烧状况等。

(3) 对象的输入和输出　被控对象即被控制的生产过程。在表示自动控制系统的方框图(图 1-5)中，对象的输入和输出并不是实际的物理输入和输出，而是以被调量为输出，以所有扰动为输入，如图 1-6(a)所示。

实际上，不同的扰动对于被调量的影响往往是不同的。为了表示这种区别，可将图 1-6(a)表示成图 1-6(b)的形式，它表示，各个扰动通过不同的规律产生各自的影响，总的被调量等于所有影响的代数和。

(4) 调节量　在存在偏差时，必须有某种控制手段，即通过调节器来改变某一个量，使被调量回到期望的值，这个量称为调节量，显然调节量必是扰动中的一个。如例 1-1 中的加热电压，例 1-2 中的给水流量。调节量在图 1-5 中用 u 表示。

在设计控制系统时，调节量应根据生产过程的要求进行选择。例如在例 1-2 中，给水流量和蒸汽流量都影响水位，但由于蒸汽流量是根据负荷的要求决定的，不能作为水位调

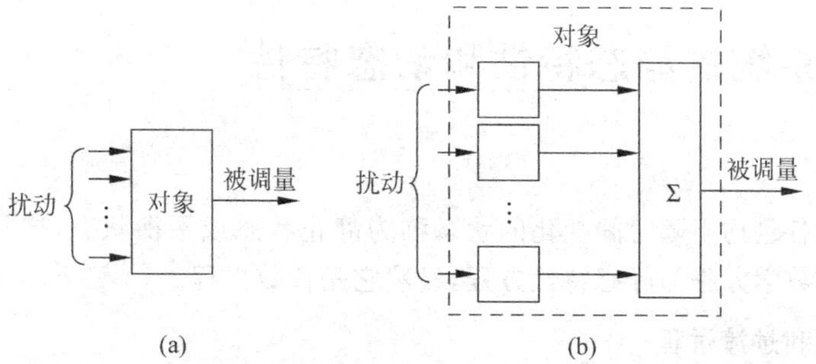

图 1-6　对象的输入和输出

节的调节量，故应该选择给水流量作为调节量。另外，在生产过程允许的前提下，应选择对被调量控制性能良好的扰动量作为调节量。例如当扰动发生后，被调量的变化具有很大的滞后，选取这样的扰动作为调节量将使系统的控制变得困难。

在图 1-5 中，没有画出调节量以外的扰动，实际上，扰动总是存在的。图 1-7(a)画出了调节量以外的另一个扰动 x，图中，对象(u)表示在调节量 u 作用下对象的特性，对象(x)表示在扰动 x 作用下对象的特性。如果 x 和 u 对被调量 y 的影响完全相同，则图 1-7(a)可以简化成图 1-7(b)的形式，这种形式经常用来作为分析系统性能的典型结构。

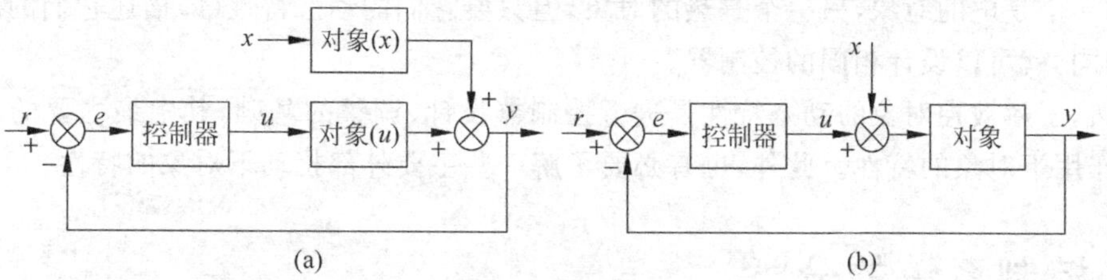

图 1-7　控制系统的方框图表示

由图 1-7 可以看出，调节量处于调节系统的内部，故称其为内部扰动，而其他扰动(如图 1-7 中的 x)处于调节系统的外部，称为外部扰动。

(5) 给定值　给定值为被调量的期望值，在图 1-5 和图 1-7 中，用 r 表示。如果希望被调量维持不变(如例 1-1 和例 1-2)，则 r 为常数，其数值根据生产过程的要求进行设定。但在一些情况下，希望被调量按照一定规律变化或者跟踪系统中的某一参数，此时 r 不再是常数。

因为给定值的改变也将引起被调量的变化，故给定值也是一个扰动，称为给定值扰动。

(6) 偏差　偏差为期望值和实际被调量之间的差值，其大小和变化直接反映控制系统的工作品质。

1.3 控制系统的静态特性和动态特性

1. 静态特性

控制系统中各量均不随时间变化的状态称为静止状态或平衡状态，描写此状态下系统各量间关系的数学方程为静态特性方程，显然它是代数方程。

2. 动态特性和过渡过程

一个处于静止状态的控制系统如果发生扰动，则静止状态被破坏，系统中各变量将随时间发生变化，这种状态称为系统的动态。描写系统动态行为的方程为微分方程。一般来说，系统进入动态后，由于调节作用，系统会逐渐进入一种新的静止状态。在扰动作用下，系统从一个静止状态达到另一种新的静止状态的过程称为过渡过程，过渡过程的行为和特性是由系统的动态特性决定的。

在控制系统的分析设计中，研究其特性尤其是动态特性十分重要。图 1-7 所示的基本自动控制系统包括对象和控制器两部分，其中对象是生产过程本身的一部分，控制器是为了实现自动控制而加入的。显然对于不同的对象，需要采用不同的控制器，这里所说的不同，不是指物理上的不同，而是指动态特性的不同。如果有两个对象，在物理上完全不同，比如一个是电的对象，另一个是热的对象，但只要它们的动态特性(即描述它们的微分方程)相同，就可以设计相同的控制器。

显然，了解被控对象的动态特性是进行控制器设计、调整的基础，其中最主要的是在调节量作用下对象的特性。此外，也有必要了解一些主要外部扰动下对象的特性。

1.4 控制系统的分类

控制系统可以按不同的方式进行分类。

1. 按给定值的形式分类

(1) 当给定值为常数时，称为定值控制系统。
(2) 当给定值按预定规律变化时，称为程序控制系统。
(3) 当给定值随机变化时，称为随动控制系统。

本书主要研究定值控制系统。

2. 按工作方式分类

按工作方式控制系统可分为闭环控制和开环控制系统。在图 1-5 和图 1-7 所示的控制系统中，信号沿箭头方向形成一个闭环，这种控制方式称为闭环控制。闭环控制的主要标志是反馈，即对象的输出通过比较器、控制器又作用至对象的输入端，故闭环控制又称反馈控制。

从图 1-7 可以看出闭环控制的工作过程：假定开始系统处于静止状态，且被调量和给定值相等，即偏差为零，此时控制器不产生控制作用；在某一时刻有一个或几个外部扰动发生，于是系统进入过渡状态，被调量发生变化，偏差不再为零；控制器接收偏差信号后，产生控制输出，作为调节量作用于对象，抵消外部扰动的影响，使被调量恢复到等于或接近原来的数值，最后系统在一种新的状态下静止下来。

可见反馈控制有两个主要特点，第一，它是基于偏差的控制，只有当偏差存在时，才会产生控制作用。第二，无论何种扰动，系统都可以产生控制作用，因为不论扰动发生在哪里，最终都要在偏差上反映出来，正是因为反馈控制的这个特点使其得到广泛的应用，成为一种最基本的控制方式，一些复杂的控制系统都是在此基础上发展起来的。

对于图 1-7(b)所示的系统，考虑以 r 为输入，以 y 为输出，则反馈通道上没有任何部件，这种系统称为单位反馈系统。如果考虑以 x 为输入，以 y 为输出，则系统可以重画为图 1-8，这时控制器处于反馈通道上，系统不再是单位反馈系统。

与闭环控制相对应，还有一种开环控制（前馈控制，扰动补偿）系统。

由于闭环控制是基于偏差的控制，无论何种扰动，只有在其影响到被调量即产生偏差后，系统才能产生控制作用。这虽然是反馈控制的一个突出优点，但另一方面，这种基于偏差的控制却会使系统的控制作用滞后。因为虽然扰动产生了，但由于对象的惯性或滞后，被调量并不马上随之变化，因而也不能及时产生控制作用。这种控制作用的滞后，往往会使系统的性能恶化，甚至达到不能允许的地步。

因为偏差是由扰动产生的，一个合理的设想是采用基于扰动的控制方式，即当扰动一产生，便随即产生控制作用（而此时可能尚未产生偏差），这种控制方式叫做前馈控制或扰动补偿，如图 1-9 所示。

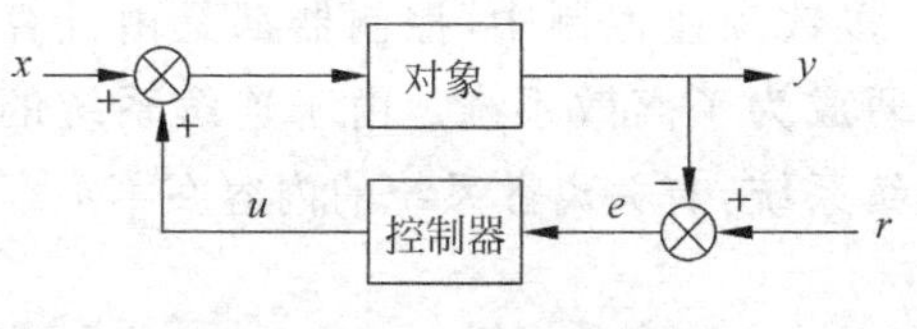

图 1-8　非单位控制系统

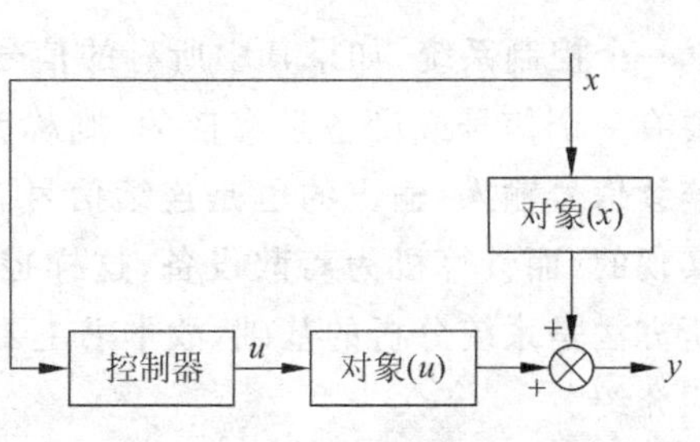

图 1-9　前馈控制

图 1-9 中，x 为某一扰动，它通过对象(x)影响输出量 y。在前馈控制系统中，使 x 直接进入控制器。这样，当 x 扰动产生时，一方面通过对象(x)引起 y 的变化，另一方面通过控制器改变控制量，及时产生控制作用。适当设计控制器的特性，可使上述两种作用相

抵消，达到维持被调量不变的目的。

但是，一个控制系统不能仅采用前馈控制，因为这要求对系统的所有扰动都要进行控制，这往往是难以做到的。实际系统中往往将前馈控制和反馈控制结合起来，构成前馈-反馈控制系统，这些内容，将在第4章中详细讨论。

3. 按系统的复杂程度分类

按系统的复杂程度，控制系统可分为单回路控制系统和多回路控制系统。所谓单回路控制系统，是指控制系统中只有一个闭环，如图1-7所示的系统。但在某些情况下，采用单回路系统难以达到要求，这时需要采用多回路或其他复杂的控制系统结构。

4. 按系统的动态特性分类

1）线性系统和非线性系统

如果系统的特性可用线性微分方程来描述，则为线性系统；反之，如果其特性需用非线性微分方程描述，则为非线性系统。线性系统的一个突出特点是它具有相加性，即如果系统的输入为 x，输出为 y，当 $x=x_1$ 时，$y=y_1$，当 $x=x_2$ 时，$y=y_2$，则如果输入为 $x=ax_1+bx_2$（a，b 为常数）时，输出 $y=ay_1+by_2$。

线性控制系统的研究在理论和实际应用上，都比非线性系统成熟得多。另外，有许多非线性系统，当系统在规定工况工作时，只要扰动不大，都可以作为线性系统处理，因此，本书仅讨论线性系统。

2）时变系统和定常系统

如果系统的特性不随时间而改变，称为定常系统；反之，则为时变系统。线性定常系统是本书讨论的对象，其动态特性可用常系数线性微分方程来表示。

5. 按系统中信号的形式分类

一个控制系统，如果其中所有的信号和设备都是连续的，则称为连续系统；反之，只要有一个信号或设备是离散的，则称为离散系统。热工设备大都是连续的，即它要求连续信号输入，输出的也是连续信号。但在大多数工业控制中，控制器都是由计算机实现的，而计算机为离散设备，这样控制系统便成为了离散系统。由于连续系统的分析方法是系统分析的基础，故本书主要针对连续系统，有关离散系统的内容在第7章专门介绍。

6. 按系统中被调量和调节量的数目分类

以上的举例和讨论中，涉及的控制系统只有一个被调量和一个调节量，称为单输入、单输出系统。如果有一个以上的被调量和调节量，则为多输入、多输出系统，它的分析设计方法要比单输入、单输出系统复杂得多。

1.5　控制系统的质量评定

1. 评价系统质量的主要特征

一个控制系统的质量，可从如下三方面加以评定。

1）稳定性

系统的稳定性可直观地用控制系统受扰后过渡过程的形态来说明。图 1-10 是可能的几种过渡过程形态（图中纵坐标为被调量 y）。

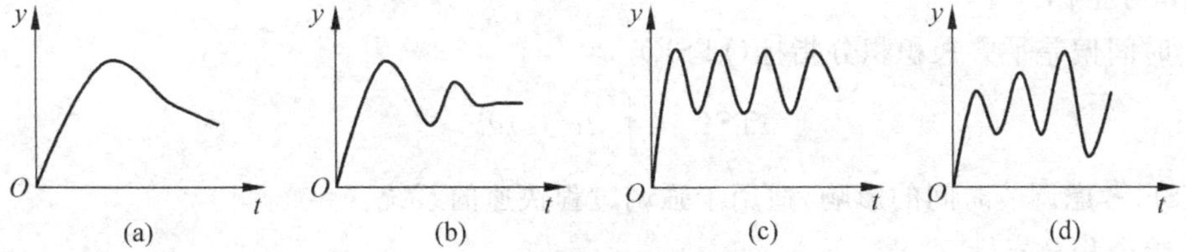

图 1-10　过渡过程的几种形态

当 $t\to\infty$ 时，图 1-10 中(a)，(b)所示的过渡过程能稳定在某一数值，系统是稳定的，其中(a)所示为非周期过程，(b)所示为衰减振荡过程。图中(d)为扩散振荡过程，系统不稳定。图中(c)为等幅振荡过程，系统处于临界稳定状态。

一个控制系统，必须稳定，才能正常工作，不稳定或临界稳定的系统是不能运行的。

2）准确性

准确性可用系统的偏差大小来表示，偏差为被调量和给定值的差，在图 1-7 中偏差表示为

$$e(t)=r(t)-y(t)$$

偏差可分为静态（稳态）偏差和动态偏差两种，前者指 $t\to\infty$ 时，偏差的大小 e_∞，后者指系统在过渡过程中 $e(t)$ 的最大值，记为 e_M。

一个好的控制系统，应要求有尽量小的静态偏差和动态偏差。

3）快速性

系统的调节时间（即系统受扰动后，从一个稳定状态过渡到另一个稳定状态所需的时间）可反映系统的快速性，显然，人们总希望系统有尽量短的调节时间。

2. 积分指标

系统的稳定性、准确性和快速性往往相互矛盾，故希望有一种综合指标，尽量全面地反映这三方面的要求，其中积分指标被广泛采用。常用的积分指标有如下几种。

1）偏差绝对值积分指标(IAE)

$$\mathrm{IAE} = \int_0^{\infty} |e(t)| \mathrm{d}t$$

它表示在整个过渡过程中($t=0\sim\infty$)，偏差绝对值的累计。因为偏差可以是正值或负值，故取绝对值，避免其相互抵消。

2）偏差平方积分指标(ISE)

$$\mathrm{ISE} = \int_0^{\infty} e^2(t)\mathrm{d}t$$

与绝对值积分指标不同，平方积分指标取偏差 $e(t)$的平方进行积分，这是一种被广泛采用的积分指标。

3）时间偏差平方乘积积分指标(ITSE)

$$\mathrm{ITSE} = \int_0^{\infty} te^2(t)\mathrm{d}t$$

ITSE 考虑调节时间的影响，适用于强调过程快速的系统。

4）综合积分指标

$$J_L = \int_0^{\infty} L[e(t),u(t),t]\mathrm{d}t$$

在有些情况下，还把控制量 $u(t)$纳入积分指标中，因为 $u(t)$表示系统的控制作用，亦即控制付出的代价或能量，当然其越小越好。另外，在热工控制系统中，要求系统能平稳运行，控制量 $u(t)$的频繁动作不但不利于这种要求，也会加剧执行机构和调节机关的损坏。

在综合指标的表达式中，L 是被积函数，它根据需要构建，但通常应保证为正值，例如取 $J_L = \int_0^{\infty} [ae^2(t) + bu^2(t)]\mathrm{d}t$，其中 a 和 b 为加权系数。

可以看出，几种积分指标均综合考虑了系统的稳定性、准确性和快速性，它们越小越好。另外，如果系统存在静态偏差，即 $e_{\infty} \neq 0$，以上积分均不存在，这时可考虑将其积分区间变为有限区间。

3. 鲁棒性

控制系统中的控制器是根据被控对象的特性设计的，由于得到的对象特性不可避免地与实际特性存在误差，而且在实际运行过程中，对象的特性也会发生变化，控制系统适应这种改变的能力称为鲁棒性。

习题

1-1 针对图 1-1 所示的加热器温度控制系统：

(1) 画出表示调节对象特性的方框图。要求：对象以 u 和 W 为输入，以 I_{t2} 为输出，并将温度传感器和温度变送器处理为一个环节，名为测量环节。

(2) 若温度 t_2 的变化范围为 0～300℃，对应的 I_{t2} 为 4～20mA（即 $t_2=0$℃时，$I_{t2}=4$mA；$t_2=300$℃时，$I_{t2}=20$mA，中间为线性），写出测量环节的动态方程。

(3) 画出整个调节系统的方框图。

1-2　针对图 1-2 所示的锅炉汽包水位控制系统：

(1) 若水位 H 的变化范围为 $-20\sim+20$mmH$_2$O，I_H 的范围为 4～20mA（即当 $H=20$mmH$_2$O 时，$I_H=4$mA；当 $H=-20$mmH$_2$O 时，$I_H=20$mA，中间为线性），写出水位测量设备的动态方程。

(2) 画出包括所有物理设备的调节系统方框图。注意根据(1)给出的测量设备的特性和控制要求，正确确定方框图中各相加点的正负号。

(3) 分析在蒸汽量 D 扰动下系统的工作过程。

1-3　题图 1-1 所示为一水箱水位 H 的自动调节系统，图中，浮球总是浮在水面上，它连在杠杆的 B 端，杠杆的 A 端连在进水调节阀门的阀芯上（$OA=a$，$OB=b$），从而带动阀芯上下移动（设其开度为 μ_1），改变进水量 W_1。水箱的出水量 W_2 由用户通过出水阀门调节（设其开度为 μ_2）。

(1) 画出表示对象特性的方框图，说明系统的被调量、调节量和扰动。

(2) 说明调节对象具有非线性特性。

(3) 写出表示调节器特性的数学方程。

(4) 分析此调节系统在 μ_2 扰动下存在静态偏差。

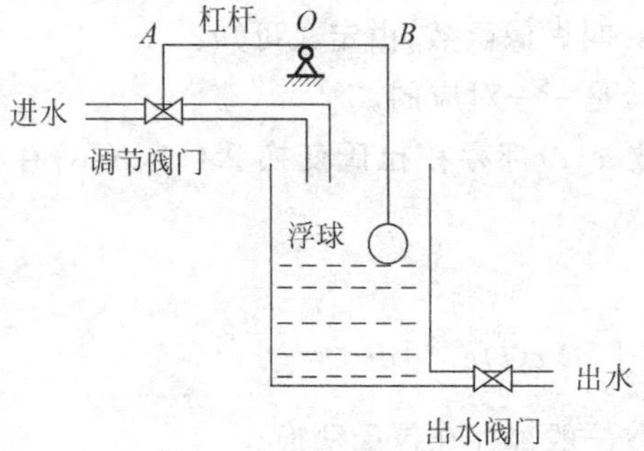

题图　1-1

第2章 自动控制系统的数学描述

CHAPTER 2

2.1 拉普拉斯变换

拉普拉斯(Laplase)变换简称拉氏变换，是控制理论中广泛应用的数学工具，本节从应用角度出发，介绍拉氏变换的基本原理和方法。

2.1.1 拉氏变换的定义

实函数 $x(t)$ 的拉氏变换定义为

$$\mathrm{L}[x(t)] = X(s) = \int_0^{\infty} x(t)\mathrm{e}^{-st}\,\mathrm{d}t \tag{2-1}$$

式中，L[·]表示对[·]中的实函数求拉氏变换，变换结果是 s 的函数，记为 $X(s)$。s 为复变量，$s=\sigma+\mathrm{j}\omega$，$\sigma,\omega$ 为实变量，$\mathrm{j}=\sqrt{-1}$。

已知 $x(t)$ 的拉氏变换 $X(s)$ 求 $x(t)$，称为拉氏反变换，通常用 $\mathrm{L}^{-1}[\cdot]$ 表示，计算式为

$$x(t) = \mathrm{L}^{-1}[X(s)] = \frac{1}{2\pi\mathrm{j}}\int_{\sigma-\mathrm{j}\infty}^{\sigma+\mathrm{j}\infty} X(s)\mathrm{e}^{st}\,\mathrm{d}s \tag{2-2}$$

其中，$x(t)$ 叫做原函数，$X(s)$ 叫做像函数，由定义可知：

(1) $x(t)(t\geqslant 0)$ 和 $X(s)$ 是一一对应的。

(2) 并不是所有的函数 $x(t)$ 都存在拉氏变换 $X(s)$，$X(s)$ 存在的条件是：

① $x(t)$ 分段连续；

② 存在一个实数 σ，使 $\int_0^{\infty} |x(t)\mathrm{e}^{-\sigma t}|\,\mathrm{d}t<\infty$。

控制理论中用到的函数一般都存在拉氏变换。

2.1.2 拉氏变换的主要性质

1. 线性

由拉氏变换的定义可知，它是一种线性变换，故满足线性性质，即，若 $\mathrm{L}[x_1(t)]=X_1(s)$，$\mathrm{L}[x_2(t)]=X_2(s)$，$a$，$b$ 为常数，则

$$\mathrm{L}[ax_1(t)+bx_2(t)] = aX_1(s)+bX_2(s) \tag{2-3}$$

此性质可直接由拉氏变换的定义证明。

2. 延迟定理

若 $L[x(t)]=X(s)$，且 $t<0$ 时，$x(t)=0$，则 $L[x(t-\tau)]=e^{-s\tau}X(s)$。

对于不限定 $t<0$ 时，$x(t)=0$ 的一般情况，延迟定理可借助单位阶跃函数 $u(t)=\begin{cases}0, t<0\\1, t\geqslant 0\end{cases}$，表示为

$$L[x(t-\tau)u(t-\tau)]=e^{-s\tau}X(s) \tag{2-4}$$

证明　对

$$L[x(t-\tau)u(t-\tau)]=\int_0^{\infty}x(t-\tau)u(t-\tau)e^{-st}dt$$

设 $\lambda=t-\tau$，则上式等于

$$\int_{-\tau}^{\infty}x(\lambda)u(\lambda)e^{-s(\tau+\lambda)}d\lambda=\int_0^{\infty}x(\lambda)e^{-s(\tau+\lambda)}d\lambda=e^{-s\tau}X(s)$$

3. 复平移定理

若 $L[x(t)]=X(s)$，则

$$L[e^{-at}x(t)]=X(s+a) \tag{2-5}$$

证明

$$L[e^{-at}x(t)]=\int_0^{\infty}e^{-at}x(t)e^{-st}dt=\int_0^{\infty}x(t)e^{-(s+a)t}dt=X(s+a)$$

4. 时标变换定理

若 $L[x(t)]=X(s)$，则

$$L\left[x\left(\frac{t}{a}\right)\right]=aX(as) \tag{2-6}$$

证明　对

$$L\left[x\left(\frac{t}{a}\right)\right]=\int_0^{\infty}x\left(\frac{t}{a}\right)e^{-st}dt$$

设 $\lambda=\dfrac{t}{a}$，则

$$原式=\int_0^{\infty}x(\lambda)e^{-a\lambda s}a\,d\lambda=aX(as)$$

5. 微分定理

若 $L[x(t)]=X(s)$，且 $L\left[\dfrac{dx(t)}{dt}\right]$存在，则

$$L\left[\frac{dx(t)}{dt}\right]=sX(s)-x(0) \tag{2-7}$$

证明 利用分部积分可求得

$$L\left[\frac{\mathrm{d}x(t)}{\mathrm{d}t}\right]=\int_0^\infty \frac{\mathrm{d}x(t)}{\mathrm{d}t}\mathrm{e}^{-st}\mathrm{d}t = s\int_0^\infty \mathrm{e}^{-st}x(t)\mathrm{d}t+\mathrm{e}^{-st}x(t)\Big|_0^\infty =-x(0)+sX(s)$$

若 $x(t)$ 在 $t=0$ 处不连续，即 $x(0^+)\neq x(0^-)$，则存在如下两种变换形式：

$$L_+\left[\frac{\mathrm{d}x(t)}{\mathrm{d}t}\right]=sX(s)-x(0^+) \tag{2-8}$$

$$L_-\left[\frac{\mathrm{d}x(t)}{\mathrm{d}t}\right]=sX(s)-x(0^-) \tag{2-9}$$

在控制理论中，一般关心 $t>0$ 时的情况，故采用式(2-8)的形式。

对于高阶微分，$x^{(n)}(t)=\dfrac{\mathrm{d}^n x(t)}{\mathrm{d}t^n}$，若其拉氏变换存在，则有

$$L[x^{(n)}(t)] = s^n X(s) - \sum_{i=0}^{n-1} s^{n-1-i}x^{(i)}(0) \tag{2-10}$$

证明

$$\begin{aligned}L[x^{(n)}(t)] &= sL[x^{(n-1)}(t)]-x^{(n-1)}(0)\\ &= s\{sL[x^{(n-2)}(t)]-x^{(n-2)}(0)\}-x^{(n-1)}(0)\\ &= s^2L[x^{(n-2)}(t)]-sx^{(n-2)}(0)-x^{(n-1)}(0)\\ &=\cdots\\ &= s^nL[x(t)]-s^{n-1}x(0)-s^{n-2}x^{(1)}(0)-\cdots-x^{(n-1)}(0)\\ &= s^nX(s)-\sum_{i=0}^{n-1}s^{n-1-i}x^{(i)}(0)\end{aligned}$$

当初始条件为零(即 $x(t)$ 及其各阶导数在 $t=0$ 时均为 0)时，则有

$$L\left[\frac{\mathrm{d}^n x(t)}{\mathrm{d}t^n}\right]=s^nX(s) \tag{2-11}$$

6. **积分定理**

若 $L[x(t)]=X(s)$，则

$$L\left[\int x(t)\mathrm{d}t\right]=\frac{1}{s}X(s)+\frac{1}{s}\left[\int x(t)\mathrm{d}t\right]_{t=0} \tag{2-12}$$

证明 利用分部积分

$$\begin{aligned}L\left[\int x(t)\mathrm{d}t\right]&=\int_0^\infty \int x(t)\mathrm{d}t\mathrm{e}^{-st}\mathrm{d}t=-\frac{1}{s}\mathrm{e}^{-st}\int x(t)\mathrm{d}t\Big|_0^\infty+\frac{1}{s}\int_0^\infty x(t)\mathrm{e}^{-st}\mathrm{d}t\\ &=\frac{1}{s}\left[\int x(t)\mathrm{d}t\right]_{t=0}+\frac{1}{s}X(s)\end{aligned}$$

对于二重积分，有

$$L\left[\iint x(t)\mathrm{d}^2t\right]=\frac{1}{s}L\left[\int x(t)\mathrm{d}t\right]+\frac{1}{s}\left[\iint x(t)\mathrm{d}^2t\right]_{t=0}$$

$$=\frac{1}{s^2}X(s)+\frac{1}{s^2}\left[\int x(t)\mathrm{d}t\right]_{t=0}+\frac{1}{s}\left[\iint x(t)\mathrm{d}^2t\right]_{t=0} \tag{2-13}$$

对于 n 重积分，有

$$\mathrm{L}\left[\int\cdots\int x(t)\mathrm{d}^nt\right]=\frac{X(s)}{s^n}+\frac{1}{s^n}\left[\int x(t)\mathrm{d}t\right]_{t=0}+\frac{1}{s^{n-1}}\left[\iint x(t)\mathrm{d}^2t\right]_{t=0}+\cdots+\frac{1}{s}\left[\int\cdots\int x(t)\mathrm{d}^nt\right]_{t=0} \tag{2-14}$$

对于定积分，有

$$\mathrm{L}\left[\int_0^t\int_0^t\cdots\int_0^t x(t)\mathrm{d}^nt\right]=\frac{1}{s^n}X(s) \tag{2-15}$$

7. 初值定理

若 $\mathrm{L}[x(t)]=X(s)$，且 $\lim\limits_{s\to\infty}sX(s)$ 存在，则

$$\lim_{t\to0^+}x(t)=\lim_{s\to\infty}sX(s) \tag{2-16}$$

证明　由微分定理

$$\mathrm{L}\left[\frac{\mathrm{d}x(t)}{\mathrm{d}t}\right]=sX(s)-x(0)=\int_0^\infty\frac{\mathrm{d}x(t)}{\mathrm{d}t}\mathrm{e}^{-st}\mathrm{d}t$$

两边取极限：

$$\lim_{s\to\infty}sX(s)-x(0)=0$$

即得到式(2-16)。

8. 终值定理

若 $\mathrm{L}[x(t)]=X(s)$，且 $\lim\limits_{s\to0}sX(s)$ 和 $\lim\limits_{t\to\infty}x(t)$ 存在，则

$$\lim_{t\to\infty}x(t)=\lim_{s\to0}sX(s) \tag{2-17}$$

证明　由微分定理

$$\mathrm{L}\left[\frac{\mathrm{d}x(t)}{\mathrm{d}t}\right]=\int_0^\infty\frac{\mathrm{d}x(t)}{\mathrm{d}t}\mathrm{e}^{-st}\mathrm{d}t=sX(s)-x(0)$$

两边取极限 $s\to0$，因为

$$\lim_{s\to0}\int_0^\infty\frac{\mathrm{d}x(t)}{\mathrm{d}t}\mathrm{e}^{-st}\mathrm{d}t=\int_0^\infty\frac{\mathrm{d}x(t)}{\mathrm{d}t}\mathrm{d}t=\lim_{t\to\infty}x(t)-x(0)$$

故定理成立。

9. 卷积定理

两个函数 $x_1(t)$ 和 $x_2(t)$ 的卷积分定义为

$$x_1(t)*x_2(t)=\int_{-\infty}^{\infty}x_1(\tau)x_2(t-\tau)\mathrm{d}\tau \tag{2-18}$$

卷积定理为，若 $\mathrm{L}[x_1(t)]=X_1(s)$，$\mathrm{L}[x_2(t)]=X_2(s)$，且当 $t<0$ 时，$x_1(t)=x_2(t)=0$，则

$$\mathrm{L}[x_1(t) * x_2(t)] = X_1(s)X_2(s) \tag{2-19}$$

证明 $\mathrm{L}[x_1(t) * x_2(t)] = \int_0^{\infty}\int_{-\infty}^{\infty} x_1(\tau)x_2(t-\tau)\mathrm{d}\tau \mathrm{e}^{-st}\mathrm{d}t$

$$= \int_0^{\infty}\int_0^{\infty} x_1(\tau)x_2(t-\tau)\mathrm{d}\tau \mathrm{e}^{-st}\mathrm{d}t$$

$$= \int_0^{\infty} x_1(\tau)\int_0^{\infty} x_2(t-\tau)\mathrm{e}^{-st}\mathrm{d}t\mathrm{d}\tau$$

设$\lambda=t-\tau$,则

$$原式 = \int_0^{\infty} x_1(\tau)\int_0^{\infty} x_2(\lambda)\mathrm{e}^{-s(\lambda+\tau)}\mathrm{d}\lambda\mathrm{d}\tau$$

$$= \int_0^{\infty} x_1(\tau)\mathrm{e}^{-st}\mathrm{d}\tau\int_0^{\infty} x_2(\lambda)\mathrm{e}^{-s\lambda}\mathrm{d}\lambda = X_1(s)X_2(s)$$

由于$X_1(s)X_2(s)=X_2(s)X_1(s)$,且拉氏变换像函数和原函数是一一对应的,故可得

$$x_1(t) * x_2(t) = x_2(t) * x_1(t) \tag{2-20}$$

即卷积可以交换次序。

拉氏变换还有其他一些性质,一并列于表2-1中。

表 2-1 拉普拉斯变换的主要性质表

性质	表达式
线性	$\mathrm{L}[ax_1(t) \pm bx_2(t)] = aX_1(s) \pm bX_2(s)$
实微分	$\mathrm{L}_{\pm}\left[\frac{\mathrm{d}^n x(t)}{\mathrm{d}t^n}\right] = s^n X(s) - \sum_{i=0}^{n-1} s^{n-1-i}X^{(i)}(0_{\pm})$
复微分	$\mathrm{L}[t^n x(t)] = (-1)^n \frac{\mathrm{d}^n X(s)}{\mathrm{d}s^n}$
实积分	$\mathrm{L}_{\pm}\left[\int\cdots\int x(t)(\mathrm{d}t)^n\right] = \frac{X(s)}{s^n} + \sum_{i=1}^{n}\frac{1}{s^{n-i+1}}\left[\int\cdots\int x(t)(\mathrm{d}t)^i\right]_{t=0_{\pm}}$
复积分	$\mathrm{L}\left[\frac{1}{t}x(t)\right] = \int_s^{\infty} X(s)\mathrm{d}s$
实平移	$\mathrm{L}[x(t-\tau)u(t-\tau)] = \mathrm{e}^{-s\tau}X(s)$
复平移	$\mathrm{L}[\mathrm{e}^{-at}x(t)] = X(s+a)$
实卷积	$\mathrm{L}[x_1(t) * x_2(t)] = \mathrm{L}\left[\int_0^t x_1(t-\tau)x_2(\tau)\mathrm{d}\tau\right] = X_1(s)X_2(s)$
复卷积	$\mathrm{L}[x_1(t)x_2(t)] = \frac{1}{2\pi \mathrm{j}}\int_{\sigma-\mathrm{j}\infty}^{\sigma+\mathrm{j}\infty} X_2(p)X_1(s-p)\mathrm{d}p$
时标变换	$\mathrm{L}[x(t/a)] = aX(as)$
初值	$\lim_{t\to 0^+} x(t) = \lim_{s\to\infty} sX(s)$
终值	$\lim_{t\to\infty} x(t) = \lim_{s\to 0} sX(s)$

2.1.3 常用函数的拉氏变换

利用拉氏变换的定义和性质，可以很容易得到控制理论中常用的一些函数的拉氏变换，下面给出一些重要函数的拉氏变换及其求取方法。

1. 单位阶跃函数

在讨论延迟定理时，已给出单位阶跃函数的表达式，它是控制理论中广泛应用的一种典型函数。在经典控制理论中，研究一个系统的特性时，往往采用输入-输出的方法，即研究系统在特定输入下的输出响应。考虑到理论分析的简单性和实际工程中的易实现性，单位阶跃函数是应用最广泛的一种特定输入函数。根据拉氏变换的定义，可以很容易得到其拉氏变换为

$$\mathrm{L}[u(t)]=\int_0^\infty \mathrm{e}^{-st}\mathrm{d}t=\frac{1}{s} \tag{2-21}$$

2. 斜坡函数

斜坡函数亦称线性函数，为 $x(t)=\begin{cases}0, & t<0\\ t, & t\geqslant 0\end{cases}$。根据定义可求得

$$X(s)=\frac{1}{s^2}$$

3. 指数函数

指数函数 $x(t)=\mathrm{e}^{-at}$ 的拉氏变换为

$$X(s)=\int_0^\infty \mathrm{e}^{-at}\mathrm{e}^{-st}\mathrm{d}t=\int_0^\infty \mathrm{e}^{-(s+a)t}\mathrm{d}t=\frac{1}{s+a} \tag{2-22}$$

4. 正弦函数和余弦函数

正弦函数 $x(t)=\sin\omega t$ 和余弦函数 $x(t)=\cos\omega t$ 的拉氏变换可以根据指数函数的拉氏变换和欧拉公式

$$\begin{cases}\mathrm{e}^{\mathrm{j}\omega t}=\cos\omega t+\mathrm{j}\sin\omega t\\ \mathrm{e}^{-\mathrm{j}\omega t}=\cos\omega t-\mathrm{j}\sin\omega t\\ \cos\omega t=\dfrac{1}{2}(\mathrm{e}^{\mathrm{j}\omega t}+\mathrm{e}^{-\mathrm{j}\omega t})\\ \sin\omega t=\dfrac{1}{2\mathrm{j}}(\mathrm{e}^{\mathrm{j}\omega t}-\mathrm{e}^{-\mathrm{j}\omega t})\end{cases} \tag{2-23}$$

得到，为

$$L[\sin\omega t] = \frac{1}{2j}\left(\frac{1}{s-j\omega} - \frac{1}{s+j\omega}\right) = \frac{\omega}{s^2+\omega^2} \tag{2-24}$$

$$L[\cos\omega t] = \frac{1}{2}\left(\frac{1}{s-j\omega} + \frac{1}{s+j\omega}\right) = \frac{s}{s^2+\omega^2} \tag{2-25}$$

5. 方波函数和单位脉冲函数（δ 函数）

图 2-1 所示为一幅度为 A、宽度为 T 的方波函数，为了求它的拉氏变换，将其写成

$$x(t) = A[u(t) - u(t-T)]$$

利用拉氏变换的平移定理，可得其拉氏变换为

$$X(s) = A\left[\frac{1}{s} - \frac{1}{s}e^{-Ts}\right] = \frac{A(1-e^{-Ts})}{s}$$

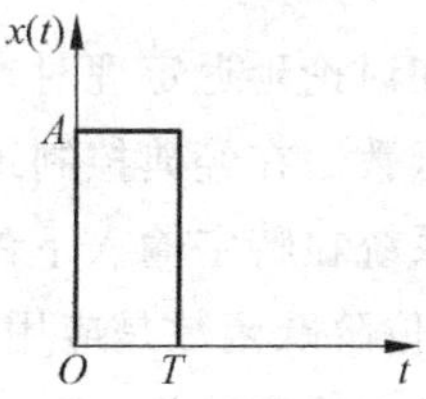

图 2-1　方波函数

对图 2-1 所示的方波，使 $A=\frac{1}{T}$，且 $T\to 0$，此时方波变为宽度趋于零、幅度为无穷大、脉冲强度（即脉冲下的面积）为 1 的函数，称为单位脉冲函数或 δ 函数，它可表示为

$$\delta(t) = \lim_{T\to 0}\frac{1}{T}[u(t) - u(t-T)]$$

其拉氏变换为

$$\Delta(s) = \lim_{T\to 0}\frac{1-e^{-Ts}}{Ts} = 1 \tag{2-26}$$

δ 函数在控制理论中具有特别重要的意义，在系统分析中也常取其作为特定输入函数。但严格的 δ 函数在物理上是不能实现的，工程中常用幅度尽量大、宽度尽量窄的方波函数来近似。

6. 衰减正弦函数和衰减余弦函数

在控制系统中，系统的输出常为衰减正弦函数 $e^{-at}\sin\omega t$ 或衰减余弦函数 $e^{-at}\cos\omega t$ 的形式，根据复平移定理和正弦函数及余弦函数的拉氏变换，可直接写出

$$L[e^{-at}\sin\omega t] = \frac{\omega}{(s+a)^2+\omega^2} \tag{2-27}$$

$$L[e^{-at}\cos\omega t] = \frac{s+a}{(s+a)^2+\omega^2} \tag{2-28}$$

常用函数的拉氏变换对于以后各章十分重要，在工程应用中，常将重要函数的拉氏变换制成表格，需要时可直接查表得到，表 2-2 即为常用函数的拉氏变换表。

表 2-2　常用函数的拉普拉斯变换表

序号	$x(t)$	$X(s)$	序号	$x(t)$	$X(s)$
1	$\delta(t)$	1	7	e^{-at}	$\frac{1}{s+a}$
2	$u(t)$	$\frac{1}{s}$	8	te^{-at}	$\frac{1}{(s+a)^2}$
3	t	$\frac{1}{s^2}$	9	$t^n e^{-at}(n=1,2,\cdots)$	$\frac{n!}{(s+a)^{n+1}}$
4	$t^n(n=1,2,\cdots)$	$\frac{n!}{s^{n+1}}$	10	$e^{-at}\sin\omega t$	$\frac{\omega}{(s+a)^2+\omega^2}$
5	$\sin\omega t$	$\frac{\omega}{s^2+\omega^2}$	11	$e^{-at}\cos\omega t$	$\frac{s+a}{(s+a)^2+\omega^2}$
6	$\cos\omega t$	$\frac{s}{s^2+\omega^2}$			

例 2-1　求如图 2-2(a)所示三角坡函数的拉氏变换。

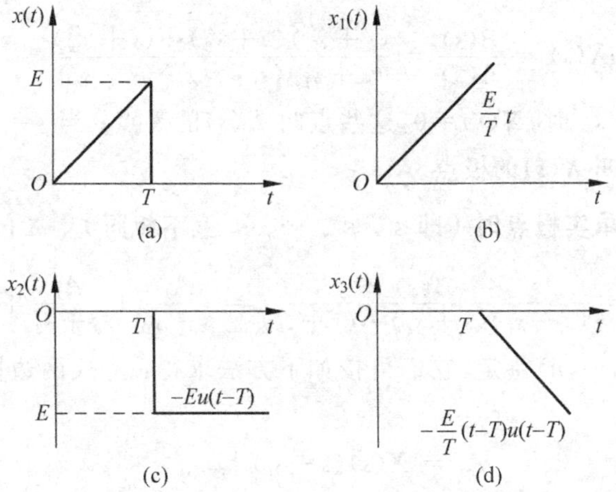

图 2-2　三角坡函数及其分解

解　此三角坡函数可看成图 2-2(b),(c),(d)分别所示三个函数 $x_1(t),x_2(t),x_3(t)$ 的相加,故有

$$x(t)=x_1(t)+x_2(t)+x_3(t)=\frac{E}{T}t-Eu(t-T)-\frac{E}{T}(t-T)u(t-T)$$

所以

$$X(s)=\frac{E}{T}\frac{1}{s^2}-\frac{Ee^{-Ts}}{s}-\frac{E}{T}\frac{e^{-Ts}}{s^2}$$

2.1.4 拉氏反变换

直接利用公式(2-2)由 $X(s)$求其反变换 $x(t)$是很困难的。对于工程上常用的函数，其拉氏变换一般是 s 的有理分式，故本小节仅讨论当 $X(s)$是 s 的有理分式时，进行反变换求 $x(t)$的部分分式法。

设 $X(s)=\dfrac{C(s)}{A(s)}$，其中 $C(s)$，$A(s)$皆为 s 的实系数多项式。当 $C(s)$的次数大于 $A(s)$的次数时，$X(s)$可表示为

$$X(s)=\frac{C(s)}{A(s)}=a_p s^p+a_{p-1}s^{p-1}+\cdots+a_0+\frac{B(s)}{A(s)}$$

其中，$\dfrac{B(s)}{A(s)}$为真分式，即 $A(s)$的次数大于 $B(s)$的次数。

因为 $L^{-1}[a_0]=a_0\delta(t)$，故 $L^{-1}[s]=\dfrac{\mathrm{d}\delta(t)}{\mathrm{d}t}$，…，所以仅讨论真分式情况。即设 $X(s)=\dfrac{B(s)}{A(s)}$，其中 $A(s)$为 n 次，$B(s)$为 m 次，$n>m$，则

$$X(s)=\frac{B(s)}{A(s)}=\frac{(s+s_1')(s+s_2')\cdots(s+s_m')}{(s+s_1)(s+s_2)\cdots(s+s_n)}$$

当 $s=-s_1',-s_2',\cdots,-s_m'$ 时，$X(s)=0$，这些点叫 $X(s)$的零点；当 $s=-s_1,-s_2,\cdots,-s_n$ 时，$X(s)=\infty$，这些点叫 $X(s)$的极点。

1. 当 X(s) 具有单实极点时（即 s_1，s_2，…，s_n 互不相同），X(s) 可表示为

$$X(s)=\frac{B(s)}{A(s)}=\frac{B(s)}{(s+s_1)(s+s_2)\cdots(s+s_n)}=\frac{A_1}{s+s_1}+\frac{A_2}{s+s_2}+\cdots+\frac{A_n}{s+s_n}$$

式中，系数 $A_i(i=1,2,\cdots,n)$待定，它们可按如下方法求得：上式两边同乘以 $s+s_i$，并令 $s=-s_i$，可得

$$A_i=X(s)(s+s_i)\big|_{s=-s_i}$$

于是

$$x(t)=A_1\mathrm{e}^{-s_1 t}+A_2\mathrm{e}^{-s_2 t}+\cdots+A_n\mathrm{e}^{-s_n t},\quad t\geqslant 0$$

因为拉氏变换是在 $t=0\sim\infty$内的积分，故反变换结果仅是 $t>0$ 的情况。

2. 当 X(s) 有复极点时

设 $s=-s_1=\sigma+\mathrm{j}\omega$，$s=-s_2=\sigma-\mathrm{j}\omega$ 为 $X(s)$的一对共轭极点，其他均为单实极点，则

$$X(s)=\frac{B(s)}{(s+s_1)(s+s_2)\cdots(s+s_n)}=\frac{A_1 s+A_2}{(s+s_1)(s+s_2)}+\frac{A_3}{s+s_3}+\cdots+\frac{A_n}{s+s_n}\tag{2-29}$$

系数 $A_3,\cdots,A_n$ 可按上述方法求得；为求系数 A_1,A_2，上式两边同乘 $(s+s_1)(s+s_2)$，并令 $s=-s_1$（或 $-s_2$），则

$$A_1 s + A_2 \big|_{s=-s_1} = X(s)(s+s_1)(s+s_2)\big|_{s=-s_1}$$

此方程为一复数方程，可变成两个实数方程，求解得到实数 A_1,A_2。

式(2-29)中，除第一项外，其他各项的反变换均为指数函数。对于第一项，变换为

$$\frac{A_1 s + A_2}{(s+s_1)(s+s_2)} = \frac{A_1 s + A_2}{(s+\sigma+\mathrm{j}\omega)(s+\sigma-\mathrm{j}\omega)} = \frac{A_1 s + A_2}{(s+\sigma)^2+\omega^2}$$

$$= \frac{A_1(s+\sigma)}{(s+\sigma)^2+\omega^2} + \frac{A_2 - A_1\sigma}{(s+\sigma)^2+\omega^2}$$

所以

$$\mathrm{L}^{-1}\left[\frac{A_1 s + A_2}{(s+s_1)(s+s_2)}\right] = A_1 \mathrm{e}^{-\sigma t}\cos\omega t + \frac{A_2 - A_1\sigma}{\omega}\mathrm{e}^{-\sigma t}\sin\omega t$$

于是可求出 $X(s)$ 的拉氏反变换。

对于有一对以上的复极点的情况，可用上述方法分别求出。

例 2-2　已知 $X(s)=\dfrac{5s^3+11s^2+20s+10}{s(s+1)(s^2+2s+5)}$，求 $x(t)$。

解　$X(s)$ 有四个极点 $0,-1,-1\pm \mathrm{j}2$，由已知条件得

$$X(s) = \frac{5s^3+11s^2+20s+10}{s(s+1)(s^2+2s+5)} = \frac{A_1}{s} + \frac{A_2}{s+1} + \frac{A_3 s + A_4}{s^2+2s+5}$$

求 A_1，两边同乘 s，并令 $s=0$，得

$$A_1 = \frac{5s^3+11s^2+20s+10}{(s+1)(s^2+2s+5)}\bigg|_{s=0} = 2$$

求 A_2，两边同乘 $s+1$，并令 $s=-1$，得

$$A_2 = \frac{5s^3+11s^2+20s+10}{s(s^2+2s+5)}\bigg|_{s=-1} = 1$$

求 A_3,A_4，两边同乘 s^2+2s+5，并令 $s=-1-\mathrm{j}2$，得

$$A_3 s + A_4 \big|_{s=-1-\mathrm{j}2} = \frac{5s^3+11s^2+20s+10}{s(s+1)}\bigg|_{s=-1-\mathrm{j}2}$$

整理得

$$A_4 - A_3 - \mathrm{j}2A_3 = -1 - \mathrm{j}4$$

令实部、虚部分别相等，可得

$$A_3 = 2,\quad A_4 = 1$$

于是

$$X(s) = \frac{2}{s} + \frac{1}{s+1} + \frac{2s+1}{s^2+2s+5}$$

$$=\frac{2}{s}+\frac{1}{s+1}+\frac{2(s+1)}{(s+1)^2+4}-\frac{1}{(s+1)^2+4}$$

所以

$$x(t)=2+e^{-t}+2e^{-t}\cos 2t-\frac{1}{2}e^{-t}\sin 2t$$

3. 当 X(s) 有重极点时

设 $X(s)$ 有一个 K 重极点 $-s_1$，其余皆为单实极点，则 $X(s)$ 可表示为

$$X(s)=\frac{B(s)}{A(s)}=\frac{B(s)}{(s+s_1)^K(s+s_{K+1})\cdots(s+s_n)}$$

$$=\frac{A_1}{(s+s_1)^K}+\frac{A_2}{(s+s_1)^{K-1}}+\cdots+\frac{A_K}{s+s_1}+\frac{A_{K+1}}{s+s_{K+1}}+\cdots+\frac{A_n}{s+s_n}$$

系数 $A_{K-1},\cdots,A_n$ 可按单实极点的情况求出。求 $A_1,\cdots,A_K$ 的方法如下：

两边同乘 $(s+s_1)^K$，则

$$\frac{B(s)}{A(s)}(s+s_1)^K=A_1+A_2(s+s_1)+A_3(s+s_1)^2+\cdots$$
$$+A_K(s+s_1)^{K-1}+(s+s_1)^K\left[\frac{A_{K+1}}{s+s_{K+1}}+\cdots+\frac{A_n}{s+s_n}\right] \quad (2\text{-}30)$$

令 $s=-s_1$，得

$$A_1=\frac{A(s)}{B(s)}(s+s_1)^K\bigg|_{s=-s_1}$$

为求 A_2，对式(2-30)两边求导数：

$$\frac{d}{ds}\left[\frac{A(s)}{B(s)}(s+s_1)^K\right]=A_2+2A_3(s+s_1)+3A_4(s+s_1)^2+\cdots+(K-1)A_K(s+s_1)^{K-2}$$
$$+\frac{d}{ds}\left[(s+s_1)^K\left(\frac{A_{K+1}}{s+s_{K+1}}+\cdots+\frac{A_n}{s+s_n}\right)\right] \quad (2\text{-}31)$$

上式中，令 $s=-s_1$，得

$$A_2=\frac{d}{ds}\left[\frac{A(s)}{B(s)}(s+s_1)^K\right]\bigg|_{s=-s_1}$$

同理，式(2-31)两边对 s 求导，并令 $s=-s_1$，得

$$A_3=\frac{1}{2}\frac{d^2}{ds^2}\left[\frac{A(s)}{B(s)}(s+s_1)^K\right]\bigg|_{s=-s_1}$$

于是，可求得 $A_i(i=1,2,\cdots,K)$ 的一般表达式

$$A_i=\frac{1}{(i-1)!}\frac{d^{i-1}}{ds^{i-1}}\left[\frac{A(s)}{B(s)}(s+s_1)^K\right]\bigg|_{s=-s_1}$$

例 2-3 给定 $X(s)=\dfrac{4s^3+7s^2+5s+1}{s(s+1)^3}$，求 $x(t)$。

解　$$X(s)=\frac{4s^3+7s^2+5s+1}{s(s+1)^3}=\frac{A_1}{(s+1)^3}+\frac{A_2}{(s+1)^2}+\frac{A_3}{s+1}+\frac{A_4}{s}$$

$$A_4=\left.\frac{4s^3+7s^2+5s+1}{(s+1)^3}\right|_{s=0}=1$$

$$A_1=\left.\frac{4s^3+7s^2+5s+1}{s}\right|_{s=-1}=\left.4s^2+7s+5+\frac{1}{s}\right|_{s=-1}=1$$

$$A_2=\left.\frac{\mathrm{d}}{\mathrm{d}s}\left(4s^2+7s+5+\frac{1}{s}\right)\right|_{s=-1}=\left.8s+7-\frac{1}{s^2}\right|_{s=-1}=-2$$

$$A_3=\left.\frac{1}{2}\frac{\mathrm{d}}{\mathrm{d}s}\left(8s+7-\frac{1}{s^2}\right)\right|_{s=-1}=\left.\frac{1}{2}\left(8+\frac{2}{s^2}\right)\right|_{s=-1}=3$$

所以

$$X(s)=\frac{1}{s}+\frac{1}{(s+1)^3}-\frac{2}{(s+1)^2}+\frac{3}{s+1}$$

查拉氏变换表2-1,可得

$$x(t)=1+3\mathrm{e}^{-t}-2t\mathrm{e}^{-t}+\frac{1}{2}t^2\mathrm{e}^{-t},\quad t\geqslant 0$$

2.1.5　利用拉氏变换解微分方程

由拉氏变换的微分定理可知,原函数的微分运算可通过拉氏变换变为像函数与 s 的相乘运算,由此可把拉氏变换用于常系数线性微分方程的求解。下面通过一个例子来说明。

例 2-4　利用拉氏变换解微分方程

$$\frac{\mathrm{d}^2y}{\mathrm{d}t^2}+5\frac{\mathrm{d}y}{\mathrm{d}t}+6y=6$$

初始条件:$y(0)=2,\left.\frac{\mathrm{d}y}{\mathrm{d}t}\right|_{t=0}=2$。

解　方程两边取拉氏变换:

$$s^2Y(s)-sy(0)-\left.\frac{\mathrm{d}y}{\mathrm{d}t}\right|_{t=0}+5sY(s)-5y(0)+6Y(s)=\frac{6}{s}$$

$$(s^2+5s+6)Y(s)-2s-2-10=\frac{6}{s}$$

$$Y(s)=\frac{\frac{6}{s}+2s+12}{s^2+5s+6}=\frac{2s^2+12s+6}{s(s+2)(s+3)}=\frac{A_1}{s}+\frac{A_2}{s+2}+\frac{A_3}{s+3}$$

利用部分分式法,求得

$$A_1=1,\quad A_2=5,\quad A_3=-4$$

所以

$$y(t)=1+5\mathrm{e}^{-2t}-4\mathrm{e}^{-3t},\quad t\geqslant 0$$

2.2 系统的动态特性

一个系统，可用如图 2-3 所示的方框图表示。x 和 y 分别为系统的输入量和输出量，它们皆为时间的函数，可以是标量，也可以是向量。y 和 x 之间的关系反映了系统的特性。在稳态（静态，即 x 和 y 不随时间而变，各阶导数均为零）时，y 和 x 之间的关系称为系统的稳态特性，它是一个代数方程。在动态（过渡状态，x 和 y 皆随时间而变化）时，y 和 x 的关系称为系统的动态特性，它是一个微分方程。

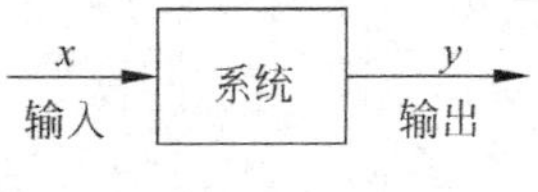

图 2-3　系统的方框图表示

在控制系统的分析设计中，系统的动态特性尤为重要。另外，在表示系统动态特性的微分方程中，令 x 和 y 的各阶导数为零，即可得系统的稳态特性，故仅讨论系统的动态特性。

描述系统动态特性的方法有如下几种。

2.2.1 微分方程

微分方程是描述系统动态特性的最基本的方法。系统的动态特性如果能用一个线性微分方程来表示，则称此系统为线性系统，否则，称为非线性系统。微分方程的系数如果为常数，即不随时间变化，则系统称为定常系统，否则为时变系统。

在控制理论中，线性定常系统的研究最为成熟，线性定常系统的理论也是研究其他系统的基础。本书仅讨论线性定常系统，它可用如下常系数线性微分方程来表示：

$$\begin{aligned}&a_n\frac{\mathrm{d}^n y}{\mathrm{d}t^n}+a_{n-1}\frac{\mathrm{d}^{n-1}y}{\mathrm{d}t^{n-1}}+\cdots+a_1\frac{\mathrm{d}y}{\mathrm{d}t}+a_0 y\\&=b_m\frac{\mathrm{d}^m x}{\mathrm{d}t^m}+b_{m-1}\frac{\mathrm{d}^{m-1}x}{\mathrm{d}t^{m-1}}+\cdots+b_1\frac{\mathrm{d}x}{\mathrm{d}t}+b_0 x\end{aligned}\tag{2-32}$$

对于实际物理系统，有 $n\geqslant m$，n 为系统的阶次。

在系统的分析中，常取系统的某一平衡状态（稳定状态）为基准点，设在此状态下系统的输入、输出分别为 x_0 和 y_0，则由式(2-32)可知

$$a_0 y_0=b_0 x_0\tag{2-33}$$

当系统输入 x 从 x_0 变化时，系统平衡状态被破坏，进入动态过程，即 y 也从 y_0 变化，设输入、输出的变化量分别为 Δx 和 Δy，则

$$x=x_0+\Delta x,\quad y=y_0+\Delta y$$

以此代入式(2-32)得

$$a_n \frac{\mathrm{d}^n(y_0+\Delta y)}{\mathrm{d}t^n}+a_{n-1}\frac{\mathrm{d}^{n-1}(y_0+\Delta y)}{\mathrm{d}t^{n-1}}+\cdots+a_1\frac{\mathrm{d}(y_0+\Delta y)}{\mathrm{d}t}+a_0(y_0+\Delta y)$$
$$=b_m \frac{\mathrm{d}^m(x_0+\Delta x)}{\mathrm{d}t^m}+b_{m-1}\frac{\mathrm{d}^{m-1}(x_0+\Delta x)}{\mathrm{d}t^{m-1}}+\cdots+b_1\frac{\mathrm{d}(x_0+\Delta x)}{\mathrm{d}t}+b_0(x_0+\Delta x)$$

因为 x_0，y_0 为常数，再考虑到式(2-33)，可得

$$a_n \frac{\mathrm{d}^n\Delta y}{\mathrm{d}t^n}+a_{n-1}\frac{\mathrm{d}^{n-1}\Delta y}{\mathrm{d}t^{n-1}}+\cdots+a_1\frac{\mathrm{d}\Delta y}{\mathrm{d}t}+a_0\Delta y$$
$$=b_m \frac{\mathrm{d}^m\Delta x}{\mathrm{d}t^m}+b_{m-1}\frac{\mathrm{d}^{m-1}\Delta x}{\mathrm{d}t^{m-1}}+\cdots+b_1\frac{\mathrm{d}\Delta x}{\mathrm{d}t}+b_0\Delta x \qquad (2\text{-}34)$$

式(2-34)表示输入、输出增量之间的关系，显然，其初始条件为零，这就给微分方程的分析和求解带来很大方便。它与式(2-32)的形式完全一样，所不同的是，仅把输入量和输出量的坐标原点从起始平衡状态 x_0，y_0 移到了坐标原点，但这并不影响对系统动态特性的分析。故在以后的分析中，均采用式(2-34)的增量形式。为简便起见，省略式中的增量符号“Δ”，即用 x，y 代替 Δx 和 Δy。

2.2.2 传递函数

微分方程虽是表示系统特性的最基本方法，但不便于分析综合，故控制理论中常采用其他方法，其中最为重要的便是传递函数法。

定义在零初始条件下，系统输出的拉氏变换和输入的拉氏变换之比为系统的传递函数。在零初始条件下，对式(2-32)取拉氏变换得

$$a_n s^n Y(s)+a_{n-1}s^{n-1}Y(s)+\cdots+a_1 sY(s)+a_0 Y(s)$$
$$=b_m s^m X(s)+b_{m-1}s^{m-1}X(s)+\cdots+b_1 sX(s)+b_0 X(s)$$

故系统的传递函数 $G(s)$ 为

$$G(s)=\frac{Y(s)}{X(s)}=\frac{b_m s^m+b_{m-1}s^{m-1}+\cdots+b_1 s+b_0}{a_n s^n+a_{n-1}s^{n-1}+\cdots+a_1 s+a_0}=\frac{B(s)}{A(s)} \qquad (2\text{-}35)$$

分母 $A(s)$ 的次数即系统的阶次。方程 $A(s)=0$ 即为系统的特征方程，特征方程的根为传递函数的极点，$B(s)=0$ 的根为传递函数的零点。

因为传递函数是由微分方程经拉氏变换而来，故它也能完全描述系统的动态特性。比较式(2-32)和式(2-35)，可由微分方程直接写出传递函数。应当注意，传递函数表示系统本身的特性，与系统的输入和初始条件无关。

下面通过几个简单的实际物理系统介绍传递函数的求取。

例 2-5　求图 2-4 所示 RC 电路以 u_1 为输入、u_2 为输出时的传递函数。

解　根据电路理论，可列写出图 2-4 电路的微分方程为

$$i=\frac{u_1-u_2}{R}=C\frac{\mathrm{d}u_2}{\mathrm{d}t}$$

所以

$$RC\frac{\mathrm{d}u_2}{\mathrm{d}t}+u_2=u_1$$

两边取拉氏变换(初始条件为零)得

$$RCsU_2(s)+U_2(s)=U_1(s)$$

所以传递函数为

$$G(s)=\frac{U_2(s)}{U_1(s)}=\frac{1}{RCs+1} \tag{2-36}$$

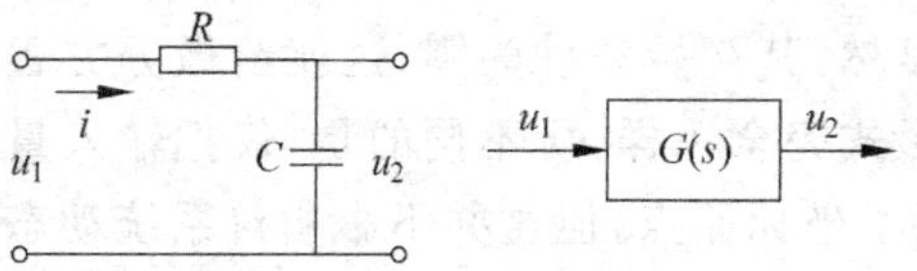

图 2-4　*RC* 电路

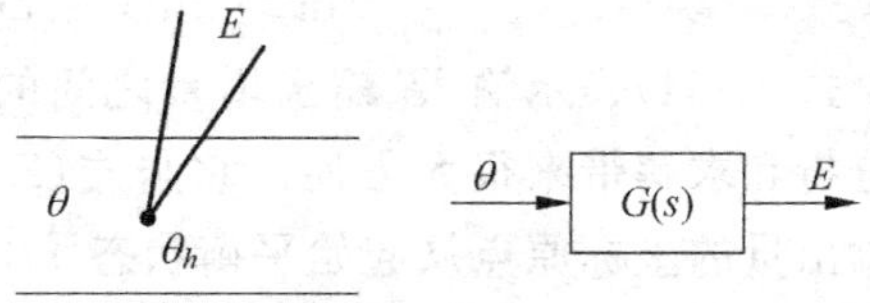

图 2-5　热电偶

例 2-6　求图 2-5 所示热电偶以介质温度 θ 为输入、以热电偶热电势 E 为输出时的传递函数。

解　设热电偶热端温度为 θ_h，由于 $\theta\neq\theta_h$，热电偶热端和介质间有热量交换，交换的热量 q 为

$$q=\frac{1}{R_\theta}(\theta-\theta_h) \tag{2-37}$$

式中，R_θ 为热电偶热端和介质间的热阻。

另外，θ_h 的变化满足

$$q=C_\theta\frac{\mathrm{d}\theta_h}{\mathrm{d}t} \tag{2-38}$$

式中，C_θ 为热电偶热端的热容量。

设冷端温度为 0℃，则 θ_h 和 E 之间近似满足

$$E=\gamma\theta_h \tag{2-39}$$

式中，γ 为比例系数。联合式(2-37)、式(2-38)、式(2-39)可得

$$R_\theta C_\theta\frac{\mathrm{d}E}{\mathrm{d}t}+E=\gamma\theta$$

故传递函数为

$$G(s)=\frac{\gamma}{R_\theta C_\theta s+1} \tag{2-40}$$

例 2-7　图 2-6 为一单容水箱，流入量为 Q_1，流出量为 Q_2，H 为液面高度，A 为水箱截面积，求以 Q_1 为输入、H 为输出的传递函数。

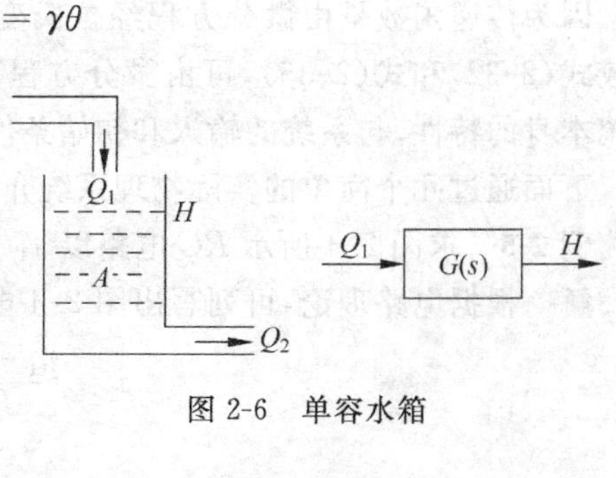

图 2-6　单容水箱

解　显然

$$A\frac{\mathrm{d}H}{\mathrm{d}t}=Q_1-Q_2 \tag{2-41}$$

$$Q_2=\alpha\sqrt{H} \tag{2-42}$$

式中，α 表示管道的阻力系数。于是

$$A\frac{\mathrm{d}H}{\mathrm{d}t}+\alpha\sqrt{H}=Q_1 \tag{2-43}$$

这是一个非线性方程，但取增量形式可使其线性化。设在 $t=t_0$ 时，水箱处于平衡状态，流入量、流出量、水位分别为 Q_{10}，Q_{20}，H_0，于是 $Q_1=Q_{10}+\Delta Q_1$，$Q_2=Q_{20}+\Delta Q_2$，$H=H_0+\Delta H$。式(2-43)中的非线性项 $\sqrt{H}$ 可在 H_0 点用泰勒级数展开：

$$\sqrt{H}=\sqrt{H_0}+\frac{\mathrm{d}}{\mathrm{d}H}\sqrt{H}\bigg|_{H=H_0}\Delta H+\frac{1}{2}\frac{\mathrm{d}^2}{\mathrm{d}H^2}\sqrt{H}\bigg|_{H=H_0}\Delta H^2+\cdots$$

在 ΔH 很小时，忽略其高次项，得

$$\sqrt{H}=\sqrt{H_0}+\frac{\mathrm{d}\sqrt{H}}{\mathrm{d}H}\bigg|_{H=H_0}\Delta H$$

把上式和 $H=H_0+\Delta H$，$Q_1=Q_{10}+\Delta Q_1$ 代入式(2-43)，得

$$A\frac{\mathrm{d}\Delta H}{\mathrm{d}t}+\alpha\sqrt{H_0}+\alpha\frac{\mathrm{d}}{\mathrm{d}H}\sqrt{H}\bigg|_{H=H_0}\Delta H=Q_{10}+\Delta Q_1$$

由式(2-42)，可知

$$Q_{20}=\alpha\sqrt{H_0}$$

$$\frac{\mathrm{d}Q_2}{\mathrm{d}H}=\alpha\frac{\mathrm{d}}{\mathrm{d}H}\sqrt{H}$$

则

$$A\frac{\mathrm{d}\Delta H}{\mathrm{d}t}+Q_{20}+\frac{\mathrm{d}Q_2}{\mathrm{d}H}\bigg|_{H=H_0}\Delta H=Q_{10}+\Delta Q_1$$

另外，在平衡状态下，$Q_{10}=Q_{20}$，并记 $R_L=\dfrac{1}{\dfrac{\mathrm{d}Q_2}{\mathrm{d}H}\bigg|_{H=H_0}}$ 为在 $H=H_0$，$Q=Q_{20}$ 时流出管道的阻力系数，则有

$$A\frac{\mathrm{d}\Delta H}{\mathrm{d}t}+\frac{1}{R_L}\Delta H=\Delta Q_1$$

$$R_LA\frac{\mathrm{d}\Delta H}{\mathrm{d}t}+\Delta H=R_L\Delta Q_1$$

故传递函数为

$$G(s)=\frac{R_L}{R_LAs+1} \tag{2-44}$$

上述线性化的方法在实际应用中是经常采用的，因为物理系统总或多或少地含有非线性因素。但在非线性不很严重的情况下，只要变化量很小，即可使之线性化。

如果一个系统的传递函数 $G(s)$ 已知，那么在已知输入 $x(t)$ 的条件下，可按下述方法求取系统的输出 $y(t)$。

(1) 初始条件为零时

因为 $G(s)=\frac{Y(s)}{X(s)}$，则 $Y(s)=G(s)X(s)$，取 $Y(s)$ 的反变换即得 $y(t)$。

(2) 初始条件不为零时

因为传递函数表示在零初始条件下系统输出输入拉氏变换的比，故不能直接采用上述方法，此时可先由 $G(s)$ 写出系统的微分方程，然后按用拉氏变换解微分方程的方法求取 $y(t)$。

2.2.3 输入响应法

系统的动态特性也可用在一些典型函数的输入下系统的输出来表示，常用的典型函数有 δ 函数和阶跃函数。

1. 脉冲响应

系统的输入 $x(t)=\delta(t)$ 时，输出 $y(t)=g(t)$ 叫做系统的脉冲响应。因为此时 $x(t)=\delta(t)$，故 $X(s)=1$，$Y(s)=X(s)G(s)=G(s)$，从而 $y(t)=g(t)=\mathrm{L}^{-1}[G(s)]$，即脉冲响应和传递函数是一拉氏变换对，它也能完全描述系统的动态特性。

根据卷积定理可知，在任意输入 $x(t)$ 下，系统的输出 $y(t)=g(t)*x(t)$。

2. 阶跃响应

当系统输入为单位阶跃函数时，系统的输出叫做阶跃响应，或称飞升曲线。由于在热工过程中，阶跃输入容易实现，故用阶跃响应描述系统的动态特性十分普遍。

2.2.4 频率响应法

频率响应法也是一种输入响应法，但与上面介绍的脉冲响应和阶跃响应不同，一是输入为正弦波函数，二是不是记录输出的瞬态过程，而是记录系统的稳态输出。频率响应法在经典控制理论中占有十分重要的地位。

1. 系统的频率特性

设一系统，传递函数为 $G(s)$，其拉氏反变换即系统的脉冲响应为 $g(t)$，现输入一正弦信号 $x(t)=A\sin\omega t$，并假定 $t<0$ 时，$x(t)=0$。对于实际物理系统，满足在 $t<0$ 时，$g(t)=0$，则系统的输出 $y(t)$ 为

$$\begin{aligned}y(t)&=x(t)*g(t)=\int_{-\infty}^{t}Ag(\tau)u(\tau)\sin\omega(t-\tau)u(t-\tau)\mathrm{d}\tau\\&=\int_{0}^{t}Ag(\tau)\sin\omega(t-\tau)\mathrm{d}\tau=\frac{A}{2\mathrm{j}}\int_{0}^{t}g(\tau)[\mathrm{e}^{\mathrm{j}\omega(t-\tau)}-\mathrm{e}^{-\mathrm{j}\omega(t-\tau)}]\mathrm{d}\tau\end{aligned}$$

$$=\frac{A}{2\mathrm{j}}\mathrm{e}^{\mathrm{j}\omega t}\int_0^t g(\tau)\mathrm{e}^{-\mathrm{j}\omega\tau}\mathrm{d}\tau-\frac{A}{2\mathrm{j}}\mathrm{e}^{-\mathrm{j}\omega t}\int_0^t g(\tau)\mathrm{e}^{\mathrm{j}\omega\tau}\mathrm{d}\tau$$

系统的稳态输出为

$$\lim_{t\to\infty}y(t)=\frac{A}{2\mathrm{j}}\mathrm{e}^{\mathrm{j}\omega t}\int_0^\infty g(\tau)\mathrm{e}^{-\mathrm{j}\omega\tau}\mathrm{d}\tau-\frac{A}{2\mathrm{j}}\mathrm{e}^{-\mathrm{j}\omega t}\int_0^\infty g(\tau)\mathrm{e}^{\mathrm{j}\omega\tau}\mathrm{d}\tau \tag{2-45}$$

因为

$$G(s)=\int_0^\infty g(t)\mathrm{e}^{-st}\mathrm{d}t$$

所以

$$\int_0^\infty g(\tau)\mathrm{e}^{-\mathrm{j}\omega\tau}\mathrm{d}\tau=G(\mathrm{j}\omega)$$

$$\int_0^\infty g(\tau)\mathrm{e}^{\mathrm{j}\omega\tau}\mathrm{d}\tau=G(-\mathrm{j}\omega)$$

且 $G(\mathrm{j}\omega)$与 $G(-\mathrm{j}\omega)$共轭。记$|G(\mathrm{j}\omega)|=|G(-\mathrm{j}\omega)|=M(\omega)$；$\angle G(\mathrm{j}\omega)=\varphi(\omega)$，$\angle G(-\mathrm{j}\omega)=-\varphi(\omega)$。把上述关系代入式(2-45)，可得

$$\begin{aligned}\lim_{t\to\infty}y(t)&=\frac{A}{2\mathrm{j}}\mathrm{e}^{\mathrm{j}\omega t}G(\mathrm{j}\omega)-\frac{A}{2\mathrm{j}}\mathrm{e}^{-\mathrm{j}\omega t}G(-\mathrm{j}\omega)\\&=\frac{A}{2\mathrm{j}}[\mathrm{e}^{\mathrm{j}\omega t}M(\omega)\mathrm{e}^{\mathrm{j}\varphi(\omega)}-\mathrm{e}^{-\mathrm{j}\omega t}M(\omega)\mathrm{e}^{-\mathrm{j}\varphi(\omega)}]\\&=\frac{A}{2\mathrm{j}}M(\omega)[\mathrm{e}^{\mathrm{j}(\omega t+\varphi(\omega))}-\mathrm{e}^{-\mathrm{j}(\omega t+\varphi(\omega))}]\\&=AM(\omega)\sin[\omega t+\varphi(\omega)]\end{aligned}$$

可见，一个线性定常系统，当其输入为正弦波时，其稳态输出也是一个同频率的正弦波，只是幅度和相位不同，幅度扩大了 $M(\omega)$倍，相位相差 $\varphi(\omega)$，$M(\omega)$和 $\varphi(\omega)$为与传递函数同形式的函数 $G(\mathrm{j}\omega)$的模和相角。

既然传递函数 $G(s)$完全描述了系统的动态特性，那么以频率 ω 为自变量的函数 $G(\mathrm{j}\omega)$也能完全描述系统的动态特性。$G(\mathrm{j}\omega)$叫做系统的频率特性。

$G(\mathrm{j}\omega)$是 ω 的函数，为了得到完整的 $G(\mathrm{j}\omega)$，需使 ω 从$-\infty$变化到$+\infty$，负频率是为了分析方便引入的，并无实际物理意义。

2. 频率特性的表示方法

1）极坐标图

当 ω 从$-\infty$变到$+\infty$时，在 $G(\mathrm{j}\omega)$的复平面上相量 $G(\mathrm{j}\omega)$端点运动的轨迹叫做系统的极坐标图，或称幅相频率特性曲线。

因为 $G(\mathrm{j}\omega)$与 $G(-\mathrm{j}\omega)$共轭，故极坐标图对称于实轴，因此只画一半（ω 从 0 变化到$+\infty$）即可，在极坐标图上应标明一些特殊的频率点及在 ω 增大时曲线的方向。

2）幅频特性和相频特性

因为 $G(\mathrm{j}\omega)=M(\omega)\mathrm{e}^{\mathrm{j}\varphi(\omega)}$，故可分别画出 $M(\omega)$和 $\varphi(\omega)$随 ω 变化的图形。其中曲线

$M(\omega)$-ω 叫系统的幅频特性，$\varphi(\omega)$-ω 叫系统的相频特性。幅频特性和相频特性一起表示系统的频率特性。

3）实频特性和虚频特性

设 $G(\mathrm{j}\omega)$的实部和虚部分别为 $\mathrm{Re}(\omega)$和 $\mathrm{Im}(\omega)$，即 $G(\mathrm{j}\omega)=\mathrm{Re}(\omega)+\mathrm{j}\mathrm{Im}(\omega)$。其中 $\mathrm{Re}(\omega)$，$\mathrm{Im}(\omega)$与 ω 的关系分别称为系统的实频特性和虚频特性。

显然，$\mathrm{Re}(\omega)=M(\omega)\cos\varphi(\omega)$，$\mathrm{Im}(\omega)=M(\omega)\sin\varphi(\omega)$，其中

$$M(\omega)=\sqrt{\mathrm{Re}^2(\omega)+\mathrm{Im}^2(\omega)}$$

因为相角 $\varphi(\omega)$的取值范围为$-\infty\to+\infty$，故 $\varphi(\omega)$不能由 $\varphi(\omega)=\arctan\dfrac{\mathrm{Im}(\omega)}{\mathrm{Re}(\omega)}$简单确定，而应该根据具体情况进行计算。例如，一系统的频率特性为

$$G(\mathrm{j}\omega)=\frac{1-\omega^2T^2}{(1-\omega^2T^2)^2+4\omega^2T^2}-\mathrm{j}\frac{2\omega T}{(1-\omega^2T^2)^2+4\omega^2T^2}$$

其中 T 为正常数。

在 $\omega>0$ 时，虚部恒为负。

当 $\omega<\dfrac{1}{T}$时，实部为正，$\varphi(\omega)=-\arctan\dfrac{2\omega T}{1-\omega^2T^2}$。

当 $\omega=\dfrac{1}{T}$时，实部为零，$\varphi(\omega)=-\dfrac{\pi}{2}$。

当 $\omega>\dfrac{1}{T}$时，实部为负，$\varphi(\omega)=-\pi+\arctan\dfrac{2\omega T}{1-\omega^2T^2}$。

由于 $G(\mathrm{j}\omega)$关于实轴对称，故容易写出 $\varphi(\omega)$在 $\omega<0$ 时随 ω 的变化情况。

4）对数频率特性

在幅频特性和相频特性中，ω 轴是线性刻度的，为了拓宽频率的表示范围，将 ω 轴按对数刻度，即成为对数频率特性，它包括对数幅频特性和对数相频特性。

(1) 对数幅频特性。纵坐标取 $L(\omega)=20\lg M(\omega)$，以分贝(dB)表示，横坐标 ω 按对数刻度。

(2) 对数相频特性。纵坐标 $\varphi(\omega)$为线性刻度，横坐标 ω 按对数刻度。

2.2.5 状态变量表示法

以上讨论的用传递函数、输入响应、频率特性来表示系统的动态特性，都是输入、输出的表示方法。即它们用不同方式建立了系统的输入、输出间的关系，这种表示方法特别适用于单输入、单输出的系统，是经典控制理论的基础。

经典控制理论在解决多变量控制、最优控制中遇到了困难，随着计算机的发展，诞生了现代控制理论。在现代控制理论中，系统的动态特性用状态变量法来表示，有关这方面的内容将在本书第 6 章进一步讨论。

2.3 环节的连接方式和典型环节的动态特性

一个复杂的控制系统总是由一些简单的环节通过某种方式连接在一起构成的，这些简单的环节可以归纳为有限的几种。本节首先讨论环节的基本连接方式，然后对一些典型环节的动态特性进行说明。

2.3.1 环节的基本连接方式

环节的基本连接方式有串联、并联、反馈三种。

1. 串联

图 2-7 所示为两个环节的串联结构图。串联环节的特点是前一个环节的输出，是后一个环节的输入。前一个环节的传递函数为 $G_1(s)=\dfrac{Y_1(s)}{X(s)}$，后一个环节的传递函数为 $G_2(s)=\dfrac{Y(s)}{Y_1(s)}$，显然，两个环节串联后总的传递函数为

$$G(s)=\frac{Y(s)}{X(s)}=\frac{Y(s)}{Y_1(s)}\frac{Y_1(s)}{X(s)}$$

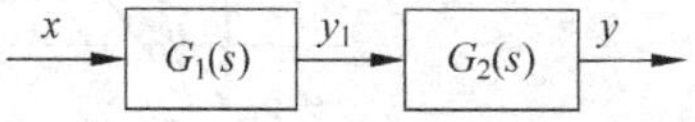

图 2-7　两个环节串联

可见，两个环节串联后，总的传递函数等于两个环节各自传递函数的乘积。这个结论可推广到 n 个环节串联的情况。设 n 个环节的传递函数分别为 $G_1(s),G_2(s),\cdots,G_n(s)$，则串联后，总的传递函数 $G(s)$ 为

$$G(s)=\prod_{i=1}^{n}G_i(s) \tag{2-46}$$

环节串联应满足单向性要求(无负载效应)，即后一个环节的接入不影响前一个环节的特性，否则不能利用式(2-46)。如图 2-8 所示的系统，如把图中虚线左右看作两个环节，由于后面环节的接入会影响前面环节的输出，故不能视为两个环节的简单串联。

2. 并联

图 2-9 所示为两个环节的并联连接，其特点是，两个环节的输入为同一个信号，而它们的输出相加在一起，作为总的输出。

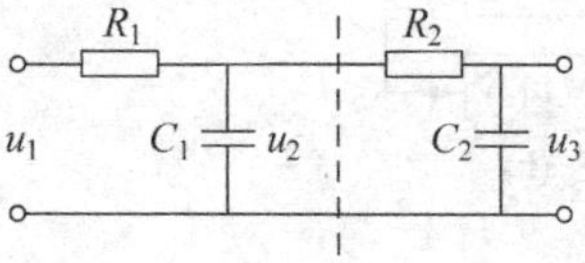

图 2-8　两级 RC 电路

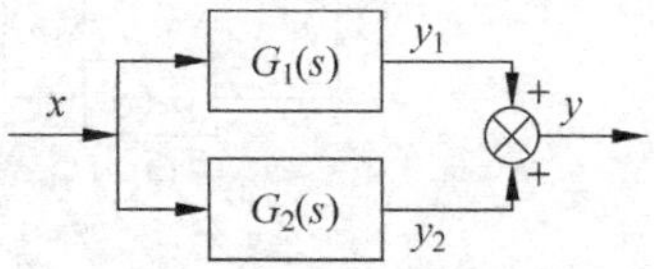

图 2-9　环节的并联

显然，总的传递函数 $G(s)$ 为

$$G(s)=\frac{Y(s)}{X(s)}=\frac{Y_1(s)+Y_2(s)}{X(s)}=\frac{Y_1(s)}{X(s)}+\frac{Y_2(s)}{X(s)}=G_1(s)+G_2(s)$$

即并联环节的总传递函数等于两个环节各自传递函数的和。对于 n 个环节并联，也有同样的结论。设 n 个环节的传递函数分别为 $G_1(s),G_2(s),\cdots,G_n(s)$，则它们并联后，总的传递函数 $G(s)$ 为

$$G(s)=\sum_{i=1}^{n}G_i(s) \tag{2-47}$$

以上讨论的并联和串联是指它们的动态特性之间的关系，应与物理上的串联、并联区别开来。如图 2-10(a)所示的两个热电偶，在物理上它们是串联的，但分析其动态特性可知，两个热电偶的输入均为介质的温度 θ，而总的输出热电势 E 等于它们各自输出的热电势 E_1 和 E_2 之和，故在动态特性上，它们是并联的，如图 2-10(b)所示。

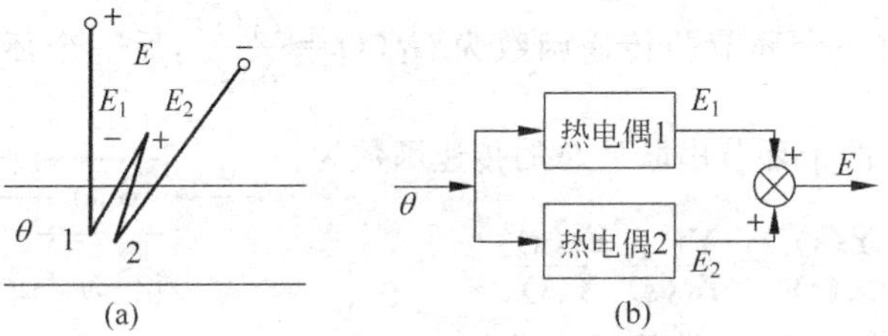

图 2-10　双热电偶测温系统

3. 反馈

系统的输出通过某个环节又作用(反馈)到原系统的输入，称为反馈连接。如果反馈信号使输入减弱，称之为负反馈，如图 2-11(a)所示。反之，则称为正反馈，如图 2-11(b)所示。图中，$G_1(s)$ 为输入 x 沿着信号方向到输出 y 的传递函数，称为前向传递函数，而 $G_2(s)$ 为反馈通道传递函数。反馈连接形成一个闭环，沿闭环一周的传递函数 $G_1(s)G_2(s)$ 称为开环传递函数，记为 $G_K(s)$。而 $\frac{Y(s)}{X(s)}$ 为系统的闭环传递函数。下面讨论闭环传递函数的形式。

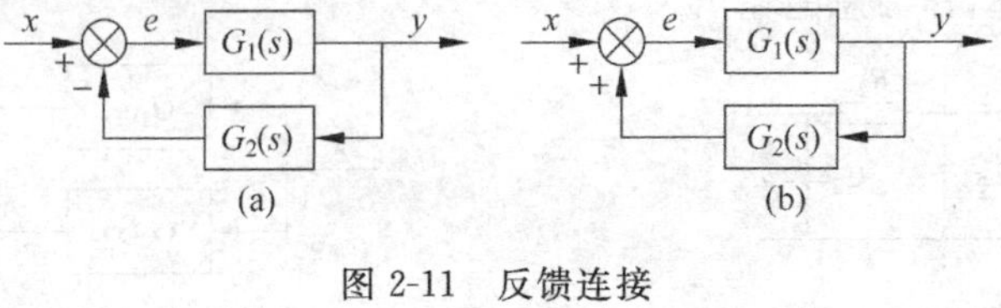

图 2-11　反馈连接

对于图 2-11(a)所示的负反馈连接，有

$$E(s)=X(s)-Y(s)G_2(s)$$

$$\begin{aligned}Y(s)&=E(s)G_1(s)=[X(s)-Y(s)G_2(s)]G_1(s)\\&=X(s)G_1(s)-Y(s)G_1(s)G_2(s)\end{aligned}$$

故闭环传递函数为

$$G(s)=\frac{Y(s)}{X(s)}=\frac{G_1(s)}{1+G_1(s)G_2(s)}=\frac{G_1(s)}{1+G_K(s)} \tag{2-48}$$

对于图 2-11(b)所示的正反馈，同理可得

$$G(s)=\frac{Y(s)}{X(s)}=\frac{G_1(s)}{1-G_K(s)} \tag{2-49}$$

即对于反馈连接，有

$$\text{闭环传递函数}=\text{前向传递函数}/(1\pm\text{开环传递函数}) \tag{2-50}$$

对于实际的反馈系统，可直接按式(2-50)写出其闭环传递函数。

在自动控制系统中，主要是应用负反馈。负反馈连接有如下两个重要性质。

(1) 如果前向传递函数具有足够大的放大系数，则闭环传递函数等于反馈回路传递函数的倒数，而与前向传递函数无关。这是因为

$$G(s)=\frac{G_1(s)}{1+G_1(s)G_2(s)}=\frac{1}{\dfrac{1}{G_1(s)}+G_2(s)}\approx\frac{1}{G_2(s)} \tag{2-51}$$

这个性质是一切放大器的基础。

(2) 在负反馈闭合回路中，不论输入、输出取什么信号，其传递函数的分母一样，所不同的只是传递函数的分子。

图 2-12(a)所示为一个闭环控制系统图，分别考虑以 y,m 为输出，以 x,r 为输入时的传递函数。

以 x 为输入，y 为输出，此时 $r=0$，系统如图 2-12(b)所示，则传递函数为

$$G_{xy}(s)=\frac{Y(s)}{X(s)}=\frac{G_1(s)}{1+G_1(s)G_2(s)}=\frac{G_1(s)}{1+G_K(s)} \tag{2-52}$$

以 x 为输入，m 为输出，此时 $r=0$，系统可画成如图 2-12(c)所示，则传递函数为

$$G_{xm}(s)=\frac{M(s)}{X(s)}=\frac{G_1(s)G_2(s)}{1+G_1(s)G_2(s)}=\frac{G_1(s)G_2(s)}{1+G_K(s)} \tag{2-53}$$

以 r 为输入，y 为输出，此时 $x=0$，系统可画成如图 2-12(d)所示，传递函数为

$$G_{ry}(s)=\frac{Y(s)}{R(s)}=-\frac{-G_1(s)G_2(s)}{1+G_1(s)G_2(s)}=\frac{G_1(s)G_2(s)}{1+G_K(s)} \tag{2-54}$$

以 r 为输入，m 为输出，此时 $x=0$，系统可画成如图 2-12(e)所示，传递函数为

$$G_{rm}(s)=\frac{M(s)}{R(s)}=-\frac{G_2(s)}{1+G_1(s)G_2(s)}=-\frac{G_2(s)}{1+G_K(s)} \tag{2-55}$$

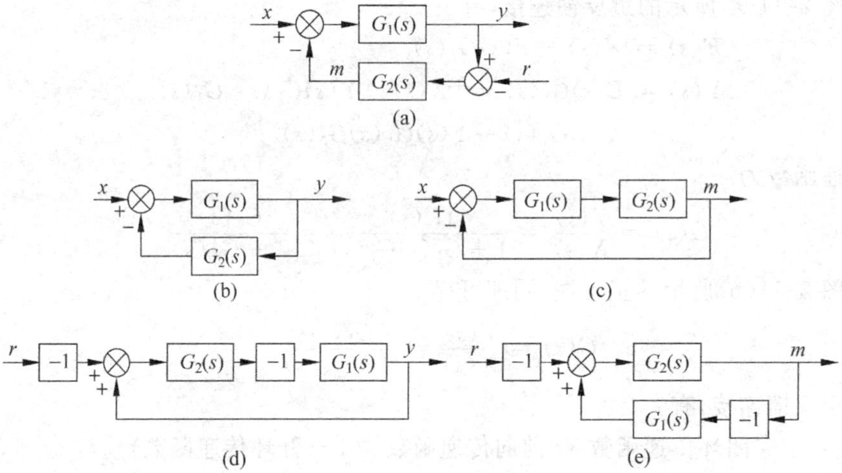

图 2-12　负反馈控制系统

比较式(2-52)，式(2-53)，式(2-54)和式(2-55)，可见它们的分母相同，均为 $1+G_K(s)$，这个性质对于分析控制系统的性能是很有用的。

2.3.2　典型环节的动态特性

无论是控制系统，还是系统中的被控对象，一般都是一些典型环节按着上面所述的串联、并联和反馈的方式连接在一起构成的，所以掌握这些典型环节的动态特性十分重要。下面讨论几种典型环节的动态特性，每种典型环节都分别给出其微分方程、传递函数、阶跃响应和频率特性（极坐标图和对数频率特性）。对于频率特性，只讨论其 $\omega \geqslant 0$ 时的情况，因为 $\omega < 0$ 时的情况很容易根据对称性质求出。

1. 放大环节（比例环节，无惯性环节）

输入和输出成比例的环节叫做放大环节，其方程为 $y=Kx$，K 为放大系数。

传递函数：$G(s)=K$；

频率特性：$G(\mathrm{j}\omega)=K$，在极坐标图上为一点，与 ω 无关；

幅频特性：$M(\omega)=K$；

相频特性：$\varphi(\omega)=0$；

对数幅频特性：$L(\omega)=20\lg K(\mathrm{dB})$；

阶跃响应：当输入 $x(t)=u(t)$时，输出 $y(t)=K$。

放大环节的方框图、极坐标图、对数频率特性和阶跃响应分别如图 2-13(a)，(b)，(c)，(d)所示。

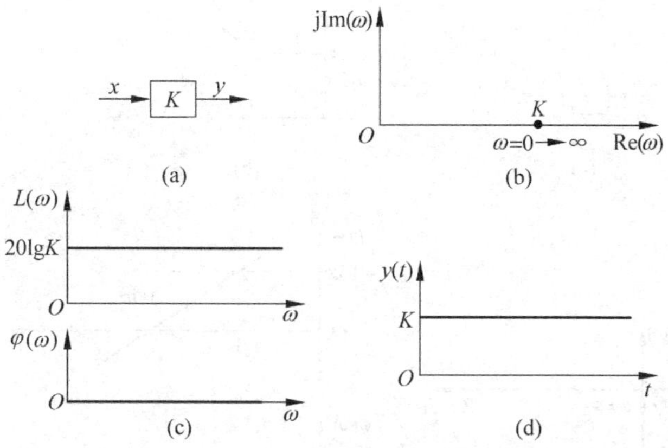

图 2-13　放大环节

2. 积分环节

输出等于输入对时间积分的环节称为积分环节，其微分方程为

$$y(t)=\varepsilon\int_0^t x(t)\mathrm{d}t=\frac{1}{T_a}\int_0^t x(t)\mathrm{d}t \tag{2-56}$$

式中，ε 为积分速度；$T_a=\frac{1}{\varepsilon}$为积分时间。式(2-56)两边对 t 求导数，得

$$\frac{\mathrm{d}y}{\mathrm{d}t}=\varepsilon x(t)=\frac{1}{T_a}x(t)$$

于是传递函数为

$$G(s)=\frac{\varepsilon}{s}=\frac{1}{T_a s} \tag{2-57}$$

方框图如图 2-14(a)所示。

当 $x(t)=u(t)$时，$X(s)=\frac{1}{s}$，$Y(s)=X(s)G(s)=\frac{\varepsilon}{s^2}$，则阶跃响应为

$$y(t)=\varepsilon t=\frac{1}{T_a}t \tag{2-58}$$

阶跃响应曲线如图 2-14(b)所示。

$\omega>0$ 时的频率特性为

$$G(\mathrm{j}\omega)=\frac{\varepsilon}{\mathrm{j}\omega}=-\mathrm{j}\,\frac{\varepsilon}{\omega}$$

其极坐标图示于图 2-14(c)。在 $\omega=0$ 时，它起始于负虚轴无穷远处，随 ω 增大沿负虚轴向原点逼近，在 $\omega=+\infty$时终止于原点。

其幅频特性、相频特性和对数幅频特性分别为

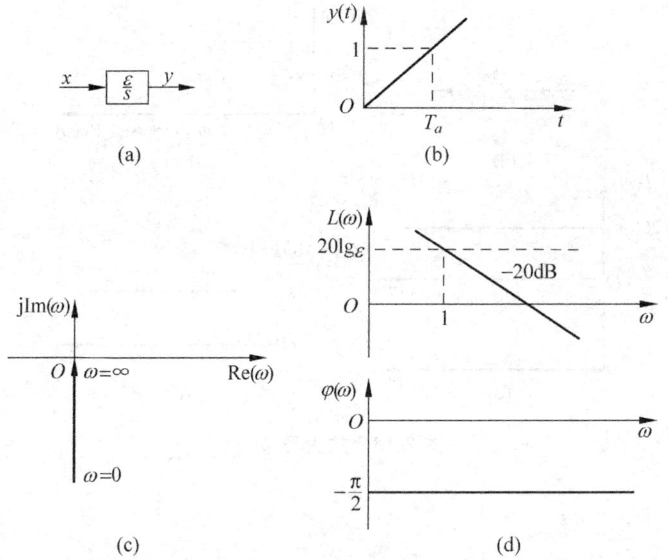

图 2-14　积分环节

$$M(\omega)=\frac{\varepsilon}{\omega}$$

$$\varphi(\omega)=-\frac{\pi}{2}$$

$$L(\omega)=20\lg M(\omega)=20\lg\varepsilon-20\lg\omega$$

因为在对数坐标图上，横轴 ω 按对数刻度，故其对数幅频特性是一条过点$(1,20\lg\varepsilon)$、斜率为−20dB/10 倍频程的直线，如图 2-14(d)所示。

3. 一阶惯性环节（单容环节，一阶非周期环节）

一阶惯性环节的微分方程为

$$T\frac{\mathrm{d}y}{\mathrm{d}t}+y=Kx \tag{2-59}$$

其中 T 为时间常数，K 为放大系数。故其传递函数为

$$G(s)=\frac{K}{Ts+1} \tag{2-60}$$

其方框图如图 2-15(a)所示。

在 $x(t)=u(t)$时，$X(s)=\frac{1}{s}$，故

$$Y(s)=X(s)G(s)=\frac{K}{s(Ts+1)}=K\left(\frac{1}{s}-\frac{1}{s+1/T}\right)$$

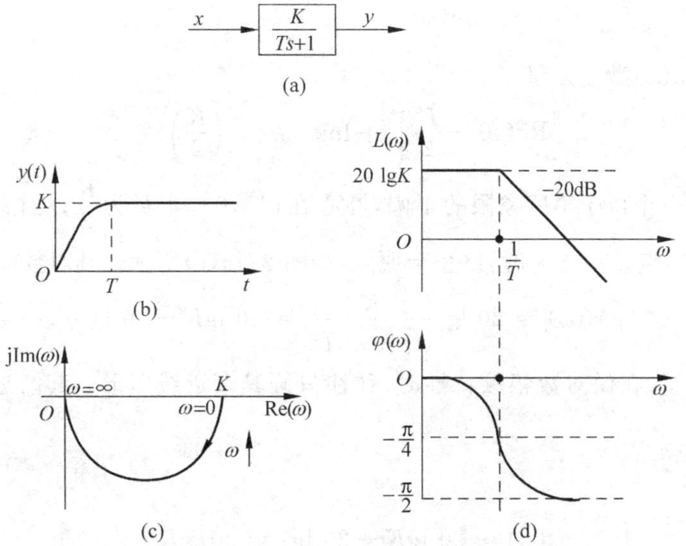

图 2-15　一阶惯性环节

取反变换，得阶跃响应

$$y(t)=K\left(1-\mathrm{e}^{-\frac{1}{T}t}\right) \tag{2-61}$$

曲线如图 2-15(b)所示。由图可见，在阶跃输入下，环节的输出不能立即跟踪输入的变化，而是表现出一定的惯性(迟延)。由式(2-61)可以看出，时间常数 T 越大，输出变化越迟缓，惯性越大。本章前面讨论的 RC 电路(图 2-4)、热电偶(图 2-5)和单容水箱(图 2-6)，从它们的传递函数(式(2-36)，式(2-40)和式(2-44))来看，都属于一阶惯性环节。其时间常数分别为 RC，$R_\theta C_\theta$ 和 $R_L A$。一阶惯性环节的时间常数或惯性反映了系统的容积效应(如 RC 电路中的电容 C、热电偶中的热容 C_θ 和单容水箱中的横截面积 A)。容积越大，迟延越大。另外，由阶跃响应曲线可以看出，惯性环节具有自平衡能力，即当 $t\to\infty$ 时，$y(t)$ 趋于某一常数值。

以 $s=\mathrm{j}\omega$ 代入传递函数表达式(2-60)，得其频率特性

$$G(\mathrm{j}\omega)=\frac{K}{\mathrm{j}\omega T+1}=\frac{K(1-\mathrm{j}\omega T)}{1+\omega^2T^2}=\frac{K}{1+\omega^2T^2}-\mathrm{j}\frac{K\omega T}{1+\omega^2T^2}$$

$$M(\omega)=\sqrt{\left(\frac{K}{1+\omega^2T^2}\right)^2+\left(\frac{K\omega T}{1+\omega^2T^2}\right)^2}=\frac{K}{\sqrt{1+\omega^2T^2}}$$

$$\varphi(\omega)=-\arctan\omega T$$

$$\mathrm{Re}(\omega)=\frac{K}{1+\omega^2T^2}$$

$$\mathrm{Im}(\omega)=-\frac{K\omega T}{1+\omega^2T^2}$$

由于 $\mathrm{Re}(\omega)$和 $\mathrm{Im}(\omega)$满足方程

$$\left[\mathrm{Re}(\omega)-\frac{K}{2}\right]^2+\mathrm{Im}^2(\omega)=\left(\frac{K}{2}\right)^2$$

故其极坐标图是一个位于第四象限的半圆，圆心在$\left(\frac{K}{2},0\right)$，半径为$\frac{K}{2}$。当 $\omega=0$ 时，起始于正实轴上$(K,0)$点，$\omega=+\infty$时，终止于原点，如图 2-15(c)所示。其对数幅频特性为

$$L(\omega)=20\ \lg M(\omega)=20\ \lg\frac{K}{\sqrt{1+\omega^2T^2}}=20\ \lg K-20\ \lg\sqrt{1+\omega^2T^2}$$

为了简单明了，在做对数幅频特性时，往往只画其渐近线图形。其渐近线方程推导如下：

当 $\omega\ll\frac{1}{T}$时，

$$L(\omega)\approx 20\ \lg K-20\ \lg 1=20\ \lg K$$

当 $\omega\gg\frac{1}{T}$时，

$$L(\omega)\approx 20\ \lg K-20\ \lg\omega T$$

因此，在 $\omega\ll\frac{1}{T}$时，对数幅频特性是一条平行于 ω 轴的直线；在 $\omega\gg\frac{1}{T}$时，是一条斜率为−20dB/10 倍频程的直线，如图 2-15(d)所示。$\omega=\frac{1}{T}$称为转折频率，在 $\omega=\frac{1}{T}$附近，此渐近线与实际相差最大，如果必要可进行修正。

由一阶惯性环节的对数幅频特性可以看出，随着频率的增大，其放大系数减小，故它具有低通滤波的特性。

4. 理想微分环节

输入、输出满足如下微分关系的环节称为理想微分环节：

$$y=T_{\mathrm{d}}\frac{\mathrm{d}x}{\mathrm{d}t} \tag{2-62}$$

式中，T_{d} 为微分时间常数。其传递函数、阶跃响应和频率特性分别为

$$G(s)=T_{\mathrm{d}}s \tag{2-63}$$

$$y(t)=\delta(t)T_{\mathrm{d}} \tag{2-64}$$

$$G(\mathrm{j}\omega)=\mathrm{j}\omega T_{\mathrm{d}}$$

$$M(\omega)=\omega T_{\mathrm{d}}$$

$$\varphi(\omega)=\frac{\pi}{2}$$

$$L(\omega) = 20\lg(\omega T_d)$$

其方框图、极坐标图和对数频率特性图分别示于图 2-16(a)、(b)、(c)。

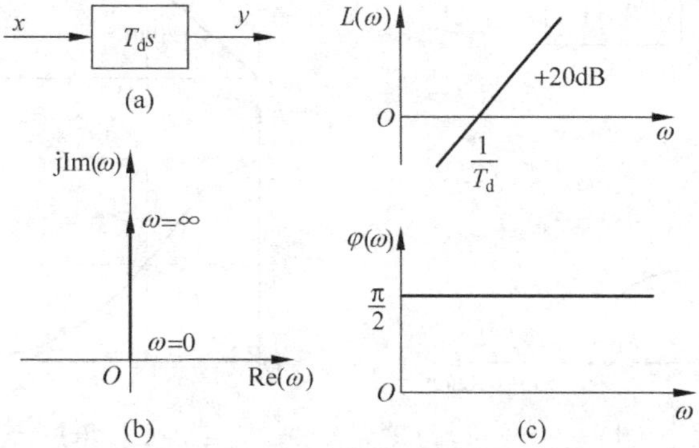

图 2-16　理想微分环节

5. **实际微分环节**

由理想微分环节的阶跃响应表达式(2-64)可知，在输入跳变的瞬时，输出由零跳变到无穷大，故在物理上严格实现理想微分环节是不可能的，因为任何一个物理设备都不能瞬时提供无穷大的能量。在实际中遇到的多是实际微分环节，其微分方程为

$$T_D \frac{dy}{dt} + y = K_D T_D \frac{dx}{dt} \tag{2-65}$$

式中，K_D 为微分增益；T_D 为微分时间常数。

其传递函数为

$$G(s) = \frac{K_D T_D s}{T_D s + 1} \tag{2-66}$$

其方框图示于图 2-17(a)。由传递函数可知，它相当于一个理想微分环节与一个惯性环节串联。

以 $s=j\omega$ 代入式(2-66)并加以整理，可得其频率特性的实部 Re(ω)、虚部 Im(ω)、模 $M(\omega)$和幅角 $\varphi(\omega)$分别为

$$\mathrm{Re}(\omega) = \frac{K_D T_D^2 \omega^2}{1 + \omega^2 T_D^2}$$

$$\mathrm{Im}(\omega) = \frac{K_D T_D \omega}{1 + \omega^2 T_D^2}$$

$$M(\omega) = \frac{K_D T_D \omega}{\sqrt{1 + \omega^2 T_D^2}}$$

$$\varphi(\omega) = \arctan \frac{1}{T_D \omega}$$

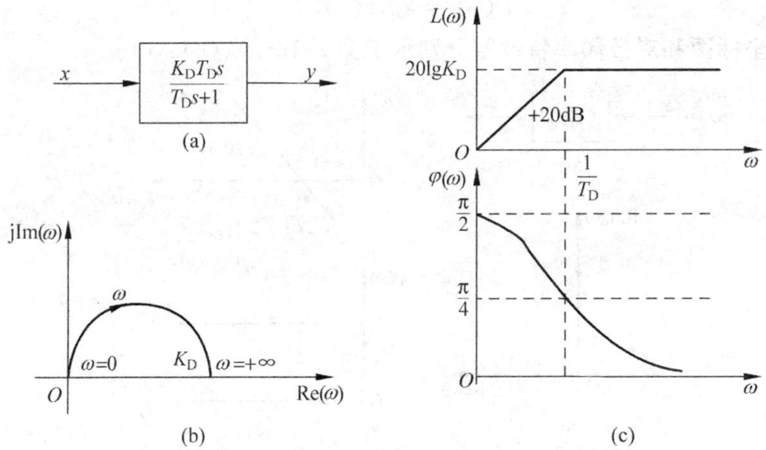

图 2-17　实际微分环节

由于 $\mathrm{Re}(\omega)$和 $\mathrm{Im}(\omega)$满足方程

$$\left[\mathrm{Re}(\omega)-\frac{K_D}{2}\right]^2+\mathrm{Im}^2(\omega)=\left(\frac{K_D}{2}\right)^2$$

故其极坐标图为位于第一象限的半圆，圆心在$\left(\frac{K_D}{2},0\right)$点，半径为$\frac{K_D}{2}$。当 $\omega=0$ 时，起始于原点，当 $\omega=+\infty$时，结束于$(K_D,0)$点，如图 2-17(b)所示。其对数幅频特性为

$$L(\omega)=20\ \lg M(\omega)=20\ \lg K_D+20\ \lg\frac{\omega T_D}{\sqrt{1+\omega^2T_D^2}}$$

可见当 $\omega\ll T_D$ 时，$L(\omega)\approx20\ \lg K_D+20\ \lg\omega T_D$，为一条斜率为 20dB/10 倍频程的直线；当 $\omega\gg T_D$ 时，$L(\omega)\approx20\ \lg K_D$，为一条平行于 ω 轴的直线，如图 2-17(c)所示。

为比较实际微分环节与理想微分环节的区别，求其阶跃响应。在 $x(t)=u(t)$时，

$$X(s)=\frac{1}{s},\quad Y(s)=\frac{K_DT_Ds}{1+T_Ds}\frac{1}{s}=\frac{K_DT_D}{1+T_Ds}=\frac{K_D}{s+\frac{1}{T_D}}$$

故其阶跃响应为

$$y(t)=K_D e^{-\frac{t}{T_D}}\tag{2-67}$$

其图形如图 2-18(a)所示，为便于比较，把理想微分环节的阶跃响应 $y=T_d\delta(t)$画于图 2-18(b)。由式(2-67)和图 2-18(a)可以看出，K_D 越大，曲线在 $t=0$ 时跳变越大，T_D 越小，曲线下降越快，越接近理想微分环节。

微分环节的微分作用可用阶跃响应曲线与 t 轴包围的面积来表示，对于理想微分环节，此面积为 T_d，对于实际微分环节：

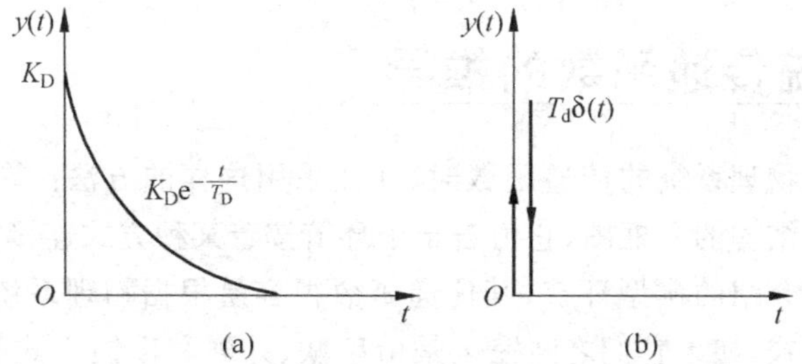

图 2-18　实际微分环节与理想微分环节的比较

$$\text{面积} = \int_0^{\infty} K_D e^{-\frac{t}{T_D}} dt = K_D T_D$$

故一个实际微分环节，其微分作用相当于一个微分时间 $T_d = K_D T_D$ 的理想微分环节。

6. 纯迟延环节

输出与输入波形相同，只是在时间上落后 τ 的环节叫纯迟延环节。显然，描述纯迟延环节的微分方程和传递函数分别为

$$y(t) = x(t-\tau)$$

$$Y(s) = X(s)e^{-\tau s}$$

$$G(s) = e^{-\tau s}$$

其方框图和阶跃响应分别示于图 2-19(a)，(b)。其频率特性为 $G(j\omega) = e^{-j\omega\tau}$，所以有

$$M(\omega) = 1$$

$$\varphi(\omega) = -\omega\tau$$

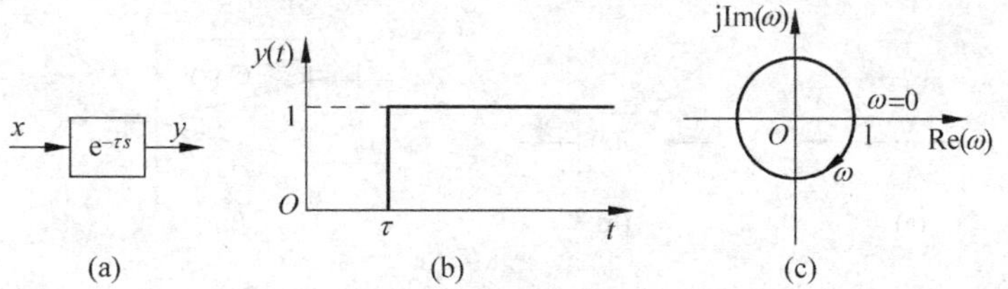

图 2-19　纯延迟环节

可见，其极坐标图在 $\omega=0$ 时，起始于(1,0)点，随着 ω 增大顺时针沿单位圆转过无数圈，如图 2-19(c)所示。

2.4 物理系统传递函数的推导

在推导一个实际物理系统的传递函数时,往往采用这样的方法:首先根据系统的物理原理画出表示系统结构的方框图,它由若干个环节按着某种方式连接在一起,每一个环节通常都是上一节所介绍的典型环节,其传递函数很容易根据物理系统的原理求出;然后考察环节的连接方式,如果它们之间完全是由串联、并联和反馈方式相连接的,则根据上一节介绍的方法可方便地得到所求的传递函数,否则,就需要通过方框图的一些等效变换规则,将其变换成只存在串联、并联和反馈的连接方式后,再求其传递函数。在前面几节,已接触到一些简单的方框图,本节在介绍方框图基本构成的基础上,讨论方框图的等效变换法则,进而说明求取实际物理系统传递函数的一般方法。

2.4.1 系统的方框图表示

1. 方框图中的符号

方框图中采用如下几种符号:

(1) 信号线。如图 2-20(a)表示,信号线上箭头方向表示信号流动方向。

(2) 方框。一个方框表示一个环节,一般一个环节只有一个输入,一个输出。输入、输出都要标明信号名称,方框内注明该环节的传递函数,如图 2-20(b)所示。对于多个输入的方框,应按图 2-20(c)表示,标明输出对每一个输入信号的传递函数。

(3) 综合点(相加点)。如图 2-20(d)所示,它有一个输出,多个输入,输出等于输入的代数和,各输入信号求和的正负也应标明。

(4) 引出点,如图 2-20(e)所示。

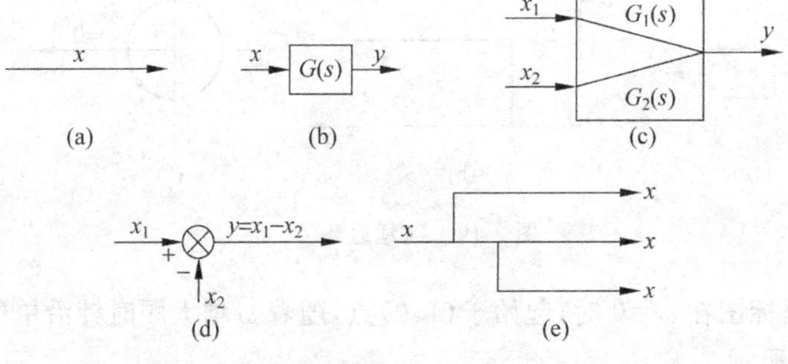

图 2-20 方框图中的符号

2. 物理系统的方框图表示

下面通过一个实际例子，说明如何按上面规定的符号，将一个实际物理系统用方框图表示出来。

例 2-8　用方框图表示图 2-21 所示的双容水箱系统。图中，两个水箱的横截面积分别为 A_1，A_2；水位高度分别为 H_1，H_2；R_1，R_2 分别为两个阀门的线性阻力系数；Q_1，Q_2，Q_3 分别为图中有关通道上的水流量。

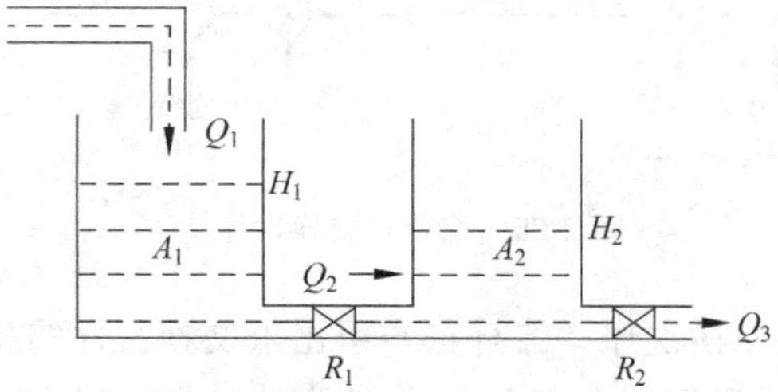

图 2-21　双容水箱系统

解　由于负载效应，上图所示系统不能看作图 2-6 两个单容水箱的串联。可以推出，一个单容水箱，以其净流入量为输入，以其水位高度为输出，则水箱为一个积分环节，传递函数为$\frac{1}{As}$（A 为水箱横截面积）。据此，图 2-21 的系统可以用图 2-22 的方框图来表示。

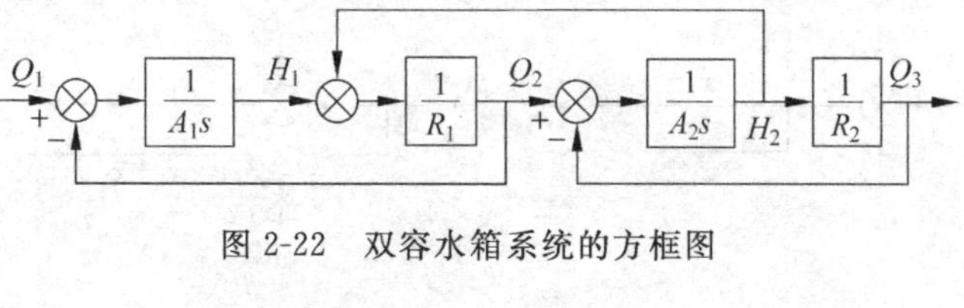

图 2-22　双容水箱系统的方框图

由此例可以看出，要将一个物理系统用方框图正确表示出来，除需了解方框图的基本画法外，更重要的是熟悉系统的物理原理。

2.4.2　方框图的等效变换

由实际物理系统画出方框图后，可利用方框图的等效变换求出传递函数，以确定系统中各量间的关系。系统的全部或局部可视为一个多输入、多输出的网络，如图 2-23 所示。

所谓等效变换是指可改变网络的内部结构，而保持输出 $\boldsymbol{y}$ 和输入 $\boldsymbol{x}$ 的关系不变的变换。等效变换的法则除前已说明的串联、并联、反馈外，还有：

(1) 连续的几个引出点（中间无方块和综合点）可交换次序，如图 2-24 所示。

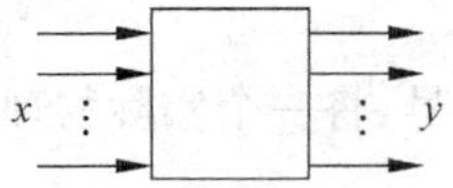

图 2-23　多输入、多输出网络

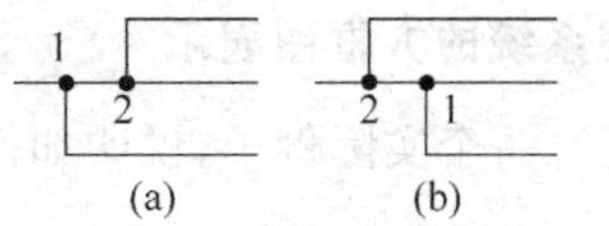

图 2-24　引出点交换次序

(2) 连续的几个综合点(中间无方框和引出点)可交换次序,如图 2-25 所示。

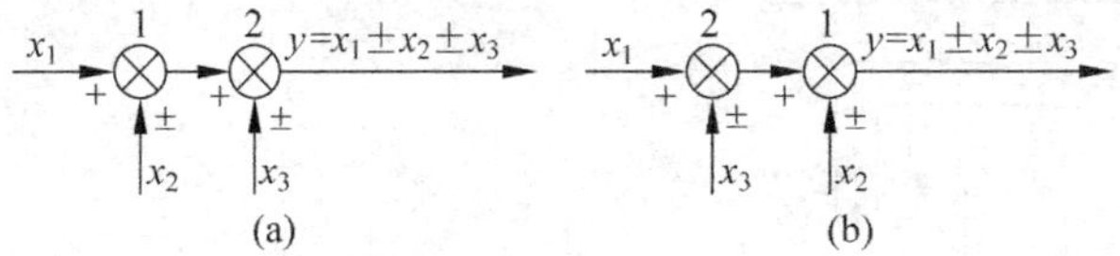

图 2-25　综合点交换次序

(3) 综合点与引出点交换次序。综合点与引出点交换次序需按图 2-26 所示法则进行。图中把(a)中的引出点引至综合点之后,等效为(b),把(c)中综合点引至引出点之后,等效为(d)。

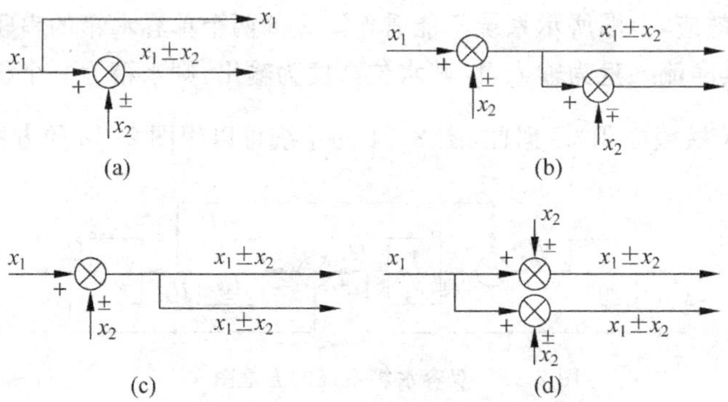

图 2-26　综合点与引出点交换次序

(4) 引出点和环节交换次序。如图 2-27 所示,图(a)和(b)等效,图(c)和(d)等效。

(5) 综合点和环节交换次序。图 2-28 表明综合点和环节交换次序的法则,其中图(a)和(b)等效,图(c)和(d)等效。

例 2-9　利用方框图的等效变换,求图 2-29 所示系统的传递函数 $G(s)=\dfrac{Y(s)}{X(s)}$。

解　图 2-29 中,共有 6 个综合点 1～6 和 6 个引出点 7～12。可以看出,图中不是简单的串并联和反馈连接结构。因为各回路间存在有交叉(回路 $G_1(s)$,$G_2(s)$,$G_3(s)$一方面与回路 $G_1(s)$,$G_2(s)$,$G_5(s)$交叉,一方面又与回路 $G_2(s)$,$G_4(s)$,$G_6(s)$交叉)。利用方框图等效变换求传递函数时,第一步需去掉回路的交叉部分,这一般有多种方法可行,但

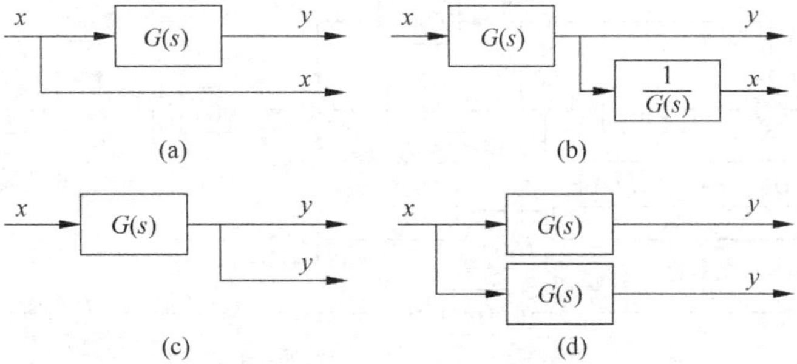

图 2-27　引出点和环节交换次序

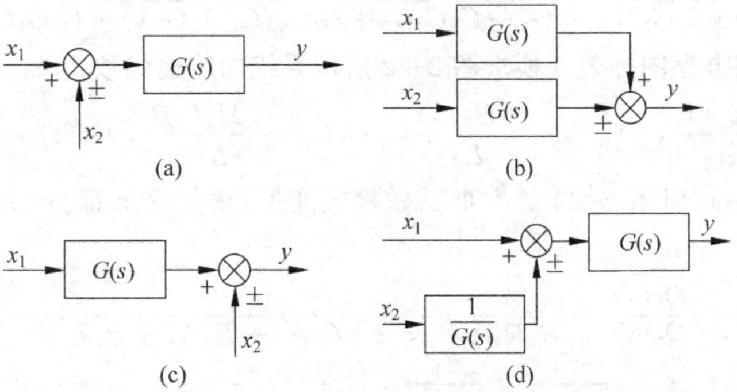

图 2-28　综合点和环节交换次序

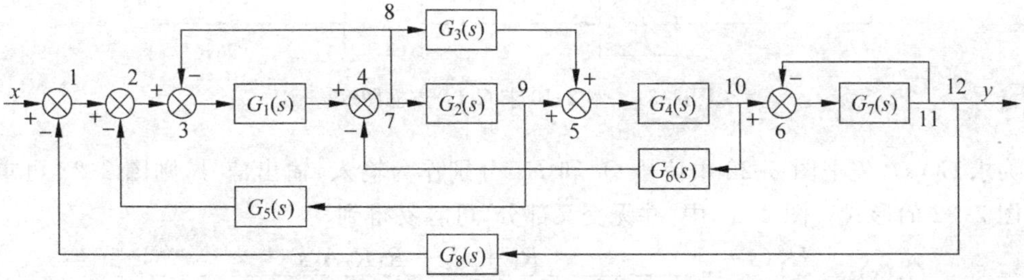

图 2-29　例 2-9 图

应选择一种最为简单的方法，对于本例的实际情况，最简单的方法是将综合点 4 移到 $G_1(s)$前，并和综合点 2，3 交换次序；将引出点 9 移至 $G_2(s)$前，并和引出点 7，8 交换次序。经过这样的变换后，图 2-29 等效为图 2-30 的结构。

显然，图 2-30 所示方框图结构无交叉部分，可用串、并联和反馈的法则逐步求传递函数 $G(s)$，结果为

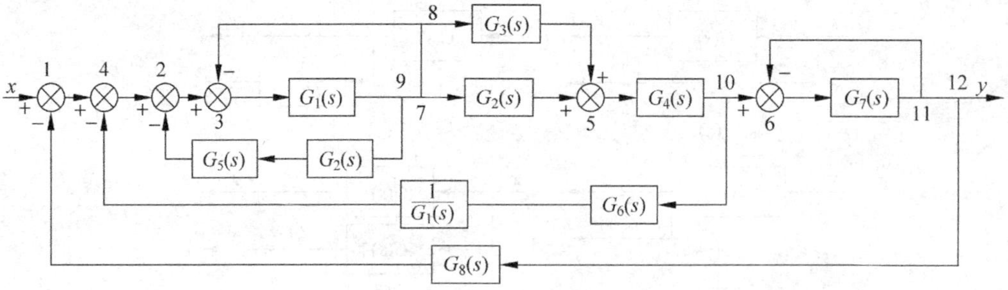

图 2-30 图 2-29 的等效方框图

$$G(s)=\frac{Y(s)}{X(s)}=\frac{G_1G_4G_7(G_2+G_3)}{(1+G_7)[1+G_1+G_1G_2G_5+G_4G_6(G_2+G_3)]+G_1G_4G_7G_8(G_2+G_3)}$$

例 2-10 利用方框图等效变换求图 2-22 所示系统的传递函数：

$$G_1(s)=\frac{Q_3(s)}{Q_1(s)},\quad G_2(s)=\frac{H_1(s)}{Q_1(s)},\quad G_3(s)=\frac{H_2(s)}{Q_1(s)},\quad G_4(s)=\frac{Q_2(s)}{Q_1(s)}$$

解 为求 $G_1(s)$，对图 2-22 的方框图做等效变换，去掉交叉部分，如图 2-31 所示。很容易写出

$$G_1(s)=\frac{Q_3(s)}{Q_1(s)}=\frac{1}{R_1R_2A_1A_2s^2+(R_1A_1+R_2A_2+R_2A_1)s+1}$$

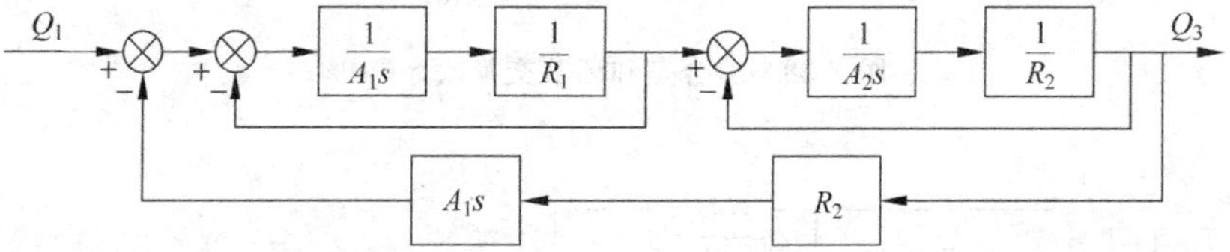

图 2-31 例 2-10 求 $G_1(s)$ 方框图

为求 $G_2(s)$，先把图 2-22 中信号 Q_1 和 H_1 分别作为输入、输出信号，则图 2-22 可重画为图 2-32 的形式。图 2-32 中，并无交叉部分，可容易得到

$$G_2(s)=\frac{H_1(s)}{Q_1(s)}=\frac{R_1+R_2+R_1R_2A_1s}{R_1R_2A_1A_2s^2+(R_1A_1+R_2A_2+R_2A_1)s+1}$$

以 Q_1 为输入，H_2 为输出，图 2-22 可重画为图 2-33(a)。图 2-33(a)存在有交叉，利用方框图等效变换，去掉交叉，得图 2-33(b)，于是可得

$$G_3(s)=\frac{H_2(s)}{Q_1(s)}=\frac{R_2}{R_1R_2A_1A_2s^2+(R_1A_1+R_2A_2+R_2A_1)s+1}$$

同样分别以 Q_1，Q_2 作输入、输出，图 2-22 可重画为图 2-34。图 2-34 中不存在交叉，得

$$G_4(s)=\frac{Q_2(s)}{Q_1(s)}=\frac{1+R_2A_2s}{R_1R_2A_1A_2s^2+(R_1A_1+R_2A_2+R_2A_1)s+1}$$

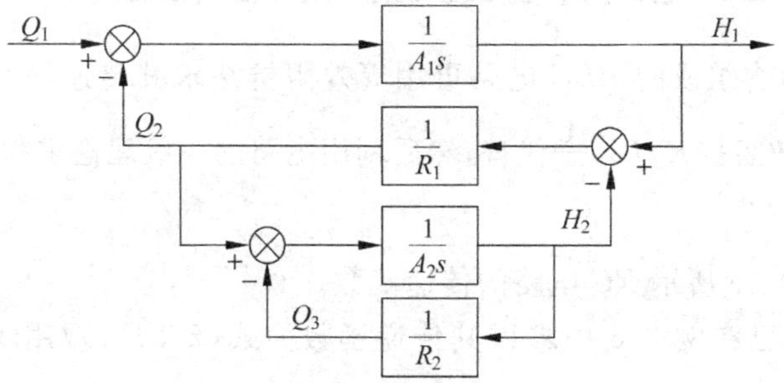

图 2-32　例 2-10 求 $G_2(s)$方框图

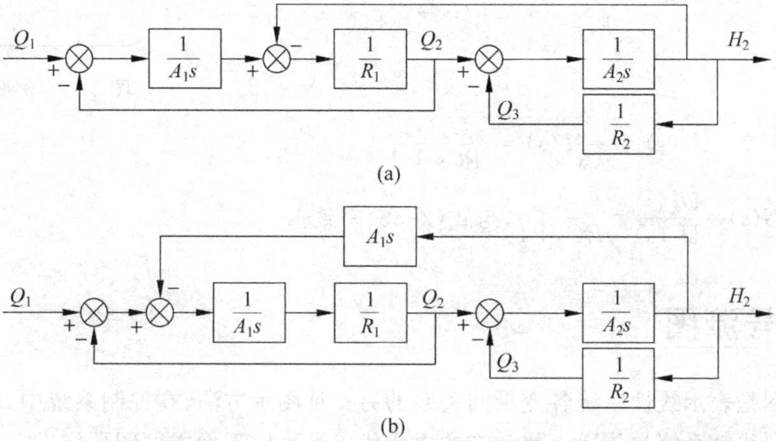

图 2-33　例 2-10 求 $G_3(s)$方框图

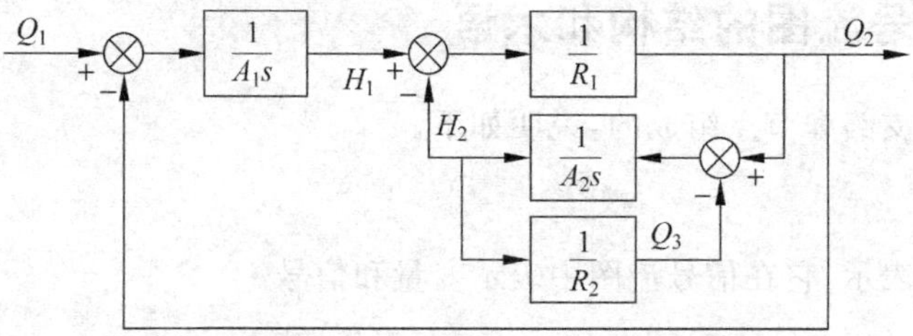

图 2-34　例 2-10 求 $G_4(s)$方框图

比较 $G_1(s)$，$G_2(s)$，$G_3(s)$和 $G_4(s)$，可见它们的分母均一样，所不同的仅是分子，这正反映了前面已讨论过的反馈的重要性质。

2.4.3 求 *RLC* 电路传递函数的等效阻抗法

由电阻、电感、电容组成的 *RLC* 电路可用等效阻抗法求其传递函数，即把电路中的 R,L,C 分别用其等效阻抗 $R,Ls,\frac{1}{Cs}$ 代替，然后利用电路的一般理论求得其输出与输入的比值，即传递函数。

例 2-11 求图 2-35 所示 *RC* 电路的传递函数。

解 此 *RC* 电路已在例 2-5 中求得其传递函数为式(2-36)，现用等效阻抗法来求。图中 R 不变，C 用 $\frac{1}{Cs}$ 代替，则回路等效电流(它也是 s 的函数)为

$$I(s)=\frac{U_1(s)}{R+\frac{1}{Cs}}=\frac{U_1(s)Cs}{RCs+1}$$

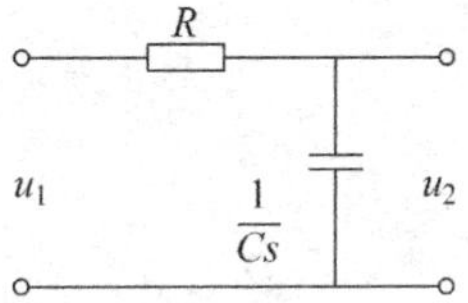

图 2-35 例 2-11 图

则

$$U_2(s)=\frac{1}{Cs}I(s)=\frac{U_1(s)}{RCs+1}$$

故传递函数 $G(s)=\frac{U_2(s)}{U_1(s)}=\frac{1}{RCs+1}$，与式(2-36)一致。

2.5 信号流图

信号流图是表示线性系统各变量间关系的另一种图示方法，在控制系统中，利用信号流图可以求取线性系统的传递函数。它的主要优点是可以不像方框图那样进行化简而利用梅逊公式直接写出其传递函数，这对于复杂系统是十分方便的。

2.5.1 信号流图的结构和术语

信号流图是由支路和节点组成的，说明如下。

1. 节点

节点用小圆圈表示，它在信号流图中表示变量和信号。

2. 支路

支路是连接两个节点间的有向线段，用箭头标明方向，并在支路上标注两个节点(信号)间的信号传输系数。对一个节点来说，指向它的支路为输入支路，离开它的支路为输出支路。一个节点的输入和输出支路可不止一个。一个节点所表示的信号 x_k 为

$$x_k = \sum_j a_j x_j$$

式中 x_j 为与 x_k 的输入支路相连的所有节点，a_j 为 x_j 与 x_k 的传输系数或称增益。例如由图 2-36 所示的信号流图，有

$$x_3 = a_1 x_1 + a_2 x_2 + a_3 x_3$$

3. 节点的种类

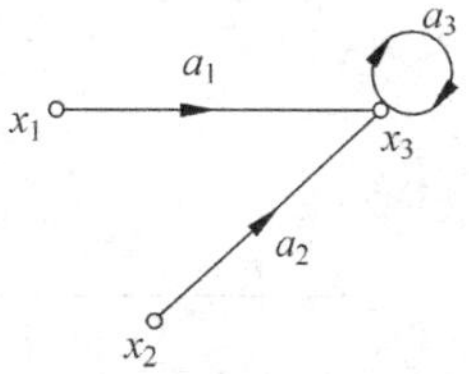

图 2-36　信号流图

(1) 输入节点(源点)。只有输出支路而无输入支路的节点叫源点或输入节点。

(2) 输出节点(阱点)。只有输入支路而无输出支路的节点叫阱点或输出节点。

(3) 混合节点。既有输入支路又有输出支路的节点叫混合节点。

4. 通路

沿各条支路顺箭头方向形成的路径叫通路，通路中各支路的增益的乘积叫通路增益。通路有如下几种：

(1) 开通路。如果通路与任何节点相交不多于一次，则叫做开通路。开通路中，从输入节点到输出节点的通路叫前向通路。

(2) 闭通路。又称回路，如果通路的终点即通路的起点，并且与任何其他节点相交不多于一次，则叫做闭通路。

信号流图中，如果通路经过某一点不止一次或者起点与终点不在同一节点上，则不能算作开通路或闭通路。

(3) 不接触回路。如果一些回路之间，没有任何公共节点，则它们叫做不接触回路。

2.5.2　信号流图的画法

1. 由描述系统特性的线性方程组画信号流图

线性系统的动态特性，经拉氏变换后可用一个线性代数方程组来描述，这时可根据线性方程组直接画出其信号流图。下面通过一个例子说明这种方法。

例 2-12　设有一系统，可用方程组

$$\begin{cases} x_1 = a_{11}x_1 + a_{12}x_2 + a_{13}x_3 + b_1 u_1 & (2\text{-}68) \\ x_2 = a_{21}x_1 + a_{22}x_2 + a_{23}x_3 + b_2 u_2 & (2\text{-}69) \\ x_3 = a_{31}x_1 + a_{32}x_2 + a_{33}x_3 + b_3 u_3 & (2\text{-}70) \end{cases}$$

来描述，用信号流图表示各量间的关系。

解　画信号流图时，先画出各节点，然后根据方程给定的各信号之间的关系在各节点间用支路连接起来。图 2-37(a)，(b)和(c)分别是方程(2-68)，(2-69)和(2-70)的信号流图，

图 2-37(d)是把图(a)，(b)和(c)结合起来后联立方程的总信号流图。

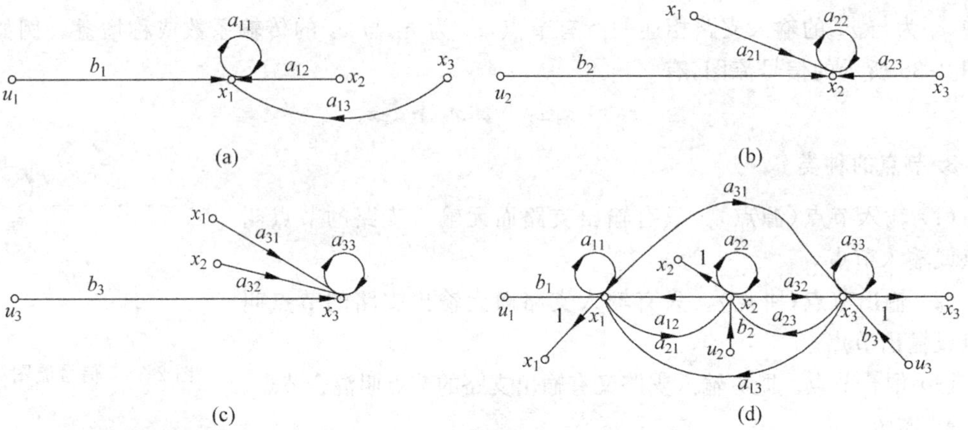

图 2-37　例 2-12 信号流图

图 2-37(d)中，为了分析 x_1，x_2，x_3 与各量之间的关系，分别用两个节点表示它们，两个节点间增益为 1。这样 x_1，x_2 和 x_3 分别有一个是输出节点，以利于研究以它们作为输出时系统的特性。

2. 由方框图画信号流图

方框图和信号流图都是表示系统特性的图示方法，二者之间存在着确定的关系，如图 2-38 所示。根据这些关系，由方框图可以很容易画出信号流图。

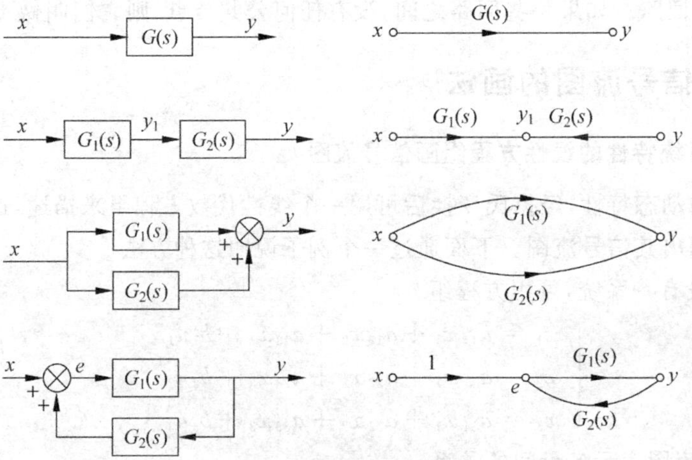

图 2-38　方框图和信号流图

2.5.3　信号流图的化简

同方框图一样，信号流图也可以按一定规则化简，最后求出需要的传递函数。这些规则如下：

(1) 串联支路的总增益，等于所有支路增益的乘积，如图 2-39(a)所示。

(2) 并联支路的总增益，等于各支路增益的和，如图 2-39(b)所示。

(3) 混合节点可以消掉，如图 2-39(c)，(d)，(e)和(f)所示。以图 2-39(f)为例，消去节点 x_2 是按下述方法进行的：

$$x_3 = bx_2,\quad x_1 = cx_2,\quad x_2 = ax_1 + dx_3$$

$$x_3 = abx_1 + bdx_3,\quad x_1 = acx_1 + cdx_3$$

(4) 自回路可以消掉，如图 2-39(g)所示。

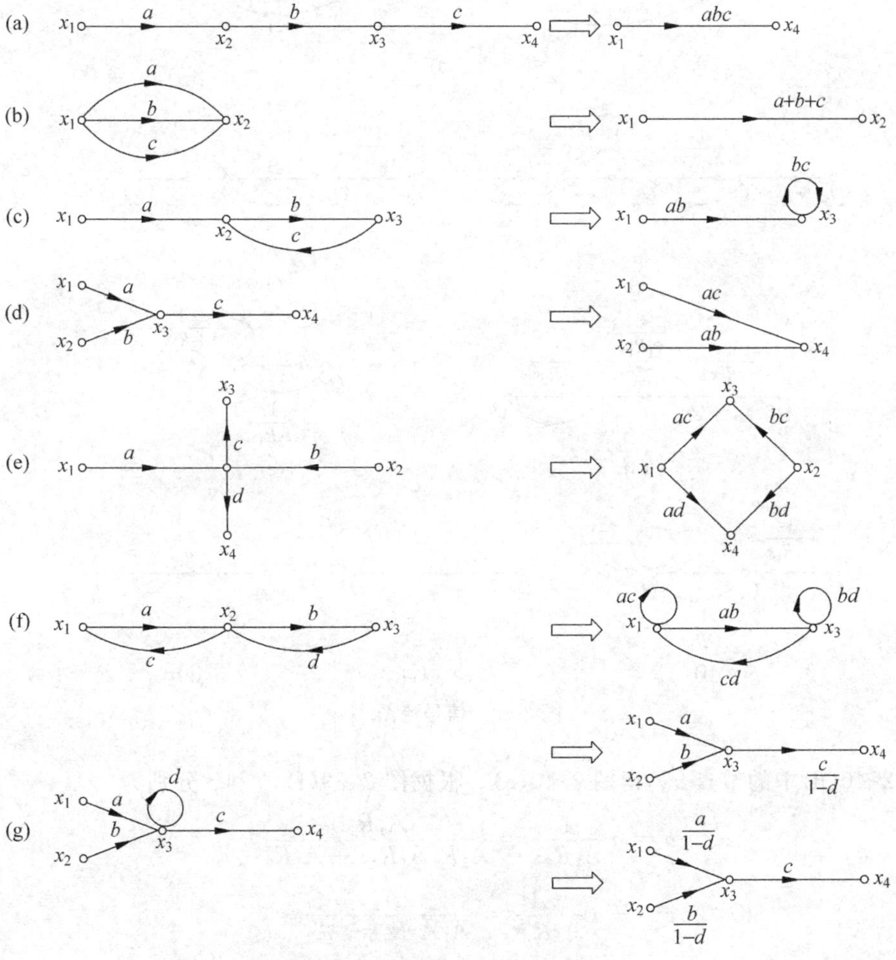

图 2-39　信号流图的化简

例 2-13 用信号流图表示图 2-22 所示方框图,并求传递函数$\dfrac{Q_3(s)}{Q_1(s)}$。

解 首先将图 2-22 用信号流图表示,如图 2-40(a)所示,然后逐步简化(见图 2-40)。在图 2-40 中,消去图(a)中的节点 H_1,H_2 和 x_2,得图(b)。消去图 2-40(b)中的节点 x_1,得图(c)。消去图 2-40(c)中 Q_2 的自回路,得图(d)。根据图 2-39(g),图 2-40(d)中的参数 a 为

$$a=\frac{1}{1+\dfrac{1}{A_1R_1s}}=\frac{A_1R_1s}{A_1R_1s+1}$$

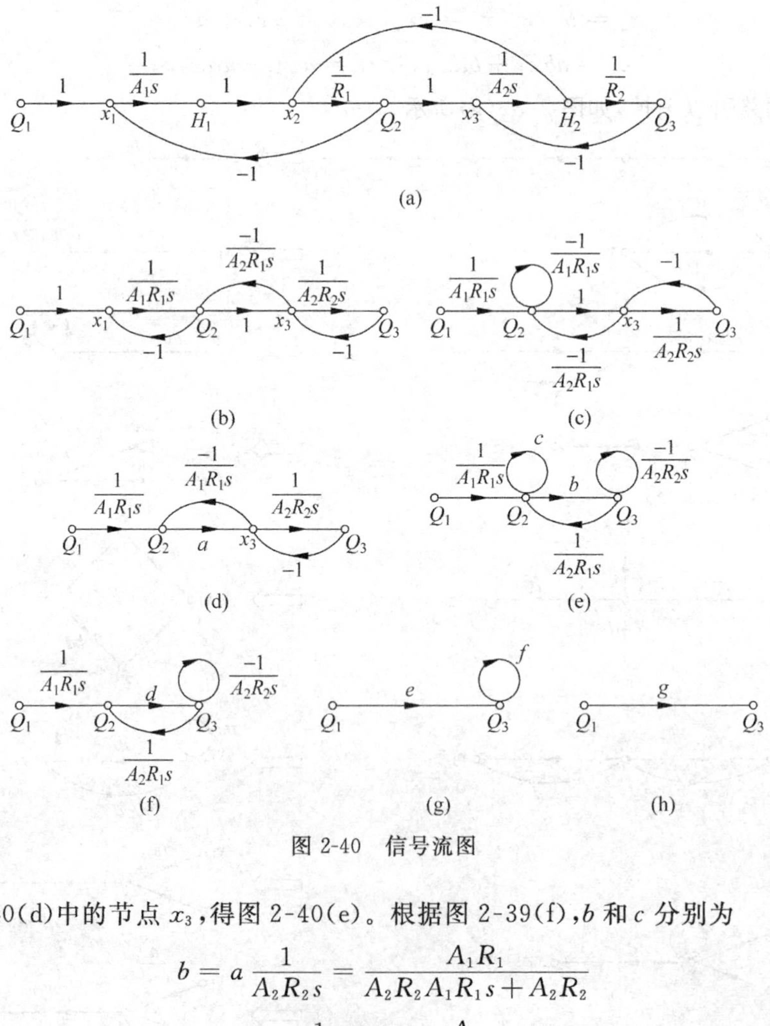

图 2-40 信号流图

消去图 2-40(d)中的节点 x_3,得图 2-40(e)。根据图 2-39(f),b 和 c 分别为

$$b=a\frac{1}{A_2R_2s}=\frac{A_1R_1}{A_2R_2A_1R_1s+A_2R_2}$$

$$c=-a\frac{-1}{A_2R_1s}=\frac{A_1}{A_1A_2R_1s+A_2}$$

在图 2-40(e)中消去 Q_2 的自回路，得图 2-40(f)。根据图 2-39(g)，可得图 2-40(f)中 d 为

$$d=\frac{b}{1-c}=\frac{A_1R_1}{A_1R_1A_2R_2s+R_2(A_1+A_2)}$$

再消去(f)中的节点 Q_2，得图 2-40(g)，其中

$$e=\frac{1}{A_1R_1s}d=\frac{1}{A_1R_1A_2R_2s^2+R_2(A_1+A_2)}$$

$$f=\frac{1}{A_2R_1s}d-\frac{1}{A_2R_2s}=\frac{-(A_1R_1s+1)}{A_1A_2R_1R_2s^2+R_2(A_1+A_2)}$$

最后消去(g)中 Q_3 的自回路，得图 2-40(h)，其中 $g=\frac{e}{1-f}$。故

$$\frac{Q_3(s)}{Q_1(s)}=\frac{e}{1-f}=\frac{1}{A_1A_2R_1R_2s^2+R_2(A_1+A_2)s}\cdot\frac{1}{1+\frac{A_1R_1s+1}{A_1A_2R_1R_2s^2+R_2(A_1+A_2)s}}$$

$$=\frac{1}{A_1A_2R_1R_2s^2+(A_1R_1+A_2R_2+A_1R_2)s+1}$$

本例与例 2-10 所计算的结果一致。

2.5.4　梅逊公式

由例 2-13 可以看出，利用信号流图简化方法求传递函数十分繁琐，尤其是对于复杂系统。信号流图的提出者 S.J. 梅逊(Mason)建立的梅逊公式可以不化简信号流图而直接写出传递函数。

梅逊公式如下：在输入节点和输出节点间的总传递函数为

$$P=\frac{1}{\Delta}\sum_{k=1}^{n}P_k\Delta_k \tag{2-71}$$

式中，Δ 为信号流图的特征式：

$$\Delta=1-\sum L_a+\sum L_bL_c-\sum L_dL_eL_f+\cdots \tag{2-72}$$

其中，n 为从输入节点到输出节点间前向通路的总条数；P_k 为第 k 条前向通路的增益；$\sum L_a$ 为所有回路的增益之和；$\sum L_bL_c$ 为所有两两互不接触的回路的增益乘积之和；$\sum L_dL_eL_f$ 为所有三个互不接触的回路的增益乘积之和；……Δ_k 为第 k 条前向通路余因子，即把与第 k 条前向通路相接触的回路增益设为零时而计算出的 Δ 值。

例 2-14　利用梅逊公式计算图 2-29 所示系统的传递函数 $Y(s)/X(s)$。

解　先把图 2-29 所示方框图画成信号流图，如图 2-41 所示。图中共有 7 个回路：

$$L_1—G_1$$

$$L_2—G_7$$

$$L_3 - G_1G_2G_5$$
$$L_4 - G_2G_4G_6$$
$$L_5 - G_3G_4G_6$$
$$L_6 - G_1G_2G_4G_7G_8$$
$$L_7 - G_1G_3G_4G_7G_8$$

$$\begin{aligned}\sum L_a &= -(G_1 + G_7 + G_1G_2G_5 + G_2G_4G_6 + G_3G_4G_6 + G_1G_2G_4G_7G_8 + G_1G_3G_4G_7G_8) \\ &= -[G_1 + G_7 + G_1G_2G_5 + G_4G_6(G_2 + G_3) + G_1G_4G_7G_8(G_2 + G_3)]\end{aligned}$$

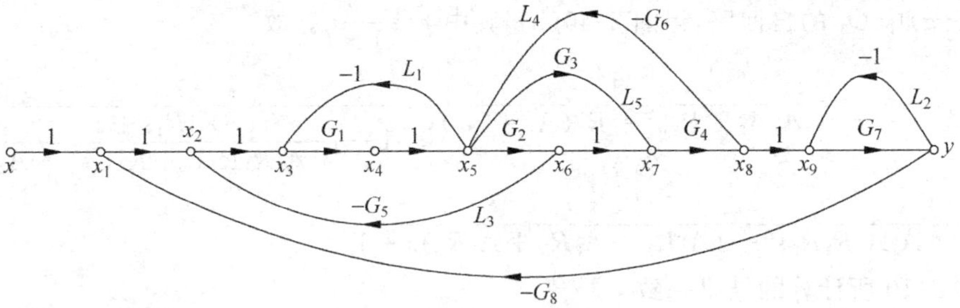

图 2-41　例 2-14 图

在上述 7 个回路中，L_2 与 L_1,L_3,L_4,L_5 不接触，其余均互相接触，故

$$\begin{aligned}\sum L_bL_c &= G_1G_7 + G_1G_2G_5G_7 + G_2G_4G_6G_7 + G_3G_4G_6G_7 \\ &= -G_7[G_1 + G_1G_2G_5 + G_4G_6(G_2 + G_3)]\end{aligned}$$

$$\sum L_dL_eL_f = 0$$

所以

$$\begin{aligned}\Delta &= 1 + [G_1 + G_7 + G_1G_2G_5 + G_4G_6(G_2 + G_3) + G_1G_4G_7G_8(G_2 + G_3)] \\ &\quad + G_7[G_1 + G_1G_2G_5 + G_4G_6(G_2 + G_3)] \\ &= (1 + G_7)[1 + G_1 + G_1G_2G_5 + G_4G_6(G_2 + G_3)] + G_1G_4G_7G_8(G_2 + G_3)\end{aligned}$$

从 x 到 y，共有两条前向通路：

$$P_1 = G_1G_2G_4G_7,\quad P_2 = G_1G_3G_4G_7$$

所有回路都与 P_1,P_2 接触，故 $\Delta_1 = \Delta_2 = 0$，利用梅逊公式可得

$$\begin{aligned}P &= \frac{Y(s)}{X(s)} = \frac{P_1\Delta_1 + P_2\Delta_2}{\Delta} \\ &= \frac{G_1G_4G_7(G_2 + G_3)}{(1 + G_7)[1 + G_1 + G_1G_2G_5 + G_4G_6(G_2 + G_3)] + G_1G_4G_7G_8(G_2 + G_3)}\end{aligned}$$

与例 2-9 计算结果一致。

习题

2-1　求下列各函数的拉氏变换：

(1) $x(t)=t^2\mathrm{e}^{-mt}$(用定义)；

(2) $x(t)=A\mathrm{e}^{-at}\sin(\omega t+\varphi)$；

(3) $x(t)=(t+2)^2\mathrm{u}(t-1)$。

2-2　题图 2-1 所示 $x(t)$表示一周期为 T 的半波整流波形，其拉氏变换为 $X(s)$，$x(t)$的第一个周期记为 $x_1(t)(0\leqslant t\leqslant T)$，其拉氏变换为 $X_1(s)$。

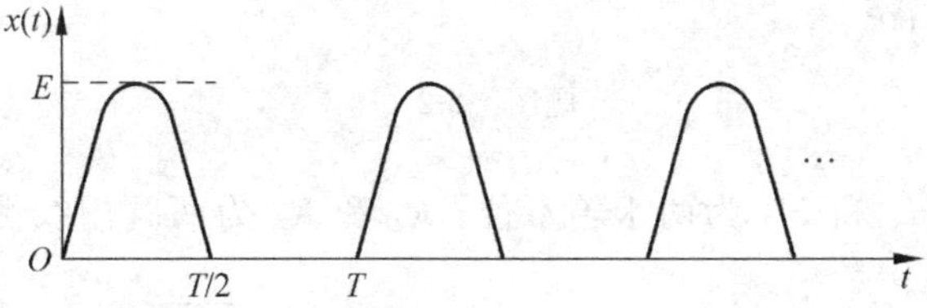

题图　2-1

(1) 证明 $X(s)=\dfrac{1}{1-\mathrm{e}^{-Ts}}X_1(s)$；

(2) 利用此结果求 $X(s)$。

2-3　若 $\mathrm{L}[x(t)]=X(s)$，

(1) 证明：$\mathrm{L}[tx(t)]=-\dfrac{\mathrm{d}}{\mathrm{d}s}X(s)$ 及 $\mathrm{L}\left[\dfrac{1}{t}x(t)\right]=\int_s^{\infty}X(s)\mathrm{d}s$；

(2) 利用(1)的结果求 $\mathrm{L}[t\cos^2 3t]$及 $\mathrm{L}\left[\dfrac{1}{t}(1-\mathrm{e}^{-at})\right]$。

2-4　利用拉氏变换求积分$\int_0^{\infty}\dfrac{\sin ax}{x}\mathrm{d}x$。

2-5　利用拉氏变换的定义证明

$$\int_0^{\infty}x(t)\mathrm{d}t=\lim_{s\to 0}X(s)$$

2-6　求下列各式的拉氏反变换：

(1) $X(s)=\dfrac{1-\mathrm{e}^{-4s}}{3s^2+2s}$；

(2) $X(s)=\dfrac{1}{s(Ts+1)^n}$($T$ 为正常数，n 为正整数)；

(3) $X(s)=\ln\dfrac{s}{s^2+9}$。

2-7 写出描述如下两系统的微分方程和传递函数：

(1) 系统如题图 2-2(a)所示，u_1 为输入，u_2 为输出；

(2) 系统如题图 2-2(b)所示，Q_1 为输入，Q_3 为输出。

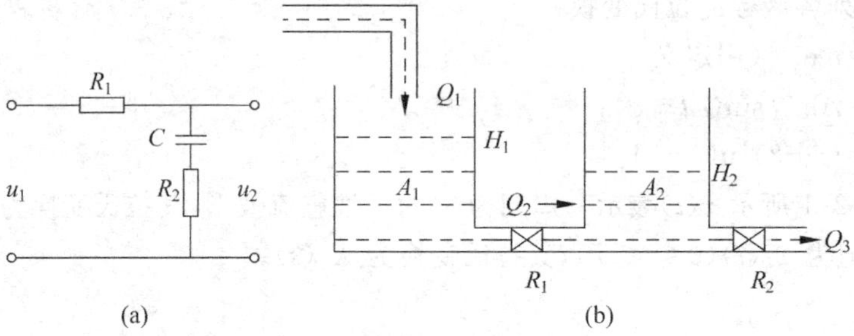

题图 2-2

题图 2-2(b)中，H_1 和 H_2 为两水箱水位；R_1 和 R_2 为两阀门线性阻力系数；A_1 和 A_2 为两水箱横截面积。

2-8 一热交换器的示意图如题图 2-3 所示，它利用夹套中的温度为 T_0 的蒸汽加热罐中的液体，罐的液体流入量和流出量均为 Q，流入液体的温度为 T_1，流出液体的温度和罐内液体温度相等，均为 T，罐内液体体积为 V。设液体密度为 ρ，比热为 c，夹套与罐壁的传热面积为 A，传热系数为 H，求传递函数 $\dfrac{T(s)}{T_1(s)}$ 和 $\dfrac{T(s)}{T_0(s)}$。

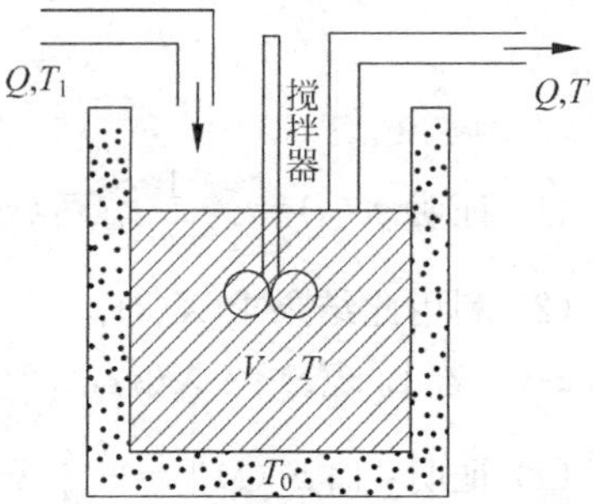

题图 2-3

2-9 如题图 2-4(a)所示 RC 电路，输入电压为 u_1，输出电压为 u_2，利用传递函数求：

(1) 在初始条件为 0 时，即 $u_1(0)=u_2(0)=0$，u_1 阶跃增加 2V，求 $u_2(t)$；

(2) 在 $t=0$ 时，$u_1=1\text{V}$，电路处于稳态，在 $t=0^+$ 时，u_1 阶跃增加到 2V，求 $u_2(t)$；

(3) 在输入条件为零时，输入题图 2-4(b)所示的 u_1，求 $t>t_1$ 时的 $u_2(t)$；

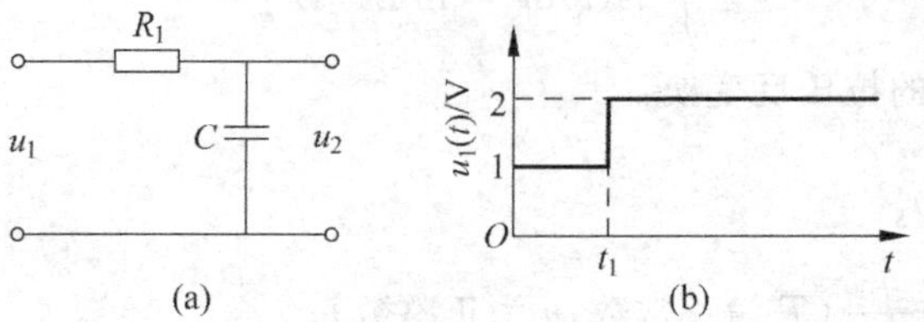

题图 2-4

(4) 若 $R=200\text{k}\Omega$，$u_1=A\sin\omega t$，$\omega=1\text{rad/s}$，如要求输出电压(稳态)的幅值为$\frac{1}{5}A$，求 C 的大小。

2-10　一个系统，传递函数为 $G(s)=\frac{1}{T_a s(T_0 s+1)^n}$，证明在阶跃输入 $x(t)=u_0 u(t)$(零初始条件)时，输出 $y(t)$ 为

$$y(t)=\frac{u_0}{T_a}\left\{t-nT_0+T_0\mathrm{e}^{-\frac{t}{T_0}}\sum_{k=1}^{n}\frac{n-k+1}{(k-1)!}\left(\frac{t}{T_0}\right)^{k-1}\right\}$$

2-11　有题图 2-5 所示系统。图中，r 为给定值，x，z_1，z_2 为扰动。当 x，z_1，z_2，r 分别为单位阶跃扰动时，试求系统的静态偏差及输出 $y(t)$。

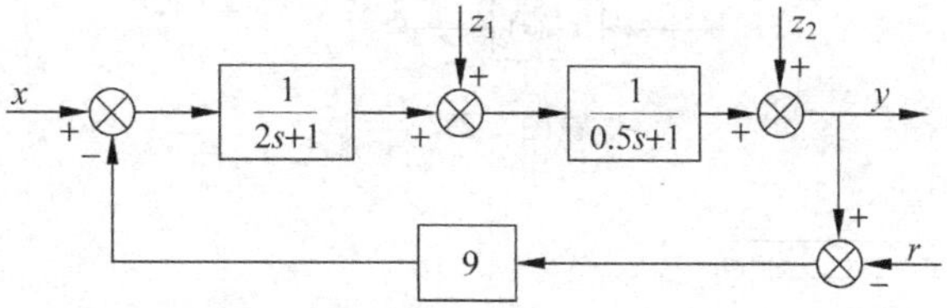

题图　2-5

2-12　在题图 2-6 中，求$\frac{Y(s)}{X(s)}$。

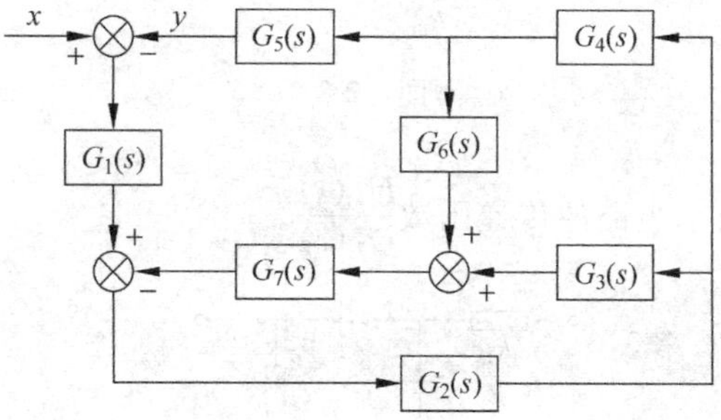

题图　2-6

2-13　在题图 2-7 中，求$\frac{Y(s)}{X_1(s)}$，$\frac{Y(s)}{X_2(s)}$，$\frac{Y(s)}{X_3(s)}$。

2-14　题图 2-8 所示为双容水箱系统，先画出方框图，然后求传递函数$\frac{H_2(s)}{Q_1(s)}$和$\frac{H_2(s)}{Q_3(s)}$。已知水箱Ⅰ和Ⅱ的横截面积分别为 A_1 和 A_2，水箱Ⅱ的流出量由流出管道上的水泵决定。

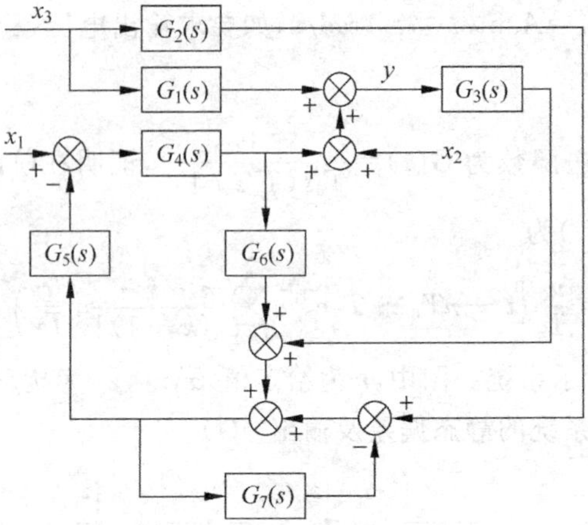

题图 2-7

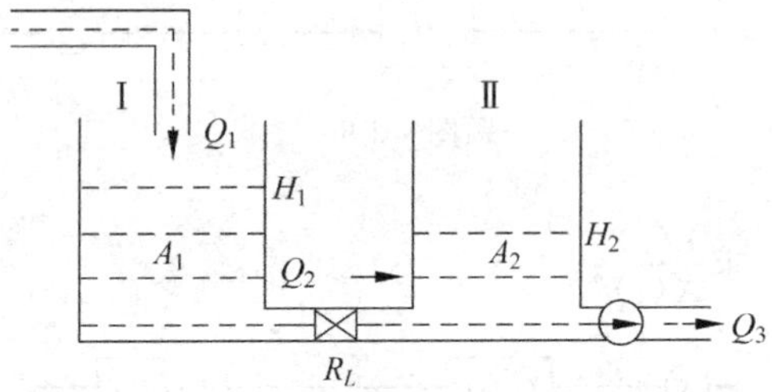

题图 2-8

2-15 求题图 2-9 所示电路的传递函数$\dfrac{U_2(s)}{U_1(s)}$。

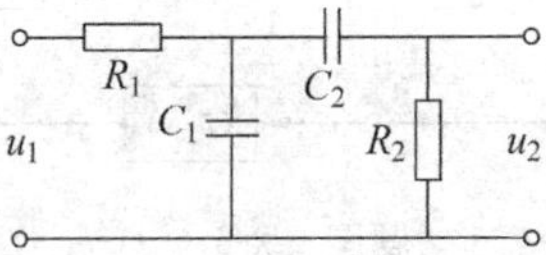

题图 2-9

2-16 画出习题 2-12，习题 2-13 中方框图对应的信号流图，并利用梅逊公式求两题中要求的传递函数。

第3章 CHAPTER 3

系统分析

3.1 系统分析的基本概念

3.1.1 系统分析的一般方法

所谓系统分析是指对于给定的系统，利用适当的方法得到系统的特性。在自动调节系统中，人们所关心的系统特性是系统的稳定性能、快速性能以及准确性能。系统分析的方法有时域法和频域法两种。

1. 时域分析方法

时域分析方法是指利用解析方法或实验方法求取系统在一特定的输入作用下其输出的时间响应特性。在热工过程中，常采用的输入为阶跃函数。一个线性系统，输入 $x(t)$和输出 $y(t)$满足微分方程

$$a_n \frac{\mathrm{d}^n y}{\mathrm{d}t^n} + a_{n-1} \frac{\mathrm{d}^{n-1} y}{\mathrm{d}t^{n-1}} + \cdots + a_n y = b_m \frac{\mathrm{d}^m x}{\mathrm{d}t^m} + b_{m-1} \frac{\mathrm{d}^{m-1} x}{\mathrm{d}t^{m-1}} + \cdots + b_0 x$$

在某一特定输入 $x(t)$下，根据微分方程的一般理论，输出 $y(t)$可表示为

$$y(t) = y_1(t) + y_2(t)$$

式中，$y_1(t)$对应于齐次方程的解，它描述系统的自由运动，叫做系统的瞬态响应，它决定于系统本身的特性，而与输入信号的形式无关，因此系统的时域分析通常也叫做瞬态响应分析。$y_2(t)$是非齐次方程的特解，它反映在特定输入 $x(t)$作用下，系统的强迫运动，叫做系统的稳态响应。

时域分析方法的特点是：

(1) 结果直观，易于理解；

(2) 对于已有的系统，可以方便地利用实验方法求取瞬态响应；

(3) 对于一、二阶系统，可用解析方法求出其理论解，但对于高阶系统或带有纯迟延的系统，解析求解很困难。

2. 频域分析方法

系统的频率特性是系统特性的一种完整的表达形式，并且它原则上可以通过试验得到，故利用频率特性对系统进行分析和设计是经典控制理论的主要内容。频域分析方法已积累了许多经验，有许多图表可供利用，但在频域得到的指标不直观，且对一般系统来说，与时域指标并无一

一对应关系。

在热工过程自动调节系统中，由于实际加入周期性信号存在困难，故一般不可能直接用测试方法得到系统的频率特性，但是频率法的基本概念和分析方法仍具有特别重要的意义。利用它，可以得到一些指导调节系统设计和分析的重要结论。

3.1.2 系统的传递函数和系统的稳定性

一个输入为 $x(t)$，输出为 $y(t)$ 的线性系统，其传递函数为

$$G(s)=\frac{Y(s)}{X(s)}=\frac{b_m s^m+b_{m-1}s^{m-1}+\cdots+b_0}{a_n s^n+a_{n-1}s^{n-1}+\cdots+a_0}=\frac{B(s)}{A(s)}$$

为了得到系统的时间响应，设 $x(t)$ 为单位阶跃函数，则 $X(s)=\dfrac{1}{s}$，$Y(s)=\dfrac{B(s)}{sA(s)}$，将 $Y(s)$ 用部分分式法展开，再作拉氏反变换，即可求出 $y(t)$。考虑一般的情况，$Y(s)$ 可分解成如下一些项：

(1) 对应于阶跃输入，可分解出 $Y_0(s)=\dfrac{A_0}{s}$ 项，其反变换为 $y_0(t)=A_0u(t)$，它是决定于输入的强迫输出。

(2) 对应于 $G(s)$ 的每一个单实极点 s_i，$Y(s)$ 可分解出一项 $Y_i(s)$：$Y_i(s)=\dfrac{A_i}{s-s_i}$，其反变换为 $y_i(t)=A_i e^{s_i t}$。

(3) 对应于 $G(s)$ 的每一对共轭极点 $s_j=\sigma_j\pm j\omega_j$，$Y(s)$ 可分解出一项 $Y_j(s)$：

$$\begin{aligned}Y_j(s)&=\frac{A_j s+A_j'}{(s-\sigma_j-j\omega_j)(s-\sigma_j+j\omega_j)}=\frac{A_j s+A_j'}{(s-\sigma_j)^2+\omega_j^2}\\&=\frac{A_j(s-\sigma_j)}{(s-\sigma_j)^2+\omega_j^2}+\frac{A_j'+A_j\sigma_j}{\omega_j}\,\frac{\omega_j}{(s-\sigma_j)^2+\omega_j^2}\end{aligned}$$

反变换为

$$y_j(t)=e^{\sigma_j t}\left(A_j\cos\omega_j t+\frac{A_j'+A_j\sigma_j}{\omega_j}\sin\omega_j t\right)$$

(4) 对应于 $G(s)$ 的每一个 m 重极点 s_m，$Y(s)$ 可分解出 $Y_m(s)$：

$$\begin{aligned}Y_m(s)&=\frac{A_1}{(s-s_m)^m}+\frac{A_2}{(s-s_m)^{m-1}}+\cdots+\frac{A_m}{s-s_m}\\&=\frac{A_1}{(m-1)!}\,\frac{(m-1)!}{(s-s_m)^m}+\frac{A_2}{(m-2)!}\,\frac{(m-2)!}{(s-s_m)^{m-1}}+\cdots+\frac{A_m}{s-s_m}\end{aligned}$$

其反变换为

$$y_m(t)=\frac{A_1}{(m-1)!}t^{m-1}e^{s_m t}+\frac{A_2}{(m-2)!}t^{m-2}e^{s_m t}+\cdots+A_m e^{s_m t}=e^{s_m t}\sum_{i=1}^{m}\frac{A_i}{(m-i)!}t^{m-i}$$

于是

$$Y(s)=Y_0(s)+\sum_i Y_i(s)+\sum_j Y_j(s)+\sum_m Y_m(s) \tag{3-1}$$

系统输出为

$$\begin{aligned}y(t)&=y_0(t)+\sum_i y_i(t)+\sum_j y_j(t)+\sum_m y_m(t)\\&=A_0u(t)+\sum_i A_i e^{s_it}+\sum_j e^{\sigma_jt}\left(A_j\cos\omega_jt+\frac{A_j'+A_j\sigma_j}{\omega_j}\sin\omega_jt\right)\\&\quad+\sum_m e^{s_mt}\sum_{i=1}^{m}\frac{A_i}{(m-i)!}t^{m-i}\end{aligned} \tag{3-2}$$

为使系统稳定，极限$\lim\limits_{t\to\infty}y(t)$必须存在，由式(3-2)可知，只有当所有的 s_i, s_j, s_m 均有负实部时，系统才是稳定的，由此可得出如下几条重要结论。

(1) 系统的瞬态响应形态只取决于传递函数极点在 s 平面上的位置，在负实轴上的实极点对应于一个稳定的非周期成分，而在正实轴上的极点对应于一个不稳定的非周期成分(当 $t\to\infty$时，此成分趋于无穷大)。在 s 平面左半部的一对复极点对应于一个衰减振荡成分，而在 s 平面右半部的一对复极点则对应于一个发散振荡成分。在式(3-2)中当$\sigma_j=0$ 即有一对极点在虚轴上时，它所对应的瞬态响应分量为一等幅振荡。因此，系统传递函数的全部极点均具有负实部(即位于 s 平面的左半部)是系统稳定的充要条件。

(2) 系统的稳定性是系统本身的特性，与输入信号无关。

(3) 系统的稳定性仅取决于传递函数的分母(系统的特征方程)，而与传递函数的分子无关。

(4) 当系统有一对共轭极点位于 s 平面虚轴上，其他极点均在 s 平面左半部时，输出含有一个等幅振荡分量，此时系统处于临界状态。

3.1.3 传递函数的分子对瞬态响应的影响

在 3.1.2 节，由输出 $Y(s)$利用部分分式法求取 $y(t)$的过程中，将 $y(t)$分解成若干分量，这些分量的形态只取决于传递函数的分母，而与传递函数的分子无关，但是各分量的系数却与分子有关。这就意味着一个系统的瞬态响应的幅度不但取决于传递函数的分母，也取决于传递函数的分子。

例 3-1 在控制系统中，常用到形如$\dfrac{T_2s+1}{T_1s+1}$的传递函数，它可视为$\dfrac{1}{T_1s+1}$和 T_2s+1的串联。前者频率特性的幅角为负($-\arctan(T_1\omega)$)，为一滞后环节，后者频率特性的幅角为正($\arctan(T_2\omega)$)，为一超前环节，故$\dfrac{T_2s+1}{T_1s+1}$称为超前滞后环节。如其传递函数为$\dfrac{Y(s)}{X(s)}=\dfrac{as+1}{4s+1}$，讨论 a 对其单位阶跃响应的影响。

解 此系统有一个极点 $s=-\frac{1}{4}$ 和一个零点 $s=-\frac{1}{a}$，在 $x(t)$ 为单位阶跃时，

$$Y(s)=\frac{as+1}{s(4s+1)}$$

$$y(t)=1-\left(1-\frac{a}{4}\right)e^{-\frac{1}{4}t}$$

当 $a=0,2,8$ 时，其阶跃响应曲线如图 3-1 所示。

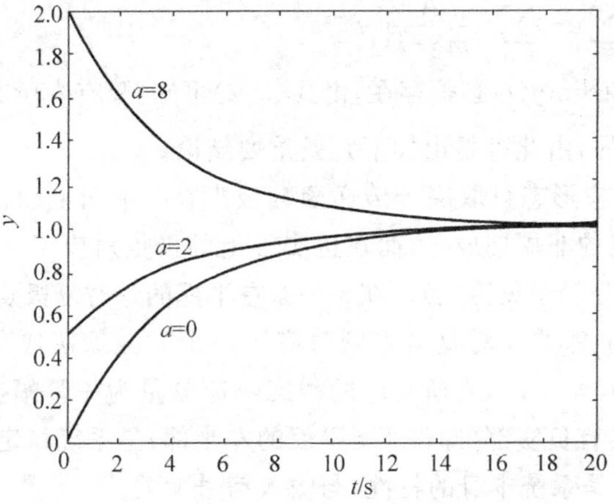

图 3-1 $\frac{as+1}{4s+1}$ 的单位阶跃响应曲线

图 3-1 中，$a=0$ 是无零点的情况，随着 a 的增大，处于负实轴上的零点更靠近虚轴，对响应曲线的影响更加显著。

例 3-2 在实际物理系统中，经常遇到两个一阶惯性环节并联的情况。假设这两个环节的传递函数分别为 $\frac{k_1}{T_1s+1}$ 和 $\frac{k_2}{T_2s+1}$，则并联后的传递函数具有 $\frac{k(as+1)}{(T_1s+1)(T_2s+1)}$ 的形式，针对传递函数 $\frac{as+1}{(4s+1)(s+1)}$ 讨论其零点对阶跃响应特性的影响。

解 设系统输入为 x，输出为 y。当 x 为单位阶跃时，

$$Y(s)=\frac{as+1}{s(4s+1)(s+1)}=\frac{1}{s}+\frac{a-4}{3}\frac{1}{s+\frac{1}{4}}+\frac{1-a}{3}\frac{1}{s+1}$$

$$y(t)=1+\frac{a-4}{3}e^{-\frac{1}{4}t}+\frac{1-a}{3}e^{-t}$$

取 $a=0,0.5,2,10,-4$ 时，得到的 $y(t)$ 如图 3-2 所示。

由图 3-2 可以得出和例 3-1 相同的结论，即零点越靠近虚轴，与无零点时的曲线（对

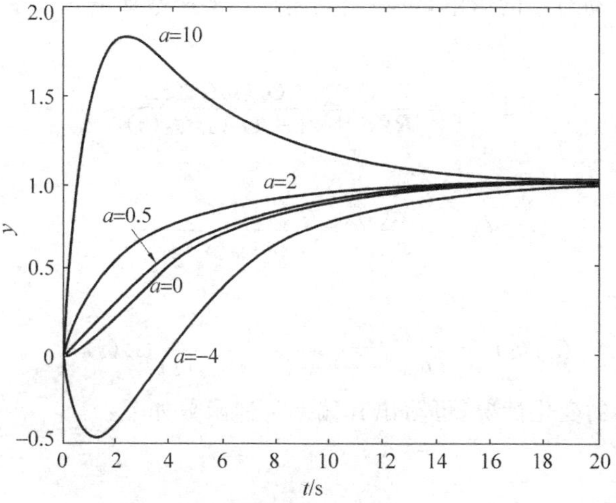

图 3-2　$\frac{as+1}{(4s+1)(s+1)}$的单位阶跃响应曲线

应图中 $a=0$ 的曲线)相差越大。另外,图 3-2 中反映的如下两种情况值得特别注意:

(1) 当零点离虚轴足够近时,如 $a=10$,输出将出现过调,即在一段时间里,输出超过其稳态输出。

(2) 若系统附加一个正实零点,如 $a=-4$,输出出现反向调节,即在过渡过程开始的一段时间里,输出不但没有朝着稳态值的方向趋近,反而朝着远离稳态值的方向变化,这种现象在控制系统的设计中值得特别注意。

3.1.4　反馈控制系统对不同扰动的响应特性

图 3-3 是一个具有多个扰动的典型控制系统。图中 $G_0(s)$是在内部扰动(调节量扰动)下对象的特性,$G_a(s)$为调节器,r 为给定值,y 为被调量,u 为调节器的输出,即调节量,e 为偏差,x 和 d 是两个外部扰动。其中 x 对 y 的影响与调节量相同,而 d 通过 $G_d(s)$影响 y。

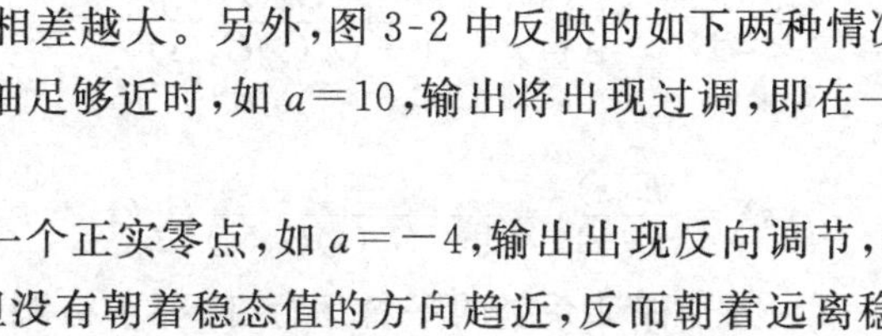

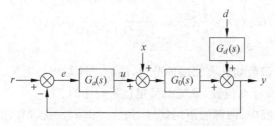

图 3-3　具有多个扰动的典型控制系统

为了考察各个扰动对 y 的影响，可写出其闭环传递函数如下：

在定值扰动下，

$$G_{yr}(s)=\frac{Y(s)}{R(s)}=\frac{G_a(s)G_0(s)}{1+G_a(s)G_0(s)}$$

在 x 扰动下，

$$G_{yx}(s)=\frac{Y(s)}{X(s)}=\frac{G_0(s)}{1+G_a(s)G_0(s)}$$

在 d 扰动下，

$$G_{yd}(s)=\frac{Y(s)}{D(s)}=\frac{1}{1+G_a(s)G_0(s)}G_d(s)$$

为了研究偏差 e 的变化情况，可写出其偏差传递函数如下：

在定值扰动下，

$$G_{er}(s)=\frac{E(s)}{R(s)}=\frac{1}{1+G_a(s)G_0(s)}$$

在 x 扰动下，

$$G_{ex}(s)=\frac{E(s)}{X(s)}=\frac{-G_0(s)}{1+G_a(s)G_0(s)}$$

在 d 扰动下，

$$G_{ed}(s)=\frac{E(s)}{D(s)}=\frac{-1}{1+G_a(s)G_0(s)}G_d(s)$$

在实际热工调节过程中，为了保证系统的平稳运行，除要求被调量的平稳外，还希望调节量 u 也尽量平稳，为此，写出调节量对各扰动的传递函数如下：

在定值扰动下，

$$G_{ur}(s)=\frac{U(s)}{R(s)}=\frac{G_a(s)}{1+G_a(s)G_0(s)}$$

在 x 扰动下，

$$G_{ux}(s)=\frac{U(s)}{X(s)}=\frac{-G_0(s)G_a(s)}{1+G_a(s)G_0(s)}$$

在 d 扰动下，

$$G_{ud}(s)=\frac{U(s)}{D(s)}=\frac{-G_a(s)}{1+G_a(s)G_0(s)}G_d(s)$$

从以上结果可得出如下结论：

(1) 以上所有传递函数均具有相同的分母，故稳定性与扰动无关，即不管扰动是什么形式，也不管扰动作用在什么位置，系统的稳定性是一样的。

(2) 在反馈控制系统中，内部的不同信号(如 y,e 和 u)在扰动作用下过渡过程的形态是一样的。

(3) 扰动通道的传递函数 $G_d(s)$位于闭环的外部，它的存在不影响闭环系统的稳定性，但会影响在此扰动下系统的偏差性能。这要求在设计控制系统时，除需了解在调节量扰动下对象的特性外，还应尽量掌握在外部扰动下对象的性能。

(4) 当扰动位置不同时，虽然传递函数的分母相同，但分子不同。这说明不同扰动下虽然过渡过程形态相同，但幅度不同，即系统的偏差性能不同。在随动控制系统中，主要考虑给定值的扰动，而在定值系统中，则主要考虑外部扰动，二者的要求是不同的。一般情况下，要兼顾在给定值扰动和外部扰动下系统都具有良好的偏差性能，采用上述的简单控制系统往往存在困难。

(5) 在扰动作用下，被调量和调节量具有不同的偏差性能，在热工过程自动控制系统的设计中，必要时对二者应该兼顾。

3.2　劳斯稳定判据

劳斯(Routh)判据是根据代数方程式的系数来判别代数方程实部为正的根和实部为负的根的数目的一种方法。

一个系统，其传递函数和特征方程式分别为

$$G(s) = \frac{B(s)}{A(s)}$$

$$A(s) = a_n s^n + a_{n-1} s^{n-1} + \cdots + a_0 = 0 \qquad (3\text{-}3)$$

显然，此特征方程的根即传递函数的极点，它们决定了系统的稳定性，即只有全部根均具有负实部时，系统才是稳定的。对于一、二阶系统，其特征方程为一、二次方程，其根很容易解析求出。但对于高阶系统，其特征方程为高次代数方程，不能用解析方法求解，而劳斯判据提供了一种根据特征方程系数 $a_0, a_1, a_2, \cdots, a_n$ 来判断系统是否稳定的方法。

3.2.1　系统稳定的必要而不充分条件

对于式(3-3)的特征方程，只有当其全部系数同号(但不为零)时，其根才有可能全具有负实部。因此，系统稳定的必要(但不充分)条件是其特征方程式的系数同号。这样，在利用劳斯判据对系统的稳定性进行判别之前，可首先检查系统是否满足上述必要条件。若满足才有必要进一步判别系统是否稳定，如果不满足上述必要条件，则可以断定此系统是不稳定的。

3.2.2　劳斯判据

满足必要条件后，进一步判断系统是否稳定，或不满足必要条件，而欲了解有多少个根具有正实部时,可利用劳斯判据进行。

1. 劳斯阵列和劳斯判据

利用劳斯判据的关键是根据特征方程式(3-3)的系数 $a_0,a_1,a_2,\cdots,a_n$ 来构造如下的劳斯阵列(在构造劳斯阵列前,使方程首项系数 $a_n>0$):

$$
\begin{array}{llllll}
s^n & a_n & a_{n-2} & a_{n-4} & a_{n-6} & \cdots \\
s^{n-1} & a_{n-1} & a_{n-3} & a_{n-5} & a_{n-7} & \cdots \\
s^{n-2} & b_1 & b_2 & b_3 & b_4 & \cdots \\
s^{n-3} & c_1 & c_2 & c_3 & c_4 & \cdots \\
s^{n-4} & d_1 & d_2 & d_3 & d_4 & \cdots \\
\vdots & \vdots & \vdots & & & \\
s^2 & e_1 & e_2 & & & \\
s^1 & f_1 & & & & \\
s^0 & g_1 & & & &
\end{array}
$$

此阵列共有 $n+1$ 行,即 s^n 行,s^{n-1} 行,…,s^0 行,其中 s^n 行和 s^{n-1} 行按上面劳斯阵列表示的规定填入特征方程的系数,一直填到 a_0 为止。s^{n-2} 行的元素 $b_1,b_2,\cdots$ 按下式计算:

$$b_1=\frac{a_{n-1}a_{n-2}-a_na_{n-3}}{a_{n-1}}$$

$$b_2=\frac{a_{n-1}a_{n-4}-a_na_{n-5}}{a_{n-1}}$$

$$b_3=\frac{a_{n-1}a_{n-6}-a_na_{n-7}}{a_{n-1}}$$

$$\cdots$$

此行的计算,一直进行到某一 b_i 值以后的元素都等于零为止。

按同样的关系,计算以下各行的元素:

$$c_1=\frac{b_1a_{n-3}-a_{n-1}b_2}{b_1}$$

$$c_2=\frac{b_1a_{n-5}-a_{n-1}b_3}{b_1}$$

$$c_3=\frac{b_1a_{n-7}-a_{n-1}b_4}{b_1}$$

$$\cdots$$

$$d_1=\frac{c_1b_2-b_1c_2}{c_1}$$

$$d_2=\frac{c_1b_3-b_1c_3}{c_1}$$

$$d_3 = \frac{c_1 b_4 - b_1 c_4}{c_1}$$

$$\cdots$$

如此进行下去，一直计算到 s^0 行为止。

劳斯判据叙述如下：特征方程(3-3)的所有根中，实部为正的根的数目等于劳斯阵列第一列的元素($a_n, a_{n-1}, b_1, c_1, d_1, \cdots, e_1, f_1, g_1$)正、负符号改变的次数。当第一列全部元素均为正数时，特征方程(3-3)的所有 n 个根均具有负实部，即系统是稳定的。

例 3-3　一系统特征方程为

$$s^4 + 3s^3 + 2s^2 + 2s + 2 = 0$$

利用劳斯判据判别其稳定性。

解　所给方程全部系数均为正，满足必要条件，列劳斯阵列如下：

$$\begin{array}{llll} s^4 & 1 & 3 & 2 \\ s^3 & 3 & 2 & 0 \\ s^2 & \frac{7}{3} & 2 & 0 \\ s^1 & -\frac{4}{7} & 0 & \\ s^0 & 2 & & \end{array}$$

可见，劳斯阵列第一列不全为正数，故系统是不稳定的。由于第一列中符号改变了两次$\left(从\frac{7}{3}\to-\frac{4}{7},从-\frac{4}{7}\to 2\right)$，故特征方程有两个根具有正实部。

由此例可知：

(1) 如仅需判别系统是否稳定，则劳斯阵列只需计算到 s^1 行，即可判断系统一定是不稳定的。

(2) 劳斯阵列有一个重要性质，即用同一个正数去乘劳斯阵列同一行的各元素，然后按乘后的新元素计算下面各行，结论不变。如用 3 乘以 s^2 行，则劳斯阵列为

$$\begin{array}{llll} s^4 & 1 & 3 & 2 \\ s^3 & 3 & 2 & 0 \\ s^2 & 7 & 6 & 0 \\ s^1 & -\frac{4}{7} & 0 & \\ s^0 & 6 & & \end{array}$$

可见，某一行同乘一个正实数后，劳斯阵列第一列元素符号改变的次数不变。

例 3-4　某系统特征方程为

$$s^4 + s^3 - 25s^2 - 19s + 30 = 0$$

利用劳斯判据判断系统的极点分布情况。

解 显然,它不满足稳定的必要条件,但可用劳斯判据判断它有几个根具有正实部。列劳斯阵列如下:

$$\begin{array}{llll} s^4 & 1 & -25 & 30 \\ s^3 & 1 & -19 & 0 \\ s^2 & -6 & 30 & \\ s^1 & -14 & & \\ s^0 & 30 & & \end{array}$$

劳斯阵列的第一列元素符号改变两次,故它有两个根具有正实部。

2. 劳斯阵列某一行的第一个元素为零(其他元素不全为零)时劳斯判据的应用

当劳斯阵列某一行的第一个元素为零,而其他元素不全为零时,无法进行以下各行的计算,此时用一个小的正数 $\varepsilon \to 0^+$ 来代替第一个元素零,再进行以下各行的计算。

例 3-5 某系统特征方程为

$$s^5 + s^4 + 4s^3 + 4s^2 + 2s + 1 = 0$$

用劳斯阵列判断其稳定性。

解 列劳斯阵列如下:

$$\begin{array}{llll} s^5 & 1 & 4 & 2 \\ s^4 & 1 & 4 & 1 \\ s^3 & o(\varepsilon) & 1 & 0 \\ s^2 & \dfrac{4\varepsilon - 1}{\varepsilon} & 1 & \\ s^1 & \dfrac{-\varepsilon^2 + 4\varepsilon - 1}{4\varepsilon - 1} & 0 & \\ s^0 & 1 & & \end{array}$$

劳斯阵列中,s^3 行第一个元素为 0,代之以 $\varepsilon \to 0^+$,然后继续计算以下各行,结果如上面的劳斯阵列所示。考察第一列元素符号:

$$s^2 \text{ 行:} \lim_{\varepsilon \to 0^+} \frac{4\varepsilon - 1}{\varepsilon} = -\infty$$

$$s^1 \text{ 行:} \lim_{\varepsilon \to 0^+} \frac{-\varepsilon^2 + 4\varepsilon - 1}{4\varepsilon - 1} = 1$$

故第一列元素符号改变两次,有两个根具有正实部,系统不稳定。

3. 劳斯阵列某一行元素全为零时劳斯判据的应用

当劳斯阵列中某一行元素全为零时,表示特征方程有对称于原点的根,这些根的分布可有如图 3-4 所示的几种情况。

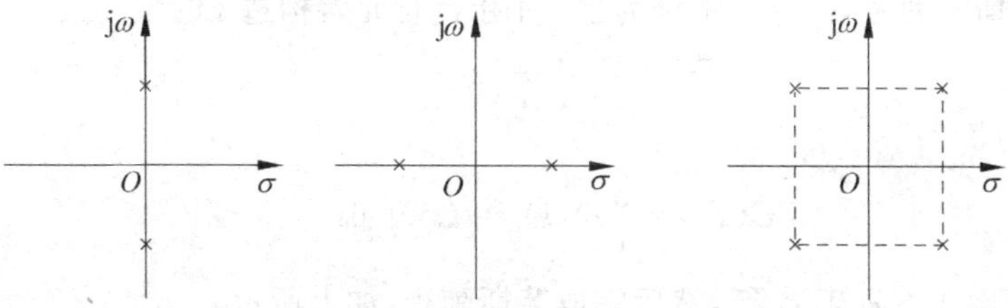

(a) 一对共轭虚根　(b) 一对符号相反的实根　(c) 两对共轭复根，其实部绝对值相等，符号相反

图 3-4　对称于原点的根的分布

可见，只要劳斯阵列某一行元素全为零，系统肯定是不稳定的。如要进一步判断根的分布情况，可按如下方法进行处理。

全为零的行为 s 的奇次幂行，设 s^{2m-1} 行元素全为零，即

$$\begin{array}{cccc} s^{2m} & b_1 & b_2 & b_3 \\ s^{2m-1} & 0 & 0 & 0 \end{array}$$

利用 s^{2m} 行构成一个 s 的辅助多项式 $D(s)$，为

$$D(s) = b_1 s^{2m} + b_2 s^{2(m-1)} + b_3 s^{2(m-2)} + \cdots$$

$D(s)$ 对 s 求导得多项式 $C(s)$：

$$C(s) = \frac{\mathrm{d}}{\mathrm{d}s}D(s) = 2mb_1 s^{2m-1} + 2(m-1)b_2 s^{2(m-1)-1} + 2(m-2)b_3 s^{2(m-2)-1} + \cdots$$

用 $C(s)$ 的各项系数 $2mb_1, 2(m-1)b_2, 2(m-2)b_3, \cdots$ 代替全为零行的元素，依次放在第一列，第二列，第三列，…，然后继续完成劳斯阵列。

另外，辅助方程 $D(s)=0$ 的根即是造成劳斯阵列的一行全为零的特征方程对称于原点的根。

如果除对称于原点的实部为正（或在虚轴上）的根以外，特征方程无其他根具有正实部，则按上述方法完成的劳斯阵列，第一列均为正数。

例 3-6　一系统特征方程为

$$s^5 + s^4 + 3s^3 + 3s^2 + 2s + 2 = 0$$

用劳斯判据判断其稳定性。

解　构造劳斯阵列：

$$\begin{array}{cccc} s^5 & 1 & 3 & 2 \\ s^4 & 1 & 3 & 2 \\ s^3 & (0/4 & 0/6 & 0) \\ s^2 & 3/2 & 2 & \\ s^1 & 2/3 & 0 & \\ s^0 & 2 & & \end{array}$$

在完成上面的劳斯阵列时，s^3 行元素全为零，利用 s^4 行元素构造 s 的多项式 $D(s)$：

$$D(s) = s^4 + 3s^2 + 2$$

对 $D(s)$ 求导，得 $C(s)$：

$$C(s) = \frac{\mathrm{d}}{\mathrm{d}s}D(s) = 4s^3 + 6s$$

将 $C(s)$ 的各项系数 4,6 置于 s^3 行，然后完成劳斯阵列，如上所示。

为求特征方程对称于原点的根，可解辅助方程 $D(s)=s^4+3s^2+2=0$，得 $(s^2+1)(s^2+2)=0$，即 $s_{1,2}=\pm\mathrm{j}$，$s_{3,4}=\pm\mathrm{j}\sqrt{2}$。它们即是原特征方程对称于原点的根。另外，上面完成的劳斯阵列第一列元素全为正，故可知，特征方程的全部五个根中除上述四个根外，另一个根具有负实部。

例 3-7 系统特征方程为

$$s^3 + 2s^2 + s + 2 = 0$$

利用劳斯准则判断其稳定性。

解 构造劳斯阵列：

$$\begin{array}{lcc} s^3 & 1 & 1 \\ s^2 & 2 & 2 \\ s^1 & 0(4) & \\ s^0 & 2 & \end{array}$$

s^1 行只有一个元素且为零，此时，应按一行全为零的情况处理，而不应按上述第二种情况(一行第一个元素为零)处理。利用 s^2 行构造 $D(s)$ 并求 $C(s)$，得

$$D(s) = 2s^2 + 2$$

$$C(s) = 4s$$

把 s^1 行元素换成 4，完成劳斯阵列。解 $D(s)=2s^2+2=0$，得 $s_{1,2}=\pm\mathrm{j}$，此即特征方程对称于原点的根。

由于劳斯阵列第一列元素全为正，故特征方程的另一个根具有负实部。

3.2.3 劳斯判据用于低阶系统

对于低阶系统，可由劳斯判据推出一些简单的结论，以直接判断系统的稳定性。

1. 二阶系统

特征方程为

$$a_2 s^2 + a_1 s + a_0 = 0$$

劳斯阵列为

$$\begin{array}{lll} s^2 & a_2 & a_0 \\ s^1 & a_1 & 0 \\ s^0 & a_0 & \end{array}$$

显然，对于二阶系统稳定的必要条件是充分的，即只要二阶系统的三个系数 a_2，a_1 和 a_0 均为正数，系统就是稳定的。

2. 三阶系统

特征方程为

$$a_3s^3+a_2s^2+a_1s+a_0=0$$

劳斯阵列为

$$\begin{array}{lll} s^3 & a_3 & a_1 \\ s^2 & a_2 & a_0 \\ s^1 & \dfrac{a_2a_1-a_3a_0}{a_2} & 0 \\ s^0 & a_0 & \end{array}$$

当稳定的必要条件满足后，即 a_0，a_1，a_2，a_3 均为正数，为保证上述劳斯阵列的第一列均为正(即系统稳定)，还需附加一个条件：$a_2a_1>a_3a_0$。

3.2.4　劳斯判据的推广

在系统分析中，有时可根据需要使其极点不但全在 s 平面左半部，而且保证全部极点都位于 s 平面左半部一条平行于虚轴的直线 $\sigma=-a(a>0)$ 的左侧，如图 3-5 所示的阴影部分。

利用劳斯判据可判断系统是否满足要求，此时，只要利用坐标变换将原特征方程 $A(s)=0$ 变为 $A(s_1-a)=0$，然后利用劳斯判据根据方程 $A(s_1-a)=0$ 判断即可。

例 3-8　一调节系统如图 3-6 所示，其中 K 为调节器可变参数，选择 K 使闭环传递函数的极点都在 s 平面上 $\sigma=-1$ 线的左侧。

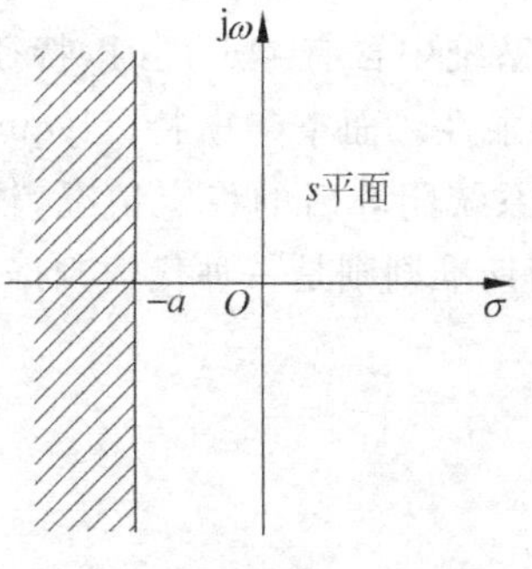

图 3-5　劳斯判据的推广

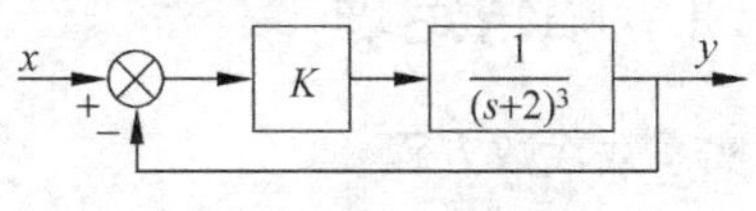

图 3-6　例 3-8 方框图

解 系统特征方程为

$$1+G_K(s)=0$$

即

$$1+\frac{K}{(s+2)^3}=0$$

$$s^3+6s^2+12s+8+K=0 \tag{3-4}$$

将 $s=s_1-1$ 代入上式，得

$$(s_1-1)^3+6(s_1-1)^2+12(s_1-1)+8+K=0$$

经整理得

$$s_1^3+3s_1^2+3s_1+1+K=0 \tag{3-5}$$

根据式(3-5)构造劳斯阵列如下：

$$\begin{array}{lll} s^3 & 1 & 3 \\ s^2 & 3 & 1+K \\ s^1 & \dfrac{8-K}{3} & 0 \\ s^0 & 1+K & \end{array}$$

则式(3-5)没有实部为正的根的条件是

$$\begin{cases} \dfrac{8-K}{3}>0 \\ 1+K>0 \end{cases}$$

即 $-1<K<8$。

故当 $-1<K<8$ 时，系统的全部极点都在 s 平面上 $\sigma=-1$ 线的左侧。

3.3 奈奎斯特稳定判据

用劳斯判据对系统进行稳定性分析要求知道系统的闭环传递函数，这在很多情况下是不方便的。另外，系统的特征方程必须是代数方程，当系统中含有纯迟延时，特征方程不再是代数方程，劳斯判据不能使用，这是劳斯判据的局限性。而奈奎斯特(Nyquist)判据(简称奈氏准则)则是根据系统的开环频率特性来判断系统闭环后的稳定情况，较之劳斯准则有更广泛的用途。奈氏准则是一种频率判据，而劳斯准则则是一种代数判据。

3.3.1 幅角定理

设有实系数代数方程

$$F(s)=a_ns^n+a_{n-1}s^{n-1}+\cdots+a_1s+a_0=0$$

假定它的 n 个根 $s_1, s_2, \cdots, s_n$ 都不在 s 平面虚轴上，则 $F(s)$ 可表示为

$$F(s) = a_n(s - s_1)(s - s_2)\cdots(s - s_n) \tag{3-6}$$

其频率特性为

$$F(\mathrm{j}\omega) = a_n(\mathrm{j}\omega - s_1)(\mathrm{j}\omega - s_2)\cdots(\mathrm{j}\omega - s_n) \tag{3-7}$$

记相量

$$\mathrm{j}\omega - s_i = M_i(\omega)\mathrm{e}^{\mathrm{j}\theta_i(\omega)} \tag{3-8}$$

以及

$$F(\mathrm{j}\omega) = a_n M(\omega)\mathrm{e}^{\mathrm{j}\theta(\omega)} \tag{3-9}$$

则有

$$M(\omega) = \prod_{i=1}^{n} M_i(\omega) \tag{3-10}$$

$$\theta(\omega) = \sum_{i=1}^{n} \theta_i(\omega) \tag{3-11}$$

现考虑当 ω 从 $-\infty$ 变到 $+\infty$ 时，相量 $F(\mathrm{j}\omega)$ 在复平面上的变化情况。对于 $F(s)=0$ 任一在 s 平面左半部的根，当 ω 从 $-\infty$ 变到 $+\infty$ 时，相量 $\mathrm{j}\omega - s_i$ 的变化情况如图 3-7 所示。图中相量 $\overrightarrow{OA}$ 为 s_i，$\overrightarrow{OB}$ 为 $\mathrm{j}\omega$，则相量 $\overrightarrow{AB}$ 即为 $\mathrm{j}\omega - s_i$，$\angle CAB$（AC 平行实轴）即 $\mathrm{j}\omega - s_i$ 的相角 $\theta_i(\omega)$。

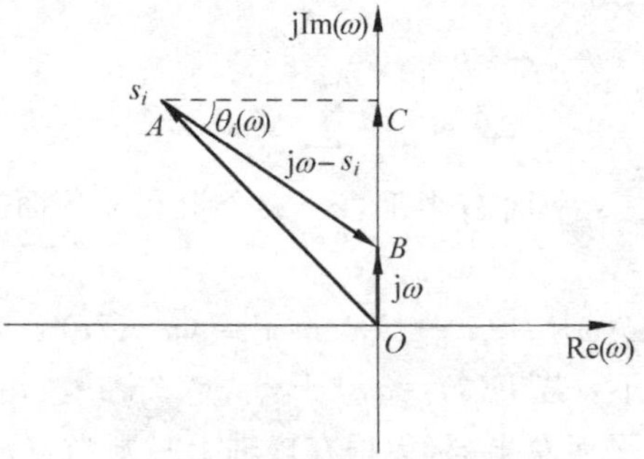

图 3-7　s 平面左半部的根 s_i 随 ω 的变化情况

由图 3-7 可见，当 ω 从 $-\infty$ 变到 $+\infty$ 时，相量 $\mathrm{j}\omega$ 在虚轴上自下而上移动。当 $\omega = -\infty$ 时，$\theta_i(\omega) = -\frac{\pi}{2}$；当 $\omega = s_i$ 的虚部时，$\theta_i(\omega) = 0$；当 $\omega = +\infty$ 时，$\theta_i(\omega) = \frac{\pi}{2}$。即 ω 从 $-\infty$ 变到 $+\infty$ 时，$\theta_i(\omega)$ 从 $-\frac{\pi}{2}$ 经 0 变到 $\frac{\pi}{2}$，这表示相量 $\mathrm{j}\omega - s_i$ 逆时针转过了 π 角，设逆时针转为正，顺时针转为负，则 $\mathrm{j}\omega - s_i$ 转过的角度为

$$\Delta\theta_i(\omega) = \theta_i(+\infty) - \theta_i(-\infty) = \pi \tag{3-12}$$

对于 $F(s)=0$ 的任一在 s 平面右半部的根 s_k，当 ω 从 $-\infty$ 到 $+\infty$ 时，它所对应的相量

$j\omega - s_k$ 的变化情况如图 3-8 所示。根据类似于上面的分析，可知：当 $\omega = -\infty$ 时，$\theta_k(\omega) = -\frac{\pi}{2}$；当 ω 等于 s_k 的虚部时，$\theta_k(\omega) = -\pi$；当 $\omega = +\infty$ 时，$\theta_k(\omega) = \frac{\pi}{2}$。可见，当 ω 从 $-\infty$ 变到 $+\infty$ 时，相量 $j\omega - s_k$ 从 $-\frac{\pi}{2}$ 经 $-\pi$ 转到 $\frac{\pi}{2}$，即顺时针转过 π 角，根据上面符号的规定，转过的角度为

$$\Delta\theta_k(\omega) = -\pi \tag{3-13}$$

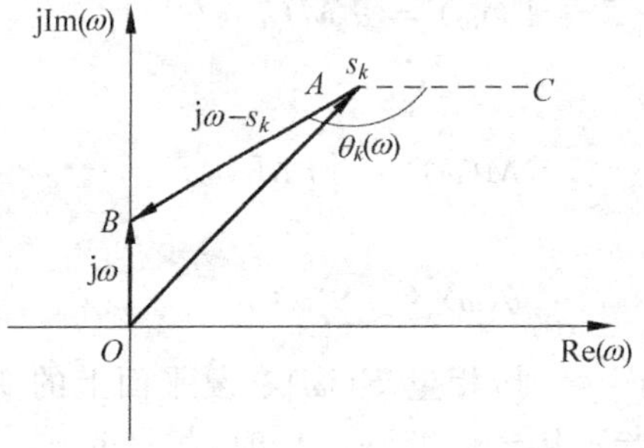

图 3-8　s 平面右半部的根 s_k 随 ω 的变化情况

由式(3-11)，当 ω 从 $-\infty$ 变到 $+\infty$ 时，相量 $F(j\omega)$ 的幅角 $\theta(\omega)$ 的变化量(即 $F(j\omega)$ 转过的角度) $\Delta\theta(\omega)$ 为

$$\Delta\theta(\omega) = \sum_{i=1}^{n} \Delta\theta_i(\omega) \tag{3-14}$$

如 $F(s)=0$ 有 r 个根在 s 平面右半部，$n-r$ 个根在 s 平面左半部，则由式(3-12)、式(3-13)和式(3-14)可得

$$\Delta\theta(\omega) = (n-r)\pi - r\pi = (n-2r)\pi \tag{3-15}$$

于是，可得幅角定理如下：若 $F(s) = a_n s^n + a_{n-1}s^{n-1} + \cdots + a_1 s + a_0 = 0$ 有 r 个根在 s 平面右半部，$n-r$ 个根在 s 平面左半部(无根在虚轴上)，则当 ω 从 $-\infty$ 变到 $+\infty$ 时，相量 $F(j\omega)$ 逆时针转过 $(n-2r)\pi$ 角(当然，当 $n<2r$ 时，则顺时针转过 $(2r-n)\pi$ 角)。反之，若 ω 从 $-\infty$ 变到 $+\infty$ 时，$F(j\omega)$ 逆时针转过 $(n-2r)\pi$ 角，则 $F(s)=0$ 必有 r 个根在 s 平面右半部。

3.3.2 奈氏准则

对于图 3-9 所示的单位反馈控制系统，$G_K(s)$ 为系统的开环传递函数，则系统的闭环传递函数为

$$G(s) = \frac{Y(s)}{X(s)} = \frac{G_K(s)}{1+G_K(s)} \tag{3-16}$$

奈氏准则是利用系统的开环频率特性 $G_K(j\omega)$ 来判断系统闭环的稳定情况，叙述如下：一个控制系统，如果开环传递函数 $G_K(s)$ 有 p 个极点在 s 平面右半部，则闭环系统稳定的充要条件是：当 ω 从 $-\infty$ 变到 $+\infty$ 时，$G_K(j\omega)$ 逆时针包围 $(-1,j0)$ 点 p 圈。

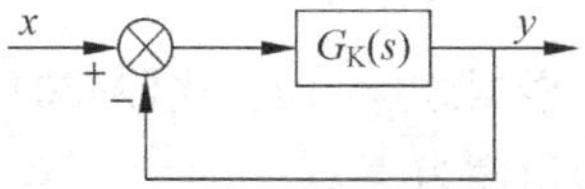

图 3-9 控制系统的简化表示

下面分三种情况证明奈氏准则：$G_K(s)$ 无极点在虚轴上；$G_K(s)$ 有极点在虚轴上；$G_K(s)$ 中含有纯迟延因子 $e^{-\tau s}$。

1. $G_K(s)$ 无极点在虚轴上

设

$$G_K(s)=\frac{M_K(s)}{D_K(s)} \tag{3-17}$$

式中

$$M_K(s)=b_m s^m+b_{m-1}s^{m-1}+\cdots+b_1 s+b_0$$
$$D_K(s)=a_n s^n+a_{n-1}s^{n-1}+\cdots+a_1 s+a_0$$

对于实际物理系统，有 $n>m$。则闭环传递函数为

$$G(s)=\frac{G_K(s)}{1+G_K(s)}=\frac{\dfrac{M_K(s)}{D_K(s)}}{1+\dfrac{M_K(s)}{D_K(s)}}=\frac{M_K(s)}{D_K(s)+M_K(s)}=\frac{M(s)}{D(s)} \tag{3-18}$$

由式(3-18)可见，闭环传递函数的分子等于开环传递函数的分子，闭环传递函数的分母等于开环传递函数的分子和分母之和，即

$$M(s)=M_K(s)$$
$$D(s)=M_K(s)+D_K(s)$$

因为 $M_K(s)$ 为 m 次，$D_K(s)$ 为 n 次，而 $n>m$，故 $D(s)$ 也为 n 次。

另外，$1+G_K(s)$ 可表示为

$$1+G_K(s)=1+\frac{M_K(s)}{D_K(s)}=\frac{D_K(s)+M_K(s)}{D_K(s)}=\frac{D(s)}{D_K(s)} \tag{3-19}$$

可见，$1+G_K(s)$ 也是一个分式，其分子为闭环传递函数的分母，分母为开环传递函数的分母。因此，如果开环传递函数有 p 个极点在 s 平面右半部，$n-p$ 个极点在 s 平面左半部(无极点在虚轴上)，则根据幅角定理，当 ω 从 $-\infty$ 变到 $+\infty$ 时，$D_K(j\omega)$ 逆时针转过的角度为

$$\Delta\theta_K(j\omega)=(n-2p)\pi \tag{3-20}$$

如要求闭环稳定，即 $D(s)=0$ 的所有根都在 s 平面左半部，则当 ω 从 $-\infty$ 变到 $+\infty$ 时，$D(j\omega)$ 逆时针转过的角度应为

$$\Delta\theta(j\omega)=n\pi \tag{3-21}$$

根据式(3-19),式(3-20)和式(3-21),当 ω 从 $-\infty$ 变到 $+\infty$ 时,$1+G_K(j\omega)$ 逆时针转过的角度为

$$\Delta\varphi(\omega)=\Delta\theta(j\omega)-\Delta\theta_K(j\omega)=n\pi-(n-2p)\pi=2p\pi \tag{3-22}$$

此式表明,当 ω 从 $-\infty$ 变到 $+\infty$ 时,$1+G_K(j\omega)$ 绕原点逆时针转过 p 圈,即 $G_K(j\omega)$ 绕 $(-1,j0)$ 点逆时针转过 p 圈。至此,对 $G_K(s)$ 在虚轴上无极点的情况,证明了奈氏准则。

应用奈氏准则判别系统稳定性的步骤:

(1) 先找出 $G_K(s)$ 的极点分布情况,设有 p 个极点在 s 平面右半部,其余 $n-p$ 个极点在 s 平面左半部。

(2) 作 $G_K(j\omega)$ 的极坐标图,如果它逆时针绕 $(-1,j0)$ 点转 p 圈,则闭环稳定,否则不稳定。并且当闭环不稳定时,还可由 $G_K(j\omega)$ 绕 $(-1,j0)$ 点转过的圈数判断闭环传递函数 $G(s)$ 的极点在 s 平面右半部的数目。

因为 $G_K(j\omega)$ 关于实轴对称,故实际上,只需画出 $\omega\geqslant 0$ 时的极坐标图即可,如果它逆时针绕 $(-1,j0)$ 点转 $\frac{p}{2}$ 圈,则闭环稳定。

对于热工对象,一般开环稳定,即 $G_K(s)$ 的全部极点都不在 s 平面右半部,$p=0$。则闭环稳定的充要条件是:当 ω 从 $-\infty$ 变到 $+\infty$ 时(或 ω 从 0 变到 $+\infty$ 时),$G_K(j\omega)$ 不包围 $(-1,j0)$ 点。图 3-10 是 $p=0$ 时 $G_K(j\omega)$ 的几种情况。图中,(a)所示的 $G_K(j\omega)$ 不包围 $(-1,j0)$ 点,闭环稳定;(b)所示的 $G_K(j\omega)$ 包围 $(-1,j0)$ 点,闭环不稳定;(c)所示的 $G_K(j\omega)$ 穿过 $(-1,j0)$ 点,系统临界。

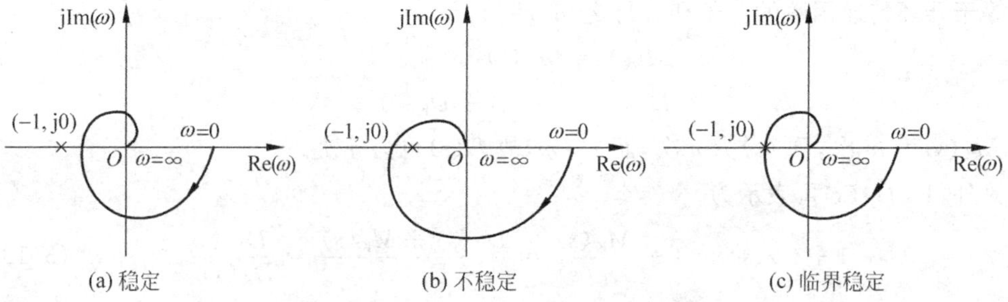

图 3-10 $p=0$ 时 $G_K(j\omega)$ 的几种情况

(3) 图 3-10(c)所示的临界状态可以通过计算来确定,对于热工对象,其开环幅频特性 $M(\omega)$ 和相频特性 $\varphi(\omega)$ 一般满足:当 ω 增大时,$M(\omega)$ 减小,而 $\varphi(\omega)$ 负向增大。这样,当系统处于临界状态时,曲线 $G_K(j\omega)$ 一定是在第一次通过负实轴时穿过 $(-1,j0)$ 点,然后,随着 ω 增大,$G_K(j\omega)$ 曲线均在 $(-1,j0)$ 点右侧。于是解下式所示的复数方程可得到临界时的振荡频率 ω 及其他有关参数:

$$G_K(j\omega)=-1 \tag{3-23}$$

实际上方程(3-23)需变成以下的实数方程组求解：

$$\begin{cases}\mathrm{Re}(\omega)=-1\\ \mathrm{Im}(\omega)=0\end{cases} \tag{3-24}$$

$$\begin{cases}M(\omega)=1\\ \varphi(\omega)=-\pi\end{cases} \tag{3-25}$$

上两式中，$M(\omega)$，$\varphi(\omega)$，$\mathrm{Re}(\omega)$和$\mathrm{Im}(\omega)$分别为$G_K(j\omega)$的模、幅角、实部和虚部。

例 3-9 控制系统如图 3-11 所示，求：(1)调节器参数K_P对稳定性的影响；(2)稳定边界下的振荡周期。

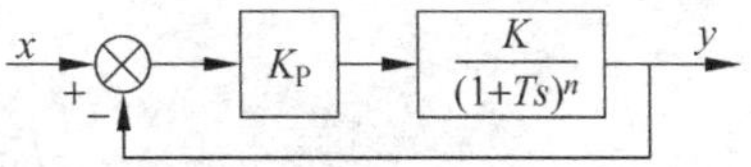

图 3-11 例 3-9 方框图

解 系统开环传递函数为

$$G_K(s)=\frac{KK_P}{(1+Ts)^n}$$

开环频率特性为

$$G_K(j\omega)=\frac{KK_P}{(1+j\omega T)^n}=\frac{KK_P}{(1+\omega^2T^2)^{n/2}}e^{-jn\arctan\omega T}$$

模和相角分别为

$$M(\omega)=\frac{KK_P}{(1+\omega^2T^2)^{n/2}} \tag{3-26}$$

$$\varphi(\omega)=-n\arctan\omega T \tag{3-27}$$

故可得出$G_K(j\omega)$图形的特征为：当$\omega=0$时，曲线起始于正实轴KK_P点，随着ω增大，$M(\omega)$下降，曲线顺时针旋转，当$\omega=+\infty$时，曲线转过$\frac{n\pi}{2}$角，终止于原点，其大致形状如图 3-12 所示。

由图 3-12 也可看出K_P对稳定性的影响：当K_P增大时，曲线向外移动，如图 3-12 中虚线所示。显然，K_P越大曲线越易包围$(-1,j0)$点，系统越不稳定。

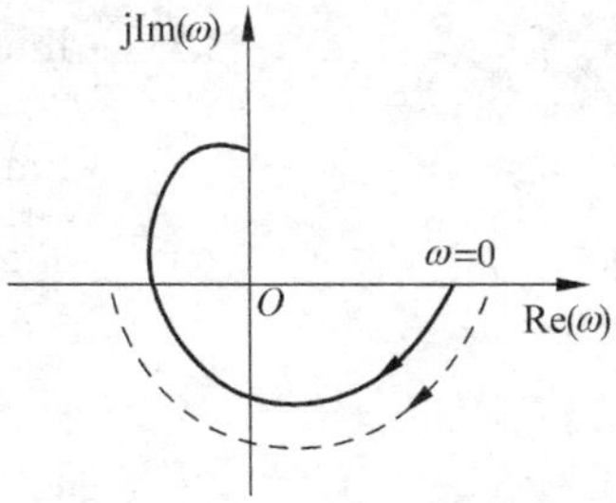

图 3-12 例 3-9$G_K(j\omega)$图

令式(3-27)中$\varphi(\omega)=-\pi$，可解得临界振荡频率为

$$\omega=\frac{\tan\frac{\pi}{n}}{T} \tag{3-28}$$

代入式(3-26)并令$M(\omega)=1$，可得

$$\frac{K_PK}{\left(1+\tan^2\frac{\pi}{n}\right)^{n/2}}=1$$

$$K_P K\left(\cos\frac{\pi}{n}\right)^n = 1$$

$$K_P = \frac{1}{K\left(\cos\frac{\pi}{n}\right)^n} \tag{3-29}$$

可见，当 $K_P=\dfrac{1}{K\left(\cos\frac{\pi}{n}\right)^n}$时，系统临界；当 $K_P<\dfrac{1}{K\left(\cos\frac{\pi}{n}\right)^n}$时，系统稳定。

2. $G_K(s)$ 有极点在虚轴上

对于热工对象，$G_K(s)$若在虚轴上有极点，一般均位于原点。下面仅以极点在原点的情况进行讨论。

设 $G_K(s)$在原点有 k 重极点，表示为

$$G_K(s) = \frac{M_K(s)}{D_K(s)} = \frac{M_K(s)}{s^k D'_K(s)} \tag{3-30}$$

其中 $D_K(s)=s^k D'_K(s)$，$M_K(s)$，$D'_K(s)$均为 s 的多项式，但 $D'_K(s)=0$ 无根在虚轴上。其频率特性为

$$G_K(j\omega) = \frac{M_K(j\omega)}{(j\omega)^k D'_K(j\omega)} = A(\omega)e^{j\varphi(\omega)} \tag{3-31}$$

设其中

$$\frac{M_K(j\omega)}{D'_K(j\omega)} = A'(\omega)e^{j\varphi'(\omega)} \tag{3-32}$$

因为 $M_K(s)$，$D'_K(s)$均为不含 s 因子的 s 多项式，故$\dfrac{M_K(j\omega)}{D'_K(j\omega)}=A(\omega)e^{j\varphi(\omega)}$在 $\omega=0$ 点连续，即

$$\begin{cases}\lim\limits_{\omega\to0^-}A'(\omega) = \lim\limits_{\omega\to0^+}A'(\omega) = A'(0) \\ \lim\limits_{\omega\to0^-}\varphi'(\omega) = \lim\limits_{\omega\to0^+}\varphi'(\omega) = \varphi'(0)\end{cases} \tag{3-33}$$

另外

$$\frac{1}{j\omega} = -j\frac{1}{\omega} = \begin{cases}-\dfrac{1}{\omega}e^{j\frac{\pi}{2}}, & \omega<0 \\ \dfrac{1}{\omega}e^{-j\frac{\pi}{2}}, & \omega>0\end{cases}$$

故

$$\left(\frac{1}{j\omega}\right)^k = \begin{cases}\dfrac{1}{|\omega^k|}e^{j\frac{k}{2}\pi}, & \omega<0 \\ \dfrac{1}{\omega^k}e^{-j\frac{k}{2}\pi}, & \omega>0\end{cases} \tag{3-34}$$

所以

$$G_K(j\omega)=\begin{cases}\dfrac{1}{|\omega^k|}A'(\omega)e^{j\left[\frac{k}{2}\pi+\varphi'(\omega)\right]}, & \omega<0\\ \dfrac{1}{\omega^k}A'(\omega)e^{j\left[-\frac{k}{2}\pi+\varphi'(\omega)\right]}, & \omega>0\end{cases} \tag{3-35}$$

由式(3-31)～式(3-35)可知

$$\lim_{\omega\to 0^-}G_K(j\omega)=\infty e^{j\left[\frac{k}{2}\pi+\varphi'(0)\right]} \tag{3-36}$$

$$\lim_{\omega\to 0^+}G_K(j\omega)=\infty e^{j\left[-\frac{k}{2}\pi+\varphi'(0)\right]} \tag{3-37}$$

由式(3-36)和式(3-37)可知

$$\lim_{\omega\to 0^-}G_K(j\omega)\neq\lim_{\omega\to 0^+}G_K(j\omega)$$

即 $G_K(j\omega)$在 $\omega=0$ 处不连续，因此无法判定当 ω 从 $-\infty$ 变到 $+\infty$ 时，$G_K(j\omega)$是否包围$(-1,j0)$点。

例 3-10　画出 $G_K(s)=\dfrac{A}{s^k(1+Ts)}$对应的 $G_K(j\omega)$图，其中 $A>0,T>0,k>0$。

解　$G_K(j\omega)$的相角

$$\varphi(\omega)=\begin{cases}\dfrac{k}{2}\pi-\arctan\omega T, & \omega<0\\ -\dfrac{k}{2}\pi-\arctan\omega T, & \omega>0\end{cases}$$

如 $k=1$，则当 $\omega=0^+$ 时，$\varphi(\omega)=-\dfrac{\pi}{2}$；当 $\omega=0^-$ 时，$\varphi(\omega)=\dfrac{\pi}{2}$；当 $\omega=+\infty$ 时，$\varphi(\omega)=-\pi$；当 $\varphi(\omega)=-\infty$ 时，$\varphi(\omega)=\pi$。$G_K(j\omega)$的模 $M(\omega)=\dfrac{1}{|\omega|}\dfrac{1}{\sqrt{1+\omega^2T^2}}$；故可画出 $G_K(j\omega)$如图 3-13(a)所示。

同样，可画出当 $k=2,3,4$ 时 $G_K(j\omega)$的图形，分别示于图 3-13(b)，(c)，(d)，它们在 $\omega=0$ 处都是间断的。

由上可知，当 $G_K(s)$在原点有极点时，$G_K(j\omega)$图形在 $\omega=0$ 点不连续，无法判断其是否包围$(-1,j0)$点以及包围的圈数。为了利用奈氏准则，一种处理的方法是将在原点的极点看做是处于负实轴上且无限趋近于原点的极点。这样，如设 ε 是一个趋于零的小正数，则式(3-30)所示的传递函数和频率特性可分别表示为

$$G_K(s)=\frac{M_K(s)}{s^kD'_K(s)}=\lim_{\varepsilon\to 0^+}\frac{M_K(s)}{(s+\varepsilon)^kD'_K(s)} \tag{3-38}$$

$$G_K(j\omega)=\lim_{\varepsilon\to 0^+}\frac{M_K(j\omega)}{(j\omega+\varepsilon)^kD'_K(j\omega)}=M(\omega)e^{j\varphi(\omega)} \tag{3-39}$$

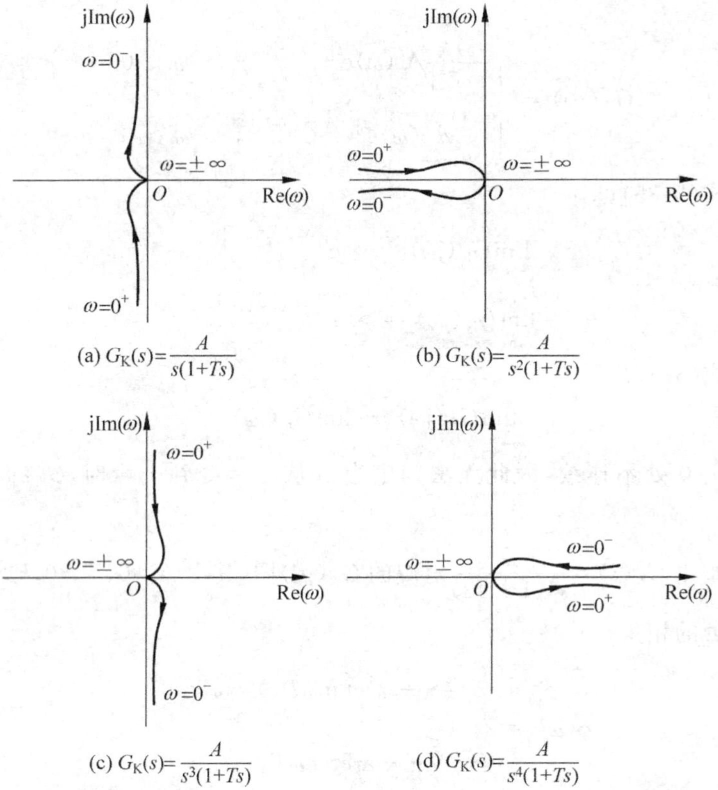

图 3-13 $\frac{A}{s^k(1+Ts)}$的频率特性

式(3-39)中

$$\frac{1}{(\mathrm{j}\omega+\varepsilon)^k}=\frac{1}{(\varepsilon^2+\omega^2)^{k/2}}\mathrm{e}^{-\mathrm{j}k\arctan\frac{\omega}{\varepsilon}} \tag{3-40}$$

由以上三式及式(3-32),可得

$$M(\omega)=\lim_{\varepsilon\to0^+}\frac{A'(\omega)}{(\varepsilon^2+\omega^2)^{k/2}} \tag{3-41}$$

$$\varphi(\omega)=\lim_{\varepsilon\to0^+}\left[-k\arctan\frac{\omega}{\varepsilon}+\varphi'(\omega)\right] \tag{3-42}$$

由式(3-41)和式(3-33),可得

$$\lim_{\varepsilon\to0^-}M(\omega)=\lim_{\varepsilon\to0^+}M(\omega)=\lim_{\varepsilon\to0^+}\frac{A'(0)}{\varepsilon^k}=\infty \tag{3-43}$$

由式(3-42)和式(3-33),可分析其相角在 $\omega=0$ 附近的变化情况:当 $\omega=0^+$ 时(即 ω 为很小的正数),相角为

$$\varphi(0^+) = \lim_{\varepsilon\to 0^+}\left[-k\arctan\frac{0^+}{\varepsilon}+\varphi'(0)\right]=-\frac{k}{2}\pi+\varphi'(0) \tag{3-44}$$

当 $\omega=0^-$ 时(即 ω 为很小的负数),相角为

$$\varphi(0^-) = \lim_{\varepsilon\to 0^+}\left[-k\arctan\frac{0^-}{\varepsilon}+\varphi'(0)\right]=\frac{k}{2}\pi+\varphi'(0) \tag{3-45}$$

而在 $\omega=0$ 时,相角为

$$\varphi(0) = \varphi'(0) \tag{3-46}$$

由式(3-44)～式(3-46)和式(3-43)可知,经过上述处理后,$G_K(j\omega)$在 $\omega=0$ 处连续,在 $\omega=0$ 附近的图形为:幅值趋于无穷大,而相角随 ω 增加,由在 $\omega=0^-$ 处的 $\frac{k}{2}\pi+\varphi'(0)$经过 $\omega=0$ 处的 $\varphi'(0)$变到 $\omega=0^+$ 处的$\frac{-k}{2}\pi+\varphi'(0)$。即当 ω 从 0^- 变到 0^+ 时,$G_K(j\omega)$以无穷大幅值顺时针转过 $k\pi$ 角。

这样,可利用上述方法得到使 $G_K(j\omega)$连续的图形,作图的方法是:先画出 $G_K(j\omega)$不连续的图形,然后,以如下方法作一条辅助线:从 $\omega=0^-$ 开始以无穷大为半径,顺时针转过 $k\pi$ 角终止在 $\omega=0^+$,这里 k 是在原点的极点阶次。这条辅助线即使原来不连续的图形连续起来。

由于上述处理中,是把在原点的极点看做位于 s 平面左半部,故奈氏准则可以照样利用。即只需知道 $G_K(s)$在 s 平面右半部的极点数 p(其余极点可在 s 平面左半部,也可在虚轴上),则闭环稳定的充要条件即为:当 ω 从 $-\infty$变到$+\infty$时,$G_K(j\omega)$逆时针包围$(-1,j0)$点 p 圈。

例 3-11　分析例 3-10 所示系统的稳定性。

解　首先,根据 $G_K(s)$在原点的极点阶次把图 3-13 所示的不连续的频率特性曲线加以辅助线,使之连续,如图 3-14 所示。

由于 $G_K(s)=\dfrac{A}{s^k(1+Ts)}$在 s 平面右半部无极点,即 $p=0$,故其闭环稳定的充要条件是 $G_K(j\omega)$不包围$(-1,j0)$点。由图 3-14 可见,当 $k=1$ 时稳定,$k=2,3,4$ 时不稳定。

例 3-12　已知,$G_K(s)=\dfrac{k(1+\tau s)}{s^2(1+Ts)}$,$\tau,k,T$ 均大于 0,分析其闭环稳定性。

解　在 $\omega>0$ 时,

$$G_K(j\omega) = \frac{K\sqrt{1+\omega^2\tau^2}}{\omega^2\sqrt{1+\omega^2T^2}}e^{j(-\pi+\arctan\omega\tau-\arctan\omega T)}$$

当 $\omega=0^+$ 时,

$$M(\omega) = \infty$$

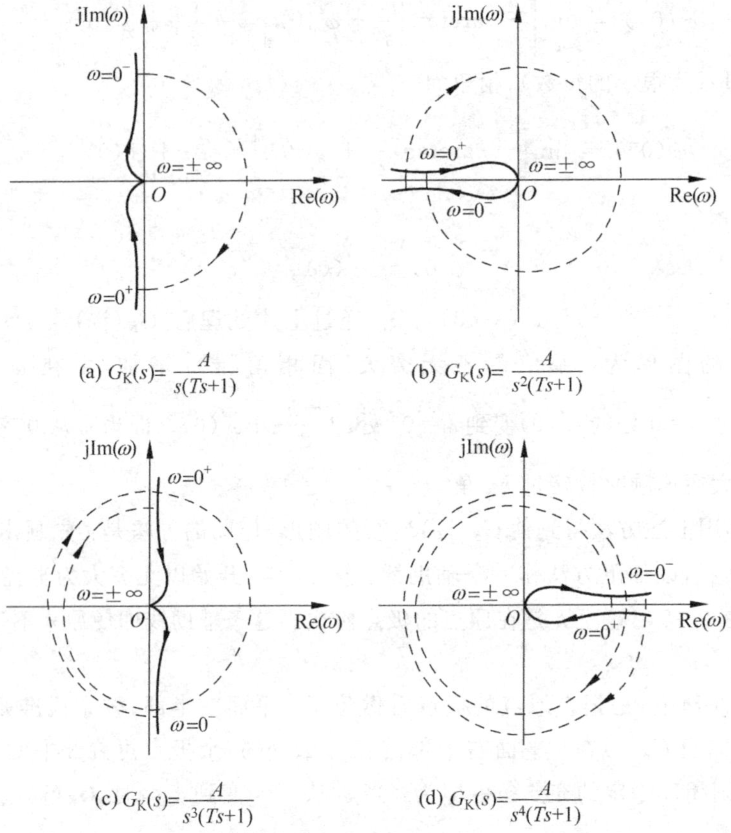

(a) $G_K(s)=\dfrac{A}{s(Ts+1)}$　(b) $G_K(s)=\dfrac{A}{s^2(Ts+1)}$

(c) $G_K(s)=\dfrac{A}{s^3(Ts+1)}$　(d) $G_K(s)=\dfrac{A}{s^4(Ts+1)}$

图 3-14　例 3-11 图

$$\varphi(\omega)=\begin{cases}-\pi-\alpha, & T>\tau,\\ -\pi, & T=\tau,\\ -\pi+\alpha, & T<\tau,\end{cases}\qquad \text{其中 } \alpha>0$$

当 $\omega=+\infty$ 时，

$$M(\omega)=0$$

$$\varphi(\omega)=-\pi$$

由此可画出在 $\omega>0$ 时，$T>\tau$，$T=\tau$，$T<\tau$ 三种情况下的频率特性曲线，根据对称性画出 $\omega<0$ 时的部分，然后加以辅助线，如图 3-15(a)，(b)，(c)所示。

可见，当 $T>\tau$ 时不稳定，$T=\tau$ 时临界稳定，$T<\tau$ 时稳定。

3. $G_K(s)$ 含有纯迟延 $e^{-\tau s}$

当 $G_K(s)$ 含有纯迟延因子 $e^{-\tau s}$ 时，其闭环特征方程不再是代数方程，劳斯准则不能应

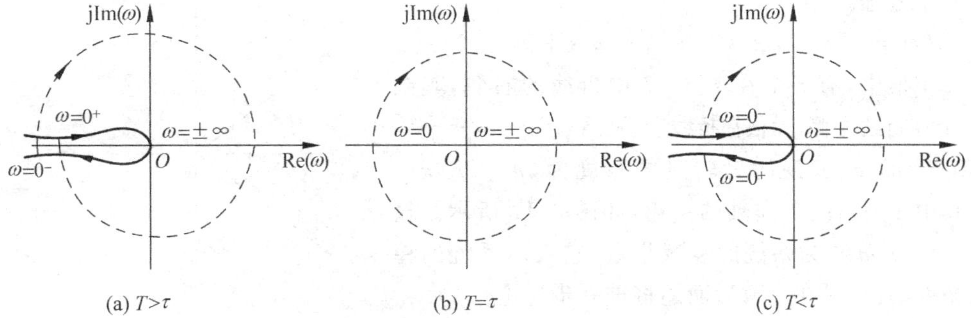

(a) $T>\tau$　(b) $T=\tau$　(c) $T<\tau$

图 3-15　例 3-12 图

用，而奈式准则则不存在任何困难。设

$$G_K(s)=G_{K1}(s)e^{-\tau s} \tag{3-47}$$

式中，$G_{K1}(s)$为$G_K(s)$中不包含纯迟延的部分，因为$e^{-\tau s}$的加入，不改变开环极点，$G_K(s)$与$G_{K1}(s)$的极点分布情况相同，故只要作出$G_K(j\omega)$的图形即可根据$G_{K1}(s)$的极点分布判别闭环系统是否稳定。

由于$e^{-\tau s}$的频率特性为单位圆，即模为1，相角为$-\omega\tau$，故$G_K(j\omega)$的作图方法如图3-16所示。图中，$G_{K1}(j\omega)$上的任一点A_1，对应于$\omega=\omega_0$，使OA_1顺时针转过$\omega_0\tau$角，到OA，其中$OA=OA_1$，则A即$\omega=\omega_0$时$G_K(j\omega)$上的点，如此逐点作图，可得到$G_K(j\omega)$。可见，$G_K(j\omega)$较$G_{K1}(j\omega)$相应的各点都滞后了一个$\omega\tau$角。对于热工对象，$G_{K1}(j\omega)$的模一般是随ω增大而减小的，故纯迟延环节的加入使曲线外移，系统趋于不稳定。

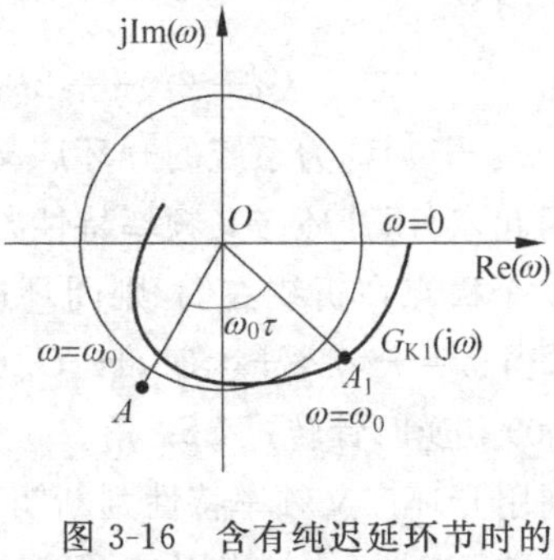

图 3-16　含有纯迟延环节时的开环频率特性

3.3.3　广义频率特性

奈氏准则是以虚轴（即$s=j\omega$线）为标准进行判别的，即以$s=j\omega$代入$G_K(s)$得到$G_K(j\omega)$，根据$G_K(s)$的极点分布和$G_K(j\omega)$包围$(-1,j0)$点的情况，来判断闭环传递函数的极点在虚轴（即$s=j\omega$线）两侧的分布情况。同样，也可以不用虚轴而用其他任何一条线作为判别标准。为了使系统具有一定的稳定性裕度，常用如图3-17所示的两条射线为标准（其方程为$s=-|m\omega|+j\omega,m>0$，为常数）以判别闭环极点是否都落在图中阴影部分。

以图3-17中的折线为界，按照与3.3.1节中相同的方法，可以得到这种情况下的幅角定理。

对于方程

$$A(s)=a_n s^n+a_{n-1}s^{n-1}+\cdots+a_1 s+a_0=0$$

若其 n 个根中，有 r 个在图 3-17 中折线的右侧，其余 $n-r$ 个在折线左侧，无根在折线上，则当 $\omega=-\infty\to+\infty$ 时，$A(-m\omega+j\omega)$ 逆时针转过的角度为 $(n-2r)\pi+2n\alpha$，其中 α 为折线与虚轴的夹角，如图 3-17 所示。显然 $m=\tan\alpha$，m 称为系统的衰减指数，它表示系统的稳定性裕度，其意义在本章后面还将进一步讨论。

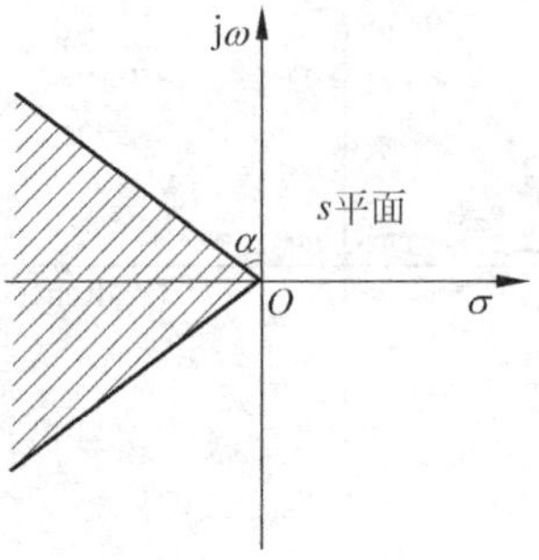

图 3-17　广义频率特性

由式(3-19)有

$$1+G_K(s)=\frac{D(s)}{D_K(s)}$$

则根据上述幅角定理可得：若开环传递函数有 p 个极点在折线右侧，无极点在折线上，则当 $\omega=-\infty\to+\infty$ 时，$D_K(-m\omega+j\omega)$ 逆时针转过 $(n-2p)\pi+2n\alpha$ 角。若闭环传递函数有 r 个极点在折线右侧，则当 $\omega=-\infty\to+\infty$ 时，$D(-m\omega+j\omega)$ 逆时针转过 $(n-2r)\pi+2n\alpha$ 角。则当 $\omega=-\infty\to+\infty$ 时，$1+G_K(-m\omega+j\omega)=\dfrac{D(-m\omega+j\omega)}{D_K(-m\omega+j\omega)}$ 逆时针转过的角度为

$$(n-2r)\pi+2n\alpha-(n-2p)\pi-2n\alpha=2(p-r)\pi$$

$G_K(-m\omega+j\omega)$ 称为系统的开环广义频率特性。

因此，利用开环广义频率特性判断闭环系统稳定性裕度的方法为：已知开环传递函数有 p 个极点在折线右侧，则闭环极点全部位于图 3-17 中阴影区域(即 $r=0$)的充要条件是：当 $\omega=-\infty\to+\infty$ 时，$1+G_K(-m\omega+j\omega)$ 逆时针转过 $2p\pi$ 角，即 $G_K(-m\omega+j\omega)$ 绕 $(-1,j0)$ 点逆时针转过 $2p\pi$ 角。

利用开环广义频率特性判断闭环系统稳定性裕度需要已知开环传递函数在折线右侧的极点数 p，这可能带来困难，但实际系统多数是实极点，故正实轴上的极点数即 p。若开环传递函数有极点在原点，则和一般频率特性处理的方法一样，将其视为位于负实轴且无限靠近原点即可。

对于热工系统，多数情况下 $p=0$，故这时判断方法为：若开环传递函数无极点在折线右侧，则闭环极点全部位于图 3-17 中阴影区域的充要条件是：当 $\omega=-\infty\to+\infty$ 时，$G_K(-m\omega+j\omega)$ 不包围 $(-1,j0)$ 点。

广义频率特性的绘图比较困难，有意义的是其计算分析方法。在 $p=0$ 时，同奈氏准则中临界情况类似，当闭环系统的衰减指数为 m 时，广义频率特性曲线 $G_K(-m\omega+j\omega)$ 穿过 $(-1,j0)$ 点，这时系统中的有关参数可通过求解方程组(3-48)或方程组(3-49)来得到。

$$\begin{cases}M(m,\omega)=1\\ \varphi(m,\omega)=-\pi\end{cases}\tag{3-48}$$

$$\begin{cases} \mathrm{Re}(m,\omega) = -1 \\ \mathrm{Im}(m,\omega) = 0 \end{cases} \tag{3-49}$$

式中，$M(m,\omega)$，$\varphi(m,\omega)$，$\mathrm{Re}(m,\omega)$，$\mathrm{Im}(m,\omega)$分别为广义频率特性 $G_K(-m\omega+\mathrm{j}\omega)$的模、相角、实部和虚部。

例 3-13 已知 $G_K(s)=\dfrac{K}{s(s+1)}$，求使闭环衰减指数为 m 时的 K 值。

解 只讨论 $\omega>0$ 时的情况：

$$G_K(-m\omega+\mathrm{j}\omega) = \frac{K}{(-m\omega+\mathrm{j}\omega)(1-m\omega+\mathrm{j}\omega)}$$

$$=K\left[-\frac{m}{\omega(1+m^2)}-\mathrm{j}\frac{1}{\omega(1+m^2)}\right]\left[\frac{1-m\omega}{(1-m\omega)^2+\omega^2}-\mathrm{j}\frac{\omega}{(1-m\omega)^2+\omega^2}\right]$$

根据式(3-49)，有

$$\mathrm{Re}(\omega) = \frac{K[-m(1-m\omega)-\omega]}{\omega(1+m^2)[(1-m\omega)^2+\omega^2]} = -1 \tag{3-50}$$

$$\mathrm{Im}(\omega) = \frac{K[-m(1-m\omega)+m\omega]}{\omega(1+m^2)[(1-m\omega)^2+\omega^2]} = 0 \tag{3-51}$$

由式(3-51)得 $\omega=\dfrac{1}{2m}$，以此值代入式(3-50)，即可得

$$K = \frac{1+m^2}{4m^2}$$

3.3.4 对数坐标图——伯德图

系统的开环对数频率特性称为系统的伯德图。在利用奈氏准则判断系统的稳定性时，使用伯德图较使用幅相频率特性往往更为方便。利用对数频率特性的一些性质可以很方便地画出系统的伯德图。

1. 对数频率特性的性质

(1) 串联环节的对数频率特性

设 $G_K(s)=G_{K1}(s)G_{K2}(s)$，则 $G_K(\mathrm{j}\omega)=G_{K1}(\mathrm{j}\omega)G_{K2}(\mathrm{j}\omega)=M(\omega)\mathrm{e}^{\mathrm{j}\varphi(\omega)}$。若

$$G_{K1}(\mathrm{j}\omega) = M_1(\omega)\mathrm{e}^{\mathrm{j}\varphi_1(\omega)}$$

$$G_{K2}(\mathrm{j}\omega) = M_2(\omega)\mathrm{e}^{\mathrm{j}\varphi_2(\omega)}$$

显然

$$M(\omega) = M_1(\omega)M_2(\omega)$$

$$\varphi(\omega) = \varphi_1(\omega)+\varphi_2(\omega) \tag{3-52}$$

$$
\begin{aligned}
L(\omega) &= 20\ \lg M(\omega) = 20\ \lg M_1(\omega)M_2(\omega) \\
&= 20\ \lg M_1(\omega) + 20\ \lg M_2(\omega) \\
&= L_1(\omega) + L_2(\omega)
\end{aligned} \tag{3-53}
$$

由式(3-52)和式(3-53)两式可知，几个环节串联后的对数幅频特性和对数相频特性分别等于各环节的对数幅频特性和对数相频特性相加。

(2) 互为倒数的环节的对数频率特性

设 $G_{K1}(s)=\dfrac{1}{G_{K2}(s)}$，记

$$G_{K1}(j\omega) = M_1(\omega)e^{j\varphi_1(\omega)}$$

$$G_{K2}(j\omega) = M_2(\omega)e^{j\varphi_2(\omega)}$$

显然有

$$M_1(\omega) = \frac{1}{M_2(\omega)}$$

$$\varphi_1(\omega) = -\varphi_2(\omega) \tag{3-54}$$

$$L_1(\omega) = 20\ \lg M_1(\omega) = 20\ \lg \frac{1}{M_2(\omega)} = -L_2(\omega) \tag{3-55}$$

由式(3-54)和式(3-55)可见，互为倒数的两个环节，其对数幅频特性和对数相频特性均关于 ω 轴对称。

2. 伯德图画法

一般 $G_K(s)$均可看做若干典型环节传递函数的乘积。因此，只要知道了这些典型环节的对数频率特性(典型环节的对数频率特性已在第 2 章讨论，现总结为图 3-18)，利用上述环节串联的特性即可很方便地得到 $G_K(s)$的对数频率特性，例 3-14 说明了一般的作图方法。

例 3-14 已知 $G_K(s)=\dfrac{80(s+5)}{s(s+2)^2(s+10)}$，作其伯德图(只画对数幅频特性)。

解 按下列步骤作图：

(1) 先把 $G_K(s)$变成上述典型因子相乘的形式：

$$
\begin{aligned}
G_K(s) &= \frac{80\times 5(0.2s+1)}{4s(0.5s+1)^2 10(0.1s+1)} \\
&= 10(0.2s+1)\frac{1}{s}\frac{1}{(0.5s+1)^2}\frac{1}{0.1s+1}
\end{aligned}
$$

(2) 标出各基本因子的转折频率，对本例即为 2，5，10，另外因子$\dfrac{1}{s}$与 ω 轴相交于 1，故也在 ω 轴上标出 1。

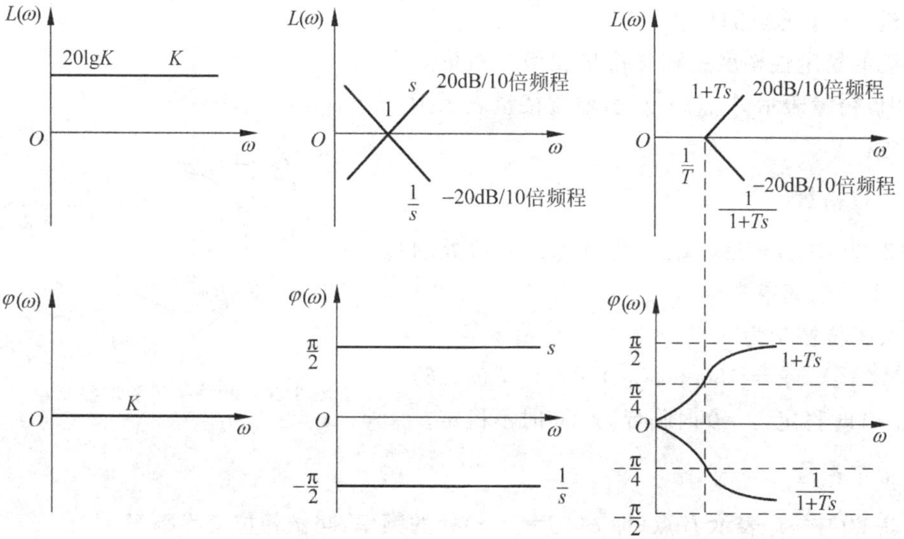

图 3-18 典型环节的对数频率特性(其中幅频特性为渐近线)

(3) 根据串联环节的性质,$G_K(s)$的对数幅频特性渐近线只在转折频率处改变斜率,故很易画出,如图 3-19 所示。

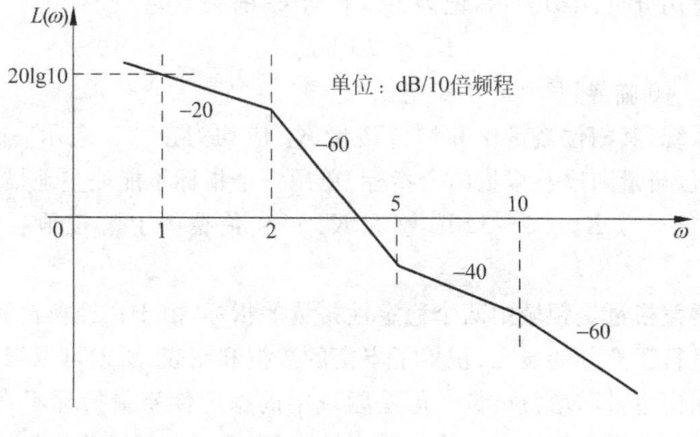

图 3-19 例 3-14 图

3.3.5 最小相位系统及其稳定性裕度

系统开环传递函数的极点和零点都在 s 平面左半部的系统叫最小相位系统,热工对象绝大多数属于这种系统。这种系统的稳定程度可用其开环频率特性靠近(−1,j0)点的程度来表示，如图 3-20 所示，由 $G_K(j\omega)$与单位圆的交点 A 和与负实轴的交点 B 即可衡量其靠近(−1,j0)点的程度。

系统的稳定性裕度用相位裕量和增益裕量来表示，相位裕量表示 A 点的位置，增益裕量表示 B 点的位置。

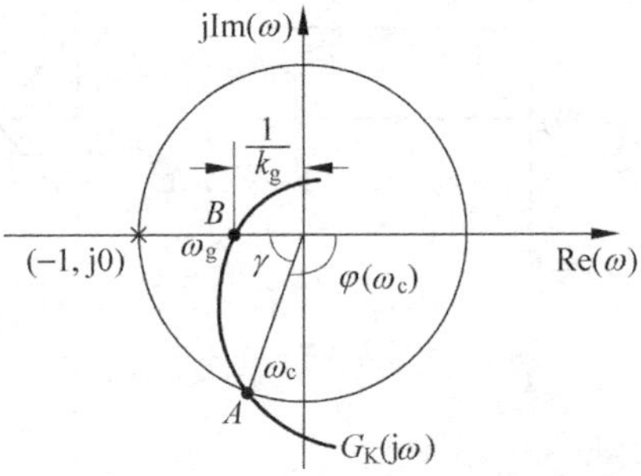

图 3-20　相位裕量和增益裕量

1. 相位裕量

图 3-20 中，ω_c 表示 A 点(即 $M(\omega)=1$)处的频率，叫做剪切频率。

定义相位裕量为

$$\gamma = 180 + \varphi(\omega_c) \tag{3-56}$$

显然，$\gamma>0$ 时稳定，$\gamma=0$ 时临界，$\gamma<0$ 时不稳定。

2. 增益裕量

图 3-20 中，ω_g 表示 B 点(即 $\varphi(\omega)=-\pi$)处的频率，叫做相位交界频率。

定义增益裕量

$$k_g = \frac{1}{M(\omega_g)} \tag{3-57}$$

显然，$k_g>1$ 稳定，$k_g=1$ 临界，$k_g<1$ 不稳定。

一般增益裕量用分贝(dB)表示，记为 K_g，它与 k_g 的关系为

$$K_g = 20\lg k_g \tag{3-58}$$

则 $K_g>0$ 稳定，$K_g=0$ 临界，$K_g<0$ 不稳定。

一个稳定的系统，其相位裕量 γ 和增益裕量 K_g 应均为正值。表示一个系统的稳定裕量，一般需用相位裕量和增益裕量两个指标，单用一个指标不能完整地描述。对热工对象，一般取 $\gamma=30°\sim60°$，$K_g=6\sim12$dB，γ 和 K_g 可在伯德图上清楚地看出，如图 3-21 所示。

相位裕量和增益裕量是频域中两个稳定性裕量的指标，由于在经典控制理论中，对系统的频率特性已进行了充分的研究，积累了丰富的数据和图表，所以可以很容易通过作图得到控制系统的相位裕量和增益裕量。但是频域中的稳定性裕量指标不直观，人们更感兴趣的是用时域的指标来表示控制系统的稳定性裕量(关于时域的稳定性裕量指标，本章后面还将详细讨论)，因为由它可以估计控制系统在受扰后过渡过程的大致形态。另外，人们对控制系统的要求也往往是从时域的响应特性提出的，因此人们希望能建立时域指标和频域指标的相互关系。但是除了最简单的系统(一阶和二阶系统)，两种指标之间并无确定的关系存在。

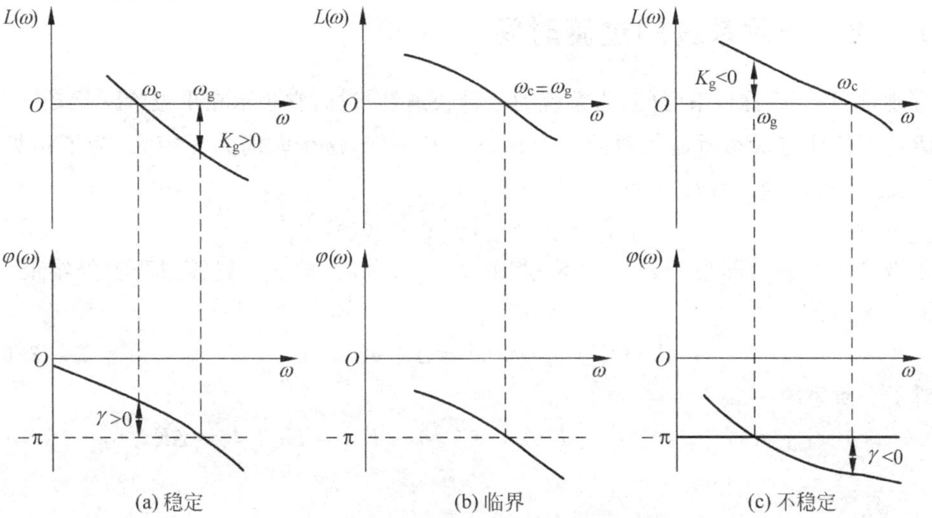

图 3-21　用伯德图表示稳定性裕量

3.4　一阶系统分析

3.4.1　一阶系统的瞬态响应

一阶系统的闭环传递函数为 $G(s)=\dfrac{K}{1+Ts}$，其中 $K>0$，$T>0$，它只有一个极点，即 $s=-\dfrac{1}{T}$。在输入 $x(t)=u(t)$时，$X(s)=\dfrac{1}{s}$，则输出的拉氏变换为

$$Y(s)=\frac{1}{s}\frac{K}{1+Ts}=K\left(\frac{1}{s}-\frac{1}{s+\frac{1}{T}}\right)$$

取其反变换，得系统的单位阶跃响应为

$$y(t)=K(1-e^{-t/T})$$

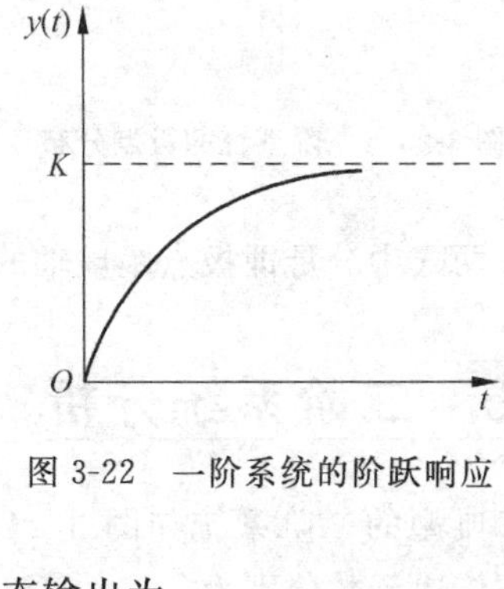

图 3-22　一阶系统的阶跃响应

曲线如图 3-22 所示。可见，一阶系统的阶跃响应是一条指数曲线，即为一非周期过程，它总是稳定的。系统的稳态输出为

$$\lim_{t\to\infty}y(t)=K \tag{3-59}$$

3.4.2 一阶系统的过渡时间

过渡时间 t_s(或称调节时间)为系统的一种快速性指标,它表示在单位阶跃扰动下,系统过渡到新的稳定状态所需的时间。由式(3-59)可知,这个时间为无穷大,为了衡量系统的速度,定义 t_s 为:当 $t\geqslant t_s$ 时有

$$|y(t)-y(\infty)|\leqslant\Delta|y(\infty)| \tag{3-60}$$

一般 Δ 取 2%或 5%,即当 $y(t)$与 $y(\infty)$相差 2%或 5%时,即认为过渡过程已经结束。t_s 可按下式求出:

$$|y(t_s)-y(\infty)|=\Delta|y(\infty)| \tag{3-61}$$

对于一阶系统

$$|y(t_s)-y(\infty)|=|K(1-e^{-t_s/T})-K|=Ke^{-t_s/T}=\Delta K$$

$$t_s=-T\ln\Delta$$

当 $\Delta=5\%$时,

$$t_s=-T\ln 0.05\approx 3T \tag{3-62}$$

当 $\Delta=2\%$时,

$$t_s=-T\ln 0.02\approx 4T \tag{3-63}$$

可见 T 越大,t_s 越大,响应越慢。

t_s 可与极点在 s 平面上的分布联系起来,一阶系统的极点分布如图 3-23 所示。式(3-62),式(3-63)可以分别表示为式(3-64),式(3-65):

$$t_s\approx\frac{3}{\frac{1}{T}},\quad \Delta=5\% \tag{3-64}$$

$$t_s\approx\frac{4}{\frac{1}{T}},\quad \Delta=2\% \tag{3-65}$$

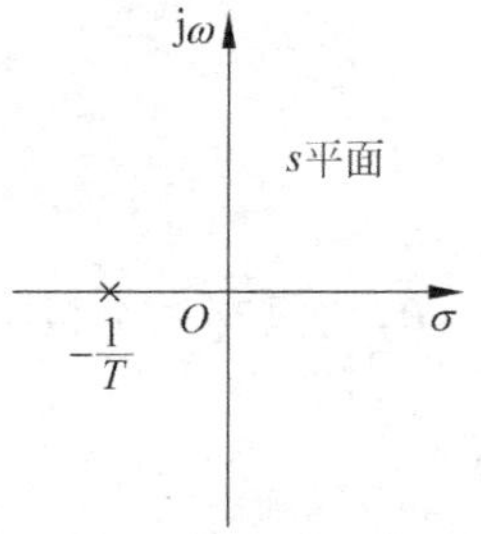

图 3-23 一阶系统的极点分布

以上两式中分母即极点距虚轴的距离,可见,极点越靠近虚轴,t_s 越大。

3.5 二阶系统分析

典型的二阶系统如图 3-24 所示。其开环传递函数和闭环传递函数分别为

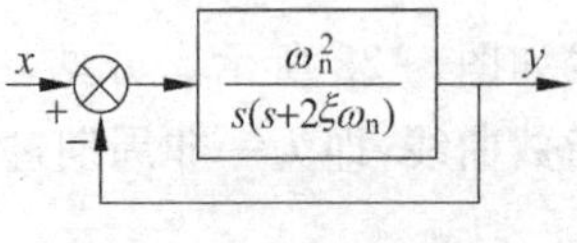

图 3-24 二阶系统图

$$G_K(s)=\frac{\omega_n^2}{s(s+2\xi\omega_n)} \tag{3-66}$$

$$G(s)=\frac{Y(s)}{X(s)}=\frac{\omega_n^2}{s^2+2\xi\omega_n s+\omega_n^2} \tag{3-67}$$

以上两式中，$\omega_n>0$。

3.5.1　二阶系统的稳定性分析

在二阶系统闭环传递函数表达式(3-67)中，因为 $\omega_n>0$，由劳斯判据可知系统的稳定性仅取决于 ξ：当 $\xi=0$ 时，系统有两个纯虚极点，处于临界状态；当 $\xi>0$ 时，特征方程的三个系数均为正，两个极点都具有负实部，系统稳定；当 $\xi<0$ 时，特征方程的一个系数为负，系统不稳定。决定二阶系统稳定性的参数 ξ 叫做系统的阻尼系数。

1. 临界状态（$\xi=0$）

由式(3-67)可知，$\xi=0$ 时，闭环传递函数 $G(s)=\frac{\omega_n^2}{s^2+\omega_n^2}$，它有两个共轭虚极点 $s_{1,2}=\pm j\omega_n$。系统在单位阶跃输入下输出的拉氏变换为

$$Y(s)=\frac{\omega_n^2}{s(s^2+\omega_n^2)}=\frac{1}{s}-\frac{s}{s^2+\omega_n^2}$$

系统的单位阶跃响应为

$$y(t)=1-\cos\omega_n t \tag{3-68}$$

可见，$y(t)$ 为频率等于 ω_n 的等幅振荡，故传递函数式(3-67)中的 ω_n 称为无阻尼($\xi=0$)自然振荡频率。

2. $\xi>1$

$\xi>1$ 时传递函数 $G(s)$ 有两个负实极点，分别为

$$s_1=-\xi\omega_n+\omega_n\sqrt{\xi^2-1} \tag{3-69}$$

$$s_2=-\xi\omega_n-\omega_n\sqrt{\xi^2-1} \tag{3-70}$$

于是 $G(s)$ 可表示为

$$G(s)=\frac{\omega_n^2}{(s-s_1)(s-s_2)}$$

系统在单位阶跃输入下输出的拉氏变换为

$$Y(s)=\frac{\omega_n^2}{s(s-s_1)(s-s_2)}=\frac{A}{s}+\frac{B}{s-s_1}+\frac{C}{s-s_2}$$

用部分分式法可求出

$$A=1,\quad B=\frac{\omega_n^2}{s_1(s_1-s_2)},\quad C=\frac{\omega_n^2}{s_2(s_2-s_1)}$$

取拉氏反变换，可得系统的单位阶跃响应为

$$y(t) = 1 + \frac{\omega_n^2}{s_1(s_1 - s_2)}e^{s_1 t} + \frac{\omega_n^2}{s_2(s_2 - s_1)}e^{s_2 t} \tag{3-71}$$

记

$$y_1(t) = \frac{\omega_n^2}{s_1(s_1 - s_2)}e^{s_1 t} \tag{3-72}$$

$$y_2(t) = \frac{\omega_n^2}{s_2(s_2 - s_1)}e^{s_2 t} \tag{3-73}$$

则有

$$y(t) = 1 + y_1(t) + y_2(t)$$

可见，$y(t)$是一个非周期过程，它由三个分量组成，一个常量1(它是系统的强迫输出)，两个衰减指数分量 $y_1(t)$和 $y_2(t)$。$y_1(t)$由极点 s_1 决定，$y_2(t)$由极点 s_2 决定。由式(3-69)，式(3-70)可知$|s_1|<|s_2|$，如图3-25所示。

由式(3-72)，式(3-73)可知，$y_2(t)$较 $y_1(t)$衰减得快，故 $y_2(t)$仅对输出 $y(t)$的起始部分产生影响，而 $y(t)$的主要形态由 $y_1(t)$决定。极点 s_1，s_2 在 s 平面上相距越远，$y_2(t)$的影响越小，当二者相距很远时，$y_2(t)$的影响可以忽略，系统可用一个一阶系统近似。

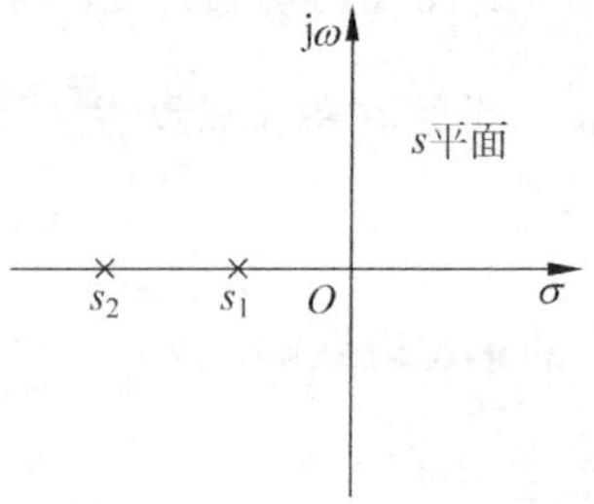

图3-25　$\xi>1$时的极点分布

3. $\xi=1$

此时闭环传递函数为 $G(s)=\frac{\omega_n^2}{(s+\omega_n)^2}$，它有两个重极点 $s_{1,2}=-\omega_n$，在单位阶跃输入下输出的拉氏变换为

$$Y(s) = \frac{\omega_n^2}{s(s+\omega_n)^2} = \frac{1}{s} - \frac{\omega_n}{(s+\omega_n)^2} - \frac{1}{s+\omega_n}$$

故系统的单位阶跃响应应为

$$y(t) = 1 - \omega_n t e^{-\omega_n t} - e^{-\omega_n t} = 1 - (1+\omega_n t)e^{-\omega_n t} \tag{3-74}$$

所以 $y(t)$也是一个非周期过程。

4. $0<\xi<1$

此时，$G(s)$有一对共轭复极点，分别为

$$s_1 = -\xi\omega_n + j\omega_n\sqrt{1-\xi^2} \tag{3-75}$$

$$s_2 = -\xi\omega_n - j\omega_n\sqrt{1-\xi^2} \tag{3-76}$$

在单位阶跃输入下输出的拉氏变换为

$$Y(s) = \frac{\omega_n^2}{s(s^2+2\xi\omega_n s+\omega_n^2)}$$

$$=\frac{1}{s}-\frac{s+\xi\omega_n}{(s+\xi\omega_n)^2+\omega_n^2(1-\xi^2)}-\frac{\xi\omega_n}{(s+\xi\omega_n)^2+\omega_n^2(1-\xi^2)}$$

系统的单位阶跃响应为

$$y(t)=1-e^{-\xi\omega_n t}\cos\omega_n\sqrt{1-\xi^2}\,t-\frac{\xi}{\sqrt{1-\xi^2}}e^{-\xi\omega_n t}\sin\omega_n\sqrt{1-\xi^2}\,t$$

$$=1-\frac{1}{\sqrt{1-\xi^2}}e^{-\xi\omega_n t}\sin(\omega_d t+\varphi) \tag{3-77}$$

式中，振荡频率 ω_d 和相角 φ 分别为

$$\omega_d=\omega_n\sqrt{1-\xi^2} \tag{3-78}$$

$$\varphi=\arctan\frac{\sqrt{1-\xi^2}}{\xi} \tag{3-79}$$

$y(t)$是一个衰减振荡过程。

3.5.2　$0<\xi<1$时典型二阶系统分析

由以上分析可知，在 $\xi>0$ 时系统稳定；在 $0<\xi<1$ 时，系统的阶跃响应为一衰减振荡过程；而当 $\xi\geqslant1$ 时，系统的阶跃响应为非周期过程。在控制系统中，为了兼顾系统的稳定性、快速性和准确性几项指标，一般均使系统选为 $0<\xi<1$，即使过渡过程为一衰减振荡。所以 $0<\xi<1$ 的二阶系统具有特别重要的意义。下面对这种情况作进一步分析，并定量给出描写系统性能的各项指标。

由式(3-77)画出 $y(t)$曲线，如图 3-26 所示。其中两条虚线为衰减振荡的包络线，其方程分别为 $1+\frac{1}{\sqrt{1-\xi^2}}e^{-\xi\omega_n t}$ 和 $1-\frac{1}{\sqrt{1-\xi^2}}e^{-\xi\omega_n t}$。

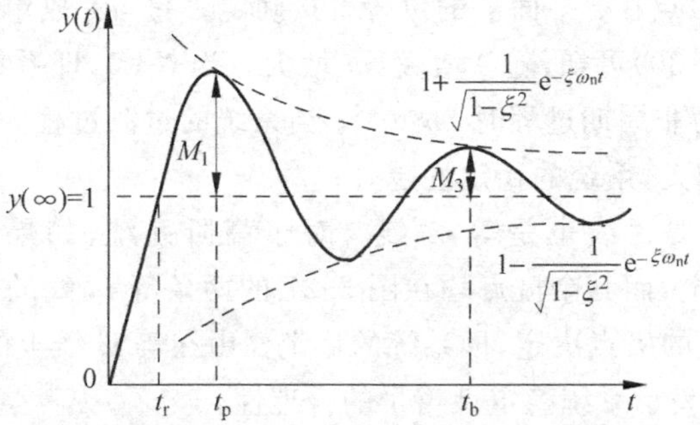

图 3-26　$0<\xi<1$ 时二阶系统阶跃响应曲线

1. 稳定性指标

系统的稳定性指标表示系统的稳定性程度，这种稳定性程度可以由图 3-26 所示的阶跃响应曲线的形状直观看出，衰减振荡越“剧烈”，衰减得越慢，则系统的稳定性越差；而当衰减振荡变为非周期过程时，系统的稳定性最好。在调节系统的分析和评定时，需要一个定量的指标来描述系统的稳定性。下面介绍在热工控制系统中常用的几种稳定性指标。

1）阻尼系数 ξ

由式(3-77)和图 3-26 可以看出，当 ξ 越大时，阶跃响应曲线的振荡频率越低，衰减速度越快，故 ξ 可作为系统稳定性的一个量度指标，即 ξ 越大，系统越稳定。当 $\xi \geqslant 1$ 时，系统的阶跃响应不再产生振荡，成为一个非周期过程，此时的稳定性最好。

ξ 的大小即系统的稳定程度可与系统的极点在 s 平面上的位置联系起来，由式(3-75)，式(3-76)可知，在 s 平面上画出系统的两个极点，如图 3-27 所示。图中，从原点到两极点的射线为等 ξ 线，即不论系统的极点在这两条射线的何处，ξ 均相等，系统的稳定性相同。ξ 越大，这两条射线越偏向实轴，稳定性越好，当它们与负实轴重合时，系统的过渡过程变为非周期过程。

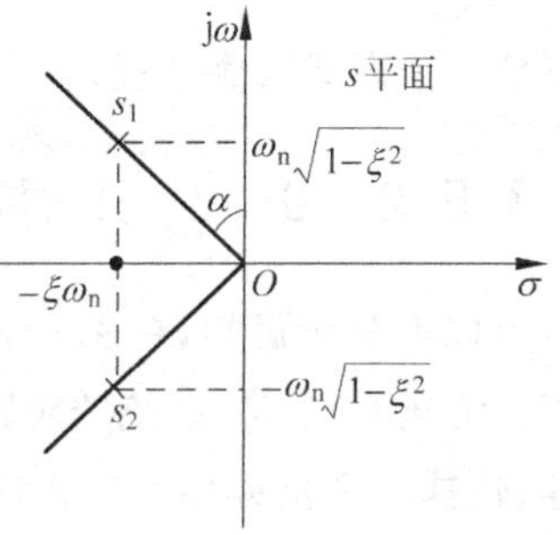

图 3-27 $0<\xi<1$ 时极点分布与系统特性的关系

2）衰减指数 m

在讨论广义频率特性时已对衰减指数 m 作过简单介绍，它定义为

$$m = \tan\alpha = \frac{\xi}{\sqrt{1-\xi^2}} \tag{3-80}$$

式中，α 为图 3-27 中等 ξ 线与虚轴的夹角。

可见，m 可由系统极点在 s 平面上的位置直接确定。它与 ξ 成单值关系，也可表示系统的稳定程度。由式(3-80)可知，随 ξ 增大，m 增大。当 $\xi=0$，即系统临界时，$m=0$；当 $\xi=1$，即系统过渡过程为非周期过程时，$m=\infty$；当系统的过渡过程为一衰减振荡时，m 为一有限的正数。故 m 越大，系统的稳定性越好。

显然，图 3-27 中的等 ξ 线也是等 m 线。对于高阶系统，如果它有一对复极点在图 3-27 所示的等 m 线上，而其余极点均在图 3-27 的两条等 m 线的左侧，则系统的过渡过程主要由在等 m 线上的极点决定，即系统的稳定性由在等 m 线上的极点决定。由此也可看出用广义频率特性表示系统稳定性裕量的合理性。

3）衰减率 ψ

阻尼系数 ξ 和衰减指数 m 是由极点位置或阶跃响应的解析表达式得到的，在实际应用中，人们希望能够直接根据实验得到的阶跃响应曲线来分析和评定系统的稳定性，于是便有了表示系统稳定性的另一个指标：衰减率 ψ。

ψ 可直接由图 3-26 所示的曲线求出，它定义为 $y(t)$ 的第一个峰值 M_1 与第三个峰值 M_3 的差与 M_1 的比值，即

$$\psi=\frac{M_1-M_3}{M_1} \tag{3-81}$$

为求 M_1 和 M_3，将式(3-77)对 t 求导，得

$$\begin{aligned}\frac{\mathrm{d}y(t)}{\mathrm{d}t}&=-\frac{1}{\sqrt{1-\xi^2}}\left[-\xi\omega_{\mathrm{n}}\mathrm{e}^{-\xi\omega_{\mathrm{n}}t}\sin(\omega_{\mathrm{d}}t+\varphi)+\omega_{\mathrm{d}}\mathrm{e}^{-\xi\omega_{\mathrm{n}}t}\cos(\omega_{\mathrm{d}}t+\varphi)\right]\\&=-\frac{1}{\sqrt{1-\xi^2}}\mathrm{e}^{-\xi\omega_{\mathrm{n}}t}\left[\omega_{\mathrm{d}}\cos(\omega_{\mathrm{d}}t+\varphi)-\xi\omega_{\mathrm{n}}\sin(\omega_{\mathrm{d}}t+\varphi)\right]\end{aligned}$$

令 $\frac{\mathrm{d}y(t)}{\mathrm{d}t}=0$，则有

$$\omega_{\mathrm{d}}\cos(\omega_{\mathrm{d}}t+\varphi)=\xi\omega_{\mathrm{n}}\sin(\omega_{\mathrm{d}}t+\varphi)$$

$$\tan(\omega_{\mathrm{d}}t+\varphi)=\frac{\omega_{\mathrm{d}}}{\xi\omega_{\mathrm{n}}}=\frac{\sqrt{1-\xi^2}}{\xi}$$

由式(3-79)

$$\varphi=\arctan\frac{\sqrt{1-\xi^2}}{\xi}$$

得到

$$\omega_{\mathrm{d}}t=n\pi,\quad n=0,1,2,\cdots$$

当 $n=1$ 时，即得图 3-26 中的 t_{p}：

$$t_{\mathrm{p}}=\frac{\pi}{\omega_{\mathrm{d}}}=\frac{\pi}{\omega_{\mathrm{n}}\sqrt{1-\xi^2}}$$

当 $n=3$ 时，即得图 3-26 中的 t_{b}：

$$t_{\mathrm{b}}=\frac{3\pi}{\omega_{\mathrm{d}}}=\frac{3\pi}{\omega_{\mathrm{n}}\sqrt{1-\xi^2}}$$

把上面的 t_{p} 和 φ 值代入式(3-77)，可得

$$\begin{aligned}y(t_{\mathrm{p}})&=1-\frac{1}{\sqrt{1-\xi^2}}\exp\left(-\frac{\xi\pi}{\sqrt{1-\xi^2}}\right)\sin(\pi+\varphi)\\&=1+\exp\left(-\frac{\xi\pi}{\sqrt{1-\xi^2}}\right)\end{aligned} \tag{3-82}$$

同理可得

$$y(t_{\mathrm{b}})=1+\mathrm{e}^{-\frac{3\xi\pi}{\sqrt{1-\xi^2}}} \tag{3-83}$$

又由式(3-77)知 $y(\infty)=1$,因此

$$\psi=\frac{M_1-M_3}{M_1}=1-\frac{M_3}{M_1}=1-\frac{y(t_b)-1}{y(t_p)-1}=1-\exp\left(-\frac{2\xi\pi}{\sqrt{1-\xi^2}}\right) \qquad (3\text{-}84)$$

可见 ψ 也是 ξ 的单值函数,可以用来衡量系统的稳定性。

由式(3-84)可以看出,随 ξ 增大,ψ 也增大,故 ψ 越大稳定性越好。当 $\xi=0$ 时,$\psi=0$,系统临界;当 $\xi=1$ 时,$\psi=1$,系统的过渡过程为非周期过程;当 $0<\psi<1$ 时,系统的过渡过程为衰减振荡过程。

2. 快速性指标

系统的快速性表示系统在受到扰动后达到新的平衡状态的快慢,对于二阶系统,可用如下两个指标中的一个来衡量系统的快速性。

1）上升时间 t_r

t_r 定义为 $y(t)$ 第一次上升到达稳态值 $y(\infty)$ 所需的时间,如图 3-26 所示。显然

$$y(t_r)=1-\frac{1}{\sqrt{1-\xi^2}}e^{-\xi\omega_n t_r}\sin(\omega_d t_r+\varphi)=1$$

$$\frac{1}{\sqrt{1-\xi^2}}e^{-\xi\omega_n t_r}\sin(\omega_d t_r+\varphi)=0$$

$$\sin(\omega_d t_r+\varphi)=0$$

$$\omega_d t_r+\varphi=n\pi,\quad n=0,1,2,\cdots$$

根据 t_r 的定义,取 $n=1$,则可得

$$t_r=\frac{\pi-\varphi}{\omega_d}=\frac{\pi-\arctan\dfrac{\sqrt{1-\xi^2}}{\xi}}{\omega_n\sqrt{1-\xi^2}} \qquad (3\text{-}85)$$

2）调节时间 t_s

在一阶系统的分析中已给出 t_s 的定义,它比用上升时间 t_r 表示系统的快速性更直观,因此也应用得更普遍。

二阶系统的调节时间 t_s 仍根据式(3-61)计算,考虑到 $y(\infty)=1$,则有

$$|\,y(t_s)-1\,|=\Delta$$

为计算方便,$y(t)$ 用图 3-26 中包络线方程代替,可得

$$\frac{1}{\sqrt{1-\xi^2}}e^{-\xi\omega_n t_s}=\Delta$$

$$t_s=\frac{1}{\xi\omega_n}\ln\frac{1}{\Delta\sqrt{1-\xi^2}}$$

在 $0<\xi<0.8$ 的范围内,上式可近似表示为

$$t_s \approx \frac{3}{\xi\omega_n}, \quad \Delta = 5\% \tag{3-86}$$

$$t_s \approx \frac{4}{\xi\omega_n}, \quad \Delta = 2\% \tag{3-87}$$

由极点的表达式(3-75)和式(3-76)可知，式(3-86)和式(3-87)中的分母 $\xi\omega_n$ 即为极点实部的绝对值，即图 3-27 中极点距虚轴的距离，因此在极点分布图上，平行于虚轴的直线为等 t_s 线，这对一阶系统（见式(3-64)，式(3-65)）和二阶系统都是适用的。

3. 准确性分析

在控制系统中，偏差即给定值和被调量的差，用 $e(t)$表示。

如前所述，系统的准确性（即偏差性能）不但与传递函数的分母、分子有关，而且与扰动的类型及位置有关，故讨论系统的偏差总是针对具体的扰动进行的。

1）静态偏差

在实际计算中，静态偏差往往利用拉氏变换的终值定理求出，即

$$e(\infty) = \lim_{s\to 0} sE(s)$$

2）动态偏差

动态偏差的解析计算往往比较困难，通常通过实验获得。

在控制系统的分析设计中，还经常采用超调量来表示动态偏差的大小。超调量可分为绝对超调量和相对超调量，由于更多的是采用相对超调量，故它简称为超调量。若系统的被调量为 $y(t)$，所谓绝对超调量，是指系统瞬态响应的第一个峰值（它即 $y(t)$的最大值 $y(t)_{max}$）与稳态值的差，即 $y(t)_{max} - y(\infty)$。而相对超调量则为

$$\sigma = \frac{y(t)_{max} - y(\infty)}{y(\infty)} \times 100\%$$

在热工控制系统中，大多数是定值系统，这些系统在外部扰动下，一般有 $y(\infty)=0$，这样上式分母为零，σ 无意义，故超调量应用较少。

由以上分析，可得出如下几点重要结论：

(1) 极点的实部和虚部的比值决定了系统的稳定性，在 s 平面上极点与原点的连线越靠近实轴，稳定性越好。

(2) 极点的实部决定了系统的调节时间，在 s 平面上极点越靠近虚轴，调节时间越长。

(3) 极点的虚部等于系统的振荡频率，这由式(3-75)，式(3-76)和式(3-78)可以看出。在 s 平面上，极点越靠近实轴，振荡频率越低。

(4) 系统的准确性不但取决于极点的位置，而且与零点及扰动有关。

例 3-15　如图 3-28 所示系统，K 为控制器放大倍数，r 为给定值，x 为外部扰动，试分析系统在 x 扰动下的特性。

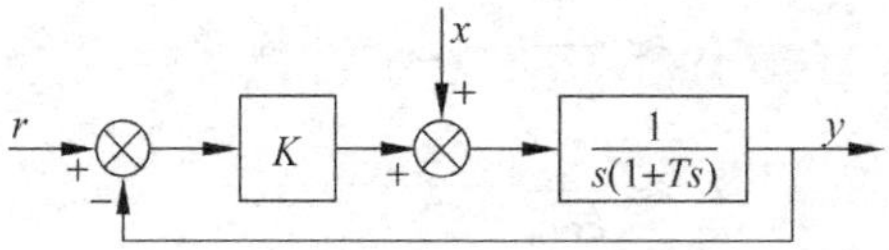

图 3-28　例 3-15 图

解　系统的闭环传递函数为

$$G(s)=\frac{Y(s)}{X(s)}=\frac{1}{Ts^2+s+K}$$

写成式(3-67)的标准形式，为

$$G(s)=\frac{1}{K}\frac{\frac{K}{T}}{s^2+\frac{1}{T}s+\frac{K}{T}}=\frac{1}{K}\frac{\omega_n^2}{s^2+2\xi\omega_n s+\omega_n^2}$$

式中

$$\begin{cases}\xi=\dfrac{1}{2\sqrt{KT}}\\ \omega_n=\sqrt{\dfrac{K}{T}}\end{cases}\tag{3-88}$$

由式(3-77)，可直接写出系统在 $x(t)$ 输入下的单位阶跃响应为

$$y(t)=\frac{1}{K}\left[1-\frac{1}{\sqrt{1-\xi^2}}e^{-\xi\omega_n t}\sin(\omega_d t+\varphi)\right]$$

系统的偏差性能为

$$\begin{cases}e(\infty)=\dfrac{1}{K}\\ e_M=\dfrac{1}{K}\left[1+\exp\left(-\dfrac{\xi\pi}{\sqrt{1-\xi^2}}\right)\right]\end{cases}\tag{3-89}$$

图 3-29 为 ξ 和 e_M 在 $T=1$ 时随 K 的变化曲线。由图可以看出，欲提高系统的稳定性，即增大 ξ，需减小 K，而 K 的减小将使系统的动态偏差和静态偏差增大。故提高稳定性和减小偏差相矛盾，因此在实际系统设计时，需兼顾二者的要求，这也是为什么一般系统取 $0<\xi<1$ 的原因。上述结论虽然是针对二阶系统得出的，但它具有一般的意义。

3.5.3 二阶系统的频率特性

1. 开环频率特性

由式(3-66)所示的开环传递函数，可得开环频率特性为

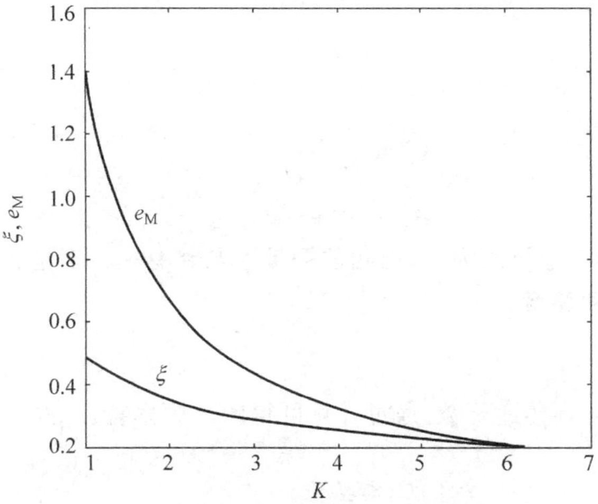

图 3-29 ξ 和 e_{M} 在 $T=1$ 时随 K 的变化曲线

$$G_{\mathrm{K}}(\mathrm{j}\omega) = M(\omega)\mathrm{e}^{\mathrm{j}\varphi(\omega)}$$

模和幅角分别为

$$M(\omega) = \frac{\omega_{\mathrm{n}}^2}{\omega\sqrt{4\xi^2\omega_{\mathrm{n}}^2 + \omega^2}} \tag{3-90}$$

$$\varphi(\omega) = -\left(\frac{\pi}{2} + \arctan\frac{\omega}{2\xi\omega_{\mathrm{n}}}\right) \tag{3-91}$$

为得到系统在频域中的稳定性指标，求剪切频率 ω_{c}。由 $M(\omega_{\mathrm{c}})=1$，得

$$\omega_{\mathrm{c}}^2(4\xi^2\omega_{\mathrm{n}}^2 + \omega_{\mathrm{c}}^2) = \omega_{\mathrm{n}}^4$$

解得 $\omega_{\mathrm{c}}^2 = -2\xi^2\omega_{\mathrm{n}}^2 \pm \omega_{\mathrm{n}}^2\sqrt{4\xi^4+1}$，$\omega_{\mathrm{c}}$ 取正值，为

$$\omega_{\mathrm{c}} = \omega_{\mathrm{n}}\sqrt{\sqrt{4\xi^4+1} - 2\xi^2}$$

则

$$\varphi(\omega_{\mathrm{c}}) = -\left(\frac{\pi}{2} + \arctan\frac{\omega_{\mathrm{c}}}{2\xi\omega_{\mathrm{n}}}\right)$$

故相位裕量为

$$\begin{aligned}\gamma &= \pi + \varphi(\omega_{\mathrm{c}}) = \frac{\pi}{2} - \arctan\frac{\omega_{\mathrm{c}}}{2\xi\omega_{\mathrm{n}}} \\ &= \arctan\frac{2\xi\omega_{\mathrm{n}}}{\omega_{\mathrm{c}}} = \arctan\frac{2\xi}{\sqrt{\sqrt{4\xi^4+1} - 2\xi^2}}\end{aligned} \tag{3-92}$$

求相位交界频率 ω_{g}，由 $\varphi(\omega_{\mathrm{g}}) = -\left(\frac{\pi}{2} + \arctan\frac{\omega_{\mathrm{g}}}{2\xi\omega_{\mathrm{n}}}\right) = -\pi$，得

$$\omega_g = +\infty$$

$$M(\omega_g) = 0$$

则增益裕量为

$$k_g = \frac{1}{M(\omega_g)} = \infty$$

$$K_g = \infty$$

可见，二阶系统的增益裕量为∞，而相位裕量 γ 与 ξ 有一一对应的确定关系，但对于高阶系统则不存在这种关系。

2. 闭环频率特性

对于式(3-67)的闭环传递函数，通过计算可得闭环频率特性的模 $M(\omega)$ 和相角 $\varphi(\omega)$ 分别为

$$M(\omega) = \frac{\omega_n^2}{\sqrt{(\omega_n^2 - \omega^2)^2 + 4\xi^2\omega_n^2\omega^2}} \tag{3-93}$$

$$\varphi(\omega) = \begin{cases} -\arctan \dfrac{2\xi\omega_n\omega}{\omega_n^2 - \omega^2}, & \omega \leqslant \omega_n \\ -\pi + \arctan \dfrac{2\xi\omega_n\omega}{\omega_n^2 - \omega^2}, & \omega \geqslant \omega_n \end{cases} \tag{3-94}$$

由式(3-93)可知，当 $(\omega_n^2 - \omega^2)^2 + 4\xi^2\omega_n^2\omega^2$ 最小时，$M(\omega)$ 取最大值，对其求导，有

$$\frac{\mathrm{d}}{\mathrm{d}\omega}[(\omega_n^2 - \omega^2)^2 + 4\xi^2\omega_n^2\omega^2] = -4\omega(\omega_n^2 - \omega^2) + 8\xi^2\omega_n^2\omega$$

当上式为零时，频率特性的幅值最大，即系统发生谐振，此时的频率称为谐振频率，记为 ω_r，其值为

$$\omega_r = \omega_n\sqrt{1 - 2\xi^2} \tag{3-95}$$

谐振时的模称为谐振峰值，记为 M_r，其值为

$$M_r = M(\omega_r) = \frac{\omega_n^2}{\sqrt{[\omega_n^2 - \omega_n^2(1 - 2\xi^2)]^2 + 4\xi^2\omega_n^4(1 - 2\xi^2)}} = \frac{1}{2\xi\sqrt{1 - \xi^2}} \tag{3-96}$$

由式(3-95)可知，仅当 $1-2\xi^2 \geqslant 0$ 即 $0<\xi<0.707$ 时，才会发生谐振。由式(3-96)可知，M_r 仅与 ξ 有关，故也可视为频域的稳定性指标，ξ 越大，M_r 越小，稳定性越好。另外，式(3-95)表明，谐振频率 ω_r 与 ξ，ω_n 有关，当 ξ 一定时，ω_r 越大，表示 ω_n 越大，系统响应越快，故 ω_r 可视为频域的一项快速性指标。

3.5.4 一般二阶系统分析

以上分析都是针对典型二阶系统(传递函数的分子为常数)进行的。更一般的情况是分子为 s 的一次式，系统的传递函数为

$$G(s)=\frac{Y(s)}{X(s)}=\frac{as+\omega_n^2}{s^2+2\xi\omega_n s+\omega_n^2}$$

系统有一个零点：

$$s=-\frac{\omega_n^2}{a}$$

若 $0<\xi<1$ 时，记 p 为零点和复极点实部的比值，即 $p=\frac{\omega_n}{a\xi}$，则其单位阶跃响应为

$$\begin{aligned}y(t)&=1-e^{-\xi\omega_n t}\left(\cos\omega_n\sqrt{1-\xi^2}\,t+\frac{\xi\omega_n-a}{\omega_n\sqrt{1-\xi^2}}\sin\omega_n\sqrt{1-\xi^2}\,t\right)\\&=1-Ae^{-\xi\omega_n t}\sin(\omega_d t+\phi)\end{aligned}$$

其中，振荡频率 ω_d 和系数 A 分别为

$$\omega_d=\omega_n\sqrt{1-\xi^2}$$

$$A=\frac{\sqrt{p\xi^2(p-2)+1}}{p\xi\sqrt{1-\xi^2}}$$

相角 ϕ 满足：

$$\begin{cases}\sin\phi=\dfrac{1}{A}\\[2mm]\cos\phi=\dfrac{p\xi^2-1}{Ap\xi\sqrt{1-\xi^2}}\end{cases}$$

其阶跃响应曲线仍呈图 3-26 所示的衰减振荡形状。采用与分析典型二阶系统时同样的方法，可求出有关指标参数为

$$\psi=1-\exp\left(-\frac{2\xi\pi}{\sqrt{1-\xi^2}}\right)$$

$$t_s=\frac{1}{\xi\omega_n}\ln\frac{\sqrt{p\xi^2(p-2)+1}}{\Delta p\xi\sqrt{1-\xi^2}}$$

可见，与典型二阶系统相比，表示稳定性的衰减率不变，其振荡频率也相同，因为它们都是由传递函数的分母决定的。很显然，由于 $y(t)$ 的表达式不同，其振荡幅度也不同。另外，调节时间也会发生变化。图 3-30 所示为当 $\xi=0.5$、以 $\omega_n t$ 为横坐标、p 取不同值时的 $y(t)$ 曲线。

图 3-30 中，$p=\infty$ 对应于分子为常数的典型二阶系统。可以看出，随着零点靠近虚轴，$y(t)$ 的振荡幅度增大。当极点为正时，$y(t)$ 出现反向调节，这与例 3-2 得出的结论是一致的。

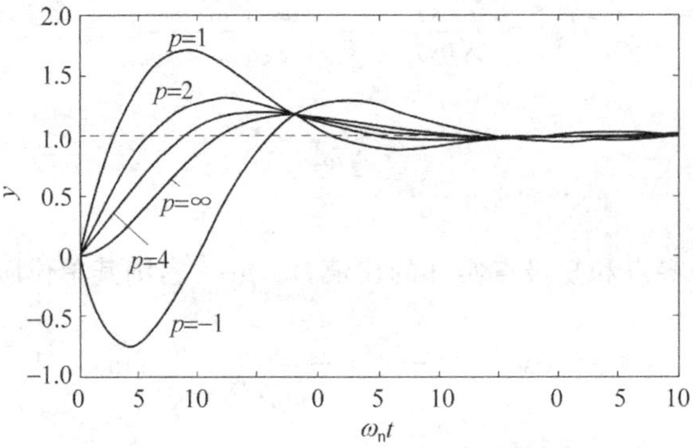

图 3-30　二阶系统的零点对瞬态响应的影响

3.6 高阶系统分析

3.4 节和 3.5 节分别讨论了一阶系统和二阶系统，但在热工过程自动控制中，遇到的多是高阶系统。本节在一阶系统和二阶系统的基础上，讨论高阶系统的分析方法。

3.6.1 闭环主导极点

高阶系统具有多个闭环极点，解析求解很困难。但对于高阶控制系统，整定完成后，一般只是少数几个极点起主要作用，这几个起重要作用的极点称为闭环主导极点。从极点在 s 平面上的分布情况来看，闭环主导极点可定义为：在一个高阶系统的全部闭环极点中，如果只有少数几个靠近虚轴，其他极点与之相比都距虚轴很远，并且这几个靠近虚轴的极点附近没有零点存在，那么，这几个极点即为闭环主导极点。

根据前面几节的分析，可知极点越远离虚轴，它所对应的瞬态响应中的分量衰减得越快，因此，非闭环主导极点只是对过渡过程的起始阶段有影响，而过渡过程的主要形态、特性是由闭环主导极点决定的。在分析高阶系统时，可以只考虑闭环主导极点的作用。

3.6.2 高阶系统的瞬态响应分析

高阶系统的瞬态响应取决于其闭环主导极点的分布，下面针对几种主要情况进行说明。

1. 系统只有一个负实闭环主导极点

如果高阶系统只有一个位于负实轴上的闭环主导极点，则这时系统相当于一个一阶系统，可利用一阶系统的分析方法加以研究。

2. 系统有一对复闭环主导极点

如果高阶系统有两个共轭复闭环主导极点，这时系统相当于一个二阶系统，可利用二阶系统的分析方法进行研究。

3. 系统有三个闭环主导极点

高阶系统有三个闭环主导极点，其中一对为共轭复极点，一个为负实极点。在这种情况下，瞬态响应有两个主要成分，一个是共轭复极点对应的衰减振荡成分，另一个是负实极点对应的非周期成分，因为非周期成分具有最好的稳定性，其衰减率 $\psi=1$，故整个系统的稳定性指标由衰减振荡成分（相当于 3.5 节讨论的 $0<\xi<1$ 的情况）决定，所以衰减振荡成分的 ψ（或 ξ, m）定义为整个系统的稳定性指标。至于调整时间 t_s，情况较为复杂，设非周期成分衰减的过渡时间为 t_{s1}，衰减振荡成分的过渡时间为 t_{s2}，则系统的过渡时间应为 t_{s1} 和 t_{s2} 中较大的一个。一般在控制系统中，改变控制器参数，将使实极点和复极点同时改变，这时，当两个主要成分同时衰减结束时（即三个主导极点位于同一条平行于虚轴的直线上时），t_s 最小。

典型三阶系统的传递函数为

$$G(s)=\frac{a\omega_n^2}{(s+a)(s^2+2\xi\omega_n s+\omega_n^2)}$$

式中，$0<\xi<1$，两个复极点为

$$s_{1,2}=-\xi\omega_n\pm j\omega_n\sqrt{1-\xi^2}$$

一个负实极点为

$$s_3=-a,\quad a>0$$

此系统在单位阶跃输入下，输出为

$$y(t)=1-\frac{1}{p\xi^2(p-2)+1}\left\{e^{-p\xi\omega_n t}+e^{-\xi\omega_n t}\left[p\xi^2(p-2)\cos\omega_n\sqrt{1-\xi^2}t\right.\right.$$
$$\left.\left.+\frac{p\xi[\xi^2(p-2)+1]}{\sqrt{1-\xi^2}}\sin\omega_n\sqrt{1-\xi^2}t\right]\right\}$$

式中，p 为负实极点与复极点实部之比，即

$$p=\frac{a}{\xi\omega_n}$$

图 3-31 为当 $\xi=0.2$、以 $\omega_n t$ 为横轴、p 取不同值时的响应曲线。图中，$p=\infty$ 时的曲线对应于典型二阶系统的情况。当 $p=1$ 时，实极点和复极点在一条直线上，二者衰减速度相同，非周期分量和衰减振荡分量基本同时结束。当 $p=2,4$ 时，复极点更靠近虚轴，过渡时间由衰减振荡分量决定，与 $p=1$ 时相同。当 $p=0.5$ 时，实极点更靠近虚轴，过渡时间由非周期分量决定，过渡时间显著增大。

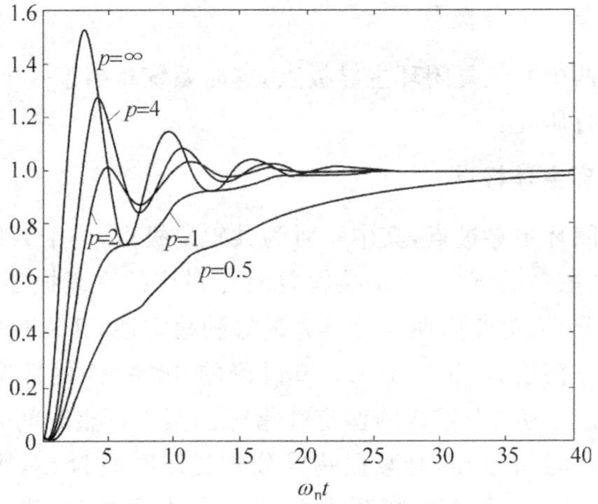

图 3-31　典型三阶系统的阶跃响应

3.7　系统分析的根轨迹法

系统的特性决定于闭环传递函数的极点(即特征方程式的根)在 s 平面上的分布。当系统的某一参数改变时,特征方程的根在 s 平面上的变化曲线称为根轨迹。显然,如果能画出根轨迹,即可在给定参数下确定方程式根的分布情况,或者可根据系统特性的要求,选择极点在 s 平面上的位置,进而确定某些可变参数。

3.7.1　根轨迹的基本概念

根据根轨迹的定义,可知根轨迹上任一点都满足特征方程

$$1+G_K(s)=0 \tag{3-97}$$

式中,$G_K(s)$为系统的开环传递函数。

由式(3-97),$G_K(s)=-1$,设

$$G_K(s)=M_K(s)e^{j\varphi_K(s)} \tag{3-98}$$

式中,$M_K(s)$为 $G_K(s)$的模,$\varphi_K(s)$为 $G_K(s)$的幅角,则有

$$\begin{cases} M_K(s)=1 \\ \varphi_K(s)=\pm(2N+1)\pi, \quad N=0,1,2,\cdots \end{cases} \tag{3-99}$$

假定

$$G_K(s)=\frac{K(s-z_1)(s-z_2)\cdots(s-z_m)}{(s-p_1)(s-p_2)\cdots(s-p_n)} \tag{3-100}$$

式中，$z_i(i=1,2,\cdots,m)$，$p_j(j=1,2,\cdots,n)$分别为开环传递函数$G_K(s)$的零点和极点。并把$s-z_i$和$s-p_j$写成模和幅角的形式，有

$$s-z_i=M_{z_i}(s)e^{j\varphi_{z_i}(s)} \tag{3-101}$$

$$s-p_j=M_{p_j}(s)e^{j\varphi_{p_j}(s)} \tag{3-102}$$

则根轨迹上任一点满足

$$M_K(s)=\frac{K\prod_{i=1}^{m}M_{z_i}(s)}{\prod_{j=1}^{n}M_{p_j}(s)}=1 \tag{3-103}$$

$$\varphi_K(s)=\sum_{i=1}^{m}\varphi_{z_i}(s)-\sum_{j=1}^{n}\varphi_{p_j}=\pm(2N+1)\pi,\quad N=0,1,2,\cdots \tag{3-104}$$

在一般讨论根轨迹时，均以系统的开环增益K为可变参数(K从$0\to+\infty$)。因为K的变化不影响幅角$\varphi_K(s)$，故在复平面上满足式(3-104)的点的轨迹即为根轨迹。而对应于根轨迹上任一点K的值则由式(3-103)确定。因此，作根轨迹的步骤为：

(1) 在复平面上标出$G_K(s)$的各零点(z_i)和各极点(p_j)(零点用"○"，极点用"×"表示)。

(2) 在复平面上任意找一点s，连接s和各零点、各极点构成$n+m$个相量，用量角器量出各相量的幅角φ_{z_i}，φ_{p_j}，如果满足式(3-104)，则这点s即根轨迹上的一点，这样一点点画出整个根轨迹。

(3) 根据系统特性的要求，在根轨迹上选定闭环极点的位置，用直尺量出s与$z_i(i=1,2,\cdots,m)$，$p_j(j=1,2,\cdots,n)$的距离M_{z_i}和M_{p_j}，由式(3-103)求出K。

用上述方法，虽可画出根轨迹，但盲目试凑，很费时间，通常是利用一些作图规则以减少试凑作图的工作量。

3.7.2 根轨迹的作图规则

1. 根轨迹的分支数

根轨迹的分支数目等于系统特征方程的最高阶次，即特征方程根的数目。由式(3-97)和式(3-102)，系统特征方程可写为

$$(s-p_1)\cdots(s-p_n)+K(s-z_1)\cdots(s-z_m)=0$$

因此，当$n\geqslant m$时，特征方程为n次，根轨迹有n条分支；当$m>n$时，特征方程为m次，根轨迹有m条分支。

由于特征方程的复根都是成对共轭的，故根轨迹对称于实轴，作图时只画出一半即可。

2. 根轨迹的起点和终点

当 $K=0$ 和 $K=\infty$ 时根轨迹上的点分别称为起点和终点，式(3-103)可表示为

$$\left|\frac{(s-z_1)(s-z_2)\cdots(s-z_m)}{(s-p_1)(s-p_2)\cdots(s-p_n)}\right|=\frac{1}{K} \tag{3-105}$$

(1) 当 $G_K(s)$ 的极点数目大于零点数目(即 $n>m$)时，由式(3-105)，当 $K=0$ 时，s 必趋于 $p_1,p_2,\cdots,p_n$ 中的某一个，即根轨迹的 n 条分支分别起始于开环传递函数的 n 个极点。

当 $K\to\infty$ 时，有两种情况：①s 趋向于 $z_1,z_2,\cdots,z_m$ 中的某一个，即有 m 条分支终止于开环传递函数的 m 个零点；②$s\to\infty$，即有 $n-m$ 条分支趋向于无穷远处。

(2) 当 $G_K(s)$ 的零点数目大于极点数目(即 $m>n$)时，这时，根轨迹共有 m 条分支，按照同样的分析方法可知，这 m 条分支终止于 $G_K(s)$ 的 m 个零点，而其中 n 条起始于 $G_K(s)$ 的 n 个极点，$m-n$ 条起始于无穷远处。

3. 根轨迹在实轴上的位置

如果实轴上某一段右边，位于实轴上的开环极点数目与开环零点数目的和为奇数，那么这一段就是根轨迹的一部分，如图 3-32 所示。图中 z_1p_1 段右边只有一个极点 p_1，故它是根轨迹的一部分，p_2 左边的负实轴都是根轨迹，因为在它右边共有三个极点和零点(p_1,p_2,z_1)。

上述结论可证明如下：当 s 位于实轴上时，所有成对出现的开环复极点和开环复零点与 s 构成的相量的相角之和为 2π，在图 3-32 中，$\varphi_{p_3}+\varphi_{p_4}=2\pi$，因此，它不影响幅角条件。而在 s 点左侧的实轴上的极点和零点与 s 构成的相量幅角均为零，故是否满足根轨迹的幅角条件(式(3-104))仅取决于在 s 点右边实轴上极点和零点的数目，每一个极点或零点与 s 构成的相量幅角为 $-\pi$，当它们之和为奇数时，必满足式(3-104)。

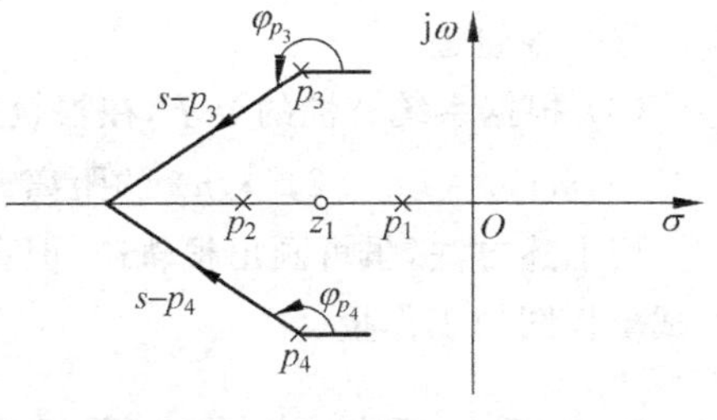

图 3-32 实轴上的根轨迹

4. 根轨迹的渐近线

当 $n>m$ 时，有 $n-m$ 条分支的终点为无穷远处，即 $K\to\infty$ 时，$s\to\infty$，根轨迹趋近于一条直线，此直线称为根轨迹的渐近线。渐近线与实轴的夹角 φ 和与实轴的交点坐标 a 满足

$$\varphi=\pm\frac{2N+1}{n-m}\pi,\quad N=0,1,2,\cdots \tag{3-106}$$

$$a=\frac{\sum_{j=1}^{n}p_j-\sum_{i=1}^{m}z_i}{n-m} \tag{3-107}$$

证明如下：当 $s\to\infty$时，各相量 $s-z_i$，$s-p_j$ 可认为具有相同的幅角 φ，显然，此幅角 φ 即渐近线与实轴的夹角。由式(3-104)，有

$$m\varphi-n\varphi=\pm(2N+1)\pi,\quad N=0,1,2,\cdots$$

此即式(3-106)，由于有 $n-m$ 条渐近线，当式(3-106)中 N 取 $0,1,2,\cdots,n-m-1$ 时，即得这 $n-m$ 条渐近线与实轴的夹角，当 N 再增大时，所得的 φ 角使渐近线重复。

另外，当 $s\to\infty$时，$G_K(s)$的各零点 z_i 和各极点 p_j 对 s 而言，可看做都集中在实轴上某一点 a(a 即渐近线与实轴的交点坐标)，于是

$$\lim_{s\to\infty}\frac{K(s-z_1)(s-z_2)\cdots(s-z_m)}{(s-p_1)(s-p_2)\cdots(s-p_n)}=\lim_{s\to\infty}\frac{K(s-a)^m}{(s-a)^n} \tag{3-108}$$

上式左边为

$$\frac{K[s^m-(z_1+z_2+\cdots+z_m)s^{m-1}+\cdots]}{s^n-(p_1+p_2+\cdots+p_n)s^{n-1}+\cdots}=\frac{K}{s^{n-m}+\left(-\sum_{j=1}^{n}p_j+\sum_{i=1}^{m}z_i\right)s^{n-m-1}+\cdots}$$

右边为

$$\frac{K}{(s-a)^{n-m}}=\frac{K}{s^{n-m}+(n-m)(-a)s^{n-m-1}+\cdots}$$

由于左右两边恒等，故有

$$a(n-m)=\sum_{j=1}^{n}p_j-\sum_{i=1}^{m}z_i$$

此即式(3-107)。可见，所有的渐近线都与实轴交于同一点。

5. 根轨迹上的重根点

如果两支或两支以上的根轨迹相交于一点，则这一点对应的 s 值为特征方程的重根，图 3-33 所示为出现重根的两种情况。在图 3-33(a)中，两支根轨迹分别从 A，B 出发，在 C 处相遇，然后分离于 C 点而进入复平面区域，C 点称为实轴上的分离点。在 AB 间的根轨迹上，A，B 两点处对应的$K=0$，而在 C 点 K 取极大值。同理，在图 3-33(b)中，A，B 为开环两个零点，它们是两支根轨迹的终点，故 C 点称为实轴上的会合点，而在 AB 间，C 处 K 取极小值。

由上述分析，可利用解析法求重根点。根据式(3-97)和式(3-100)可得

$$K=\frac{(s-p_1)(s-p_2)\cdots(s-p_n)}{(s-z_1)(s-z_2)\cdots(s-z_m)} \tag{3-109}$$

解方程

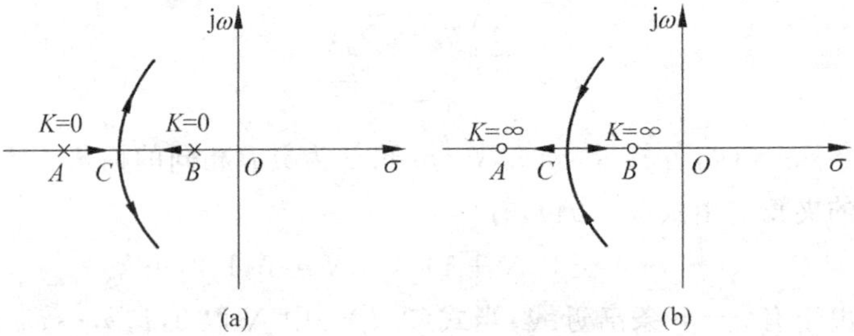

图 3-33 根轨迹上的重根点

$$\frac{\mathrm{d}K}{\mathrm{d}s}=0 \tag{3-110}$$

可得根轨迹上重根点的 s 值和 K 值，当然，解出的 K 必须大于零，而对于实轴上的分离点和会合点，s 值应为实数。

另外，根据上述分析，如果实轴上的根轨迹位于相邻的两个开环极点之间，则此两开环极点间必有分离点。如果实轴上的根轨迹位于两个开环零点之间，则此两零点间必有会合点。如果实轴上的根轨迹位于一开环极点和一个开环零点之间，则或者不存在分离点和会合点，或者既有分离点也有会合点。

上面介绍的求分离点和会合点的解析法只有在式(3-110)是低阶方程时才有可能，对于高阶系统，一般是通过分析和试凑确定分离点和会合点的位置。

6. 根轨迹与虚轴交点

求根轨迹与虚轴交点有如下三种方法：

(1) 以 $s=\mathrm{j}\omega$ 代入特征方程，得

$$1+G_{\mathrm{K}}(\mathrm{j}\omega)=0$$

解此方程(即令其实部、虚部分别为零)得 K 和 ω，即求出与虚轴的交点及相应 K 值。

(2) 利用劳斯准则求解。在本章讨论劳斯准则时已知，系统存在位于虚轴上的对称极点时，劳斯阵列某一行全部元素为零，对称极点可通过由该行上面一行的元素组成的方程式得到。

(3) 试凑法。当不能用上两种方法求出时，可在虚轴上取点进行试验找出根轨迹与虚轴交点。

7. 根轨迹的出射角和入射角

当开环传递函数有复极点时，在该极点处根轨迹的切线与实轴的夹角叫做根轨迹的出射角，如图 3-34(a)所示。当开环传递函数有复零点时，在该零点处根轨迹的切线与实轴的夹角叫根轨迹的入射角，如图 3-34(b)所示。

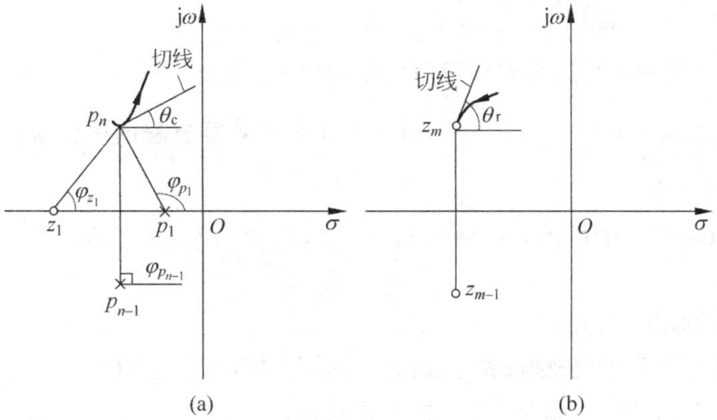

图 3-34　根轨迹的出射角和入射角

求出射角 θ_c 时，可假定在根轨迹上取变点 s，令 s 无限趋近于 p_n，这时 $s-p_n$ 的幅角 φ_{p_n} 即出射角 θ_c，而从其他开环零点和极点引向 s 的相量的幅角，就分别等于从这些开环零点和极点到 p_n 的相量的幅角，如图 3-34(a)中的角 φ_{p_1}，φ_{z_1}，$\varphi_{p_{n-1}}$。由式(3-104)可得出射角 θ_c 为

$$\theta_c=\varphi_n=\pm 180^\circ+\sum_{i=1}^{m}\varphi_{z_i}-\sum_{j=1}^{n}\varphi_{p_j} \tag{3-111}$$

同理，可得入射角 θ_r 为

$$\theta_r=\pm 180^\circ-\sum_{i=1}^{m-1}\varphi_{z_i}+\sum_{j=1}^{n}\varphi_{p_j} \tag{3-112}$$

8. 当 n≥m+2 时，系统特征方程式的所有根之和等于开环各极点之和

证明如下：系统开环传递函数为

$$G_K(s)=\frac{K(s-z_1)(s-z_2)\cdots(s-z_m)}{(s-p_1)(s-p_2)\cdots(s-p_n)}$$

特征方程为

$$1+G_K(s)=0$$

即

$$(s-p_1)(s-p_2)\cdots(s-p_n)+K(s-z_1)(s-z_2)\cdots(s-z_m)=0$$

当 $n\geqslant m+2$ 时，有

$$s^n-(p_1+p_2+\cdots+p_n)s^{n-1}+\cdots=0 \tag{3-113}$$

另外，设特征方程的根为 $r_1,r_2,\cdots,r_n$，则

$$\begin{aligned}s^n-(p_1+p_2+\cdots+p_n)s^{n-1}+\cdots&=(s-r_1)(s-r_2)\cdots(s-r_n)\\&=s^n-(r_1+r_2+\cdots+r_n)s^{n-1}+\cdots\end{aligned}$$

故

$$p_1+p_2+\cdots+p_n=r_1+r_2+\cdots+r_n$$

下面通过一个例子看上述规则在根轨迹作图时的应用。

例 3-16 已知 $G_K(s)=\dfrac{K}{s(s+1)(s+2)}$,(1)画出系统特征方程的根轨迹；(2)求 $\xi=0.5$ 时的 K 值。

解 (1) $G_K(s)$有三个极点：$p_1=0, p_2=-1, p_3=-2$。无零点。在复平面上标出 p_1, p_2, p_3。

根据上述作图规则,可知：

① 根轨迹有三条分支,分别起始于 p_1, p_2, p_3,终止于无穷远处。

② 在负实轴上,0 和-1间及-2左边为根轨迹。

③ 根轨迹渐近线与实轴夹角为

$$\varphi=\pm\frac{2N+1}{n-m}\pi=\pm\frac{2N+1}{3}\pi$$

取 $N=0,1,2$,可得三条渐近线与实轴夹角分别为 60°,180°和 300°(−60°),三条渐近线与实轴交点坐标 a 为

$$a=\frac{0-1-2}{3}=-1$$

④ 在 p_1, p_2 间有分离点,由于

$$K=-s(s+1)(s+2)=-(s^3+3s^2+2s)$$

由$\dfrac{\mathrm{d}K}{\mathrm{d}s}=-(3s^2+6s+2)=0$,得 $s=-1\pm\dfrac{1}{3}\sqrt{3}$,因为分离点应在 0,$-1$之间,故取 $s=-1+\dfrac{1}{3}\sqrt{3}=-0.423$。

至此,已能画出根轨迹的大致形状,如图 3-35 所示。

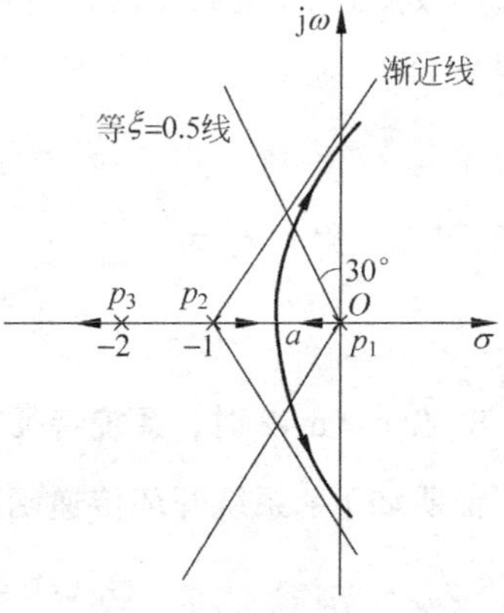

图 3-35 例 3-16 图

(2) 为求 $\xi=0.5$ 时的 K 值,画出等 $\xi=0.5$ 线(它与虚轴的夹角为 30°)。在它与根轨迹的交点附近(但一定要在等 ξ 线上)取点进行试探(根据根轨迹的幅角条件),找出根轨迹的确切位置,结果为 $s=-0.33+\mathrm{j}0.58$。

量出 s 至 p_1, p_2, p_3 的距离$|s_{p_1}|, |s_{p_2}|, |s_{p_3}|$,则 $K=|s_{p_1}||s_{p_2}||s_{p_3}|\approx1.05$。

3.7.3 含有纯迟延环节系统的根轨迹

设 $G_K(s)=\dfrac{K\prod\limits_{i=1}^{m}(s-z_i)}{\prod\limits_{j=1}^{n}(s-p_j)}\mathrm{e}^{-\tau s}$,由 $G_K(s)=-1$ 以及 $s=\sigma+\mathrm{j}\omega$,得根轨迹上点的幅值和

幅角条件分别为

$$M_K(s)=\frac{K\prod_{i=1}^{m}|s-z_i|}{\prod_{j=1}^{n}|s-p_j|}e^{-\tau\sigma}=1 \tag{3-114}$$

$$\varphi_K(s)=\sum_{i=1}^{m}\varphi_{z_i}(s)-\sum_{j=1}^{n}\varphi_{p_j}(s)-\omega\tau=\pm(2N+1)\pi,\quad N=0,1,2,\cdots \tag{3-115}$$

与不含纯迟延的系统相比，含有纯迟延系统的根轨迹有如下几个特点。

1. 根轨迹分支有无穷条

由于特征方程为

$$1+G_K(s)=1+\frac{K\prod_{i=1}^{m}(s-z_i)}{\prod_{j=1}^{n}(s-p_j)}e^{-\tau s}=0$$

即 $\prod_{j=1}^{n}(s-p_j)+K\prod_{i=1}^{m}(s-z_i)e^{-\tau s}=0$，它有无穷多个根，故根轨迹分支有无穷多条。

2. 起点和终点

由式(3-114)，有

$$K=\frac{\prod_{j=1}^{n}|s-p_j|}{\prod_{i=1}^{m}|s-z_i|}e^{\tau\sigma} \tag{3-116}$$

当 $K=0$ 时，$s=p_j$ 或 $\sigma=-\infty$，这说明，根轨迹中有 n 条起始于 $p_j(j=1,2,\cdots,n)$，有无穷条起始于实部为 $-\infty$ 的点。

当 $K=\infty$ 时，$s=z_i$ 或 $\sigma=+\infty$，这说明，根轨迹中有 m 条终止于 $z_i(i=1,2,\cdots,m)$，有无穷条终止于实部为 $+\infty$ 的点。

3. 渐近线

在起点为 $\sigma=-\infty$ 处和终点为 $\sigma=+\infty$ 处都有渐近线。

1) 起点渐近线

在 $\sigma=-\infty$ 时，即 s 在 s 平面左侧无穷远处，此时

$$\varphi_{z_i}=\varphi_{p_j}=\pm\pi,\quad i=1,2,\cdots,m;\ j=1,2,\cdots,n$$

由式(3-115)，得

$$(n-m)\pi-\omega\tau=\pm(2N+1)\pi,\quad N=0,1,2,\cdots$$

当 $n-m$ 为奇数时，

$$\omega=\frac{\pm 2N\pi}{\tau},\quad N=0,1,2,\cdots \tag{3-117}$$

当 $n-m$ 为偶数时，

$$\omega=\frac{\pm(2N+1)\pi}{\tau},\quad N=0,1,2,\cdots \tag{3-118}$$

式(3-117)，式(3-118)即起点渐近线方程，它是无数条平行于实轴的直线。

2）终点渐近线

在 $\sigma=+\infty$ 时，即 s 在 s 平面右侧无穷远处，此时

$$\varphi_{z_i}=\varphi_{p_j}=0,\quad i=1,2,\cdots,m;\ j=1,2,\cdots,n$$

由式(3-115)得

$$\omega=\frac{\pm(2N+1)\pi}{\tau},\quad N=0,1,2,\cdots \tag{3-119}$$

此即终点渐近线方程，它也是无数条平行于实轴的直线。

除以上几点外，与不含纯迟延时作图方法相同。

例 3-17 设 $G_K(s)=\frac{K}{s+1}e^{-s}$，画系统的根轨迹图。

解 $G_K(s)$有极点 $p_1=-1$，这是一条分支的起点，另有无数条分支起始于 $\sigma=-\infty$ 的点，所有分支都终止于 $\sigma=+\infty$ 的点。

对于实轴上根轨迹的点，$\omega=0$，这时式(3-115)变成与无纯迟延时一样，故确定实轴上的根轨迹与一般系统无任何区别。本例中，$p_1=-1$ 点左边的实轴都是根轨迹。

由于 $n-m=1,\tau=1$，由式(3-117)，起始端渐近线方程为

$$\omega=\pm 2N\pi,\quad N=0,1,2,\cdots$$

由式(3-119)，终止端渐近线方程为

$$\omega=\pm(2N+1)\pi,\quad N=0,1,2,\cdots$$

系统特征方程为

$$s+1+Ke^{-s}=0$$

求重根点：由上式，$K=-(s+1)e^{s}$，对 s 求导，得

$$\frac{dK}{ds}=-(s+2)e^{s}=0$$

得重根点为 $s=-2$，它是分离点，可求得在此点处 $K=0.135$。根轨迹与虚轴交点可通过解如下方程组求得：

$$\begin{cases}j\omega+1+Ke^{-j\omega}=0\\1+j\omega+K\cos\omega-jK\sin\omega=0\end{cases}$$

即$\begin{cases}K\cos\omega=-1\\K\sin\omega=\omega\end{cases}$，此方程有无穷多组解，在 ω 较小时，几组解为

$$\begin{cases}\omega=2=0.64\pi\\K=2.2\end{cases},\quad\begin{cases}\omega=8=2.55\pi\\K=8\end{cases},\quad\begin{cases}\omega=14=4.46\pi\\K=14\end{cases}$$

再进一步用试探法确定其他一些点，可画出其根轨迹如图 3-36 所示。由根轨迹图可知，在各条分支上(相应于 $N=0,1,2,\cdots$)，对应于相同 K 值的点，以 $N=0$ 这一支上的最靠近虚轴。因此，在所有分支中，$N=0$ 这一支对系统性能的影响占有最重要的地位，这一支称为主导根轨迹，其他各支的影响是次要的。

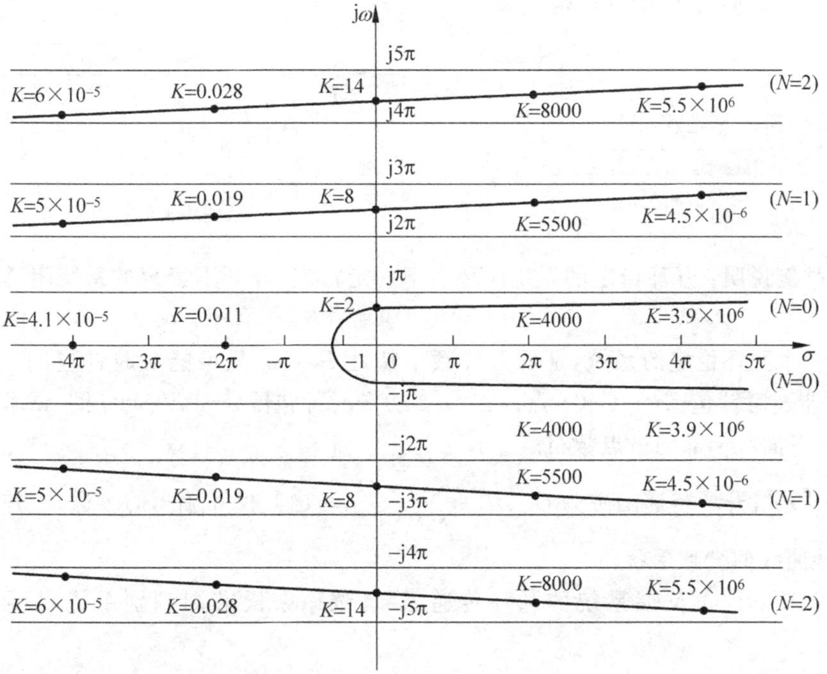

图 3-36　例 3-17 图

由本例也可看出纯迟延对系统性能的影响，一个一阶系统总是稳定的，但附加上纯迟延以后，系统可能变得不稳定，故纯迟延是一个不稳定因素。

习题

3-1　利用劳斯准则判别题图 3-1(1)和(2)所示系统的稳定性。

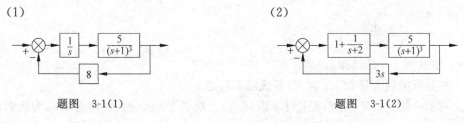

(1)

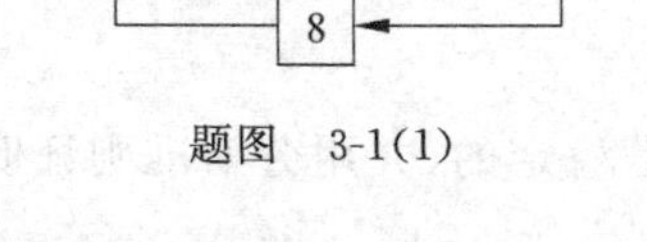

题图　3-1(1)

(2)

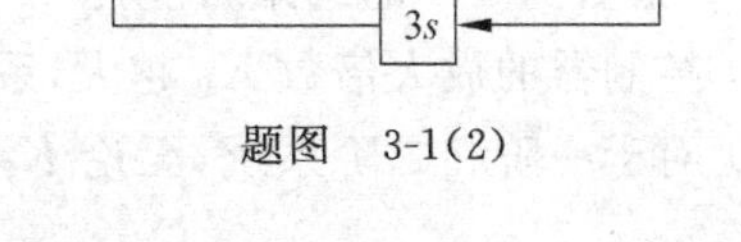

题图　3-1(2)

3-2 有系统如题图 3-2 所示。

(1) 求保证系统稳定时 K 的取值范围；

(2) 证明无论 K 取何值，系统全部极点不可能均在 s 平面上 $s=-1$ 线左部。

3-3 有如题图 3-3 所示系统，利用劳斯准则确定系统的全部极点均在 s 平面上虚轴和直线 $s=-1$ 之间时 K 的取值范围。

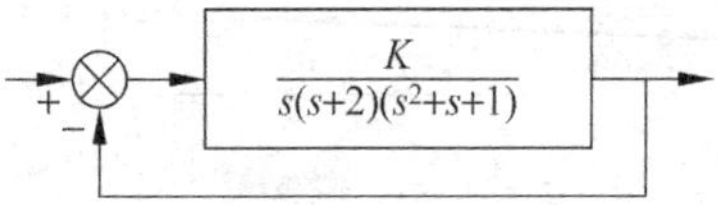

题图 3-2

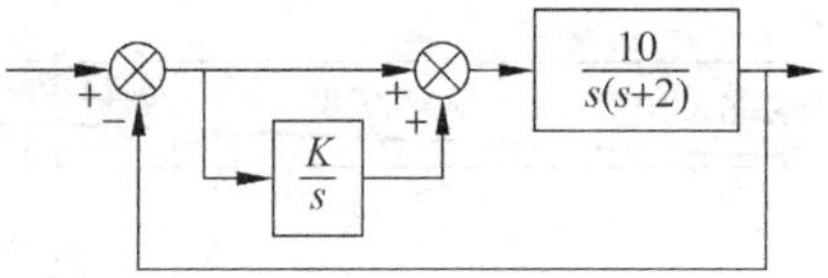

题图 3-3

3-4 举例说明：开环稳定的系统闭环后不一定稳定，开环不稳定的系统闭环后可能稳定。

3-5 一个开环稳定的系统，证明开环频率特性 $G_K(j\omega)$ 只可能顺时针包围$(-1,j0)$点，而不可能逆时针包围$(-1,j0)$点。如 $G_K(j\omega)$ 顺时针包围$(-1,j0)$点 i 圈，试求闭环传递函数在 s 平面右半部的极点数目。

3-6 一系统开环传递函数为 $G_K(s)=\dfrac{K(s+3)}{s(s-1)}$，写出其模和幅角的表达式，并画出幅相频率特性曲线的大致形状。

3-7 已知下列负反馈系统的开环传递函数，试用奈氏准则判别系统闭环后是否稳定。

(1) $G_K(s)=\dfrac{2}{1+5s}e^{-5s}$；

(2) $G_K(s)=\dfrac{1}{5s}e^{-10s}$；

(3) $G_K(s)=\dfrac{1}{s(1+5s)(1+10s)}$。

3-8 已知下列负反馈系统的开环传递函数，试求保证系统闭环稳定的 K 的取值范围。

(1) $G_K(s)=\dfrac{K}{T_a s}e^{-\tau s}$（$T_a$，$\tau$ 为常数）；

(2) $G_K(s)=\dfrac{K}{s(1+Ts)^n}$。

3-9 根据例 3-9 的结果，说明：

(1) 控制器的放大倍数 K_P 越大，系统越不稳定。

(2) 对于一阶和二阶系统，无论 K_P 取何值，系统总是稳定的，并用劳斯准则证明此结论。

(3) 对于 $n>2$ 的系统，阶次越高，K_P 需越小。

3-10　一系统开环传递函数为 $G_K(s)=\dfrac{K}{(1+Ts)^n}$，利用劳斯准则或奈氏准则分析：

(1) 开环传递函数附加一个积分环节后，系统的稳定性将降低；

(2) 开环传递函数附加一个纯滞后环节后，系统的稳定性将降低；

(3) 开环传递函数附加一个位于 s 平面左半部的零点后，系统的稳定性可能提高。

3-11　已知系统的开环传递函数如下，试绘制系统的伯德图。

(1) $G_K(s)=\dfrac{2s^2}{(0.04s+1)(0.4s+1)}$；

(2) $G_K(s)=\dfrac{50(0.6s+1)}{s^2(4s+1)}$。

3-12　已知开环传递函数 $G_K(s)=\dfrac{K}{s(s+1)(s+5)}$，计算 $K=10$ 及 100 时系统的相角裕度及幅值裕度。

3-13　以一阶系统为例，当输入分别为 $x(t)=\delta(t)$，$x(t)=u(t)$，$x(t)=t$ 时，求输出。由此说明，对于线性定常系统，它对某一信号导数的响应等于对该信号响应的导数。

3-14　对题图 3-4 所示系统：

(1) 求 K，使 $\xi=0.2$；

(2) 求 K，使系统在阶跃输入下输出为不振荡的稳定过程。

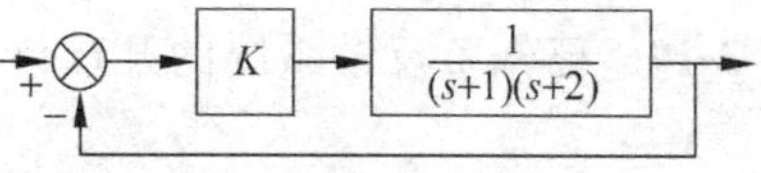

题图　3-4

3-15　三个二阶系统的极点分布如题图 3-5 所示 A,A'；B,B'；C,C'，试比较它们的稳定性、振荡频率和调节时间。

3-16　如题图 3-6 所示二阶系统：

(1) 求 K，使在扰动 $x(t)=u(t)$ 时，$y(t)$ 为衰减振荡过程，并求出 $y(t)$；

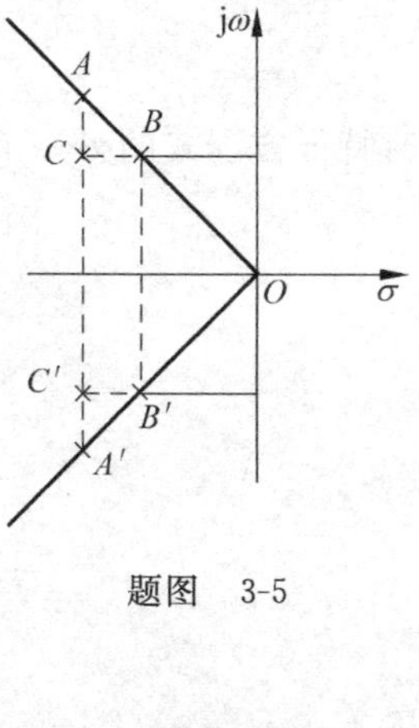

题图　3-5

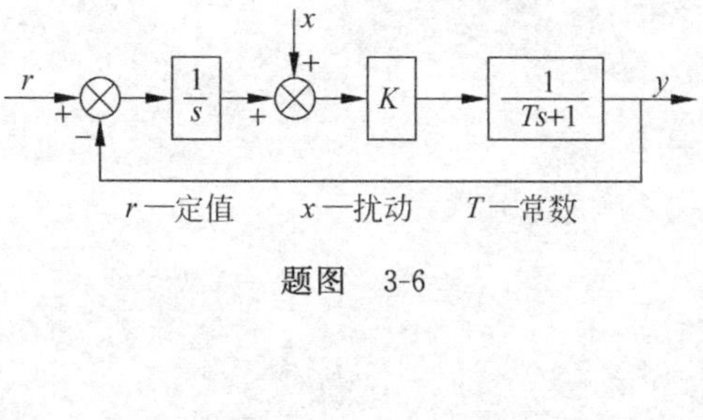

题图　3-6

(2) 设 $G_x(s)=\dfrac{Y(s)}{X(s)}$，证明 $G_x(j\omega)$ 为一圆，并在复平面上画出来；

(3) 在 $x(t)=u(t)$ 时，计算动态偏差和静态偏差。

3-17 一对象传递函数为 $\dfrac{1}{s+1}$，调节器传递函数为 $K_P\left(1+\dfrac{1}{T_I s}\right)$，确定 K_P 和 T_I 的取值范围，以使系统的闭环极点均在题图 3-7 所示的阴影内。

3-18 有题图 3-8 所示控制系统，其中 δ，T_I 为控制器可调参数。证明当闭环三个极点位于平行于虚轴的一条直线上时，调节时间 t_s 最小，并求此时的 δ，T_I 值(使衰减指数 $m=0.2$)。

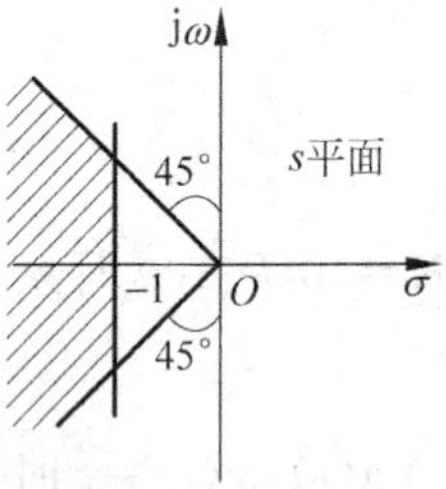

题图 3-7

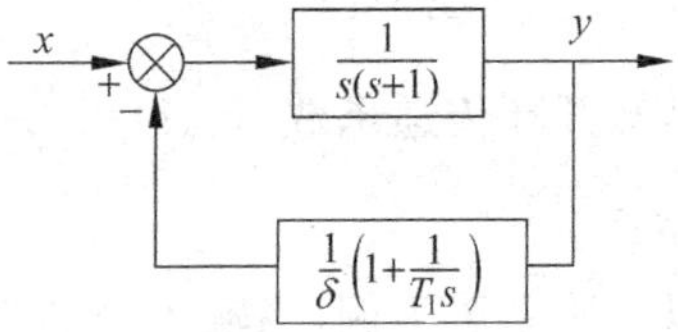

题图 3-8

3-19 已知负反馈系统的开环传递函数为

$$G_K(s)=\frac{K}{(s+1)(s+5)}$$

(1) 画出系统的根轨迹；

(2) 利用根轨迹求使 $\xi=0.5$ 时的 K 值以及此时系统的闭环极点。

3-20 已知负反馈系统的开环传递函数为

$$G_K(s)=\frac{K}{s(s+1)^2}$$

(1) 画出根轨迹；

(2) 求出根轨迹从实轴上分离出去的点和此时的 K 值；

(3) 求出根轨迹穿过虚轴的点和相应的 K 值，并求出此时特征方程式的另一个根。

第4章 热工过程自动调节系统的分析和整定

CHAPTER 4

控制系统设计的任务就是根据被控对象的动态特性，选择或设计控制器使系统满足规定的性能指标。对于热工过程自动调节系统，由于它本身的特点，目前绝大部分均采用PID(比例、积分、微分)调节器。因此，一个热工过程调节系统设计的任务是：

(1) 合理选择调节系统的结构。对于简单的或要求不高的对象可采用单回路调节系统，即控制系统只有一个反馈回路。如果对象迟延很大或生产过程对被调参数要求较高，而单回路控制系统不能满足要求，这时就需要采用多回路系统。

单回路控制系统是分析多回路系统的基础，本章主要讨论单回路系统的分析和整定方法，最后简单介绍多回路系统。

(2) 合理选择PID调节器的参数。确定了控制系统的结构之后，系统中的控制器采用PID调节器。一个PID调节器，有比例带、积分时间、微分时间三个可调参数，控制系统的整定就是合理选择这三个参数，使系统达到最好的性能指标。

4.1 热工对象的动态特性

设计控制系统的结构和选择控制器的参数，其主要依据就是调节对象的动态特性。

4.1.1 热工对象动态特性的特点

热工对象虽然其物理结构各式各样，但从其动态特性的角度来看，具有如下共同的特点：

(1) 由于安全运行的要求，热工设备在制造时，总是考虑到不使各种参数发生振荡，因此，作为一个调节对象，它是一个不振荡的环节。

(2) 热工对象内部过程的物理性能比较复杂。另外，在实际运行中不可避免地会有一些难以全面考虑的影响因素。因此，用解析的方法很难得出动态特性的精确数学表达式，常用的方法是在运行条件下通过实验来获得对象的动态特性。实验中常用的输入信号是阶跃信号，在阶跃输入下得到对象的阶跃响应曲线(或称飞升曲线)。典型热工对象的飞升曲线有两种，如图 4-1 所示。

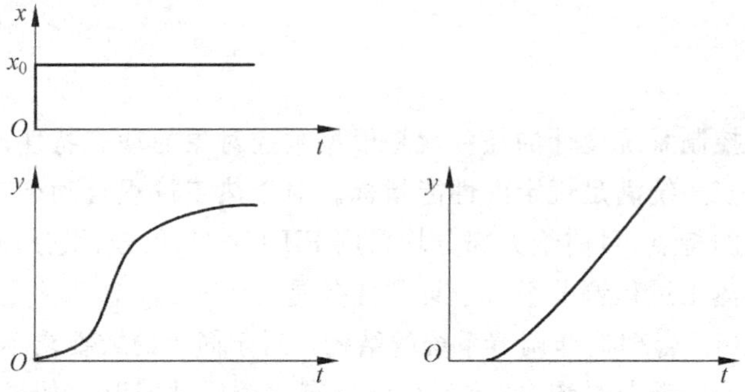

(a) 有自平衡能力对象的飞升曲线　　(b) 无自平衡能力对象的飞升曲线

图 4-1　典型热工对象的飞升曲线

图 4-1(a)所示的飞升曲线在 $t\to\infty$时，输出 $y(t)$能稳定在一个数值上，具有这种飞升曲线的对象叫做有自平衡能力的对象。图 4-1(b)所示的飞升曲线在 $t\to\infty$时，$y(t)$以一定速度变化，具有这种飞升曲线的对象叫做无自平衡能力的对象。

利用实验方法求取对象的飞升曲线时应注意以下几点：实验必须在稳定状态下开始进行，因对象一般都具有非线性，故实验应在正常工况下进行；扰动幅度的选择应在生产过程允许和保证对象工作在线性范围的条件下尽可能大，以获得明显的输出信号。

(3) 热工对象一般是多输入对象，即被调量受许多扰动的影响，在作飞升曲线时，选择的扰动不同，得到的飞升曲线也不同。因此，要全面地了解对象的特性，必须了解被调量在各个扰动下的动态特性。这在实际上往往是不可能的。故一般只做最主要的扰动即内部扰动下的动态特性。必要时，再选择一些主要的外部扰动进行试验。

实验得到的对象飞升曲线虽然完全反映了对象的动态特性，但利用它作进一步的分析和处理却很不方便。目前一般采用两种方法解决这个问题，一是从飞升曲线上求取某些特征参数，二是将飞升曲线转化为便于处理的传递函数形式。下面分别加以讨论。

4.1.2　用特征参数近似表示对象的动态特性

1. 无自平衡能力的对象

无自平衡能力对象的飞升曲线如图 4-2 所示。根据图示曲线，可选取如下三个特征参数：

(1) 飞升速度 ε。定义 $\varepsilon=\dfrac{\left.\dfrac{\mathrm{d}y}{\mathrm{d}t}\right|_{t=\infty}}{x_0}$，其中$\left.\dfrac{\mathrm{d}y}{\mathrm{d}t}\right|_{t=\infty}$ 可以通过作 $y(t)$的渐近线方便地得

到。由定义可知，飞升速度 ε 即在单位阶跃扰动下，输出 $y(t)$的最大变化速度。

(2) 响应时间 T_a。定义为输出 $y(t)$如一开始就以最大速度$\left.\frac{\mathrm{d}y}{\mathrm{d}t}\right|_{t=\infty}$变化，上升到等于输入 x_0 时所需的时间，显然有

$$T_a=\frac{x_0}{\left.\frac{\mathrm{d}y}{\mathrm{d}t}\right|_{t=\infty}}$$

(3) 迟延时间 τ。定义为 $y(t)$的渐近线在时间轴上所截取的长度，如图 4-2 所示。根据定义，$\varepsilon=\frac{1}{T_a}$，故 ε，T_a 不是独立的，因此描写无自平衡能力对象动态特性的特征参数可有如下两种组合：①ε，τ；②T_a，τ。

2. 有自平衡能力的对象

有自平衡能力的对象其飞升曲线如图 4-3 所示。根据曲线的形状，可选取如下四种特征参数：

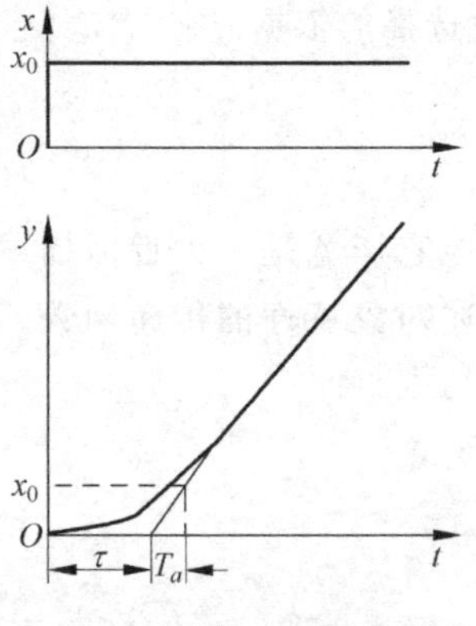

图 4-2　无自平衡能力对象的飞升曲线

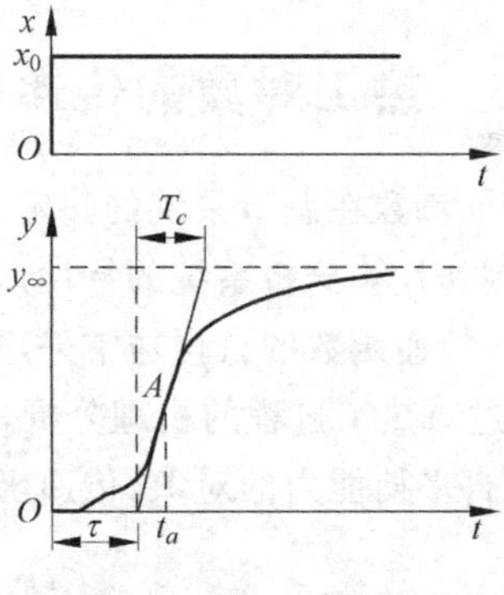

图 4-3　有自平衡能力对象的飞升曲线

(1) 迟延时间 τ。由曲线的拐点 A 作曲线的切线，此切线在时间轴上截取的长度定义为迟延时间 τ。

(2) 自平衡系数 ρ。定义为 $\rho=\frac{x_0}{y_\infty}$，显然 ρ 越大，在同样的扰动 x_0 下，输出 $y(t)$的最终变化量 y_∞ 越小，表示对象的自平衡能力越强。

(3) 时间常数 T_c。它表示输出 $y(t)$以最大的变化速度$\left.\frac{\mathrm{d}y}{\mathrm{d}t}\right|_{t=t_A}$从零变化到 y_∞ 所需要的时间，于是

$$T_c=\frac{y_\infty}{\left.\frac{\mathrm{d}y}{\mathrm{d}t}\right|_{t=t_A}}$$

(4) 飞升速度 ε。同无自平衡能力的对象一样，它也定义为单位阶跃扰动下 $y(t)$ 的最大变化速度：

$$\varepsilon = \frac{\left.\frac{\mathrm{d}y}{\mathrm{d}t}\right|_{t=t_A}}{x_0}$$

由定义，ε,ρ,T_c 满足如下关系：

$$\varepsilon\rho = \frac{\left.\frac{\mathrm{d}y}{\mathrm{d}t}\right|_{t=t_A}}{x_0}\frac{x_0}{y_\infty} = \frac{\left.\frac{\mathrm{d}y}{\mathrm{d}t}\right|_{t=t_A}}{y_\infty} = \frac{1}{T_c}$$

故 ε,ρ,T_c 三个参数中，只有两个是独立的。因此，描写有自平衡能力对象的特征参数可有如下三种组合：①ε,ρ,τ；②ε,T_c,τ；③T_c,ρ,τ。

如果认为无自平衡能力对象的自平衡率 $\rho=0$，那么，无论是有自平衡能力的对象，还是无自平衡能力的对象，都可以统一用 ε,ρ,τ 三个特征参数来近似描述其动态特性。

虽然，特征参数仅仅是对象特性的近似描述，但它可通过实验得到的飞升曲线直接求出，并且对于大多数工程问题，它足可以作为调节器参数选择的依据。

4.1.3 热工对象的传递函数

虽然特征参数在调节系统的整定中具有重要意义，但它毕竟是一种近似描述。在一些情况下(例如计算分析系统的特性)，需要了解完整描述对象特性的传递函数。在热工过程控制中，传递函数的获得通常采用如下方法。

(1) 通过对热工过程的机理分析，确定传递函数的形式。

对于有自平衡能力的对象，传递函数的形式为

$$G(s) = \frac{k}{(1+Ts)^n} \tag{4-1}$$

即对象为 n 个一阶惯性环节的串联。式中，k 为放大系数，T 为时间常数，n 为阶次。如果 $n=2$，也可以表达得更精确一些，为

$$G(s) = \frac{k}{(1+T_1 s)(1+T_2 s)} \tag{4-2}$$

当 n 很大时，可以近似表示为一阶惯性和纯滞后环节的串联，即

$$G(s) = \frac{k}{(1+Ts)}\mathrm{e}^{-\tau s} \tag{4-3}$$

对于无自平衡能力的对象，传递函数的形式为

$$G(s) = \frac{1}{T_a s(1+T_0 s)^n} \tag{4-4}$$

即对象为一个积分环节和 n 个一阶惯性环节的串联。式中，T_a 为积分环节的积分时间，

T_0 为惯性环节的时间常数，n 为惯性环节的阶次。当 n 很大时，可以近似表示为积分环节和纯滞后环节的串联，即

$$G(s)=\frac{1}{T_a s}e^{-\tau s} \tag{4-5}$$

(2) 利用实验方法，确定上述传递函数中的有关参数。

传递函数的形式可以通过机理分析获得，但其中的一些参数，如式(4-1)中的 k，T 和 n，式(4-4)中的 T_a，T_0 和 n，需要通过实验(通常是获取飞升曲线)求出。

4.1.4　由飞升曲线求取传递函数中的参数

1. 无自平衡能力的对象

具有式(4-4)所示的传递函数的对象在阶跃输入 $x=x_0$ 时，其输出 $y(t)$ 的拉氏变换为

$$Y(s)=\frac{x_0}{T_a s^2(1+T_0 s)^n} \tag{4-6}$$

其反变换为

$$y(t)=\frac{x_0}{T_a}\left\{t-nT_0+T_0 e^{-\frac{t}{T_0}}\sum_{k=1}^{n}\frac{n-k+1}{(k-1)!}\left(\frac{t}{T_0}\right)^{k-1}\right\} \tag{4-7}$$

理论上，只要在飞升曲线上任意找三个点，代入方程(4-7)，便可得到含有三个未知数 T_a，T_0，n 的三个方程，把它们联立求解即可。但这样做十分繁琐。因此，更好的方法是利用曲线上的一些特殊的点以简化计算。

图 4-4 是在阶跃扰动 $x=x_0$ 作用下实验得到的飞升曲线，作曲线的渐近线 $y_1(t)$ 与 t 轴相交于点 B，与 y 轴相交于点 H，B 点对应曲线 $y(t)$ 上的 Q 点，其纵坐标为 A。显然 $y_1(t)$ 的方程及 OH，OB 的长度分别为

$$y_1(t)=\frac{x_0}{T_a}(t-nT_0) \tag{4-8}$$

$$|OH|=|y_1(0)|=\frac{x_0}{T_a}nT_0 \tag{4-9}$$

$$|OB|=nT_0 \tag{4-10}$$

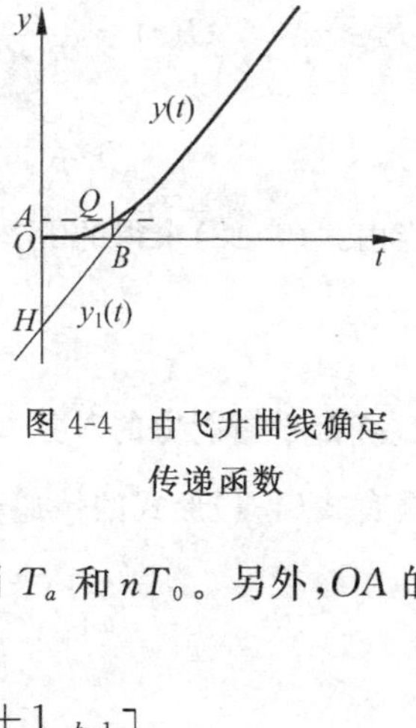

图 4-4　由飞升曲线确定传递函数

利用作图得出 $|OH|$，$|OB|$ 后，即可由方程(4-9)，(4-10)得到 T_a 和 nT_0。另外，OA 的长度为

$$|OA|=y(nT_0)=\frac{x_0}{T_a}\left[T_0 e^{-n}\sum_{k=1}^{n}\frac{n-k+1}{(k-1)!}n^{k-1}\right]$$

故有

$$\frac{|OA|}{|OH|}=e^{-n}\sum_{k=1}^{n}\frac{n-k+1}{(k-1)!}n^{k-2}=e^{-n}\left[1+\sum_{k=2}^{n}\frac{n-k+1}{(k-1)!}n^{k-2}\right]$$

$$=e^{-n}\left[1+\sum_{k=2}^{n}\frac{n^{k-1}}{(k-1)!}-\sum_{k=2}^{n}\frac{n^{k-2}}{(k-2)!}\right]$$

$$=e^{-n}\frac{n^{n-1}}{(n-1)!}=\frac{n^n}{n!}e^{-n}$$

当 n 不太大时，有

$$n!\approx\sqrt{2\pi}n^n\left(n+\frac{1}{6}\right)^{\frac{1}{2}}e^{-n}$$

所以

$$\frac{|OA|}{|OH|}=\frac{1}{\sqrt{2\pi}\sqrt{n+\frac{1}{6}}} \tag{4-11}$$

或

$$\left(\frac{|OH|}{|OA|}\right)^2=2\pi\left(n+\frac{1}{6}\right) \tag{4-12}$$

故根据飞升曲线，作图得 $|OA|$，$|OB|$ 和 $|OH|$，即可由方程(4-9)，(4-10)，(4-12)求得参数 T_a，T_0 和 n。当由式(4-12)求得的 n 不是正整数时，可有两种处理方法：

(1) 用接近于 n 的整数代替 n。

(2) 记 $n=n_1+a$，n_1 为整数部分，a 为小数部分，则传递函数写为

$$G(s)=\frac{1}{T_a s(T_0 s+1)^{n_1+a}}=\frac{1}{T_a s(T_0 s+1)^{n_1}(T_0 s+1)^a}$$

$$\approx\frac{1}{T_a s(T_0 s+1)^{n_1}(aT_0 s+1)} \tag{4-13}$$

当由式(4-12)求得的 $n\geqslant 6$ 时，传递函数可以近似认为具有式(4-5)的形式，即

$$G(s)=\frac{1}{T_a s}e^{-nT_0 s} \tag{4-14}$$

2. 有自平衡能力的对象

具有式(4-1)形式的传递函数的对象，在 $x=x_0$ 的阶跃输入下

$$Y(s)=\frac{x_0 K}{s(1+Ts)^n}$$

则

$$y(t)=Kx_0\left[1-e^{-\frac{t}{T}}\sum_{k=1}^{n}\frac{1}{(k-1)!}\left(\frac{t}{T}\right)^{k-1}\right] \tag{4-15}$$

曲线如图 4-3 所示。显然有

$$y(\infty)=Kx_0$$

即

$$K=\frac{y(\infty)}{x_0} \tag{4-16}$$

故 K 可容易求出。n 和 T 的求取有如下两种方法。

1) 切线法

对式(4-15)求导,可得

$$\frac{\mathrm{d}y(t)}{\mathrm{d}\left(\frac{t}{T}\right)}=Kx_0\mathrm{e}^{-\frac{t}{T}}\frac{1}{(n-1)!}\left(\frac{t}{T}\right)^{n-1}$$

$$\frac{\mathrm{d}^2y(t)}{\mathrm{d}\left(\frac{t}{T}\right)^2}=Kx_0\frac{1}{(n-1)!}\mathrm{e}^{-\frac{t}{T}}\left[(n-1)\left(\frac{t}{T}\right)^{n-2}-\left(\frac{t}{T}\right)^{n-1}\right]$$

令 $\frac{\mathrm{d}^2y(t)}{\mathrm{d}\left(\frac{t}{T}\right)^2}=0$,即得图 4-3 的拐点 A,其横坐标满足:

$$\frac{t_a}{T}=n-1 \tag{4-17}$$

于是

$$y(t_a)=Kx_0\left\{1-\mathrm{e}^{-(n-1)}\left[1+(n-1)+\frac{1}{2!}(n-1)^2+\cdots+\frac{1}{(n-1)!}(n-1)^{n-1}\right]\right\} \tag{4-18}$$

过曲线 A 点的切线斜率为

$$\tan\alpha=\left.\frac{\mathrm{d}y(t)}{\mathrm{d}t}\right|_{t=t_a}=\left.\frac{\mathrm{d}y(t)}{T\mathrm{d}\left(\frac{t}{T}\right)}\right|_{t=t_a}=\frac{Kx_0}{T(n-1)!}(n-1)^{n-1}\mathrm{e}^{-(n-1)} \tag{4-19}$$

$$\frac{T_c}{T}=\frac{y(\infty)}{T\tan\alpha}=\frac{(n-1)!}{(n-1)^{n-1}}\mathrm{e}^{(n-1)} \tag{4-20}$$

$$\frac{\tau}{T}=\frac{t_a}{T}-\frac{y(t_a)}{T\tan\alpha}=(n-1)-\frac{1}{\frac{1}{(n-1)!}(n-1)^{n-1}\mathrm{e}^{-(n-1)}}$$

$$\times 1-\mathrm{e}^{-(n-1)}\left[1+(n-1)+\frac{1}{2!}(n-1)^2+\cdots+\frac{1}{(n-1)!}(n-1)^{n-1}\right] \tag{4-21}$$

$$\frac{\tau}{T_c}=\frac{(n-1)^n}{(n-1)!}\mathrm{e}^{-(n-1)}-\left\{1-\mathrm{e}^{-(n-1)}\left[1+(n-1)+\frac{1}{2!}(n-1)^2+\cdots+\frac{1}{(n-1)!}(n-1)^{n-1}\right]\right\} \tag{4-22}$$

由式(4-22)可知,$\frac{\tau}{T_c}$ 仅是 n 的函数,故由图 4-3 得到 τ 和 T_c 后,即可求得 n,然后再由

式(4-20)或式(4-21)求得 T。

式(4-20)～(4-22)十分繁琐，实际工程计算时，可采用如下近似公式：

$$n = 24 \times \frac{\frac{\tau}{T_c} + 0.12}{2.93 - \frac{\tau}{T_c}} \left(\text{或更粗略地取 } n = 1 + 10\frac{\tau}{T_c}\right) \tag{4-23}$$

$$T = \frac{\tau + 0.5T_c}{n - 0.35} \tag{4-24}$$

当 n 不是正数时，可取与其相近的正整数值。

2）两点法

利用切线法求取对象的传递函数时，需要找出飞升曲线的拐点，然后通过拐点作切线，这往往不易准确，下面介绍的两点法即可避免这种不准确性。两点法的作图法如图 4-5 所示。在曲线上选两点 A，B，分别对应于 $y(t_1)=0.4y(\infty)$，$y(t_2)=0.8y(\infty)$。求取 T 和 n 的近似计算公式如下：

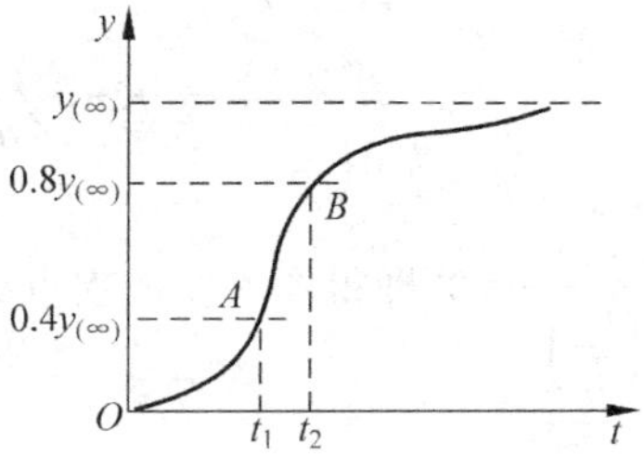

图 4-5 利用两点法求取对象的传递函数

(1) 当 $\frac{t_1}{t_2} \leqslant 0.32$ 时，$n=1$，为一阶对象，这时可根据一阶非周期环节的阶跃响应得到 T，即

$$y(T) = 0.632y(\infty) \tag{4-25}$$

(2) 当 $0.32 < \frac{t_1}{t_2} < 0.46$ 时，为一个时间常数不等的二阶对象，其传递函数取为

$$G(s) = \frac{K}{(1 + T_1 s)(1 + T_2 s)} \tag{4-26}$$

T_1，T_2 满足

$$\begin{cases} T_1 + T_2 = \dfrac{t_1 + t_2}{2.16} \\ \dfrac{T_1 T_2}{(T_1 + T_2)^2} = 1.74\dfrac{t_1}{t_2} - 0.55 \end{cases} \tag{4-27}$$

(3) 当 $\frac{t_1}{t_2} = 0.46$ 时，为一个时间常数相等的二阶对象，其传递函数为

$$G(s) = \frac{K}{(1 + Ts)^2} \tag{4-28}$$

时间常数 T 满足

$$T = \frac{t_1 + t_2}{4.36} \tag{4-29}$$

(4) 当$\frac{t_1}{t_2}>0.46$时，传递函数取为式(4-4)所示的有自平衡能力对象的一般形式。其中，n 和 T 分别按式(4-30)和式(4-31)求得：

$$\sqrt{n}=\frac{1.075t_1}{t_2-t_1}+0.5 \tag{4-30}$$

$$nT=\frac{t_1+t_2}{2.16} \tag{4-31}$$

4.1.5　热工对象的频率特性

1. 有自平衡能力的对象

根据其传递函数$G(s)=\frac{K}{(1+Ts)^n}$可得频率特性

$$G(j\omega)=\frac{K}{(1+j\omega T)^n}=M(\omega)e^{j\theta(\omega)}$$

幅频特性和相频特性分别为

$$M(\omega)=\frac{K}{(1+\omega^2T^2)^{n/2}} \tag{4-32}$$

$$\theta(\omega)=-n\arctan\omega T \tag{4-33}$$

由式(4-32)和式(4-33)可得

$$M(\omega)=K\left(\cos\frac{\theta(\omega)}{n}\right)^n \tag{4-34}$$

其频率特性曲线如图 4-6 所示。由图 4-6(c)可见，其幅相频率特性曲线是一条蜗壳形曲线：$\omega=0$ 时起始于正实轴上 K 点；随着 ω 的增大幅值变小，且顺时针穿过 n 个象限；最后，当 $\omega=+\infty$时，结束于原点。

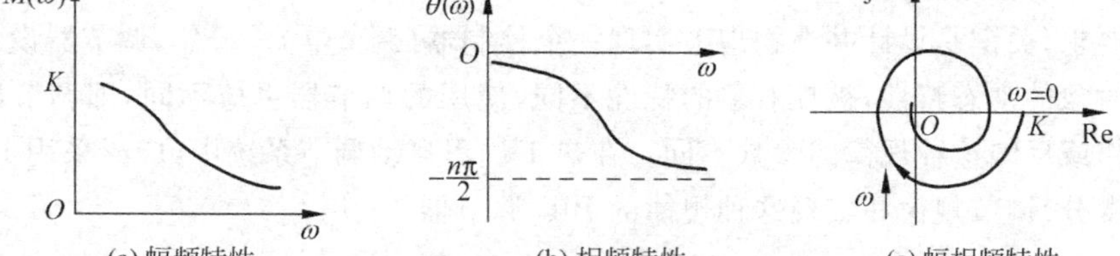

(a) 幅频特性　　(b) 相频特性　　(c) 幅相频特性

图 4-6　有自平衡能力对象的频率特性曲线

2. 无自平衡能力的对象

由无自平衡能力对象的传递函数$G(s)=\frac{1}{T_as(1+T_0s)^n}$可得其频率特性为

$$G(\mathrm{j}\omega)=\frac{1}{\mathrm{j}T_a\omega(1+\mathrm{j}T_0\omega)^n}=M(\omega)\mathrm{e}^{\mathrm{j}\theta(\omega)}$$

其幅频特性和相频特性分别为

$$M(\omega)=\frac{1}{T_0\omega(1+\omega^2T_0^2)^{\frac{n}{2}}} \tag{4-35}$$

$$\theta(\omega)=-\left(\frac{\pi}{2}+n\arctan\omega T\right) \tag{4-36}$$

其频率特性曲线如图 4-7 所示。由图 4-7(c)可以看出，其幅相频率特性曲线有如下特点：$\omega=0$ 时，曲线起始于负虚轴无穷远处；随着 ω 的增大，幅值逐渐减小，曲线沿顺时针方向绕过 n 个象限；最后，当 $\omega=+\infty$时，结束于原点。

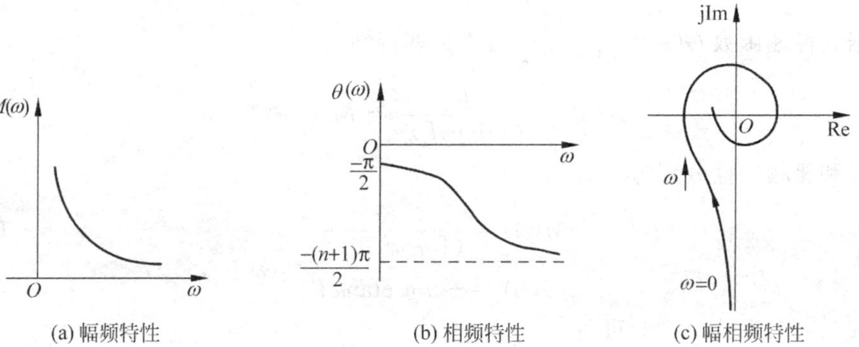

图 4-7　无自平衡能力对象的频率特性曲线

4.2　调节规律和调节器

控制系统的基本结构是第 1 章介绍的反馈控制系统。对于这样的系统，要使其品质达到预定要求，关键是设计并在物理上实现一个控制器(调节器)。显然，调节器设计的依据是被控对象的动态特性，被控对象的特性不同，使用的调节器也应不同，即调节器实现的调节规律或反映这种规律的参数不同。在热工过程自动调节系统中，广泛采用 PID(比例、积分、微分)调节规律和实现这种规律的 PID 调节器。

4.2.1　三种基本调节规律

在调节系统中，调节器的输入是定值信号 r 和被调量 y 的偏差信号 e，输出是调节量 m。所谓调节规律就是当偏差 e 不为零时，调节量 m 按照怎样的规律变化。在调节系统中，调节规律是由调节器来完成的。基本的调节规律有比例(P)、积分(I)和微分(D)

三种。

1. 比例（P）调节规律

在比例调节规律中，调节量 m 与偏差 e 成比例，其微分方程和传递函数分别为

$$m(t) = K_{\mathrm{P}} e(t) = \frac{1}{\delta} e(t)$$

$$G(s) = K_{\mathrm{P}} = \frac{1}{\delta}$$

式中，K_{P}称为放大系数；$\delta = \frac{1}{K_{\mathrm{P}}}$称为比例带。

可见，比例调节规律产生的调节作用与偏差的大小成正比，这是一种最基本的调节规律。

2. 积分（I）调节规律

使调节量 m 与偏差 e 对时间的积分成比例的调节规律称为积分调节规律，其微分方程和传递函数分别为

$$m(t) = K_{\mathrm{I}} \int_0^t e(t) \mathrm{d}t = \frac{1}{T_{\mathrm{I}}} \int_0^t e(t) \mathrm{d}t$$

$$G(s) = \frac{K_{\mathrm{I}}}{s} = \frac{1}{T_{\mathrm{I}} s}$$

式中，K_{I}叫做积分速度；$T_{\mathrm{I}} = \frac{1}{K_{\mathrm{I}}}$ 叫做积分时间。

可见，积分调节规律反映了偏差的累积情况，它一般不单独采用，而是与比例作用结合在一起，构成比例积分(PI)调节规律。

3. 微分（D）调节规律

微分调节规律所实现的微分方程和传递函数分别为

$$m(t) = K_{\mathrm{D}} \frac{\mathrm{d}e(t)}{\mathrm{d}t} = T_{\mathrm{D}} \frac{\mathrm{d}e(t)}{\mathrm{d}t}$$

$$G(s) = K_{\mathrm{D}} s$$

式中，系数 K_{D}称为微分速度，它具有时间的量纲，故也可记为 T_{D}，叫做微分时间。

微分调节作用仅与偏差的变化速度成比例，而与偏差的大小无关，所以它不能单独使用。但它有一个突出的特点，即当偏差一有变化速度(此时偏差的变化量可能很小，利用比例或积分调节都不能产生足够的调节作用)，微分作用便立即动作。相对于比例或积分作用，这是一种超前的调节作用。故加入微分作用，构成 PD 或 PID 调节作用，可以有效地抑制偏差的进一步增大，改善调节系统的品质。

上述的微分调节作用是一种理想的微分动作，工业调节器往往采用实际微分调节作用。它相当于第2章讨论的实际微分环节。因为调节系统的分析和调节器参数的整定都是近似的，故以后均按理想的微分作用来考虑。

由上述三种基本调节作用的传递函数和微分方程可知，系数 K_P、K_I、K_D 越大，在同样的偏差下产生的调节量变化也越大，相应的比例、积分、微分调节作用越强。

4.2.2 工业调节器的动态特性

工业过程控制中采用的调节器能实现上述三种调节规律中的一种或几种，由于积分作用和微分作用不单独使用，故调节器有比例(P)作用、比例积分(PI)作用、比例微分(PD)作用和比例积分微分(PID)作用四种，其中P调节器就是一个比例环节，这里不再介绍。下面分析PI,PD和PID调节器的基本特性。

1. PI调节器

PI调节器综合了比例和积分两种调节作用，其传递函数为

$$G_{PI}(s)=K_P+\frac{K_I}{s}=K_P\left(1+\frac{K_I}{K_P}\frac{1}{s}\right)=\frac{1}{\delta}\left(1+\frac{1}{T_I s}\right) \tag{4-37}$$

式中，$\delta=\dfrac{1}{K_P}$为PI调节器的比例带；$T_I=\dfrac{K_P}{K_I}$为PI调节器的积分时间。

在输入 $e=e_0$ 时，其输出(阶跃响应)为

$$m(t)=\frac{e_0}{\delta}\left(1+\frac{t}{T_I}\right) \tag{4-38}$$

曲线如图4-8所示。由此曲线可以看出PI调节器两个参数的意义，比例带 δ 决定在阶跃输入的瞬时输出跳变的幅度，即调节器的比例输出；积分时间 T_I 决定此后输出的变化速度，它等于输出达到2倍比例输出时所需的时间。

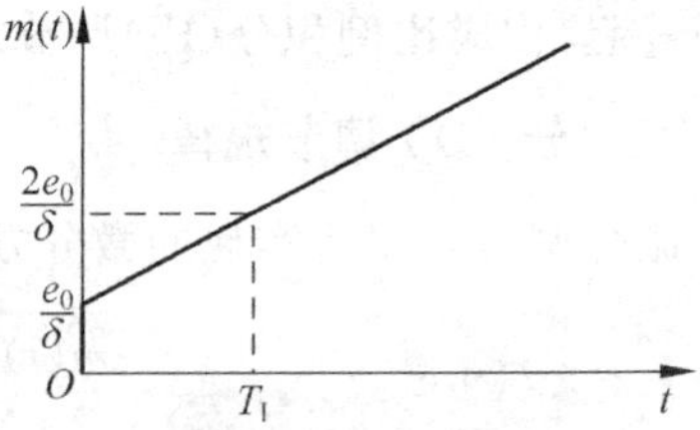

图4-8 PI调节器的阶跃响应曲线

2. PD调节器

综合比例和微分调节作用即构成PD调节器，其传递函数为

$$G_{PD}(s)=K_P+K_D s=K_P\left(1+\frac{K_D}{K_P}\cdot s\right)=\frac{1}{\delta}(1+T_D s) \tag{4-39}$$

式中，$\delta=\dfrac{1}{K_P}$为PD调节器的比例带；$T_D=\dfrac{K_D}{K_P}$为PD调节器的微分时间。

在输入 $e=e_0$ 时，输出 $m(t)$ 为

$$m(t) = \frac{e_0}{\delta}[1 + T_D\delta(t)] \tag{4-40}$$

曲线如图 4-9 所示。由此曲线可以看出 PD 调节器的特点和两个参数的意义。在阶跃输入的瞬时，首先是微分调节发生作用，它使输出为一 δ 函数，此 δ 函数的强度即为输入幅度和微分时间 T_D 的乘积；当微分作用结束后，调节器的比例作用使输出维持在一定的幅度，此幅度由调节器的比例带决定。

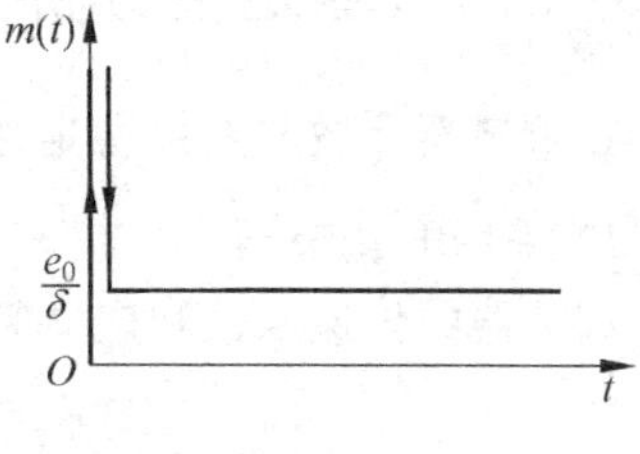

图 4-9　PD 调节器的阶跃响应曲线

3. PID 调节器

把比例、微分、积分三种作用综合在一起，即构成 PID 调节器。其传递函数为

$$G_{PID}(s) = K_P + \frac{K_I}{s} + K_D s = K_P\left(1 + \frac{K_I}{K_P}\frac{1}{s} + \frac{K_D}{K_P}s\right)$$
$$= \frac{1}{\delta}\left(1 + \frac{1}{T_I s} + T_D s\right) \tag{4-41}$$

式中，$\delta = \frac{1}{K_P}$ 为 PID 调节器的比例带；$T_I = \frac{K_P}{K_I}$ 为 PID 调节器的积分时间；$T_D = \frac{K_D}{K_P}$ 为 PID 调节器的微分时间。

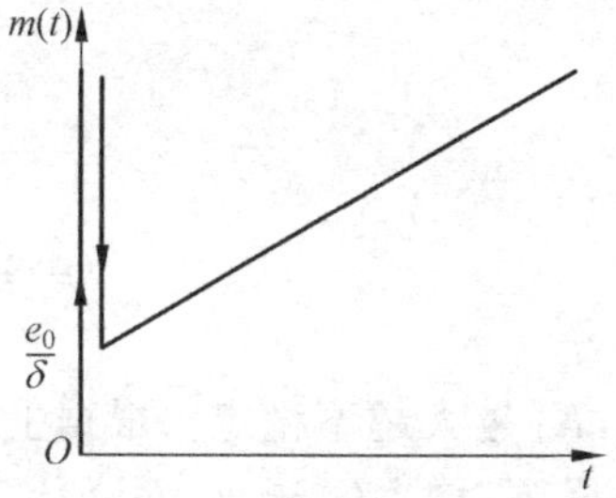

图 4-10　PID 调节器的阶跃响应曲线

在输入 $e = e_0$ 时，输出 $m(t)$ 为

$$m(t) = \frac{e_0}{\delta}\left(1 + \frac{t}{T_I} + T_D\delta(t)\right) \tag{4-42}$$

曲线如图 4-10 所示。读者可自行分析它的特点和三个参数的意义。

PID 调节器习惯上均按比例带 δ、积分时间 T_I 和微分时间 T_D 刻度，应当注意，δ 越小，T_I 越小，T_D 越大时，其对应的比例作用、积分作用、微分作用越强。

4.3　单回路调节系统的分析

图 4-11 所示为一典型的单回路调节系统，$G_0(s)$ 为对象传递函数，$G_a(s)$ 为调节器传递函数，r 为给定值，x 为外部扰动。本节针对这样的系统讨论当采用不同的调节器时，系统的各项性能。在分析中主要利用广义频率特性的概念，为此先将对象的广义频率特性表示为

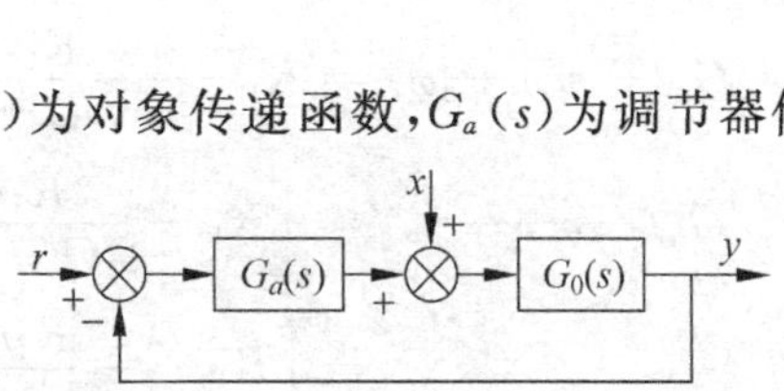

图 4-11　单回路调节系统

$$G_0(m,\omega)=M_0(m,\omega)\mathrm{e}^{\mathrm{j}\varphi_0(m,\omega)} \tag{4-43}$$

4.3.1 稳定性分析

1. 调节器参数与系统稳定性

1）采用P调节器

调节器的传递函数和广义频率特性分别为

$$G_a(s)=K_P=\frac{1}{\delta}$$

$$G_a(m,\omega)=K_P=\frac{1}{\delta}$$

系统开环传递函数为

$$G_K(s)=K_PG_0(s)$$

系统开环广义频率特性为

$$G_K(-m\omega+\mathrm{j}\omega)=K_PM_0(m,\omega)\mathrm{e}^{\mathrm{j}\varphi_0(m,\omega)}$$

在衰减指数为 m 时，满足

$$\begin{cases}K_PM_0(m,\omega)=1\\ \varphi_0(m,\omega)=-\pi\end{cases} \tag{4-44}$$

方程组有两个未知参数：K_P，ω，故有唯一解。

取 $m=0$ 即得临界参数 K_P^* 和 ω^*：

$$\begin{cases}K_P^*=\dfrac{1}{M_0(\omega^*)}\\ \varphi_0(\omega^*)=-\pi\end{cases} \tag{4-45}$$

另外，由于 $G_K(\omega)=K_PM_0(\omega)\mathrm{e}^{\mathrm{j}\varphi_0(\omega)}$，由奈氏准则可知，$K_P$ 越大越不稳定。根据上述分析，可得如下结论：采用P调节器的调节系统，其稳定性随 K_P 增大（δ 减小）而降低，当给定稳定性指标的要求时，调节器有唯一的一个参数值满足此要求。

2）采用PI调节器

$$G_a(s)=K_P+\frac{K_I}{s}$$

$$G_a(-m\omega+\mathrm{j}\omega)=K_P+\frac{K_I}{-m\omega+\mathrm{j}\omega}=K_P-\frac{K_Im}{\omega(1+m^2)}-\mathrm{j}\frac{K_I}{\omega(1+m^2)}$$

$$\begin{aligned}G_K(-m\omega+\mathrm{j}\omega)&=\left[K_P-\frac{K_Im}{\omega(1+m^2)}-\mathrm{j}\frac{K_I}{\omega(1+m^2)}\right]M_0(m,\omega)\mathrm{e}^{\mathrm{j}\varphi_0(m,\omega)}\\&=\left[K_P-\frac{K_Im}{\omega(1+m^2)}-\mathrm{j}\frac{K_I}{\omega(1+m^2)}\right]M_0(m,\omega)[\cos\varphi_0(m,\omega)\\&\quad+\mathrm{j}\sin\varphi_0(m,\omega)]\end{aligned}$$

把上式表示成实部 $\mathrm{Re}(m,\omega)$ 和虚部 $\mathrm{Im}(m,\omega)$ 相加的形式，有

$$\mathrm{Re}(m,\omega)=M_0(m,\omega)\left[\left(K_P-\frac{K_I m}{\omega(1+m^2)}\right)\cos\varphi_0(m,\omega)+\frac{K_I\sin\varphi_0(m,\omega)}{\omega(1+m^2)}\right]$$

$$\mathrm{Im}(m,\omega)=M_0(m,\omega)\left[\left(K_P-\frac{K_I m}{\omega(1+m^2)}\right)\sin\varphi_0(m,\omega)-\frac{K_I\cos\varphi_0(m,\omega)}{\omega(1+m^2)}\right]$$

令 $\mathrm{Re}(m,\omega)=-1$，$\mathrm{Im}(m,\omega)=0$，可得在稳定性指标为 m 时，调节器参数 K_P，K_I：

$$\begin{cases}K_P=-\dfrac{m\sin\varphi_0(m,\omega)+\cos\varphi_0(m,\omega)}{M_0(m,\omega)}\\[2ex] K_I=-\dfrac{\omega(1+m^2)\sin\varphi_0(m,\omega)}{M_0(m,\omega)}\end{cases}\tag{4-46}$$

取 $m=0$，可得临界状态下的参数 K_P^*，K_I^*，ω^*：

$$\begin{cases}K_P^*=-\dfrac{\cos\varphi_0(\omega^*)}{M_0(\omega^*)}\\[2ex] K_I^*=-\dfrac{\omega^*\sin\varphi_0(\omega^*)}{M_0(\omega^*)}\end{cases}\tag{4-47}$$

由式(4-46)和式(4-47)可见，两个方程，三个未知数，故有无穷多组解。由此可得出如下结论：

① 采用PI调节器的系统，给定一个稳定性指标，可有无穷多组参数满足要求。故可在 K_P，K_I 平面上画出满足给定稳定性要求的一条曲线，称作等稳定性线。采用这条线上的任一组调节器参数，可得到相同的稳定性。图4-12(a)、(b)分别表示有自平衡能力的对象和无自平衡能力的对象采用PI调节器时等稳定性线(等 ψ 线)。

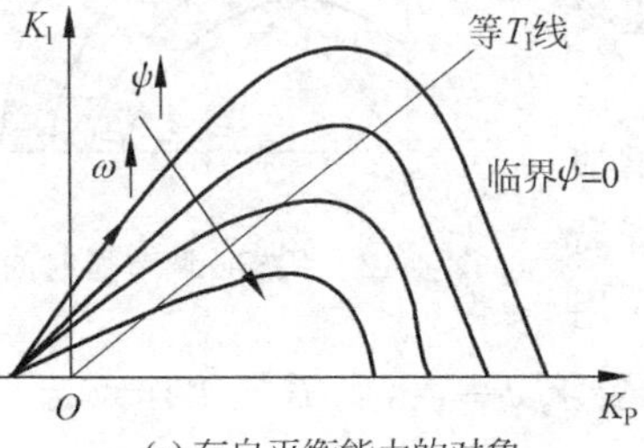

(a) 有自平衡能力的对象

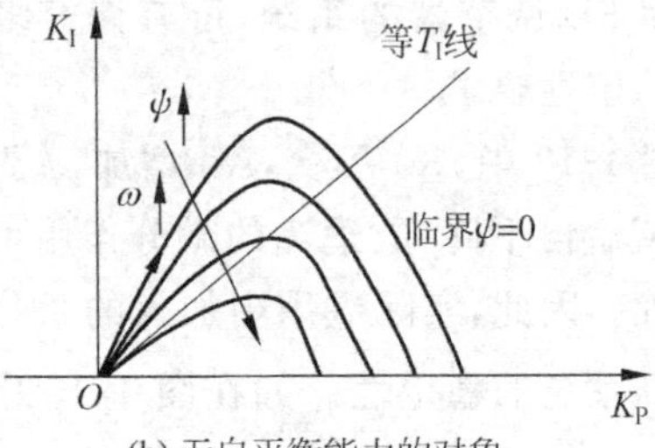

(b) 无自平衡能力的对象

图4-12　用PI调节器时的等 ψ 线

② 图4-12中，曲线与 K_P 轴的交点即单用P调节器时的参数。由图可见，加入I作用后，为使衰减率 ψ 不变，需减小 K_P，故积分作用是一个不稳定因素。

③ 当 K_P 不变时，K_I 增加，ψ 下降，即积分作用越大，系统越不稳定。

④ K_I 不变，K_P 增加时，ψ 先上升，到最大值后又下降。

⑤ 实际调节器用参数 δ 和 T_I 来表示，δ 和 T_I 对调节系统稳定性的影响如下：当

$T_I=\dfrac{K_P}{K_I}$不变时，δ 增加(相当于 K_P，K_I 同时减小)，则工作点沿着图 4-12 中的等 T_I 线向原点移动，即 ψ 增大；当 $\delta=1/K_P$ 不变，T_I 增大时(相当于 K_I 减小)，ψ 增大。

3) 采用 PD 调节器

$$G_a(s)=K_P+K_Ds$$

$$G_a(-m\omega+j\omega)=K_P-K_Dm\omega+jK_D\omega$$

$$G_K(-m\omega+j\omega)=[(K_P-K_Dm\omega)+jK_D\omega]M_0(m,\omega)[\cos\varphi_0(m,\omega)+j\sin\varphi_0(m,\omega)]$$

令其实部为-1，虚部为 0，可解得

$$\begin{cases} K_P=\dfrac{m\sin\varphi_0(m,\omega)-\cos\varphi_0(m,\omega)}{M_0(m,\omega)} \\ K_D=\dfrac{\sin\varphi_0(m,\omega)}{\omega M_0(m,\omega)} \end{cases} \tag{4-48}$$

临界时，

$$\begin{cases} K_P^*=-\dfrac{\cos\varphi_0(\omega^*)}{M_0(\omega^*)} \\ K_D^*=\dfrac{\sin\varphi_0(\omega^*)}{\omega^* M_0(\omega^*)} \end{cases} \tag{4-49}$$

同用 PI 调节器时一样，给定一个稳定性指标，也有无穷多组参数可满足要求。对于热工对象，在 K_P-K_D 平面上画出的等 ψ 线，如图 4-13 所示。分析图 4-13，可得出如下结论：

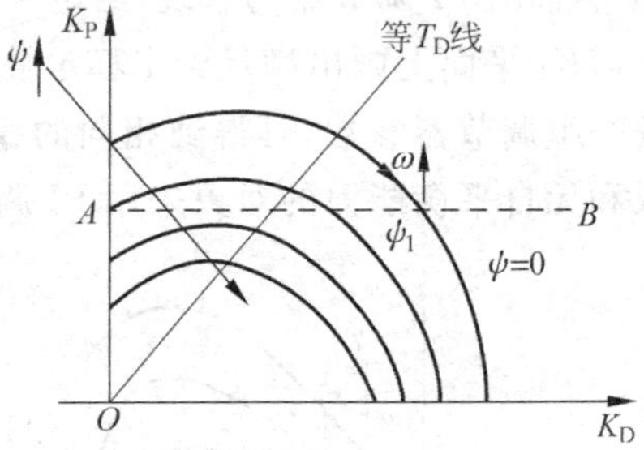

图 4-13　用 PD 调节器时的等 ψ 线

(1) 采用 PD 调节器的系统，可有无穷多组参数满足同一稳定性要求。

(2) 在图 4-13 中，K_P 不变，K_D 增加，ψ 先增加到一个最大值后再下降，故适当的微分作用可提高系统的稳定性。因此，实际应用中加入的微分作用应保证能提高系统的稳定性。如在图 4-13 中，要求 $\psi=\psi_1$，则需把工作点选在 AB 线上方的等 $\psi=\psi_1$ 曲线上。

(3) 使 K_D 不变，K_P 增加，ψ 下降。

(4) 实际调节器参数用 T_D 和 δ，T_D 和 δ 对调节系统稳定性的影响如下：当 $T_D=\dfrac{K_D}{K_P}$ 不变时，$\delta=\dfrac{1}{K_P}$增大(相当于 K_P，K_D 同时减小)，ψ 增大；当 δ 不变时，T_D 增大，ψ 先增大到一最大值后又下降。

把图 4-12 和图 4-13 画在一起，成为图 4-14 的形式。图中的曲线为一条等稳定性线，C 点表示采用 P 调节器时的数值，左半平面为采用 PI 调节器时的取值，右半平面为采用 PD 调节器时的取值。另外，从频率变化的方向可知，采用 PI 调节器时振荡频率最低，采用 PD 调节器时振荡频率最高。

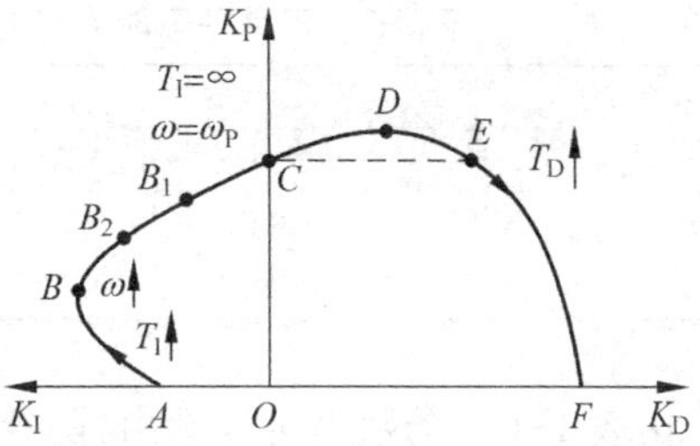

图 4-14　调节系统等 ψ 线图

2. 对象特性和系统的稳定性

在设计调节器时，通常希望尽量增大调节作用，以减小偏差，提高振荡频率（这一般意味着调节时间的缩短）。但调节作用的增大要受稳定性要求的限制。对于有的对象，为了保证稳定性，调节作用必须很小，这将会使偏差很大，甚至达到不能允许的程度。这样的对象是很难调节的。下面以采用 P 调节器的系统为例，分析对象特性和系统稳定性的关系。

1）有自平衡能力的对象

传递函数为 $G_0(s)=\dfrac{k}{(1+Ts)^n}$ 的对象，其广义频率特性的模和幅角为

$$\begin{cases} M_0(m,\omega)=\dfrac{k}{[(1-m\omega T)^2+\omega^2T^2]^{\frac{n}{2}}} \\ \phi_0(m,\omega)=-n\arctan\dfrac{\omega T}{1-m\omega T} \end{cases} \tag{4-50}$$

采用 P 调节器调节时，根据式(4-44)，有

$$\begin{cases} kK_P=[(1-m\omega T)^2+\omega^2T^2]^{\frac{n}{2}} \\ -n\arctan\dfrac{\omega T}{1-m\omega T}=-\pi \end{cases} \tag{4-51}$$

由式(4-51)的幅角条件，可得

$$\omega T=\frac{\tan\dfrac{\pi}{n}}{1+m\tan\dfrac{\pi}{n}} \tag{4-52}$$

将式(4-52)代入式(4-51)的幅值条件，可得

$$kK_P=\frac{1}{\left(\cos\dfrac{\pi}{n}\right)^n\left(1+m\tan\dfrac{\pi}{n}\right)^n} \tag{4-53}$$

由以上结果可得如下结论：

(1) 对象的放大系数 k 和调节器的 K_P 对系统的稳定性具有相同的影响；

(2) 在 k 不变的情况下，给定稳定性要求 m，K_P 仅取决于系统的阶次 n，与 T 无关；

(3) 振荡频率和时间常数的乘积 ωT 仅取决于 n，当 n 不变时，时间常数 T 越大，振荡

频率 ω 越低。

表 4-1 给出了在 $m=0.221$ 时 n 对相关参数的影响情况。

表 4-1 有自平衡能力对象的阶次 n 对相关参数的影响($m=0.221$)

	n							
	3	4	5	6	7	8	9	10
kK_P	3.026	1.800	1.370	1.153	1.022	0.935	0.872	0.826
ωT	1.253	0.819	0.626	0.512	0.435	0.380	0.337	0.303

由表 4-1 中的数据可以看出,随着 n 的增大,调节器 K_P 减小,ω 降低。这就意味着,n 越大,对象越不易调节,因为要保持系统的稳定性,必须采用较小的 K_P,这对减小偏差是不利的。而 ω 的降低则会增长调节时间。

2) 无自平衡能力的对象

传递函数为 $G_0(s)=\dfrac{1}{T_a s(1+T_0 s)^n}$ 的对象,其广义频率特性的模和幅角为

$$\begin{cases} M_0(m,\omega)=\dfrac{1}{T_a\omega\sqrt{1+m^2}\left[(1-m\omega T_0)^2+\omega^2T_0^2\right]^{\frac{n}{2}}} \\ \phi_0(m,\omega)=-\pi+\arctan\dfrac{1}{m}-n\arctan\dfrac{\omega T_0}{1-m\omega T_0} \end{cases} \tag{4-54}$$

采用 P 调节器时,由式(4-44),得

$$\begin{cases} \dfrac{K_p T_0}{T_a}=\omega T_0\sqrt{1+m^2}\left[(1-m\omega T_0)^2+\omega^2T_0^2\right]^{\frac{n}{2}} \\ \arctan\dfrac{1}{m}-n\arctan\dfrac{\omega T_0}{1-m\omega T_0}=0 \end{cases} \tag{4-55}$$

则

$$\omega T_0=\frac{\tan\left(\dfrac{1}{n}\arctan\dfrac{1}{m}\right)}{1+m\tan\left(\dfrac{1}{n}\arctan\dfrac{1}{m}\right)} \tag{4-56}$$

表 4-2 给出了在 $m=0.221$ 时 n 对相关参数的影响情况。

表 4-2 无自平衡能力对象阶次 n 对相关参数的影响($m=0.221$)

	n							
	2	3	4	5	6	7	8	9
$\dfrac{K_P T_0}{T_a}$	0.829	0.453	0.313	0.239	0.194	0.163	0.141	0.124
ωT_0	0.682	0.438	0.327	0.261	0.218	0.188	0.165	0.147

由式(4-55)、式(4-56)和表4-2,可得如下结论：

(1) 随 n 的增大，$\frac{K_P T_0}{T_a}$减小。这意味着对象的$\frac{T_0}{T_a}$越大或阶次越高，满足要求的稳定性所需的 K_P 越小，调节越困难；

(2) 随着阶次的提高，在 T_0 固定的情况下，振荡频率越低，过渡过程越长。

另外，比较表4-1和表4-2，可以发现，一般情况下，阶次相同的对象，有自平衡能力的要比无自平衡能力的易于调节。

4.3.2 调节系统的静态偏差

对于图4-11所示的系统，在 x 扰动下，闭环传递函数为

$$G(s)=\frac{Y(s)}{X(s)}=\frac{G_0(s)}{1+G_a(s)G_0(s)}$$

当 x 为单位阶跃扰动时，系统的输出为

$$Y(s)=\frac{G_0(s)}{s[1+G_a(s)G_0(s)]}$$

则系统的静态偏差为

$$e(\infty)=y(\infty)=\lim_{s\to 0}sY(s)=\lim_{s\to 0}\frac{G_0(s)}{1+G_0(s)G_a(s)}$$

1. 用P调节器时

此时，由于 $G_a(s)=K_P$，故有

$$e(\infty)=\lim_{s\to 0}\frac{G_0(s)}{1+K_P G_0(s)}\neq 0 \tag{4-57}$$

可见，采用P调节器时，静态偏差是不可避免的，且随 K_P 增大而减小，这与稳定性的要求相矛盾。

2. 用PI调节器时

由于 $G_a(s)=K_P+\frac{K_I}{s}$，故

$$e(\infty)=\lim_{s\to 0}\frac{G_0(s)}{1+K_P G_0(s)+\frac{K_I G_0(s)}{s}}=0 \tag{4-58}$$

可见，积分作用的加入使系统在阶跃扰动下静态为零，这是积分作用的主要优点。

3. 用PD调节器时

$$G_a(s)=K_P+K_D s$$

$$e(\infty)=\lim_{s\to 0}\frac{G_0(s)}{1+(K_P+K_Ds)G_0(s)}=\lim_{s\to 0}\frac{G_0(s)}{1+K_PG_0(s)} \tag{4-59}$$

此式与式(4-57)完全一样，它表明，采用PD调节器的系统，$e(\infty)$仅取决于比例作用K_P。但与采用P调节器时相比，加入适当的微分作用(使系统稳定性提高)后，要保持ψ不变，K_P可比P调节器时增大，这样，在稳定性相同的条件下，用PD调节器比用P调节器静态偏差减小，即微分作用间接减小了静态偏差。

从图4-14的等ψ线上来看，在AC段(不包括C点)为PI作用，静差为零，在C点为P作用，存在静态偏差；CE段为PD作用，其中CD段K_P逐渐增大，静差随之减小，在D点静差达最小值，在DE段，静差又随K_P的减小而增大。

4.3.3 调节系统的动态偏差

一个调节系统，无论调节对象的特性如何，总可以按照4.3.1中讨论的方法选择适当的调节器参数满足稳定性要求。另外，只要调节器具有积分作用即可保证系统在阶跃扰动下静态偏差为零，因此，动态偏差成为衡量调节系统的一个关键指标。下面分别讨论影响动态偏差的各种因素。

1. 调节作用对动态偏差的影响

因为在调节系统中，调节作用用来抑制偏差的进一步增大，所以一般说来，调节作用越强，动态偏差e_M越小。由图4-14可以比较在稳定性相同的情况下采用P，PI和PD调节器时系统的e_M。

在AB段，K_P和K_I均增加，故e_M显著减小。在BC段，K_P增加，K_I减小，由于K_I的作用较K_P缓慢，二者综合的作用使得e_M略有减小。在CD段，K_P和K_D均增大，故e_M迅速减小。过D点后，K_P减小而K_D增大，由于K_D的作用更为迅速，故e_M继续缓慢减小。过E点后，由于K_P已经小于单独由P作用时的数值，静态偏差将显著增大，故不应作为调节器参数的选择范围。以上分析说明，在稳定性相同的情况下，采用PI调节器时动态偏差最大，采用PD调节器时动态偏差最小。

以$G_0(s)=\frac{1}{(1+10s)^5}$为例，要求$m=0.221$，在图4-14的等$\psi$线上选择如下5组工作参数进行比较：①单独P作用，即图中C点；②PD作用，约在图中D点；③PI作用，位于图中AB段(记为PI1)；④PI作用，位于图中B点附近(记为PI2)；⑤PI作用，位于图中BC段(记为PI3)。有关参数如表4-3所示。

调节系统如图4-11。在x单位阶跃扰动下，响应曲线如图4-15所示。比较图中曲线，可验证以上结论。

表 4-3 调节器的设计参数

P调节器		PI调节器				PD调节器		
K_P	ω		K_P	K_I	ω	K_P	K_D	ω
1.372	0.063	PI1	0.42	0.033	0.035	1.802	18.013	0.082
		PI2	0.753	0.036	0.042			
		PI3	0.983	0.034	0.048			

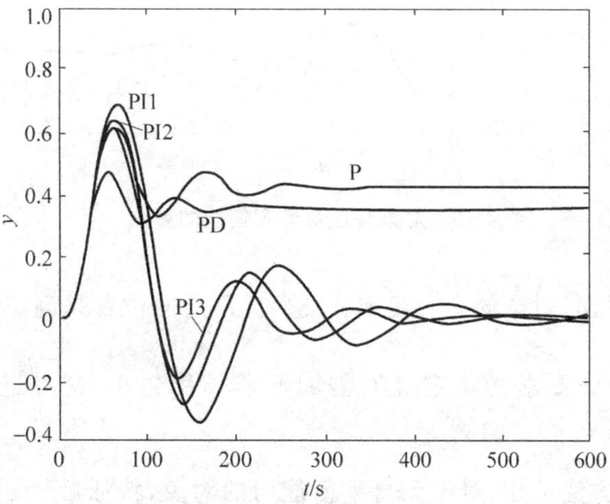

图 4-15 对象 $G_0(s)=\frac{1}{(1+10s)^5}$采用 P,PI 和 PD 调节器时的阶跃响应曲线

2. 对象特性对动态偏差的影响

下面针对图 4-11 所示的系统,讨论对象特性对动态偏差的影响。

假定对象具有自平衡能力,其飞升曲线如图 4-16 中 y_0 所示。若用特征参数 ρ,τ 和 T_c 近似描述,则曲线成为图 4-16 中粗虚线表示的折线。在 x 扰动下的调节过程可以近似分析如下:开始,系统处于稳态,即各量稳定不变,且为 0;在 $t=0$ 时,外部扰动 x 发生阶跃变化,但由于对象具有延迟时间 τ,故在 $0\sim\tau$ 时间内,y 没有变化,仍为 0;当 $t=\tau$ 后,y 开始变化,假定它通过调节器立即产生调节作用,但由于对象的延迟,调节作用对 y 的影响仍然需要 τ 的时间才能显示出来,因此在 $\tau\sim2\tau$ 时间内,输出 y 仍然是 x 单独影响的结果;从 $t=2\tau$(图 4-16 中的 P 点)后,调节作用才显示出来,y 才可能从 P 点开始下降,故系统的动态偏差至少是 P 点的高度。

在图 4-16 中,曲线 y 是对象采用动态偏差最小的 PD 调节器(按使 K_P 最大选择调节器参数)调节后的结果,曲线 u 是调节器输出即调节量的变化情况。

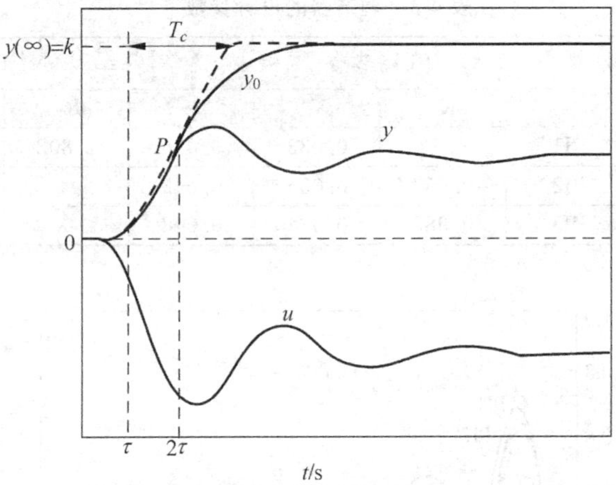

图 4-16 对象特性对动态偏差的影响

从图 4-16 可以看出，对象的$\frac{1}{\rho}=K$ 和$\frac{\tau}{T_c}$越大，P 点的位置越高，动态偏差越大。另外，$\frac{1}{\rho}$和$\frac{\tau}{T_c}$越大，为保证要求的稳定性所需的调节作用越小，这更进一步加大了动态偏差。

按照同样的分析方法可知，对于无自平衡能力的对象，特征参数 ε 和 τ 越大，动态偏差越大。

3. 扰动对动态偏差的影响

针对图 4-17 所示的系统，讨论不同扰动下的动态偏差。图中，调节作用 u 通过 $G_0(s)$影响被调量 y，$G_0(s)$为调节通道的传递函数。扰动作用 d 通过 $G_d(s)$影响被调量 y，$G_d(s)$为扰动通道的传递函数。对于扰动 x，调节通道和扰动通道的传递函数均为 $G_0(s)$。不难理解，扰动通道的速度越快，调节通道的速度越慢，系统的动态偏差将越大。

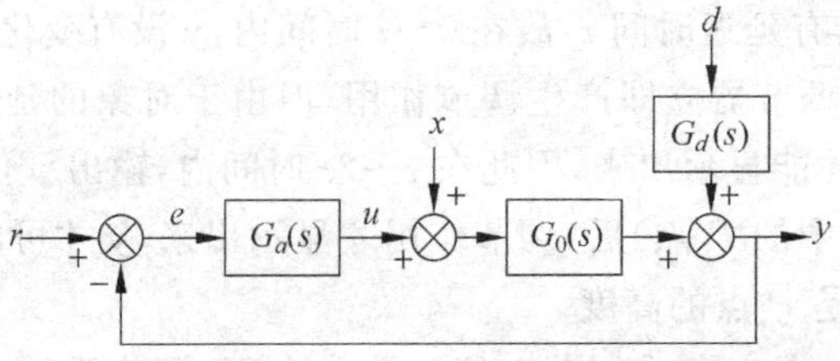

图 4-17 多扰动控制系统

设 $G_0(s)=\frac{1}{(1+10s)^5}$，$G_d(s)=\frac{1}{1+10s}$，调节器采用 PI 作用，取 $K_P=1.265$，$K_I=0.019$，此时 $m=0.221$，工作点位于图 4-12(a)最高点的右侧。图 4-18 给出了在 r，x 和 d 单位阶跃扰动下被调量 y 的响应曲线，分别用 $y(r)$，$y(x)$和 $y(d)$表示。可以看出，$y(d)$较 $y(x)$动态偏差要大。

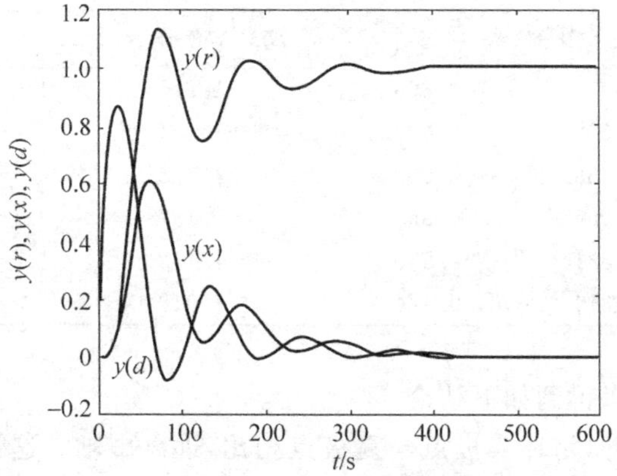

图 4-18　不同扰动下系统的阶跃响应

至于在给定值扰动下的曲线 $y(r)$，它反映了被调量 y 跟随给定值 r 变化的过程，偏差为 $e=r-y(r)=1-y(r)$。对于图 4-17 所示的系统，最大偏差出现在 $t=0$ 处，这是因为此时 r 产生阶跃变化而调节作用尚未发生的缘故。

4.3.4　调节系统的调节时间

本节针对图 4-11 所示系统，通过一些具体例子讨论在 x 的单位阶跃扰动下，采用不同调节器时调节时间的特点。

1. 采用 P 调节器的系统

例 4-1　对象传递函数为 $G_0(s)=\frac{1}{(1+2s)^3}$，采用 P 调节器调节，分析系统的调节时间。

解　取衰减率 $\psi=0,0.75,0.8,0.85,09,0.95$(对应于 $m=0,0.221,0.256,0.302,0.367,0.477$)，由式(4-51)计算得到 K_P 和 ω 如表 4-4 所示。另外，可求出系统的闭环传递函数为

$$G_b(s)=\frac{Y(s)}{X(s)}=\frac{\frac{1}{(1+2s)^3}}{1+\frac{K_P}{(1+2s)^3}}=\frac{1}{(1+2s)^3+K_P} \tag{4-60}$$

由于一对闭环复极点为

$$-m\omega \pm j\omega$$

它可根据给定的 m 和计算出的 ω 求出，于是另一个实极点可以解析求出，它们均列在表 4-4 中。

表 4-4 采用 P 调节器时系统的相关参数(m=0.221)

m	K_P	ω	闭环实极点	闭环复极点
0	8	0.866	−1.5	±j0.866
0.221	3.030	0.627	−1.224	−0.139±j0.627
0.256	2.659	0.600	−1.193	−0.154±j0.600
0.302	2.265	0.569	−1.157	−0.172±j0.569
0.367	1.831	0.530	−1.112	−0.194±j0.530
0.477	1.314	0.474	−1.048	−0.226±j0.474

从表 4-4 中数据可以得到如下结论：

(1) 除临界状态以外，闭环实极点与复极点相比，远离虚轴。这说明，在通常工作范围内(ψ=0.75～0.95)，采用 P 调节器的系统只有一对闭环主导复极点，相当于一个二阶系统。

(2) 系统的调节时间决定于闭环主导复极点的位置，K_P 越小，复极点距虚轴越远，调节时间越短。

(3) 由于二阶系统的复极点实部可表示为

$$-\zeta\omega_n = -m\omega$$

对于有自平衡能力的对象，由式(4-52)可知，当系统的阶次 n 一定，给定 m，ωT 为常数，即振荡频率 ω 与对象的时间常数 T 成反比，T 越大，ω 越小，由于 m 一定，故调节时间越长。

2. 采用 PI 调节器的系统

与采用 P 调节器不同，采用 PI 调节器的系统具有 3 个闭环主导极点，即一个负实极点和一对复极点。它的阶跃响应有两个主要成分：由负实极点决定的非周期成分和由复极点决定的衰减振荡成分。衰减振荡成分的过渡时间记为 t_{s1}，它由复极点的实部($-m\omega$)决定，非周期成分的过渡时间记为 t_{s2}，它由负实极点的大小决定。整个系统的调节时间为

$$t_s = \max(t_{s1}, t_{s2})$$

在第 3 章已经提到，当三个极点位于一条直线上时，$t_{s1}=t_{s2}$，t_s 最小。下面通过一个具体例子进一步说明。

例 4-2 对象传递函数为 $G_0(s)=\dfrac{1}{s(s+3)}$，用 PI 调节器调节，在 m=0.2 时分析调节

时间 t_s 的特性。

解　调节器传递函数为

$$G_a(s) = K_P\left(1 + \frac{1}{T_I s}\right)$$

系统开环传递函数为

$$G_K(s) = \frac{K_P\left(1 + \frac{1}{T_I s}\right)}{s(s+3)}$$

闭环特征方程为

$$s^3 + 3s^2 + K_P s + K_P/T_I = 0 \tag{4-61}$$

设三个极点分别为

$$s_{1,2} = -m\omega \pm j\omega$$

$$s_3 = -am\omega$$

其中 a 为系数，表示负实极点和复极点的相对位置。当 $a=1$ 时，三个极点在同一条直线上，$t_{s1}=t_{s2}$。当 $a>1$ 时，负实极点在复极点的左侧，$t_{s1}>t_{s2}$。当 $a<1$ 时，负实极点在复极点的右侧，$t_{s1}<t_{s2}$。则特征方程可写成如下形式：

$$\begin{aligned}&(s+m\omega)(s+m\omega+j\omega)(s+m\omega-j\omega)\\&=s^3+(2+a)m\omega s^2+\omega^2[1+(1+2a)m^2]s+am\omega^3(1+m^2)=0\end{aligned} \tag{4-62}$$

比较式(4-61)和式(4-62)，可得

$$\begin{cases}(2+a)m\omega = 3\\ \omega^2[1+(1+2a)m^2] = K_P\\ am\omega^3(1+m^2) = K_P/T_I\end{cases} \tag{4-63}$$

由于 $t_{s1}=\dfrac{3\sim4}{m\omega}$，$t_{s2}=\dfrac{3\sim4}{am\omega}$，而 $t_s=\max(t_{s1},t_{s2})$，故从式(4-63)的第一个关系式可以看出，当 $a=1$，即三个极点在同一条直线上时，t_s 最小。

以 $a=1$ 代入式(4-63)，解得：$\omega=5$，$K_P=28$，$T_I=28/26=1.077$，即实根为 -1，复根为 $-1\pm j5$。

在 x 扰动下闭环传递函数为

$$G(s) = \frac{Y(s)}{X(s)} = \frac{s}{s^3+3s^2+28K_P s+28K_P/T_I} = \frac{s}{s^3+3s^2+28s+26}$$

输出为

$$y(t) = 0.04e^{-t}(1-\cos 5t) \tag{4-64}$$

$y(t)$曲线如图 4-19 所示。图中，曲线 y_1 是式(4-64)中第一项，它是一个非周期成分；y_2 是式(4-64)中的第 2 项，它是一个衰减振荡成分。$y=y_1+y_2$ 是总的输出。

取 a 为不同值，可算得有关参数如表 4-5 所示。

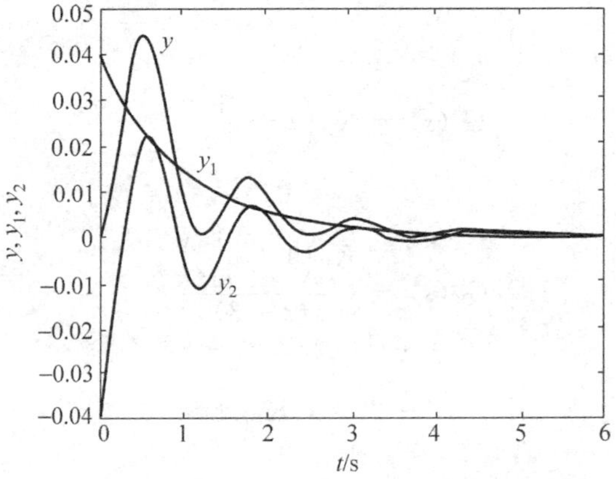

图 4-19 采用 PI 调节器系统的阶跃响应

表 4-5 *a* 取不同值时系统的相关参数

a	*ω*	K_P	T_I	负实极点	复极点
10	1.250	2.875	0.708	−2.500	−0.250±j1.250
2	3.750	16.875	0.769	−1.500	−0.750±j3.750
1	5.000	28.000	1.077	−1.000	−1.000±j5.000
0.5	6.000	38.880	1.731	−0.600	−1.200±j6.000
0.1	7.143	53.470	7.054	−0.143	−1.429±j7.143

图 4-20 所示为 $a=2,1,0.5$ 三种情况下系统的阶跃响应曲线。曲线 y_1,y_2,y_3 分别对应 $a=1,a=0.5$ 和 $a=2$。

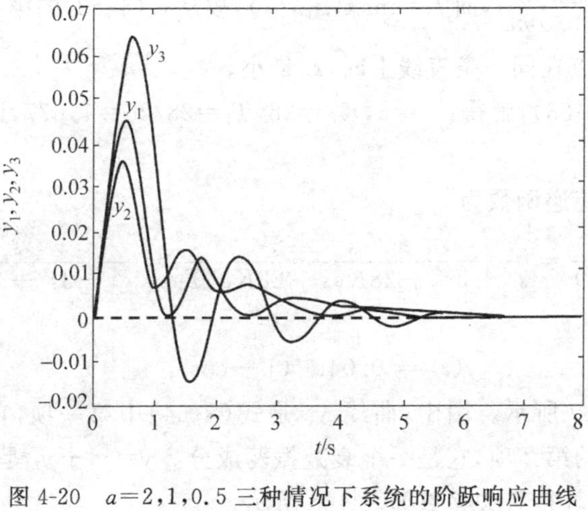

图 4-20 $a=2,1,0.5$ 三种情况下系统的阶跃响应曲线

上述结果虽然是通过一个具体例子得出的，但具有一般性，有关结论总结如下：

(1) 从表4-5可知，除非调节器参数 T_I 选择得很大（如 $a=0.1$）或很小（如 $a=10$），即在图4-14等 ψ 线上靠近 C 点或 A 点，一般情况下，采用PI调节器的系统，有三个闭环主导极点，其输出是围绕着一条下降的指数曲线的衰减振荡曲线（见图4-19），这反映了积分作用使静差为零的过程。

(2) 随着 ω 的增大，T_I 增大，工作点在图4-14等 ψ 线上从 A 向 C 移动，在 s 平面上，负实极点逐渐靠近虚轴，t_{s2} 逐渐增大，而复极点逐渐远离虚轴，t_{s1} 逐渐减小（见表4-5）。

(3) 当 $t_{s1}=t_{s2}$ 时，t_s 最小，此时系统的阶跃响应是一条和直线 $y=0$ 相切的衰减振荡曲线，如图4-20所示。对于实际热工对象，这时的工作点位于图4-14的 B_1 点，它在最高点 B 和 C 之间，可按下式近似计算此时的频率：

$$\omega_{PI}\approx\frac{\omega_P}{1.15}\sim\frac{\omega_P}{1.1} \tag{4-65}$$

式中，ω_P 对应于图4-14上的 C 点，即采用P调节器时的振荡频率。

在图4-14中 A 和 B_1 间，$t_{s1}>t_{s2}$，$t_s=t_{s1}$，系统的阶跃响应是一条穿过 $y=0$ 直线上下波动的曲线，如图4-20中曲线 y_3。在图4-14中 B_1 和 C 之间，$t_{s1}<t_{s2}$，$t_s=t_{s2}$，系统的阶跃响应是一条在 $y=0$ 直线上方波动的曲线，如图4-20中曲线 y_2。

(4) 在稳定性相同的情况下，由于采用P调节器时的频率高于采用PI调节器时的频率，故不论选取怎样的调节器参数，其调节时间总是长于采用P调节器时的调节时间。

3. 采用PD调节器的系统

同采用PI调节器的系统一样，采用PD调节器的系统，在选择适当的调节器参数时，系统也有三个闭环主导极点。下面通过一个具体例子进行说明。

例4-3　对象传递函数为 $G_0(s)=\dfrac{1}{(1+Ts)^4}$，$T=2$，用PD调节器调节，在 $m=0.221$ 时分析调节时间 t_s 和系统阶跃响应的特性。

解　为了充分发挥微分抑制偏差的作用，通常将工作点选在图4-14曲线的最高点 D，此时 K_P 最大，静差最小。

根据式(4-50)，对象广义频率特性的模和幅角分别为

$$M_0(m,\omega)=\frac{1}{[(1-m\omega T)^2+\omega^2T^2]^2}$$

$$\phi_0(m,\omega)=-4\arctan\frac{\omega T}{1-m\omega T}$$

PD调节器参数按式(4-48)计算。为确定最高点 D，需要使 K_P 对 ωT 求导。经计算，得

$$K_P=-(1-m\omega T)^4-(\omega T)^4+6(1-m\omega T)^2(\omega T)^2-4m(1-m\omega T)^3(\omega T)+4m(1-m\omega T)(\omega T)^3$$

$$\frac{dK_P}{d(\omega T)}=12(1-m\omega T)^2(\omega T)(1+m^2)-4(\omega T)^3(1+m^2)$$

令$\frac{dK_P}{d(\omega T)}=0$，得

$$3(1-m\omega T)^2=(\omega T)^2$$

$$\omega T=\frac{3m-\sqrt{3}}{3m^2-1}$$

以$m=0.221$，$T=2$代入上式，可得$\omega=0.6266$，进一步求得

$$K_P=3.030$$

$$K_D=6.060$$

$$T_D=K_D/K_P=2$$

可见，微分时间T_D等于对象的时间常数T。

在x扰动下，系统的闭环传递函数为

$$G_b(s)=\frac{Y(s)}{X(s)}=\frac{\frac{1}{(1+2s)^4}}{1+\frac{K_P(1+T_Ds)}{(1+2s)^4}}=\frac{1}{(1+2s)[(1+2s)^3+K_P]} \tag{4-66}$$

可知系统有一个极点$s=-0.5$，两个复极点为$s=-m\omega\pm j\omega=-0.138\pm j0.627$，代入$K_P$值，可求出其他一个闭环极点为$s=-1.224$。则闭环传递函数为

$$G_b(s)=\frac{Y(s)}{X(s)}=\frac{1/16}{(s+0.5)(s+1.224)(s+0.138+j0.627)(s+0.138-j0.627)}$$

由于极点$s=-1.224$与其他极点相比，更远离虚轴，系统可简化为三阶系统。但要注意，简化前后，应保证稳态值不变，于是

$$G_b(s)=\frac{Y(s)}{X(s)}\approx\frac{1/16\big/1.224}{(s+0.5)(s+0.138+j0.627)(s+0.138-j0.627)}$$

$$=\frac{0.0511}{(s+0.5)(s+0.138+j0.627)(s+0.138-j0.627)}$$

在单位阶跃输入下，输出为

$$Y(s)=\frac{0.248}{s}-\frac{0.195}{s+0.5}-\frac{0.053s+0.112}{(s+0.138)^2+0.627^2}$$

$$=\frac{0.248}{s}-\frac{0.195}{s+0.5}-\left[\frac{0.053(s+0.138)}{(s+0.138)^2+0.627^2}+\frac{0.168\times 0.627}{(s+0.138)^2+0.627^2}\right]$$

$$y(t)=0.248-0.195e^{-0.5t}-e^{-0.138t}[0.053\cos(0.627t)+0.168\sin(0.627t)]$$

$$=y_1+y_2$$

式中

$$y_1=0.248-0.195e^{-0.5t}$$

$$y_2=-e^{-0.138t}[0.053\cos(0.627t)+0.168\sin(0.627t)]$$

曲线如图 4-21 所示。

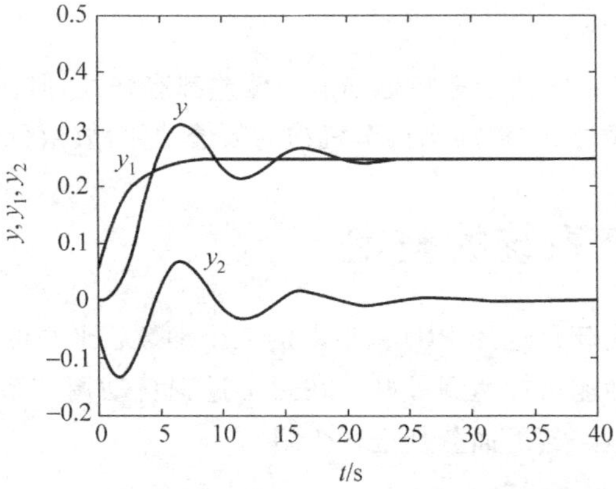

图 4-21　采用 PD 调节器系统的阶跃响应曲线

在最高点 D 两侧各选取一个工作点进行计算，结果如表 4-6 所示。

表 4-6　采用 PD 调节器系统的相关参数（$m=0.221$）

ω	K_P	T_D	负实极点	复极点
0.590	2.983	1.672	−0.598	−0.130±j0.590
0.627	3.030	2	−0.500	−0.138±j0.627
0.795	1.743	6.277	−0.176	−0.175±j0.790

从以上结果，可得如下结论：

(1) 与采用 PI 调节器的系统一样，采用 PD 调节器的系统其阶跃响应也含有两个主要成分：非周期成分和衰减振荡成分。但从图 4-21 可以看出，与 PI 调节器不同，其总的响应是围绕着一条上升的指数曲线衰减振荡的过程，这反映了微分调节抑制动态偏差的作用。

(2) 当取微分时间 T_D 等于对象的时间常数 T 时，K_P 最大，工作点位于图 4-14 的 D。这对于高阶有自平衡能力的对象都是适用的。

(3) 随着 T_D 的增大，在图 4-14 中工作点由 C 向 E 移动，由表 4-6 可以看出，非周期成分的衰减越来越慢，而振荡成分的衰减越来越快。当二者衰减速度相等（如表 4-6 中 $T_D=6.277$）时，调节时间最短，这时工作点在图 4-14 中最高点 D 的右侧。

(4) 在 D 点附近，系统的非周期成分比振荡成分衰减得快，故调节时间由衰减振荡成分决定。由于它的振荡频率高于同稳定性时采用 P 调节器时的振荡频率，故采用 PD 调节器系统的调节时间比采用 P 调节器时要短。

综上所述，可得如下结论：

(1) 比例作用是基本的调节作用。

(2) 加入积分作用的好处是使在阶跃扰动下，静差为零。但积分作用恶化了系统的动态指标，即在稳定性不变的情况下，较单用比例调节器的系统，其动态偏差增大，调节时间变长。

(3) 微分作用对改善系统的动态指标和静态偏差都有好处，但在实际系统中，微分作用对一些高频波动非常敏感，这将加剧调节机构的频繁动作，故微分作用不宜用得太强。

4.4 单回路调节系统的整定

所谓调节系统的整定就是选择 PID 调节器的三个参数：比例带 δ、积分时间 T_I 和微分时间 T_D，以使系统的性能指标达到最好。在热工过程自动调节系统中，常用的整定方法有计算法、查表法和实验法，下面分别进行介绍。

4.4.1 保证稳定性指标的计算整定方法

此方法是在满足给定的稳定性指标 m 的前提下，根据已知对象的动态特性，计算调节器参数。

1. P 调节器的整定

采用 P 调节器的系统，给定 m 后，K_P 只有一个唯一值满足要求，此值根据式(4-44)算出。

2. PI 调节器的整定

给定 m 后，按式(4-46)计算调节器参数 K_P 和 K_I（或 δ 和 T_I），因为式(4-46)有无穷多组解，故需要选取一组最佳参数。所谓最佳，是指系统在满足要求的稳定性的前提下，使另外一项指标达到最佳。一般，选用的最佳准则有如下几个：

(1) 使 t_s 最小。由 4.3 节分析可知，参数选在图 4-14 中 B_1 点时，t_s 最小，此点的频率由式(4-65)确定。因此，将式(4-65)和式(4-46)联立求解，可得到一组使 t_s 最小的最佳参数。

实际计算时，先根据 m 计算单用 P 调节器时的振荡频率 ω_P，然后由式(4-65)算出 B_1 点的振荡频率 ω_{PI}，代入式(4-46)，即可算出 K_P 和 K_I。

(2) 使 $\int_0^\infty |y(t)| \mathrm{d}t$ 最小。$\int_0^\infty |y(t)| \mathrm{d}t$ 是一项综合指标，因为采用 PI 调节器的系统在阶跃扰动下，静差为零，故在稳定性一定的前提下，$\int_0^\infty |y(t)| \mathrm{d}t$ 最小意味着系统的动态偏差较小且调节时间较短。首先考察 $\int_0^\infty y(t)\mathrm{d}t$：

$$\int_0^\infty y(t)\mathrm{d}t = \lim_{s\to 0}\int_0^\infty y(t)\mathrm{e}^{-st}\mathrm{d}t = \lim_{s\to 0}Y(s)$$

$$= \lim_{s\to 0}\frac{G_0(s)}{s\left[1+\left(K_P+\frac{K_I}{s}\right)G_0(s)\right]} = \frac{1}{K_I} \tag{4-67}$$

在图 4-14 的 B_1C 段(包括 B_1 点)，$y(t)$在 $y=0$ 线上方单向脉动，如图 4-20 中的 y_1 和 y_2 所示。此时

$$\int_0^\infty |y(t)|\mathrm{d}t=\int_0^\infty y(t)\mathrm{d}t=\frac{1}{K_\mathrm{I}} \tag{4-68}$$

由于在 B_1C 段，在 B_1 点 K_I 最大，故在 B_1 点 $\int_0^\infty |y(t)|\mathrm{d}t$ 最小。

在图 4-14 上 AB_1 段，$y(t)$围绕 $y=0$ 线双向脉动，如图 4-20 中 y_3 所示，设负向振动与 t 轴所包围的面积为 A，如图 4-22 中阴影部分。在图 4-22 中：

$$\int_0^\infty |y(t)|\mathrm{d}t=\int_0^\infty y(t)\mathrm{d}t+2A$$

$$=\frac{1}{K_\mathrm{I}}+2A \tag{4-69}$$

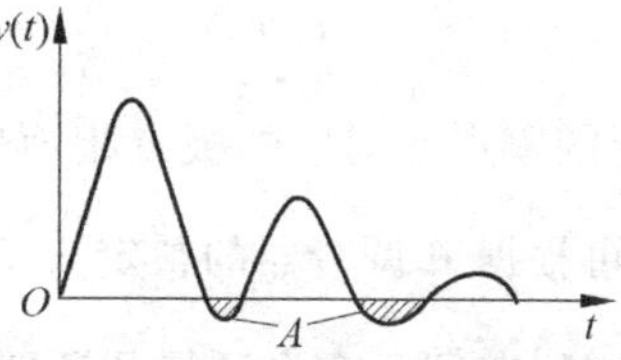

图 4-22　用 PI 调节器的系统输出双向脉动时的情况

当工作点从 A 向 B 移动时，K_I 增大且 A 减小，故 $\int_0^\infty |y(t)|\mathrm{d}t$ 逐渐减小，以 B 点最小。

由以上分析可知，在 AB 段，B 点 $\int_0^\infty |y(t)|\mathrm{d}t$ 最小，在 B_1C 段，B_1 点 $\int_0^\infty |y(t)|\mathrm{d}t$ 最小，故在整个 ABC 段，使 $\int_0^\infty |y(t)|\mathrm{d}t$ 最小的点位于 BB_1 之间的某点 B_2，如图 4-14 所示。在 B_2 点的振荡频率 ω_PI 约为

$$\omega_\mathrm{PI}\approx\frac{\omega_\mathrm{P}}{1.2}\sim\frac{\omega_\mathrm{P}}{1.3} \tag{4-70}$$

式中，ω_P 为图 4-14 中 C 点的振荡频率。

实际计算时，先求 ω_P，代入式(4-70)计算 ω_PI，再将 ω_PI 代入式(4-46)，即可算得K_P，K_I。

(3) 使 $K_\mathrm{P}K_\mathrm{I}$ 最大或使 $K_\mathrm{P}^2K_\mathrm{I}$ 最大。在满足 m 要求的前提下，也可选取 $K_\mathrm{P}^2K_\mathrm{I}$ 最大或 $K_\mathrm{P}K_\mathrm{I}$ 最大作为一个附加指标整定调节器参数。这时，需要列表计算不同 ω 下的 $K_\mathrm{P}K_\mathrm{I}$ 或 $K_\mathrm{P}^2K_\mathrm{I}$ 的值进行比较，选取较大的一组作为整定参数，一般使 $K_\mathrm{P}K_\mathrm{I}$ 或 $K_\mathrm{P}^2K_\mathrm{I}$ 最大的点位于图 4-14 等衰减率曲线上 K_I 最大的 B 点的上方，因此，列表计算可以从 B 点附近开始进行。

3. PD 调节器的整定

给定 m 可按式(4-48)计算 K_P，K_D。由于它也有无穷多组解，故需附加一个条件来确定 K_P，K_D。一般为了充分利用微分作用改善系统性能的优点，把 PD 调节器的工作点选在使 K_P 最大的点上，即图 4-14 中的 D 点。

对于多容热工对象，选择调节器的微分时间 T_D 使调节器的一个零点恰好与对象离

虚轴最近的一个极点抵消，即可使调节器的 K_P 最大。此时，参数整定变得很简单。设对象传递函数为

$$G_0(s) = \frac{1}{s+a}G_{01}(s)$$

其中 $s=-a$ 是 $G_0(s)$ 靠虚轴最近的一个极点，则选取 $T_D=\frac{1}{a}$，PD 调节器的传递函数变为

$$G_a(s) = \frac{1}{\delta}(1+T_D s) = \frac{T_D}{\delta}\left(s+\frac{1}{T_D}\right) = \frac{1}{a\delta}(s+a)$$

调节器的零点与对象的极点相消后，就相当于采用 P 调节器来调节传递函数为 $G_{01}(s)$ 的对象，可根据 P 调节器的整定方法进行计算 K_P。对于 $G_0(s)=\frac{K}{(1+Ts)^n}$ 的情况，取 $T_D=T$ 即可，这在例 4-3 中已得到证明。

4. PID 调节器的整定

PID 调节器综合了比例、积分、微分三种调节规律，可望得到更好的调节效果。根据 PID 调节器和对象的广义频率特性，在给定 m 的情况下，可得到关系式

$$\begin{cases} K_P = -\dfrac{1}{M_0(m,\omega)}[m\sin\varphi_0(m,\omega)+\cos\varphi_0(m,\omega)]+2m\omega K_D \\ K_I = \omega(1+m^2)\left[\omega K_D - \dfrac{1}{M_0(m,\omega)}\sin\varphi_0(m,\omega)\right] \end{cases} \tag{4-71}$$

上式中，有两个方程，四个未知数 (K_P, K_I, K_D, ω)，故有无穷多组解。最佳参数的选择方法有如下两种：

(1) 假定一个 K_D，计算 K_P, K_I 的等 ψ 曲线，按 PI 调节器的整定方法确定 K_P, K_I，然后再假定一个 K_D 重复上述计算，可得多组 K_P, K_I, K_D 参数。在各组参数下，做阶跃响应实验，按 $\int_0^\infty |y(t)|\,dt$ 最小确定一组最佳参数。

(2) 对于实际热工对象和工业调节器，一般取 $\frac{T_D}{T_I}=0.15\sim0.25$（容易证明，上限 0.25 是保证 PID 调节器有两个负实零点的必要条件），即使 $\frac{K_I K_D}{K_P}=0.15\sim0.25$，将这个关系代入式(4-71)，消去 K_D，然后按 PI 调节器进行整定。

例 4-4 调节系统如图 4-11 所示。$G_0(s)=\frac{1}{(1+10s)^5}$，采用 PID 调节器调节，要求 $m=0.221$，求调节器参数。

解 取 $\frac{T_D}{T_I}=\frac{K_D K_I}{K_P^2}=a$，$a=0.15\sim0.25$，故

$$K_D = \frac{aK_P^2}{K_I}$$

将上式代入式(4-71)可得

$$
\begin{cases}
K_P = -\dfrac{m\sin\phi_0(m,\omega)+\cos\phi_0(m,\omega)}{M_0(m,\omega)} + \dfrac{2m\omega a K_P^2}{K_I} \\
K_I = \omega(1+m^2)\left[\dfrac{a\omega K_P^2}{K_I} - \dfrac{\sin\phi_0(m,\omega)}{M_0(m,\omega)}\right]
\end{cases}
\tag{4-72}
$$

式(4-72)中不再含有 K_D,可按照 PI 调节器的整定方法进行。即给定一个 ω 值,计算一组 K_P 和 K_I,然后改变 ω 值,重复计算。得到多组 K_P,K_I 参数值,按 PI 调节器最佳参数的选择原则选定一组参数。对于热工对象,采用 PID 调节器时的振荡频率略高于采用 P 调节器时的振荡频率 ω_P,故计算可从 $\omega=1.1\omega_P$ 开始进行。本例中,采用的选择原则是使 K_PK_I 最大。取 $a=0.15,0.2,0.25$ 三种情况进行了计算。另外,为了便于比较,还计算了 PI 调节器的参数,结果列于表 4-7 中。

表 4-7　采用 PID 调节器的计算整定

T_D/T_I	K_P	T_I	T_D
0	1.039	31.814	0
0.15	1.732	44.077	6.612
0.2	1.864	40.245	8.049
0.25	1.951	36.093	9.023

调节器分别取上述参数,系统在 x 单位阶跃扰动下的响应如图 4-23 所示。图中,曲线 PI 对应采用 PI 调节器的响应,PID1,PID2 和 PID3 分别对应 $T_D/T_I=0.15,0.2,0.25$ 时 PID 调节器系统的阶跃响应。

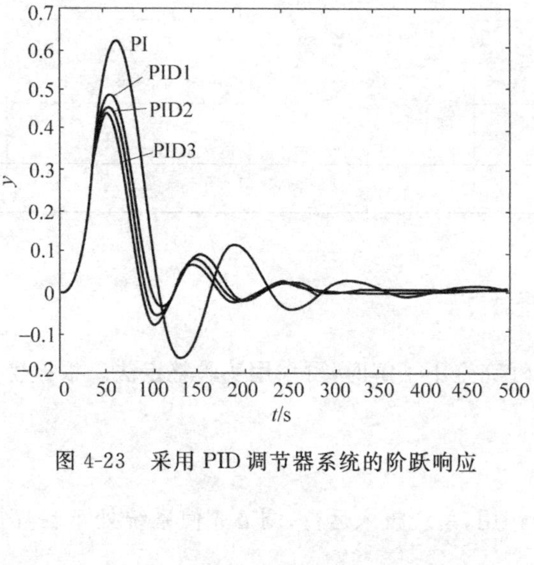

图 4-23　采用 PID 调节器系统的阶跃响应

由表 4-7 和图 4-23 可以看出,采用 PID 调节器系统的性能明显优于采用 PI 调节器的系统。另外,对于 PID 调节器,由表 4-7 可知,随着 T_D/T_I 增大,K_P 和 T_D 增大而 T_I 减小,这无疑对减小动态偏差是有利的。但过大的 T_D/T_I 值,会使负向振荡加剧,故使 T_D/T_I 在 0.15～0.25 内取值是适当的。

4.4.2 图表整定法

图表整定法是一种工程整定方法。上面讨论的计算方法,需要知道对象的传递函数,但多数情况下,只是通过实验得到了对象的飞升特性。这时,可根据由飞升特性求取的特征参数(ε,ρ,τ)来整定调节器参数。表 4-8 是根据经验总结的当 $\psi=0.75$ 时对象特征参数和调节器参数的关系,可供整定时参考。

表 4-8 根据 ε,ρ,τ 整定调节器参数

整定参数	对象	调节器		
		P	PI	PID
δ	$\varepsilon\rho\tau\leqslant 0.2$	$\varepsilon\tau$	$1.1\varepsilon\tau$	$0.8\varepsilon\tau$
	$0.2<\varepsilon\rho\tau\leqslant 1.5$	$\dfrac{2.6(\varepsilon\rho\tau-0.08)}{\rho(\varepsilon\rho\tau+0.7)}$	$\dfrac{2.6(\varepsilon\rho\tau-0.08)}{\rho(\varepsilon\rho\tau+0.6)}$	$\dfrac{3.7(\varepsilon\rho\tau-0.13)}{\rho(\varepsilon\rho\tau+1.5)}$
	$\varepsilon\rho\tau>1.5$	$\dfrac{2}{\rho}$	$\dfrac{2}{\rho}$	$\dfrac{1.7}{\rho}$
T_I	$\varepsilon\rho\tau\leqslant 0.2$		3.3τ	2.5τ
	$0.2<\varepsilon\rho\tau\leqslant 1.5$		$\dfrac{0.8\tau}{\varepsilon\rho\tau}$	$\dfrac{\tau}{\varepsilon\rho\tau}$
	$\varepsilon\rho\tau>1.5$		0.6τ	0.7τ
T_D				$(0.15\sim0.25)T_I$

4.4.3 实验整定法

当对对象的动态特性完全不了解时,可采用实验整定法。根据生产现场的情况,可采用的实验有如下两种。

1. 临界比例带法

使调节器只具有 P 作用,系统投入运行,调节 δ 使系统处于临界振荡状态,记下此时

的比例带 δ^* 和振荡周期 T^*，然后按表 4-9 计算 $\psi=0.75$ 时的调节器参数值。表中，括号外的数值是对于无自平衡能力对象的整定参数，括号内的数值是对于有自平衡能力对象的整定参数。

表 4-9　用临界比例带法整定调节器

调节器	δ	T_I	T_D
P	$2\delta^*(2.4\delta^*)$		
PI	$2.2\delta^*(3\delta^*)$	$0.85T^*(0.6T^*)$	
PID	$1.67\delta^*(2.1\delta^*)$	$0.5T^*(0.67T^*)$	$0.25T_I$

2. 衰减曲线法

当生产过程不允许出现等幅振荡时，可采用衰减曲线法。这时，使调节器只具有 P 作用，调节 δ 使系统的衰减率为 $\psi=0.75$。设此时调节器的比例带为 $\delta_{0.75}$，振荡周期为 $T_{0.75}$，则在 $\psi=0.75$ 的条件下，采用 PI 调节器时，可取

$$\delta = 1.2\delta_{0.75}$$
$$T_I = 0.5T_{0.75}$$

采用 PID 调节器时，可取

$$\delta = 0.8\delta_{0.75}$$
$$T_I = 0.3T_{0.75}$$
$$T_D = 0.25T_I$$

例 4-5　对象传递函数为 $G_0(s)=\dfrac{1}{(1+10s)^5}$，采用 PI 调节器调节，要求 $m=0.221$，用几种不同的整定方法求取调节器参数。

解　1）计算法

本例按 t_s 最小计算调节器参数。由式(4-65)，取

$$\omega = \frac{\omega_P}{1.12}$$

式中，ω_P 为用 P 调节器时的振荡频率，可由式(4-52)算出，为 $\omega_P=0.063$，于是计算得到 $\omega=0.063/1.12=0.056$。代入式(4-46)，得

$$\begin{cases} K_P = 1.240 \\ K_I = 0.021 \\ T_I = 58.245 \end{cases} \tag{4-73}$$

2）图表法

利用图表法需知道对象的特征参数 ε，ρ 和 τ。在实际工程中它们根据飞升曲线求取，

这里利用传递函数和特征参数的关系计算：

$$\rho = \frac{1}{k} = 1$$

由式(4-23)，得

$$\frac{\tau}{T_c} = \varepsilon\rho\tau = 0.406$$

由式(4-20)，得

$$T_c = 51.186$$

注意到 $0.2 < \varepsilon\rho\tau < 1.5$，故由表 4-8，计算得到

$$\begin{cases} K_P = 1.187 \\ K_I = 0.029 \\ T_I = 40.949 \end{cases} \tag{4-74}$$

3）临界比例带法

采用 P 调节器时的临界参数可由下式算出：

$$\begin{cases} K_P = (1+\omega^2 T^2)^{\frac{5}{2}} \\ -5\arctan\omega T = -\pi \end{cases}$$

得 $\omega^* = 0.073$，振荡周期 $T^* = \dfrac{2\pi}{\omega^*} = 86.481$，$K_P^* = [1+(\omega^* T)^2]^{\frac{5}{2}} = 2.885$，由表 4-8 可以算得

$$\begin{cases} K_P = 0.962 \\ K_I = 0.019 \\ T_I = 51.889 \end{cases} \tag{4-75}$$

4）衰减曲线法

当 $\psi = 0.75(m = 0.221)$ 时，用 P 调节器时的参数可由式(4-44)算出，即

$$\begin{cases} K_P = [(1-m\omega T)^2 + \omega^2 T^2]^{\frac{5}{2}} \\ -5\arctan\dfrac{\omega T}{1-m\omega T} = -\pi \end{cases}$$

得 $K_{P0.75} = 1.372$，$\omega_{0.75} = 0.063$，$T_{0.75} = \dfrac{2\pi}{\omega_{0.75}} = 100.341$，则由衰减曲线法给出的关系，可得

$$\begin{cases} K_P = K_{P0.75}/1.2 = 1.144 \\ K_I = 0.029 \\ T_I = 0.5T_{0.75} = 50.172 \end{cases} \tag{4-76}$$

将上述四种方法得到的参数分别作为调节器参数，在 x 单位阶跃扰动下，过渡过程

曲线如图4-24所示。图中，曲线 y_1，y_2，y_3 和 y_4 分别对应计算法、查表法、临界比例带法和衰减曲线法。

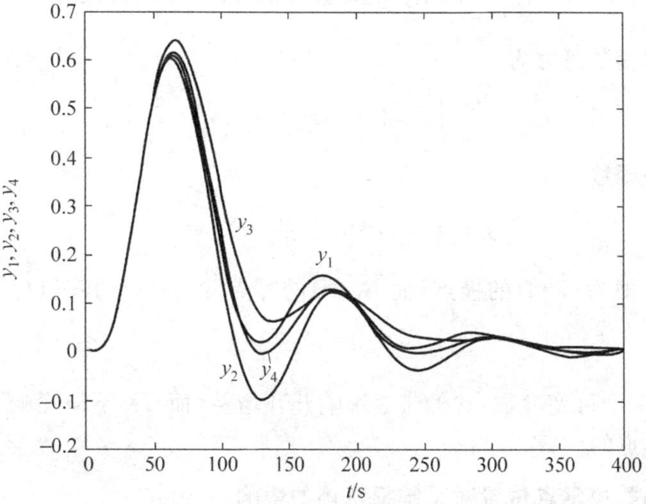

图4-24 不同整定方法时PI调节系统的阶跃响应

由图4-24及以上计算结果可以看出，临界比例带法的稳定性裕度偏大，而图表法略偏小，但所有方法均可作为参数整定的基础。

4.5 利用根轨迹法整定调节系统

利用第3章介绍的根轨迹方法也可实现调节系统的整定。对于一个单回路控制系统，设调节器的传递函数为 $G_a(s)$，对象的传递函数为 $G_0(s)$，则开环传递函数 $G_K(s)$ 为

$$G_K(s) = G_a(s)G_0(s)$$

其中 $G_0(s)$ 是固定的，故可根据系统特性的要求利用根轨迹法确定调节器 $G_a(s)$ 中的某些参数。

4.5.1 采用P调节器的系统的根轨迹法整定

调节器的传递函数为 $G_a(s)=\dfrac{1}{\delta}$，则系统的开环传递函数为

$$G_K(s) = \frac{1}{\delta}G_0(s) \tag{4-77}$$

可见，$G_K(s)$ 的零点和极点即为 $G_0(s)$ 的零点和极点，可变参数仅是比例调节器的比例带 δ。根据第3章讨论的方法，画出以开环增益为可变参数的根轨迹，根据稳定性要求，确定

闭环主导极点的位置，从而求出 δ。

4.5.2 采用PD调节器的系统的根轨迹法整定

调节器的传递函数可写为

$$G_a(s) = \frac{1}{\delta}(1 + T_D s) = \frac{T_D}{\delta}\left(s + \frac{1}{T_D}\right)$$

则系统的开环传递函数为

$$G_K(s) = \frac{T_D}{\delta}\left(s + \frac{1}{T_D}\right)G_0(s) \tag{4-78}$$

可见，$G_K(s)$的极点即为 $G_0(s)$的极点，而 $G_K(s)$的零点除 $G_0(s)$的零点外，还增加了一个可变零点 $s=-\frac{1}{T_D}$。

PD 调节器有两个可变参数，比例带 δ 影响开环增益，而 T_D 不但影响开环增益，还影响所附加的开环零点的位置。

1. 开环传递函数中零点位置对系统根轨迹的影响

1）有自平衡能力的对象

有自平衡能力的对象传递函数为 $G_0(s)=\frac{K}{(1+Ts)^n}$，以$n=3$为例，讨论系统根轨迹的特点，此时系统的开环传递函数为

$$G_K(s) = \frac{T_D K}{\delta T^3} \frac{s + \frac{1}{T_D}}{\left(s + \frac{1}{T}\right)^3}$$

当 $T_D=0$，即调节器为单纯 P 作用时，有

$$G_K(s) = \frac{K}{\delta T^3} \frac{1}{\left(s + \frac{1}{T}\right)^3}$$

由式(3-104)所示的幅角条件，可画出其根轨迹如图 4-25(a)所示，它是三条从 $s=-\frac{1}{T}$出发的直线。

当 $T_D<T$ 时，由于附加了一个在极点 $s=-\frac{1}{T}$左边虚轴上的零点，可知极点和零点间的实轴为根轨迹。由式(3-106)可得渐近线与实轴的夹角 φ 为

$$\varphi = \pm\frac{2N+1}{2}\pi$$

N 取 0,1,2,得夹角为±90°。由式(3-107)可得渐近线与实轴的交点坐标 a 为

$$a=\frac{-\frac{3}{T}+\frac{1}{T_{\mathrm{D}}}}{2}$$

由于 $T_{\mathrm{D}}<T$,故 a 位于极点 $s=-\frac{1}{T}$ 与原点之间,由此可画出 $T_{\mathrm{D}}<T$ 时的根轨迹如图 4-25(b)所示。

同理,可得 $T_{\mathrm{D}}=T$ 和 $T_{\mathrm{D}}>T$ 时的根轨迹,分别如图 4-25(c),(d)所示。

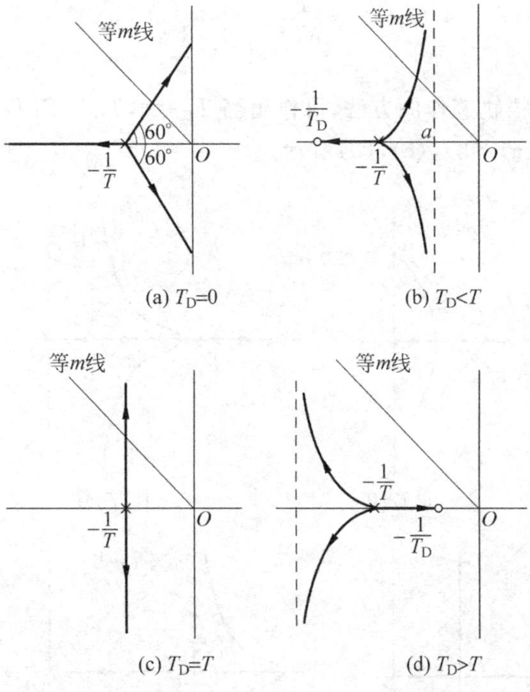

图 4-25　有自平衡能力的对象采用 PD 调节器时的根轨迹

比较 T_{D} 取不同值时的情况,可知:如给定稳定性 m 的要求,则当 $T_{\mathrm{D}}=T$ 时,一对闭环复极点为 $-\frac{1}{T}\pm \mathrm{j}\,\frac{1}{mT}$;当 $T_{\mathrm{D}}<T$ 时,一对闭环复极点的实部和虚部绝对值均减小,另一闭环实极点在 $s=-\frac{1}{T}$ 左侧,这时,系统的过渡时间将大于 $T_{\mathrm{D}}=T$ 时的情况;当 $T_{\mathrm{D}}>T$ 时,与 $T_{\mathrm{D}}=T$ 时相比,一对闭环主导极点的实部和虚部绝对值都增大,但另一闭环实极点在 $s=-\frac{1}{T}$ 的右侧,它将在系统的过渡过程中起主要作用,使调节时间增加。故以 $T_{\mathrm{D}}=T$ 为最好。

2）无自平衡能力的对象

以一个三阶无自平衡能力的对象$\left(传递函数为\ G_0(s)=\dfrac{K}{s(1+Ts)^2}\right)$为例，得其开环传递函数为

$$G_K(s)=\frac{KT_D}{\delta T^2}\frac{s+\dfrac{1}{T_D}}{s\left(s+\dfrac{1}{T}\right)^2}$$

当 $T_D=0$ 时，

$$G_K(s)=\frac{K}{\delta T^2}\frac{1}{s\left(s+\dfrac{1}{T}\right)^2}$$

根据第3章讨论的根轨迹作图方法，可作出当 $T_D=0$，$T_D<T$，$T_D=T$ 和 $T_D>T$ 时的根轨迹，分别如图4-26(a)，(b)，(c)，(d)所示。

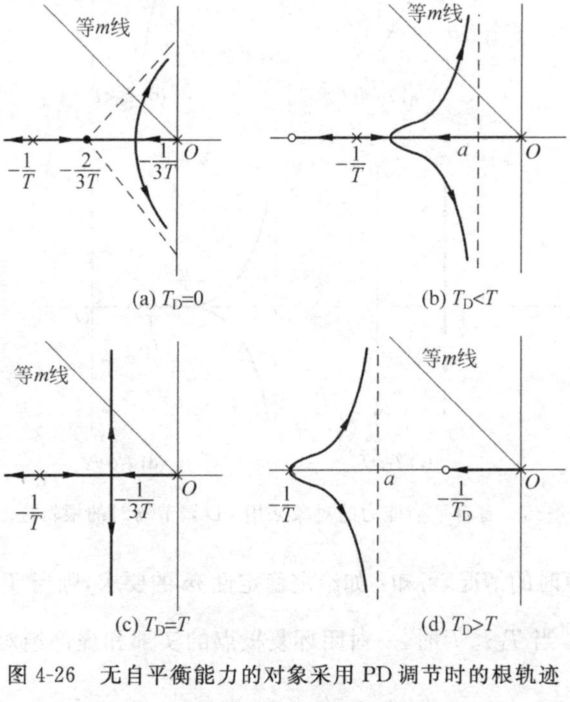

图4-26 无自平衡能力的对象采用PD调节时的根轨迹

由式(3-107)可知，当 $T_D\neq T$ 时，渐近线与实轴交点坐标 a 为

$$a=-\frac{1}{T}+\frac{1}{2T_D}$$

显然，当 $T_D<T$ 时，渐近线在 $T_D=T$ 时平行于虚轴的根轨迹右边，对于同样的 m 值，闭环极点实部和虚部绝对值都比 $T_D=T$ 时减小$\left(另一闭环实极点在 s=-\frac{1}{T}左侧\right)$。这时，其瞬态响应性能不如 $T_D=T$ 时好。另外，当 $T_D>T$ 时，在相同的 m 下，其闭环复极点的实部和虚部绝对值都较 $T_D=T$ 时为大，而另一闭环实极点绝对值小于$\frac{1}{T_D}$。如果 T_D 值适当，可使此实极点绝对值大于$\frac{1}{2T}$，则瞬态响应将比 $T_D=T$ 时更好一些。

2. PD 调节器的整定

(1) 先根据上面讨论的原则选择 T_D，即对有自平衡能力的对象，使 $T_D=T$，对无自平衡能力的对象，使 $T<T_D<2T$；

(2) T_D 确定后，根据根轨迹的幅值条件确定比例带 δ。

4.5.3　采用 PI 调节器的系统的根轨迹法整定

调节器的传递函数可写为

$$G_a(s)=\frac{1}{\delta}\left(1+\frac{1}{T_I s}\right)=\frac{1}{\delta}\frac{s+\frac{1}{T_I}}{s}$$

则系统的开环传递函数为

$$G_K(s)=\frac{1}{\delta}\frac{s+\frac{1}{T_I}}{s}G_0(s) \tag{4-79}$$

可见，$G_K(s)$ 比 $G_0(s)$ 多了一个零点和一个位于原点的极点。

1. 有自平衡能力的对象

由式(4-79)可知，对于有平衡能力的对象，开环传递函数为

$$G_K(s)=\frac{1}{\delta}\frac{s+\frac{1}{T_I}}{s}\frac{K}{(s+T)^n}$$

可见，其开环传递函数同无自平衡能力对象采用 PD 调节器时具有相同的形式，故 T_I 的选择应稍大于 T。T_I 确定后，再根据根轨迹的幅值条件确定 δ。

2. 无自平衡能力的对象

对象和系统的开环传递函数分别为

$$G_0(s)=\frac{K}{s(s+T)^n}$$

$$G_K(s) = \frac{K}{\delta}\frac{s+\frac{1}{T_I}}{s^2(s+T)^n}$$

这时在原点有一个二重极点。以 $n=2$ 为例说明这时根轨迹的特点，此时

$$G_K(s) = \frac{1}{\delta T^2}\frac{s+\frac{1}{T_I}}{s^2\left(s+\frac{1}{T}\right)^2}$$

根轨迹渐近线与实轴夹角为

$$\varphi = \pm\frac{2N+1}{3}\pi$$

当 $N=0,1,2,3$ 时，φ 分别为 $\pm60°$ 和 $\pm180°$。渐近线与实轴的交点为

$$a = \frac{-\frac{2}{T}+\frac{1}{T_I}}{3} = -\frac{2}{3T}+\frac{1}{3T_I} \tag{4-80}$$

当 $T_I\to\infty$ 时，$a=-\frac{2}{3T}$。根轨迹如图 4-27 所示。由 a 的表达式可见，T_I 越小，a 越靠近虚轴，从原点出发的两条根轨迹越向右偏移。实际上，当 $T_I=T$ 时，这两条根轨迹已全部在 s 平面右半部，系统不稳定，故必须选 $T_I>T$。另外，为了使系统的过渡时间较短，希望一对闭环复极点和一个实极点具有相同的实部，由图 4-27 可见，闭环主导实极点出现在从 $-\frac{1}{T}$ 到 $-\frac{1}{T_I}$ 间的根轨迹上。为了使闭环复极点具有相应的负实部，由式(4-80)可知，T_I 值必须足够大。对于本例当 $T_I>4T$ 时，才能达到这一要求。

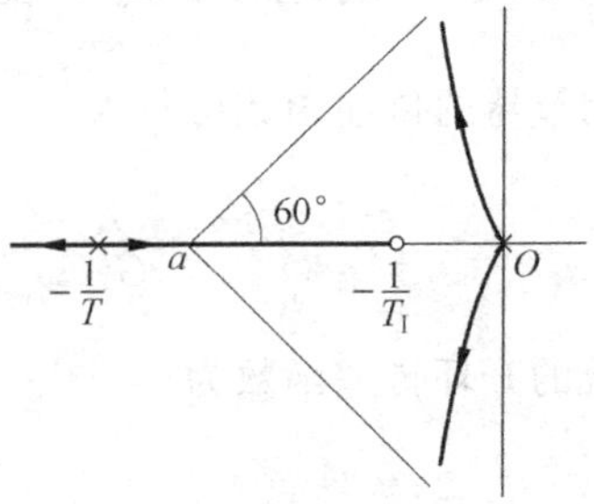

图 4-27　无自平衡能力的对象采用 PI 调节时的根轨迹

4.5.4　采用 PID 调节器的系统的根轨迹法整定

调节器传递函数为

$$G_a(s) = \frac{1}{\delta}\left(1+\frac{1}{T_Is}+T_Ds\right) \tag{4-81}$$

当 $\frac{T_D}{T_I}\leqslant0.25$ 时，上式可在实数范围内分解因式。不难证明

$$G_a(s) = \frac{1}{\delta^*}(1+T_D^*s)\left(1+\frac{1}{T_I^*s}\right) \tag{4-82}$$

式中

$$T_D = \frac{T_D^*}{F},\quad T_I = T_I^* F,\quad \delta = \frac{\delta^*}{F} \tag{4-83}$$

$$F = 1 + \frac{T_D^*}{T_I^*} \tag{4-84}$$

则系统的开环传递函数可表示为

$$G_K(s) = \frac{1}{\delta^*}(1 + T_D^* s)\left(1 + \frac{1}{T_I^* s}\right)G_0(s)$$

$$= \frac{T_D^*}{\delta^*}\left(s + \frac{1}{T_D^*}\right)\frac{\left(s + \frac{1}{T_I^*}\right)}{s}G_0(s) \tag{4-85}$$

可见，在 $G_K(s)$中，除 $G_0(s)$的零点和极点外，还增加了一个在原点的极点和两个负实零点。由已讨论的 PD 和 PI 调节器的整定方法，可得 PID 调节器的整定方法如下：

(1) 选择 T_D^*，使零点 $s=-\frac{1}{T_D^*}$抵消 $G_0(s)$的一个极点，其作用相当于使 $G_0(s)$降低了一阶；

(2) 记 $G_0'(s)=\left(s+\frac{1}{T_D^*}\right)G_0(s)$，则

$$G_K(s) = \frac{T_D^*}{\delta^*}\frac{s + \frac{1}{T_I^*}}{s}G_0'(s)$$

上式与用 PI 调节器时系统的开环传递函数式(4-79)相同，所以在选择好 T_D^* 后，可以 $G_0'(s)$为对象，按 PI 调节器的整定方法确定 T_I^* 和 δ^*；

(3) 由式(4-83)，式(4-84)两式求调节器实际参数 δ, T_I, T_D。

4.6 复杂调节系统

以上讨论的单回路调节系统是一种最基本的调节系统，是分析一切调节系统的基础。但当对象迟延很大，或存在有对被调量影响很快的扰动时，采用这样的简单系统往往不能达到良好的性能。虽然无论什么样的对象，都可选择调节器参数，使系统满足稳定性要求，但对于迟延较大、阶次很高的对象，为保证其稳定性，调节器参数(K_P, K_I, K_D)必须选得很小，这样就增加了系统的动态偏差，严重时甚至达到不能允许的地步。另外，如果几个单回路调节系统之间存在关联，也势必恶化系统的品质。针对上述问题，发展了复杂调节系统。本节讨论串级调节系统、前馈-反馈调节系统、纯迟延补偿以及解耦控制等几种热工过程控制中常用的复杂调节系统。

4.6.1 串级调节系统

1. 采用串级调节系统的条件

并不是任何调节对象都可以采用串级调节系统，采用串级调节系统需满足如下两个条件：

(1) 对象可以分段。如图 4-28 所示的对象，在物理上可分为两段，两段的传递函数分别为 $G_{01}(s)$ 和 $G_{02}(s)$，整个对象的传递函数为 $G_0(s)=G_{01}(s)G_{02}(s)$。其中 $G_{01}(s)$ 称作对象的超前区，它一般是一个一阶或二阶的低阶环节。$G_{02}(s)$ 称为对象惰性区。

(2) 中间信号可测。在图 4-28 中，中间信号 y_1 必须是可以测量的。y 为系统的被调量，即要求其为给定值，在一般情况下，不要求 y_1 为某一给定值。

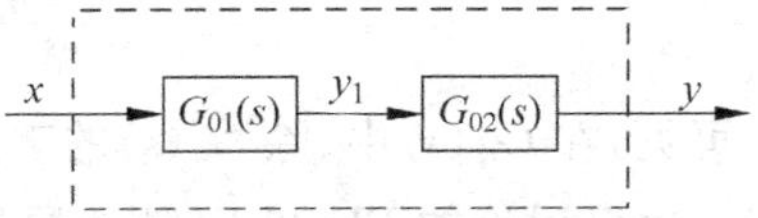

图 4-28 串级调节对象

2. 串级调节系统的分析

串级调节系统的结构如图 4-29(a) 所示。为了进行比较，把采用单回路控制的系统画于图 4-29(b)。图中，采用了两个调节器：$G_{a1}(s)$ 和 $G_{a2}(s)$。系统由两个闭合回路构成，其中 $G_{a1}(s)$，$G_{01}(s)$ 构成的闭合回路叫做内回路或副回路。$G_{a2}(s)$，内回路和 $G_{02}(s)$ 构成的回路叫外回路或主回路。调节器 $G_{a1}(s)$ 为副调节器，调节器 $G_{a2}(s)$ 为主调节器。

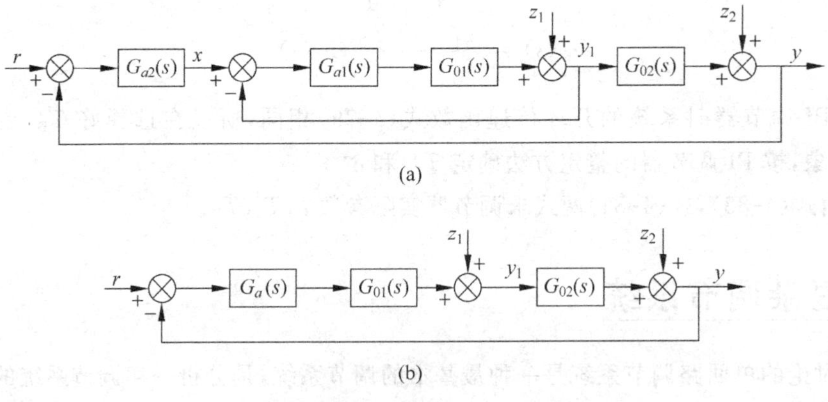

图 4-29 串级调节系统

图 4-29 中还画出了系统的两个扰动。其中位于内回路中的扰动 z_1 叫做二次扰动，位于外回路中的扰动 z_2 叫做一次扰动。

为维持被调量 y 为给定值 r，故主调节器 $G_{a2}(s)$ 需用 PI 或 PID 调节器，由于中间参数不要求为某一定值，故副调节器 $G_{a1}(s)$ 用 P 或 PD 调节器。

(1) 串级调节的主要优点是能有效地减小在二次扰动下的动态偏差。在图 4-29(b)

中，当采用简单的单回路调节系统时，扰动 z_1 的变化，要通过对象的惰性区 $G_{02}(s)$引起被调量 y 偏离给定值后调节器 $G_a(s)$才开始动作。显然，如果 $G_{02}(s)$惯性或迟延较大，这种调节作用在时间上落后了，这是造成动态偏差过大的主要原因。采用串级调节系统后，扰动 z_1 包含在内回路内，它的变化(或其他二次扰动)将很快引起 y_1 的变化，使副调节器 $G_{a1}(s)$开始动作，调节作用大大地提前了，可以使在 y 尚未变化或变化很小的时候，就已由 $G_{a1}(s)$的调节作用加以克服，于是大大减小了二次扰动下的动态偏差，一般可减小10～100倍。

(2) 串级调节对于一次扰动下的动态偏差也有一定的改善。对于一次扰动 z_2，图 4-29(a)可等效为图 4-30。一般由于 $G_{01}(s)$是一、二阶对象，故 $G_{a1}(s)$的比例带可取得很小。这样，内回路可以看作一个随动系统，即 $y_1=x$，于是图 4-30 可进一步简化为图 4-31。

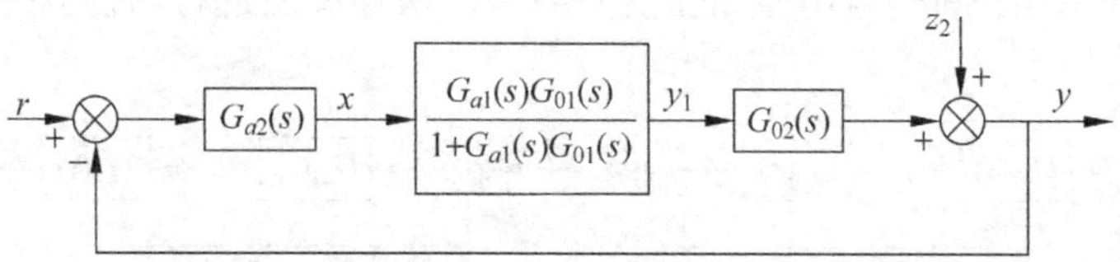

图 4-30 一次扰动下串级调节系统的等效结构图

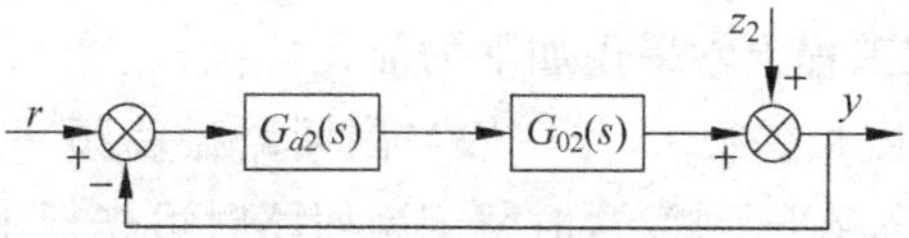

图 4-31 图 4-30 的等效方框图

比较图 4-31 和图 4-29(b)可知，采用串级调节系统后，相当于改变了对象的动态特性，由 $G_0(s)=G_{01}(s)G_{02}(s)$变为 $G_{02}(s)$，于是主调节器 $G_{a2}(s)$较图 4-29(b)中的调节器 $G_a(s)$的调节作用可以加强，因而可使动态偏差减小。

3. 串级调节系统的整定

一个单回路系统的整定依据是对象的传递函数 $G_0(s)$(或用其他方式表示的对象动态特性)，它的特征方程为

$$1+G_K(s)=0 \tag{4-86}$$

或

$$1+G_0(s)G_a(s)=0 \tag{4-87}$$

对于图 4-29(a)所示的串级调节系统，首先等效为图 4-30，则可求得特征方程为

$$1+G_{a2}(s)\frac{G_{a1}(s)G_{01}(s)G_{02}(s)}{1+G_{a1}(s)G_{01}(s)}=0 \tag{4-88}$$

或

$$1+G_{a1}(s)G_{01}(s)[1+G_{a2}(s)G_{02}(s)]=0 \tag{4-89}$$

设

$$G_0'(s)=\frac{G_{a1}(s)G_{01}(s)G_{02}(s)}{1+G_{a1}(s)G_{01}(s)} \tag{4-90}$$

$$G_0''(s)=G_{01}(s)[1+G_{a2}(s)G_{02}(s)] \tag{4-91}$$

则式(4-88)和式(4-89)分别相当于图4-32(a)、(b)所示的单回路系统。图中，$G_0'(s)$，$G_0''(s)$分别如式(4-90)，式(4-91)所示，因此可把$G_0'(s)$和$G_0''(s)$视为调节对象，分别整定$G_{a2}(s)$和$G_{a1}(s)$。但由式(4-90)，式(4-91)可知，$G_0'(s)$内含有未知的$G_{a1}(s)$，$G_0''(s)$内含有未知的$G_{a2}(s)$，故实际整定需反复进行。一般先假定外回路开路，根据内回路整定$G_{a1}(s)$，把这样得到的$G_{a1}(s)$代入式(4-90)得$G_0'(s)$。由图4-32(a)整定$G_{a2}(s)$，再代入式(4-91)，得$G_0''(s)$；由图4-32(b)重新整定$G_{a1}(s)$。这样反复进行，直到相邻两次计算值基本相等为止。

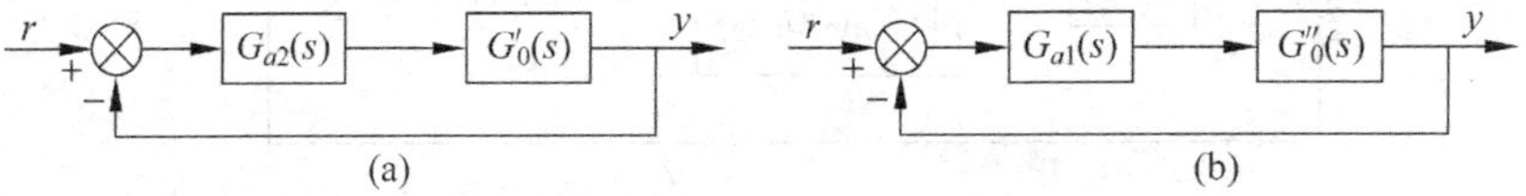

图4-32　串级调节系统等效结构图

上述整定十分繁琐，在工程上常采用如下的简化方法：

(1) 当主、副回路的速度相差很大时(一般当副回路振荡频率大于主回路振荡频率3倍以上时)，可以认为两回路互不干扰，这时整定副回路时可先把主回路断开，即不考虑主回路的影响。副回路整定好后，再按图4-30整定主回路。

(2) 当主回路和副回路速度相差不大时，可按如下方法整定：将图4-29(a)等效变换为图4-33。图4-33(a)和图4-29(a)在稳定性上没有什么区别，进一步把图4-33(a)变换为图4-33(b)。于是，串级调节系统转变成了单回路系统，此单回路系统的等效调节器为

$$G_a(s)=G_{a1}(s)G_{a2}(s) \tag{4-92}$$

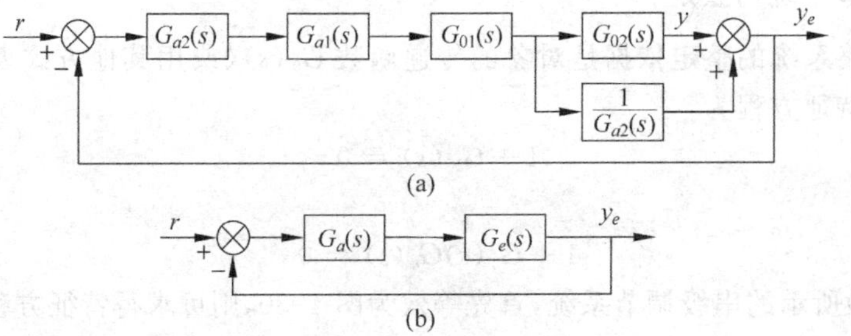

图4-33　串级调节系统的等效方框图

等效对象为

$$G_e(s) = G_{01}(s)\left[G_{02}(s) + \frac{1}{G_{a2}(s)}\right] \tag{4-93}$$

整定时，首先整定 $G_{a2}(s)$，使式(4-93)所示的等效对象具有较好的特性。所谓较好，一般按如下原则确定，设

$$G_{01}(s) = \frac{K_1}{(1+T_1 s)^{n_1}} \tag{4-94}$$

$$G_0(s) = G_{01}(s)G_{02}(s) = \frac{K_0}{(1+Ts)^{n_0}} \tag{4-95}$$

则选取

$$G_e(s) = \frac{K_0}{(1+T_1 s)^{n_1}} \tag{4-96}$$

即使等效对象在动态时等于超前区 $G_{01}(s)$（这样相当于减小了对象的阶次），而在稳态时应和原对象 $G_0(s)$一样（这是保证系统无静态偏差所必需的）。

一般是通过实验来确定 $G_{a2}(s)$的参数，以使 $G_e(s)$满足式(4-96)。由此可见，主调节器相当于用来改善对象的特性，或者说对对象的特性进行补偿。$G_{a2}(s)$参数选定后，再根据图 4-33(b)的单回路系统确定 $G_a(s)=G_{a1}(s)G_{a2}(s)$，从而整定出 $G_{a1}(s)$的参数。

4.6.2 前馈-反馈控制系统

前馈控制的概念已在第 1 章说明，控制系统结构如图 4-34 所示。图中 $G_0(s)$为在调节量扰动下对象的传递函数，$G_x(s)$为在 x 扰动下对象的传递函数，$G_B(s)$为前馈控制器(补偿器)的传递函数。由于

$$Y(s) = X(s)G_x(s) + X(s)G_B(s)G_0(s)$$

一种理想的考虑是，在 x 扰动下，y 完全不变，即 $Y(s)=0$，这时 $G_B(s)$需满足

$$G_B(s) = -\frac{G_x(s)}{G_0(s)} \tag{4-97}$$

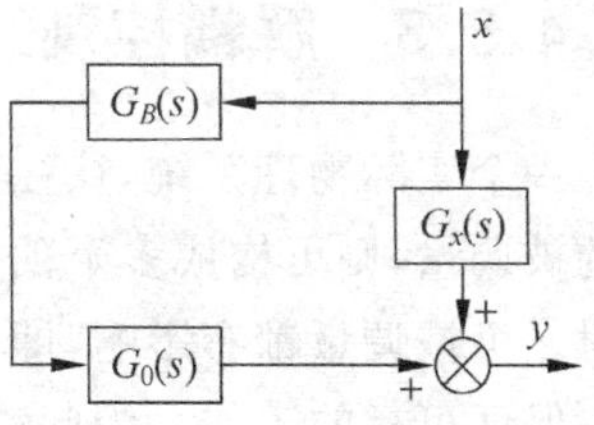

图 4-34　前馈控制系统

此时系统称为完全补偿。

实际上，前馈控制无法单独采用，这是因为：

(1) 一个控制系统，扰动量是很多的，要对所有的量都进行补偿，实际上是不可能的，因为有些扰动甚至无法测量。

(2) 为使系统不出现静态偏差，必须要按式(4-97)完全补偿，但式中 $G_x(s)$和 $G_0(s)$都是近似的，故难以得到 $G_B(s)$的准确表达式，即难以实现完全补偿。

(3) 即使按式(4-97)得到了 $G_B(s)$，但往往在物理上不可能实现。

因此，实际的系统是把前馈和反馈结合起来，构成前馈-反馈控制系统，见图 4-35。

此时只对一些主要的扰动进行补偿，且没必要追求完全补偿。调节器 $G_a(s)$ 采用 PI 或 PID 调节器。在图 4-35 中，$G_a(s)$ 的输入为 e_2

$$e_2 = e_1 + x_b$$

即在稳态时 $G_a(s)$ 只能使 $e_2=0$（在阶跃扰动下），而系统要求的是 $e_1=0$，故补偿器在稳态时应输出为 0，满足这种要求的是微分环节。当然，$G_B(s)$ 的输出 x_b 也可以加在 $G_a(s)$ 的输出上，这时，则不影响系统的稳态偏差。

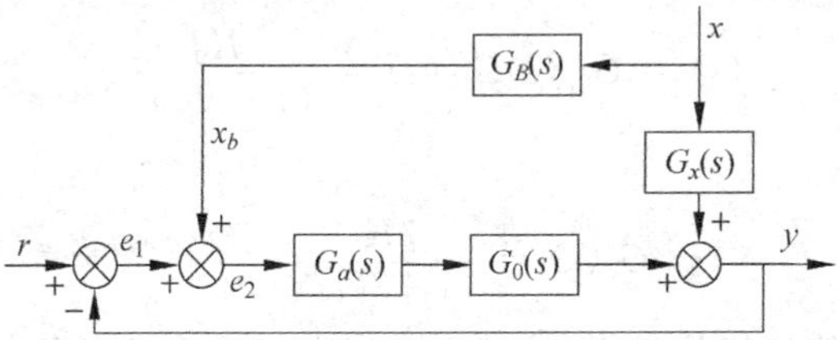

图 4-35　前馈-反馈控制系统

因为前馈-反馈控制系统仍是一个单回路系统，故其整定很简单。在整定 $G_a(s)$ 时，不考虑闭合回路外的前馈部分，按单回路系统整定。整定 $G_B(s)$ 时，也不考虑闭合回路，在完全补偿时，$G_B(s)$ 为

$$G_B(s) = -\frac{G_x(s)}{G_a(s)G_0(s)} \tag{4-98}$$

因为有反馈系统存在，不必要追求上式表达的完全补偿，一般用比例微分或一阶惯性环节。

4.6.3　解耦控制

一个实际物理系统，往往有多个被调量和多个调节量。如果任一调节量只影响其对应的被调量，则可构成多个独立的控制系统，它们彼此之间互不干扰。但是，若任一调节量对多个被调量都有影响，即系统之间相互关联，可以预料，构成几个独立的控制系统将难以保证可靠的工作。为此需采用解耦控制。

1. 系统的关联

一个相互关联的双输入、双输出对象如图 4-36 所示。

图 4-36 中 x_1，x_2 为两个调节量，y_1，y_2 为两个被调量。为了实现 y_1，y_2 的定值控制，按照单回路控制系统的结构构成两个控制回路，如图 4-37 所示。图中，$G_{a1}(s)$ 和 $G_{a2}(s)$ 是两个调节器，分别控制被调量 y_1，y_2，使之等于给定值 r_1，r_2。由于系统之间的相互关联，调节器 $G_{a1}(s)$ 的控制输出不但影响 y_1，而且影响 y_2；同样，调节器 $G_{a2}(s)$ 的控制输出不但影响 y_2，而且影响 y_1，这样使得两个系统都不能可靠地工作。所谓解耦控制就是利

用在系统中加以解耦装置的方法，去掉彼此间的关联，使得调节器 $G_{a1}(s)$ 的输出只影响 y_1，不影响 y_2；调节器 $G_{a2}(s)$ 的输出只影响 y_2，不影响 y_1。

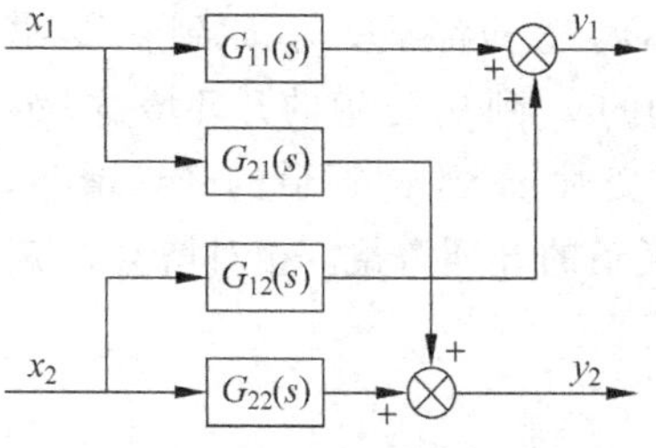

图 4-36　双输入、双输出对象

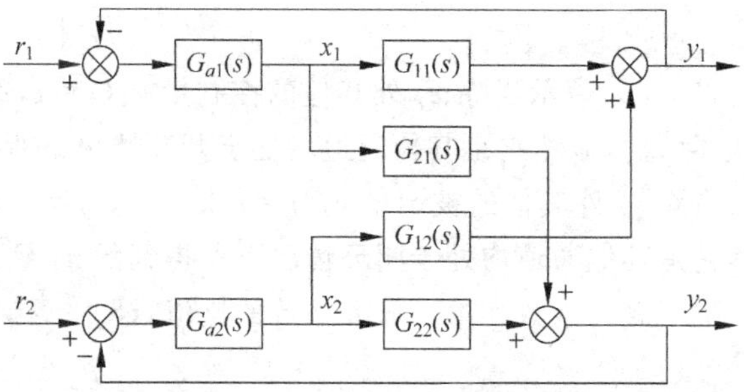

图 4-37　耦合系统的单回路控制

对于彼此关联的多输入、多输出系统，可表示为图 4-38。

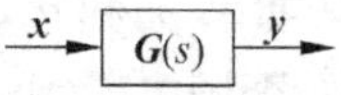

图 4-38　多输入、多输出系统的向量表示

图中，$\boldsymbol{x}=\begin{bmatrix}x_1\\x_2\\\vdots\\x_n\end{bmatrix}$ 和 $\boldsymbol{y}=\begin{bmatrix}y_1\\y_2\\\vdots\\y_n\end{bmatrix}$ 均为 n 维向量，$\boldsymbol{G}(s)=$

$$\begin{bmatrix}G_{11}(s) & G_{12}(s) & \cdots & G_{1n}(s)\\ G_{21}(s) & G_{22}(s) & \cdots & G_{2n}(s)\\ \vdots & \vdots & & \vdots\\ G_{n1}(s) & G_{n2}(s) & \cdots & G_{nn}(s)\end{bmatrix}$$

为 $n\times n$ 矩阵。根据图 4-38，有

$$\boldsymbol{Y}(s)=\boldsymbol{G}(s)\boldsymbol{X}(s) \tag{4-99}$$

即

$$\begin{cases}Y_1(s)=G_{11}(s)X_1(s)+G_{12}(s)X_2(s)+\cdots+G_{1n}(s)X_n(s)\\ Y_2(s)=G_{21}(s)X_1(s)+G_{22}(s)X_2(s)+\cdots+G_{2n}(s)X_n(s)\\ \quad\vdots\\ Y_n(s)=G_{n1}(s)X_1(s)+G_{n2}(s)X_2(s)+\cdots+G_{nn}(s)X_n(s)\end{cases} \tag{4-100}$$

显然，当矩阵 $\boldsymbol{G}(s)$ 为对角阵（即除对角元素 $G_{11}(s), G_{22}(s), \cdots, G_{nn}(s)$ 外，其他元素均为零）时，$x_i(i=1,2,\cdots,n)$ 只影响对应的 y_i，而不影响其他输出，系统彼此无关联，否则系统间存在关联，控制时需要解耦。

系统间的关联程度可用相对增益表示。定义 p_{ij} 和 q_{ij} 分别为 x_j 到 y_i 通道的第一放大系数和第二放大系数：

$$p_{ij} = \left.\frac{\partial y_i}{\partial x_j}\right|_x \tag{4-101}$$

$$q_{ij} = \left.\frac{\partial y_i}{\partial x_j}\right|_y \tag{4-102}$$

上两式中，p_{ij}表示当除 x_j 外其他的控制量 $x_i(i=1,2,\cdots,n,i\neq j)$都不变时 x_j 到 y_i 通道的开环增益，显然它是其他通道均处于开环情况下所得到的 x_j 到 y_i 通道的开环增益；q_{ij} 表示当除 y_i 外其他的被调量 $y_j(j=1,2,\cdots,n,j\neq i)$都不变时 x_j 到 y_i 通道的开环增益，显然它是其他通道均处于闭环情况下所得到的 x_j 到 y_i 通道的开环增益。相对增益 λ_{ij} 定义为第一放大系数和第二放大系数的比值，即

$$\lambda_{ij} = \frac{p_{ij}}{q_{ij}} \tag{4-103}$$

从上述定义可知，p_{ij}表示其他控制量都不变时 x_j 到 y_i 通道的开环增益，而 q_{ij} 表示其他控制量变化时(因为要维持其他被调量不变，需改变其相应的控制量)x_j 到 y_i 通道的开环增益。显然，如果 p_{ij} 和 q_{ij} 相等，则说明其他通道对 x_j 到 y_i 通道没有影响，即不存在关联，此时 $\lambda_{ij}=1$；否则，$\lambda_{ij}\neq 1$，说明关联存在。λ_{ij} 偏离 1 越多，关联越严重。因此，用 λ_{ij} $(i=1,2,\cdots,n;\ j=1,2,\cdots,n)$构成一个相对增益阵 $\boldsymbol{\lambda}$，可用来衡量系统各通道间彼此关联的程度：

$$\boldsymbol{\lambda} = \begin{bmatrix} \lambda_{11} & \lambda_{12} & \cdots & \lambda_{1n} \\ \lambda_{21} & \lambda_{22} & \cdots & \lambda_{2n} \\ \vdots & \vdots & & \vdots \\ \lambda_{n1} & \lambda_{n2} & \cdots & \lambda_{nn} \end{bmatrix} \tag{4-104}$$

相对增益可分为静态相对增益和动态相对增益，所谓静态相对增益是指 p_{ij} 和 q_{ij} 均为静态放大系数时的情况，而动态相对增益则指 p_{ij} 和 q_{ij} 均为动态放大系数时的情况。一般仅研究静态相对增益即可。下面以图 4-36 所示的双输入、双输出对象为例，说明静态相对增益阵的求取方法及主要性质。

设图 4-36 中 $G_{11}(s)$，$G_{12}(s)$，$G_{21}(s)$，$G_{22}(s)$的静态放大系数分别为 K_{11}，K_{12}，K_{21}，K_{22}，则由图 4-36 可写出如下关系：

$$y_1 = K_{11}x_1 + K_{12}x_2 \tag{4-105}$$

$$y_2 = K_{21}x_1 + K_{22}x_2 \tag{4-106}$$

则 $p_{11}=\left.\dfrac{\partial y_1}{\partial x_1}\right|_{x_2}=K_{11}$。

为求 q_{11}，将式(4-105)和式(4-106)联立，得

$$y_1 = \left(K_{11} - \frac{K_{12}K_{21}}{K_{22}}\right)x_1 + \frac{K_{12}}{K_{22}}y_2$$

于是得 $q_{11}=\left.\dfrac{\partial y_1}{\partial x_1}\right|_{y_2}=K_{11}-\dfrac{K_{12}K_{21}}{K_{22}}=\dfrac{K_{11}K_{22}-K_{12}K_{21}}{K_{22}}$，则

$$\lambda_{11}=\frac{K_{11}K_{22}}{K_{11}K_{22}-K_{12}K_{21}} \tag{4-107}$$

按照同样的方法，可得

$$\lambda_{12}=\frac{-K_{12}K_{21}}{K_{11}K_{22}-K_{12}K_{21}} \tag{4-108}$$

$$\lambda_{21}=\frac{-K_{12}K_{21}}{K_{11}K_{22}-K_{12}K_{21}} \tag{4-109}$$

$$\lambda_{22}=\frac{K_{11}K_{22}}{K_{11}K_{22}-K_{12}K_{21}} \tag{4-110}$$

由式(4-107)～式(4-110)可发现如下重要关系：

$$\begin{cases}\lambda_{11}+\lambda_{12}=1\\ \lambda_{11}+\lambda_{21}=1\\ \lambda_{12}+\lambda_{22}=1\\ \lambda_{21}+\lambda_{22}=1\end{cases} \tag{4-111}$$

即在一个双输入、双输出系统中，它的相对增益矩阵内同一行全部元素之和为1，同一列全部元素之和也为1。可以证明，这个结论同样也适用于多输入、多输出系统。

一般来说，对相对增益所反映的系统间各通道的关联特性可以作如下考虑：

(1) 当某一通道的相对增益在1附近(例如 $0.8<\lambda<1.2$)时，表明其他通道对该通道的关联作用很小，不必采取特别的解耦措施。

(2) 当某一通道的相对增益在0.7～0.3之间或大于1.5时，表明其他通道对该通道的关联严重，需采取解耦措施。

(3) 当某一通道的相对增益接近或小于零时，表明这个通道的控制量难以对相应的被调量进行有效的控制，需另外选取控制量。

2. 用对角矩阵法实现解耦控制

解耦控制多采用串联的方法，如图4-39所示。图中 $\boldsymbol{D}(s)=\begin{bmatrix}D_{11}(s) & D_{12}(s) & \cdots & D_{1n}(s)\\ D_{21}(s) & D_{22}(s) & \cdots & D_{2n}(s)\\ \vdots & \vdots & & \vdots\\ D_{n1}(s) & D_{n2}(s) & \cdots & D_{nn}(s)\end{bmatrix}$ 为解耦装置

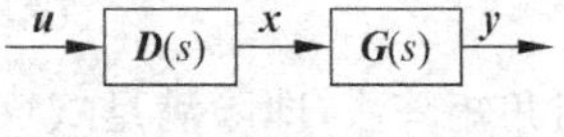

图4-39　系统的串联解耦

矩阵，$\boldsymbol{u}=\begin{bmatrix}u_1\\u_2\\\vdots\\u_n\end{bmatrix}$为调节器输出的调节量，其他同图 4-38。

对于一个双输入、双输出系统，有 $\boldsymbol{u}=\begin{bmatrix}u_1\\u_2\end{bmatrix}$，$\boldsymbol{x}=\begin{bmatrix}x_1\\x_2\end{bmatrix}$，$\boldsymbol{y}=\begin{bmatrix}y_1\\y_2\end{bmatrix}$，$\boldsymbol{D}(s)=\begin{bmatrix}D_{11}(s) & D_{12}(s)\\D_{21}(s) & D_{22}(s)\end{bmatrix}$，$\boldsymbol{G}(s)=\begin{bmatrix}G_{11}(s) & G_{12}(s)\\G_{21}(s) & G_{22}(s)\end{bmatrix}$。实现上述串联解耦的实际系统如图 4-40 所示。图中，$G_{a1}(s)$，$G_{a2}(s)$分别为两个回路的调节器。加入解耦装置后，等效对象为$\boldsymbol{G}_e(s)$。

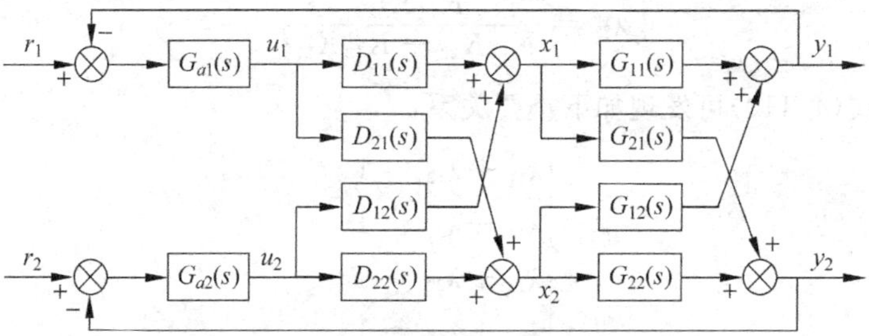

图 4-40　双输入、双输出系统的串联解耦

显然 $\boldsymbol{G}_e(s)=\begin{bmatrix}G_{e11}(s) & G_{e12}(s)\\G_{e21}(s) & G_{e22}(s)\end{bmatrix}=\boldsymbol{G}(s)\boldsymbol{D}(s)=\begin{bmatrix}G_{11}(s) & G_{12}(s)\\G_{21}(s) & G_{22}(s)\end{bmatrix}\begin{bmatrix}D_{11}(s) & D_{12}(s)\\D_{21}(s) & D_{22}(s)\end{bmatrix}$，即

$$G_{11}(s)D_{11}(s)+G_{12}(s)D_{21}(s)=G_{e11}(s) \tag{4-112}$$

$$G_{11}(s)D_{12}(s)+G_{12}(s)D_{22}(s)=G_{e12}(s) \tag{4-113}$$

$$G_{21}(s)D_{11}(s)+G_{22}(s)D_{21}(s)=G_{e21}(s) \tag{4-114}$$

$$G_{21}(s)D_{12}(s)+G_{22}(s)D_{22}(s)=G_{e22}(s) \tag{4-115}$$

为使系统解耦，需使$\boldsymbol{G}_e(s)$为对角阵，即使 $G_{e12}(s)=G_{e21}(s)=0$：

$$G_{11}(s)D_{12}(s)+G_{12}(s)D_{22}(s)=0 \tag{4-116}$$

$$G_{21}(s)D_{11}(s)+G_{22}(s)D_{21}(s)=0 \tag{4-117}$$

所谓对角矩阵法，即除满足式(4-116)和式(4-117)要求的解耦条件外，还应保证 $G_{e11}(s)=G_{11}(s)$和 $G_{e22}(s)=G_{22}(s)$，即

$$G_{11}(s)D_{11}(s)+G_{12}(s)D_{21}(s)=G_{11}(s) \tag{4-118}$$

$$G_{21}(s)D_{12}(s)+G_{22}(s)D_{22}(s)=G_{22}(s) \tag{4-119}$$

求解联立方程式(4-116)～式(4-119)，可得对角矩阵法的解耦装置的传递函数为

$$\begin{cases} D_{11}(s) = \dfrac{G_{11}(s)G_{22}(s)}{G_{11}(s)G_{22}(s) - G_{12}(s)G_{21}(s)} \\ D_{12}(s) = \dfrac{-G_{12}(s)G_{22}(s)}{G_{11}(s)G_{22}(s) - G_{12}(s)G_{21}(s)} \\ D_{21}(s) = \dfrac{-G_{11}(s)G_{21}(s)}{G_{11}(s)G_{22}(s) - G_{12}(s)G_{21}(s)} \\ D_{22}(s) = \dfrac{G_{11}(s)G_{22}(s)}{G_{11}(s)G_{22}(s) - G_{12}(s)G_{21}(s)} \end{cases} \tag{4-120}$$

解耦后，图 4-40 所示的系统相当于图 4-41 所示的两个彼此独立的系统。

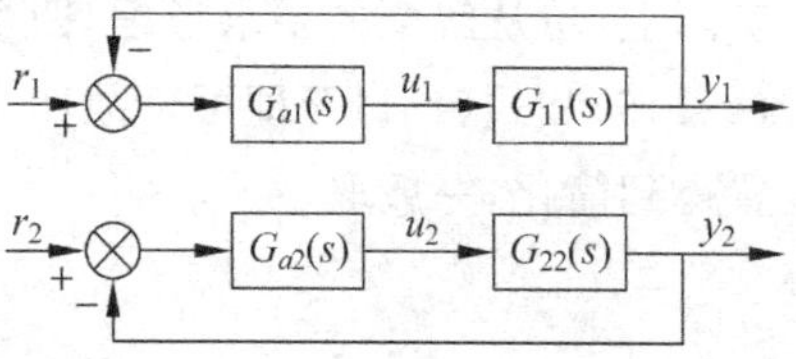

图 4-41　利用对角矩阵法解耦得到的结果

3. 用单位矩阵法实现解耦控制

仍以双输入、双输出系统为例，使等效对象等于单位矩阵即 $\boldsymbol{G}_e(s)=\begin{bmatrix}1 & 0\\0 & 1\end{bmatrix}$ 的方法称为单位矩阵法。此时，式(4-118)，式(4-119)变为

$$G_{11}(s)D_{11}(s) + G_{12}(s)D_{21}(s) = 1 \tag{4-121}$$

$$G_{21}(s)D_{12}(s) + G_{22}(s)D_{22}(s) = 1 \tag{4-122}$$

求解联立方程式(4-116)、式(4-117)、式(4-121)和式(4-122)，可得单位矩阵法需要的解耦装置的传递函数为

$$\begin{cases} D_{11}(s) = \dfrac{G_{22}(s)}{G_{11}(s)G_{22}(s) - G_{12}(s)G_{21}(s)} \\ D_{12}(s) = \dfrac{-G_{12}(s)}{G_{11}(s)G_{22}(s) - G_{12}(s)G_{21}(s)} \\ D_{21}(s) = \dfrac{-G_{21}(s)}{G_{11}(s)G_{22}(s) - G_{12}(s)G_{21}(s)} \\ D_{22}(s) = \dfrac{G_{11}(s)}{G_{11}(s)G_{22}(s) - G_{12}(s)G_{21}(s)} \end{cases} \tag{4-123}$$

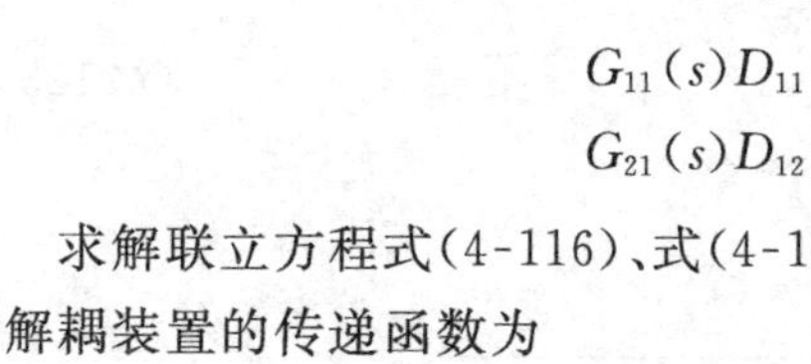

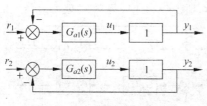

图 4-42　利用单位矩阵法解耦得到的结果

利用单位矩阵法解耦后，图 4-40 所示的系统相当于图 4-42 所示的两个彼此独立的系统。

无论是对角矩阵法，还是单位矩阵法，都是先满足式(4-116)和式(4-117)所给出的解耦条件，然后给定等效对象的传递函数，从而得出解耦装置的传递函数。对角矩阵法要求等效对象的传递函数即为原控制通道的传递函数(见式(4-118)和式(4-119)),从而使调节器的整定变得简单。而单位矩阵法要求等效对象的传递函数为1(见式(4-121)和式(4-122)),显然这样处理使调节系统能达到更好的性能指标,因为利用调节器调节一个传递函数为1的对象十分容易,在保证系统稳定性的前提下,其动态偏差可以很小,调节时间可以很短。利用单位矩阵法解耦的缺点是其解耦装置不易实现,比较式(4-120)和式(4-123)可知,无论是有自平衡能力的对象还是无自平衡能力的对象,利用对角矩阵法得到的各解耦装置的传递函数分子分母同阶,而利用单位矩阵法得到的各解耦装置的传递函数其分子阶次将高于分母阶次。

实际上,单从解耦的要求考虑,四个解耦装置 $D_{11}(s)$,$D_{12}(s)$,$D_{21}(s)$ 和 $D_{22}(s)$ 只要满足式(4-116)和式(4-117)即可。故四个解耦装置中的两个可以取任意的形式,从而使解耦装置得到简化,一般取

$$\begin{cases} D_{11}(s) = 1 \\ D_{22}(s) = 1 \end{cases} \tag{4-124}$$

将式(4-124)代入式(4-116)和(4-117),可得到另外两个解耦装置的传递函数为

$$\begin{cases} D_{21}(s) = -\dfrac{G_{21}(s)}{G_{22}(s)} \\ D_{12}(s) = -\dfrac{G_{12}(s)}{G_{11}(s)} \end{cases} \tag{4-125}$$

于是可得到一种简化的解耦控制系统,如图 4-43 所示。

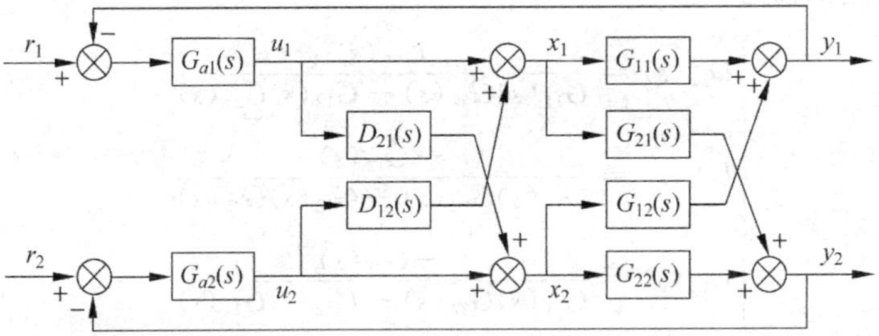

图 4-43 简化的解耦控制系统

利用简化的解耦方法解耦的结果如图 4-44 所示。图 4-44 中,等效对象 $G_{e11}(s)$ 和 $G_{e22}(s)$ 可由式(4-112)和式(4-115)求出为

$$\begin{cases} G_{e11}(s) = G_{11}(s) - \dfrac{G_{21}(s)G_{12}(s)}{G_{22}(s)} \\ G_{e22}(s) = G_{22}(s) - \dfrac{G_{21}(s)G_{12}(s)}{G_{11}(s)} \end{cases} \tag{4-126}$$

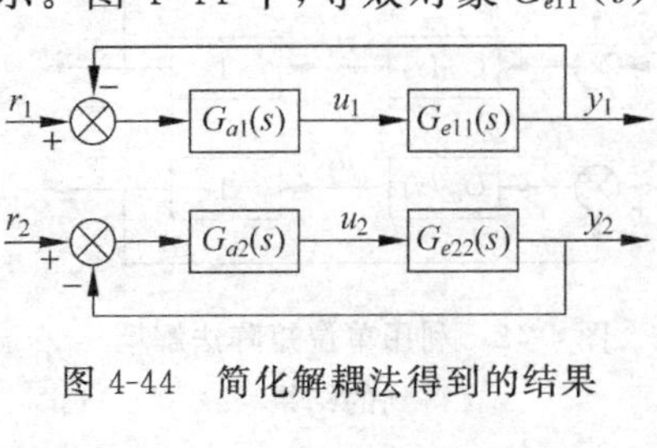

图 4-44 简化解耦法得到的结果

4. 利用前馈补偿法实现解耦

利用本节介绍的前馈控制的概念，也可实现控制系统的解耦。在图 4-37 中，对于 r_1—y_1 控制通道，可把 x_2 视为一外部扰动，此扰动可用前馈控制器加以补偿。同样，对于 r_2—y_2 控制通道，把 x_1 视为一外部扰动，用前馈控制器加以补偿。这样构成的解耦控制系统如图 4-45 所示。

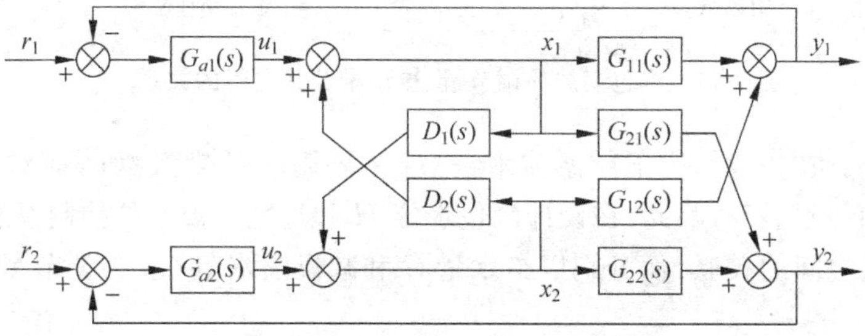

图 4-45　前馈补偿法解耦控制系统

利用前馈控制完全补偿的计算方法，可得图 4-45 中两个解耦装置（前馈补偿器）$D_1(s)$和 $D_2(s)$的传递函数为

$$\begin{cases} D_1(s) = -\dfrac{G_{21}(s)}{G_{22}(s)} \\ D_2(s) = -\dfrac{G_{12}(s)}{G_{11}(s)} \end{cases} \tag{4-127}$$

5. 多变量调节系统的工程设计

以上讨论的解耦调节方法在理论上解决了相互关联的多变量对象的经典控制问题，但在工程实际中，应用解耦的理论和方法往往使调节系统变得相当复杂，并且由于对象数学模型的不确定性以及解耦装置的物理实现等问题，使得按照解耦理论设计的系统不一定都能得到实用的效果。这就需要具体分析生产过程的要求和对象的特性，区别不同情况来分析和设计多变量调节系统。下面以火电厂锅炉调节系统为例来讨论这方面的有关问题（关于火电厂锅炉调节系统的分析、设计和整定，本书第 5 章还将详细讨论，这里仅就多变量调节系统的设计考虑进行说明）。

图 4-46 所示为汽包锅炉作为一个调节对象的示意图，它共有五个调节量（给水量 G、减温喷水量 G_B、燃料量 B、送风量 V 和引风量 Q）和五个被调量（汽包水位 H、过热汽温 θ、汽压 p、烟气含氧量 O_2 和炉膛负压 S），是一个典型的多变量调节对象。在设计这样一个对象的调节系统时，需要分析各调节量、被调量之间的关系，确定控制系统的结构。

1）汽包水位和过热汽温的控制

根据对实际生产过程的分析可知，给水量 G 主要影响汽包水位，而对过热汽温 θ 和汽

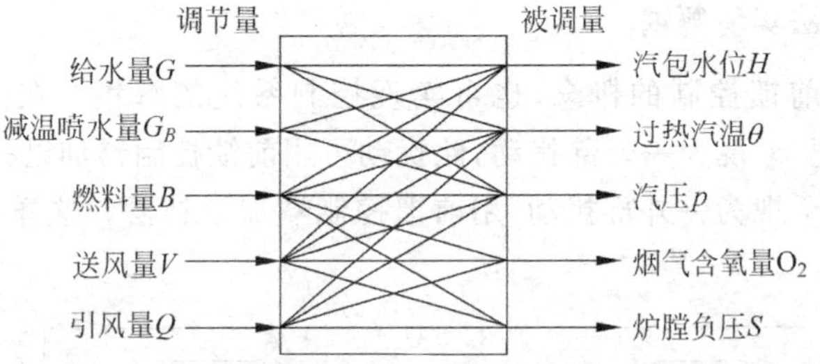

图 4-46　汽包锅炉的调节量、被调量及其之间的关系

压 p 的影响很小。在一般情况下减温喷水量 G_B 主要影响过热汽温 θ，而对汽包水位 H 和汽压 p 的影响并不显著，因此，在设计汽包水位 H 和过热汽温 θ 的控制系统时，可不考虑它们和其他量之间的关联，而分别以给水量 G 和减温喷水量 G_B 为调节量构成两个独立的调节系统。

当过热蒸汽采用表面式减温器时，由于通过减温器的减温水量 G_B 变化较大，而 G_B 是总给水量 G 的一部分，故给水量 G 对过热汽温 θ 以及减温水量 G_B 对汽包水位 H 的影响都较大，如图 4-47 所示。这时，它们彼此之间的耦合必须加以考虑，可采用前面介绍的解耦控制方法解耦，通常采用图 4-44 所示的简易解耦即可。

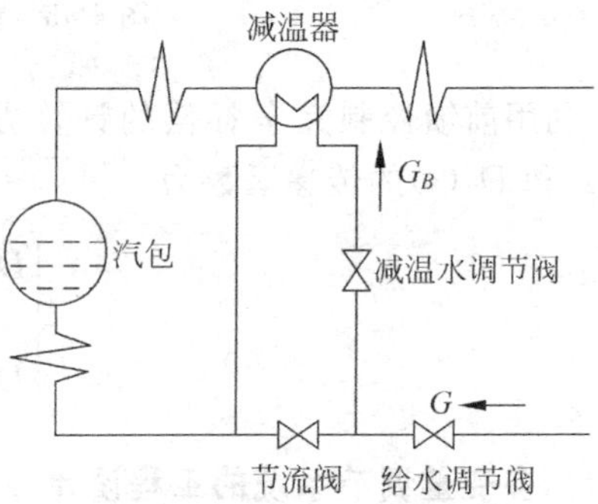

图 4-47　锅炉采用表面式减温器时的给水系统

2）燃烧调节

燃烧调节包括汽压、烟气含氧量和炉膛负压三个量的控制。由图 4-46 可以看出，燃料量、送风量和引风量均对被调量（汽压、烟气含氧量和炉膛负压）产生影响，根据锅炉的生产过程可知，在设计调节系统时，这些影响不可忽略，必须采取解耦措施。但实际上，三个调节量（燃料量、送风量和引风量）之间存在着密切的联系，即在锅炉运行时，它们之间应随时保持适当的比例关系。汽压是锅炉出力和供应热量是否平衡的指标，烟气含氧量是一个经济性指标，可用来衡量燃料量和送风量的配比是否适当，炉膛负压是保证炉膛内燃烧安全性的指标，可用来衡量送风量和引风量的配比是否适当。对整个燃烧调节系统的基本要求是：当由于负荷的改变引起汽压的改变时，应首先调节燃料量（于是以燃料量为调节量、汽压为被调量构成一个调节系统）。同时，应按比例地、协调地调节送风量和引风量，送风量是否适当用烟气含氧量来衡量（于是以送风量为调节量、以烟气含氧量为被调量构成一个调节系统）。引风量是否适当用炉膛负压来衡量（于是以引风量为调节量、以炉膛负压为被调量构成一个调节系统）。当锅炉的负荷不变

时，燃料量、送风量和引风量应各自保持不变，并迅速消除可能发生的自发扰动。由于各量之间的严重耦合，如果上述三个调节系统彼此独立，将难以达到对燃烧调节系统的要求。根据锅炉运行的实际情况可知：三个调节量（燃料量、送风量和引风量）的协调动作主要来源于锅炉负荷的变化，它首先引起汽压的改变。另外，三个调节系统的设计已保证能迅速消除可能发生的自发扰动，所以在设计以燃料量为调节量、汽压为被调量的调节系统时，可以不考虑送风量和引风量对汽压的影响。在设计以送风量为调节量、烟气含氧量为被调量的调节系统时，可以不考虑引风量的影响，但必须考虑燃料量对烟气含氧量的影响。而在设计以引风量为调节量、炉膛负压为被调量的调节系统时，可以不考虑燃料量的影响，但必须考虑送风量对炉膛负压的影响。

根据上述原则，燃烧调节系统可能选择的方案之一如图 4-48 所示（为了简单起见，图中未画出系统之间的耦合）。图中，r_p，r_{O_2}和 r_S 分别为汽压 p、烟气含氧量 O_2 和炉膛负压 S 的给定值，$G_{a1}(s)$为汽压调节器，$G_{a2}(s)$为燃料调节器，$G_{a3}(s)$为氧量调节器，$G_{a4}(s)$为送风量调节器，$G_{a5}(s)$为引风量调节器，$G_{01}(s)$为燃料调节器的输出到实际给煤量的变化之间的传递函数，$G_{02}(s)$为燃料量到汽压之间的传递函数，$G_{03}(s)$为送风量调节器的输出到实际送风量的变化之间的传递函数，$G_{04}(s)$为送风量到含氧量之间的传递函数，$G_{05}(s)$为引风量到炉膛负压之间的传递函数。由图可以看出，以燃料量 B 为调节量、以汽压 p 为被调量的调节系统和以送风量 V 为调节量、以烟气含氧量 O_2 为被调量的调节系统均为串级调节系统，可以迅速消除系统自发扰动。以引风量 Q 为调节量、以炉膛负压 S 为被调量的调节系统，由于调节对象的时间常数很小，故采用单回路系统也可迅速消除系统自发扰动。

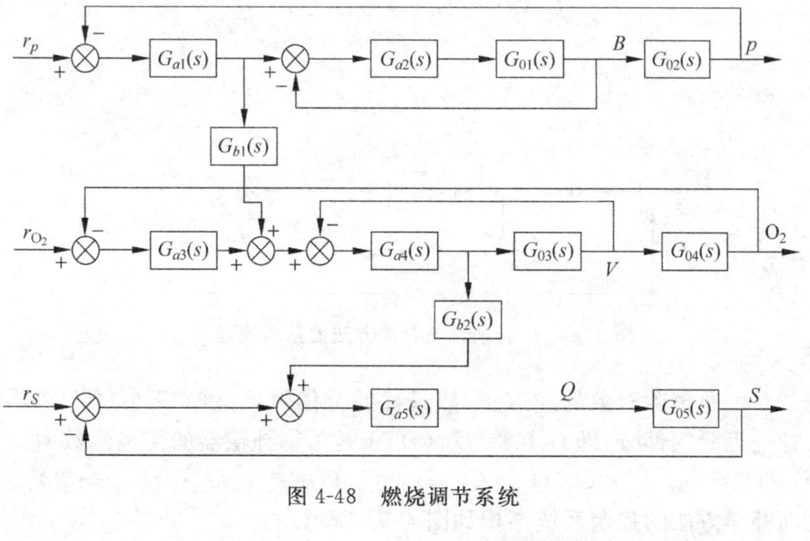

图 4-48　燃烧调节系统

图 4-48 中，$G_{b1}(s)$使得送风量和燃料量及时协调动作，它可视为一个解耦装置，用来补偿燃料量对烟气含氧量的耦合，一般取 $G_{b1}(s)=1$。$G_{b2}(s)$使得引风量和送风量及时协调动作，实际上它也是一个解耦装置，用来补偿送风量对炉膛负压的耦合。显然图 4-48 所示调节系统的设计未考虑其他量之间的耦合（虽然它们很严重），这是根据实际的生产过程所决定的，这样的解耦方式称为部分解耦。

4.6.4 纯迟延补偿

系统中的纯迟延使得稳定性下降，为维持一定的稳定性，必须降低调节作用，从而增大了动态偏差，使调节系统的品质降低。下面介绍可对纯迟延进行补偿的史密斯(Smith)预估补偿方法。

设含有纯迟延对象的传递函数为

$$G_0(s) = G_{01}(s)e^{-\tau s} \tag{4-128}$$

如果对象的物理结构如图 4-49 所示，当 y'可测时，可用 y'作为被调量，不存在补偿的问题。只有在 y'不可测时，才需要进行补偿。另外，在许多情况下，纯迟延不是作为一个独立的环节出现的，而是分布在整个系统中，这时也需要对其进行补偿。

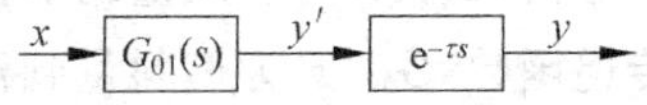

图 4-49　纯迟延对象的物理结构

1. 基本结构及补偿原理

史密斯预估补偿方法的原理如图 4-50 所示。图中，在实际对象 $G_0(s)$上并联一个补偿器 $G_B(s)$，则对调节器 $G_a(s)$来说，其等效调节对象 $G_0'(s)$为

$$G_0'(s) = G_0(s) + G_B(s)$$

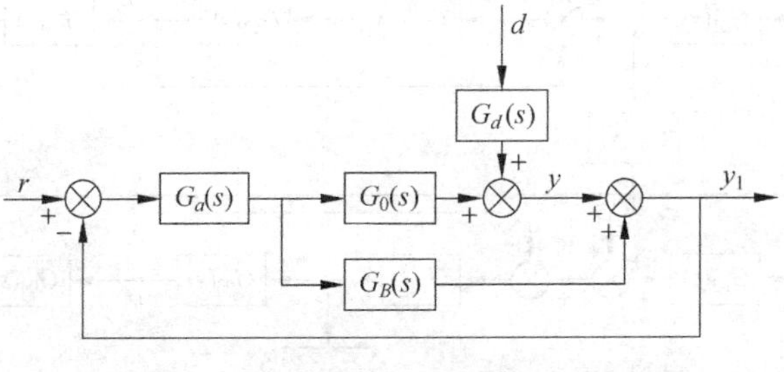

图 4-50　史密斯预估补偿方法的基本原理

加入补偿器的目的是消除对象的纯迟延，故最好的补偿效果是使 $G_0'(s)$等于实际对象传递函数中去掉纯迟延的部分，即 $G_0'(s)=G_{01}(s)$，于是可得补偿器的传递函数为

$$G_B(s) = G_{01}(s) - G_0(s) = G_{01}(s) - G_{01}(s)e^{-\tau s} = G_{01}(s)(1 - e^{-\tau s}) \tag{4-129}$$

则采用史密斯补偿方法的控制系统结构如图 4-51 所示。

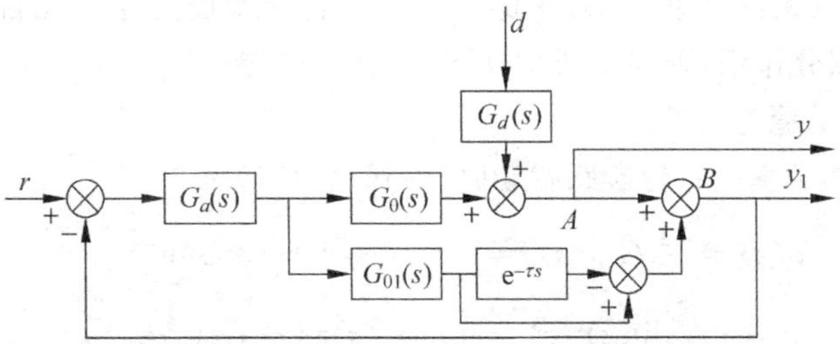

图 4-51　史密斯补偿方法控制系统

1）给定值 r 扰动下的补偿特性

在图 4-51 中，将分离点 A 和综合点 B 交换位置并进行方框图简化，可得控制系统如图 4-52 所示。在给定值扰动下系统的传递函数为

$$G_{yr}(s)=\frac{Y(s)}{R(s)}=\frac{G_a(s)G_{01}(s)}{1+G_a(s)G_{01}(s)}e^{-\tau s}=G_b(s)e^{-\tau s} \tag{4-130}$$

其中 $G_b(s)=\dfrac{G_a(s)G_{01}(s)}{1+G_a(s)G_{01}(s)}$为对象不包含纯迟延时控制系统的闭环传递函数。

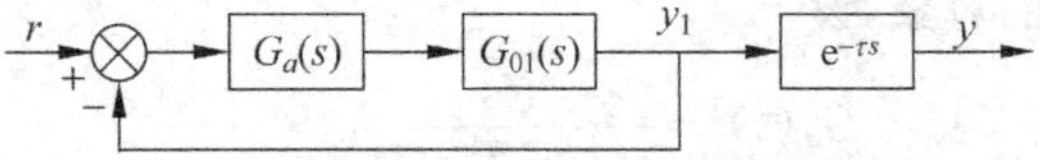

图 4-52　给定值扰动下史密斯补偿法控制系统的等效结构

可见，控制系统相当于以补偿后等效对象 $G_{01}(s)$ 的输出 y_1 为被调量，以实际对象中不含纯迟延的部分为调节对象，系统的调节品质可得到改善。而实际被调量 y 与 y_1 在形态上完全一样，仅在时间上落后了 τ。

2）外部扰动 d 作用下的补偿特性

由图 4-51 可以计算出在 d 扰动下系统的传递函数为

$$\begin{aligned}G_{yd}(s)&=\frac{Y(s)}{D(s)}=G_d(s)\left[1-\frac{G_a(s)G_{01}(s)}{1+G_a(s)G_{01}(s)}e^{-\tau s}\right]\\&=G_d(s)[1-G_b(s)e^{-\tau s}]\end{aligned} \tag{4-131}$$

由式(4-131)可以发现，在外部扰动下，控制作用比扰动滞后了时间 τ，故其对滞后的补偿作用不如在给定值扰动下那样明显，这就是说，史密斯补偿方法用于随动控制比用于定值控制效果要好。

2. 史密斯补偿控制系统的稳态特性

1）给定值扰动下的稳态特性

由式(4-130)可知，在给定值扰动下，输出 $y(t)$ 的形态和对象无滞后时一样，只是在

时间上落后了 τ，所以无论对象 $G_0(s)$ 中的 $G_{01}(s)$ 有自平衡能力还是无自平衡能力，只要调节器 $G_a(s)$ 具有积分作用，则在阶跃扰动下均无稳态偏差。

2）外部扰动下的稳态特性

当在图 4-51 中，d 发生单位阶跃扰动时，由式(4-131)可知

$$Y(s)=\frac{1}{s}G_{yd}(s)=\frac{1}{s}G_d(s)[1-G_b(s)e^{-\tau s}] \tag{4-132}$$

$$y(\infty)=\lim_{s\to0}sY(s)=\lim_{s\to0}G_d(s)[1-G_b(s)e^{-\tau s}]$$

对于有自平衡能力的对象，$G_d(s)$ 为 $\frac{K_d}{(1+T_ds)^{n_d}}e^{-\tau_d s}$ 的形式，$G_b(s)$ 中的 $G_{01}(s)$ 为 $\frac{K_0}{(1+T_0s)^{n_0}}$ 的形式，故 $\lim_{s\to0}G_d(s)=K_d$，如采用 PI 调节器，即 $G_a(s)=K_P\left(1+\frac{K_I}{s}\right)$，则

$$\lim_{s\to0}G_b(s)=\lim_{s\to0}\frac{G_a(s)G_{01}(s)}{1+G_a(s)G_{01}(s)}=\lim_{s\to0}\frac{K_P\left(1+\frac{K_I}{s}\right)\frac{K_0}{(1+T_0s)^{n_0}}}{1+K_P\left(1+\frac{K_I}{s}\right)\frac{K_0}{(1+T_0s)^{n_0}}}=1$$

由式(4-132)可知 $y(\infty)=0$，即系统无稳态偏差。

对于无自平衡能力的对象，设

$$G_d(s)=\frac{K_d}{s(1+T_ds)^{n_d}}e^{-\tau_d s}$$

$$G_0(s)=\frac{K_0}{s(1+T_0s)^{n_0}}e^{-\tau_0 s}$$

$$G_a(s)=K_P\left(1+\frac{K_I}{s}\right)$$

则 $\lim_{s\to0}G_d(s)=\infty$，$\lim_{s\to0}G_b(s)=1$，式(4-132)所示的极限为 $\infty\cdot0$ 的形式，根据极限的求取法则，可得

$$y(\infty)=K_d\tau_0 \tag{4-133}$$

这说明，采用史密斯补偿的控制系统，如果对象无自平衡能力，则在外部值扰动下，系统的稳态偏差不为零。为了保证系统无静差，在设计无自平衡能力调节对象的补偿器时，也按有自平衡能力对象来考虑。例如，若 $G_0(s)=\frac{K_0}{s}e^{-\tau_0 s}$，则使补偿器为 $G_B(s)=\frac{K_0}{1+Ts}(1-e^{-\tau_0 s})$，这样虽然损失了动态补偿精度，但可保证系统无静差。

3. 史密斯补偿方案的改进

上述的史密斯补偿方案是建立在已经精确了解对象的数学模型的基础上的，但对于工业控制对象，往往很难得到其精确的数学模型，这时史密斯补偿方案将达不到预期的效果。不少人在这方面进行过研究和试验，结果表明，带有史密斯补偿器的控制系统承受对

象参数变化的能力弱于一般的 PID 控制系统。史密斯补偿方案这种对模型误差十分敏感(特别是对象的增益)的特性限制了其在工业控制中的广泛应用。对于如何改进史密斯补偿器的性能，虽已提出不少方案，但尚无一个通用的行之有效的方法，克服大迟延的控制策略仍是目前工业过程控制领域主要的研究课题之一。下面简要介绍一种增益自适应的补偿方案。

1977 年贾尔斯(R. F. Giles)和巴特利(T. M. Bartley)在史密斯方法的基础上提出了增益自适应的补偿方案，其基本原理如图 4-53 所示。由图 4-53 可以看出，增益自适应补偿方案在史密斯补偿方法的基础上增加了一个除法器、一个乘法器和一个比例微分环节。除法器实现被调量和模型输出的相除，比例微分环节的微分时间等于模型的纯滞后时间，用来将除法器的输出提前送入乘法器，实现超前调节。乘法器是将预估器的输出和比例微分环节的输出相乘，其结果送入调节器。

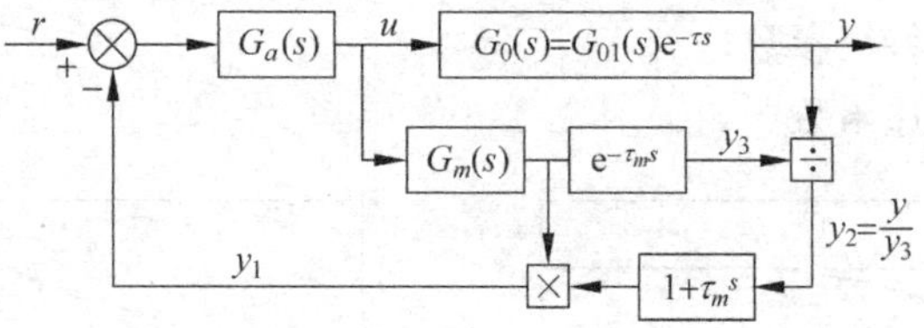

图 4-53　增益自适应补偿方案

图 4-53 中，补偿器去掉纯滞后部分的传递函数为 $G_m(s)$，纯滞后时间为 τ_m，由图可得

$$Y(s) = [R(s) - Y_1(s)]G_a(s)G_{01}(s)e^{-\tau s} \tag{4-134}$$

$$Y_3(s) = U(s)G_m(s)e^{-\tau_m s}$$

$$Y_2(s) = \frac{Y(s)}{Y_3(s)} = \frac{Y(s)}{U(s)G_m(s)e^{-\tau_m s}}$$

$$Y_1(s) = U(s)G_m(s)(1+\tau_m s)Y_2(s) = \frac{(1+\tau_m s)}{e^{-\tau_m s}}Y(s) \tag{4-135}$$

将式(4-135)代入式(4-134)，可得

$$\frac{Y(s)}{R(s)} = \frac{G_a(s)G_{01}(s)e^{-\tau s}}{1+\dfrac{1+\tau_m s}{e^{-\tau_m s}}G_a(s)G_{01}(s)e^{-\tau s}}$$

若 $\tau=\tau_m$，则有

$$\frac{Y(s)}{R(s)} = \frac{G_a(s)G_{01}(s)e^{-\tau s}}{1+(1+\tau_m s)G_a(s)G_{01}(s)} \tag{4-136}$$

可见，同史密斯补偿方法一样，纯滞后环节被有效地排除在闭环回路以外，但是式(4-136)所示的闭环传递函数与预估器的传递函数(去掉纯滞后部分)$G_m(s)$无关，即与其增益无关，不管其是否等于实际对象的增益，式(4-136)总是成立的。

习题

4-1 一无自平衡能力的对象传递函数为$G(s)=\dfrac{1}{T_a s(1+T_0 s)^n}$，证明：

(1) 特征参数$\varepsilon=\dfrac{1}{T_a}$；

(2) 特征参数$\tau=nT_0$。

4-2 证明无自平衡能力的热工对象用只有积分作用的调节器调节时，系统一定是不稳定的。

4-3 已知热工对象的单位阶跃响应曲线分别如题图4-1(a)，(b)所示。图(a)中，斜直线为过曲线拐点的切线，图(b)中，斜直线为过曲线在∞远处的渐近线。

(1) 由曲线求取其特征参数；

(2) 求取其近似传递函数。

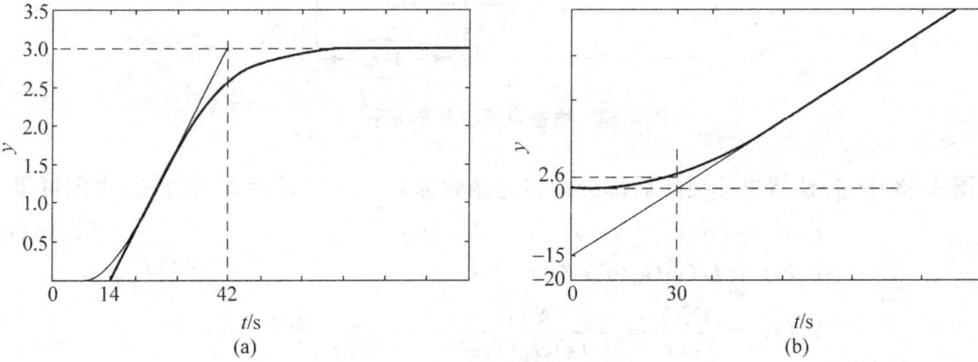

题图　4-1

4-4 一PID调节器，比例带、积分时间、微分时间分别为$\delta, T_{\mathrm{I}}, T_{\mathrm{D}}$。

(1) 求其单位阶跃响应；

(2) 当$T_{\mathrm{I}}=4T_{\mathrm{D}}$时，求其广义频率特性的模和相角。

4-5 稳定性计算公式可以利用对象传递函数的倒数来进行。设

$$G_0^*(s)=\frac{1}{G_0(s)}$$

则

$$G_0^*(m,\omega)=\frac{1}{G_0(m,\omega)}=R_0^*(m,\omega)+\mathrm{j}I_0^*(m,\omega)$$

试推导以$R_0^*(m,\omega)$和$I_0^*(m,\omega)$表示的计算稳定性为m时P，PI和PD调节器参数的计

算公式。

4-6　对象传递函数为 $G_0(s)=\dfrac{12}{(5s+2)(3s+1)}$，采用 P 调节器调节，要求 $\psi=0.75(\xi=0.216, m=0.221)$。

(1) 求调节器参数；

(2) 若对象串联一纯迟延环节，那么当调节器参数不变时，保持系统稳定所允许的迟延时间为多大？

4-7　如图 4-11 所示的调节系统，对象传递函数为 $G_0(s)=\dfrac{1}{(100s+1)^4}$，若调节器为 P 调节器，求在 D 单位阶跃扰动下，系统静态偏差的最小极限。

4-8　对象传递函数为 $G_0(s)=\dfrac{15}{(1+2s)^3}$，用 PI 调节器调节。

(1) 按 $\psi=0.75$ 且 t_s 最小$\left(取\ \omega_{PI}=\dfrac{\omega_P}{1.15}\right)$整定调节器参数；

(2) 在(1)的整定参数下，证明系统的闭环主导复极点和闭环主导实极点近似在平行于虚轴的直线上。

4-9　对象传递函数为 $G_0(s)=\dfrac{2}{(1+10s)(1+2s)^3}$，用 PD 调节器调节。

(1) 按 $\psi=0.75$ 且静差最小(使 PD 调节器的零点与对象最靠近虚轴的极点抵消)整定调节器参数；

(2) 在(1)的整定参数下，计算在 x 阶跃扰动下(如图 4-11)系统过渡过程中主要振荡成分和主要非周期成分的衰减时间。

4-10　设对象传递函数为 $G_0(s)=\dfrac{1}{(1+Ts)^3}$，利用习题 4-5 的结果，证明在一定 m 下，采用 PD 调节器，当取 $T_D=T$ 时，K_P 最大且 t_s 最小。

4-11　对象传递函数为 $G_0(s)=\dfrac{4}{s}e^{-2s}$。

(1) 求采用 P 调节器系统的临界参数；

(2) 求采用 P 调节器且 $m=0.221$ 时的参数；

(3) 计算采用 PI 调节器满足 $m=0.221$ 且 t_s 最小时的参数；

(4) 利用临界比例带法求取采用 P，PI 和 PID 调节器时的参数；

(5) 利用图表法求取采用 P，PI 和 PID 调节器时的参数。

4-12　一对象传递函数为 $G_0(s)=\dfrac{k}{1+Ts}e^{-as}$。

(1) 证明特征参数 $\tau=a, \varepsilon=\dfrac{k}{T}, T_c=T$，进而说明 $\dfrac{a}{T}$ 越大，此对象越难以控制；

(2) 当 $k=2, \frac{a}{T}=0.5$ 时，求在 x 单位阶跃扰动下系统可能的最小动态偏差。

4-13 某对象分成 $G_{01}(s)$ 和 $G_{02}(s)$ 两部分，采用单回路调节系统，如题图 4-2 所示。图中，r 为给定值，$G_a(s)$ 为 PI 调节器，z 为外部扰动。已知 $G_{01}(s)=\frac{1}{1+Ts}, G_{02}(s)=\frac{1}{(1+Ts)^3}, G_z(s)=\frac{1}{(1+Ts)^2}$。今发现在 z 扰动下动态偏差太大。

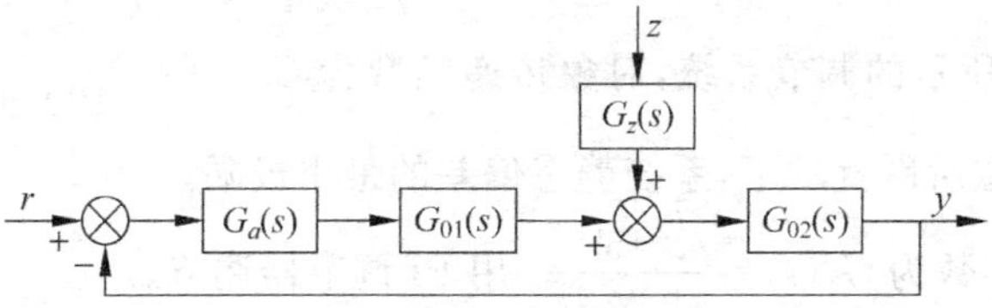

题图 4-2

(1) 试用串级调节系统克服 z 扰动下的动态偏差，画出方框图。主调节器用 PI 调节器，求采用串级调节系统前后，系统调节时间的比值(PI 调节器均按 $m=0.221$ 且 t_s 最小整定)。

(2) 试用扰动补偿来克服 z 扰动下的动态偏差，画出方框图并求完全补偿时补偿器的传递函数。

4-14 题图 4-3 表示一双输入、双输出对象，设计一个解耦控制系统，利用前馈补偿法，实现 x_1 对 y_1 以及 x_2 对 y_2 的解耦控制，画出控制系统的方框图，并求解耦装置的传递函数。

4-15 一调节对象如题图 4-4 所示。图中，高压蒸汽通过调节阀门 V1 进入蒸汽轮机做功，做功后的蒸汽成为低压蒸汽，进入低压蒸汽管道。今欲通过调节 V1 的开度维持低压蒸汽的压力 P 恒定，但由于系统的滞后，调节品质不好。为此，从高压蒸汽管道直接引一条管道至低压蒸汽，中间安装调节阀门 V2，希望系统的工作方式为：在稳态时，使 V2 开度为 10%，当系统受到扰动后，V2 参与调节，因为它对 P 的影响很快，故可大大改善系统的调节品质。在调节过程结束后，V2 仍回到 10% 的开度。根据上述要求，设计调节系统，并简要分析其工作原理。

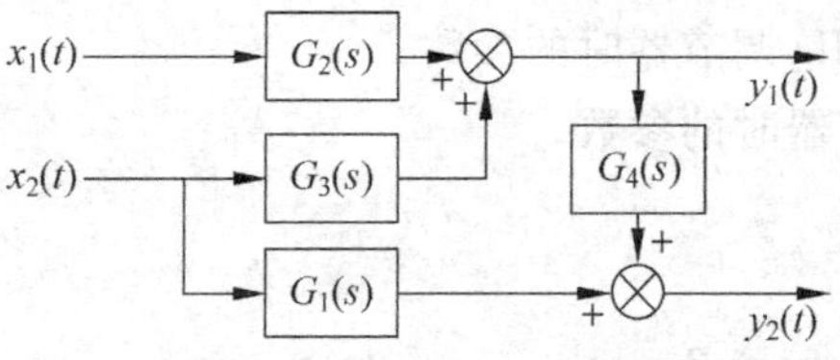

题图 4-3

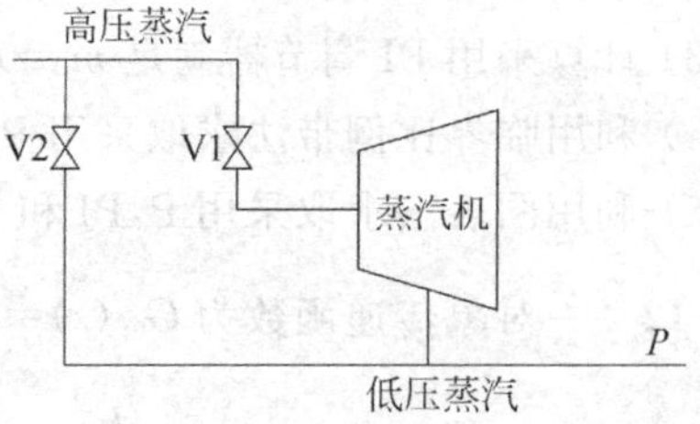

题图 4-4

第5章

火力发电厂大型单元机组自动控制系统

CHAPTER 5

5.1 火力发电厂大型单元机组的生产过程及其自动控制

5.1.1 单元机组的生产过程

火力发电厂中有母管制和单元制两种不同的原则性热力系统。在母管制系统中,可有多台锅炉和多台汽轮机,每台锅炉产生的蒸汽均送到主蒸汽母管,汽轮机则从主蒸汽母管取得蒸汽,因此,锅炉与汽轮机之间没有一一对应的关系,汽轮机所需要的蒸汽是由一组锅炉产生的,每台锅炉只承担其中的一部分。一般母管制锅炉的容量都比较小,其蓄热能力较大,负荷适应能力也较强。母管制系统中的锅炉和汽轮机的负荷控制系统可各自独立,汽轮机负荷控制系统根据负荷要求改变进汽量,锅炉负荷控制系统则根据主蒸汽压力改变燃烧率(当燃料量变化时,送、引风同时协调变化以保证经济燃烧和运行安全,这种情况下就把燃料量、送风量、引风量三者合称为燃烧率,在控制系统整定好以后,它可用燃料量代表)。对母管制机组,因为每台锅炉受负荷变化的影响较小,所以一般安排它承担尖峰负荷和参加电网调频。

为了简化热力系统,节约投资,现代大型火力发电厂都是组成一机一炉或一机两炉的单元制系统,尤其对中间再热机组,由于存在中间再热系统,只能采用单元制运行方式。在单元机组的方式下,锅炉和汽轮机被看成一个整体来设计负荷自动控制系统并共用一个中央控制室。

单元制机组与母管制机组在自动控制系统方面的主要差别在于负荷控制系统。由于单元机组是由锅炉和汽轮机共同适应电网的负荷要求,共同保持机组的稳定运行,而锅炉和汽轮机之间又是相互关联的,因此控制系统比母管制系统更复杂。

典型的采用汽包锅炉的单元机组生产流程如图 5-1 所示:燃料 B 由热流量调节机构 22 经喷燃器 23 送入炉膛 21;助燃的空气 A 由送风机 24 压入空气预热器 25,预热后经调风门 26 按一定比例送入炉膛与燃料混合燃烧。燃烧产生的热量传给布置在炉膛四周的水冷壁20中的工质水，工质水吸收一定热量后变为饱和态，再进一步吸收更多的热量后，部分饱和水变为饱和蒸汽。由于汽水混合物的密度低于下降管19中的水的密度，可以维持自然循环，水冷壁中的汽水混合物上升到汽包1中并完成汽水分离，水蒸气上升到汽包上半部的水蒸气空间。燃烧产生的高温烟气则沿烟道29依次流过过热器2、再热器6、省煤器18和空气预热器25等受热面并被降温，最后由引风机28吸出，经烟囱排入大气。

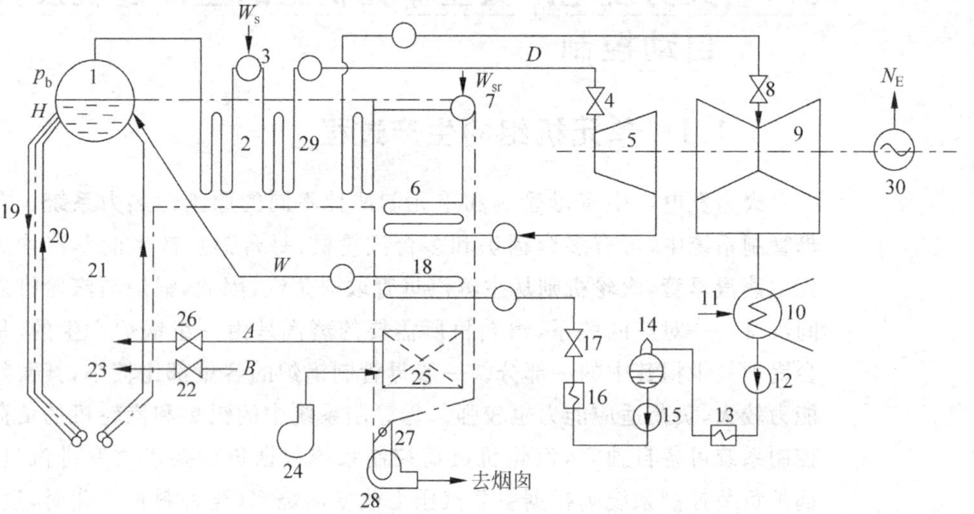

图 5-1 典型单元机组生产流程示意图(汽包锅炉)

1—汽包；2—过热器；3—过热器喷水减温器；4—汽轮机高压缸调门；5—汽轮机高压缸；6—再热器；7—再热器喷水减温器；8—汽轮机中、低压缸调门；9—汽轮机中、低压缸；10—冷凝器；11—补充水；12—凝结水泵；13—低压加热器；14—除氧器；15—给水泵；16—高压加热器；17—给水调节阀；18—省煤器；19—下降管；20—水冷壁；21—炉膛；22—热流量调节机构；23—喷燃器；24—送风机；25—空气预热器；26—调风门；27—烟气挡板；28—引风机；29—烟道；30—发电机

从汽包顶部出来的饱和水蒸气流经过热器，被进一步加热成过热蒸汽D，然后送到汽轮机高压缸5推动转子做功，带动发电机30的转子转动而产生电能。做功后的水蒸气温度、压力都有所降低。为了提高机组热效率，把从汽轮机高压缸排出的水蒸气再送回锅炉，在再热器中再次加热成再热蒸汽，然后送到汽轮机中、低压缸9做功，最后成为乏汽从低压缸尾部排出，经冷凝器10冷凝成凝结水。凝结水与补充水11一起由凝结水泵12打入低压加热器13，然后进入除氧器14，除氧后由给水泵15打入高压加热器16，再经过省煤器18回收一部分烟气中的余热后进入汽包。如此完成了一次汽水循环。

由于对进入汽轮机高压缸和中、低压缸蒸汽的温度有较高要求，故用过热器喷水W_s经减温器3和再热器喷水W_{sr}经减温器7分别控制过热汽温和再热汽温。此外，过热汽温和再热汽温也可通过改变烟气侧传热量等手段进行调节。

高压加热器 16 和低压加热器 13 的作用是利用汽轮机的中间抽汽来加热给水和冷凝水，以提高单元机组的热效率。

图中，H，P_b 分别为汽包的水位和压力，N_E 为发电机实发功率，W 为给水量。

5.1.2　单元机组自动控制系统的组成

随着单元机组不断向大容量、高参数的方向发展以及现代化电力生产对机组运行安全性、经济性要求的提高，其自动化水平得到了很大的提高，并在机组的生产过程中起着至关重要的作用。

单元机组自动控制系统总称为协调控制系统（coordinated control system，CCS），它是将机组的锅炉和汽轮机作为一个整体进行控制的系统，并且汽轮机的负荷-转速控制系统也可视为 CCS 的一个子系统。CCS 完成锅炉、汽轮机及其辅助设备的自动控制，其总体结构如图 5-2 所示。由图可见，单元机组控制系统是一个具有二级结构的递阶控制系统，上一级为协调控制级，下一级为基础控制级。它们把自动调节、逻辑控制和连锁保护等功能有机地结合在一起，构成一个具有多种控制功能、能满足不同运行方式和不同工况的综合控制系统。

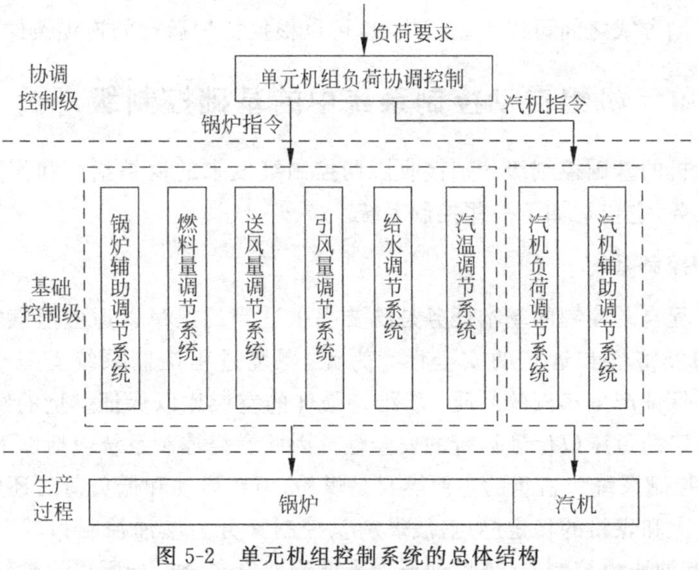

图 5-2　单元机组控制系统的总体结构

5.1.3　单元机组自动控制系统中的协调控制级

由于锅炉-汽轮机发电机组本质上是一个发电整体，所以当电网负荷要求改变时，如果分别独立地控制锅炉和汽轮机，势必难以达到理想的控制效果。CCS 把锅炉和汽轮机视为一个整体，在锅炉和汽轮机各基础控制系统之上设置协调控制级，来实施锅炉和汽轮机在响应负荷要求时的协调和配合。这种协调是由协调级的单元机组负荷控制系统来实现的，它接收电网负荷要求指令，产生锅炉指令和汽轮机指令两个控制指令，分别送往锅炉和汽轮机的有关基础控制系统。但目前尚很难制定一个"协调"优劣的标准，它一般是根据对象的特点和控制指标的要求，选择合理的协调策略，使其既易于实现，又能满足工程实际的要求。

单元机组负荷控制系统的任务是使机组能快速地跟踪外界负荷的要求，同时又能保持主汽压的稳定。从机组本身来看，其出力是由锅炉和汽轮机共同决定的，但两者在适应负荷变化的能力上却存在着很大差异，这也正是负荷控制的困难之处。对汽轮机来说，从蒸汽进入到发电机产生电能是一个快速过程，与此相比，锅炉的惯性要大得多，因为从给水到形成过热蒸汽，具有较大的容积滞后。负荷控制的目标就是控制锅炉和汽轮机各自的出力，使之相互适应，以满足外界负荷的要求，相互适应的标志是主汽压的稳定程度。因此，负荷控制系统有两个被控量：机组出力和主汽压。

根据单元机组不同的运行状态，负荷控制的方式有如下几种：手动方式、锅炉跟随汽轮机方式、汽轮机跟随锅炉方式以及协调控制方式。协调控制方式又分以锅炉跟随汽轮机方式为基础的协调控制方式和以汽轮机跟随锅炉方式为基础的协调控制方式。

上述不同控制方式之间可以手动切换，也可以根据机炉运行的连锁条件自动切换。

5.1.4 单元机组自动控制系统中的基础控制级

锅炉和汽轮机的基础控制级分别接收协调控制级发来的锅炉指令和汽轮机指令，完成指定的控制任务，它包括如下一些控制系统。

1. 锅炉燃烧控制系统

锅炉燃烧过程自动控制的基本任务是既要提供适当的热量以适应蒸汽负荷的需要，又要保证燃烧的经济性和运行的安全性。为此，燃烧过程控制系统有三个控制任务：①维持主汽压以保证产生蒸汽的品质；②维持最佳的空燃比以保证燃烧的经济性；③维持炉膛内具有一定的负压以保证运行的安全性。因此燃烧控制系统包括以下几个部分。

(1) 燃料量控制系统。机组的主要燃料是煤粉，但在启动和低负荷时还使用燃油，另外燃油也用于点火和煤粉的稳定燃烧，故燃料量控制又分为燃油控制和燃煤控制。在燃油控制中，包括燃油压力控制(保证燃油压力不低于油枪安全运行所需的最低油压)、燃油量控制(保证燃油量满足负荷的要求)和雾化蒸汽压力控制(保证雾化蒸汽压力总是大于燃油压力以使燃油能充分雾化)。在燃煤控制中，主要是根据锅炉指令并与送风量相配合，产生各台给煤机的转速指令。一方面，它与风量控制系统一起，保证送入锅炉的热量满足负荷的要求和汽压的稳定；另一方面，它将需求的燃料量平均分配给各台给煤机。

(2) 磨煤机控制系统。在中储式热风送粉给煤系统中，磨煤机控制包括磨煤机风量控制、磨煤机出口煤粉/空气混合物温度控制和一次风压控制。其中，磨煤机风量和出口混合物温度都通过协调调节一次风的热风挡板和冷风挡板的开度来维持风量和温度为给定值，一次风压力则通过一次风机的动叶节距来维持一次风道压力为给定值。

(3) 风量控制系统。风量控制和燃料量控制一起，共同保证锅炉的出力能适应外界负荷的要求，同时使燃烧过程在经济、安全的状况下进行。燃烧需要的空气由送风机提供，锅炉燃烧的总风量为送风机风量和一次风量之和。此外，在风量控制系统中，还包括二次风的分配控制(燃料风、辅助风和过燃风)。

(4) 炉膛压力控制系统。炉膛压力控制系统的任务是调节锅炉的引风量，使之与送风量相适应，以维持炉膛具有一定的负压力，保证锅炉运行的安全性和经济性。

2. 给水控制系统

锅炉汽包水位是锅炉安全运行的一个主要参数，水位过高，会使蒸汽带水，造成过热器管内结垢，影响传热效率，严重时将引起过热管爆破；水位过低又将破坏部分水冷壁的水循环，引起水冷壁局部过热而损坏。尤其是大型锅炉，相对来说，汽包的容积很小，一旦控制不当，容易使汽包满水或汽包内的水全部汽化，造成重大事故。故锅炉汽包给水控制系统的任务就是保证汽包水位在容许的范围内，并兼顾锅炉的平稳运行。

3. 汽温控制系统

汽温控制分过热汽温和再热汽温控制两种。由于大型锅炉的过热器是在接近过热器金属的极限温度的条件下运行的，金属管强度的安全系数不大，过热蒸汽温度过高会降低金属管的强度，影响设备安全；而温度过低又会使热效率下降。另外，过热蒸汽温度也是影响汽轮机安全运行的重要参数。故过热蒸汽温度控制系统的任务就是维持过热蒸汽温度恒定，一般允许其波动范围在额定温度的－10～＋5℃以内。

4. 辅助控制系统

辅助控制系统主要有：除氧器压力、水位控制系统；空气预热器冷端温度控制系统；凝汽器水位控制系统；辅助蒸汽控制系统；汽轮机润滑油温度控制系统；高压旁路、低压旁路控制系统；高压加热器、低压加热器水位控制系统。此外，还有氢侧、空侧密封油温度控制；凝结水补充水箱水位控制；电动给水泵液力耦合油温度控制；电泵、汽泵润滑油温度控制；发电机氢温度控制等。

为保证单元机组的可靠运行，除上述参数调节系统以外，自动控制系统还包括：①自动检测部分。它自动检查和测量反映生产过程进行情况的各种物理量、化学量以及生产设备的工作状态参数，以监视生产过程的进行情况和趋势。②顺序控制(亦称程序控制)部分。根据预先拟定的程序和条件，自动地对设备进行一系列操作，如控制单元机组的启、停及对各种辅机的控制。③自动保护部分。在发生事故时，自动采取保护措施，以防止事故进一步扩大，保护生产设备使之不受严重破坏，如汽轮机的超速保护、振动保护，锅炉的超压保护、炉膛灭火保护等。

限于篇幅，本章仅讨论单元机组如下几个重要参数控制系统的设计、分析和整定，它们也是单元机组控制系统中最重要、最复杂的部分。

(1) 单元机组负荷控制系统。

(2) 锅炉燃烧控制系统。包括燃料(煤粉)量控制系统、送风量控制系统和引风量控制系统。

(3) 锅炉给水控制系统。

(4) 过热蒸汽温度控制系统。

5.2 单元机组负荷控制系统

单元机组负荷控制系统的任务是快速跟踪外界负荷的需求，并保持主汽压的稳定。

5.2.1 单元机组动态特性

在单元机组中，锅炉和汽轮机是两个相对独立的设备，但又共同适应电网负荷变化的需要和维持机组在安全、经济工况下运行。它们各自有齐备的自动调节系统和调节机构以改变输出功率和消除各种自发扰动，并维持各运行参数在一定范围内变化。从机组负荷(功率)控制角度分析，单元机组(包括机、炉各子控制系统在内)可以看做是具有两个控制输入和两个输出的对象，根据生产过程，可得其方框图如图 5-3 所示。图中，p_T 为机前压力；N_E 为实发功率；μ_B 为燃烧率指令信号；μ_T 为汽轮机调节阀开度指令信号；K_μ 表示汽轮机进汽量与汽轮机调节阀开度之间的函数关系；K_p 表示汽轮机进汽量与机前压力之间的函数关系；$G_{pB}(s)$为机前压力 p_T 对燃烧率指令 μ_B 的传递函数；$G_{pT}(s)$为机前压力 p_T 对调节阀开度指令 μ_T 的传递函数；$G_T(s)$为实发功率对蒸汽量的传递函数。

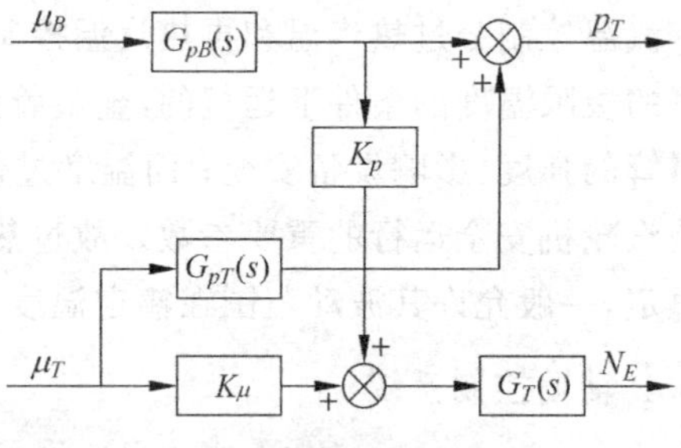

图 5-3 单元机组作为功率汽压调节对象的原理方框图

图 5-3 可等效变换为图 5-4。图中，$G_{NB}(s)$为实发功率 N_E 对燃烧率指令 μ_B 的传递函数；$G_{NT}(s)$为实发功率 N_E 对汽轮机调节阀开度指令 μ_T 的传递函数。比较图 5-3 和图 5-4，可得

$$G_{NB}(s) = K_p G_{pB}(s) G_T(s) \tag{5-1}$$

$$G_{NT}(s)=K_{\mu}G_{T}(s) \tag{5-2}$$

图 5-4 所示的关系可用矩阵方程表示为

$$\begin{bmatrix} p_T(s) \\ N_E(s) \end{bmatrix}=\begin{bmatrix} G_{pB}(s) & G_{pT}(s) \\ G_{NB}(s) & G_{NT}(s) \end{bmatrix}\begin{bmatrix} \mu_B(s) \\ \mu_T(s) \end{bmatrix} \tag{5-3}$$

式中四个传递函数可用理论方法或实验方法得到。对于汽包锅炉、凝汽再热式机组，其阶跃响应曲线如图 5-5 所示。根据图中曲线，有关传递函数可整理成如下形式：

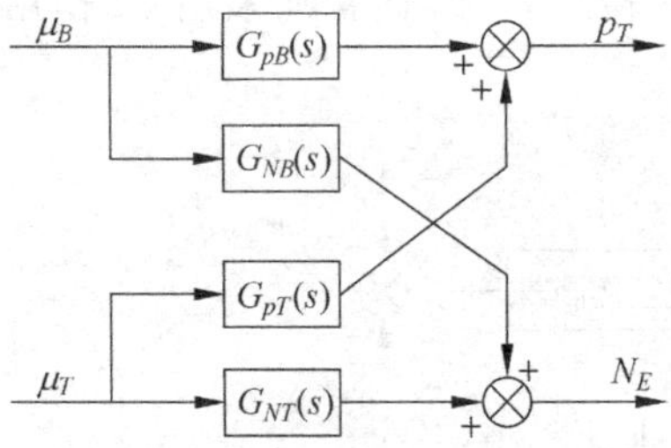

图 5-4 单元机组作为功率汽压调节对象的等效方框图

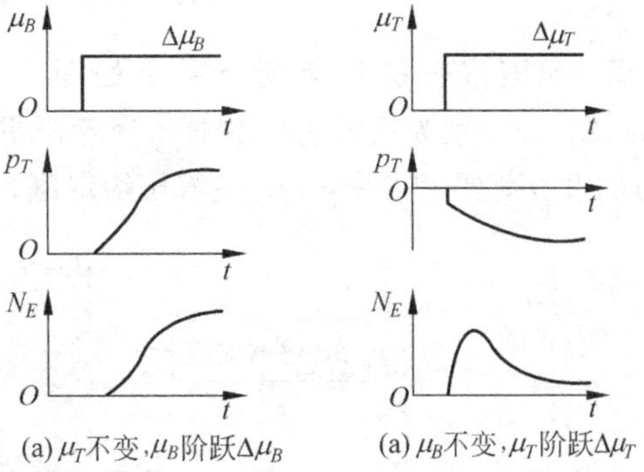

图 5-5 对象传递函数的阶跃响应曲线

$$\begin{cases} G_{pB}(s)=\dfrac{K_1}{(1+T_1 s)^2} \\ G_{NB}(s)=\dfrac{K_2}{(1+T_1 s)^2} \\ G_{pT}(s)=-\left(K_2+\dfrac{K_3}{1+T_2 s}\right) \\ G_{NT}(s)=\dfrac{K_4}{1+T_3 s}-\dfrac{K_4}{(1+T_4 s)^2} \end{cases} \tag{5-4}$$

可见，构成单元机组被控对象的设备是锅炉和汽轮发电机组两大部分。负荷控制系统需要针对一个双输入、双输出的被控对象进行设计。

由式(5-4)和图 5-5 可以看出，单元机组的动态特性有以下特征：

(1) 与在汽轮机控制量 μ_T 的作用下被控量 p_T 和 N_E 的响应相比，在锅炉控制量 μ_B 作用下 p_T 和 N_E 的响应要缓慢得多。

(2) 由于锅炉的热惯性比汽轮发电机组的惯性大得多，使得输出被控量 p_T 和 N_E 对于 μ_B 的响应速度接近。

(3) 利用汽轮机调节阀开度 μ_T 作为控制量可以快速地改变机组的被控量 p_T 和 N_E，这实质上是利用了机组内部(主要是锅炉)的蓄热。机组容量越大，相对地这种蓄热能力越小。所以，利用汽轮机调节阀控制机组输出功率的方法只能是一种暂态的有限策略。这种限制体现在对机前压力 p_T 的变化范围及变化速度的要求。因为 p_T 直接反映了锅炉能量输出与汽轮机功率之间的平衡关系。

根据以上分析的单元机组的动态特性，可以设计成几种负荷调节系统，下面分别进行讨论。

5.2.2 锅炉跟随汽轮机的负荷调节系统

锅炉跟随汽轮机负荷调节系统如图 5-6 所示，其方框图如图 5-7 所示。图中，$G_B(s)$，$G_T(s)$分别为锅炉主控制器和汽轮机主控制器的传递函数，通常均采用 PI 作用，r_N 为机组负荷要求指令，r_p 为主汽压给定值。

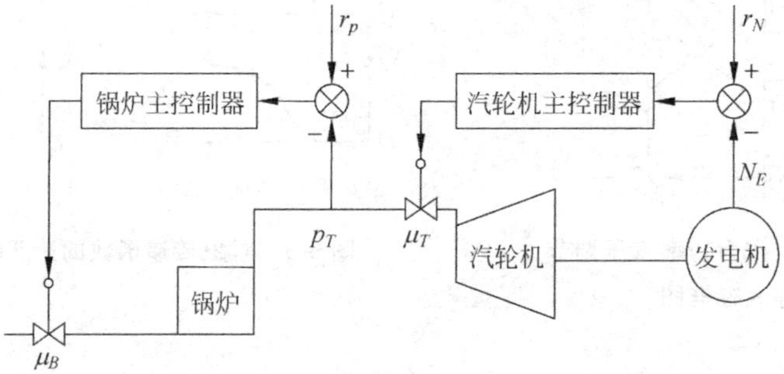

图 5-6 锅炉跟随汽轮机运行方式系统示意图

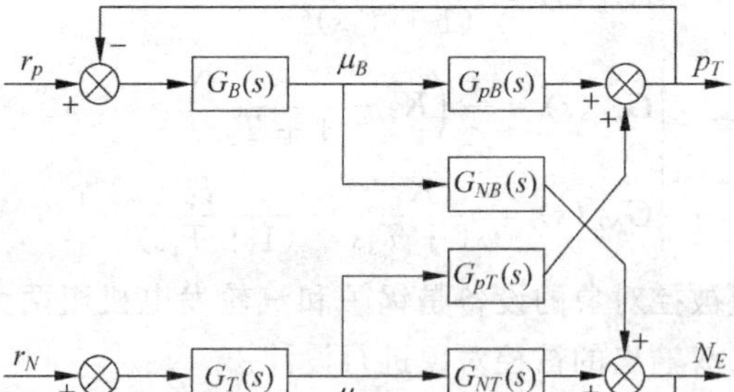

图 5-7 锅炉跟随汽轮机运行方式系统方框图

在锅炉跟随汽轮机运行方式系统中，由汽轮机主控制器 $G_T(s)$控制机组输出功率 N_E，锅炉主控制器 $G_B(s)$控制汽压 p_T。当机组负荷要求指令 r_N 变化时，首先由汽轮机主控制器发出改变调节阀开度的指令 μ_T，从而改变汽轮机进汽量，使机组输出功率 N_E 迅速满足负荷要求。调节阀开度改变后，锅炉出口蒸汽压力(机前压力)p_T 也迅速偏离其给

定值 r_p，于是通过锅炉主控制器改变燃烧率(同时，锅炉的其他控制系统也相应地动作)，最后稳态时，达到 $N_E=r_N, p_T=r_p$。

由图 5-7 可见，功率调节和汽压调节两个系统彼此耦合，可采用如下方法进行整定：在 $G_B(s)$ 投入闭环运行条件下，图 5-7 可等效变换为图 5-8。

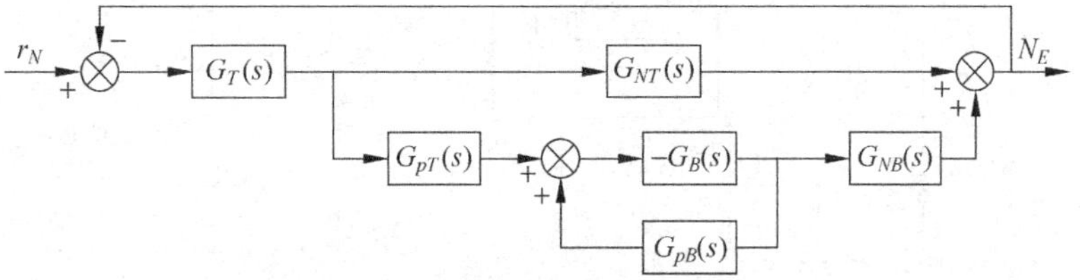

图 5-8　锅炉跟随汽轮机运行方式系统的等效方框图 1

可见，汽轮机主控制器 $G_T(s)$ 相当于调节一个传递函数为 $G_{Tr}(s)$ 的等效对象：

$$G_{Tr}(s)=G_{NT}(s)-\frac{G_{pT}(s)G_B(s)G_{NB}(s)}{1+G_B(s)G_{pB}(s)} \tag{5-5}$$

同样，在 $G_T(s)$ 投入闭环运行条件下，将图 5-7 等效变换为图 5-9。则 $G_B(s)$ 相当于调节一个传递函数为 $G_{Br}(s)$ 的等效对象：

$$G_{Br}(s)=G_{pB}(s)-\frac{G_{NB}(s)G_T(s)G_{pT}(s)}{1+G_T(s)G_{NT}(s)} \tag{5-6}$$

由于 $G_{Tr}(s)$ 中含有未知的 $G_B(s)$，$G_{Br}(s)$ 中含有未知的 $G_T(s)$，故实际整定时，可采用迭代法确定 $G_T(s)$ 和 $G_B(s)$ 的参数。

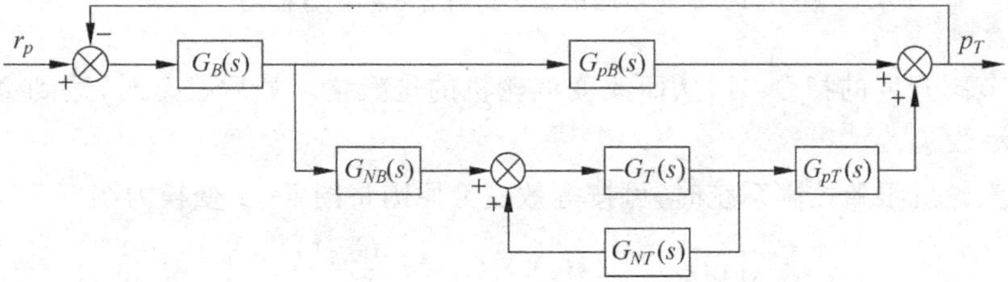

图 5-9　锅炉跟随汽轮机运行方式系统的等效方框图 2

5.2.3　汽轮机跟随锅炉的负荷调节系统

汽轮机跟随锅炉的负荷调节系统如图 5-10 所示，其方框图如图 5-11 所示。

在汽轮机跟随锅炉运行方式系统中，由锅炉主控制器通过控制燃烧率改变负荷，汽轮机主控制器通过控制调节阀开度稳定汽压。当机组负荷要求指令 r_N 改变时，首先由锅炉控制器发出改变锅炉燃烧率的指令 μ_B。μ_B 改变后，p_T 会发生变化，这时汽轮机主控制器

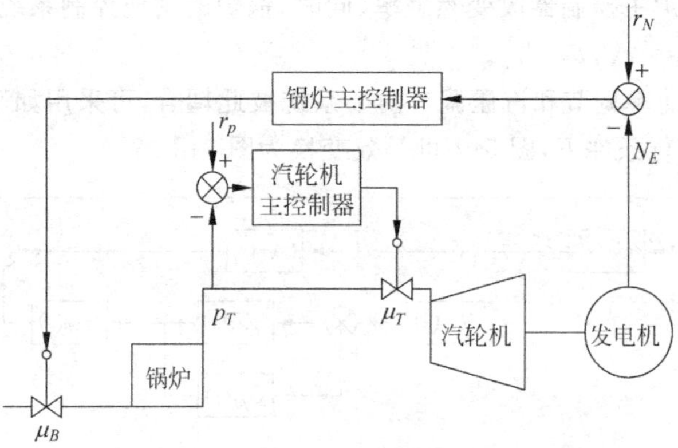

图 5-10 汽轮机跟随锅炉运行方式系统示意图

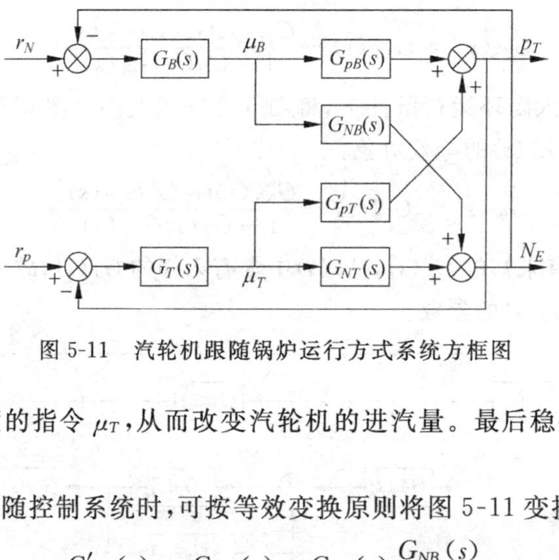

图 5-11 汽轮机跟随锅炉运行方式系统方框图

发出改变调节阀开度的指令 μ_T，从而改变汽轮机的进汽量。最后稳态时，达到 $N_E=r_N$，$p_T=r_p$。

在分析汽轮机跟随控制系统时，可按等效变换原则将图 5-11 变换为图 5-12。图中：

$$G'_{NT}(s)=G_{NT}(s)-G_{pT}(s)\frac{G_{NB}(s)}{G_{pB}(s)} \tag{5-7}$$

$$G_{Np}(s)=\frac{G_{NB}(s)}{G_{pB}(s)} \tag{5-8}$$

采用这种控制方式时，汽压波动较小，故被控对象汽压对功率的影响可忽略不计，即 $G_{Np}(s)\approx 0$，于是图 5-12 可转换为图 5-13 所示的串级系统。根据被控对象动态特性，可知系统主、副回路的调节速度相差较大，故可先独立整定副回路中的汽轮机主控制器 $G_T(s)$，然后再确定主回路中锅炉主控制器 $G_B(s)$ 的参数。

以上讨论了锅炉跟随汽轮机负荷控制方式和汽轮机跟随锅炉负荷控制方式，这两种控制方式各有特点，分别适用于不同的运行情况。在负荷指令 r_N 改变时，锅炉跟随汽轮

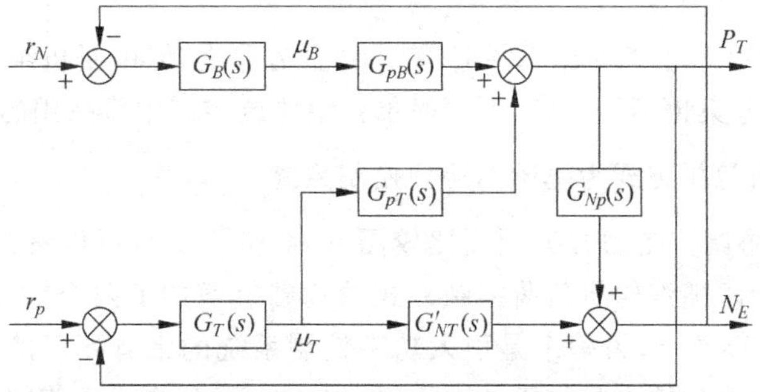

图 5-12　汽轮机跟随锅炉运行方式系统的等效方框图

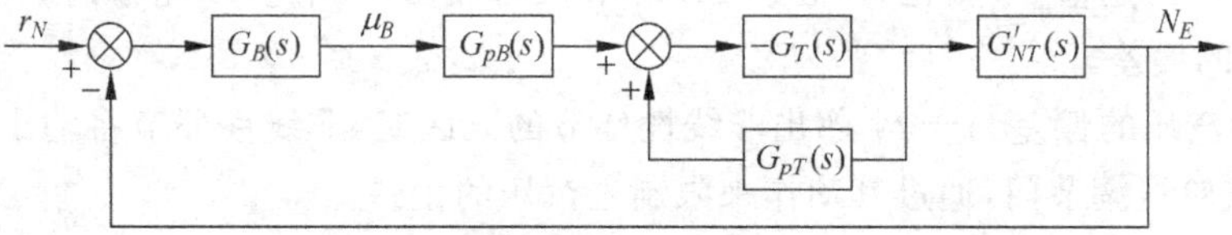

图 5-13　汽轮机跟随锅炉运行方式系统等效为串级系统的方框图

机运行方式系统中锅炉蒸汽量之所以能迅速变化，主要是因为利用了锅炉的蓄热量，因而能比较快地适应电网负荷的要求，故适用于带变动负荷的机组。但是这种方式汽压波动较大，特别是对大型机组来说，由于锅炉蓄热量相对减小，而机组对蒸汽品质的要求有所提高，所以当负荷变化较小时，尚可以在汽压允许变化范围之内利用锅炉蓄热量，快速适应负荷的变化；但当负荷变化较大时，汽压波动将超出允许范围，影响锅炉的正常运行，故需要限制负荷的变化速率。

在汽轮机跟随锅炉负荷控制系统中，机前压力 p_T 的变化较小而输出功率 N_E 的起始变化较慢。这是因为，当 r_N 增加时，首先增加锅炉的燃烧率，使得蓄热增加，汽包压力升高，引起机前压力 p_T 升高，进入汽轮机的蒸汽量增大，同时由于 p_T 的升高，汽轮机主控制器发出开大调节阀指令。由于调节阀的动作对 p_T 的影响很快，动态过程中 p_T 的动态偏差很小。可见，在此过程中，机组没有利用锅炉的蓄热来加快对给定负荷 r_N 的响应，而是在动态过程的起始阶段先增加锅炉的蓄热，从而使机组对负荷的起始响应很慢。这种方式适用于带固定负荷的机组。

5.2.4　协调控制方式

上述两种基本负荷控制方式都不能同时满足既能迅速响应外界负荷需求，又使汽压波动较小的要求，为克服这一缺点，以上述两种负荷控制方式的任一种为基础，引入前馈控制技术、非线性元件或交叉环节，使锅炉和汽轮机协调配合，就能组成满足工程要求的协调控制系统。

目前我国 200MW 以上的机组都设计有协调控制系统，但由于机组的特性和运行方式不同，协调控制的方案也不尽一致，下面简单介绍协调控制中常采用的一些技术。

1. 以锅炉跟随汽轮机方式为基础的协调控制系统

图 5-14 是这种协调控制的方框图。比较图 5-14 和图 5-7，可以看出，这种协调控制方式是在原来的锅炉跟随汽轮机负荷控制方式的基础上增加了两个前馈环节，一个是引入汽压控制系统的 PD 环节，另一个是引入功率控制系统的带有死区的非线性环节。由于锅炉跟随汽轮机方式的缺点是汽压波动大，故加入这两个前馈环节的目的就是加强锅炉燃烧率的调节，限制主汽压的偏差。具体分析如下：

(1) 当负荷给定值 r_N 变化时，通过 PD 环节及时改变给煤量，以克服锅炉的惯性，减小主汽压 p_T 的偏差。

(2) 当主汽压的偏差 r_p-p_T 超出非线性环节的死区时，非线性环节将输出一个信号直接作用至汽轮机调节门，通过其动作来限制主汽压的偏差。

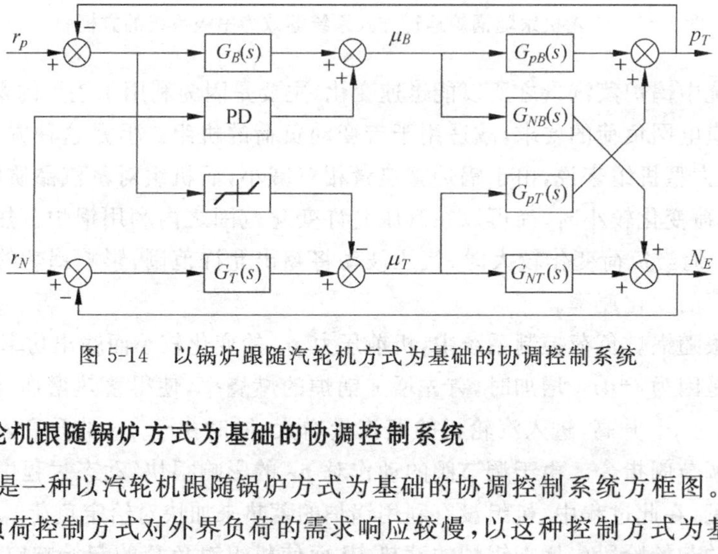

图 5-14 以锅炉跟随汽轮机方式为基础的协调控制系统

2. 以汽轮机跟随锅炉方式为基础的协调控制系统

图 5-15 是一种以汽轮机跟随锅炉方式为基础的协调控制系统方框图。单纯的汽轮机跟随锅炉负荷控制方式对外界负荷的需求响应较慢，以这种控制方式为基础设计的协调控制方式主要是提高机组对负荷的适应性。比较图 5-15 和图 5-11 可知，采取的措施是：

(1) 给定值 r_N 的变化通过 PD 环节提前改变给煤量，以克服锅炉的惯性，增加机组适应负荷的能力。

(2) 负荷偏差 r_N-N_E 除作为功率调节回路的调节器 $G_B(s)$ 的输入信号外，还通过一个具有上下限幅的非线性环节，作用于汽压调节回路的调节器 $G_T(s)$，通过改变汽轮机调节门的开度来提高机组跟踪负荷的能力。

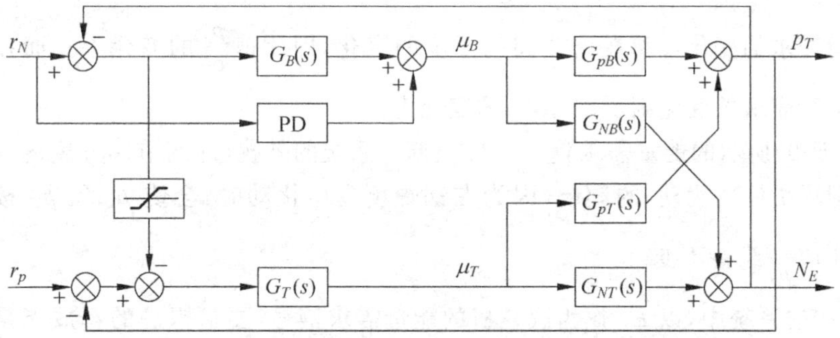

图 5-15　以汽轮机跟随锅炉方式为基础的协调控制系统

从图 5-15 可以看出，非线性环节的输出实际上是改变了主汽压的给定值，所以它所带来的机组适应负荷变化能力的提高是通过牺牲主汽压的稳定换取的，当然这种两个指标之间的交换不能是无限的，因此当 $r_N - N_E$ 超过一定值时，由于非线性环节的限幅作用，其输出不再改变。另外，稳态时非线性环节的输出为零，不影响系统的稳态性能。

3. 直接能量平衡（DEB）协调控制系统

直接能量平衡 DEB(derect energy balance)协调控制的基本考虑是使汽轮机的需求能量和锅炉的释放能量维持平衡，所以控制系统设计的关键就是如何构建这两个能量信号。

1) 汽轮机需求能量信号

汽轮机能量需求信号 E_1 按下式构建：

$$E_1 = r_p \frac{p_1}{p_T} \tag{5-9}$$

式中，p_T 为机前压力；r_p 为机前压力给定值；p_1 为汽轮机速度级压力(即蒸汽通过汽轮机速度级做功后的压力)。下面对信号 E_1 进行分析和说明。

(1) 可以证明，汽轮机前调节阀的实际开度 μ_T 与比值 $\frac{p_1}{p_T}$ 成正比，即

$$\mu_T = k \frac{p_1}{p_T} \tag{5-10}$$

式中，k 为常数。

用比值 $\frac{p_1}{p_T}$ 表示调节阀的实际开度，可以避免调节阀的死区、非线性等因素带来的误差。

(2) 由于汽轮机的输出功率与调节阀开度 μ_T 和机前压力 p_T 成正比，而机前压力在稳态时等于给定值 r_p，故在发电负荷需求变化时，这种需求可用式(5-9)所示的能量需求信号来表示。

(3) 式(5-9)所示的能量需求信号对任何工况都是适用的。例如在定压运行时，r_p 不

变，发电负荷需求的变化反映在调节阀门开度的变化，即比值$\frac{p_1}{p_T}$的变化上。而在滑压运行时，发电负荷需求的变化则反映在 r_p 的变化上。

(4) 式(5-9)所示的能量需求信号仅反映调节系统的外扰(即调节阀开度的变化)，而不受内扰(即锅炉侧的扰动)的影响，因为在锅炉侧发生扰动时，会使 p_1 和 p_T 按相同比例变化，而比值$\frac{p_1}{p_T}$维持不变。

在协调控制系统中，以 E_1 作为汽轮机的能量需求信号，要求锅炉的释放能量与之平衡，故通常称 E_1 为能量平衡信号。

2) 锅炉释放能量信号

锅炉释放的能量用热量信号表示。

锅炉蒸发受热面的热平衡方程为

$$(Q_r - Di'')\mathrm{d}t = C\mathrm{d}p_b \tag{5-11}$$

式中，Q_r，D 和 p_b 分别表示锅炉的热负荷(热量)、蒸汽流量和汽包压力；i''为饱和蒸汽的焓；C 为蒸发受热面的热容(即每增加一个单位压力蒸发受热面中积蓄的热量)。

记 $C_r = \frac{C}{i''}$，它表示蒸发受热面的蓄热能力(即每变化一个单位压力蒸发受热面所吞吐的蒸汽量)，则式(5-11)可写为

$$\frac{Q_r}{i''} = C_r\,\frac{\mathrm{d}p_b}{\mathrm{d}t} + D \tag{5-12}$$

理论和实验都证明，汽轮机速度级压力 p_1 线性地反映蒸汽流量 D 的变化。在实际系统中，蒸汽流量的测量比较复杂，且其精度易受温度、压力的影响，故往往用 p_1 来代替 D。这样，锅炉的释放能量 E_2(即 Q_r)可以表示为

$$E_2 = C_b\,\frac{\mathrm{d}p_b}{\mathrm{d}t} + p_1 \tag{5-13}$$

按式(5-13)构建的信号具有如下特点：

(1) 它包括锅炉燃料和炉膛内的放热量等在内的全部释放能量，且不受煤种变化的影响。

(2) 它在静态和动态过程都是适用的。

(3) 在控制系统中，它只反映锅炉的内扰(即燃料的变化)，而不受外扰(如汽轮机前调节阀门开度)的影响。

将能量平衡信号和锅炉释放热量信号引入协调控制，可构成不同形式的直接能量平衡协调控制系统，图 5-16 所示为工程中广泛采用的美国 L&N 公司开发的 DEB/400 协调控制系统。为简单明了，图中未画出对象部分。另外，图中的 PI 和 PD 分别表示具有 PI 和 PD 作用的调节器，d/dt 表示微分环节，具有×号的方框表示其输出为其两个输入

的乘积。其工作原理和特点分析如下：

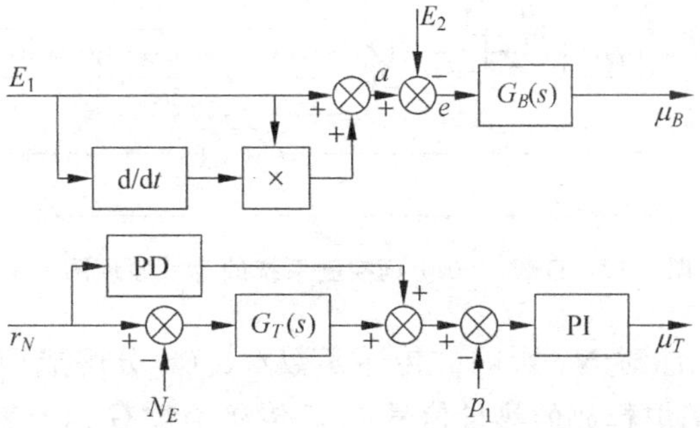

图 5-16　DEB/400 协调控制系统

(1) 由图 5-16 可见，系统由汽轮机前阀门开度调节功率，故它具有锅炉跟随汽轮机协调控制的特点。锅炉调节以能量平衡信号 E_1 为给定值，以锅炉释放热量信号 E_2 为反馈信号。图中的微分环节和乘法环节是为在 E_1 变化时进行动态补偿而加入的。汽轮机调节采用串级调节，以汽轮机速度级压力信号 p_1 作为内回路的反馈信号，由于 p_1 反映蒸汽流量 D，故可以发挥串级调节的优势，改善调节品质。图中 PD 的加入使 r_N 通过前馈作用加速在负荷需求变化时系统的跟踪过程。

(2) 与其他任何形式的协调控制不同，主蒸汽压力 p_T 并没有作为反馈信号进入系统，但系统仍能保持稳态时 p_T 等于给定值，因为图 5-16 中

$$a = E_1 + E_1 \frac{dE_1}{dt} = E_1\left(1 + \frac{dE_1}{dt}\right)$$

其稳态值

$$a(\infty) = E_1 = r_p \frac{p_1}{p_T}$$

由式(5-13)可得

$$E_2(\infty) = p_1$$

具有积分作用的锅炉调节器 $G_B(s)$ 保证其输入 e 稳态时为 0，即 $a(\infty) - E_2(\infty) = 0$，则

$$a(\infty) - E_2(\infty) = r_p \frac{p_1}{p_T} - p_1 = p_1\left(\frac{r_p}{p_T} - 1\right) = 0$$

由于 $p_1 \neq 0$，故必有 $p_T = r_p$。

(3) 虽然，主汽压 p_T、汽轮机速度级压力 p_1 和汽包压力 p_b 均受 μ_B 和 μ_T 双重因素的影响，但由它们构造的信号 E_1 和 E_2 却仅决定于一个因素，即 E_1 仅受 μ_T 的影响，而与 μ_B 无关；E_2 仅受 μ_B 的影响，而与 μ_T 无关。这样就相当于对原来耦合的系统实现了单向解耦。为了清楚明了，在图 5-16 中，去掉动态补偿部分，并将汽轮机调节的串级系统用单回路系统代替，则其可等效为图 5-17。

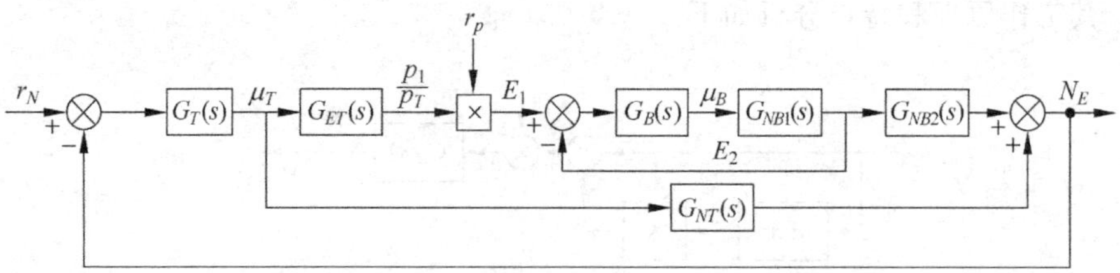

图 5-17　DEB/400 协调控制系统的等效原理图

图 5-17 中，将反映 μ_B 对 N_E 影响的传递函数 $G_{NB}(s)$ 分解成两部分，即 $G_{NB1}(s)$ 和 $G_{NB2}(s)$，前者的输出即锅炉释放的热量信号 E_2。传递函数 $G_{ET}(s)$ 表示反映汽轮机前阀门实际开度的信号 $\frac{p_1}{p_T}$ 和 μ_T 的关系。

由图 5-17 可见，DEB 系统实际上为一个以锅炉燃料控制为内环、以负荷控制为外环的串级调节系统。

由图 5-16 和图 5-17 可以总结系统的工作过程，当负荷需求指令变化时，r_N 首先作用于汽轮机，通过能量平衡信号作用于锅炉，由于能量平衡信号反应迅速，故可视为汽轮机和锅炉并行动作共同适应负荷的变化。

5.2.5　实际负荷控制系统举例

实际大型机组的负荷控制系统，一般均有多种工作方式，既可以工作在锅炉跟随方式或汽轮机跟随方式，也可以工作在协调工作方式，各种方式之间通过切换开关进行切换。图 5-18 所示为某 300MW 机组负荷控制系统的组成图。

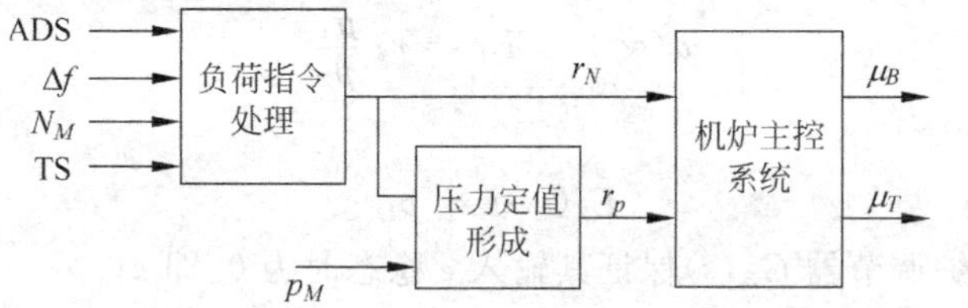

图 5-18　某 300MW 机组负荷控制系统组成图

该负荷控制系统由负荷指令处理、压力定值形成和机炉主控系统构成，各部分的功能简单介绍如下。

1. 负荷指令处理

由图 5-18 可知，负荷指令处理组件的输入为中调负荷需求信号 ADS、频差信号 Δf、机组值班员手动指令信号 N_M 以及机组主辅机运行状态信号 TS，对这些信号进行综合，产生机组实际负荷指令 r_N。此外，它还设置机组的最大负荷、最小负荷以及负荷的变化率，并在事故状态下，对机组指令进行闭锁、快速减负荷或迫升、迫降等。

负荷指令处理组件主要由一些逻辑功能实现，其内部的详细结构不再讨论。

2. 压力定值形成

该机组设计成变压运行方式，在 20%负荷以下和在 70%负荷以上，机组运行维持定压，而在 20%～70%负荷范围内，机组滑压运行，负荷要求 r_N 和压力定值 r_p 的关系如图 5-19 曲线所示。图 5-18 中的压力定值形成组件即按此曲线根据负荷指令 r_N 设置汽压定值 r_p，p_M 为值班员手动指令，即在必要时，使 r_p 由手动给出。

3. 锅炉-汽轮机主控系统

锅炉-汽轮机主控系统的工作方式由切换开关选择，可使机组工作于锅炉跟随汽轮机方式、汽轮机跟随锅炉方式和协调控制方式。

1）锅炉跟随汽轮机方式

在此方式下，汽轮机控制系统处于手动状态，机组负荷由运行人员调整，机组负荷指令 r_N 跟踪机组的实发功率 N_E。锅炉控制系统如图 5-20 所示。

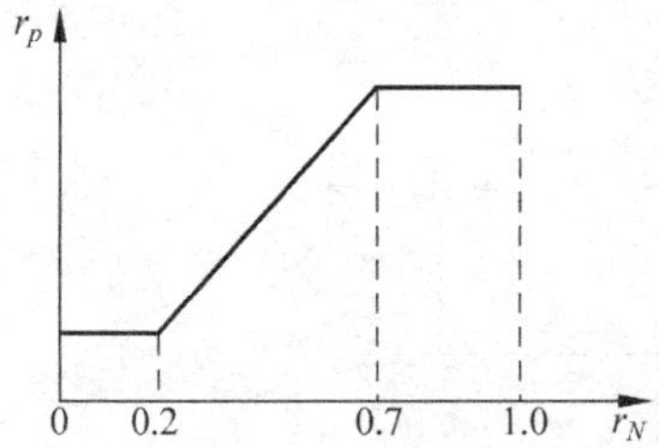

图 5-19 机组负荷和压力定值的关系曲线

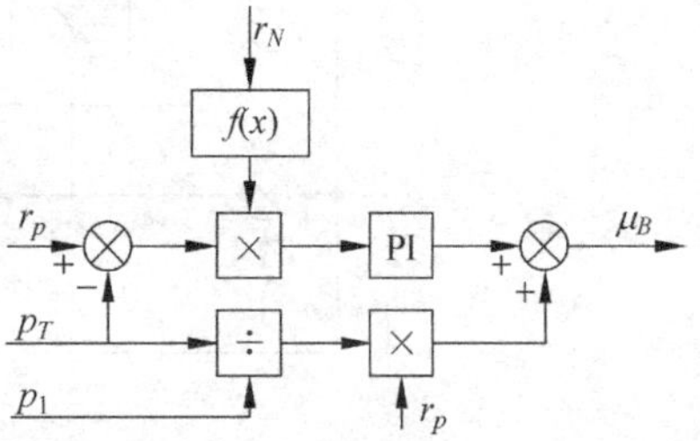

图 5-20 锅炉控制系统

与前面讨论的锅炉跟随汽轮机负荷控制系统相比，有两点不同之处。其一，汽压调节器的输入不只是压力偏差信号，而是 $r_N f(x)(r_p - p_T)$。其中 r_N 代表实际负荷，$f(x)$一般为常数，显然它可用来改变控制系统的灵敏度，因为压力定值 r_p 与 r_N 有关，故灵敏度也是 r_N 的函数。其二，系统中增加了一条前馈通道，前馈信号为$\frac{p_1}{p_T}r_p$，其中 p_1 为汽轮机第一级后的压力，它反映进入汽轮机的蒸汽流量。比值$\frac{p_1}{p_T}$与汽轮机调节阀的开度成正比，无论什么原因使调节阀开度变化，$\frac{p_1}{p_T}$都能做出灵敏的反应，故可用它代表进入汽轮机的能量。用它作为前馈信号，可以平衡锅炉、汽轮机的能量供求，改善系统的动态品质。为了使信号标准化，前馈信号还乘以 r_p。

2）汽轮机跟随锅炉方式

在此方式下，锅炉燃烧率指令由手动给出，汽轮机控制回路完成压力调节，如图 5-21 所示。它与前面讨论的汽轮机跟随锅炉负荷控制系统中的汽轮机控制回路完全一致。

图 5-21　汽轮机控制系统

3）协调控制方式

在协调控制方式下，系统方框图如图 5-22 所示。显然，这是以锅炉跟随汽轮机为基础的协调控制方式，与图 5-14 相比，图 5-22 中增加了两个前馈通道，一是功率偏差信号通过非线性环节 f_1 前馈至汽压调节器的输入端，另一前馈通道是功率给定值通过 $f(x)$ 前馈至功率调节器的输出端，并在此调节器的输入端加入一个具有上下限幅的非线性环节 f_2。它们的作用说明如下：

当负荷偏差 r_N-N_E 超过一定值时，f_1 的输出会提高压力的给定值，以加强锅炉的燃烧率指令，防止过大的压力偏差。

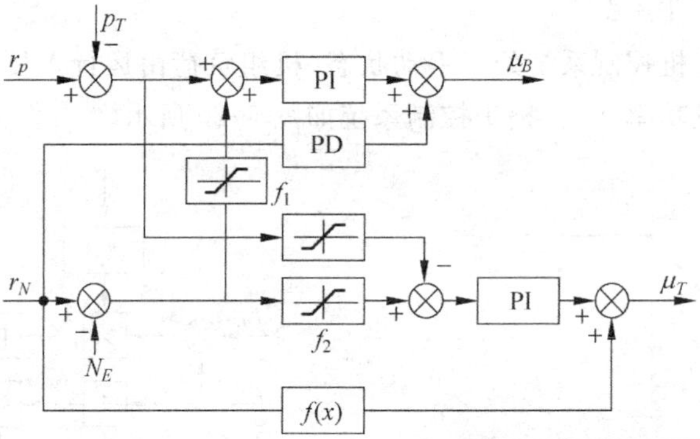

图 5-22　协调控制系统

根据机组的运行要求，滑压运行时，汽轮机调节阀应保持在一个较大的开度上，为此设置了从功率给定值通过 $f(x)$ 到功率调节器输出端的前馈通道和非线性环节 f_2，当机组负荷指令 r_N 增加时，前馈通道首先将汽轮机调节阀开度增大到一个较大数值上，进行一次性粗调，然后，由 PI 调节器对 r_N 和 N_E 间的有限偏差进行细调，最终使 r_N-N_E 等于零。

5.3　单元机组汽包锅炉燃烧控制系统

燃烧控制系统包括燃料、风量（送风）和炉膛压力（引风）三个子控制系统。这个系统的任务是根据机组主控制器发出的锅炉燃烧率指令 μ_B 来协调燃料量、送风量和引风量，在保证锅炉安全、经济燃烧的前提下，使燃料燃烧所产生的热量适应锅炉蒸汽负荷的需要。一台锅炉的燃料量、送风量和引风量三者的控制任务是不可分开的，可以用三个控制器控制这三个控制变量，但彼此之间应互相协调，才能可靠工作。

锅炉燃烧过程控制系统可有多种组成形式。在具体应用时选择哪一种控制形式主要与锅炉的运行方式（是母管制还是单元制、是带变动负荷还是固定负荷、是滑压运行还是定压运行）、采用燃料的种类、是中间粉仓还是直吹制粉设备以及采用什么磨煤设备等有关。

本节主要介绍汽包锅炉的单元机组燃烧过程控制系统。

5.3.1　汽压被控对象的生产过程

汽压被控对象是一个热交换系统，完成工质的蒸发和过热过程。根据其生产流程，可画出方框图如图 5-23 所示。图中标明了生产流程中的各个环节，说明如下：

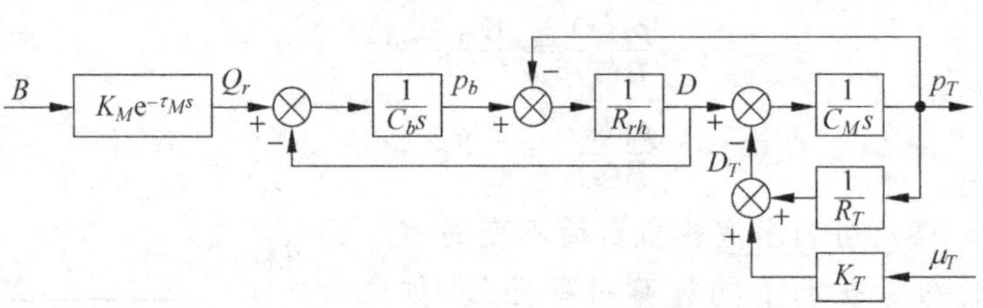

图 5-23　汽压被控对象方框图

(1) 单位时间炉膛内燃烧的燃料量 B 的变化首先引起炉膛受热面的燃料发热量（炉膛热负荷）Q_r 的变化。这个过程可用一个带有纯滞后的比例环节来表示，比例系数 K_M 表示锅炉炉膛热负荷变化的比例，纯滞后时间 τ_M 为燃料量改变至炉膛热负荷变化的时间延迟。

(2) 炉膛热负荷的变化会引起汽包压力 p_b 的变化，以热量信号与蒸汽流量信号 D 之差为输入量，以汽包压力 p_b 为输出量，这是一个积分环节，图 5-23 中，C_b 为锅炉的蓄热系数。

(3) 汽包压力与主蒸汽压力之差 $p_b - p_T$ 产生蒸汽流量 D，它们之间的关系可用一个比例环节来表示，图 5-23 中，R_{rh} 为过热器动态阻力。

(4) 把主蒸汽管道看做一个容量系数为 C_M 的对象，则以锅炉的蒸汽量与进入汽轮机的蒸汽量（汽轮机的通汽量）之差 $D - D_T$ 为输入，以主蒸汽压力 p_T 为输出，它们之间的关系表示为一个积分环节。

(5) 汽轮机通汽量 D_T 决定于主蒸汽压力 p_T 和汽轮机调节阀开度 μ_T，且具有非线性关系，为分析方便，近似描述为

$$D_T(s) = \frac{1}{R_T} p_T(s) + K_T \mu_T(s) \tag{5-14}$$

式中，R_T 为汽轮机动态通流阻力系数；K_T 为调节阀的静态放大系数。

5.3.2 汽压被控对象的动态特性

1. 汽压被控对象在燃料量扰动下的动态特性

1) 汽轮机负荷不变(即汽轮机进汽量 D_T 不变)时汽压被控对象的动态特性

由图 5-23 可求出汽包压力 p_b 和主蒸汽压力 p_T 对燃料量 B 的传递函数,分别为

$$\frac{p_b(s)}{B(s)}=\frac{K_M(1+R_{rh}C_Ms)}{(C_b+C_M+C_bC_MR_{rh}s)s}e^{-\tau_Ms} \tag{5-15}$$

$$\frac{p_T(s)}{B(s)}=\frac{K_M}{(C_b+C_M+C_bC_MR_{rh}s)s}e^{-\tau_Ms} \tag{5-16}$$

一般情况下,主蒸汽管的容量系数可以忽略不计,即 $C_M\approx0$,则上两式变为

$$\frac{p_b(s)}{B(s)}=\frac{K_M}{C_bs}e^{-\tau_Ms} \tag{5-17}$$

$$\frac{p_T(s)}{B(s)}=\frac{K_M}{C_bs}e^{-\tau_Ms} \tag{5-18}$$

由式(5-17)和(5-18),可画出汽轮机负荷不变时汽压被控对象在燃料量扰动下的过渡过程曲线,如图 5-24 所示。

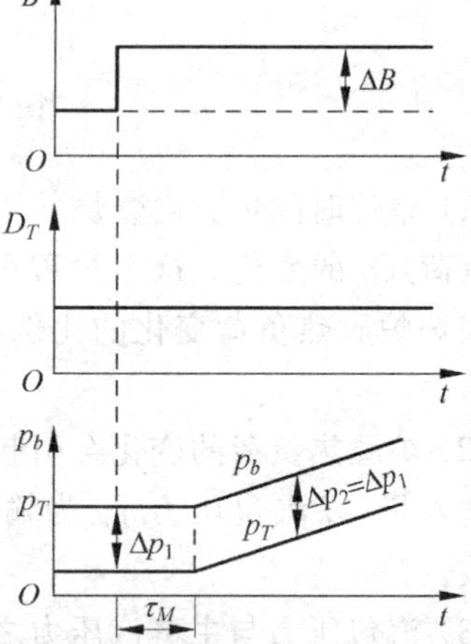

图 5-24 在燃料量扰动下的汽压被控对象阶跃响应曲线(汽轮机负荷不变)

可见,在汽轮机进汽量不变的情况下,燃料量增加后,汽压被控对象有一延迟时间 τ_M,随着锅炉蒸发量增加,p_b 和 p_T 均逐渐增加。这时汽压被控对象是一个无自平衡能力的对象。

2) 汽轮机调节阀开度 μ_T 不变(即汽轮机进汽量 D_T 变化)时汽压被控对象的动态特性

由图 5-23 可得

$$\frac{p_b(s)}{B(s)}=\frac{K_M[R_{rh}(1+R_TC_Ms)+R_T]}{(1+R_{rh}C_bs)(1+R_TC_Ms)+R_TC_bs}e^{-\tau_Ms} \tag{5-19}$$

$$\frac{p_T(s)}{B(s)}=\frac{K_MR_T}{(1+R_{rh}C_bs)(1+R_TC_Ms)+R_TC_bs}e^{-\tau_Ms} \tag{5-20}$$

由于 $C_M\approx0$,则上两式成为

$$\frac{p_b(s)}{B(s)}=\frac{K_M(R_T+R_{rh})}{1+C_b(R_T+R_{rh})s}e^{-\tau_Ms} \tag{5-21}$$

$$\frac{p_T(s)}{B(s)}=\frac{K_MR_T}{1+C_b(R_T+R_{rh})s}e^{-\tau_Ms} \tag{5-22}$$

根据式(5-21)和式(5-22),可画出汽轮机调节阀开度不变时汽压被控对象在燃料量扰动下的过渡过程曲线,如图5-25所示。

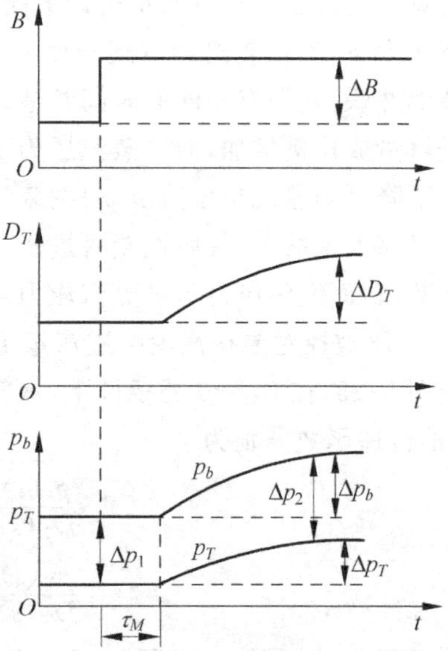

图5-25　在燃料量扰动下的汽压被控对象阶跃响应曲线(汽轮机调节阀开度不变)

可见,在燃料量扰动下,汽压被控对象有一延迟时间τ_M,随着锅炉蒸发量增加,p_b和p_T均逐渐增加。由于汽轮机调节阀开度μ_T不变,而使汽轮机进汽量逐渐增加,于是自发地限制了汽压的进一步升高。最后当汽轮机进汽量与锅炉的蒸发量相平衡时,汽压维持在一个新的平衡值。故汽压被控对象是一个有自平衡能力的对象。

2. 汽压被控对象在负荷扰动下的动态特性

1) 汽压被控对象在汽轮机调节阀开度μ_T扰动下的动态特性

由图5-23,在$C_M \approx 0$的条件下,汽轮机调节阀开度μ_T影响汽包压力p_b和主蒸汽压力p_T的传递函数可分别表示为

$$\frac{p_b(s)}{\mu_T(s)} = -\frac{K_T R_T}{1 + C_b(R_T + R_{rh})s} \tag{5-23}$$

$$\frac{p_T(s)}{\mu_T(s)} = -\frac{K_T R_T R_{rh}}{R_T + R_{rh}} - \frac{K_T R_T^2}{(R_T + R_{rh})[1 + C_b(R_T + R_{rh})s]} \tag{5-24}$$

其过渡过程曲线如图5-26所示。

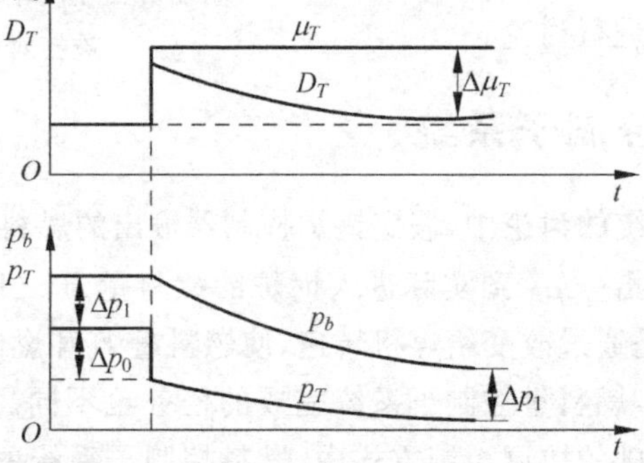

图5-26　在汽轮机调节阀开度扰动下的汽压被控对象阶跃响应曲线

可见，汽包压力 p_b 对汽轮机调节阀开度 μ_T 的动态关系表示为一个一阶惯性环节，而主蒸汽压力 p_T 对汽轮机调节阀开度 μ_T 的动态关系表示为一个比例环节和一个一阶惯性环节的并联，它们有相同的时间常数。当汽轮机调节阀开度 μ_T 阶跃增加时，一开始汽轮机进汽量成比例增加，而主蒸汽压力 p_T 立即成比例下降 Δp_0，汽包压力 p_b 则在原来的基础上下降。随着汽包压力 p_b 和主蒸汽压力 p_T 的下降，汽轮机进汽量逐渐减少，使得汽压的下降速度也减小，最后汽轮机进汽量恢复到扰动前的数值，此时汽压也稳定在一个新的较低数值，而汽包压力与主蒸汽压力之差 p_b-p_T 与扰动前的数值相同。

2）汽压被控对象在汽轮机进汽量 D_T 扰动下的动态特性

由图 5-23，在 $C_M\approx0$ 的条件下，汽轮机进汽量 D_T 扰动影响汽包压力 p_b 和主蒸汽压力 p_T 的传递函数分别为

$$\frac{p_b(s)}{D_T(s)}=-\frac{1}{C_b s} \tag{5-25}$$

$$\frac{p_T(s)}{D_T(s)}=-R_{rh}-\frac{1}{C_b s} \tag{5-26}$$

其过渡过程曲线如图 5-27 所示。当汽轮机进汽量 D_T 阶跃增加时，主蒸汽管压力 p_T 立即阶跃下降，然后和 p_b 以同样的速度下降，由于蒸汽流量的吸热量始终大于燃烧的供热量，供求一直不能平衡，故这个下降过程将一直持续下去。此时，汽压被控对象是一个无自平衡能力的对象。

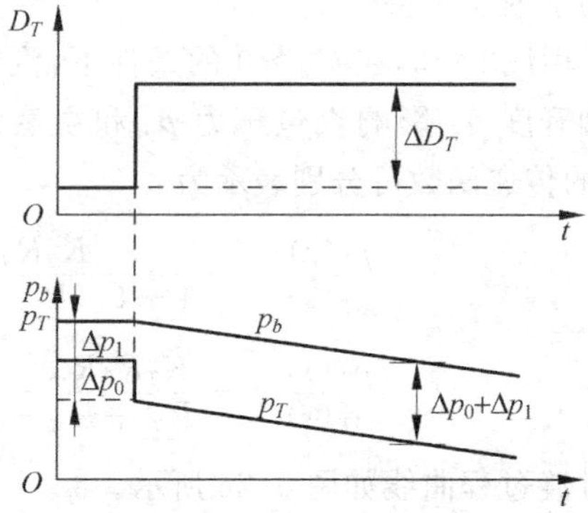

图 5-27 在汽轮机进汽量扰动下的汽压被控对象阶跃响应曲线

根据汽压对象的动态特性可以设计燃烧自动调节系统。由上所述，它分为三个子系统，分别调节燃料量、送风量和引风量，它们彼此协调，以提供适当的负荷，并保证燃烧过程的安全和经济性。下面对这三个子系统分别进行讨论。

5.3.3 燃料量控制子系统

在 5.2 节负荷控制系统的讨论中，假定锅炉控制器输出的燃料量指令 μ_B 直接作用于对象，但实际上，从燃料量指令 μ_B 到实际进入锅炉的燃料量 B 之间，一般设置一个燃料量控制子系统，它的任务是通过改变给煤机转速，使燃料量 B 和燃料量指令 μ_B 相适应。

根据不同的运行方式，燃料量控制子系统完成的任务也不同。在锅炉跟随汽轮机负荷控制方式以及以此为基础的协调控制方式中，燃料控制子系统的任务是根据燃料量指令 μ_B 的要求，改变给煤机转速，以提供合适的燃料量 B，从而保证汽压的稳定，其结构如图 5-28 所示。

在汽轮机跟随锅炉负荷控制方式以及以此为基础的协调控制方式中，燃料量控制子系统的任务同样是根据燃料量指令 μ_B 的要求，提供合适的燃料量 B，但目的是保证机组的负荷要求，其结构如图 5-29 所示。

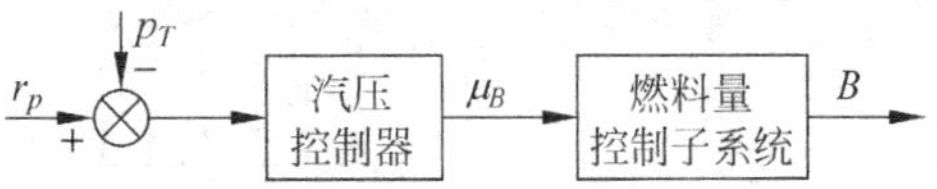

图 5-28　锅炉跟随方式中的燃料量控制子系统

无论何种运行方式，燃料量控制子系统的核心部分是一个以 μ_B 为给定值、以给煤机转速（代表燃料量 B）为被调量的单回路控制系统，如图 5-30 所示。

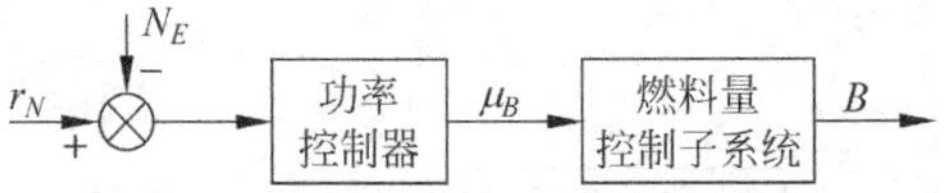

图 5-29　汽轮机跟随方式中的燃料量控制子系统

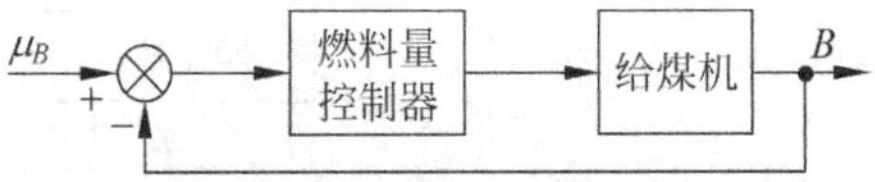

图 5-30　燃料量控制子系统的基本结构

可见，燃料量控制子系统在图 5-28 和图 5-29 所示的整个控制系统中，为一内回路，而整个控制系统则为一串级调节系统。设置燃料量控制子系统的目的之一就是利用它来消除燃料侧内部的自发扰动，改善系统的调节品质。另外，由于大型机组容量大，各部分之间联系密切，相互影响不可忽略。特别是燃料品种的变化、投入的燃料供给装置的台数不同等因素都会给控制系统带来影响。燃料量控制子系统的设置也为解决这些问题提供了手段。实际上，以给煤机转速代替燃料量 B 作为燃料量控制子系统的被调量是一种无奈之举，这是因为目前尚无有效的技术在线测量实际燃料量。一种可用的方法是利用式(5-13)表示的锅炉释放热量代替 B，理论上，这种方法可以避免煤种变化的影响，更能反映燃料的供给。

下面是一个燃料量控制子系统的实例。

某机组共有 6 台给煤机，正常时 5 台运行，1 台备用，其燃料控制子系统如图 5-31 所示。图中各部分的功能说明如下。

1. 燃料量指令生成

实际燃料量指令并不是直接采用 μ_B，而是利用图 5-32 所示的燃料量指令生成回路得到燃料量控制器的给定值 r_B。图中，总风量信号乘以比例系数 K，转换成相应的完全燃烧的燃料量信号，和 μ_B 一起通过小值选择器，二者中的小者通过小值选择器，然后减去油量信号，即得到实际燃料量（煤量）的给定值 r_B。小值选择器的作用是使给出的燃料能充分燃烧，保证燃烧的经济性。

2. 总燃料信号的形成和发热量修正

在图 5-30 所示的燃料量控制子系统中，需要测量总燃料量 B，此系统是通过测量给煤机转速来代表各台给煤机送出的燃料量的，由于是多台给煤机运行，需要将它们综合以

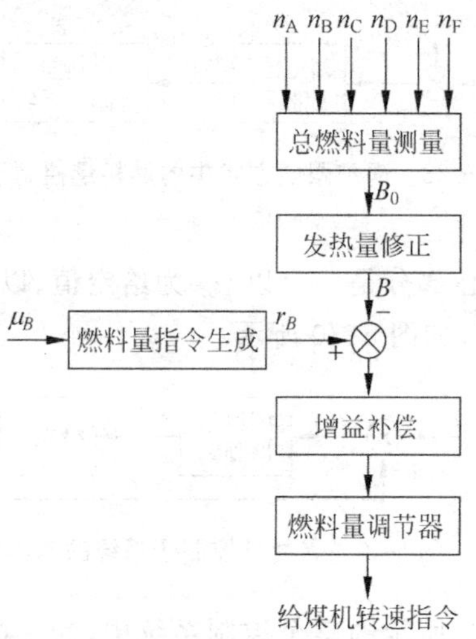

图 5-31　实际燃料量控制子系统示意图

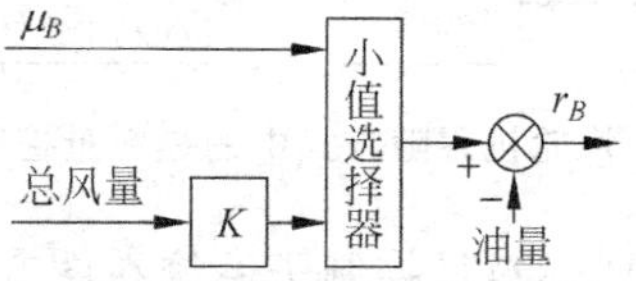

图 5-32　燃料量指令的生成

得到总燃料量。另外，煤种的可能变化还需要进行发热量修正，以转换成标准的给煤量信号。因此系统中设置有总燃料量测量和发热量修正回路，如图 5-33 所示。图中，n_A，n_B，n_C，n_D，n_E 和 n_F 代表 6 台给煤机的转速，它们通过加法器相加得到总给煤量 B_0，B_0 与发热量修正系数 S 相乘，得到标准总燃料量 B。由于燃料发热量不能在线测量，故系统采用的是间接修正方法，发热量修正系数 S 按如下方法得到。

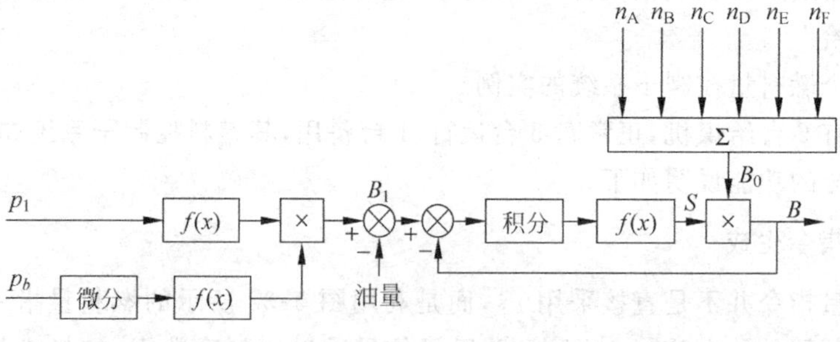

图 5-33　总燃料量测量和发热量修正回路

因为标准燃料量可以用输入锅炉的能量来代表，所以只要得到输入锅炉的能量即可得到修正系数。但输入锅炉的能量也不可直接测量，考虑到在稳态时，锅炉输入的能量和汽轮机输入的能量成比例，故通过测量汽轮机的输入能量来得到锅炉输入的能量。汽轮机的输入能量可用第一级压力 p_1 来表示，故在图 5-33 中，p_1 通过函数变换器 $f(x)$ 即得到稳态时锅炉输入的能量。考虑到动态时，锅炉输入能量和汽轮机输入能量存在差异，这种差异反映在汽包压力 p_b 的变化上，故用 p_b 的微分通过一个函数变换器进行动态修正，结果再减去燃油量即得到输入锅炉的燃煤量的能量 B_1。B_1 与 B 的差通过一个积分器和函数转换器产生修正系数 S，只要 B_1 与 B 不等，S 就在变化，直到二者相等为止。

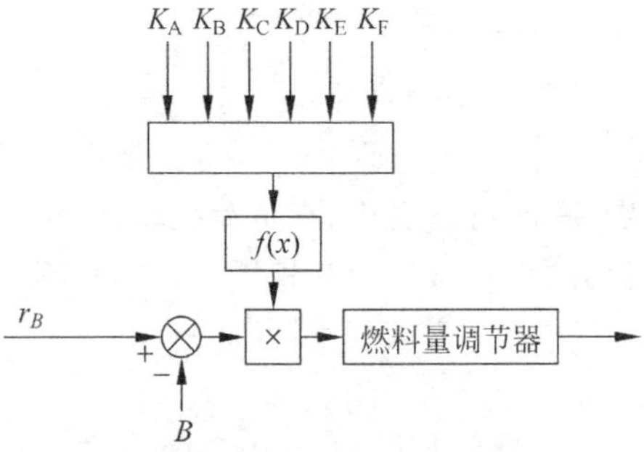

图 5-34　调节对象增益补偿回路

3. 调节对象增益的修正

因为燃料量调节器的参数是根据调节对象的特性整定的，而调节对象的增益会随给煤机投入的台数不同而不同，故系统中设置了调节对象增益补偿回路，如图 5-34 所示。图中，r_B 和 B 分别为图 5-32 和图 5-33 中的燃料量给定值和经过发热量修正的测量值。K_A，K_B，K_C，K_D，K_E 和 K_F 代表 6 台给煤机投入的状况，任一台给煤机投入时，相应的数值为 1，否则为 0，故加法器输出的数值即代表给煤机投入的台数，经过函数转换器和调节系统的偏差信号相乘，如把乘法器视为调节对象的一部分，则可以做到不管给煤机投入的台数如何，增益均可保持不变。

5.3.4　送风量控制子系统

送风量控制子系统的任务是使锅炉的送风量和燃料量相协调，以达到锅炉最高的热效率，保证机组的经济性，但由于锅炉的热效率不可直接测量，故通常是利用一些间接的方法来达到目的。常用的方法介绍如下。

1. 燃料量-空气系统

燃料量-空气系统是以实测的燃料量 B 作为送风量调节器的给定值，使送风量 V 和燃料量 B 成一定比例，如图 5-35 所示。

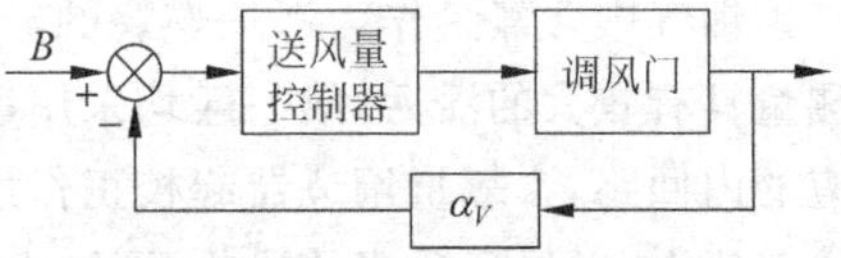

图 5-35　燃料量-空气系统

在稳态时，系统可保证燃料量和送风量间满足

$$B = \alpha_V V$$

选择 α_V 使送风量略大于 B 完全燃烧所需要的理论空气量。这个系统的优点是实现简单，可以消除来自负荷侧和燃料侧的各种扰动。但由于给煤量的准确测量还难以解决（目前一般用给煤机转速来代表），给上述系统的可靠运行带来困难。

2. 热量-空气系统

由式(5-12)可见，热量信号可通过测量蒸汽流量 D 和汽包压力 p_b 间接得到，因为它能迅速反映燃料量的变化情况，故可按式(5-12)构造 Q_r，并用它代替图 5-35 中的 B，作为送风量调节器的给定值，即构成热量-空气量调节系统，如图 5-36 所示。

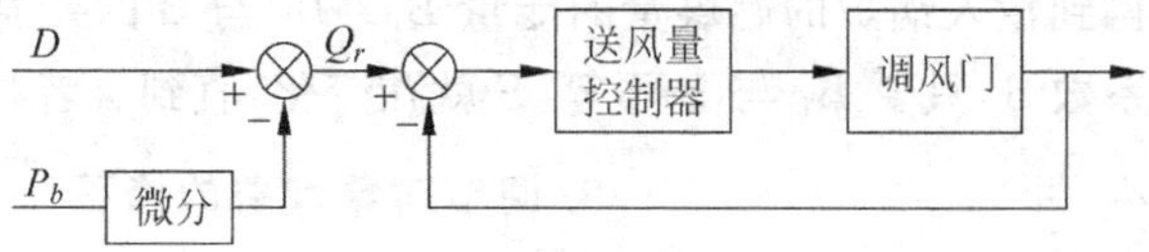

图 5-36　热量-空气系统

此系统的优点是能迅速消除燃料侧的扰动，但从图 5-36 可以看出，在负荷扰动（汽轮机调节门开度扰动）下，D 的变化方向和 p_b 微分的变化方向相反，二者互相抵消，使 Q_r 不能及时反映负荷的变化，故系统的动态偏差较大。

3. 蒸汽量-空气系统

在图 5-36 中，去掉汽包压力的微分信号，即以蒸汽流量 D 作为送风量调节器的给定值，就构成蒸汽量-空气系统。由图 5-26 可知，在负荷扰动下，D 反应迅速，可保证送风量能及时跟踪负荷的变化。但对于燃料侧的扰动，D 不能及时反应，使系统出现大的动态偏差。

4. 给定负荷-空气系统

在图 5-35 所示的燃料量-空气系统中，以协调控制系统发出的燃料量指令 μ_B 代替实测的燃料量 B 作为送风量调节器的给定值，即构成给定负荷-空气系统，它的特点同蒸汽量-空气系统。

5. 氧量-空气系统

以烟气中含氧量作为锅炉燃烧的经济性指标是一种较好的控制方案，但由于含氧量的测量具有较大的滞后，故一般均采用串级调节系统。送风量调节器和调风门构成快速响应的内回路，含氧量调节器起校正作用，它是串级系统的主调节器，使含氧量最终维持在给定值上，以保证适当的风煤配比，如图 5-37 所示。图 5-37 中还加有给煤量 B 的前馈信号，目的是改善系统的动态性能，使送风量和给煤量能够协调变化。

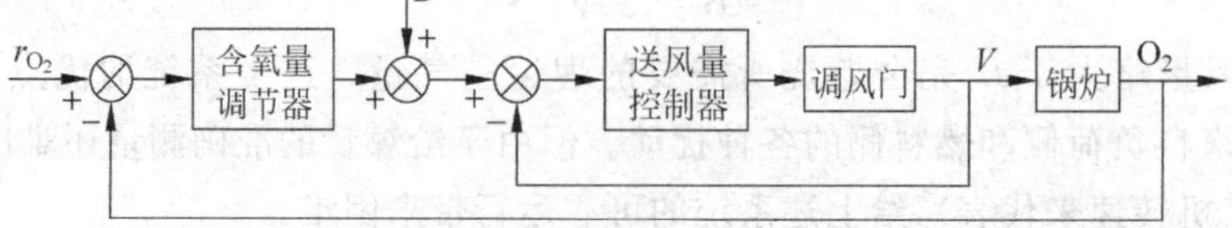

图 5-37　氧量-空气系统

在实际机组的送风量控制系统中，需要测量一次风量和二次风量，并由此得到总风量。另外，因为有几台送风机运行，所以和燃料控制子系统一样，也需要对调节对象的增益进行补偿。在含氧量-空气系统中，氧量的给定值往往不取常数，而是随锅炉的负荷变化。这时因为最佳的含氧量与锅炉负荷有关，负荷增加时，最佳含氧量减小，这可通过用蒸汽流量对含氧量给定值进行修正来保证。

5.3.5　引风量控制子系统

引风量控制子系统的任务是保证一定的炉膛负压力，炉膛负压太小甚至变成正压，会使炉膛内火焰和烟气从测点孔洞和炉墙缝隙外溢，影响设备和人员安全。而炉膛负压过大会使大量冷空气进入炉内，增大引风机负荷和排烟热损失，严重时甚至引起炉膛爆炸。因此炉膛负压力必须控制在允许范围内，一般在－20Pa左右。

控制炉膛负压的手段是调节引风机的引风量，其主要的外部扰动是送风量。作为调节对象，炉膛烟道的惯性很小，无论在内扰和外扰下，都近似一个比例环节。一般采用单回路调节系统并加以前馈的方法进行控制，如图5-38所示。图中，r_S为炉膛负压给定值，S为实测的炉膛负压，Q为引风量，V为送风量。由于炉膛负压实际上决定于送风量和引风量的平衡，故利用送风量作为前馈信号，以改善系统的调节性能。另外，由于调节对象相当于一个比例环节，被调量反应过于灵敏，为了防止小幅度偏差引起引风机挡板的频繁动作，可设置调节器的比例带自动修正环节，使得在小偏差时增大调节器的比例带。对于负压S的测量信号，也需进行低通滤波，以抑制测量值的剧烈波动。

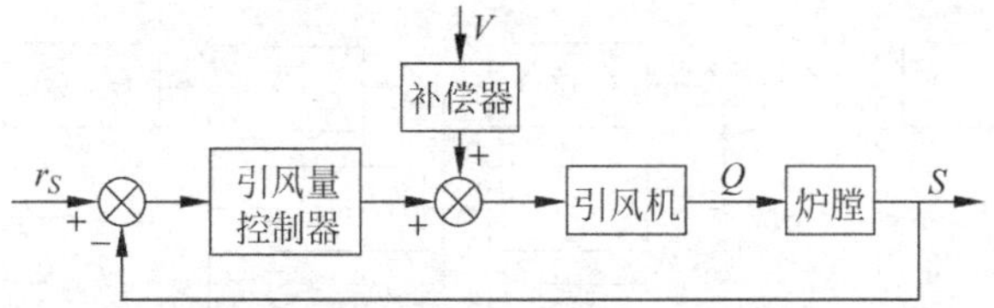

图5-38　引风量控制子系统

5.3.6　燃烧调节系统的整定

以上分别对燃烧控制系统中三个子系统进行了分析。要使燃烧控制系统能够良好地运行，及时响应外界负荷的需要，保证机组的经济性和安全性，三个子系统必须互相配合，协调工作，因此它们的整定需要共同考虑，并按一定的次序进行。

在本书4.6节复杂调节系统的分析中，从解耦控制的角度讨论了燃烧过程控制系统的设计、分析方法，在图4-48中，给出了控制系统的原理性结构，它实际上是一个以锅炉跟随方式为基础、在送风调节中采用氧量-空气系统的方案。对图4-48补充测量设备及有关耦合通道的传递函数，重画于图5-39，并依此讨论燃烧控制系统的整定方法。图中，$G_{PI1}(s)$，$G_{PI2}(s)$，$G_{PI3}(s)$，$G_{PI4}(s)$和$G_{PI5}(s)$分别为主控制器、燃料量控制器、送风控制器、引风控制器和氧量校正控制器的传递函数；$G_{pB}(s)$为燃烧率扰动对主蒸汽压力的传递函数；$G_{OB}(s)$为燃烧率扰动对烟气含氧量的传递函数；$G_{OV}(s)$为送风量扰动对烟气含氧量的传递函数；$G_{SV}(s)$为送风量扰动对炉膛负压的传递函数；$G_{SI}(s)$为引风量扰动对炉膛负压的传递函数；K_{AB}、K_{AV}和K_{AS}分别为燃料执行器、送风执行器和引风执行器的放大系数；α_B 为燃烧率控制器分流系数，对一机一炉的单元机组，取 $\alpha_B=1$；α_V 和$G_{DS}(s)$相当于两个前馈装置。燃料量、主气压、送风量及炉膛负压的测量装置和变送器可视为比例环节，其传递函数分别为 γ_B，γ_p，γ_V 和 γ_S，含氧量测量装置和变送器的传递函数为 $G_O(s)$。另外，风量和炉膛负压有小幅度的高频波动，为了使这些波动不进入调节器而导致调节机构的频繁动作，在送风量和炉膛负压测量通道上加有阻尼装置(低通滤波器)，其传递函数分别为 $G_{VV}(s)$和 $G_{SS}(s)$。

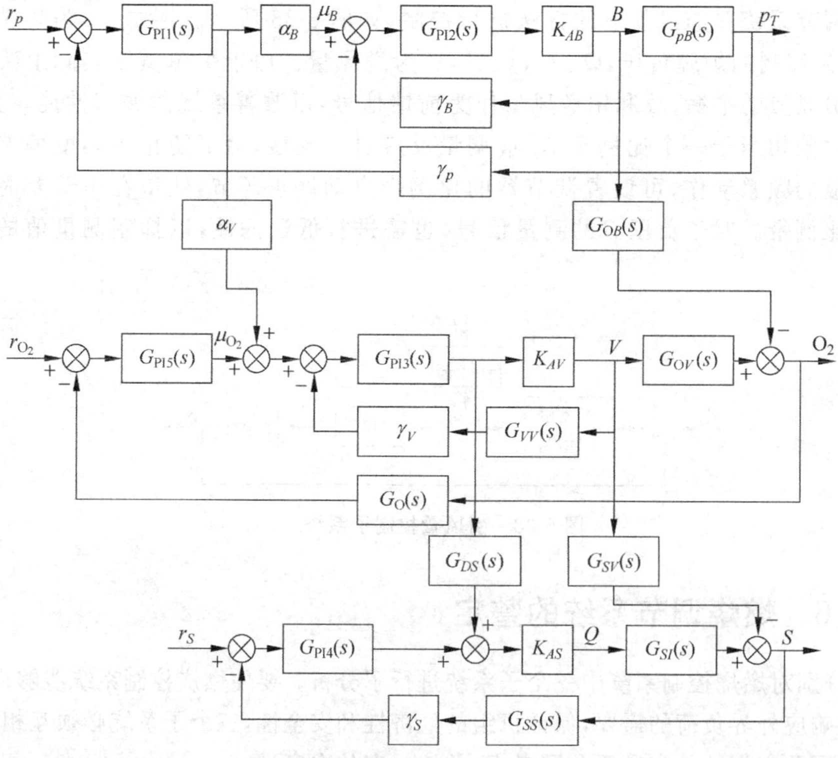

图 5-39 燃烧控制系统原理方框图

1. 燃料量控制子系统的整定

燃料控制子系统由 $G_{PI2}(s)$，K_{AB} 和 γ_B 组成，它是燃料控制串级系统的内回路，由于燃料调节器 $G_{PI2}(s)$的等效调节对象相当于一个比例环节，故主副回路的速度具有较大的差别，主、副回路的整定可以分开进行。$G_{PI2}(s)$可以整定的调节作用很强，以便迅速消除产生在副回路内的自发扰动，这样副回路可视为一个跟踪系统，其闭环传递函数即反馈通道传递函数的倒数，为

$$G_{BX}(s)=\frac{1}{\gamma_B} \tag{5-27}$$

2. 送风控制子系统的整定

送风控制子系统是一个串级控制系统。由于风量的反应速度比氧量的反应速度快得多，故副回路比主回路具有快得多的响应速度，二者可分别整定。

副回路中，等效调节对象为$K_{AV}G_{VV}(s)\gamma_V$，其中阻尼器$G_{VV}(s)$一般为一阶惯性环节，故副调节器$G_{PI3}(s)$的比例带和积分时间可以选得很小，这样，副回路可等效为一个快速跟踪系统，其闭环传递函数为

$$G_{VX}(s)=\frac{1}{\gamma_V G_{VV}(s)} \tag{5-28}$$

副回路整定好后，再按单回路的整定方法整定主回路。根据图 5-39 的有关部分，送风控制子系统的主回路和前馈通路如图 5-40 所示。图中，$G_{VX}(s)$为送风调节系统副回路闭环传递函数，如式(5-28)所示。$\frac{1}{\gamma_B}$为燃料调节系统副回路闭环传递函数(见式(5-27))。主调节器$G_{PI5}(s)$的等效调节对象为$G_{VX}(s)G_{OV}(s)G_O(s)$，可按单回路系统的整定方法整定$G_{PI5}(s)$的参数。

对于前馈通道，可写出完全补偿时的关系，如图 5-40 所示，

$$\alpha_V G_{VX}(s)G_{OV}(s)-\alpha_B\frac{1}{\gamma_B}G_{OB}(s)=0 \tag{5-29}$$

一般不必要追求完全补偿，α_V 通常取一常数值。对单元机组，可取 $\alpha_V=\alpha_B=1$。

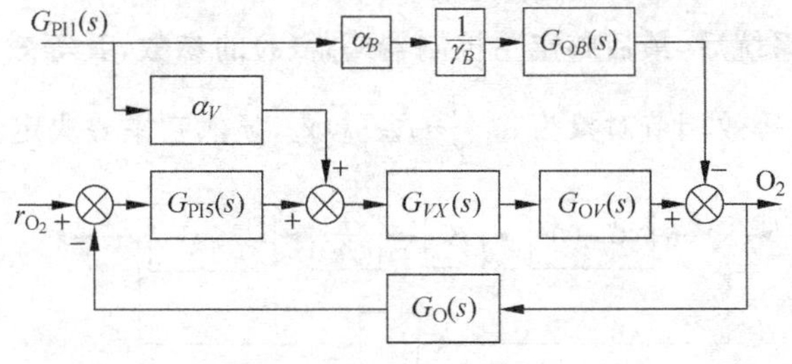

图 5-40　送风控制子系统主回路及前馈通路方框图

3. 引风控制子系统的整定

引风控制子系统是一个带有前馈的单回路控制系统，根据图 5-39，其有关部分如图 5-41 所示。由图 5-41 可见，对于反馈回路，调节器$G_{PI4}(s)$的等效调节对象为$G_{SI}(s)$

$K_{AS}G_{SS}(s)r_S$，可按单回路调节系统的整定方法确定 $G_{PI4}(s)$ 的参数。对于前馈通道，当完全补偿时，有

$$G_{DS}(s)G_{SI}(s)K_{AS}-K_{AV}G_{SV}(s)=0$$

因为送风量 V 和引风量 Q 对炉膛负压的影响基本一样，即 $G_{SI}(s)=G_{SV}(s)$，于是可得补偿器 $G_{DS}(s)$ 为一比例环节：

$$G_{DS}(s)=\frac{K_{AV}}{K_{AS}}$$

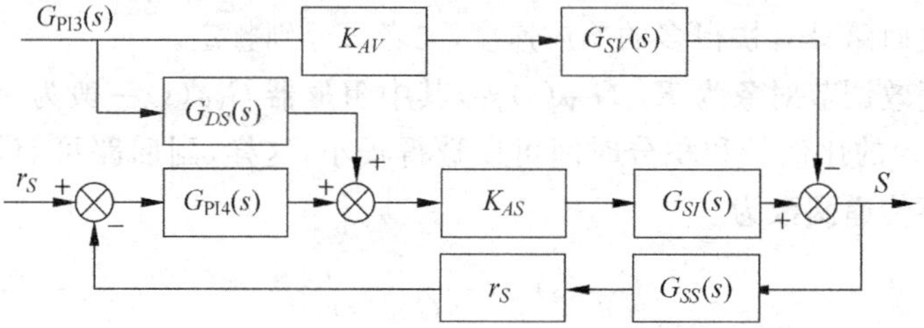

图 5-41 炉膛压力控制子系统方框图

图 5-39 和图 5-41 中，补偿器 $G_{DS}(s)$ 的输出也可以加在调节器 $G_{PI4}(s)$ 的输入端，这时，完全补偿需满足

$$G_{DS}(s)G_{PI4}(s)G_{SI}(s)K_{AS}-K_{AV}G_{SV}(s)=0$$

调节器 $G_{PI4}(s)$ 为 PI 作用，在 $G_{SI}(s)=G_{SV}(s)$ 的条件下，有

$$G_{DS}(s)=\frac{K_{AV}}{K_{AS}G_{PI4}(s)}=\frac{K_{AV}\delta T_I s}{K_{AS}(1+T_I s)}$$

它为一实际微分环节，δ 和 T_I 分别为 $G_{PI4}(s)$ 的比例带和积分时间。

4. 主控制器 $G_{PI1}(s)$ 的整定

在整定好三个子系统后，最后整定主控制器 $G_{PI1}(s)$ 的参数，其等效方框图如图 5-42 所示。可见，$G_{PI1}(s)$ 的等效调节对象为 $\alpha_B\frac{1}{\gamma_B}G_{pB}(s)\gamma_p$，显然它主要决定于 $G_{pB}(s)$。

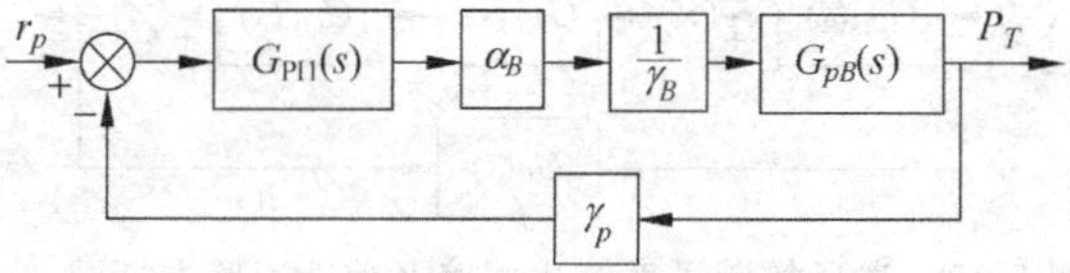

图 5-42 整定主调节器的等效回路

$G_{PI1}(s)$ 可按单回路系统的整定方法整定，这里特别需要说明如下几点。

(1) 从本节开始分析的压力调节对象的动态特性可知，$G_{pB}(s)$ 阶次不高，滞后不大，是一个易控对象。

(2) $G_{pB}(s)$的形式决定于协调控制系统和汽轮机调节系统的运行方式，在系统维持负荷不变时，$G_{pB}(s)$如式(5-18)所示，其阶跃响应如图 5-24 所示，这时它为一无自平衡能力的对象，可用一积分环节和一个纯滞后环节的串联来表示。在系统维持汽轮机进汽门开度不变时，$G_{pB}(s)$如式(5-22)所示，其阶跃响应如图 5-25 所示，这时它为一有自平衡能力的对象，可用一个一阶惯性环节和一个纯滞后环节的串联来表示。

(3) $G_{pB}(s)$表示给煤量扰动下主汽压的变化特性，但给煤量的变化必须有送风量的相应变化相配合，才能保证主汽压具有本节开始讨论气压调节对象的动态特性时给出的变化规律，因此，在采用实验方法整定时，首先整定上述三个子系统，然后将它们投入运行，最后整定 $G_{PI1}(s)$的参数。

5.4　给水控制系统

给水控制系统的任务是维持汽包水位在允许范围内。它以汽包水位为被控量，以调节给水流量作为控制手段。由于汽包水位同时受锅炉侧和汽轮机侧的影响，因此，当锅炉负荷变化或汽轮机用汽量变化时，给水控制系统都应能限制汽包水位只在给定的范围内变化。

给水控制系统常采用三冲量系统。所谓三冲量，是指主蒸汽流量(汽包出口流量)、汽包水位和给水流量这三个信号，其中主蒸汽流量信号反映了汽轮机侧对汽包水位的影响。由于大型锅炉存在严重的“虚假水位”现象，在设计给水自动控制系统时必须予以考虑。给水控制系统有多种不同的设计方案。常用的系统有单级三冲量给水控制系统(前馈-反馈控制系统)和串级三冲量给水控制系统。下面首先讨论给水调节对象的动态特性，然后对这两种控制系统分别加以说明。

5.4.1　汽包水位被控对象的动态特性

锅炉给水调节对象如图 5-43 所示。汽包的流入量(即给水量)W 由给水调节机构调节，而其流出量(即汽轮机的耗汽量)D 则由汽轮机进汽门来控制。与单容水箱不同，汽包的水位 H 不仅反映其流入量和流出量间的平衡关系，而且还受液面下气泡体积的影响。因为在水循环系统中充满着带有大量蒸汽气泡的水，由于某种原因使蒸汽气泡的体积发生变化，即使汽包的流入量和流出量均没有变化，水位也会改变。而气泡的体积受汽包压力和炉膛热负荷的影响。因此作为一个调节对象，其扰动主要有如下三个：①给水量 W，它是调节系统的调节量，即基本扰动；②蒸汽量 D；③燃料量 B。

1. 给水流量扰动下汽包水位的动态特性

在给水流量阶跃变化时，汽包水位的响应曲线如图 5-44 所示。如果仅考虑流入量和流出量的不平衡关系，则它相当一个积分环节，其响应如图中直线 H_1 所示。但由于给水温度低于汽包内的饱和水温度，当“冷”的给水进入汽包后，吸收了原有的饱和水中的一部分热量，使锅炉的蒸汽产量下降，液面下的气泡体积减小，使水位下降。单考虑这个因素，水位的变化如图中曲线 H_2，相当一个惯性环节。实际水位 H 的响应为 H_1 与 H_2 的和。由图可见，它是一个无自平衡能力的对象，其传递函数可表示为

$$G_{0W}(s)=\frac{H(s)}{W(s)}=\frac{\varepsilon}{s(1+T_W s)^n} \tag{5-30}$$

上式可简化表示为

$$G_{0W}(s)=\frac{\varepsilon}{s(1+\tau_W s)} \tag{5-31}$$

或

$$G_{0W}(s)=\frac{\varepsilon}{s}e^{-\tau_W s} \tag{5-32}$$

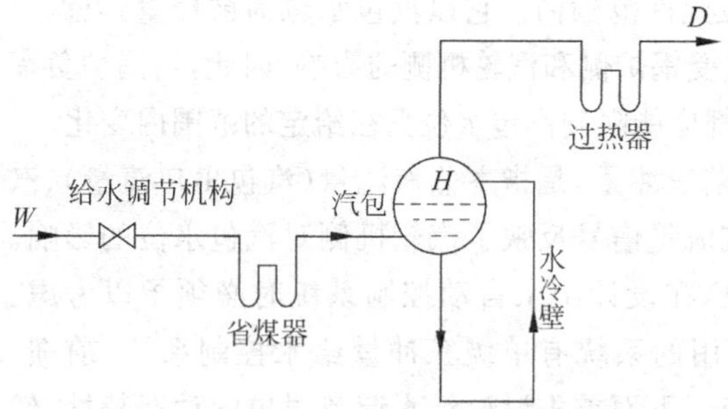

图 5-43　锅炉给水调节对象

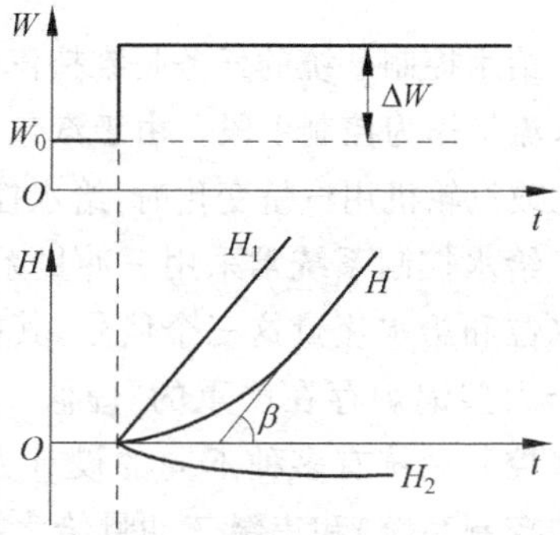

图 5-44　汽包水位在给水流量扰动下的阶跃响应曲线

2. 蒸汽流量扰动下汽包水位的动态特性

蒸汽流量扰动主要来自汽轮机的负荷变化，这是一个经常发生的扰动，属于调节系统的外扰。在蒸汽流量的阶跃扰动下，水位的响应曲线如图 5-45 所示。

单从汽包流入量和流出量的平衡关系来考虑，流出量 D 的阶跃增加将使水位直线下降，如图中直线 H_1 所示。但 D 的增加，使汽包压力下降，液面下气泡膨胀，气泡体积的增大将使水位升高，如图中曲线 H_2 所示。实际的水位变化为上述两种作用的和，如图中曲线 H 所示。

由图 5-45 可见，当蒸汽流量突然增加时，虽然汽包的进水量小于蒸发量，但在开始的一段时间内，水位不仅不下降，反而迅速上升，这种现象称为“虚假水位”。虚假水位是由于汽包出口蒸汽流量突然增加导致汽包蒸汽空间的压力突然下降，水空间中的气泡容积很快增加而形成的。当水面下气泡的容积与负荷相适应而达到稳定状态后，水位就主要随给水量和用汽量的不平衡关系而下降。虚假水位的变化与锅炉的汽压和蒸发量变化的

大小有关，而与给水流量无关。

蒸汽流量扰动影响汽包水位的传递函数可表示为

$$G_{0D}(s)=\frac{H(s)}{D(s)}=\frac{K_D}{1+T_D s}-\frac{\varepsilon}{s} \tag{5-33}$$

3. 燃料量扰动下汽包水位的动态特性

汽包水位在燃料量 B 扰动下的响应曲线如图 5-46 所示。当燃料量增加时，锅炉的吸热量增加，蒸发强度增大。如果汽轮机侧的用汽量不加调节，则随着汽包压力的增高，汽包输出蒸汽量也将增加，于是蒸发量大于给水量，暂时产生了汽包进出口工质流量的不平衡。由于水面下的蒸汽容积增大，此时也会出现虚假水位现象，但由于燃烧率的增加也将同时导致汽包压力的上升，它会使气泡体积减小，另外由于热惯性，燃料量的增加只使蒸汽量 D 缓慢增加，故虚假水位现象要比 D 扰动下缓和得多。

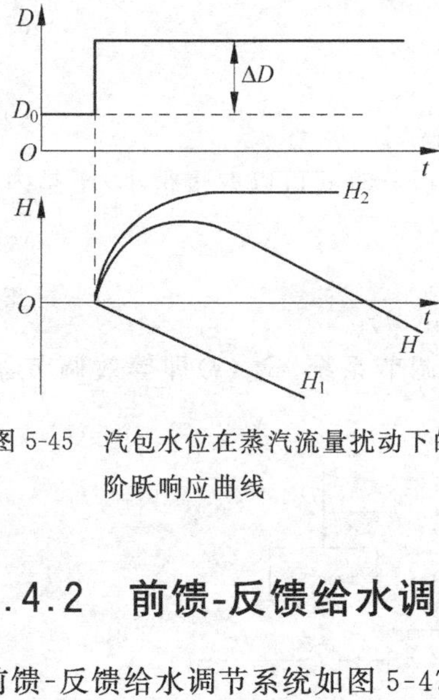

图 5-45　汽包水位在蒸汽流量扰动下的阶跃响应曲线

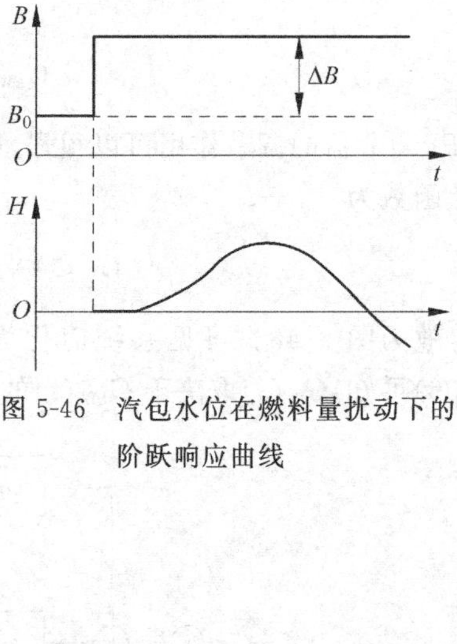

图 5-46　汽包水位在燃料量扰动下的阶跃响应曲线

5.4.2 前馈-反馈给水调节系统

前馈-反馈给水调节系统如图 5-47 所示。图中，γ_H，γ_D 和 γ_W 分别为水位、蒸汽流量和给水流量测量装置和变送器的传递函数，都近似为比例环节，$G_{0W}(s)$和 $G_{0D}(s)$分别为给水流量扰动和蒸汽流量扰动下对汽包水位变化的传递函数，如式(5-30)～(5-33)所示。$G_{PI}(s)$为 PI 调节器的传递函数，$G_{BW}(s)$和 $G_{BD}(s)$为两个补偿装置的传递函数，K_Z 为给水量调节执行器放大系数。给水流量 W 看作两部分之和，一部分 W_1 由调节器决定，另一部分 W_2 为其他扰动的影响。

由图 5-47 可见，D 信号加在前馈通道上，它不影响系统的稳定性。而 W 信号不仅为前馈信号，而且还位于反馈通道上，即 $G_{PI}(s)$，K_Z，γ_W 和 $G_{BW}(s)$组成一个闭合回路，相对于水位信号的反馈回路，它是系统的内回路。

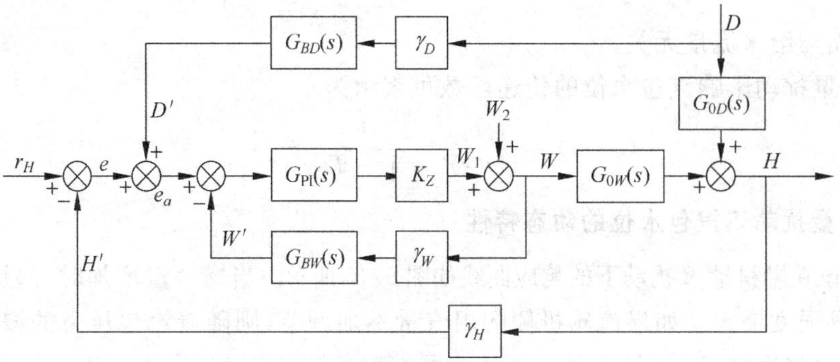

图 5-47　前馈-反馈给水调节系统

为了使内回路动作迅速，以尽快消除 W_2 和其他处于内回路的扰动，要求 $G_{BW}(s)$ 具有小的惯性，一般取作比例环节或一阶惯性环节，即

$$G_{BW}(s)=\alpha_W \tag{5-34}$$

或

$$G_{BW}(s)=\frac{\alpha_W}{1+T_W s} \tag{5-35}$$

这样，PI 调节器的调节作用可以很强，即其比例带和积分时间可以取得很小，于是内回路的传递函数为

$$G_W(s)=\frac{W(s)}{E_a(s)}\approx\frac{1}{G_{BW}(s)\gamma_W} \tag{5-36}$$

系统等效为图 5-48。可见系统简化为一个单回路调节系统，$G_W(s)$ 即等效调节器，由式(5-36)可知，$G_W(s)$ 取决于 $G_{BW}(s)$ 的选取。

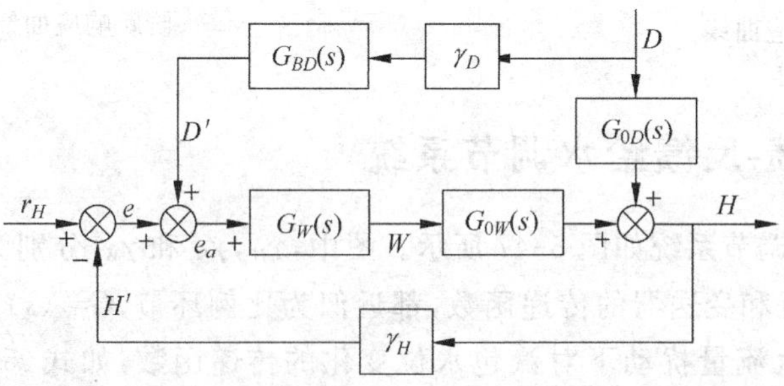

图 5-48　前馈-反馈给水调节系统等效方框图

1. 当 $G_{BW}(s)=\alpha_W$ 时系统（以下简称系统 1）的分析和整定

此时

$$G_W(s)=\frac{1}{\alpha_W\gamma_W} \tag{5-37}$$

等效调节器为一比例调节器，其比例带 $\delta_W=\alpha_W\gamma_W$，可按采用 P 调节器的单回路系统进行整定，由于 γ_W 已知，故 δ_W 确定后，即可得到 α_W。

α_W 确定后，再整定 PI 调节器 $G_{PI}(s)$的参数。由上分析，$G_{PI}(s)$的比例带和积分时间可以取得很小(理论上，无论取多小，内回路都是稳定的)，但实际上，由于内回路的测量装置、执行机构和调节设备都具有一定的惯性(执行机构还往往具有明显的非线性)，故比例带和积分时间不能取任意小，其数值通过实验确定，一般取 $T_I\leqslant 10s$。然后确定 δ，使内回路的衰减率略小于 1(例如使 $\psi\geqslant 0.9$)。

2. 当 $G_{BW}(s)=\dfrac{\alpha_W}{1+T_Ws}$ 时系统（以下简称系统 2）的分析和整定

此时

$$G_W(s)=\frac{1+T_Ws}{\alpha_W\gamma_W}=\frac{1}{\alpha_W\gamma_W}(1+T_Ws) \tag{5-38}$$

等效调节器为一 PD 调节器，其比例带 $\delta_W=\alpha_W\gamma_W$，微分时间为 T_W。

整定时，先按采用 PD 调节器的单回路系统进行整定，确定 α_W 和 T_W，再由内回路整定 PI 调节器 $G_{PI}(s)$的参数，方法同上。

上述两种系统的性能比较如下：

(1) 在 D 扰动下，由于系统 2 具有微分作用，故调节作用强，对于减少“虚假水位”引起的反向调节有好处。但由于“虚假水位”造成的暂时水位偏差来得很快，因此调节过程中的最大动态偏差一般就是由于“虚假水位”造成的第一个波幅。系统 2 加入微分作用后(微分调节也要在水位发生变化时才能动作)，实际上对限制这一波幅作用不大，而主要是使以后的波幅减小并使调节过程加快。

(2) 在水位变化时，由于系统 2 的调节作用加强，可减小动态偏差和调节时间。

(3) 在以上两种情况下，系统 2 中的调节量——给水流量波动加剧，这对锅炉运行是不利的。

(4) 在内回路中的扰动(如 W_2)发生时，系统 2 由于 $G_{BW}(s)$有惯性，使内回路不能及时动作。

由以上分析可见，系统 2 适用于负荷 D 频繁变化的情况，否则应该采用系统 1。

3. 补偿器 $G_{BD}(s)$ 的整定

根据图 5-48，完全补偿时

$$G_{BD}(s)=-\frac{G_{0D}(s)}{\gamma_D G_W(s)G_{0W}(s)}=-\frac{G_{0D}(s)G_{BW}(s)\gamma_W}{\gamma_D G_{0W}(s)} \tag{5-39}$$

为简化计算，$G_{BW}(s)$取式(5-34)，$G_{0W}(s)$ 取式(5-31)，则有

$$G_{BD}(s)=-\frac{\alpha_W\gamma_W}{\gamma_D}\,\frac{\dfrac{K_D}{1+T_Ds}-\dfrac{\varepsilon}{s}}{\dfrac{\varepsilon}{s(1+\tau_Ws)}}$$

$$= \frac{\alpha_W \gamma_W}{\gamma_D}\left[1 - \frac{\left(\frac{K_D}{\varepsilon} - \tau_W\right)s}{1 + T_D s} - \frac{\tau_W\left(\frac{K_D}{\varepsilon} - T_D\right)s^2}{1 + T_D s}\right] \tag{5-40}$$

为使在 D 扰动下，水位不变，应按上式设计补偿器，但由于有反馈回路存在，且水位允许在一定范围内变化，故没有必要追求完全补偿，而采用较简单的形式。

(1) 只取式(5-40)的第一项

$$G_{BD}(s) = \frac{\alpha_W \gamma_W}{\gamma_D} \tag{5-41}$$

(2) 取式(5-40)的前两项

$$G_{BD}(s) = \frac{\alpha_W \gamma_W}{\gamma_D}\left[1 - \frac{\left(\frac{K_D}{\varepsilon} - \tau_W\right)s}{1 + T_D s}\right] \tag{5-42}$$

一般 $\frac{K_D}{\varepsilon} > \tau_W$，故式(5-42)所示的补偿器相当于一个比例环节加上一个反向实际微分环节。采用这种形式，虽然可使 D 扰动下水位偏差减小，但同时会使给水流量波动加剧，故一般均采用式(5-41)所示的比例环节。

4. 系统的稳态配合

在调节系统中，如果一个 PI 或 PID 调节器的输入除偏差信号外，还有其他信号，则存在稳态配合问题。图 5-47 中，PI 调节器的输入为四个信号的综合，由于调节器的积分作用，稳态时可保证

$$r_H - H'(\infty) + D'(\infty) - W'(\infty) = 0$$

但系统要求

$$e(\infty) = r_H - H'(\infty) = 0 \tag{5-43}$$

为保证式(5-43)成立，需使

$$D'(\infty) - W'(\infty) = 0 \tag{5-44}$$

考察 $D'(\infty)$ 和 $W'(\infty)$，得

$$W' = W\gamma_W G_{BW}(s)$$

则无论 $G_{BW}(s)$ 取式(5-34)还是式(5-35)，都有

$$W'(\infty) = W(\infty)\gamma_W \alpha_W \tag{5-45}$$

另外

$$D' = D\gamma_D G_{BD}(s)$$

则无论 $G_{BD}(s)$ 取式(5-41)还是式(5-42)，都有

$$D'(\infty) = D(\infty)\gamma_D \frac{\alpha_W \gamma_W}{\gamma_D} = D(\infty)\gamma_W \alpha_W \tag{5-46}$$

由式(5-45)和式(5-46)可知，只要 $W(\infty)=D(\infty)$，即在稳态时给水流量和蒸汽流量相等，则式(5-44)成立，系统无稳态偏差。一般稳态时给水流量略大于蒸汽流量，这时可使 $G_{BD}(s)$ 的增益比式(5-41)或式(5-42)所示的略大一些，以保证系统的稳态偏差为零。

5.4.3　串级给水调节系统

给水控制也可用图 5-49 所示的串级调节系统来实现。

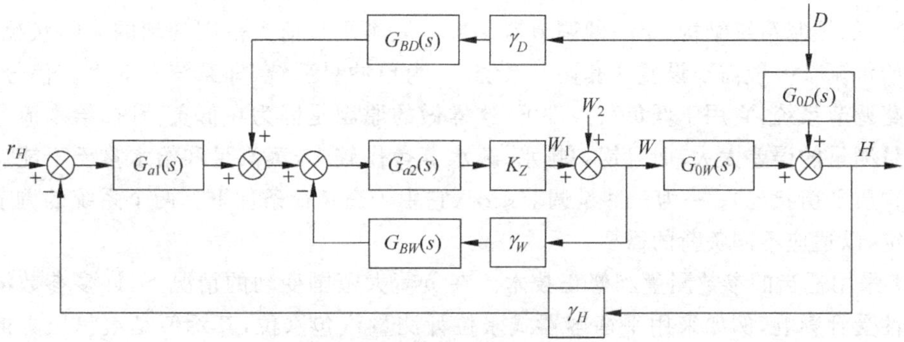

图 5-49　串级给水调节系统

比较图 5-49 和图 5-47 可知，串级调节系统是在前馈-反馈调节系统的基础上增加了一个调节器构成的。其主调节器 $G_{a1}(s)$ 采用 PI 作用，副调节器 $G_{a2}(s)$ 采用 P 作用。系统的整定方法同一般串级系统，由于主副回路速度差别很大，故可分别整定。蒸汽流量前馈通道的整定方法同前馈-反馈控制系统，这里不再赘述。

串级系统可达到与前馈-反馈系统同样的性能指标，但它增加了一个调节器，使得主调节器的输入仅为水位偏差信号，故不存在稳态配合问题，给系统的整定带来方便。

5.4.4　全程给水调节系统

随着单元机组容量的不断增加，运行参数的不断提高，在机组启停过程中运行人员需要进行的操作越来越繁重。为保证机组的安全经济运行，减轻运行人员的负担，实现机组的全程自动控制十分必要。在机组的整个控制系统中，给水全程自动控制是最先实现的。

所谓给水全程控制是指锅炉从启动到正常运行再到停炉冷却的全过程都实现水位的自动调节，这个过程包括：①锅炉点火升温升压；②机组开始带负荷；③从低负荷到高负荷运行；④从高负荷到低负荷运行；⑤停炉冷却降温降压。在整个过程中，要求给水控制系统控制锅炉的进水量，以维持水位在允许的范围内。为实现这个目标，对锅炉给水控制系统也提出了更高的要求，这些要求概括为：

(1) 采用适当的调节机构。全程给水控制的给水量需要在大范围内变化，选择适当的调节机构是系统正常运行的先决条件。一般控制给水流量的方法有两种：一是在给水管道上设置调节阀门，通过改变调节阀开度即改变给水管路阻力来调节给水量；另一种方法是通过改变给水泵转速即改变给水压力来调节给水流量。第一种方法节流损失大，给水泵的功耗大，故大型单元机组均采用后一种方法。另外，控制系统在保证给水流量的同时，还需使给水泵工作在安全区内，故对于全程给水控制，在低负荷时，往往采用第一种方法或使两种方法相结合来满足上述要求。

(2) 采用适当的调节系统结构。因为在不同负荷的情况下，调节对象的动态特性不同，故单一的控制系统结构、单一的调节器参数不能满足负荷大范围变动的实际状况，因此全程给水调节一般需要设置两套调节系统，一为单冲量系统，即系统只取水位信号，构成单回路调节系统，它用于低负荷条件下(这样做的原因是因为在低负荷时，给水流量和蒸汽流量测量的误差太大，而且锅炉排水、疏水等操作较多，蒸汽量和给水量已不能反映汽包的物质平衡状况)；一为三冲量调节系统，它用于高负荷条件下。两个系统的调节器分别整定，以适应不同负荷的需要。

(3) 采用适当的参数测量和修正技术。在负荷大范围变动的情况下，许多参数测量的准确性受到影响，例如采用平衡容器式水位计测量汽包水位，其示值是汽包压力的函数；在利用节流式仪表测量给水流量时，同一个节流元件往往不能满足给水流量的大范围变化，并且仪表输出与水温有关；而蒸汽流量测量则随蒸汽温度和压力而变化。这些都需要进行校正，方能进入控制系统。

另外，为了确保测量参数的正确性，一些参数测量往往采用双变送器结构，个别重要参数还采用三变送器测量。对于双变送器结构，取二者的平均值作为最终测量值，当一个变送器故障时，则取另一个为测量值；对于三变送器结构，取中间值作为最终测量值，当一个故障时，则按双变送器处理或取两个正常变送器的一个作为输出。

可见，全程给水控制需要不同的调节机构、不同的调节系统根据负荷状况相互切换，这些切换必须保证没有扰动，即不因它们的切换给系统带来附加的扰动，这也是全程控制需要解决的重要问题。

下面结合一个实际的给水全程控制系统来讨论上述有关问题。某机组给水系统配备两台汽动给水泵和一台电动给水泵。正常负荷时，两台汽动给水泵运行，电动给水泵处于备用状态；机组启动时，电动给水泵运行；随着负荷的增加，两台汽动给水泵先后投入运行，而电动泵则减速并停运。

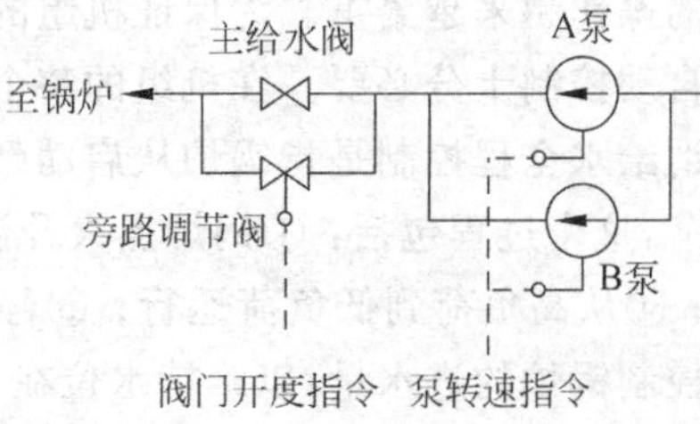

图 5-50　给水系统调节机构

1. 调节机构的设置

该系统调节机构的设置如图 5-50 所示。

该系统同时最多有两台泵运行，如图 5-50 所示的 A 泵和 B 泵，无论是电动泵还是汽动泵，都可以通过调速来改变给水流量，其转速跟踪调节系统发来的给水泵转速指令。在给水管道上，并联安装有两个阀门，主给水阀为截止阀，不参与调节，在低负荷时关闭，高负荷时开启。旁路阀为调节阀，在低负荷时作为给水流量的调节机构，其开度跟踪调节系统发来的阀门开度指令。

系统设计的工作方式是：在机组启动过程中，主给水阀关闭，两台汽动给水泵停运，调节系统工作在单冲量方式，并产生两个输出，一个输出至电动给水泵，使其在最小转速下运行；另一个输出作为阀门开度指令至旁路调节阀，通过旁路给水阀的开度变化来保证所需的锅炉给水量。随着锅炉给水量需求的增大，旁路阀逐渐开大，当它接近全开时，如电动给水泵在最小转速下的流量还不能满足锅炉给水的需求，则调节系统的输出信号将用于调节电动给水泵的转速以增加给水量，同时旁路调节阀的开度固定在接近全开的位置上，并为减少阻力，将主给水阀打开。

当机组负荷达 25%时，调节系统由单冲量方式切换至三冲量方式，同时一台汽动给水泵开始启动，所提供的给水量达到一定值时，投入自动，与电动给水泵并列运行，其转速分别跟踪调节系统发出的各自的转速指令。当机组负荷进一步增加，第二台汽动泵开始启动，利用手动使其转速慢慢增加至与第一台汽动泵一致，然后投入自动。在两台汽动泵均运行后，电动给水泵手动减速停运，于是系统进入两台汽动泵并列运行阶段。

2. 测量信号的处理

1）水位信号的处理

水位信号为调节系统中最重要的信号，故采用三变送器测量，每一路都进行汽包压力的校正。测量设备为单室平衡容器水位计，图 5-51 是其工作原理示意图。图中，Δp 为差压变送器测得的压差，Pa；H 为水位，m；L 为汽水连通管间的垂直距离，m；γ_1，γ_2，γ_3 分别为汽包内饱和水、饱和蒸汽和汽包外平衡容器内水的重度，N/m^3，则

$$H=\frac{L(\gamma_3-\gamma_2)-\Delta p}{\gamma_1-\gamma_2} \tag{5-47}$$

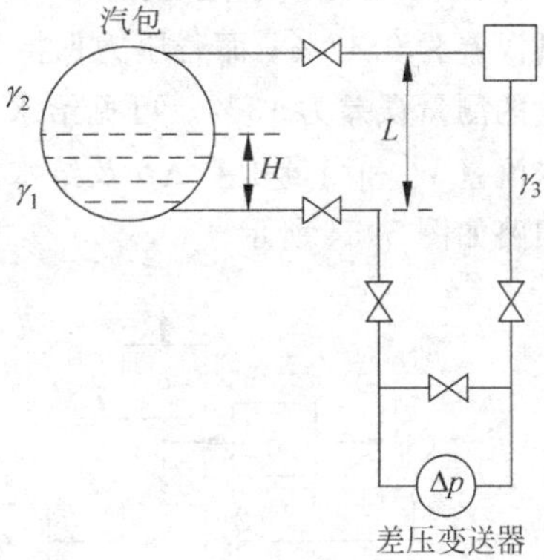

图 5-51　单室平衡容器水位计原理示意图

重度 γ_3 与环境温度有关，一般取水在 50℃时的重度。在锅炉启动过程中，水温略有增加，但由于压力的同时升高，使二者的影响相互抵消，故 γ_3 可视为常数。而 γ_1 和 γ_2 均为汽包压力 p_b 的函数，记

$$f_1(p_b)=L(\gamma_3-\gamma_2)=L\gamma_3-L\gamma_2=k_1-k_2f(p_b) \tag{5-48}$$

式中，$k_1=L\gamma_3$ 为常数。计算表明，在 0～19.6MPa 范围内，上式基本呈线性关系。记

$$f_2(p_b)=\gamma_1-\gamma_2 \tag{5-49}$$

$f_2(p_b)$呈非线性关系。则式(5-47)成为

$$H=\frac{f_1(p_b)-\Delta p}{f_2(p_b)} \tag{5-50}$$

由式(5-50)即可构成水位的压力校正回路，如图5-52所示。图中$f_1(x)$和$f_2(x)$分别模拟式(5-48)和(5-49)的关系，于是利用图5-52所示的回路即可得到压力校正后的水位信号。

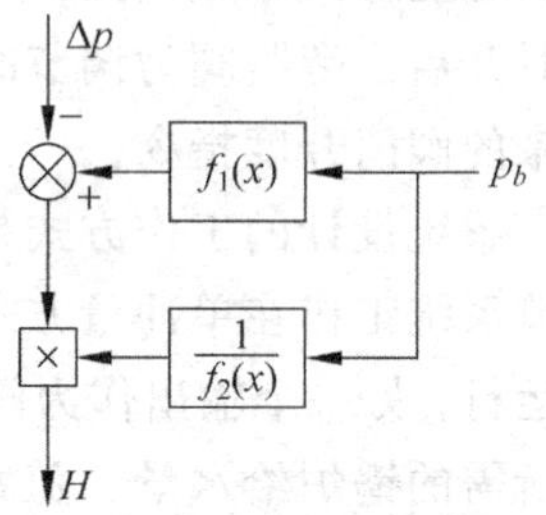

图5-52 水位测量信号的压力校正

2）蒸汽流量信号的处理

蒸汽流量测量采用标准喷嘴，当蒸汽压力和温度偏离设计参数时，需进行校正，校正公式为

$$D=K\sqrt{\Delta p\gamma}=K\sqrt{\frac{18941.4p\Delta p}{\theta+166-5.61p}} \tag{5-51}$$

式中，D为过热蒸汽流量，kg/h；K为流量系数；θ为过热蒸汽温度，℃；p为过热蒸汽压力，MPa；Δp为节流元件压差，MPa；γ为过热蒸汽重度，N/m^3。

根据式(5-51)可设计出蒸汽流量信号的压力温度校正回路，如图5-53所示。图中a,b和c为常数。

3）给水流量信号的处理

计算表明，当给水温度为100℃，压力在0.196～19.6MPa范围内变化时，给水流量测量误差为0.47%；而若压力保持为19.6MPa，温度在100～290℃范围内变化时，给水流量的测量误差为13%。可见给水温度对测量精度影响很大，需要进行温度修正。按照给水流量W和测量压差Δp及给水温度θ的关系，可设计出给水流量测量信号的温度校正回路如图5-54所示。

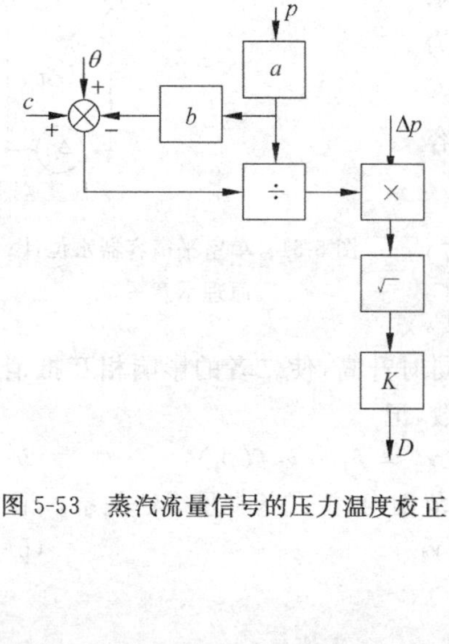

图5-53 蒸汽流量信号的压力温度校正

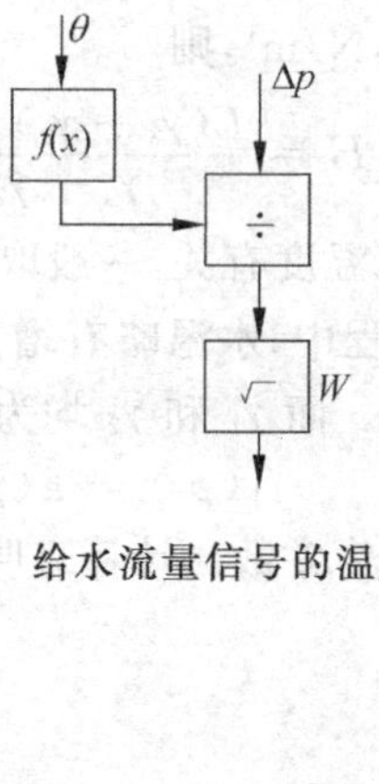

图5-54 给水流量信号的温度校正

3. 调节系统的构成

调节系统由一个单冲量系统和一个三冲量系统组成，它们在不同的负荷下投入运行，图 5-55 是整个调节系统的原理示意图。由图可见，三冲量系统是由调节器 PI1 和 PI2 组成的串级调节系统，PI1 为主调节器，PI2 为副调节器；单冲量系统的调节器为 PI3。PI2 和 PI3 的输出进入切换开关 T，其中的一个通过它形成给水流量指令信号 FD，T 的状态由逻辑控制回路根据负荷状况控制，以决定哪一个调节系统运行，FD 通过逻辑控制回路形成汽动泵 A、汽动泵 B 和电动泵的转速指令以及旁路调节阀的开度指令，以根据前述要求控制有关调节机构的自动运行。

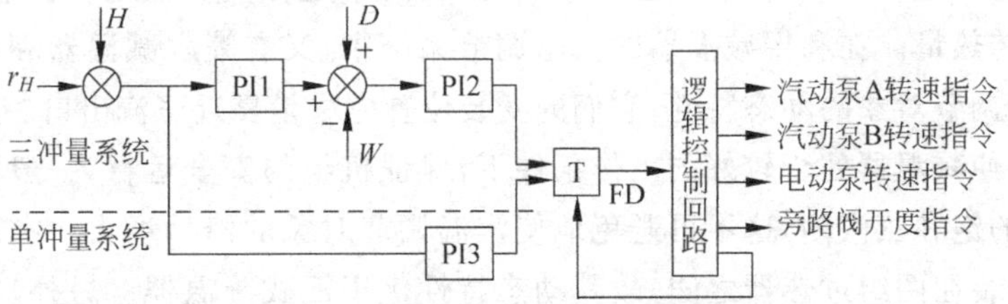

图 5-55　调节系统原理示意图

4. 给水泵再循环控制

无论是汽动给水泵还是电动给水泵都有最小流量限制，否则将使给水泵的工作点变坏，使得冷却水量不够，造成泵的汽蚀。因此，每台泵都设有再循环回路，通过控制再循环阀的开度来保证其流量大于最小流量。

1）电动给水泵的再循环控制

电动给水泵的再循环控制系统如图 5-56 所示，图中 r_W 为最小流量给定值，W 为电动泵进口流量，可见它是一个简单的单回路系统。另外，系统还设置有相应的逻辑控制回路，使电动泵停止运行时，再循环阀处于全开位置。

2）汽动给水泵的再循环控制

汽动给水泵的再循环控制系统如图 5-57 所示。图中，n 为汽动泵的实测转速，通过函数转换器 $f(x)$ 转换成该转速下相应的最小流量 r_W，作为调节系统的给定值，W 为汽动泵进口流量，它也是一个简单的单回路系统。同电动泵再循环控制一样，系统也设置有相应的逻辑控制回路，使其停运时，再循环阀处于全开位置。

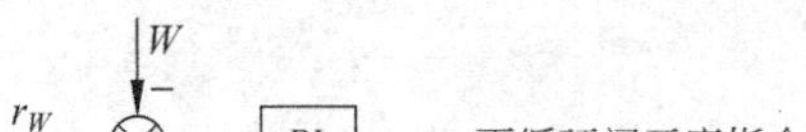

图 5-56　电动给水泵的再循环控制

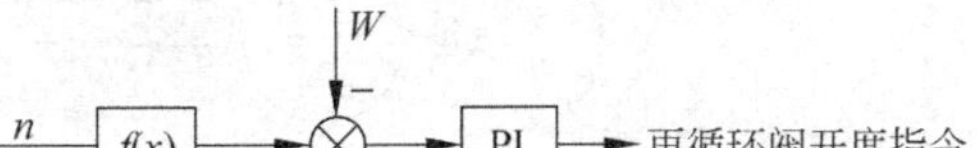

图 5-57　汽动给水泵的再循环控制

5.5 汽温控制系统

锅炉蒸汽温度直接影响全厂的热效率和过热器管道、汽轮机等设备的安全运行，其控制系统是锅炉重要的控制系统之一。

根据各种锅炉的构造、静态特性和动态特性的区别，可以设计不同的汽温自动控制系统，以满足锅炉汽温控制的需要。对于大型机组广泛采用中间再热方式，所以汽温控制包括过热蒸汽温度控制和再热蒸汽温度控制两种控制系统。

由锅炉的生产过程可知，控制汽温的手段有两种，一是在蒸汽管道上设置减温器，一是改变烟气侧传热量。在利用减温器的汽温调节系统中，又有喷水减温器和面式减温器两种，为了改善调节对象的动态特性，它们的安装位置应尽量靠近蒸汽出口。在采用面式减温器时，为了使减温器处于较好的工作条件下，保证机组的安全运行，一般将其安装在远离蒸汽出口的饱和蒸汽侧，这不可避免地使汽温调节对象的滞后增大。在采用喷水减温器时，将其安装在两组过热器之间，故其动态特性优于面式减温器。另外，喷水减温器调节范围大，设备也不太复杂，故已被普遍采用。

从调节对象的动态特性来看，用改变烟气传热量调节汽温是一种较好的调节方案，但在高温时，其调节机构的具体实现存在困难。故目前大型机组过热汽温调节多采用喷水减温器方案，而再热汽温调节多采用改变烟气传热量方案。

本节仅讨论利用喷水减温器调节过热蒸汽温度的有关问题。

5.5.1 过热汽温被控对象的动态特性

过热器布置在高温烟道中，大型锅炉的过热器往往分为若干段，在各段之间设置喷水减温器，即采用过热汽温的分段控制。温度调节用的减温水由锅炉给水系统提供，图 5-58 是其示意图。图中，θ_2 为过热蒸汽温度，它是控制系统的被调量；θ_1 为喷水减温器后的过热汽温度；D 为蒸汽流量；W 为喷水量，它是系统的调节量。

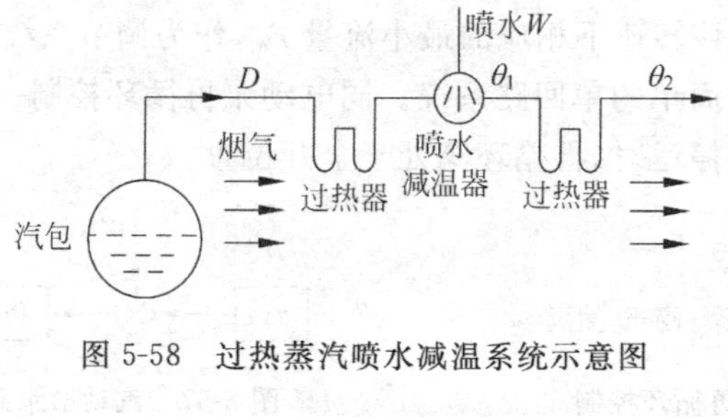

图 5-58　过热蒸汽喷水减温系统示意图

在锅炉运行中，影响过热器出口蒸汽温度的因素很多，有蒸汽流量，燃烧工况，锅炉给水温度，过热器入口蒸汽焓值，流经过热器的烟气温度、流量、流速以及锅炉受热面的结渣、积灰、结垢情况等，其中主要的影响因素是蒸汽流量、烟气传热量（归纳了烟气侧及受热面的污染情况得出）和喷水量。

1. 过热蒸汽流量变化时过热汽温的动态特性

蒸汽流量的变化会改变过热器和烟气之间的传热条件，从而导致过热汽温的变化。由于蒸汽量变化时，沿过热器管道长度方向的各处温度几乎同时变化，故其滞后和惯性都比较小，其传递函数可表示为

$$\frac{\Theta_2(s)}{D(s)} = \frac{K_D}{1+T_D s}\mathrm{e}^{-\tau s} \tag{5-52}$$

其中，时间常数 T_D 和滞后 τ 都比较小。其阶跃响应如图 5-59 所示。

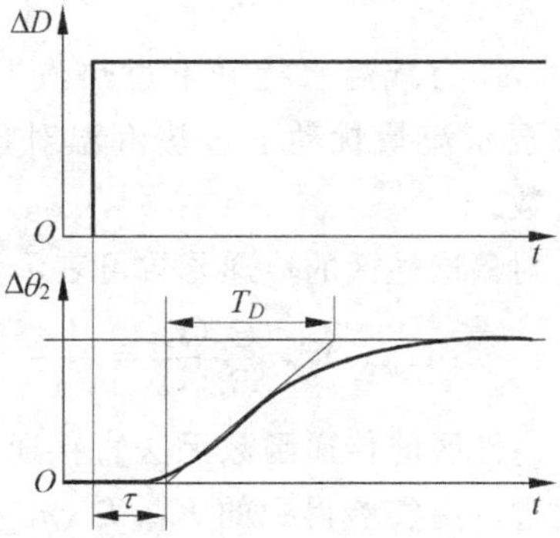

图 5-59　过热蒸汽流量扰动下过热汽温的动态特性

2. 烟气传热量变化时过热汽温的动态特性

烟气传热量主要是通过烟气温度的变化和烟气流量的变化来影响过热汽温。和蒸汽流量扰动类似，烟气流量的扰动也几乎同时影响过热器管道长度方向的各处蒸汽温度，故它也是一个具有自平衡能力、滞后和惯性都不大的对象，其传递函数可表示为一个二阶系统，为

$$\frac{\Theta_2(s)}{\Theta_g(s)} = \frac{1}{1+T_1 s+T_2 s^2} \tag{5-53}$$

式中，Θ_g 为烟气温度。

3. 喷水量变化时过热汽温的动态特性

在喷水减温过热蒸汽温度调节系统中，喷水量扰动是系统的基本扰动，从喷水减温的工艺过程可知，以喷水量为输入、过热蒸汽温度为输出，对象具有分布参数的特性，即管内的蒸汽和管壁可视为众多单容对象串联组成的多容对象，喷水量的变化必须通过这些单容对象，才能最终影响到过热器出口蒸汽温度。因此，与在蒸汽量扰动和烟气传热量扰动的情况相比，对象具有大得多的滞后和惯性，这也正是此对象难以控制的原因。

减温水流量扰动下的过热汽温响应曲线如图 5-60 所示。由图可见，在减温水扰动下，减温器出口过热汽温 θ_1 的响应比过热器出口汽温 θ_2 快得多，可以肯定，在喷水减温过热蒸汽温度调节系统中，以 θ_1 作为导前信号，构成串级调节系统，将大大改善控制系统的性能。

在减温水流量扰动下，导前汽温的传递函数可表示为

$$G_{01}(s)=\frac{\Theta_1(s)}{W(s)}=\frac{K_1}{(1+T_1 s)^{n_1}} \tag{5-54}$$

式中，K_1 为减温水流量扰动下导前汽温的放大系数；T_1 为减温水流量扰动下导前汽温对象的时间常数；n_1 为阶数。

在减温水流量扰动下，过热汽温的传递函数可表示为

$$G_0(s)=\frac{\Theta_2(s)}{W(s)}=\frac{K_0}{(1+T_0 s)^{n_0}} \tag{5-55}$$

式中，K_0 为减温水扰动下过热汽温的放大系数；T_0 为减温水流量扰动下过热汽温对象的时间常数；n_0 为阶数。

对象惰性区的传递函数可表示为

$$G_{02}(s)=\frac{\Theta_2(s)}{\Theta_1(s)}=\frac{K_2}{(1+T_2 s)^{n_2}} \tag{5-56}$$

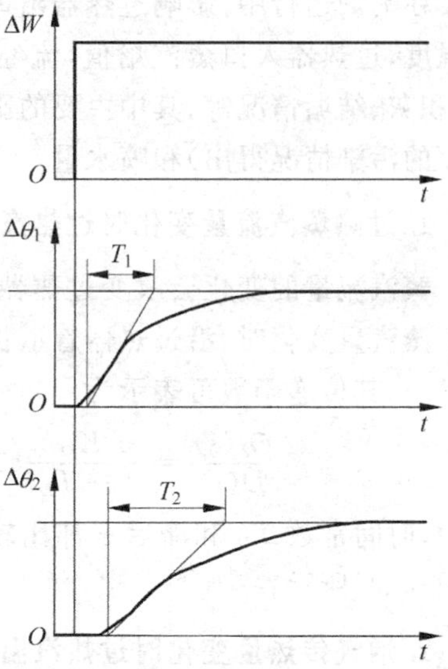

图 5-60 减温水流量扰动下过热汽温的响应曲线

由于惰性区的传递函数无法直接通过实验求出，所以需通过可由实验得到的 K_1，T_1，n_1 和 K_0，T_0，n_0 来求取，计算公式为

$$\begin{cases} K_2=\dfrac{K_0}{K_1} \\ T_2=\dfrac{n_0 T_0^2-n_1 T_1^2}{n_0 T_0-n_1 T_1} \\ n_2=\dfrac{(n_0 T_0-n_1 T_1)^2}{n_0 T_0^2-n_1 T_1^2} \end{cases} \tag{5-57}$$

5.5.2 串级过热汽温控制系统

串级调节系统是过热汽温调节广泛采用的方案，其结构如图 5-61 所示。图中，$G_{01}(s)=\frac{\Theta_1(s)}{W(s)}$为被控对象导前区的传递函数；$G_{02}(s)=\frac{\Theta_2(s)}{\Theta_1(s)}$为被控对象惰性区的传递函数；$G_P(s)$为副控制器的传递函数；$G_{PI}(s)$为主控制器的传递函数；$\gamma_{\theta_1}$，$\gamma_{\theta_2}$ 分别为导前汽温和过热器出口汽温测量元件和变送器的传递函数，它们都近似为比例环节；K_A 为执行器放大系数；K_D 为喷水阀比例系数。

在串级过热汽温控制系统中，对副回路的要求是尽快地消除扰动，对过热汽温起粗调作用，因此副控制器常采用比例作用或比例微分作用的控制器；而主回路的作用是最终保持主蒸汽温度不变，对主汽温起细调作用，因此主控制器需采用 PI 或 PID 作用的

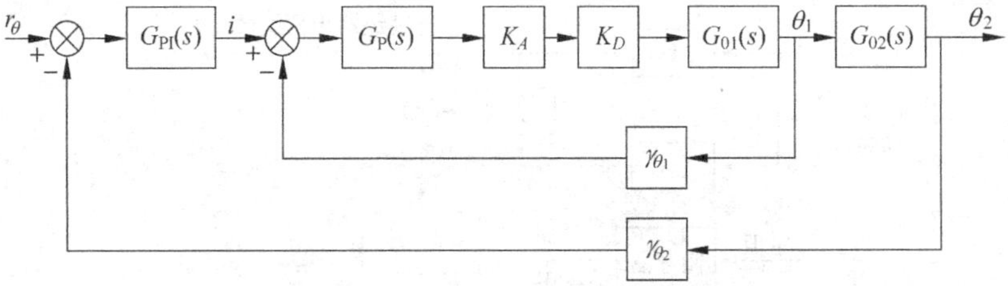

图 5-61　串级过热汽温控制系统原理图

控制器。

由于导前区和惰性区的惯性差别较大，故主回路和副回路可以分别整定。

1. 副回路的整定

由于导前区 $G_{01}(s)$是一低阶环节，故副调节器 $G_P(s)$的调节作用可以整定得很强，以使副回路具有快速的响应速度，在此情况下，副回路的闭环传递函数近似为

$$\frac{\Theta_1(s)}{I(s)} \approx \frac{1}{\gamma_{\theta_1}} \tag{5-58}$$

2. 主回路的整定

整定好副回路后，可用计算方法或实验方法整定主回路。在式(5-58)满足的条件下，图 5-61 所示的系统可等效为图 5-62。由图可见，其等效对象传递函数为

$$G'_0(s) = \frac{\gamma_{\theta_2}}{\gamma_{\theta_1}} G_{02}(s) \tag{5-59}$$

当用实验法整定时，将副回路投入，通过临界比例带法或衰减曲线法整定主调节器 $G_{PI}(s)$。当用计算法时，由式(5-57)和式(5-59)求得 $G'_0(s)$，然后计算得到 $G_{PI}(s)$。

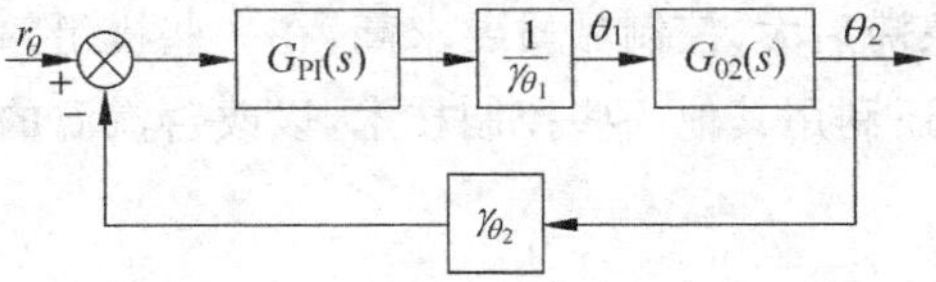

图 5-62　串级过热汽温控制等效方框图

5.5.3　过热汽温控制系统的工程设计实例

图 5-63 所示为一实际机组过热汽温控制系统的一部分。由图可以看出，这是一个串级控制系统，其基本部分同以上的分析。此外系统还有如下特点：

(1) 过热汽温的给定值不是常数，它与机组负荷有关。本系统采用汽轮机第一级级

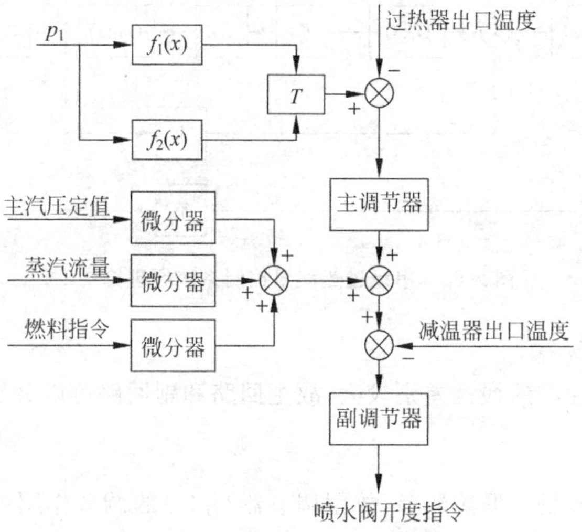

图 5-63　过热汽温控制系统实例

后压力 p_1 作为机组负荷信号，通过函数发生器形成过热汽温的给定值。因为机组定压运行和滑压运行时过热汽温给定值与负荷的关系是不同的，所以系统中采用了两个函数发生器。$f_1(x)$用于定压运行方式，$f_2(x)$用于滑压运行方式，并由 T 进行切换。

(2) 由于串级调节系统对于改善一次扰动下系统的品质效果不显著，故系统采用蒸汽流量、燃料量指令及主蒸汽压力定值的微分信号作为副调节器的前馈信号，以减小这些扰动下过热汽温的动态偏差。

5.5.4　改善过热汽温调节性能的措施

汽温调节系统中，对象滞后大，控制品质要求高，在一些机组的汽温控制系统中，除采用串级调节、前馈补偿外，还利用其他一些控制技术，以改善汽温的调节品质。

1. 相位补偿

汽温调节对象的惰性区为高阶惯性环节，其传递函数 $G_{02}(s)$如式(5-56)所示，频率特性为

$$G_{02}(j\omega)=\frac{K_2}{(1+\omega^2T_2^2)^{\frac{n_2}{2}}}e^{-jn_2\arctan\omega T_2} \tag{5-60}$$

其相角为负，且随 n_2 和 T_2 的增大而增大。显然采用超前补偿环节(即相角为正的环节)串联在控制系统中，对对象的滞后进行补偿，将会改善系统的调节品质。最简单的超前补偿环节为 RC 无源网络，如图 5-64 所示。

其传递函数为

$$G_B(s)=\frac{1}{\alpha}\frac{1+\alpha Ts}{1+Ts} \tag{5-61}$$

式中，$\alpha=1+\frac{R_1}{R_2}$，$T=\frac{R_1R_2}{R_1+R_2}$。其频率特性为

$$G_B(j\omega)=\frac{\sqrt{1+(\alpha\omega T)^2}}{\alpha\sqrt{1+(\omega T)^2}}e^{j(\arctan\alpha\omega T-\arctan\omega T)} \tag{5-62}$$

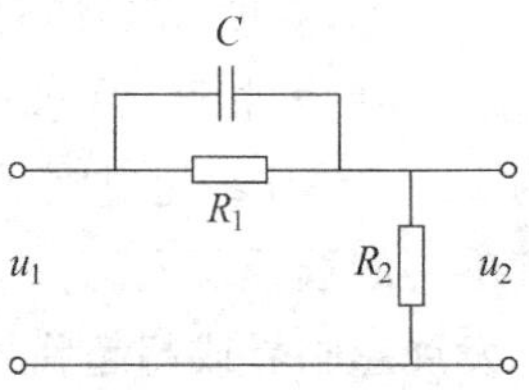

图 5-64　超前补偿环节

由于 $\alpha>1$，故其相角为正值。

选取 R_1 和 R_2，使在系统工作频率 $0\sim\omega$ 范围内，$\omega T\ll 1$，则 $\arctan\omega T\approx 0$，故此环节的传递函数近似为

$$G_B(s)=\frac{1}{\alpha}(1+\alpha Ts) \tag{5-63}$$

为一 PD 环节。

另外，由式(5-62)可知，此补偿环节的增益小于1，故加入补偿环节后，应对调节器的比例增益适当调整，以保证系统的开环增益不变。

2. 调节器参数的自动修正

系统中调节器的参数是根据对象的动态特性整定的，当对象特性变化时，调节器的参数也应当适当变化，才能保证系统的品质不会因对象特性的变化而恶化。汽温对象的动态特性受机组负荷的影响，例如对于对象的超前区，当蒸汽流量增大时，同样的喷水量将会使减温速度变慢及汽温的最终变化值减小，即对象的特征参数 $\frac{\tau}{T_c}$ 变小，故可考虑用蒸汽流量 D 修正调节器的参数。当 D 增大时，使调节器的比例带和积分时间相应减小。

3. 史密斯补偿器的应用

汽温对象为一高阶惯性环节，它可用一个低阶惯性环节(通常是一阶)和一个纯滞后环节的串联近似，于是可用第 4 章讨论的用于纯滞后补偿的史密斯补偿器进行补偿。在串级汽温调节系统中，史密斯补偿器通常加在主调节器中，只要参数选择适当，它可以显著改善系统的调节品质。

5.6　超临界压力机组控制系统

按工质在蒸发区中流动的推动力划分，锅炉可分为自然循环和强制循环两类。前者如汽包锅炉，其工质流动的推动力是由下降管和上升管间工质的密度差形成的，而后者则由水泵产生推动力。直流锅炉即为强制循环锅炉。

根据水蒸气性质，压力越高，汽水密度差越小。在水的状态参数达到临界点(压力

22.129MPa，温度 374℃)时，水的汽化会在一瞬间完成，饱和水和饱和汽之间不再存在汽、水共存的两相区，汽水密度相等。因此对超临界压力机组，由于其锅炉出口压力(目前多为 24～26MPa)超过临界压力，无法维持自然循环，不能再采用汽包锅炉，直流锅炉成为其唯一的选择形式。

发展超临界或超超临界、大容量火电机组是电力行业的主要方向，因为其可以有效提高电厂效率，降低单位容量造价。与同容量亚临界机组相比，超临界机组的热效率理论上可以提高 2%～2.5%，而采用超超临界参数则可提高 4%～5%。

5.6.1 超临界锅炉的特点

1. 启动旁路系统

直流锅炉没有汽包，使启动过程大大缩短。但在滑压参数启动时，在同一时间内，锅炉和汽轮机对工质的参数要求不同。锅炉要求有一定的启动流量和启动压力，而汽轮机的暖机和冲转，对蒸汽的压力和流量要求不高。因此与汽包锅炉不同，直流锅炉需要设置一套专门的启动旁路系统。它在启动和低负荷运行时，主要完成如下功能：

(1) 维持水冷壁需要的最小给水流量和给水压力，以保护水冷壁避免过热超温。

(2) 回收工质和热量。超临界机组大都采用单元制系统，在启动中，汽轮机暖机、冲转需要的进汽要求有 50℃以上的过热度以防止汽轮机水击。故此时锅炉产生的热水、汽水混合物、饱和蒸汽和过热度不足的过热蒸汽都不能进入汽轮机，需要通过启动旁路系统回收这些不合格的工质和热量。

(3) 使蒸汽参数满足汽轮机的需要。

为实现上述功能，直流锅炉的启动旁路系统主要由汽水分离器和疏水系统组成。它分为内置式和外置式两类。外置式启动旁路系统仅在启动和低负荷时投入，一旦负荷大于一定值(通常为满负荷的 25%～45%)，即从系统中切除。内置式启动旁路系统则一直连接在系统中，在启动和低负荷运行时同汽包锅炉的汽包一样，起到汽水分离的作用。在正常负荷时，机组以直流方式运行，此时汽水分离器无需切除，仅作为一个蒸汽联箱。由于外置式启动旁路系统在正常负荷时需要切除，操作比较复杂，故超临界机组大多采用内置式启动旁路系统，图 5-65 是其示意图。

内置式启动旁路系统的工作过程和特性如下：

(1) 湿态运行。在锅炉负荷小于最小直流负荷时，给水系统维持水冷壁所需的最小流量，锅炉所产生的蒸汽小于最小流量。汽水分离器类似于汽包锅炉的汽包，分离出的水通过疏水系统进行工质和热量的回收。这时，分离器为湿态运行。此时锅炉的动态特性也与汽包锅炉相似。给水流量的变化主要影响汽水分离器液位，而燃料量的变化主要影响汽水分离器出口蒸汽的流量和压力。锅炉的控制参数为分离器水位及维持启动给水流量。

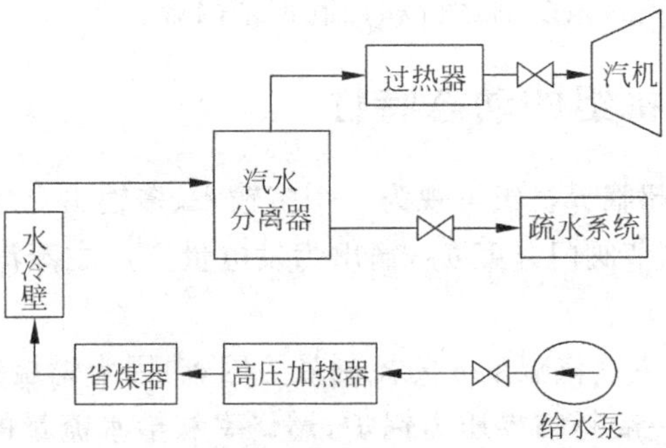

图 5-65 内置式启动旁路系统示意图

(2) 干态运行。当锅炉负荷大于最小直流负荷时,锅炉产生的蒸汽大于最小水冷壁流量。此时,汽水分离器中没有水,称为干态运行。在干态运行时,汽水系统的工作方式不同于汽包锅炉,通常所说的超临界机组的控制即这种工况下的控制。

(3) 汽水分离器湿干态运行转换。在湿态运行过程中锅炉的被控参数为分离器水位和最小给水流量,而在本节后面要着重分析的干态运行过程中,锅炉的被控参数一般为蒸汽温度,故在汽水分离器湿干态运行转换过程中,相应的控制系统也要实现切换。应注意的是在此转换过程中必须保持蒸汽温度的稳定。

2. 强制循环

超临界锅炉为强制循环,故工质从水变成过热蒸汽的加热流动完全依靠给水泵的压力驱动,其汽水流程如图 5-66 所示。

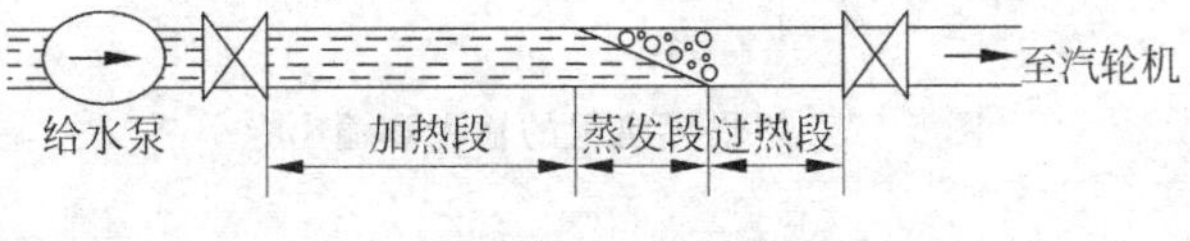

图 5-66 超临界锅炉汽水流程示意图

由图 5-66 可见,在超临界锅炉中,汽水行程没有汽包和小循环回路。给水在泵的作用下,一次性流过加热段、蒸发段和过热段,循环倍率为 1。加热段、蒸发段和过热段之间没有固定的分界。从控制的角度来考虑,有如下两个突出特点:

(1) 锅炉出口蒸汽参数受燃烧率和给水量的影响严重,尤其是出口汽温。例如燃烧率增加时,蒸发段和过热段前移,过热段面积增加,出口汽温上升;而当给水流量增加时,加热段和蒸发段后移,过热段面积减小,出口汽温下降。可见欲使蒸汽温度恒定,其根本措施是使燃烧率和给水流量维持一定比例。

(2) 直流锅炉的蓄热量要比汽包锅炉小,这使得在外部负荷变化时,主气压的波动比汽包锅炉剧烈得多，这无疑给系统的运行和控制带来困难。

5.6.2 超临界机组的动态特性

从控制的角度分析，超临界机组可视为一个多输入、多输出对象，其输入为给水流量 W、燃烧率 μ_B 和汽轮机调节阀门开度 μ_T，输出为发电量 N_E、主蒸汽压力 p_T 和主蒸汽温度 θ。

在所有参数控制中，主蒸汽温度 θ 的控制最为困难，因为燃烧率和给水流量的比例对它有严重影响。对于一般超临界压力锅炉，燃烧率和给水流量的比例变化 1%，将使 θ 变化 8～10℃。在实际运行中，由于负荷变化等原因引起的燃烧率和给水流量的比例失调往往大于 1%，故如果像汽包锅炉那样，仅依靠喷水减温的方法调节主蒸汽温度难以满足要求。在实际超临界机组控制中，喷水减温仅作为主蒸汽温度的精细调节手段，而在汽水流程上选择一点（一般选择在微过热区），其温度 θ_1 较之 θ，对燃烧率和给水流量变化的反应更为迅速。设计控制系统维持 θ_1 不变，以减少喷水减温调节的困难。

超临界机组的喷水减温控制同汽包锅炉一样，通常采用串级调节系统。这个系统可以独立考虑，于是超临界机组可视为以给水流量 W、燃烧率 μ_B 和汽轮机调节阀门开度 μ_T 为输入，以发电量 N_E、主蒸汽压力 p_T 和微过热区温度 θ_1 为输出的多变量系统，如图 5-67 所示。

图 5-67　超临界机组的输入和输出

下面针对图 5-67，讨论超临界机组的动态特性。

1. 汽轮机调节阀开度 μ_T 扰动下的动态特性

在汽轮机调节阀开度 μ_T 阶跃增大时，各参数的变化如图 5-68 所示。

μ_T 阶跃增大后，主蒸汽压力 p_T 阶跃下降，蒸汽流量 D 立即增加。D 的增加是由于 p_T 的下降，锅炉放出蓄热引起的。但由于燃料量不变，即锅炉的输入热量不变，经过一段时间后，D 又逐渐减小，最终恢复到扰动前的数值。在此过程中，气压 p_T 的下降速度也逐渐趋缓，最后稳定在一个新的数值。

由于 p_T 下降而给水阀开度不变，故给水流量会自动增大，从而使主蒸汽温度 θ 略有减小。

发电功率 N_E 决定于蒸汽参数，其中蒸汽流量 D 起主要作用，故 N_E 的变化趋势和 D

相同。

2. 燃烧率 μ_B 扰动下的动态特性

图 5-69 所示为在 μ_B 阶跃增大后各参数的变化曲线。

μ_B 阶跃增大后，由于蒸发强度增强，蒸汽流量 D 一开始惯性增大，由于给水流量不变，所以随后 D 呈下降趋势，最终稳定在与给水流量相等的数值。

μ_B 的增大使燃烧率和给水量的比值增大，故主蒸汽温度 θ 和微过热区温度 θ_1 都显著增大，但由于金属管壁的蓄热作用，其变化带有很大惯性。较之 θ,θ_1 的惯性要小得多。

μ_B 阶跃增大后，主蒸汽压力 p_T 也增大，最后稳定在一个较高的水平上。p_T 的最初上升是由于蒸发量增大造成的，随后能维持在较高水平主要是由于蒸汽温度提高的原因。

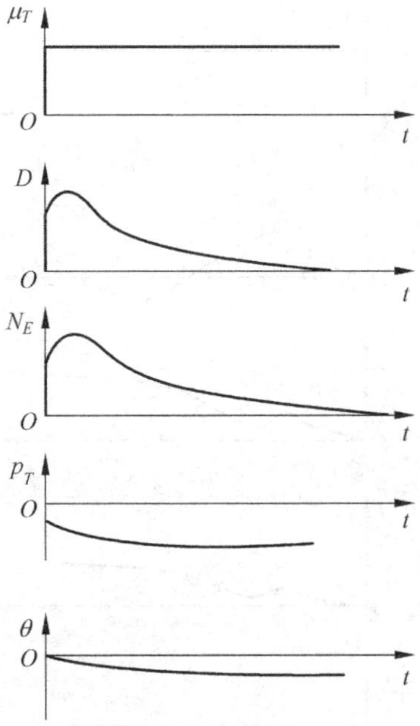

图 5-68　汽轮机调节阀扰动下的动态特性

发电功率 N_E 的变化是蒸汽流量、压力和温度综合影响的结果，开始由于 D 的增大而增大，随后由于压力和温度的上升使其维持在一个较高水平。

实际上，在 μ_B 增大后，由于 p_T 增大而给水调节阀开度不变，故给水量会略有减小，故图 5-69 中 D 的最终稳态值略低于扰动前的水平，与给水流量相等。

3. 给水流量 W 扰动下的动态特性

W 阶跃增大后，各参数的变化曲线如图 5-70 所示。

在 W 阶跃增大后，D 也逐渐增大，由于 μ_B 不变，故汽水行程中加热段和蒸发段将延长，过热段缩短，锅炉内工质储量增大。这个过程具有惯性特点，故 D 的响应也具有惯性。当加热段、蒸发段和过热段重新稳定后，D 与 W 相等，维持在一个较高水平。

由于 μ_B 不变，W 增大使主蒸汽温度 θ 和微过热区温度 θ_1 都显著惯性减小。

主蒸汽压力 p_T 初期由于蒸发量增大而增大，随后由于汽温下降、蒸汽容积流量减小又有所减小，最后稳定在一个比扰动前较大的数值上。

发电功率 N_E 最初由于 D 的增加而增加，随后又由于蒸汽温度降低而减小。由于燃料量未变，最终功率基本不变，只是由于蒸汽温度下降较大使其最终稳态值略低于扰动前的数值。

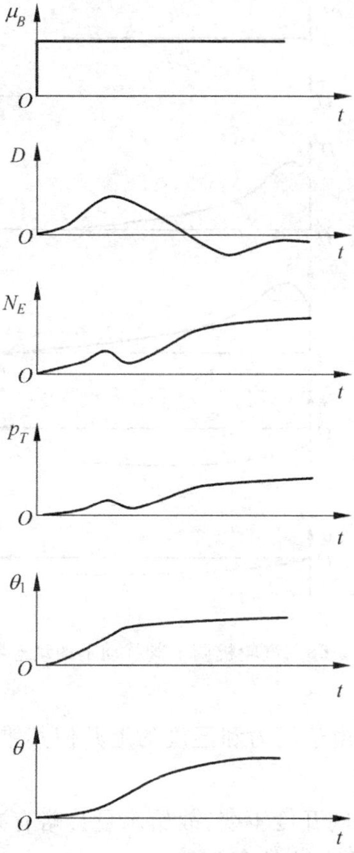

图 5-69　燃烧率扰动下的动态特性

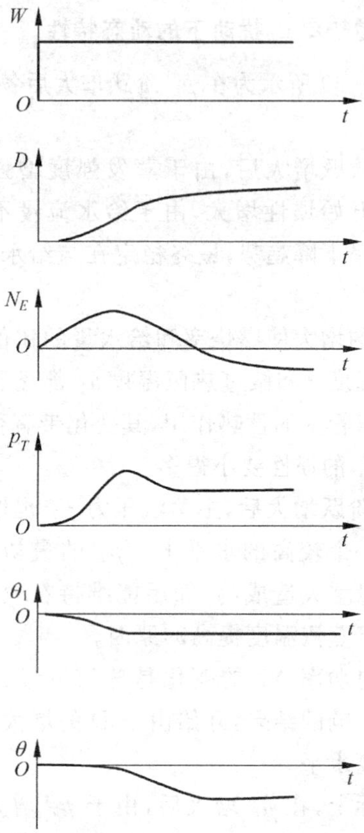

图 5-70　给水量扰动下的动态特性

5.6.3　超临界机组的控制策略

由以上动态特性的分析可知，超临界机组作为一个三输入三输出的对象，各输入量对于三个输出量都有不可忽视的影响，即彼此之间存在强耦合。由于汽轮机调节门开度 μ_T 对发电功率 N_E 和主蒸汽压力 p_T 的影响更为迅速，故同汽包锅炉机组的协调控制一样，超临界机组的负荷控制也可分为锅炉跟随汽轮机和汽轮机跟随锅炉两类。在锅炉跟随汽轮机负荷控制系统中，由汽轮机调节门开度 μ_T 控制发电功率 N_E，保证负荷需求的快速跟踪；在汽轮机跟随锅炉负荷控制系统中，由汽轮机调节门开度 μ_T 控制主气压 p_T，保证主气压的平稳。无论是锅炉跟随汽轮机还是汽轮机跟随锅炉的负荷控制，又可因微过热温度 θ_1 控制系统选取的控制量不同进一步分成两种。表 5-1 给出了几种可能的控制系统的组成。

表 5-1　超临界机组控制系统的组成

调节系统		被调量	调节量
锅炉跟随	系统 1	N_E θ_1 p_T	μ_T W μ_B
	系统 2	N_E θ_1 p_T	μ_T μ_B W
汽轮机跟随	系统 3	p_T θ_1 N_E	μ_T W μ_B
	系统 4	p_T θ_1 N_E	μ_T μ_B W

应当注意，由于对象的强耦合，无论采用哪种控制系统，都必须采用适当的解耦措施。目前，通常的做法是在控制系统中加入一些前馈和非线性环节。下面介绍两种原则性的控制方案。

1. 带基本负荷的协调控制系统

图 5-71 所示为带基本负荷的超临界机组协调控制系统，由于系统的主要矛盾是维持主气压恒定，故采用汽轮机跟随锅炉的控制方式，即由汽轮机调节门开度 μ_T 来维持主气压 p_T。图中，PI2 为负荷控制器，它接收负荷指令 r_N 和发电功率 N_E 间的偏差。另外，r_N

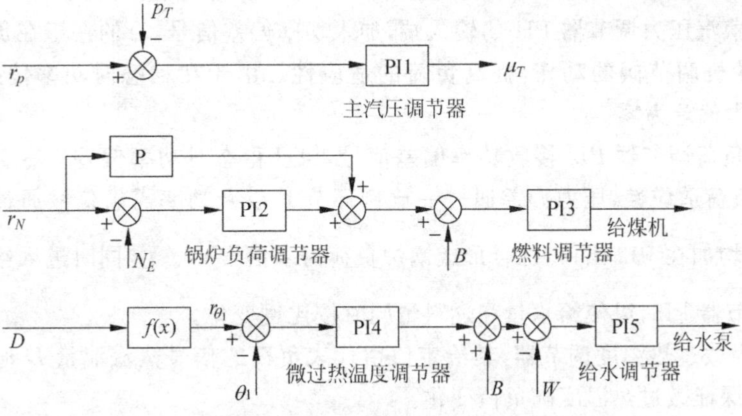

图 5-71　带基本负荷的超临界机组协调控制系统

还作为前馈信号通过一个比例环节 P 直接作用于燃料控制器 PI3，这样当 r_N 改变时，燃料量能迅速跟踪负荷要求。微过热温度 θ_1 的控制是一个串级调节系统。由于 θ_1 的要求随负荷而变，故由代表负荷的信号蒸汽流量 D 通过函数运算 $f(x)$ 产生给定值 r_{θ_1}。另外，燃料量信号 B 也作为前馈信号作用于给水控制器 PI5，这样能保证在负荷需求变化时，燃料量和给水量能同时跟踪，并维持大致不变的比例。

当负荷指令不变时，燃料量和给水量的自发扰动由各自的控制系统消除。

2. 带变动负荷的协调控制系统

图 5-72 所示为带变动负荷的超临界机组协调控制系统。这个系统具有如下特点：

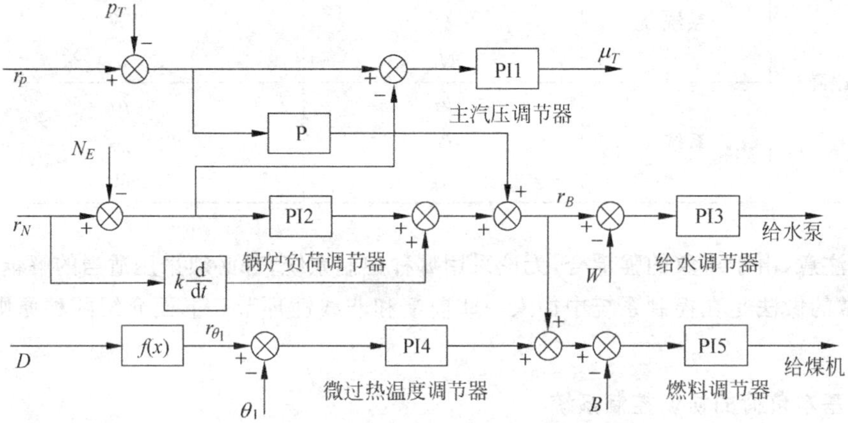

图 5-72　带变动负荷的超临界机组协调控制系统

(1) 系统的总体结构是由汽轮机调节门开度调节主气压，由给水调节功率，由燃料量调节微过热区温度。在此基础上，加入一些前馈调节，以消除系统间的耦合。

(2) 在主蒸汽压力调节器 PI1 的输入端，加入功率偏差信号，目的在于在负荷需求变化时，加速汽轮机调节阀的动作，提高负荷的适应性。由于在稳态时功率偏差为零，故 PI1 可保证压力偏差为零。

(3) 锅炉负荷调节器 PI2 接收功率偏差信号，保证稳态时功率偏差为零。在动态过程中，为提高负荷适应性，压力偏差通过一比例环节 P 以及功率需求信号通过一个动态补偿环节 $k\dfrac{d}{dt}$均加在 PI2 出口，综合形成锅炉负荷需求信号 r_B。r_B 同时进入给水调节器 PI3 和燃料调节器 PI5，以使给水量和燃料量同时按比例变化。

(4) PI4 为微过热温度调节器，其给定值由代表负荷的信号蒸汽流量 D 通过函数运算 $f(x)$产生，保证微过热温度随负荷变化。

5.7　循环流化床控制系统

煤在燃烧过程中对环境造成的影响已经引起普遍重视，清洁煤燃烧对以煤炭为主要能源的我国是一个重大研究课题。循环流化床锅炉(circulating fludized bed boiler，CFB)是近些年发展起来的新一代清洁型燃烧锅炉，具有污染低、效率高、煤种适应性广等优点。CFB已进入商业市场，在中小型锅炉中占有相当份额，目前在技术日趋成熟的同时正在向大容量发展。

5.7.1　CFB原理和特点

1. CFB的基本原理

图5-73是典型的循环流化床锅炉原理示意图。煤和脱硫剂被送入炉膛，点火燃烧，发生脱硫反应，并在上升烟气流的作用下向上运动，对水冷壁和其他受热面放热。燃烧所需的一次风和二次风分别从炉膛的底部和侧墙送入。上升的粗大粒子进入悬浮区后，在重力及其他外力作用下逐渐减速并偏离主气流，最终形成附壁下降粒子流。被夹带出炉膛的粒子气固混合物进入高温分离器，并经过返料装置重新送回炉膛，进行循环燃烧和脱硫。未被分离的细小粒子随烟气进入尾部烟道，进一步对受热面放热冷却后，经除尘器进入烟囱。

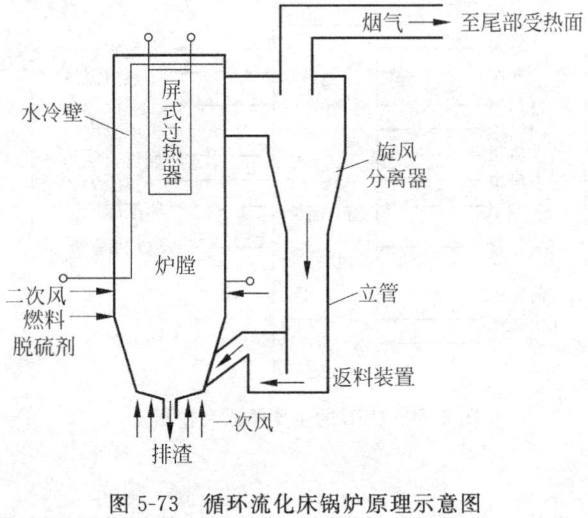

图5-73　循环流化床锅炉原理示意图

可见，循环流化床的燃烧系统由燃烧室、高温旋风分离器和飞灰回送装置构成。有的形式的循环流化床设置有外部换热器。部分从分离器分离出来的高温固体颗粒，送入外部换热器，其数量可通过机械阀进行控制。加入外部换热器可以增加受热面，并方便燃烧室温度和锅炉负荷的调节。

2. CFB 的主要特点

(1) 低温的动力控制燃烧。CFB 炉内温度远低于普通煤粉炉，并低于一般煤的灰熔点。

(2) 高速度、高强度、高通量的固体物料流态化循环过程。CFB 内的物料经历了由炉膛、分离器和返料装置构成的外循环，同时具有快速流态化的特点，在炉膛内存在内循环，整个燃烧和脱硫过程是在这两种循环运动中完成的。

(3) 高强度的热量、质量和动量传递过程。在 CFB 中，大量的物料在强烈湍流下通过炉膛，热量、质量和动量的传递过程十分强烈，使得整个炉膛高度的温度分布比较均匀。

(4) 燃料适应性广。CFB 既可燃用优质煤，也可燃用各种劣质燃料，这是 CFB 的一个突出优点。

(5) 低污染。CFB 可实现高效脱硫。另外，由于低温分段燃烧，NO_x 排放也低。

5.7.2 CFB 的动态特性

1. CFB 锅炉的输入和输出

CFB 作为一个多输入、多输出对象，其主要输入和输出如图 5-74 所示。

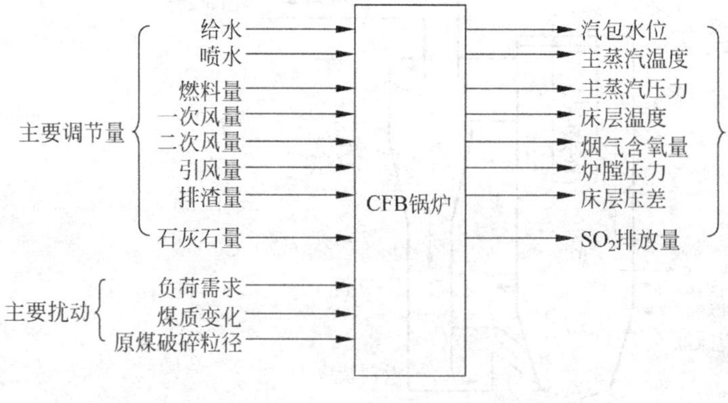

图 5-74 CFB 的主要输入和输出

1) 燃烧系统

同常规锅炉一样，燃烧控制以主蒸汽压力为被调量，其扰动有燃料量、风量、负荷需求等。在 CFB 中，煤和石灰石由给料口进入炉膛密相区下部，在悬浮的状态下进行燃烧。同时，高温烟气携带炉料和大部分未燃尽的煤粒逸出燃烧室顶部，经分离器分离后由返料器送回炉膛底部进行循环燃烧。可见，循环和流化是CFB燃烧的主要特点。另外，CFB不需要煤粉锅炉必需的制粉系统，煤被破碎成符合一定粒度要求（0～15mm）的颗粒后从多处给料点直接进入炉膛，因此，原煤破碎粒径作为一个扰动量影响CFB的燃烧状况。

2）送风系统

CFB的送风系统比常规锅炉复杂，根据锅炉的形式不同，可包括一次风、二次风、返料风和播煤风等。

一次风可分为两路，一路由炉膛下部的一次风箱送入，通过布风板进入燃烧室，使物料流化，并携带其向上流动，这是CFB特有的送风方式；另一路（又称为下二次风，也可来自二次风总管）和二次风（又称为上二次风）从炉膛的不同高度进入燃烧室，补充悬浮区燃烧需要的空气。一、二次风从炉膛的不同高度进入，形成分级燃烧，这使得炉膛的温度比较低，减少了 NO_x 的排放和结渣的风险。

从二次风可取出一小部分（约为一次风的3%～5%）作为播煤风，随物料进入炉膛。一些大型CFB设有专门的播煤风机。

在CFB中，物料的循环依靠返料器侧立管的物料压差，为了保证物料的可靠循环，设置一路高压返料风，它可由一次风管引出，或来自罗茨风机。

一次风量和二次风量是控制系统的主要调节量，它对主气压、床温和烟气含氧量都有显著影响。

在实际CFB中，一次风量具有下限值和上限值，下限值保证床层的充分流化，上限值保证二次风有足够的调节范围以及控制 NO_x 的排放等。在任何情况下，一次风量应处于二者之间。

3）床温

床温控制是循环流化床所特有的控制系统。床温的选择应考虑如下几方面因素：①在该温度下灰不会软化，无结焦危险；②燃烧效率较高；③脱硫效率高以及 NO_x 和 N_2O 排放低；④尽量避免煤中金属升华。综合上述因素，在燃煤硫分较高时，为保证最佳的脱硫效果，床温在850～900℃之间较为适宜。当燃煤硫分较低时，为提高燃烧效率，床温可升至900～950℃。

影响床温的因素很多，如燃料量、煤种、风量、床料量以及返料量等。对于具有外置式换热器的循环流化床，进入换热器和直接返回燃烧室的物料比对床温有明显影响，可作为调节手段。

将床温控制在某一确定数值十分困难，也没有必要。为了调节易于进行以及避免对其他调节系统的影响，可在床温调节系统中设置死区，保证床温维持在一定范围内。

4）料层高度和排渣

料层高度是指密相区静止时的料层厚度，它对锅炉的经济运行有很大影响，故维持相对稳定的床高十分必要。由于床高与料层差压成近似比例关系，故在运行中，通过测量差压来了解床高。床高的控制手段为排渣，排渣有两种方式：连续排渣和间歇排渣。排渣对床温有较大影响，故它对床温控制系统是一个扰动来源。

5）SO_2 排放控制

CFB 锅炉在燃烧过程中加入的石灰石可与燃烧生成的 SO_2 进行化学反应，生成 $CaSO_4$，故可设计控制系统来控制加入的石灰石量以满足 SO_2 排放要求。

由以上分析知，CFB 的控制系统具有如下特点：

(1) 循环流化床的汽水系统与常规锅炉没有原则区别，其有关控制系统(锅炉汽包水位控制和主蒸汽温度控制)也类似。

(2) 与常规锅炉相比，CFB 控制的最大区别在于其燃烧控制，它不但同常规锅炉一样，需要通过燃料量、送风量保证主蒸汽压力和燃烧经济性(烟气含氧量)，还需要维持床温恒定(通常是在一定范围)。因此，就燃烧控制来看，它是一个强耦合的多输入(燃料量，一、二次风量，引风量)多输出(主蒸汽压力、床温、烟气含氧量、炉膛压力)对象。其中，炉膛压力控制与常规锅炉一样，通过调节引风量来维持炉膛压力恒定。其主要困难在于主气压和床温控制系统的设计。

(3) 根据循环流化床工艺系统的特点，需要一些独特的控制回路，包括排渣控制、返料风控制和石灰石控制等。

2. CFB 主汽压、床温控制对象的动态特性

下面主要讨论与常规锅炉有显著区别的主气压、床温控制对象的动态特性。应当指出，循环流化床锅炉的动态特性和许多因素相关，例如锅炉容量、燃料种类、分离器形式、排渣方式以及运行方式等。另外，由于对象的非线性，其动态特性与负荷密切相关。以下描述的动态特性曲线是针对采用连续排渣方式和绝热旋风分离器的小型循环流化床锅炉且在满负荷时得到的。

1）给煤量阶跃输入下的动态响应过程

图 5-75(a)，(b)分别为在给煤量阶跃增加 5%时，主蒸汽压力 p_T 和床温 T_b 的飞升曲线。可见，p_T 和 T_b 均呈单调增加，但主蒸汽压力的滞后远大于煤粉炉，这也是循环流化床控制的一个主要特点。

2）一次风量阶跃输入下的动态响应过程

图 5-76(a)，(b)分别为在一次风阶跃增加 5%时，主蒸汽压力 p_T 和床温 T_b 的飞升曲线。当一次风增大后，床温随一次风量的增加明显减小。由于过渡区和稀相区的物料浓度随一次风增大而提高，使得传热系数增加，导致主蒸汽压力迅速增加。但由于给煤量没

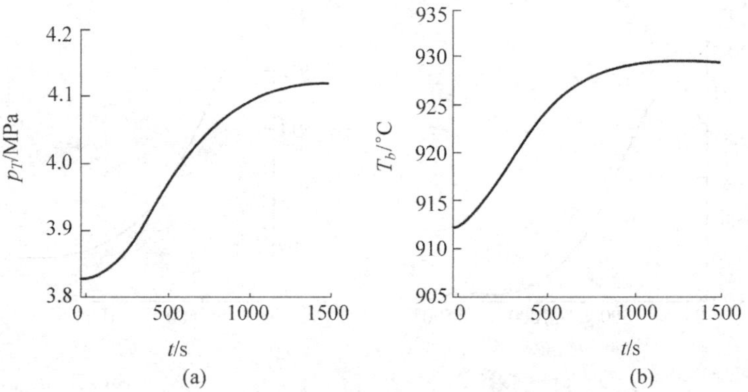

图 5-75　给煤量阶跃扰动下主汽压、床温的响应曲线

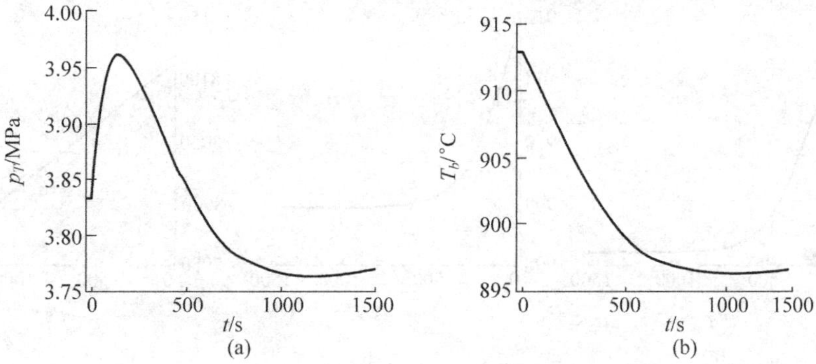

图 5-76　一次风阶跃扰动下主汽压、床温的响应曲线

变，作为炉内冷却介质的一次风量的增加最终会从炉内带走较多的热量，使主蒸汽压力的最后稳定值较初始值低。

3）二次风量阶跃输入下的动态响应过程

图 5-77(a)，(b)分别为在二次风阶跃增加 5％时，主蒸汽压力 p_T 和床温 T_b 的飞升曲线。二次风量对主汽压的影响趋势同一次风；二次风量对床温的影响很小，开始有一小幅增大，随后缓慢下降，整个变化幅度在 3～4℃以内。

4）排渣量阶跃输入下的动态响应过程

排渣是调节床层厚度的手段，但会影响到主汽压和床温，图 5-78(a)，(b)和(c)分别为在排渣量阶跃增加 20％时，主蒸汽压力 p_T、床温 T_b、炉膛压差 p_c 的飞升曲线。由图可以看出，处于稳态后，主蒸汽压力和床温有所下降，这是因为排出炉内的能量增多的缘故。另外，排渣率增加后，料层差压以积分形式减少。

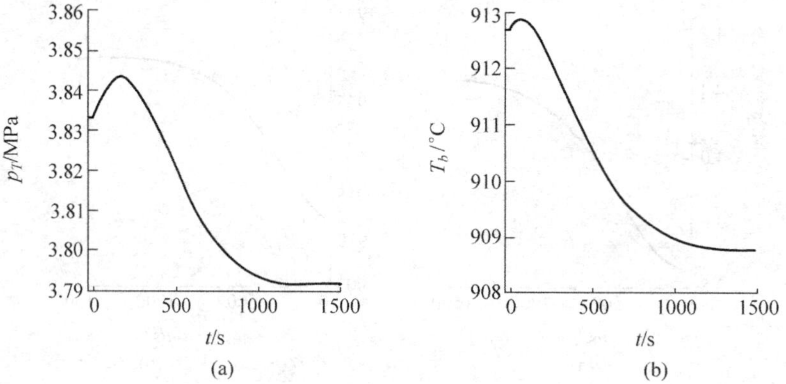

图 5-77　二次风阶跃扰动下主汽压、床温的响应曲线

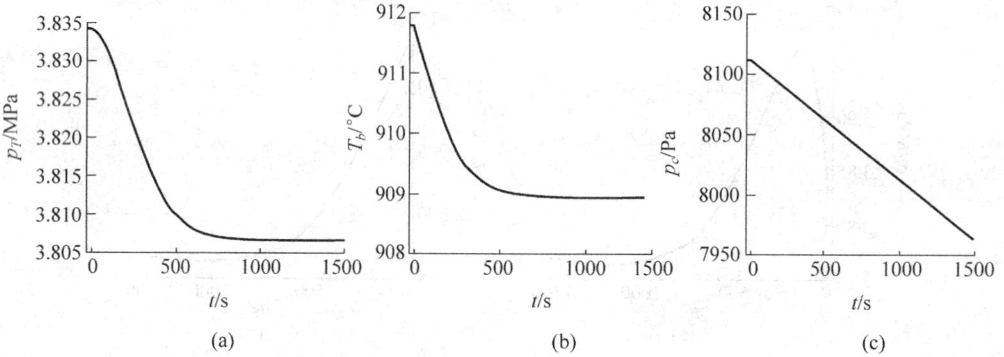

图 5-78　排渣量阶跃扰动下主汽压、床温和炉膛压差的阶跃响应曲线

5.7.3　CFB 控制的原则方案

本节主要讨论循环流化床控制中与常规锅炉不同的燃烧控制系统，并简要介绍循环流化床所独有的一些控制回路。

1. CFB 燃烧控制系统

1）基于主汽压-燃料量控制的燃烧控制系统

系统的原理结构如图 5-79 所示。即用燃料量调节主汽压，用一次风量调节床温，二者都设计为串级调节形式。为了减少二者的耦合，将主汽压调节器输出的燃料量指令信号通过一函数转换器 $f(x)$ 引入一次风调节器的入口，以实现系统的单向解耦。图中，r_p，r_T 分别为主汽压和床温的给定值，B，V 分别为燃料量和一次风量的测量值。

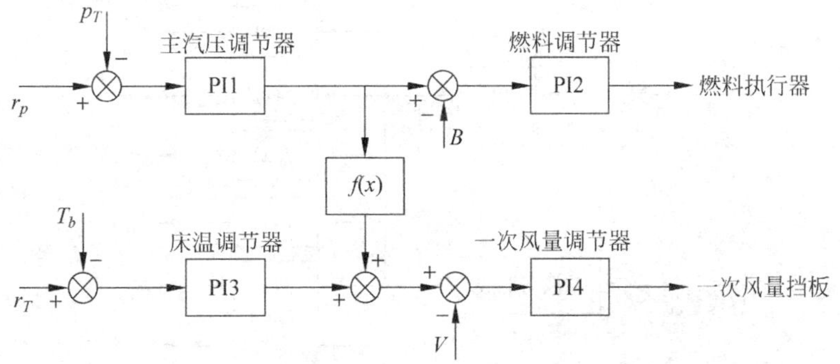

图 5-79　基于主汽压-燃料量控制的燃烧控制系统

2）基于床温-燃料量控制的燃烧控制系统

系统也可设计为用燃料量调节床温、用一次风量调节主汽压的形式，其原理结构如图 5-80 所示。图中 D1 和 D2 是两个前馈解耦装置。

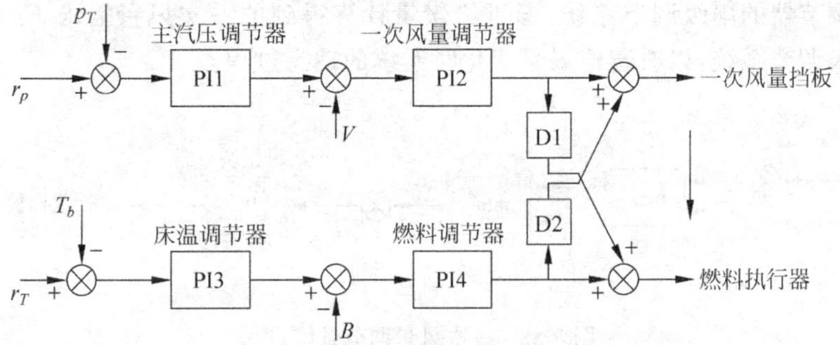

图 5-80　基于床温-燃料量控制的燃烧控制系统

在以上两种方案中，二次风量都用来控制烟气含氧量，与常规锅炉相似。

3）基于床温-一、二次风比率控制的燃烧控制系统

目前，中、大型循环流化床大多采用由燃料量控制主汽压而由一、二次风比率控制床温的燃烧控制方案。在这样的控制系统中，风量指令的生成如图 5-81 所示。

图 5-81 中，来自主汽压控制系统的总煤量指令通过总风量形成环节的计算和过量空气系数校正产生总风量需求 F，再由函数运算器 $f_4(x)$，$f_5(x)$和 $f_6(x)$分别得到一次风量需求 F_1、上二次风量需求 F_2 和下二次风量需求 F_3，它们分别送入一次风和上、下二次风调节系统。另外，床温调节器根据床温偏差信号产生风量指令信号 s，通过函数运算器 $f_1(x)$，$f_2(x)$和 $f_3(x)$得到一次风量指令信号 s_1、上二次风量指令信号 s_2 和下二次风量指令信号 s_3，它们也送入一次风和上下二次风调节系统，以实现风量的分配。函数 $f_1(x)$，$f_2(x)$和 $f_3(x)$与负荷和煤种有关。

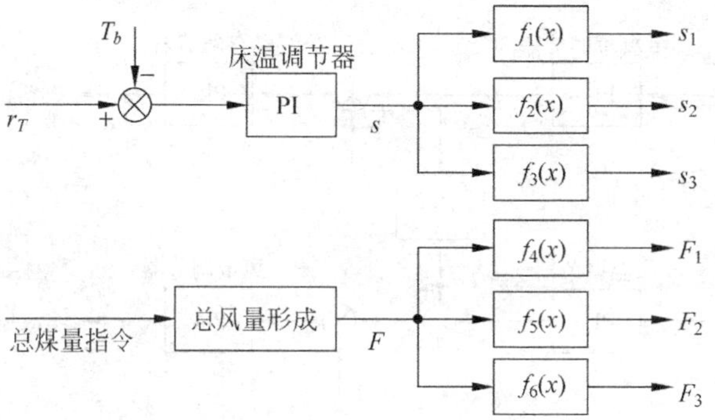

图 5-81　风量指令形成

一次风量调节系统如图 5-82 所示。图中，V_1 为一次风量测量信号，取大环节 max 和取小环节 min 保证一次风量介于要求的最小值 V_{min} 和最大值 V_{max} 之间。结合图 5-81 可以看出，床温-一次风量调节系统实际上是一个以氧量调节器为主调节器、以一次风量调节器为副调节器的串级调节系统，通过给煤量计算得到的一次风量需求 F_1 作为一个前馈信号加入调节系统，以改善给煤量变化时系统的动态过程。

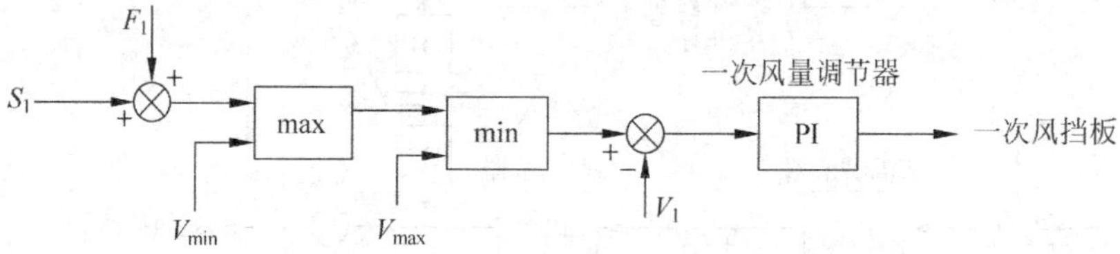

图 5-82　一次风量调节系统

二次风量调节系统如图 5-83 所示。图中，V_2 和 V_3 分别为上、下二次风量的测量值。同一次风量调节系统一样，上、下二次风量调节系统均同时接收风量指令信号（s_2，s_3）和风量需求信号（F_2，F_3），但它们最终由氧量调节器进行校正，以保证烟气中含氧量 O_2 等于给定值 r_{O_2}。

2. CFB 特有的控制系统

1）床料高度控制系统

这是一个以代表床高的料层差压为被调量，以排渣为调节量的单回路控制系统。对于间歇排渣，可为手动控制或设计成逻辑控制系统。

2）返料风控制

CFB 的返料器多采用非机械密封阀，为保证可靠循环，设置有返料风，它可来自一次风或专用风机，在不参与床温调节时，返料风控制为一单回路控制系统，即用返料风量来

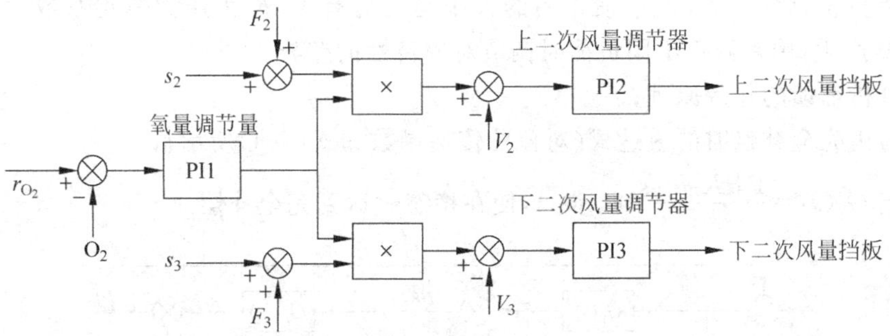

图 5-83　二次风量调节系统

控制返料阀的流化风压。

3）SO_2 排放控制

SO_2 排放控制的目的是通过调节加入的石灰石量来满足 SO_2 排放要求，由于 SO_2 滞后很大，故一般采用串级调节系统，如图 5-84 所示。图中，SO_2 调节器接收 SO_2 的给定信号 r_{SO_2} 与实际值 SO_2 的偏差信号，为系统的主调节器，副调节器为石灰石量调节器。由于石灰石量主要取决于煤量，故煤量信号经过石灰石和煤的钙硫比修正后，作为前馈加入系统，以改善煤量扰动下的动态性能。

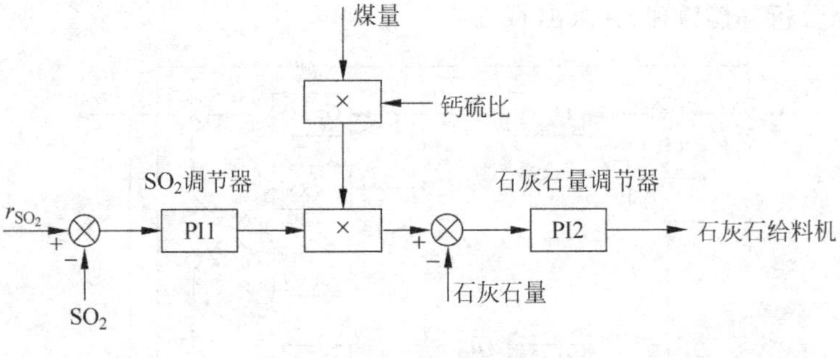

图 5-84　石灰石量调节

习题

5-1　题图 5-1 是一个锅炉跟随汽轮机的负荷控制系统图，汽轮机调节阀指令 μ_T 手动产生，锅炉控制系统实现压力的控制。图中在压力调节器后，加入了一条前馈通道，前馈信号 a 由两部分组成，为

$$a = \mu_T + \mu_T K(r_p - p_T)$$

式中，μ_T 代表负荷信号。第一项 μ_T 表示对负荷的前馈作用；第二项 $\mu_T K(r_p - p_T)$ 表示

对压力偏差的前馈作用，且此前馈作用的大小与负荷有关，K 为压力修正系数。A 由一函数发生器产生，用来修正不同负荷时调节对象特性的差异。

(1) 分析前馈的作用原理；

(2) 写出完全补偿时的表达式(对象的传递函数如式(5-4)所示)；

(3) 当 $G_b(s)=\dfrac{1+K_D T_D s}{1+T_D s}$ 时，求 A，使在稳态时达到完全补偿。

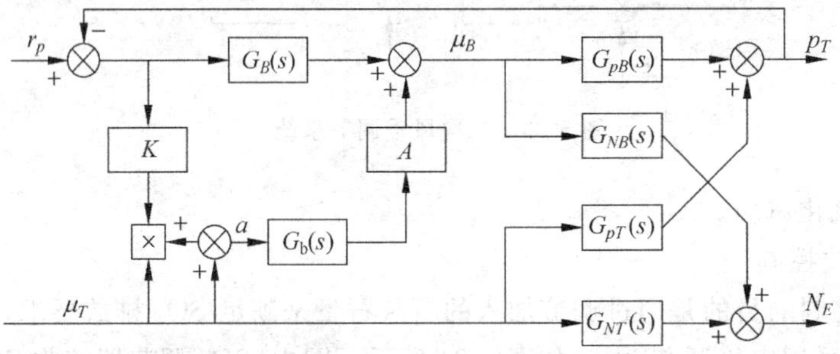

题图　5-1

5-2　题图 5-2 是一个以汽轮机跟随方式为基础的协调控制系统，图中只画出了协调措施的一部分，即补偿环节 $G_b(s)$。其作用是在汽轮机调节阀动作时不直接引起锅炉控制系统动作，分析补偿原理，并求出 $G_b(s)$。

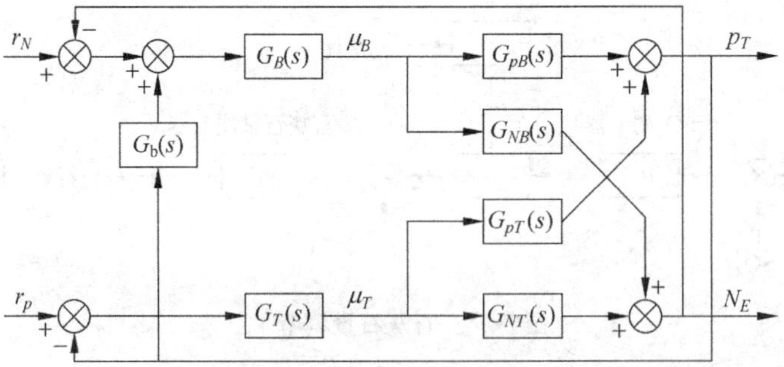

题图　5-2

5-3　对图 5-16 所示的 DEB 协调控制系统，写出锅炉调节器输入 e 的表达式，并由此分析：

(1) 锅炉调节器可以根据锅炉蓄热量的变化(而不必等到主气压变化)进行调节；

(2) 系统对偏差 r_p-p_T 而言，实现了一种变比例调节。

5-4　在燃料量控制子系统的调节对象增益补偿回路(如图 5-34 所示)中，为使给煤机投入台数变化时，对象增益不变，求 $f(x)$所应取的函数关系。

5-5　题图 5-3 是一个燃烧控制系统中送风量调节器定值 r_V 和燃料量调节器定值 r_B 的产生回路，图中，O_2 为实测含氧量，r_{O_2} 为含氧量给定值，μ_B 为燃烧率指令，PI 为比例积分调节器，$G_1(s)=\frac{1}{1+Ts}$，$G_2(s)=\frac{1+T_2s}{1+T_1s}(T_1<T_2)$。

（1）说明以图中 r_V 为给定值的送风量调节系统实际上是一个串级氧量-空气调节系统。

（2）说明该系统能实现加负荷时先加风、减负荷时先减煤的所谓交叉控制功能。

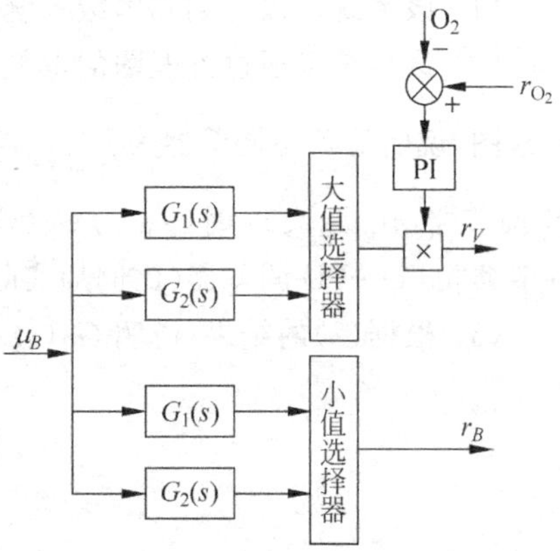

题图　5-3

5-6　一给水调节系统如图 5-47 所示，其中 $G_{0W}(s)$ 取式(5-32)，经实验得：$\varepsilon=0.037\text{mm}/(\text{t}\cdot\text{h}^{-1})$，$\tau_W=30\text{s}$，$T_D=15\text{s}$，$K_D=3.6\text{mm}/(\text{t}\cdot\text{h}^{-1})$，$\gamma_H=0.033\text{mA/mm}$，$\gamma_D=\gamma_W=0.075\text{mA}/(\text{t}\cdot\text{h}^{-1})$。$G_{BW}(s)$ 和 $G_{BD}(s)$ 均取比例环节，调节器为 PI 作用，要求 $\psi=0.9$，整定调节系统，确定调节器和 $G_{BW}(s)$，$G_{BD}(s)$ 的参数。

5-7　一过热蒸汽温度调节系统，如图 5-61 所示，经实验得

$$G_0(s)=G_{01}(s)G_{02}(s)=\frac{9}{(1+5s)^2(1+25s)^3}$$

$$G_{01}(s)=\frac{8}{(1+5s)^2}$$

$\gamma_{\theta_1}=\gamma_{\theta_2}=0.1\text{mA/℃}$，$K_A=K_D=1$。主调节器用 PI 调节器，副调节器用 P 调节器。要求主副回路的衰减率皆为 0.75，用计算法整定副调节器参数，用临界比例带法整定主调节器的参数(主副回路可分开整定，在整定主回路时，副回路的闭环传递函数近似为其反馈回路传递函数的倒数)。

5-8　题图 5-4 是曾在电厂广泛采用的只用一个调节器的双信号汽温调节系统，图中，$G_a(s)$ 为比例积分调节器，$G_D(s)$ 为一实际微分环节，其他同图 5-61。

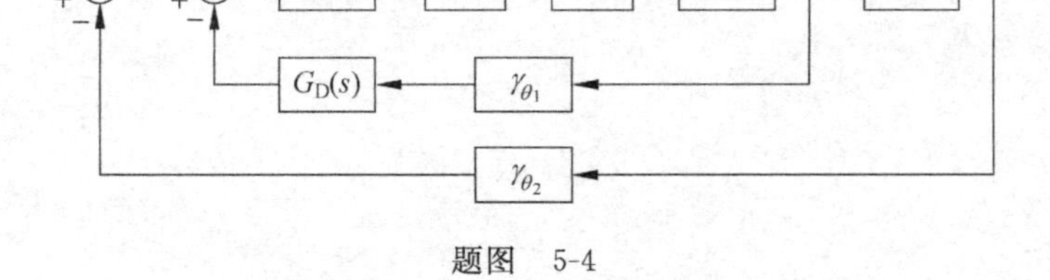

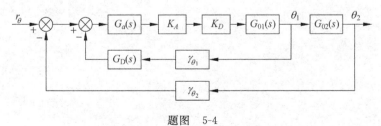

题图　5-4

(1) 该系统可以达到和串级系统类似的调节效果,分析其工作原理。

(2) 该系统可通过方框图的等效变换变成串级调节系统的结构形式,画出变换后的方框图,说明等效主调节器为$\frac{1}{G_D(s)}$,等效副调节器为 $G_D(s)G_a(s)$。并证明主调节器为一PI 调节器,在 $T_D<T_I$ 时(T_D 为 $G_D(s)$的微分时间,T_I 为 PI 调节器 $G_a(s)$的积分时间),副调节器相当一 PD 调节器(比例加实际微分作用)。

(3) 根据(2)的结果,说明 $G_D(s)$和 $G_a(s)$的整定方法。

第6章

控制系统的状态空间分析方法

CHAPTER 6

6.1 用状态空间方法描述系统的动态特性

6.1.1 基本概念

在第2～4章,系统的动态特性是用输入、输出间的微分方程、传递函数或频率特性来表示的,即它是建立在输入、输出关系基础上的描述方法,由此产生的频率响应法、根轨迹法等分析设计方法可以简单而有效地解决单输入、单输出线性定常系统的控制问题,这些属于经典控制理论的内容。随着工程系统的日趋复杂,控制对象往往是多输入、多输出系统,并且具有非线性和时变的特点,对于这种复杂的控制对象,原来的经典控制理论是无能为力的。另外,对控制系统的性能指标也提出了越来越严格的要求,例如要求对一个复杂系统实现最优控制等,这也是经典控制理论所不能解决的。为了分析和设计具有高性能指标的复杂控制系统,在1960年左右开始发展起来一种控制系统设计的新方法——现代控制理论。

现代控制理论是建立在状态空间的概念上的,它本质上是一种时域分析方法(而经典控制理论则是一种复频域的分析方法),特别适合于利用计算机进行计算,因此计算机技术的发展有力地推动了现代控制理论的应用和推广。

在热工控制领域,信号一般是连续的,但为了应用现代控制理论而采用计算机计算,必须对连续信号离散化,因而控制系统也成为离散的。在现代控制理论的各个部分,均存在分别针对连续系统和离散系统的两套并行而相似的概念和理论。本章的目的是建立现代控制理论的基本概念和分析方法,故仅讨论连续系统的情况。首先介绍几个基本概念。

1. 状态和状态变量

为了了解系统在任意时刻 $t\geqslant t_0$ 的运动情况,所要知道的有关系统在 $t=t_0$ 时刻的一组最少的信息,称为系统的状态。这一组最少的信息是随时间变化的变量,故叫做系统的状态变量。如果一个系统有 n 个状态变量,分别记为 $x_1(t),x_2(t),\cdots,x_n(t)$,其中 $t\geqslant t_0$,t_0 为初始时刻,用它

们构成列向量，则

$$x(t)=\begin{bmatrix}x_1(t)\\x_2(t)\\\vdots\\x_n(t)\end{bmatrix},\quad t\geqslant t_0 \tag{6-1}$$

称为系统的状态向量。

根据系统状态变量的定义可知，只要知道了系统在 $t=t_0$ 时的状态向量及 $t\geqslant t_0$ 时系统的输入作用，则系统在 $t\geqslant t_0$ 时的运动状况就能完全确定。这也意味着，系统在 $t\geqslant t_0$ 时的运动状况仅取决于系统在 $t=t_0$ 时的状态和 $t\geqslant t_0$ 时系统的输入作用，而与系统在 t_0 以前的状态和输入无关。

系统的状态变量主要是数学上的概念，而不一定具有实际的物理意义，也不一定可以通过仪表测量出来。

在状态变量的定义中指出，状态变量是表示系统运动状态的一组最少信息，这个定义包含着这样的含义：如果减少状态变量的个数，将不能完全表示系统的运动特征，而增加状态变量的个数则是完全表示系统特征所不需要的。从数学的观点来看，状态变量构成了所有系统变量中线性无关的一个极大变量组。由此也可得出状态变量具有不唯一性的结论，因为一个用 n 个状态变量表示的系统，其反映系统特性的变量可以大于 n，而其中仅有 n 个是线性无关的，只要取 n 个线性无关的变量组合，即可作为系统的状态变量，显然它不是唯一的。若 $\boldsymbol{x}$ 是系统的状态向量，$\boldsymbol{P}$ 为 $n\times n$ 的非奇异矩阵，满足

$$\boldsymbol{x}=\boldsymbol{Pz} \tag{6-2}$$

则 $\boldsymbol{z}$ 也是系统的状态向量。式(6-2)所示的变换称为线性非奇异变换。

2. 状态空间

用 n 个状态变量描述系统的特性时，由 $x_1,x_2,\cdots,x_n$ 作为 n 个轴构成的 n 维空间称为状态空间，因为状态变量只能取为实数值，故状态空间是建立在实数域上的向量空间。对于确定的某一时刻，系统的状态表示为状态空间中的一个点，而状态随时间的变化过程，在状态空间中表示为一条空间曲线，这条曲线即是从曲线起始点对应的时刻到曲线终止点对应的时刻系统的运动轨迹。

状态空间分析方法既可用于线性定常系统，也可用于时变系统和非线性系统。本章主要针对线性定常系统，讨论这种方法的基本原理。

6.1.2 系统特性的状态变量描述方法

一个多输入、多输出系统，可用图 6-1 所示的方框图来表示。图中，$u_1(t),u_2(t),\cdots,u_r(t)$ 为系统的 r 个输入，$y_1(t),y_2(t),\cdots,y_m(t)$ 为系统的 m 个输出，表示成向量形式，为

$$\boldsymbol{u}(t)=\begin{bmatrix}u_1(t)\\u_2(t)\\\vdots\\u_r(t)\end{bmatrix},\quad \boldsymbol{y}(t)=\begin{bmatrix}y_1(t)\\y_2(t)\\\vdots\\y_m(t)\end{bmatrix}\tag{6-3}$$

式中，$\boldsymbol{u}(t)$为输入向量，它是 r 维的，$\boldsymbol{y}(t)$为输出向量，它是 m 维的。

在引入状态向量和状态空间的基础上，可对图 6-1 所示的系统建立状态空间的结构描述，如图 6-2 所示。图中状态变量 $x_1(t),x_2(t),\cdots,x_n(t)$构成状态列向量 $\boldsymbol{x}$，它是n 维的。

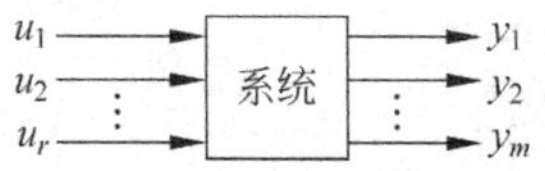

图 6-1　系统的方框图表示

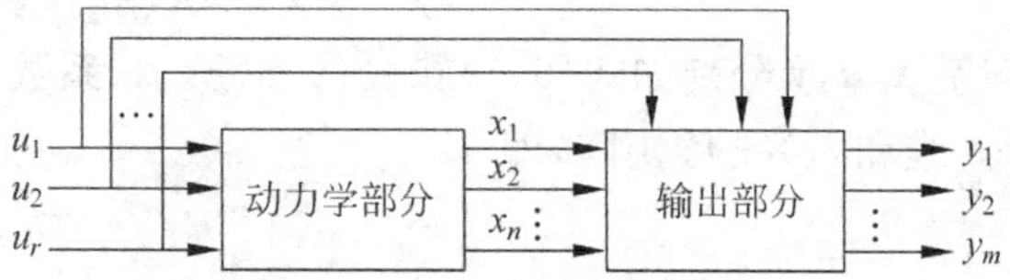

图 6-2　系统的结构表示图

比较图 6-1 和图 6-2 可知，状态空间方法对系统动态过程的描述更为精细，它把系统的动态过程分为两部分：输入的变化引起系统状态的变化，描述这个过程的方程叫做状态方程；状态和输入的变化引起输出的变化，描述这个过程的方程叫做输出方程。

状态方程描述的是一个运动过程，故它是一组微分方程。在一般情况下，它是一个一阶非线性时变微分方程组：

$$\begin{cases}\dot{x}_1=f_1(x_1,x_2,\cdots,x_n;\ u_1,u_2,\cdots,u_r;\ t),\\ \vdots \\ \dot{x}_n=f_n(x_1,x_2,\cdots,x_n;\ u_1,u_2,\cdots,u_r;\ t),\end{cases}\quad t\geqslant t_0\tag{6-4}$$

式中，$\dot{x}$表示 x 对时间 t 的一阶导数，把上式写成向量形式，为

$$\dot{\boldsymbol{x}}=\boldsymbol{f}(\boldsymbol{x},\boldsymbol{u},t),\quad t\geqslant t_0\tag{6-5}$$

式中，$\dot{\boldsymbol{x}}$表示向量 $\boldsymbol{x}$ 对时间 t 的导数，$\boldsymbol{f}(\boldsymbol{x},\boldsymbol{u},t)=\begin{bmatrix}f_1(\boldsymbol{x},\boldsymbol{u},t)\\\vdots\\f_n(\boldsymbol{x},\boldsymbol{u},t)\end{bmatrix}$，$\boldsymbol{x}$ 和 $\boldsymbol{u}$ 分别如式(6-1)和式(6-3)所示。

输出方程表述的是一个变量间的转换过程，故它是一组代数方程。在一般情况下，为一个代数方程组：

$$\begin{cases}y_1=g_1(x_1,x_2,\cdots,x_n;\ u_1,u_2,\cdots,u_r;\ t)\\ \vdots \\ y_m=g_m(x_1,x_2,\cdots,x_n;\ u_1,u_2,\cdots,u_r;\ t)\end{cases}\tag{6-6}$$

表示成向量的形式，为

$$\boldsymbol{y} = \boldsymbol{g}(\boldsymbol{x},\boldsymbol{u},t) \tag{6-7}$$

其中，$\boldsymbol{g}(\boldsymbol{x},\boldsymbol{u},t)=\begin{bmatrix} g_1(\boldsymbol{x},\boldsymbol{u},t) \\ \vdots \\ g_m(\boldsymbol{x},\boldsymbol{u},t) \end{bmatrix}$，$\boldsymbol{y}$ 如式(6-3)所示。

状态方程和输出方程一起构成了系统的状态空间描述。对于线性系统，向量函数 $\boldsymbol{f}(\boldsymbol{x},\boldsymbol{u},t)$和 $\boldsymbol{g}(\boldsymbol{x},\boldsymbol{u},t)$都是线性函数，故线性系统的状态方程和输出方程可表示为

$$\begin{cases} \dot{\boldsymbol{x}} = \boldsymbol{A}\boldsymbol{x} + \boldsymbol{B}\boldsymbol{u} \\ \boldsymbol{y} = \boldsymbol{C}\boldsymbol{x} + \boldsymbol{D}\boldsymbol{u} \end{cases}, \quad t \geqslant t_0 \tag{6-8}$$

式中，向量 $\boldsymbol{x},\boldsymbol{u},\boldsymbol{y}$ 分别如式(6-1)和式(6-3)所示，系数 $\boldsymbol{A},\boldsymbol{B},\boldsymbol{C}$ 和 $\boldsymbol{D}$ 分别为 $n\times n$ 维、$n\times r$ 维、$m\times n$ 维和 $m\times r$ 维矩阵，即

$$\boldsymbol{A}=\begin{bmatrix} a_{11} & \cdots & a_{1n} \\ \vdots & & \vdots \\ a_{n1} & \cdots & a_{nn} \end{bmatrix}, \quad \boldsymbol{B}=\begin{bmatrix} b_{11} & \cdots & b_{1r} \\ \vdots & & \vdots \\ b_{n1} & \cdots & b_{nr} \end{bmatrix}$$

$$\boldsymbol{C}=\begin{bmatrix} c_{11} & \cdots & c_{1n} \\ \vdots & & \vdots \\ c_{m1} & \cdots & c_{mn} \end{bmatrix}, \quad \boldsymbol{D}=\begin{bmatrix} d_{11} & \cdots & d_{1r} \\ \vdots & & \vdots \\ d_{m1} & \cdots & d_{mr} \end{bmatrix}$$

对于线性时变系统，式(6-8)中系数矩阵 $\boldsymbol{A},\boldsymbol{B},\boldsymbol{C}$ 和 $\boldsymbol{D}$ 都是时间的函数，而对于线性定常系统，系数矩阵 $\boldsymbol{A},\boldsymbol{B},\boldsymbol{C}$ 和 $\boldsymbol{D}$ 都是常数，此时一般取初始时刻 $t_0=0$。另外，在大多数情况下，系统的输出不受输入的直接作用，即式(6-8)中，$\boldsymbol{D}=\boldsymbol{0}$。

6.1.3 物理系统状态变量的选取

要用状态空间的方法描述一个实际的物理系统，首先需要选定状态变量，并确定它的个数，这往往不是一件容易的事情，尤其对于复杂的系统更是如此。下面介绍一些基本的方法。

1. 通过对系统物理原理的分析建立系统的状态空间描述

对于一个结构和有关参数已知的物理系统，可根据系统的物理原理，建立系统的原始动力学方程，确定状态变量，然后把系统的原始方程化成要求的状态方程和输出方程的形式。下面举例说明这个过程。

例 6-1 图 6-3 所示为一 RLC 电路，输入为电压源 $E(t)$，输出为电阻 R_2 上的电压 U_{R_2}，建立此系统的状态空间描述。

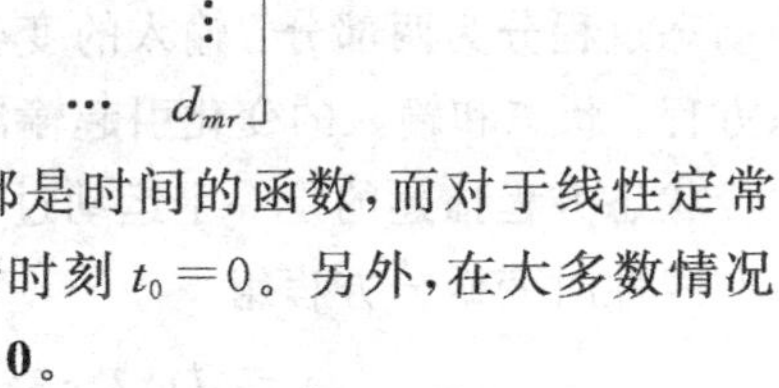

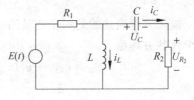

图 6-3 RLC 电路

解　根据电路理论可列出三个表示此电路的原始方程，为

$$\begin{cases} i_C = C\dfrac{\mathrm{d}U_C}{\mathrm{d}t} \\ U_C + R_2 i_C = L\dfrac{\mathrm{d}i_L}{\mathrm{d}t} \\ R_1(i_C + i_L) + L\dfrac{\mathrm{d}i_L}{\mathrm{d}t} = E \end{cases} \tag{6-9}$$

在此原始方程的三个未知变量(i_C,U_C 和 i_L)中，只有两个是独立的，因此它有两个状态变量。选取储能元件 C 两端的电压 U_C 和流经储能元件 L 的电流 i_L 为状态变量，在式(6-9)中，消去变量 i_C 而保留两个方程，得

$$\begin{cases} U_C + R_2 C\dfrac{\mathrm{d}U_C}{\mathrm{d}t} = L\dfrac{\mathrm{d}i_L}{\mathrm{d}t} \\ R_1\left(C\dfrac{\mathrm{d}U_C}{\mathrm{d}t} + i_L\right) + L\dfrac{\mathrm{d}i_L}{\mathrm{d}t} = E \end{cases} \tag{6-10}$$

以$\dfrac{\mathrm{d}U_C}{\mathrm{d}t}$和$\dfrac{\mathrm{d}i_L}{\mathrm{d}t}$为未知变量，解方程组，得到

$$\begin{cases} \dfrac{\mathrm{d}U_C}{\mathrm{d}t} = -\dfrac{1}{(R_1+R_2)C}U_C - \dfrac{R_1}{(R_1+R_2)C}i_L + \dfrac{1}{(R_1+R_2)C}E \\ \dfrac{\mathrm{d}i_L}{\mathrm{d}t} = \dfrac{R_1}{(R_1+R_2)L}U_C - \dfrac{R_1R_2}{(R_1+R_2)L}i_L + \dfrac{R_2}{(R_1+R_2)L}E \end{cases} \tag{6-11}$$

此即所求的状态方程，写成向量形式，为

$$\begin{bmatrix} \dot{U}_C \\ \dot{i}_L \end{bmatrix} = \begin{bmatrix} -\dfrac{1}{(R_1+R_2)C} & -\dfrac{R_1}{(R_1+R_2)C} \\ \dfrac{R_1}{(R_1+R_2)L} & -\dfrac{R_1R_2}{(R_1+R_2)L} \end{bmatrix}\begin{bmatrix} U_C \\ i_L \end{bmatrix} + \begin{bmatrix} \dfrac{1}{(R_1+R_2)C} \\ \dfrac{R_2}{(R_1+R_2)L} \end{bmatrix}E \tag{6-12}$$

根据 $U_{R_2} = R_2 i_C = R_2 C\dfrac{\mathrm{d}U_C}{\mathrm{d}t}$的关系，可得输出方程

$$U_{R_2} = -\frac{R_2}{R_1+R_2}U_C - \frac{R_1R_2}{R_1+R_2}i_L + \frac{R_2}{R_1+R_2}E \tag{6-13}$$

写成向量形式，为

$$U_{R_2} = \begin{bmatrix} -\dfrac{R_2}{R_1+R_2} & -\dfrac{R_1R_2}{R_1+R_2} \end{bmatrix}\begin{bmatrix} U_C \\ i_L \end{bmatrix} + \begin{bmatrix} \dfrac{R_2}{R_1+R_2} \end{bmatrix}E \tag{6-14}$$

2. 由系统的输入、输出方程得到状态空间描述

如果已经知道系统的输入、输出微分方程，可以很容易地得到系统的状态方程和输出方程。下面以单输入、单输出线性定常系统为例说明转换的方法。

1）微分方程中不含输入导数项的 n 阶系统的状态空间表达式

系统的输入为标量 u，输出为标量 y，表示输入、输出关系的微分方程为

$$\frac{\mathrm{d}^n y}{\mathrm{d}t^n}+a_{n-1}\frac{\mathrm{d}^{n-1} y}{\mathrm{d}t^{n-1}}+\cdots+a_1\frac{\mathrm{d}y}{\mathrm{d}t}+a_0 y=b_0 u \tag{6-15}$$

根据微分方程的理论，只要知道了初始条件 $y(0),\dot{y}(0),y^{(2)}(0),\cdots,y^{(n-1)}(0)$（$\dot{y}(0)$表示 y 的一阶导数在 $t=0$ 时的值，$y^{(i)}(0)$表示 y 的 i 阶导数在 $t=0$ 时的值）和 $t\geqslant 0$ 时的输入 u，即可以完全确定 $t\geqslant 0$ 时系统的行为，因此 $y(t),\dot{y}(t),y^{(2)}(t),\cdots,y^{(n-1)}(t)$即为系统的一组状态变量，设

$$x_1=y,\quad x_2=\dot{y},\quad x_3=y^{(2)},\quad \cdots,\quad x_n=y^{(n-1)}$$

于是可得状态方程，为

$$\begin{cases}\dot{x}_1=x_2\\ \dot{x}_2=x_3\\ \vdots\\ \dot{x}_{n-1}=x_n\\ \dot{x}_n=-a_0x_1-\cdots-a_{n-1}x_n+b_0u\end{cases} \tag{6-16}$$

写成向量形式，即$\dot{\boldsymbol{x}}=\boldsymbol{Ax}+\boldsymbol{B}u$（$\boldsymbol{A}$ 为 $n\times n$ 阵，$\boldsymbol{B}$ 为 $n\times 1$ 列向量）。其中

$$\boldsymbol{A}=\begin{bmatrix}0&1&0&\cdots&0\\0&0&1&\cdots&0\\ \vdots&\vdots&\vdots&&\vdots\\0&0&0&\cdots&1\\-a_0&-a_1&-a_2&\cdots&-a_{n-1}\end{bmatrix},\quad \boldsymbol{B}=\begin{bmatrix}0\\0\\ \vdots\\0\\b_0\end{bmatrix} \tag{6-17}$$

输出方程为

$$y=x_1$$

写成输出方程的标准向量形式，为

$$y=\boldsymbol{CX}+\boldsymbol{D}u$$

其中

$$\boldsymbol{C}=[1\quad 0\quad \cdots\quad 0],\quad \boldsymbol{D}=\boldsymbol{0} \tag{6-18}$$

2）微分方程中含有输入导数项的 n 阶系统的状态空间表达式

系统的输入、输出微分方程如下：

$$\begin{aligned}&\frac{\mathrm{d}^n y}{\mathrm{d}t^n}+a_{n-1}\frac{\mathrm{d}^{n-1} y}{\mathrm{d}t^{n-1}}+\cdots+a_1\frac{\mathrm{d}y}{\mathrm{d}t}+a_0 y\\ &=b_m\frac{\mathrm{d}^m u}{\mathrm{d}t^m}+b_{m-1}\frac{\mathrm{d}^{m-1} u}{\mathrm{d}t^{m-1}}+\cdots+b_1\frac{\mathrm{d}u}{\mathrm{d}t}+b_0 u\end{aligned} \tag{6-19}$$

取拉氏变换，可得

$$Y(s)=\frac{b_m s^m+b_{m-1}s^{m-1}+\cdots+b_1 s+b_0}{s^n+a_{n-1}s^{n-1}+\cdots+a_1 s+a_0}U(s) \tag{6-20}$$

设

$$Z(s)=\frac{Y(s)}{b_m s^m+b_{m-1}s^{m-1}+\cdots+b_1 s+b_0} \tag{6-21}$$

则有

$$Y(s)=(b_m s^m+b_{m-1}s^{m-1}+\cdots+b_1 s+b_0)Z(s) \tag{6-22}$$

将式(6-22)代入式(6-20)，可得

$$Z(s)=\frac{1}{s^n+a_{n-1}s^{n-1}+\cdots+a_1 s+a_0}U(s) \tag{6-23}$$

取拉氏反变换，得以 $u(t)$ 为输入 $z(t)$ 为输出的微分方程，为

$$\frac{\mathrm{d}^n z}{\mathrm{d}t^n}+a_{n-1}\frac{\mathrm{d}^{n-1}z}{\mathrm{d}t^{n-1}}+\cdots+a_1\frac{\mathrm{d}z}{\mathrm{d}t}+a_0 z=u \tag{6-24}$$

此方程和式(6-15)一样，按同样的方法选取状态变量，即

$$\begin{cases}\dot{x}_1=\dot{z}=x_2\\ \dot{x}_2=z^{(2)}=x_3\\ \vdots\\ \dot{x}_{n-1}=z^{(n-1)}=x_n\\ \dot{x}_n=z^{(n)}=-a_0x_1-\cdots-a_{n-1}x_n+u\end{cases} \tag{6-25}$$

于是可得其状态方程的系数 $\boldsymbol{A}$ 和 $\boldsymbol{B}$ 分别为

$$\boldsymbol{A}=\begin{bmatrix}0&1&0&\cdots&0\\0&0&1&\cdots&0\\ \vdots&\vdots&\vdots&&\vdots\\0&0&0&\cdots&1\\-a_0&-a_1&-a_2&\cdots&-a_{n-1}\end{bmatrix},\quad \boldsymbol{B}=\begin{bmatrix}0\\0\\ \vdots\\0\\1\end{bmatrix} \tag{6-26}$$

而由式(6-22)，有

$$\begin{aligned}y&=b_0z+b_1\dot{z}+b_2z^{(2)}+\cdots+b_mz^{(m)}\\&=b_0x_1+b_1x_2+\cdots+b_mx_{m+1}\end{aligned} \tag{6-27}$$

此即系统的输出方程，可以看出，只有当 $m<n$ 时，式(6-27)才能成立，即上述方法仅适用于 $m<n$ 的情况，此时，输出方程中 $\boldsymbol{D}=\boldsymbol{0}$，$\boldsymbol{C}=[b_0\quad b_1\quad\cdots\quad b_m\quad 0\quad\cdots\quad 0]$。

当 $m=n$ 时，系统微分方程为

$$\begin{aligned}&\frac{\mathrm{d}^n y}{\mathrm{d}t^n}+a_{n-1}\frac{\mathrm{d}^{n-1}y}{\mathrm{d}t^{n-1}}+\cdots+a_1\frac{\mathrm{d}y}{\mathrm{d}t}+a_0 y\\&=b_n\frac{\mathrm{d}^n u}{\mathrm{d}t^n}+b_{n-1}\frac{\mathrm{d}^{n-1}u}{\mathrm{d}t^{n-1}}+\cdots+b_1\frac{\mathrm{d}u}{\mathrm{d}t}+b_0u\end{aligned} \tag{6-28}$$

取拉氏变换，可得

$$Y(s)=\frac{b_n s^n+b_{n-1}s^{n-1}+\cdots+b_1 s+b_0}{s^n+a_{n-1}s^{n-1}+\cdots+a_1 s+a_0}U(s)$$

$$=\left[b_n+\frac{(b_{n-1}-b_na_{n-1})s^{n-1}+\cdots+(b_1-b_na_1)s+(b_0-b_na_0)}{s^n+a_{n-1}s^{n-1}+\cdots+a_1s+a_0}\right]U(s) \quad (6\text{-}29)$$

取中间变量 z，使

$$Y(s)=[(b_{n-1}-b_na_{n-1})s^{n-1}+\cdots+(b_1-b_na_1)s+(b_0-b_na_0)]Z(s)+b_nU(s) \quad (6\text{-}30)$$

则可得

$$Z(s)=\frac{1}{s^n+a_{n-1}s^{n-1}+\cdots+a_1s+a_0}U(s) \quad (6\text{-}31)$$

此式与式(6-23)完全相同，故可按式(6-25)选取状态变量，其状态方程的系数 $\boldsymbol{A},\boldsymbol{B}$ 同式(6-26)。而由式(6-30)，有

$$\begin{aligned}y&=(b_{n-1}-b_na_{n-1})z^{(n-1)}+\cdots+(b_1-b_na_1)\dot{z}+(b_0-b_na_0)z+b_nu\\&=(b_0-b_na_0)x_1+(b_1-b_na_1)x_2+\cdots+(b_{n-1}-b_na_{n-1})x_n+b_nu\end{aligned} \quad (6\text{-}32)$$

此即系统的输出方程，写成向量形式，有

$$\boldsymbol{C}=[(b_0-b_na_0)(b_1-b_na_1)\cdots(b_{n-1}-b_na_{n-1})],\quad \boldsymbol{D}=[b_n] \quad (6\text{-}33)$$

6.1.4 传递函数和状态空间描述

对于图 6-1 所示的多输入、多输出系统，其特性可用传递函数阵

$$\boldsymbol{Y}(s)=\boldsymbol{G}(s)\boldsymbol{U}(s) \quad (6\text{-}34)$$

表示。其中，

$$\boldsymbol{Y}(s)=\begin{bmatrix}Y_1(s)\\Y_2(s)\\\vdots\\Y_m(s)\end{bmatrix},\quad \boldsymbol{U}(s)=\begin{bmatrix}U_1(s)\\U_2(s)\\\vdots\\U_r(s)\end{bmatrix}$$

传递函数阵

$$\boldsymbol{G}(s)=\begin{bmatrix}G_{11}(s)&G_{12}(s)&\cdots&G_{1r}(s)\\G_{21}(s)&G_{22}(s)&\cdots&G_{2r}(s)\\\vdots&\vdots&&\vdots\\G_{m1}(s)&G_{m2}(s)&\cdots&G_{mr}(s)\end{bmatrix},$$

它是一个 $m\times r$ 阵，其元素 $G_{ij}(s)=\dfrac{Y_i(s)}{U_j(s)}$。

由传递函数阵也可以得到状态空间的描述，下面以单输入、单输出系统为例说明由传递函数阵求取状态空间描述的一种常用方法。

设系统的传递函数为

$$G(s)=\frac{Y(s)}{U(s)}=\frac{b_m s^m+b_{m-1}s^{m-1}+\cdots+b_1 s+b_0}{s^n+a_{n-1}s^{n-1}+\cdots+a_1 s+a_0},\quad m<n \tag{6-35}$$

1. 当系统无重极点（即系统的特征方程无重根）时

设系统的 n 个极点为 $\lambda_1,\lambda_2,\cdots,\lambda_n$，传递函数可用部分分式法写成如下形式：

$$G(s)=\frac{Y(s)}{U(s)}=\frac{d_1}{s-\lambda_1}+\frac{d_2}{s-\lambda_2}+\cdots+\frac{d_n}{s-\lambda_n}$$

$$Y(s)=\left(\frac{d_1}{s-\lambda_1}+\frac{d_2}{s-\lambda_2}+\cdots+\frac{d_n}{s-\lambda_n}\right)U(s)$$

取状态变量 $x_1,x_2,\cdots,x_n$，它们满足

$$X_i(s)=\frac{1}{s-\lambda_i}U(s),\quad i=1,2,\cdots,n \tag{6-36}$$

则有 $Y(s)=d_1X_1(s)+d_2X_2(s)+\cdots+d_nX_n(s)$。取拉氏反变换，可得输出方程为

$$y(t)=d_1x_1(t)+d_2x_2(t)+\cdots+d_nx_n(t)$$

写成向量形式，为

$$\boldsymbol{y}=[d_1\quad d_2\quad \cdots\quad d_n]\boldsymbol{x} \tag{6-37}$$

由式(6-36)，有

$$x_i=\lambda_i x_i+u,\quad i=1,2,\cdots,n$$

此即状态方程，写成向量形式，为

$$\dot{\boldsymbol{x}}=\begin{bmatrix}\lambda_1 & 0 & \cdots & 0\\ 0 & \lambda_2 & \cdots & 0\\ \vdots & \vdots & & \vdots\\ 0 & 0 & \cdots & \lambda_n\end{bmatrix}\boldsymbol{x}+\begin{bmatrix}1\\1\\ \vdots\\1\end{bmatrix}u \tag{6-38}$$

可见，采用这种表示方法，状态方程的系数 $\boldsymbol{A}$ 为对角线矩阵，且对角线元素为系统的极点，系数 $\boldsymbol{B}$ 的各元素均为1。而其输出方程的系数 $\boldsymbol{C}$ 的元素为传递函数各部分分式的系数。这种表示方法称为状态空间表达式的规范形式，使状态空间表达式为规范形式的状态变量称为规范型状态变量。

2. 当系统有重极点（即系统的特征方程有重根）时

对于这种情况，以一个具体例子说明其转换方法。设系统的 n 个极点为 $\lambda_1,\lambda_2,\lambda_3,\lambda_4,\cdots,\lambda_n$，即系统有一个三重极点 λ_1，其余均为单极点，传递函数可用部分分式法写成

$$G(s)=\frac{Y(s)}{U(s)}=\frac{d_1}{(s-\lambda_1)^3}+\frac{d_2}{(s-\lambda_2)^2}+\frac{d_3}{s-\lambda_3}+\frac{d_4}{s-\lambda_4}+\cdots+\frac{d_n}{s-\lambda_n}$$

$$Y(s)=\left[\frac{d_1}{(s-\lambda_1)^3}+\frac{d_2}{(s-\lambda_2)^2}+\frac{d_3}{s-\lambda_3}+\frac{d_4}{s-\lambda_4}+\cdots+\frac{d_n}{s-\lambda_n}\right]U(s)$$

取状态变量 $x_1,x_2,\cdots,x_n$，使之满足

$$\begin{cases} X_i(s) = \dfrac{1}{s-\lambda_i}U(s), \quad i = 4,5,\cdots,n \\ X_3(s) = \dfrac{1}{s-\lambda_1}U(s) \\ X_2(s) = \dfrac{1}{(s-\lambda_1)^2}U(s) = \dfrac{1}{s-\lambda_1}X_3(s) \\ X_1(s) = \dfrac{1}{(s-\lambda_1)^3}U(s) = \dfrac{1}{s-\lambda_1}X_2(s) \end{cases} \tag{6-39}$$

由于$Y(s)=d_1X_1(s)+d_2X_2(s)+\cdots+d_nX_n(s)$,故输出方程同式(6-37)。由式(6-36)有

$$\begin{aligned} \dot{x}_1 &= \lambda_1 x_1 + x_2 \\ \dot{x}_2 &= \lambda_1 x_2 + x_3 \\ \dot{x}_3 &= \lambda_1 x_3 + u \\ \dot{x}_4 &= \lambda_4 x_4 + u \\ &\vdots \\ \dot{x}_n &= \lambda_n x_n + u \end{aligned}$$

此即状态方程,写成向量形式,为

$$\dot{\boldsymbol{x}} = \begin{bmatrix} \lambda_1 & 1 & 0 & & & \\ 0 & \lambda_1 & 1 & & & \\ 0 & 0 & \lambda_1 & & & \\ & & & \lambda_4 & & \\ & & & & \ddots & \\ & & & & & \lambda_n \end{bmatrix} \boldsymbol{x} + \begin{bmatrix} 0 \\ 0 \\ 1 \\ \vdots \\ 1 \end{bmatrix} u \tag{6-40}$$

可见,在传递函数有重极点时,采用这种方法,其输出方程与无重极点时形式一样。而状态方程的系数 $\boldsymbol{A}$ 不再是对角线矩阵,而是约当标准型矩阵,但对角线元素仍为系统的极点,式(6-40)中的虚线部分为一约当块。系数 $\boldsymbol{B}$ 的各元素也不全是 1。维数为 $i\times i$ 的一个约当块对应于 $\boldsymbol{B}$ 的 i 个元素中,只有最后一个元素为 1,其他均为 0。

对应有几个多重极点或重极点是任意 k 重的情况,也可按上述方法表示为状态空间的形式。

例 6-2 一单输入、单输出系统,输入、输出间用如下微分方程表示:

$$\frac{\mathrm{d}^4 y}{\mathrm{d}t^4} + 7\frac{\mathrm{d}^3 y}{\mathrm{d}t^3} + 17\frac{\mathrm{d}^2 y}{\mathrm{d}t^2} + 17\frac{\mathrm{d}y}{\mathrm{d}t} + 6y = \frac{\mathrm{d}^3 u}{\mathrm{d}t^3} + 9\frac{\mathrm{d}^2 u}{\mathrm{d}t^2} + 23\frac{\mathrm{d}u}{\mathrm{d}t} + 19u$$

求其状态空间表达式。

解 方法 1:根据式(6-26)和式(6-27)的结果,可直接由微分方程写出状态空间表达式,为

$$\begin{bmatrix}\dot{x}_1\\\dot{x}_2\\\dot{x}_3\\\dot{x}_4\end{bmatrix}=\begin{bmatrix}0&1&0&0\\0&0&1&0\\0&0&0&1\\-6&-17&-17&-7\end{bmatrix}\begin{bmatrix}x_1\\x_2\\x_3\\x_4\end{bmatrix}+\begin{bmatrix}0\\0\\0\\1\end{bmatrix}u$$

$$y=\begin{bmatrix}19&23&9&1\end{bmatrix}\begin{bmatrix}x_1\\x_2\\x_3\\x_4\end{bmatrix}$$

方法 2：利用上面介绍的传递函数法求取。系统传递函数为

$$G(s)=\frac{Y(s)}{U(s)}=\frac{s^3+9s^2+23s+19}{s^4+7s^3+17s^2+17s+6}$$

$$=\frac{2}{(s+1)^2}+\frac{1}{s+1}+\frac{1}{s+2}-\frac{1}{s+3}$$

它有一个二重极点和两个单实极点，则其状态空间表达式为

$$\begin{bmatrix}\dot{x}_1\\\dot{x}_2\\\dot{x}_3\\\dot{x}_4\end{bmatrix}=\begin{bmatrix}-1&1&0&0\\0&-1&0&0\\0&0&-2&0\\0&0&0&-3\end{bmatrix}\begin{bmatrix}x_1\\x_2\\x_3\\x_4\end{bmatrix}+\begin{bmatrix}0\\1\\1\\1\end{bmatrix}u$$

$$y=\begin{bmatrix}2&1&1&-1\end{bmatrix}\begin{bmatrix}x_1\\x_2\\x_3\\x_4\end{bmatrix}$$

由系统的状态空间表达式也可以得到系统的传递函数，方法如下：

对式(6-8)所示的状态方程和输出方程取拉氏变换，得

$$\begin{cases}s\boldsymbol{X}(s)=\boldsymbol{A}\boldsymbol{X}(s)+\boldsymbol{B}\boldsymbol{U}(s)\\\boldsymbol{Y}(s)=\boldsymbol{C}\boldsymbol{X}(s)+\boldsymbol{D}\boldsymbol{U}(s)\end{cases}\tag{6-41}$$

由上式状态方程，得

$$(s\boldsymbol{I}-\boldsymbol{A})\boldsymbol{X}(s)=\boldsymbol{B}\boldsymbol{U}(s)$$

两边左乘$(s\boldsymbol{I}-\boldsymbol{A})^{-1}$，得

$$\boldsymbol{X}(s)=(s\boldsymbol{I}-\boldsymbol{A})^{-1}\boldsymbol{B}\boldsymbol{U}(s)$$

把上式代入式(6-41)中的输出方程，得

$$\boldsymbol{Y}(s)=\boldsymbol{C}(s\boldsymbol{I}-\boldsymbol{A})^{-1}\boldsymbol{B}\boldsymbol{U}(s)+\boldsymbol{D}\boldsymbol{U}(s)$$

于是传递函数阵为

$$\boldsymbol{G}(s)=\boldsymbol{C}(s\boldsymbol{I}-\boldsymbol{A})^{-1}\boldsymbol{B}+\boldsymbol{D} \tag{6-42}$$

对于线性定常系统,$\boldsymbol{D}$ 为常数阵,故式(6-42)中 $\boldsymbol{D}$ 的存在不影响系统的特性。$(s\boldsymbol{I}-\boldsymbol{A})^{-1}$ 可按下式计算:

$$(s\boldsymbol{I}-\boldsymbol{A})^{-1}=\frac{(s\boldsymbol{I}-\boldsymbol{A})^{*}}{|s\boldsymbol{I}-\boldsymbol{A}|} \tag{6-43}$$

式中,$(s\boldsymbol{I}-\boldsymbol{A})^{*}$ 是矩阵 $(s\boldsymbol{I}-\boldsymbol{A})$ 的伴随矩阵,$|s\boldsymbol{I}-\boldsymbol{A}|$ 是矩阵 $(s\boldsymbol{I}-\boldsymbol{A})$ 的行列式。

把式(6-43)代入式(6-42),得

$$\boldsymbol{G}(s)=\frac{\boldsymbol{C}(s\boldsymbol{I}-\boldsymbol{A})^{*}\boldsymbol{B}}{|s\boldsymbol{I}-\boldsymbol{A}|}+\boldsymbol{D}$$

上式中,分母是矩阵 $\boldsymbol{A}$ 的特征多项式,分子也是 s 的多项式,如果分子分母无 s 的公共因子,则 $|(s\boldsymbol{I}-\boldsymbol{A})|$ 即传递函数的分母,因此系统的特征方程为

$$|s\boldsymbol{I}-\boldsymbol{A}|=0 \tag{6-44}$$

因为系统的传递函数形式是唯一的,而状态空间表达式具有非唯一性,故一个系统的特性用状态空间方法表述时,其状态变量的选择进而状态空间表达式的形式可以有多种,但无论从哪种表达形式出发,得到的传递函数都是一样的。

例 6-3 在例 6-2 中,用两种方法求取了一系统的状态空间表达式,现由得到的状态空间表达式求取其传递函数。

解 在例 6-2 中,利用第一种方法求得的状态空间表达式的系数为

$$\boldsymbol{A}=\begin{bmatrix}0&1&0&0\\0&0&1&0\\0&0&0&1\\-6&-17&-17&-7\end{bmatrix},\quad \boldsymbol{B}=\begin{bmatrix}0\\0\\0\\1\end{bmatrix},\quad \boldsymbol{C}=\begin{bmatrix}19&23&9&1\end{bmatrix}$$

$$(s\boldsymbol{I}-\boldsymbol{A})=\begin{bmatrix}s&-1&0&0\\0&s&-1&0\\0&0&s&-1\\6&17&17&s+7\end{bmatrix}$$

注意到,在 $\boldsymbol{B}$ 中,只有最后一个元素不为 0,故求 $(s\boldsymbol{I}-\boldsymbol{A})^{-1}$ 时,只计算其最后一列元素即可:

$$(s\boldsymbol{I}-\boldsymbol{A})^{-1}=\begin{bmatrix}\times&\times&\times&\dfrac{1}{s^4+7s^3+17s^2+17s+6}\\\times&\times&\times&\dfrac{s}{s^4+7s^3+17s^2+17s+6}\\\times&\times&\times&\dfrac{s^2}{s^4+7s^3+17s^2+17s+6}\\\times&\times&\times&\dfrac{s^3}{s^4+7s^3+17s^2+17s+6}\end{bmatrix}$$

$$G(s)=C(sI-A)^{-1}B$$

$$=[19\quad 23\quad 9\quad 1]\begin{bmatrix} \times & \times & \times & \dfrac{1}{s^4+7s^3+17s^2+17s+6} \\ \times & \times & \times & \dfrac{s}{s^4+7s^3+17s^2+17s+6} \\ \times & \times & \times & \dfrac{s^2}{s^4+7s^3+17s^2+17s+6} \\ \times & \times & \times & \dfrac{s^3}{s^4+7s^3+17s^2+17s+6} \end{bmatrix}\begin{bmatrix}0\\0\\0\\1\end{bmatrix}$$

$$=\frac{s^3+9s^2+23s+19}{s^4+7s^3+17s^2+17s+6}$$

在例 6-2 中，利用第二种方法求得的状态空间表达式的系数为

$$A=\begin{bmatrix} -1 & 1 & 0 & 0 \\ 0 & -1 & 0 & 0 \\ 0 & 0 & -2 & 0 \\ 0 & 0 & 0 & -3 \end{bmatrix},\quad B=\begin{bmatrix}0\\1\\1\\1\end{bmatrix},\quad C=[2\quad 1\quad 1\quad -1]$$

则

$$(sI-A)=\begin{bmatrix} s+1 & -1 & 0 & 0 \\ 0 & s+1 & 0 & 0 \\ 0 & 0 & s+2 & 0 \\ 0 & 0 & 0 & s+3 \end{bmatrix}$$

$$(sI-A)^{-1}=\begin{bmatrix} \dfrac{1}{s+1} & \dfrac{1}{(s+1)^2} & 0 & 0 \\ 0 & \dfrac{1}{s+1} & 0 & 0 \\ 0 & 0 & \dfrac{1}{s+2} & 0 \\ 0 & 0 & 0 & \dfrac{1}{s+3} \end{bmatrix}$$

$$G(s)=C(sI-A)^{-1}B$$

$$=[2\quad 1\quad 1\quad -1]\begin{bmatrix} \dfrac{1}{s+1} & \dfrac{1}{(s+1)^2} & 0 & 0 \\ 0 & \dfrac{1}{s+1} & 0 & 0 \\ 0 & 0 & \dfrac{1}{s+2} & 0 \\ 0 & 0 & 0 & \dfrac{1}{s+3} \end{bmatrix}\begin{bmatrix}0\\1\\1\\1\end{bmatrix}$$

$$= \frac{2}{(s+1)^2} + \frac{1}{s+1} + \frac{1}{s+2} - \frac{1}{s+3}$$

$$= \frac{s^3 + 9s^2 + 23s + 19}{s^4 + 7s^3 + 17s^2 + 17s + 6}$$

可见,用两种方法求得的传递函数是相同的。

6.1.5 状态空间表达式的变换

前面已经说明,状态变量的选取不是唯一的,即若 $\boldsymbol{x}$ 为一状态向量,$\boldsymbol{P}$ 为非奇异阵,则满足式 $\boldsymbol{x}=\boldsymbol{Pz}$ 的向量 $\boldsymbol{z}$ 也是状态向量。设采用状态向量 $\boldsymbol{x}$ 时,状态方程和输出方程分别为

$$\dot{\boldsymbol{x}} = \boldsymbol{A}_x\boldsymbol{x} + \boldsymbol{B}_x\boldsymbol{u} \tag{6-45}$$

$$\boldsymbol{y} = \boldsymbol{C}_x\boldsymbol{x} + \boldsymbol{D}_x\boldsymbol{u} \tag{6-46}$$

采用状态向量 $\boldsymbol{z}$ 时,状态方程和输出方程分别为

$$\dot{\boldsymbol{z}} = \boldsymbol{A}_z\boldsymbol{z} + \boldsymbol{B}_z\boldsymbol{u} \tag{6-47}$$

$$\boldsymbol{y} = \boldsymbol{C}_z\boldsymbol{z} + \boldsymbol{D}_z\boldsymbol{u} \tag{6-48}$$

现分析这两种表达式的关系。

由 $\boldsymbol{x}=\boldsymbol{Pz}$ 可得

$$\dot{\boldsymbol{x}} = \boldsymbol{P}\dot{\boldsymbol{z}}$$

把上式代入式(6-45),得

$$\boldsymbol{P}\dot{\boldsymbol{z}} = \boldsymbol{A}_x\boldsymbol{P}\boldsymbol{z} + \boldsymbol{B}_x\boldsymbol{u}$$

两边左乘 $\boldsymbol{P}^{-1}$,得到

$$\dot{\boldsymbol{z}} = \boldsymbol{P}^{-1}\boldsymbol{A}_x\boldsymbol{P}\boldsymbol{z} + \boldsymbol{P}^{-1}\boldsymbol{B}_x\boldsymbol{u} \tag{6-49}$$

而输出方程(6-46)变为

$$\boldsymbol{y} = \boldsymbol{C}_x\boldsymbol{P}\boldsymbol{z} + \boldsymbol{D}_x\boldsymbol{u} \tag{6-50}$$

比较式(6-45)和式(6-49),式(6-46)和式(6-50),可得到当采用线性非奇异变换 $\boldsymbol{x}=\boldsymbol{Pz}$ 时,相应系数矩阵间的变换关系为

$$\begin{cases} \boldsymbol{A}_z = \boldsymbol{P}^{-1}\boldsymbol{A}_x\boldsymbol{P} \\ \boldsymbol{B}_z = \boldsymbol{P}^{-1}\boldsymbol{B}_x \\ \boldsymbol{C}_z = \boldsymbol{C}_x\boldsymbol{P} \\ \boldsymbol{D}_z = \boldsymbol{D}_x \end{cases} \tag{6-51}$$

以 $\boldsymbol{z}$ 为状态向量时,系统的特征多项式为

$$|s\boldsymbol{I} - \boldsymbol{P}^{-1}\boldsymbol{A}_x\boldsymbol{P}| = |s\boldsymbol{P}^{-1}\boldsymbol{P} - \boldsymbol{P}^{-1}\boldsymbol{A}_x\boldsymbol{P}| = |\boldsymbol{P}^{-1}(s\boldsymbol{I} - \boldsymbol{A}_x)\boldsymbol{P}|$$

$$= |\boldsymbol{P}^{-1}|\,|s\boldsymbol{I} - \boldsymbol{A}_x|\,|\boldsymbol{P}| = |s\boldsymbol{I} - \boldsymbol{A}_x|$$

它等于以 $\boldsymbol{x}$ 为状态向量时系统的特征多项式,即线性非奇异变换不改变系统的特征值。

这个结果是很显然的，因为虽然状态变量的选取不同，但所表示的是同一个系统，而一个系统的特征方程是唯一的。

通过系统状态空间表达式的转换可以得到系统的规范型表达式（即状态方程的系数阵 $\boldsymbol{A}$ 为对角型或约当标准型）。当系统的极点（或特征方程的根）两两相异时，$\boldsymbol{A}$ 可以转换为对角型阵；当系统有重极点时，$\boldsymbol{A}$ 一般不能转换为对角型阵，但可转换为约当标准型阵。下面介绍转换的方法。

已知状态向量为 $\boldsymbol{x}$ 时，状态空间表达式的系数阵为 $\boldsymbol{A}_x,\boldsymbol{B}_x,\boldsymbol{C}_x,\boldsymbol{D}_x$，系统的 n 个极点分别为 $\lambda_1,\lambda_2,\cdots,\lambda_n$，今利用式 $\boldsymbol{x}=\boldsymbol{P}\boldsymbol{z}$ 的转换变成以 $\boldsymbol{z}$ 为状态向量的状态空间表达式，其相应的系数阵为 $\boldsymbol{A}_z,\boldsymbol{B}_z,\boldsymbol{C}_z,\boldsymbol{D}_z$。且要求当系统的 n 个极点两两相异时，$\boldsymbol{A}_z$ 是对角元素为 $\lambda_1,\lambda_2,\cdots,\lambda_n$ 的对角阵；当系统有重极点时，$\boldsymbol{A}_z$ 是对角元素为 $\lambda_1,\lambda_2,\cdots,\lambda_n$ 的约当标准型阵。

上述转换的关键是找一个非奇异阵 $\boldsymbol{P}$，只要得到了 $\boldsymbol{P}$，即可由式(6-51)完成这种转换。

由于 $\boldsymbol{A}_z=\boldsymbol{P}^{-1}\boldsymbol{A}_x\boldsymbol{P}$，故可得

$$\boldsymbol{P}\boldsymbol{A}_z=\boldsymbol{A}_x\boldsymbol{P} \tag{6-52}$$

上式中，$\boldsymbol{A}_x,\boldsymbol{A}_z$（为要求的对角阵或约当标准阵）已知，故可解得 $\boldsymbol{P}$。

在求解矩阵方程(6-52)的过程中，将其变为 $n\times n$ 个标量方程，从而解得 $\boldsymbol{P}$ 的 $n\times n$ 元素。但这 $n\times n$ 个方程往往不完全独立，即方程的个数少于未知数的个数，故得到的解不是唯一的，亦即 $\boldsymbol{P}$ 的选取不是唯一的。当系统的极点两两相异且 $\boldsymbol{A}_x$ 为式(6-17)的形式时，可取

$$\boldsymbol{P}=\begin{bmatrix} 1 & 1 & \cdots & 1 \\ \lambda_1 & \lambda_2 & \cdots & \lambda_n \\ \vdots & \vdots & & \vdots \\ \lambda_1^{n-1} & \lambda_2^{n-1} & \cdots & \lambda_n^{n-1} \end{bmatrix} \tag{6-53}$$

例 6-4 一单输入、单输出系统，微分方程为

$$\frac{\mathrm{d}^3 y}{\mathrm{d}t^3}+3\frac{\mathrm{d}^2 y}{\mathrm{d}t^2}+2\frac{\mathrm{d}y}{\mathrm{d}t}=2\frac{\mathrm{d}^2 u}{\mathrm{d}t^2}+7\frac{\mathrm{d}u}{\mathrm{d}t}+4u$$

用状态空间表示法描述此系统，且使其系数阵 $\boldsymbol{A}$ 为对角型或约当标准型。

解 利用前面叙述的由微分方程得到状态空间表达式的方法，设状态向量为 $\boldsymbol{x}$，由式(6-26)和式(6-27)，有

$$\boldsymbol{A}_x=\begin{bmatrix} 0 & 1 & 0 \\ 0 & 0 & 1 \\ 0 & -2 & -3 \end{bmatrix},\quad \boldsymbol{B}_x=\begin{bmatrix} 0 \\ 0 \\ 1 \end{bmatrix},\quad \boldsymbol{C}_x=[4\quad 7\quad 2],\quad \boldsymbol{D}_x=\boldsymbol{0} \tag{6-54}$$

由系统的特征方程 $|\lambda\boldsymbol{I}-\boldsymbol{A}_x|=0$，可知特征方程有三个单根：$\lambda_1=0,\lambda_2=-1,\lambda_3=-2$，由式(6-53)，取

$$\boldsymbol{P}=\begin{bmatrix}1 & 1 & 1\\0 & -1 & -2\\0 & 1 & 4\end{bmatrix}$$

则

$$\boldsymbol{P}^{-1}=\begin{bmatrix}1 & 1.5 & 0.5\\0 & -2 & -1\\0 & 0.5 & 0.5\end{bmatrix}$$

以 z 为状态变量，根据式(6-51)，解得

$$\boldsymbol{A}_z=\boldsymbol{P}^{-1}\boldsymbol{A}_x\boldsymbol{P}=\begin{bmatrix}0 & 0 & 0\\0 & -1 & 0\\0 & 0 & -2\end{bmatrix},\quad \boldsymbol{B}_z=\boldsymbol{P}^{-1}\boldsymbol{B}_x=\begin{bmatrix}0.5\\-1\\0.5\end{bmatrix},$$

$$\boldsymbol{C}_z=\boldsymbol{C}_x\boldsymbol{P}=[4\quad -1\quad -2],\quad \boldsymbol{D}_z=\boldsymbol{0} \tag{6-55}$$

可见，$\boldsymbol{A}_z$ 为对角型阵。

另外，在讨论由传递函数转换为状态空间表示时，已经证明，利用部分分式法也可以得到 $\boldsymbol{A}$ 为对角型阵的状态空间表达式，对于本例，有

$$G(s)=\frac{2s^2+7s+4}{s^3+3s^2+2s}=\frac{2s^2+7s+4}{s(s+1)(s+2)}=\frac{2}{s}+\frac{1}{s+1}-\frac{1}{s+2}$$

以 t 为状态变量，由式(6-37)，式(6-38)，得

$$\boldsymbol{A}_t=\begin{bmatrix}0 & 0 & 0\\0 & -1 & 0\\0 & 0 & -2\end{bmatrix},\quad \boldsymbol{B}_t=\begin{bmatrix}1\\1\\1\end{bmatrix},\quad \boldsymbol{C}_t=[2\quad 1\quad -1],\quad \boldsymbol{D}_t=\boldsymbol{0} \tag{6-56}$$

由式(6-55)和式(6-56)可见，两种状态变量的选择虽然都使状态方程的系数 $\boldsymbol{A}$ 变成对角型阵，但二者的 $\boldsymbol{B}$,$\boldsymbol{C}$ 并不一样，这种区别的意义可以通过它们各自的方框图看出。

系统用状态空间表达式表示后，由于状态方程是由一阶微分方程构成的方程组，输出方程是代数方程，故可以脱离系统的实际物理结构，直接根据状态方程和输出方程画出方框图，而这种方框图中应只包含一阶积分环节和比例环节。下面对于本例得到的三种结果画出相应的方框图。

对于式(6-54)的结果，其状态方程和输出方程为

$$\begin{bmatrix}\dot{x}_1\\\dot{x}_2\\\dot{x}_3\end{bmatrix}=\begin{bmatrix}0 & 1 & 0\\0 & 0 & 1\\0 & -2 & -3\end{bmatrix}\begin{bmatrix}x_1\\x_2\\x_3\end{bmatrix}+\begin{bmatrix}0\\0\\1\end{bmatrix}u$$

$$y=[4\quad 7\quad 2]\begin{bmatrix}x_1\\x_2\\x_3\end{bmatrix}$$

写成方程组的形式，为

$$\begin{cases}\dot{x}_1 = x_2 \\ \dot{x}_2 = x_3 \\ \dot{x}_3 = -2x_2 - 3x_3 + u\end{cases}$$

$$y = 4x_1 + 7x_2 + 2x_3$$

由此可画出方框图如图 6-4 所示。

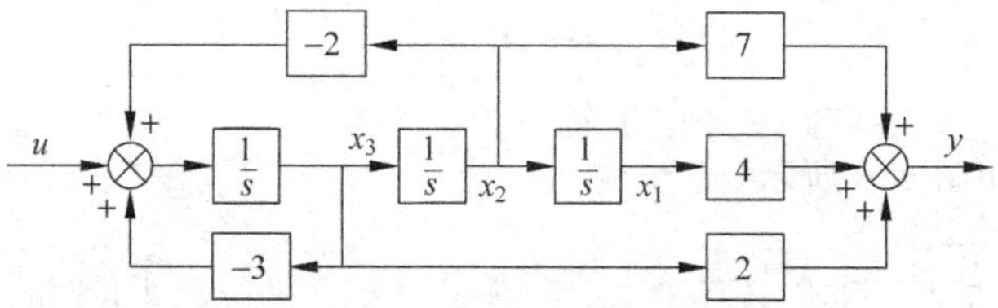

图 6-4　例 6-4 第一种结构方框图

对于式(6-55)的结果，其状态方程和输出方程为

$$\begin{bmatrix}\dot{z}_1 \\ \dot{z}_2 \\ \dot{z}_3\end{bmatrix} = \begin{bmatrix}0 & 0 & 0 \\ 0 & -1 & 0 \\ 0 & 0 & -2\end{bmatrix}\begin{bmatrix}z_1 \\ z_2 \\ z_3\end{bmatrix} + \begin{bmatrix}0.5 \\ -1 \\ 0.5\end{bmatrix}u$$

$$y = [4 \quad -1 \quad -2]\begin{bmatrix}z_1 \\ z_2 \\ z_3\end{bmatrix}$$

写成方程组的形式，为

$$\begin{cases}\dot{z}_1 = 0.5u \\ \dot{z}_2 = -z_2 - u \\ \dot{z}_3 = -2z_3 + 0.5u\end{cases}$$

$$y = 4z_1 - z_2 - 2z_3$$

由此可画出方框图如图 6-5 所示。

对于式(6-56)的结果，其状态方程和输出方程为

$$\begin{bmatrix}\dot{t}_1 \\ \dot{t}_2 \\ \dot{t}_3\end{bmatrix} = \begin{bmatrix}0 & 0 & 0 \\ 0 & -1 & 0 \\ 0 & 0 & -2\end{bmatrix}\begin{bmatrix}t_1 \\ t_2 \\ t_3\end{bmatrix} + \begin{bmatrix}1 \\ 1 \\ 1\end{bmatrix}u$$

$$y=\begin{bmatrix}2 & 1 & -1\end{bmatrix}\begin{bmatrix}t_1\\ t_2\\ t_3\end{bmatrix}$$

写成方程组的形式，为

$$\begin{cases}\dot{t}_1=u\\ \dot{t}_2=-t_2+u\\ \dot{t}_3=-2t_3+u\end{cases}$$

$$y=2t_1+t_2-t_3$$

由此可画出方框图如图 6-6 所示。

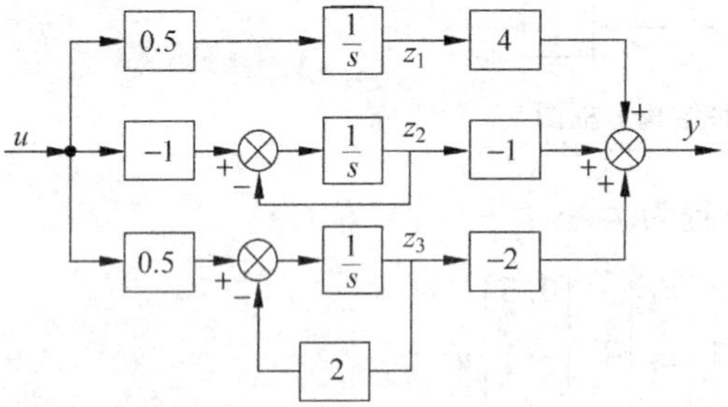

图 6-5　例 6-4 第二种结构方框图

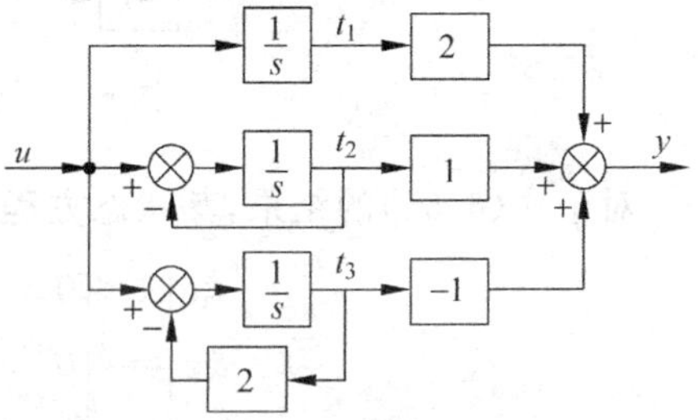

图 6-6　例 6-4 第三种结构方框图

比较图 6-5 和图 6-6 可以看出，虽然它们不尽相同，但区别仅是各通道系数的设置，而其结构则完全一样。另外，比较图 6-4 和图 6-5、图 6-6 可以看出，采用对角矩阵后，系统各状态变量间不存在关联，即实现了状态变量间的完全解耦。

例 6-5　一单输入、单输出系统，微分方程为

$$\frac{d^3y}{dt^3}+4\frac{d^2y}{dt^2}+5\frac{dy}{dt}+2y=u$$

用状态空间表示法描述此系统，且使其系数阵 $\boldsymbol{A}$ 为对角型或约当标准型。

解　设状态向量为 $\boldsymbol{x}$，由式(6-26)和式(6-27)，有

$$\boldsymbol{A}_x=\begin{bmatrix}0 & 1 & 0\\ 0 & 0 & 1\\ -2 & -5 & -4\end{bmatrix},\quad \boldsymbol{B}_x=\begin{bmatrix}0\\ 0\\ 1\end{bmatrix},\quad \boldsymbol{C}_x=\begin{bmatrix}1 & 0 & 0\end{bmatrix},\quad \boldsymbol{D}_x=\boldsymbol{0}$$

由系统的特征方程 $|\lambda\boldsymbol{I}-\boldsymbol{A}_x|=0$，可知特征方程有一个二重根(−1)和一个单根(−2)，故其系数阵 $\boldsymbol{A}$ 可转换成约当标准型，设转换后的状态变量为 $\boldsymbol{z}$，则

$$\boldsymbol{A}_z=\begin{bmatrix}-1 & 1 & 0\\ 0 & -1 & 0\\ 0 & 0 & -2\end{bmatrix}$$

转换矩阵 $\boldsymbol{P}$ 满足

$$\boldsymbol{A}_x\boldsymbol{P} = \boldsymbol{P}\boldsymbol{A}_z$$

即

$$\begin{bmatrix} 0 & 1 & 0 \\ 0 & 0 & 1 \\ -2 & -5 & -4 \end{bmatrix}\begin{bmatrix} p_{11} & p_{12} & p_{13} \\ p_{21} & p_{22} & p_{23} \\ p_{31} & p_{32} & p_{33} \end{bmatrix} = \begin{bmatrix} p_{11} & p_{12} & p_{13} \\ p_{21} & p_{22} & p_{23} \\ p_{31} & p_{32} & p_{33} \end{bmatrix}\begin{bmatrix} -1 & 1 & 0 \\ 0 & -1 & 0 \\ 0 & 0 & -2 \end{bmatrix}$$

写成方程组的形式，为

$$\begin{cases} p_{21} = -p_{11} \\ p_{22} = p_{11} - p_{12} \\ p_{23} = -2p_{13} \\ p_{31} = -p_{21} \\ p_{32} = p_{21} - p_{22} \\ p_{33} = -2p_{23} \\ -2p_{11} - 5p_{21} - 4p_{31} = -p_{31} \\ -2p_{12} - 5p_{22} - 4p_{32} = p_{31} - p_{32} \\ -2p_{13} - 5p_{23} - 4p_{33} = -2p_{33} \end{cases}$$

此方程组中，9 个方程，9 个未知量，但 9 个方程中有 3 个不是独立的，故可根据前 6 个方程选取 $\boldsymbol{P}$ 的元素，这里取

$$\boldsymbol{P} = \begin{bmatrix} 1 & 1 & 1 \\ -1 & 0 & -2 \\ 1 & -1 & 4 \end{bmatrix}$$

则

$$\boldsymbol{P}^{-1} = \begin{bmatrix} -2 & -5 & -2 \\ 2 & 3 & 1 \\ 1 & 2 & 1 \end{bmatrix}$$

以 $\boldsymbol{z}$ 为状态变量，根据式(6-51)，算得

$$\boldsymbol{B}_z = \boldsymbol{P}^{-1}\boldsymbol{B}_x = \begin{bmatrix} -2 & -5 & -2 \\ 2 & 3 & 1 \\ 1 & 2 & 1 \end{bmatrix}\begin{bmatrix} 0 \\ 0 \\ 1 \end{bmatrix} = \begin{bmatrix} -2 \\ 1 \\ 1 \end{bmatrix}$$

$$\boldsymbol{C}_z = \boldsymbol{C}_x\boldsymbol{P} = [1 \quad 0 \quad 0]\begin{bmatrix} 1 & 1 & 1 \\ -1 & 0 & -2 \\ 1 & -1 & 4 \end{bmatrix} = [1 \quad 1 \quad 1]$$

则以 $\boldsymbol{z}$ 为状态变量的状态方程和输出方程为

$$\begin{bmatrix}\dot{z}_1\\\dot{z}_2\\\dot{z}_3\end{bmatrix}=\begin{bmatrix}-1&1&0\\0&-1&0\\0&0&-2\end{bmatrix}\begin{bmatrix}z_1\\z_2\\z_3\end{bmatrix}+\begin{bmatrix}-2\\1\\1\end{bmatrix}u$$

$$y=\begin{bmatrix}1&1&1\end{bmatrix}\begin{bmatrix}z_1\\z_2\\z_3\end{bmatrix}$$

写成方程组的形式，为

$$\begin{cases}\dot{z}_1=-z_1+z_2-2u\\\dot{z}_2=-z_2+u\\\dot{z}_3=-2z_3+u\end{cases}$$

$$y=z_1+z_2+z_3$$

由此可画出方框图如图 6-7 所示。

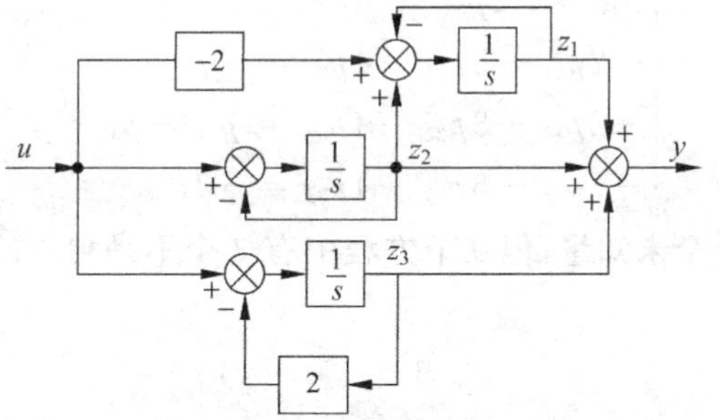

图 6-7　例 6-5 系统结构方框图

由图 6-7 可以看出，当系统的特征方程存在重根时，一般不能通过变换来实现状态变量间的完全解耦，但变换成约当标准型是可能达到的最简耦合形式，这时，每一个状态变量至多和下一序号的状态变量相耦合。

6.2　线性定常系统的运动分析

一个线性定常系统，得到了其状态空间表达式后，要研究它的运动规律，就是求解状态方程和输出方程。由于输出方程是一个代数方程，求解容易，故主要研究状态方程的求解方法。

在状态方程的求解过程中，需要用到矩阵指数，作为数学准备，下面首先介绍矩阵指数的基本知识。

6.2.1　矩阵指数

1. 矩阵指数的定义

一个标量 at，其指数函数可以展开成如下的无穷级数：

$$e^{at}=1+at+\frac{1}{2!}a^2t^2+\cdots+\frac{1}{k!}a^kt^k+\cdots=\sum_{k=0}^{\infty}\frac{1}{k!}a^kt^k$$

与此类似，一个 $n\times n$ 矩阵 $\boldsymbol{A}$ 与标量 t 的乘积 $\boldsymbol{A}t$ 的矩阵指数定义为

$$e^{\boldsymbol{A}t}=\boldsymbol{I}+\boldsymbol{A}t+\frac{1}{2!}\boldsymbol{A}^2t^2+\cdots+\frac{1}{k!}\boldsymbol{A}^kt^k+\cdots=\sum_{k=0}^{\infty}\frac{1}{k!}\boldsymbol{A}^kt^k \tag{6-57}$$

显然，$e^{\boldsymbol{A}t}$ 也是一个 $n\times n$ 矩阵。

2. 矩阵指数的性质

(1)

$$\lim_{t\to 0}e^{\boldsymbol{A}t}=\boldsymbol{I} \tag{6-58}$$

这个性质可由矩阵指数的定义直接得到。

(2)

$$e^{\boldsymbol{A}(t+\tau)}=e^{\boldsymbol{A}t}e^{\boldsymbol{A}\tau}=e^{\boldsymbol{A}\tau}e^{\boldsymbol{A}t} \tag{6-59}$$

证明

$$e^{\boldsymbol{A}t}e^{\boldsymbol{A}\tau}=\left(\sum_{k=0}^{\infty}\frac{1}{k!}\boldsymbol{A}^kt^k\right)\left(\sum_{j=0}^{\infty}\frac{1}{j!}\boldsymbol{A}^j\tau^j\right)$$

注意到上式左边 $\boldsymbol{A}^i$ 项的系数为 $\sum_{k=0}^{i}\frac{t^k}{k!}\frac{\tau^{i-k}}{(i-k)!}$，故

$$e^{\boldsymbol{A}t}e^{\boldsymbol{A}\tau}=\sum_{i=0}^{\infty}\boldsymbol{A}^i\left(\sum_{k=0}^{i}\frac{t^k}{k!}\frac{\tau^{i-k}}{(i-k)!}\right)$$

另外，由于 $(t+\tau)^i=\sum_{k=0}^{i}\frac{i!}{k!(i-k)!}t^k\tau^{i-k}$，则可得

$$e^{\boldsymbol{A}t}e^{\boldsymbol{A}\tau}=\sum_{i=0}^{\infty}\boldsymbol{A}^i\frac{(t+\tau)^i}{i!}=e^{\boldsymbol{A}(t+\tau)}$$

同理可得 $e^{\boldsymbol{A}(t+\tau)}=e^{\boldsymbol{A}\tau}e^{\boldsymbol{A}t}$。

(3) 与性质(2)的证明类似，可得到如下矩阵运算法则：

$$\begin{cases}\text{若 }\boldsymbol{AB}=\boldsymbol{BA}\text{，则 }e^{(\boldsymbol{A}+\boldsymbol{B})t}=e^{\boldsymbol{A}t}e^{\boldsymbol{B}t}=e^{\boldsymbol{B}t}e^{\boldsymbol{A}t}\\ \text{若 }\boldsymbol{AB}\neq\boldsymbol{BA}\text{，则 }e^{(\boldsymbol{A}+\boldsymbol{B})t}\neq e^{\boldsymbol{A}t}e^{\boldsymbol{B}t}\end{cases} \tag{6-60}$$

(4) 矩阵指数的逆

在式(6-59)中，令 $\tau=-t$，可得

$$e^{\boldsymbol{A}(t-t)}=e^{\boldsymbol{A}t}e^{-\boldsymbol{A}t}=\boldsymbol{I}$$

即

$$e^{-\boldsymbol{A}t}=(e^{\boldsymbol{A}t})^{-1} \tag{6-61}$$

可见，$e^{\boldsymbol{A}t}$的逆即 $e^{-\boldsymbol{A}t}$，由于 $e^{-\boldsymbol{A}t}$总是存在的，所以不管$\boldsymbol{A}$是否奇异，$e^{\boldsymbol{A}t}$总是非奇异的。

(5) 矩阵指数的导数

$$\frac{d}{dt}e^{\boldsymbol{A}t}=\boldsymbol{A}e^{\boldsymbol{A}t}=e^{\boldsymbol{A}t}\boldsymbol{A} \tag{6-62}$$

证明

$$\begin{aligned}\frac{d}{dt}e^{\boldsymbol{A}t}&=\boldsymbol{A}+\boldsymbol{A}^2t+\frac{1}{2!}\boldsymbol{A}^3t^2+\cdots+\frac{1}{k!}\boldsymbol{A}^{k+1}t^k+\cdots\\&=\boldsymbol{A}\left(\boldsymbol{I}+\boldsymbol{A}t+\frac{1}{2!}\boldsymbol{A}^2t^2+\cdots+\frac{1}{k!}\boldsymbol{A}^kt^k+\cdots\right)=\boldsymbol{A}e^{\boldsymbol{A}t}\\&=\left(\boldsymbol{I}+\boldsymbol{A}t+\frac{1}{2!}\boldsymbol{A}^2t^2+\cdots+\frac{1}{k!}\boldsymbol{A}^kt^k+\cdots\right)\boldsymbol{A}=e^{\boldsymbol{A}t}\boldsymbol{A}\end{aligned}$$

(6) 对角矩阵$\boldsymbol{\Lambda}$的矩阵指数 $e^{\boldsymbol{\Lambda}t}$仍是对角矩阵，且其对角元素即为相应的$\boldsymbol{\Lambda}$的对角元素的指数函数。

证明 若 $\boldsymbol{\Lambda}=\begin{bmatrix}\lambda_1&&&\\&\lambda_2&&\\&&\ddots&\\&&&\lambda_n\end{bmatrix}$，根据矩阵幂的运算规则，有

$$\boldsymbol{\Lambda}^k=\begin{bmatrix}\lambda_1^k&&&\\&\lambda_2^k&&\\&&\ddots&\\&&&\lambda_n^k\end{bmatrix}$$

则

$$e^{\boldsymbol{\Lambda}t}=\sum_{k=0}^{\infty}\frac{1}{k!}\boldsymbol{\Lambda}^kt^k=\sum_{k=0}^{\infty}\frac{1}{k!}\begin{bmatrix}\lambda_1^k&&&\\&\lambda_2^k&&\\&&\ddots&\\&&&\lambda_n^k\end{bmatrix}t^k$$

$$=\begin{bmatrix}\sum\limits_{k=0}^{\infty}\frac{1}{k!}\lambda_1^kt^k&&&\\&\sum\limits_{k=0}^{\infty}\frac{1}{k!}\lambda_2^kt^k&&\\&&\ddots&\\&&&\sum\limits_{k=0}^{\infty}\frac{1}{k!}\lambda_n^kt^k\end{bmatrix}$$

$$=\begin{bmatrix} e^{\lambda_1 t} & & & \\ & e^{\lambda_2 t} & & \\ & & \ddots & \\ & & & e^{\lambda_n t} \end{bmatrix} \tag{6-63}$$

对于非对角矩阵 $\boldsymbol{A}$，由于它可表示为

$$\boldsymbol{A}=\boldsymbol{P\Lambda P}^{-1}=\boldsymbol{P}\begin{bmatrix} \lambda_1 & & & \\ & \lambda_2 & & \\ & & \ddots & \\ & & & \lambda_n \end{bmatrix}\boldsymbol{P}^{-1}$$

故

$$e^{\boldsymbol{A}t}=e^{\boldsymbol{P\Lambda P}^{-1}t}=\sum_{k=0}^{\infty}\frac{1}{k!}(\boldsymbol{P\Lambda P}^{-1})^k t^k$$

由于矩阵具有如下运算性质：$(\boldsymbol{P\Lambda P}^{-1})^k=\boldsymbol{P\Lambda}^k\boldsymbol{P}^{-1}$，将此性质应用于上式，可得

$$e^{\boldsymbol{A}t}=\sum_{k=0}^{\infty}\frac{1}{k!}\boldsymbol{P\Lambda}^k\boldsymbol{P}^{-1}t^k=\boldsymbol{P}\left(\sum_{k=0}^{\infty}\frac{1}{k!}\boldsymbol{\Lambda}^k t^k\right)\boldsymbol{P}^{-1}=\boldsymbol{P}e^{\boldsymbol{\Lambda}t}\boldsymbol{P}^{-1} \tag{6-64}$$

(7) 矩阵指数的拉氏变换

$$\mathrm{L}[e^{\boldsymbol{A}t}]=\mathrm{L}\left[\sum_{k=0}^{\infty}\frac{1}{k!}\boldsymbol{A}^k t^k\right]=\sum_{k=0}^{\infty}\frac{1}{k!}\boldsymbol{A}^k\mathrm{L}[t^k]=\sum_{k=0}^{\infty}\frac{1}{k!}\boldsymbol{A}^k\frac{k!}{s^{k+1}}=\sum_{k=0}^{\infty}\frac{\boldsymbol{A}^k}{s^{k+1}} \tag{6-65}$$

上式两边左乘 $\boldsymbol{A}$ 的特征多项式$(s\boldsymbol{I}-\boldsymbol{A})$，有

$$(s\boldsymbol{I}-\boldsymbol{A})\mathrm{L}[e^{\boldsymbol{A}t}]=(s\boldsymbol{I}-\boldsymbol{A})\sum_{k=0}^{\infty}\frac{\boldsymbol{A}^k}{s^{k+1}}=\sum_{k=0}^{\infty}\frac{\boldsymbol{A}^k}{s^k}-\sum_{k=0}^{\infty}\frac{\boldsymbol{A}^{k+1}}{s^{k+1}}=\frac{\boldsymbol{A}^0}{s^0}=\boldsymbol{I}$$

左乘$(s\boldsymbol{I}-\boldsymbol{A})^{-1}$，得

$$\mathrm{L}[e^{\boldsymbol{A}t}]=(s\boldsymbol{I}-\boldsymbol{A})^{-1} \tag{6-66}$$

由于 $\mathrm{L}[e^{\boldsymbol{A}t}]$一定存在，故这个结果也说明，不管 $\boldsymbol{A}$ 是否奇异的，$(s\boldsymbol{I}-\boldsymbol{A})$ 总是非奇异的。

3. 矩阵指数的展开

$n\times n$ 矩阵 $\boldsymbol{A}$ 的指数 $e^{\boldsymbol{A}t}$可以展开成用 $\boldsymbol{A}^{n-1},\boldsymbol{A}^{n-2},\cdots,\boldsymbol{A},\boldsymbol{A}^0$(即 $\boldsymbol{I}$)的组合来表示。为了说明这个性质，首先介绍凯莱-哈密尔顿(Cayley-Hamilton)定理。

凯莱-哈密尔顿定理指出，任何 $n\times n$ 矩阵都满足它本身的特征方程。即对 $n\times n$ 矩阵 $\boldsymbol{A}$，其特征方程为

$$|s\boldsymbol{I}-\boldsymbol{A}|=s^n+a_{n-1}s^{n-1}+\cdots+a_1 s+a_0=0$$

$\boldsymbol{A}$ 必满足

$$\boldsymbol{A}^n+a_{n-1}\boldsymbol{A}^{n-1}+\cdots+a_1\boldsymbol{A}+a_0\boldsymbol{I}=\boldsymbol{0} \tag{6-67}$$

由式(6-67)，$\boldsymbol{A}^n$ 可以用 $\boldsymbol{A}^{n-1},\boldsymbol{A}^{n-2},\cdots,\boldsymbol{A},\boldsymbol{A}^0$ 的线性组合表示为

$$\boldsymbol{A}^n=-a_{n-1}\boldsymbol{A}^{n-1}-\cdots-a_1\boldsymbol{A}-a_0\boldsymbol{I}$$

故 $\boldsymbol{A}^n$ 可记为 $\boldsymbol{A}^n=\sum_{j=0}^{N-1}a_{nj}A^j$，式中，$a_{nj}\,(j=0,1,\cdots,n-1)$ 表示 $\boldsymbol{A}^n$ 的表达式中 $\boldsymbol{A}^j$ 的系数。因为

$$\begin{aligned}\boldsymbol{A}^{n+1}&=\boldsymbol{A}\cdot\boldsymbol{A}^n=\boldsymbol{A}\sum_{j=0}^{n-1}a_{nj}\boldsymbol{A}^j=\boldsymbol{A}\Big(a_{n(n-1)}\boldsymbol{A}^{n-1}+\sum_{j=0}^{n-2}a_{nj}\boldsymbol{A}^j\Big)\\&=a_{n(n-1)}\boldsymbol{A}^n+\sum_{j=1}^{n-1}a_{n(j-1)}\boldsymbol{A}^j=a_{n(n-1)}\sum_{j=0}^{n-1}a_{nj}\boldsymbol{A}^j+\sum_{j=1}^{n-1}a_{n(j-1)}\boldsymbol{A}^j\\&=\sum_{j=0}^{n-1}a_{(n+1)j}\boldsymbol{A}^j\end{aligned}$$

即 $\boldsymbol{A}^{n+1}$ 也可以用 $\boldsymbol{A}^{n-1},\boldsymbol{A}^{n-2},\cdots,\boldsymbol{A},\boldsymbol{A}^0$ 的线性组合来表示。依此类推，对于任意正整数 $k(k\geqslant n)$，$\boldsymbol{A}^k$ 可以用 $\boldsymbol{A}^{n-1},\boldsymbol{A}^{n-2},\cdots,\boldsymbol{A},\boldsymbol{A}^0$ 的线性组合来表示。即

$$\boldsymbol{A}^k=\sum_{j=0}^{n-1}a_{kj}\boldsymbol{A}^j \tag{6-68}$$

对于矩阵的指数函数，有

$$\mathrm{e}^{\boldsymbol{A}t}=\sum_{k=0}^{\infty}\frac{\boldsymbol{A}^kt^k}{k\,!}=\sum_{k=0}^{\infty}\frac{t^k}{k\,!}\sum_{j=0}^{n-1}a_{kj}\boldsymbol{A}^j=\sum_{j=0}^{n-1}\boldsymbol{A}^j\sum_{k=0}^{\infty}\frac{t^k}{k\,!}a_{kj}=\sum_{j=1}^{n-1}a_j(t)\boldsymbol{A}^j \tag{6-69}$$

即 $\mathrm{e}^{\boldsymbol{A}t}$ 也可用 $\boldsymbol{A}^{n-1},\boldsymbol{A}^{n-2},\cdots,\boldsymbol{A},\boldsymbol{A}^0$ 来表示。系数 $a_j(t)$ 是 t 的函数，即

$$a_j(t)=\sum_{k=0}^{\infty}\frac{a_{kj}t^k}{k\,!},\quad j=0,1,\cdots,n-1 \tag{6-70}$$

6.2.2 状态方程的求解

一个线性定常系统的状态方程有如下一般形式：

$$\dot{\boldsymbol{x}}=\boldsymbol{A}\boldsymbol{x}+\boldsymbol{B}\boldsymbol{u}$$

因为线性定常系统的运动规律与初始时刻 t_0 的选取无关，故取 $t_0=0$，给定初始条件 $\boldsymbol{x}(0)=\boldsymbol{x}_0$，上述状态方程的解记为 $\boldsymbol{x}(t,0,\boldsymbol{x}_0,\boldsymbol{u})$。这个符号中函数 $\boldsymbol{x}$ 后的括号内有四部分，第一部分 t 表示解是 t 的函数，第二部分 0 表示初始时刻 $t_0=0$，第三部分表示初始条件，第四部分表示系统的输入。

根据线性系统的可叠加性，可把 $\boldsymbol{x}(t,0,\boldsymbol{x}_0,\boldsymbol{u})$ 分成两部分，第一部分是初始状态为 $\boldsymbol{x}(0)=\boldsymbol{x}_0$ 以及输入为 $\boldsymbol{u}=\boldsymbol{0}$ 时方程的解，这时方程即为状态方程相应的齐次方程：

$$\dot{\boldsymbol{x}}=\boldsymbol{A}\boldsymbol{x},\quad \boldsymbol{x}(0)=\boldsymbol{x}_0,\quad t\geqslant 0 \tag{6-71}$$

其解表示系统由初始状态引起的自由运动，记为 $\boldsymbol{x}(t,0,\boldsymbol{x}_0,\boldsymbol{0})$，称为系统的零输入响应。第二部分是初始状态为 $\boldsymbol{x}(0)=\boldsymbol{0}$ 以及输入为 $\boldsymbol{u}$ 时方程的解，这时方程为

$$\dot{\boldsymbol{x}} = \boldsymbol{A}\boldsymbol{x} + \boldsymbol{B}\boldsymbol{u}, \quad \boldsymbol{x}(0) = \boldsymbol{0}, \quad t \geqslant 0 \tag{6-72}$$

其解表示系统由输入作用引起的强迫运动，记为 $\boldsymbol{x}(t,0,\boldsymbol{0},\boldsymbol{u})$，称为系统的零状态响应。则

$$\boldsymbol{x}(t,0,\boldsymbol{x}_0,\boldsymbol{u}) = \boldsymbol{x}(t,0,\boldsymbol{x}_0,\boldsymbol{0}) + \boldsymbol{x}(t,0,\boldsymbol{0},\boldsymbol{u}), \quad t \geqslant 0 \tag{6-73}$$

1. 系统的零输入响应

方程(6-71)的解为

$$\boldsymbol{x}(t,0,\boldsymbol{x}_0,\boldsymbol{u}) = \mathrm{e}^{\boldsymbol{A}t}\boldsymbol{x}_0, \quad t \geqslant 0 \tag{6-74}$$

这个结论证明如下：

和解标量微分方程类似，设方程(6-71)为一系数向量待定的无穷幂级数，即

$$\boldsymbol{x} = \boldsymbol{m}_0 + \boldsymbol{m}_1 t + \boldsymbol{m}_2 t^2 + \boldsymbol{m}_3 t^3 + \cdots = \sum_{k=0}^{\infty} \boldsymbol{m}_k t^k, \quad t \geqslant 0$$

式中，$\boldsymbol{m}_i$ 为待定的 n 维列向量。将上式代入原方程，可得

$$\sum_{k=1}^{\infty} k\boldsymbol{m}_k t^{k-1} = \boldsymbol{A}\sum_{k=0}^{\infty} \boldsymbol{m}_k t^k$$

式中 t 的同次幂的系数应相等。据此可得

$$\begin{aligned}
\boldsymbol{m}_1 &= \boldsymbol{A}\boldsymbol{m}_0 \\
\boldsymbol{m}_2 &= \frac{1}{2}\boldsymbol{A}\boldsymbol{m}_1 = \frac{1}{2!}\boldsymbol{A}^2\boldsymbol{m}_0 \\
\boldsymbol{m}_3 &= \frac{1}{3}\boldsymbol{A}\boldsymbol{m}_2 = \frac{1}{3!}\boldsymbol{A}^3\boldsymbol{m}_0 \\
&\vdots \\
\boldsymbol{m}_k &= \frac{1}{k}\boldsymbol{A}\boldsymbol{m}_{k-1} = \frac{1}{k!}\boldsymbol{A}^k\boldsymbol{m}_0 \\
&\vdots
\end{aligned}$$

则方程的解为

$$\boldsymbol{x} = \left(\boldsymbol{I} + \boldsymbol{A}t + \frac{1}{2!}\boldsymbol{A}^2 t^2 + \frac{1}{3!}\boldsymbol{A}^3 t^3 + \cdots\right)\boldsymbol{m}_0 = \mathrm{e}^{\boldsymbol{A}t}\boldsymbol{m}_0$$

式中，令 $t=0$，得 $\boldsymbol{x}(0)=\boldsymbol{m}_0$，又已知 $\boldsymbol{x}(0)=\boldsymbol{x}_0$，故得 $\boldsymbol{m}_0=\boldsymbol{x}_0$，于是式(6-74)得证。

此方程也可用拉氏变换法求解。对方程(6-71)两边取拉氏变换，得

$$\begin{aligned}
s\boldsymbol{X}(s) - \boldsymbol{x}_0 &= \boldsymbol{A}\boldsymbol{X}(s) \\
(s\boldsymbol{I} - \boldsymbol{A})\boldsymbol{X}(s) &= \boldsymbol{x}_0 \\
\boldsymbol{X}(s) &= (s\boldsymbol{I} - \boldsymbol{A})^{-1}\boldsymbol{x}_0
\end{aligned}$$

取拉氏反变换，考虑到式(6-66)，即可得到式(6-74)。

2. 系统的零状态响应

解方程(6-72)，可得系统的零状态响应 $\boldsymbol{x}(t,0,\boldsymbol{0},\boldsymbol{u})$：

$$x(t,0,\mathbf{0},u) = \int_0^t e^{A(t-\tau)} Bu(\tau)d\tau, \quad t \geqslant 0 \tag{6-75}$$

证明 方程(6-72)可以变换为

$$\dot{x} - Ax = Bu$$

两边左乘 e^{-At},可得

$$e^{-At}(\dot{x} - Ax) = e^{-At}Bu \tag{6-76}$$

因为

$$\frac{d}{dt}(e^{-At}x) = \left(\frac{d}{dt}e^{-At}\right)x + e^{-At}\dot{x} = -e^{-At}Ax + e^{-At}\dot{x} = e^{-At}(\dot{x} - Ax)$$

利用上式及初始条件为零,在 $0\sim t$ 时间间隔内对式(6-76)积分,可得

$$e^{-At}x = \int_0^t e^{-A\tau}Bu(\tau)d\tau$$

两边左乘 e^{At},即得式(6-75)。

系统的总响应为

$$\begin{aligned} x(t,0,x_0,u) &= x(t,0,x_0,\mathbf{0}) + x(t,0,\mathbf{0},u) \\ &= e^{At}x_0 + \int_0^t e^{A(t-\tau)}Bu(\tau)d\tau, \quad t \geqslant 0 \end{aligned} \tag{6-77}$$

如果由于某种需要,初始时刻不取 0,而取 t_0,则系统的零输入响应、零状态响应和总响应为

$$\begin{cases} x(t,t_0,x_0,\mathbf{0}) = e^{A(t-t_0)}x_0, \\ x(t,t_0,\mathbf{0},u) = \int_0^t e^{A(t-\tau)}Bu(\tau)d\tau, \\ x(t,t_0,x_0,u) = e^{A(t-t_0)}x_0 + \int_0^t e^{A(t-\tau)}Bu(\tau)d\tau, \end{cases} \quad t \geqslant t_0 \tag{6-78}$$

这个结果可按类似的方法证明。

6.2.3 线性定常系统的状态转移阵

从式(6-74)可见,系统的零输入响应为 $e^{At}x_0$,其中系数 e^{At} 具有明确的物理意义,它表示系统在无外力作用下,从 0 时刻的初始状态 x_0 自由运动到 t 时刻的状态 $x(t)$时,两个状态之间的转移关系,故称 e^{At} 为状态转移阵,记为$\boldsymbol{\Phi}(t)$,即

$$\boldsymbol{\Phi}(t) = e^{At}$$

由前面介绍的 e^{At} 的性质,很容易得到$\boldsymbol{\Phi}(t)$的如下特性:

(1) $\boldsymbol{\Phi}(0) = I$

(2) $\boldsymbol{\Phi}(t_1 + t_2) = \boldsymbol{\Phi}(t_1)\boldsymbol{\Phi}(t_2)$

(3) $\boldsymbol{\Phi}(-t) = [\boldsymbol{\Phi}(t)]^{-1}$

(4) $\boldsymbol{\Phi}(nt)=[\boldsymbol{\Phi}(t)]^n$

利用状态转移阵来表示系统的零输入响应、零状态响应和总响应，方程(6-74)～(6-78)变为

$$\begin{cases} \boldsymbol{x}(t,0,\boldsymbol{x}_0,\boldsymbol{0}) = \boldsymbol{\Phi}(t)\boldsymbol{x}_0, \\ \boldsymbol{x}(t,0,\boldsymbol{0},\boldsymbol{u}) = \int_0^t \boldsymbol{\Phi}(t-\tau)\boldsymbol{B}\boldsymbol{u}(\tau)\mathrm{d}\tau, & t \geqslant 0 \\ \boldsymbol{x}(t,0,\boldsymbol{x}_0,\boldsymbol{u}) = \boldsymbol{\Phi}(t)\boldsymbol{x}_0 + \int_0^t \boldsymbol{\Phi}(t-\tau)\boldsymbol{B}\boldsymbol{u}(\tau)\mathrm{d}\tau, \end{cases} \tag{6-79}$$

$$\begin{cases} \boldsymbol{x}(t,t_0,\boldsymbol{x}_0,\boldsymbol{0}) = \boldsymbol{\Phi}(t-t_0)\boldsymbol{x}_0, \\ \boldsymbol{x}(t,t_0,\boldsymbol{0},\boldsymbol{u}) = \int_0^t \boldsymbol{\Phi}(t-\tau)\boldsymbol{B}\boldsymbol{u}(\tau)\mathrm{d}\tau, & t \geqslant t_0 \\ \boldsymbol{x}(t,t_0,\boldsymbol{x}_0,\boldsymbol{u}) = \boldsymbol{\Phi}(t-t_0)\boldsymbol{x}_0 + \int_0^t \boldsymbol{\Phi}(t-\tau)\boldsymbol{B}\boldsymbol{u}(\tau)\mathrm{d}\tau, \end{cases} \tag{6-80}$$

由上两式可知，状态方程的求解主要是计算状态转移阵，下面介绍计算$\boldsymbol{\Phi}(t)$的几种方法。

1) 直接计算法

$$\boldsymbol{\Phi}(t) = \mathrm{e}^{\boldsymbol{A}t} = \boldsymbol{I} + \boldsymbol{A}t + \frac{1}{2!}\boldsymbol{A}^2t^2 + \cdots + \frac{1}{k!}\boldsymbol{A}^kt^k + \cdots = \sum_{k=0}^{\infty}\frac{1}{k!}\boldsymbol{A}^kt^k$$

根据上式，可得到$\boldsymbol{\Phi}(t)$的数值结果。直接计算法便于利用计算机进行计算，但难以得到其函数表达式。

2) 利用拉氏变换求解

由式(6-66)，有

$$\boldsymbol{\Phi}(t) = \mathrm{e}^{\boldsymbol{A}t} = \mathrm{L}^{-1}[(s\boldsymbol{I}-\boldsymbol{A})^{-1}]$$

式中$(s\boldsymbol{I}-\boldsymbol{A})^{-1}$可按式(6-43)给出的关系求出。

3) 利用矩阵的转换求解

由6.1节介绍的状态空间表达式的转换关系可知，当$\boldsymbol{A}$的n个特征值$\lambda_1,\lambda_2,\cdots,\lambda_n$两两相异时，可以找到一个非奇异矩阵$\boldsymbol{P}$，满足

$$\boldsymbol{A} = \boldsymbol{P}\boldsymbol{\Lambda}\boldsymbol{P}^{-1} = \boldsymbol{P}\begin{bmatrix} \lambda_1 & & & \\ & \lambda_2 & & \\ & & \ddots & \\ & & & \lambda_n \end{bmatrix}\boldsymbol{P}^{-1}$$

所以只要求得$\boldsymbol{A}$的特征值，即可根据式(6-63)和式(6-64)方便地求得$\boldsymbol{\Phi}(t)=\mathrm{e}^{\boldsymbol{A}t}$。

当$\boldsymbol{A}$有重特征值时，可以找到一个非奇异矩阵$\boldsymbol{Q}$，将$\boldsymbol{A}$转换成约当标准型$\boldsymbol{J}$，即

$$\boldsymbol{A}=\boldsymbol{QJQ}^{-1}=\boldsymbol{Q}\begin{bmatrix}\boldsymbol{J}_1 & & & \\ & \boldsymbol{J}_2 & & \\ & & \ddots & \\ & & & \boldsymbol{J}_k\end{bmatrix}\boldsymbol{Q}^{-1} \tag{6-81}$$

式中，$\boldsymbol{J}_i$ 为约当标准块，它由 $\boldsymbol{A}$ 的 m_i 重特征值 λ_i 按如下方式构成：

$$\boldsymbol{J}_i=\begin{bmatrix}\lambda_i & 1 & & \\ & \lambda_i & \ddots & \\ & & \ddots & 1 \\ & & & \lambda_i\end{bmatrix}_{m_i\times m_i} \tag{6-82}$$

一个约当标准块的指数函数为

$$\mathrm{e}^{\boldsymbol{J}_i t}=\begin{bmatrix}\mathrm{e}^{\lambda_i t} & t\mathrm{e}^{\lambda_i t} & \frac{1}{2!}t^2\mathrm{e}^{\lambda_i t} & \cdots & \frac{1}{(m_i-1)!}t^{m_i-1}\mathrm{e}^{\lambda_i t} \\ 0 & \mathrm{e}^{\lambda_i t} & t\mathrm{e}^{\lambda_i t} & \cdots & \frac{1}{(m_i-2)!}t^{m_i-2}\mathrm{e}^{\lambda_i t} \\ \vdots & \vdots & \vdots & & \vdots \\ 0 & 0 & 0 & \cdots & \mathrm{e}^{\lambda_i t}\end{bmatrix} \tag{6-83}$$

约当标准型矩阵的指数函数可由各约当标准块的指数函数构成：

$$\mathrm{e}^{\boldsymbol{J}t}=\begin{bmatrix}\mathrm{e}^{\boldsymbol{J}_1 t} & & & \\ & \mathrm{e}^{\boldsymbol{J}_1 t} & & \\ & & \ddots & \\ & & & \mathrm{e}^{\boldsymbol{J}_1 t}\end{bmatrix} \tag{6-84}$$

于是可求出

$$\mathrm{e}^{\boldsymbol{A}t}=\mathrm{e}^{(\boldsymbol{QJQ}^{-1})t}=\boldsymbol{Q}\mathrm{e}^{\boldsymbol{J}t}\boldsymbol{Q}^{-1} \tag{6-85}$$

例 6-6 求解状态方程 $\begin{bmatrix}\dot{x}_1 \\ \dot{x}_2\end{bmatrix}=\begin{bmatrix}0 & 1 \\ -2 & -3\end{bmatrix}\begin{bmatrix}x_1 \\ x_2\end{bmatrix}+\begin{bmatrix}0 \\ 1\end{bmatrix}u$，初始条件 $\boldsymbol{x}_0=\begin{bmatrix}x_1(0) \\ x_2(0)\end{bmatrix}=\begin{bmatrix}1 \\ 1\end{bmatrix}$，输入 u 为标量的单位阶跃。

解 用两种方法求状态转移阵。

方法 1：利用拉氏变换方法。由所给条件，有

$$(s\boldsymbol{I}-\boldsymbol{A})=\begin{bmatrix}s & -1 \\ 2 & s+3\end{bmatrix}$$

$$(s\boldsymbol{I}-\boldsymbol{A})^{-1}=\begin{bmatrix}\frac{s+3}{(s+1)(s+2)} & \frac{1}{(s+1)(s+2)} \\ \frac{-2}{(s+1)(s+2)} & \frac{s}{(s+1)(s+2)}\end{bmatrix}$$

则

$$\boldsymbol{\Phi}(t)=\mathrm{e}^{\boldsymbol{A}t}=\mathrm{L}^{-1}[(s\boldsymbol{I}-\boldsymbol{A})^{-1}]=\begin{bmatrix}2\mathrm{e}^{-t}-\mathrm{e}^{-2t} & \mathrm{e}^{-t}-\mathrm{e}^{-2t}\\ -2\mathrm{e}^{-t}+2\mathrm{e}^{-2t} & -\mathrm{e}^{-t}+2\mathrm{e}^{-2t}\end{bmatrix}$$

方法 2：利用矩阵变换方法。首先计算出 $\boldsymbol{A}$ 有两个相异的特征值，它们是 -1 和 -2。

求 $\boldsymbol{P}$，使得

$$\begin{bmatrix}0 & 1\\ -2 & -3\end{bmatrix}\boldsymbol{P}=\boldsymbol{P}\begin{bmatrix}-1 & 0\\ 0 & -2\end{bmatrix}$$

利用式(6-53)，得 $\boldsymbol{P}=\begin{bmatrix}1 & 1\\ -1 & -2\end{bmatrix}$，则 $\boldsymbol{P}^{-1}=\begin{bmatrix}2 & 1\\ -1 & -1\end{bmatrix}$，于是

$$\begin{aligned}\boldsymbol{\Phi}(t)=\mathrm{e}^{\boldsymbol{A}t}&=\boldsymbol{P}\begin{bmatrix}\mathrm{e}^{-t} & 0\\ 0 & \mathrm{e}^{-2t}\end{bmatrix}\boldsymbol{P}^{-1}=\begin{bmatrix}1 & 1\\ -1 & -2\end{bmatrix}\begin{bmatrix}\mathrm{e}^{-t} & 0\\ 0 & \mathrm{e}^{-2t}\end{bmatrix}\begin{bmatrix}2 & 1\\ -1 & -1\end{bmatrix}\\ &=\begin{bmatrix}2\mathrm{e}^{-t}-\mathrm{e}^{-2t} & \mathrm{e}^{-t}-\mathrm{e}^{-2t}\\ -2\mathrm{e}^{-t}+2\mathrm{e}^{-2t} & -\mathrm{e}^{-t}+2\mathrm{e}^{-2t}\end{bmatrix}\end{aligned}$$

与用第一种方法得到的结果一样。

由求得的 $\boldsymbol{\Phi}(t)$，可计算得到系统的零输入响应为

$$\boldsymbol{\Phi}(t)\boldsymbol{x}_0=\begin{bmatrix}2\mathrm{e}^{-t}-\mathrm{e}^{-2t} & \mathrm{e}^{-t}-\mathrm{e}^{-2t}\\ -2\mathrm{e}^{-t}+2\mathrm{e}^{-2t} & -\mathrm{e}^{-t}+2\mathrm{e}^{-2t}\end{bmatrix}\begin{bmatrix}1\\ 1\end{bmatrix}=\begin{bmatrix}3\mathrm{e}^{-t}-2\mathrm{e}^{-2t}\\ -3\mathrm{e}^{-t}+4\mathrm{e}^{-2t}\end{bmatrix}$$

系统的零状态响应为

$$\begin{aligned}\int_0^t\boldsymbol{\Phi}(t-\tau)\boldsymbol{B}\boldsymbol{u}(\tau)\mathrm{d}\tau&=\int_0^t\begin{bmatrix}2\mathrm{e}^{-(t-\tau)}-\mathrm{e}^{-2(t-\tau)} & \mathrm{e}^{-(t-\tau)}-\mathrm{e}^{-2(t-\tau)}\\ -2\mathrm{e}^{-(t-\tau)}+2\mathrm{e}^{-2(t-\tau)} & -\mathrm{e}^{-(t-\tau)}+2\mathrm{e}^{-2(t-\tau)}\end{bmatrix}\begin{bmatrix}0\\ 1\end{bmatrix}1\mathrm{d}\tau\\ &=\int_0^t\begin{bmatrix}\mathrm{e}^{-(t-\tau)}-\mathrm{e}^{-2(t-\tau)}\\ -\mathrm{e}^{-(t-\tau)}+2\mathrm{e}^{-2(t-\tau)}\end{bmatrix}\mathrm{d}\tau=\begin{bmatrix}\frac{1}{2}-\mathrm{e}^{-t}+\frac{1}{2}\mathrm{e}^{-2t}\\ \mathrm{e}^{-t}-\mathrm{e}^{-2t}\end{bmatrix}\end{aligned}$$

则方程的解为

$$\begin{bmatrix}x_1(t)\\ x_2(t)\end{bmatrix}=\begin{bmatrix}3\mathrm{e}^{-t}-2\mathrm{e}^{-2t}\\ -3\mathrm{e}^{-t}+4\mathrm{e}^{-2t}\end{bmatrix}+\begin{bmatrix}\frac{1}{2}-\mathrm{e}^{-t}+\frac{1}{2}\mathrm{e}^{-2t}\\ \mathrm{e}^{-t}-\mathrm{e}^{-2t}\end{bmatrix}=\begin{bmatrix}\frac{1}{2}+2\mathrm{e}^{-t}-1\frac{1}{2}\mathrm{e}^{-2t}\\ -2\mathrm{e}^{-t}+3\mathrm{e}^{-2t}\end{bmatrix}$$

6.2.4　线性定常系统的稳定性

稳定性始终是系统分析的一个主要内容，本书第 3 章介绍了经典控制理论中的各种稳定性判据，它们都是以描述系统的输入、输出关系的传递函数或频率特性为基础的。在经典控制理论中，稳定性的概念实质上是指：一个线性因果系统，在初始条件为零的情况下，如果施加一个有界的输入 u，则系统的输出 y 也是有界的。这种有界输入-有界输出

的稳定叫做外部稳定，或简称为 BIBO 稳定。

在讨论了线性系统的状态空间描述后，可以定义另一种稳定性的概念——系统的内部稳定性。它是由李雅普诺夫(Liapunov)最早提出的。下面针对线性定常系统，简要介绍内部稳定的基本概念。

一线性定常系统，齐次状态方程为

$$\dot{\boldsymbol{x}}=\boldsymbol{A}\boldsymbol{x}$$

设系统处于平衡状态时，$\boldsymbol{x}=\boldsymbol{0}$，现因扰动产生初始状态 $\boldsymbol{x}(t_0)$，则系统的运动规律即系统的零输入响应为

$$\boldsymbol{x}(t)=\boldsymbol{\Phi}(t)\boldsymbol{x}(t_0)=\mathrm{e}^{\boldsymbol{A}t}\boldsymbol{x}(t_0)$$

如果对于任意的初始状态 $\boldsymbol{x}(t_0)$，由它引起的响应 $\boldsymbol{x}(t)$ 都最终趋向于零，即

$$\lim_{t\to\infty}\boldsymbol{x}(t)=\lim_{t\to\infty}\boldsymbol{\Phi}(t)\boldsymbol{x}(t_0)=\lim_{t\to\infty}\mathrm{e}^{\boldsymbol{A}t}\boldsymbol{x}(t_0)=\boldsymbol{0} \tag{6-86}$$

则按李雅普诺夫的定义，系统是渐近稳定的，即系统内部稳定。

1. 内部稳定的判据

(1) 判据 1。线性定常系统内部稳定的充要条件是

$$\lim_{t\to\infty}\mathrm{e}^{\boldsymbol{A}t}=\boldsymbol{0} \tag{6-87}$$

由于 $\boldsymbol{x}(t_0)$ 是任意的，故由式(6-86)可直接得到式(6-87)。可见线性定常系统的内部稳定性只取决于系数矩阵 $\boldsymbol{A}$。

(2) 判据 2。线性定常系统内部稳定的充要条件是系数矩阵 $\boldsymbol{A}$ 的特征值均具有负实部。

当 $\boldsymbol{A}$ 的 n 个特征值 $\lambda_1,\lambda_2,\cdots,\lambda_n$ 两两相异时，由式(6-63)，式(6-64)可得

$$\mathrm{e}^{\boldsymbol{A}t}=\boldsymbol{P}\begin{bmatrix}\mathrm{e}^{\lambda_1 t} & & & \\ & \mathrm{e}^{\lambda_2 t} & & \\ & & \ddots & \\ & & & \mathrm{e}^{\lambda_n t}\end{bmatrix}\boldsymbol{P}^{-1}$$

因为 $\boldsymbol{P}$ 为非奇异常数阵，故当且仅当 $\lambda_1,\lambda_2,\cdots,\lambda_n$ 均具有负实部时，式(6-87)才成立。

当 $\boldsymbol{A}$ 有重特征值时，根据式(6-81)～式(6-85)的推导和结果，有

$$\mathrm{e}^{\boldsymbol{A}t}=\mathrm{e}^{(\boldsymbol{QJQ}^{-1})t}=\boldsymbol{Q}\mathrm{e}^{\boldsymbol{J}t}\boldsymbol{Q}^{-1}$$

当且仅当 $\boldsymbol{A}$ 的某一重特征值 λ_i 具有负实部时，才有

$$\lim_{t\to\infty}\mathrm{e}^{\boldsymbol{J}_i t}=\boldsymbol{0}$$

当且仅当 $\boldsymbol{A}$ 的全部特征值具有负实部时，$\lim\limits_{t\to\infty}\mathrm{e}^{\boldsymbol{J}t}=\boldsymbol{0}$，由于 $\boldsymbol{Q}$ 为非奇异常阵，故由 $\lim\limits_{t\to\infty}\mathrm{e}^{\boldsymbol{J}t}=\boldsymbol{0}$ 即可得 $\lim\limits_{t\to\infty}\mathrm{e}^{\boldsymbol{A}t}=\boldsymbol{0}$。

(3) 判据 3。线性定常系统渐近稳定的充要条件是对于任意一个给定的正定对称矩

阵 $\boldsymbol{Q}$，方程(李雅普诺夫方程)

$$\boldsymbol{A}^{\mathrm{T}}\boldsymbol{P}+\boldsymbol{P}\boldsymbol{A}=-\boldsymbol{Q} \tag{6-88}$$

有唯一正定对称矩阵解 $\boldsymbol{P}$。

李雅普诺夫方程的求解十分困难，其主要意义在于理论研究上的用途。

这个判据可以推广来判断 $\boldsymbol{A}$ 的特征值实部是否都小于某一特定值：$\boldsymbol{A}$ 的特征值实部都小于负实数 $-\sigma$ 的充要条件是对于任意一个给定的正定对称矩阵 $\boldsymbol{Q}$，方程

$$2\sigma\boldsymbol{P}+\boldsymbol{A}^{\mathrm{T}}\boldsymbol{P}+\boldsymbol{P}\boldsymbol{A}=-\boldsymbol{Q} \tag{6-89}$$

有唯一正定对称矩阵解 $\boldsymbol{P}$。

上述判据和推广的证明从略。

2. 内部稳定性和外部稳定性之间的关系

系统的内部稳定性由 $\boldsymbol{A}$ 的特征值决定，即 $\boldsymbol{A}$ 的特征方程 $|s\boldsymbol{I}-\boldsymbol{A}|=0$ 的根都具有负实部。系统的外部稳定性由传递函数的极点决定，即传递函数的极点都具有负实部。式(6-42)已给出系统的传递函数为

$$\boldsymbol{G}(s)=\frac{\boldsymbol{Y}(s)}{\boldsymbol{U}(s)}=\frac{\boldsymbol{C}(s\boldsymbol{I}-\boldsymbol{A})^{*}\boldsymbol{B}}{|s\boldsymbol{I}-\boldsymbol{A}|}+\boldsymbol{D}$$

显然，$\boldsymbol{D}$ 的存在不影响传递函数的极点，如果上式分子 $\boldsymbol{C}(s\boldsymbol{I}-\boldsymbol{A})^{*}\boldsymbol{B}$(它也是 s 的多项式)与分母 $|s\boldsymbol{I}-\boldsymbol{A}|$ 没有相同的因子，则传递函数的极点即 $\boldsymbol{A}$ 的特征值，这时系统的内部稳定和外部稳定是等价的。但如果 $\boldsymbol{C}(s\boldsymbol{I}-\boldsymbol{A})^{*}\boldsymbol{B}$ 与 $|s\boldsymbol{I}-\boldsymbol{A}|$ 有相同的因子，即传递函数中存在相同的极点和零点，它们相互抵消，最终传递函数的极点数目将少于 $\boldsymbol{A}$ 的特征值数目，这时系统的内部稳定和外部稳定则可能是不等价的。因为若相消的极点和零点不具有负实部，则系统虽然外部稳定，但却是内部不稳定的。

由上可知，系统的内部稳定提出了更高的要求，一个内部稳定的系统，必然外部稳定；反之，外部稳定的系统，却不一定内部稳定。

例 6-7　判断系统

$$\dot{\boldsymbol{x}}=\begin{bmatrix}-1 & 1\\ 0 & 0\end{bmatrix}\boldsymbol{x}+\begin{bmatrix}1\\0\end{bmatrix}u$$

$$y=[2\quad 1]\boldsymbol{x}$$

的稳定性。

解　由

$$|s\boldsymbol{I}-\boldsymbol{A}|=\begin{vmatrix}s+1 & -1\\ 0 & s\end{vmatrix}=s(s+1)=0$$

求得 $\boldsymbol{A}$ 的特征值为 0 和 -1，故系统内部不稳定。

系统的传递函数为

$$G(s)=\frac{Y(s)}{U(s)}=\frac{\boldsymbol{C}(s\boldsymbol{I}-\boldsymbol{A})^{*}\boldsymbol{B}}{|s\boldsymbol{I}-\boldsymbol{A}|}=\frac{\begin{bmatrix}2 & 1\end{bmatrix}\begin{bmatrix}s+1 & -1\\ 0 & s\end{bmatrix}^{*}\begin{bmatrix}1\\0\end{bmatrix}}{s(s+1)}=\frac{2s}{s(s+1)}=\frac{2}{s+1}$$

传递函数有一个相同的极点和零点 $s=0$，抵消后，传递函数只有一个极点 $s=-1$，故系统外部稳定。

6.3 系统的可控性和可观性

线性系统的可控性和可观性是现代控制理论中两个非常重要的基本概念，它是卡尔曼(Kalman)在20世纪60年代初提出的。线性系统的可控性描述系统输入 $\boldsymbol{u}(t)$ 对系统状态 $\boldsymbol{x}(t)$ 的控制能力，线性系统的可观性描述系统输出 $\boldsymbol{y}(t)$ 对系统状态 $\boldsymbol{x}(t)$ 的反映能力。在现代控制理论中，为了使控制系统获得良好的性能指标，要求通过控制作用 $\boldsymbol{u}(t)$，使系统的状态 $\boldsymbol{x}(t)$ 能从 n 维状态空间的一个点转移到任意的另一个点，这就要求控制作用 $\boldsymbol{u}(t)$ 对 $\boldsymbol{x}(t)$ 的每一个分量都能产生影响，满足这个条件的系统叫做状态完全可控的，否则便是状态不可控或不完全可控的。另外，为了实现 $\boldsymbol{x}(t)$ 能从 n 维状态空间的一个点转移到任意的另一个点的控制目标，一般需要采用状态反馈控制方式，但系统的状态 $\boldsymbol{x}(t)$ 不一定是可以测量的，这就需要通过可测量的系统输出 $\boldsymbol{y}(t)$ 来间接了解 $\boldsymbol{x}(t)$。能够由输出 $\boldsymbol{y}(t)$ 完全了解 $\boldsymbol{x}(t)$ 的系统叫做状态完全可观的，否则便是状态不可观或不完全可观的。

本节以

$$\begin{cases}\dot{\boldsymbol{x}}=\boldsymbol{A}\boldsymbol{x}+\boldsymbol{B}\boldsymbol{u}\\ \boldsymbol{y}=\boldsymbol{C}\boldsymbol{x}+\boldsymbol{D}\boldsymbol{u}\end{cases} \tag{6-90}$$

描述的线性定常系统为对象，讨论其可控性和可观性。式中，$\boldsymbol{x},\boldsymbol{y},\boldsymbol{u}$ 分别为 n 维、m 维、r 维向量；$\boldsymbol{A},\boldsymbol{B},\boldsymbol{C},\boldsymbol{D}$ 分别为 $n\times n, n\times r, m\times n, m\times r$ 矩阵。

6.3.1 线性定常系统的可控性

线性定常系统状态可控性的严格数学定义如下：

对于式(6-90)所示的系统，在有限的时间间隔 $0\leqslant t\leqslant T$ 内，如果能用控制量 $\boldsymbol{u}(t)$ 使系统从任意初始状态 $\boldsymbol{x}(0)\neq\boldsymbol{0}$ 转移到终止状态 $\boldsymbol{x}(T)=\boldsymbol{0}$，则称系统状态完全可控，简称系统可控。

由式(6-77)，有

$$\boldsymbol{x}(T)=\mathrm{e}^{\boldsymbol{A}T}\boldsymbol{x}_0+\int_0^T \mathrm{e}^{\boldsymbol{A}(T-\tau)}\boldsymbol{B}\boldsymbol{u}(\tau)\mathrm{d}\tau$$

由于 $\boldsymbol{x}(T)=\boldsymbol{0}$，故有

$$x_0 = -\int_0^T e^{-At}Bu(t)\,dt \tag{6-91}$$

故所谓系统可控，即在 $0\sim T$ 的时间间隔内，存在一个控制 $u(t)$，满足式(6-91)。

有许多判据可以判断系统是否可控，下面介绍常用的几种。

1. 可控性判据 1

系统状态可控的充要条件是格拉姆(Gram)矩阵 $W_c[0,T]=\int_0^T e^{-At}BB^T e^{-A^T t}\,dt$（式中上角标 T 表示矩阵的转置）非奇异。

证明 充分性。因为 $W_c[0,T]$ 非奇异，故其逆矩阵 $W_c^{-1}[0,T]$ 存在，取 $u(t)$ 为

$$u(t) = -B^T e^{-A^T t} W_c^{-1}[0,T]x_0$$

则式(6-91)的右边

$$-\int_0^T e^{-At}Bu(t)\,dt = \int_0^T e^{-At}BB^T e^{-A^T t}W_c^{-1}[0,T]x_0\,dt = W_c[0,T]W_c^{-1}[0,T]x_0 = x_0$$

充分性得证。下面采用反证法证明必要性。

已知系统可控，设 $W_c[0,T]$ 奇异，故存在非零向量 x_0，满足

$$x_0^T W_c[0,T]x_0 = 0$$

另外

$$\begin{aligned} x_0^T W_c[0,T]x_0 &= \int_0^T x_0^T e^{-At}BB^T e^{-A^T t}x_0\,dt \\ &= \int_0^T [B^T e^{-A^T t}x_0]^T[B^T e^{-A^T t}x_0]\,dt = \int_0^T \| B^T e^{-A^T t}x_0 \|^2\,dt \end{aligned}$$

式中，$\|\cdot\|$ 表示范数。故欲使上式等于零，必有

$$B^T e^{-A^T t}x_0 = 0 \tag{6-92}$$

又因系统可控，由式(6-91)，有

$$\| x_0 \| = x_0^T x_0 = \left[-\int_0^T e^{-At}Bu(t)\,dt\right]^T x_0 = -\int_0^T u^T(t)B^T e^{-A^T t}x_0\,dt$$

由式(6-92)，上式为零，进而可得 $x_0=0$，与假设相矛盾，必要性得证。

这一判据需计算 e^{-At}，而计算 e^{-At} 往往十分繁琐，故该判据主要应用在理论研究中。

2. 可控性判据 2

系统状态可控的充要条件是 $n\times nr$ 维可控性矩阵 $S=[B \quad AB \quad \cdots \quad A^{n-1}B]$ 满秩。即

$$r(S) = r[B \quad AB \quad \cdots \quad A^{n-1}B] = n \tag{6-93}$$

证明 利用反证法证明其充分性。

假设式(6-93)成立而系统不完全可控，则 $W_c[0,T]$ 奇异，对于非零向量 x_0，式(6-92)成

立，则

$$\boldsymbol{x}_0^{\mathrm{T}}\mathrm{e}^{-\boldsymbol{A}t}\boldsymbol{B}=\boldsymbol{0}$$

上式对 t 求 $1\sim(n-1)$ 次导数，并令 $t=0$，可得

$$\boldsymbol{x}_0^{\mathrm{T}}\boldsymbol{B}=\boldsymbol{0}$$
$$\boldsymbol{x}_0^{\mathrm{T}}\boldsymbol{A}\boldsymbol{B}=\boldsymbol{0}$$
$$\vdots$$
$$\boldsymbol{x}_0^{\mathrm{T}}\boldsymbol{A}^{n-1}\boldsymbol{B}=\boldsymbol{0}$$

即

$$\boldsymbol{x}_0^{\mathrm{T}}[\boldsymbol{B}\quad \boldsymbol{A}\boldsymbol{B}\quad \cdots\quad \boldsymbol{A}^{n-1}\boldsymbol{B}]=\boldsymbol{x}_0^{\mathrm{T}}\boldsymbol{S}=\boldsymbol{0} \tag{6-94}$$

由于 $\boldsymbol{x}_0$ 非零，故 $\boldsymbol{S}$ 行线性相关，则 $\mathrm{r}(\boldsymbol{S})<n$，与假设矛盾，充分性得证。

再用反证法证明必要性，即证明如果 $\mathrm{r}(\boldsymbol{S})<n$ 则系统不完全可控。

由于 $\mathrm{r}(\boldsymbol{S})<n$，故 $\boldsymbol{S}=[\boldsymbol{B}\quad \boldsymbol{A}\boldsymbol{B}\quad \cdots\quad \boldsymbol{A}^{n-1}\boldsymbol{B}]$ 行线性相关，则必存在一非零向量 $\boldsymbol{x}_0$，使式(6-94)成立，因为 $\boldsymbol{A}$，$\boldsymbol{B}$ 具有任意性，故

$$\boldsymbol{x}_0^{\mathrm{T}}\boldsymbol{A}^i\boldsymbol{B}=\boldsymbol{0},\quad i=0,1,2,\cdots,n-1$$

由式(6-69)，得

$$\begin{aligned}\boldsymbol{x}_0^{\mathrm{T}}\mathrm{e}^{-\boldsymbol{A}t}\boldsymbol{B}&=\boldsymbol{x}_0^{\mathrm{T}}\sum_{j=0}^{n-1}(-1)^j a_j(t)\boldsymbol{A}^j\boldsymbol{B}\\&=\sum_{j=0}^{n-1}(-1)^j a_j(t)\boldsymbol{x}_0^{\mathrm{T}}\boldsymbol{A}^j\boldsymbol{B}=\boldsymbol{0}\end{aligned}$$

于是

$$\boldsymbol{x}_0^{\mathrm{T}}\boldsymbol{W}_{\mathrm{c}}[0,T]\boldsymbol{x}_0=\int_0^T\boldsymbol{x}_0^{\mathrm{T}}\mathrm{e}^{-\boldsymbol{A}t}\boldsymbol{B}\boldsymbol{B}^{\mathrm{T}}\mathrm{e}^{-\boldsymbol{A}^{\mathrm{T}}t}\boldsymbol{x}_0\mathrm{d}t=0$$

所以 $\boldsymbol{W}_{\mathrm{c}}[0,T]$ 为奇异阵，系统不完全可控，必要性得证。

3. 可控性判据 3

(1) 当状态方程的系数矩阵 $\boldsymbol{A}$ 具有两两相异的特征值 $\lambda_1,\lambda_2,\cdots,\lambda_n$ 时，系统可控的充要条件是，状态方程

$$\dot{\boldsymbol{x}}=\begin{bmatrix}\lambda_1&&&\\&\lambda_2&&\\&&\ddots&\\&&&\lambda_n\end{bmatrix}\boldsymbol{x}+\boldsymbol{B}\boldsymbol{u}$$

中，系数 $\boldsymbol{B}$ 不包含全为零的行。

(2) 当状态方程的系数矩阵 $\boldsymbol{A}$ 具有重特征值时，状态方程可化为如下的约当标准型：

$$\dot{x}=\begin{bmatrix}J_1 & & & \\ & J_2 & & \\ & & \ddots & \\ & & & J_k\end{bmatrix}x+Bu$$

其中,$J_1,J_2,\cdots,J_k$ 为各重特征值对应的约当块。

记 $B=\begin{bmatrix}B_1\\B_2\\\vdots\\B_k\end{bmatrix}$,其中 $B_1,B_2,\cdots,B_k$ 分别与 $J_1,J_2,\cdots,J_k$ 相对应,则系统完全可控的充要条件是所有 $B_1,B_2,\cdots,B_k$ 的最后一行不全为零。

此判据中(1)可直接由判据 2 证出,判据中(2)证明繁琐,从略。

这个判据的合理性也可以直观地看出,对于判据中(1),状态方程为对角标准型,各状态变量间无耦合关系,故影响状态变量的唯一途径是输入 u 的作用,这样,只有 B 中各行元素都不全为零,才能保证每个状态变量都受 u 的控制。对于判据中(2),把 n 个状态变量按特征值分成了 k 组,各组之间无耦合关系,要使系统可控,必须使每组的状态变量都受 u 的控制。根据约当块的特点,只要这个约当块对应的最下部的一个状态变量受 u 的控制,则该组对应的所有状态变量都将受 u 的控制。所以,只要 B 中和每个约当块对应的最后一行不全为零即可。

例 6-8　判断如下状态方程所描述的单输入系统的状态可控性:

$$\dot{x}=\begin{bmatrix}0 & 1 & 0 & \cdots & 0\\ 0 & 0 & 1 & \cdots & 0\\ \vdots & \vdots & \vdots & & \vdots\\ 0 & 0 & 0 & \cdots & 1\\ -a_0 & -a_1 & -a_2 & \cdots & -a_{n-1}\end{bmatrix}x+\begin{bmatrix}0\\0\\\vdots\\0\\1\end{bmatrix}u \tag{6-95}$$

解　为利用判据 2,求得

$$S=[B\quad AB\quad \cdots\quad A^{n-1}B]=\begin{bmatrix}0 & 0 & & \cdots & 1\\ 0 & 0 & \cdots & 1 & -a_{n-1}\\ \vdots & \vdots & \iddots & \iddots & \vdots\\ 0 & 1 & \iddots & & *\\ 1 & -a_{n-1} & \cdots & * & *\end{bmatrix}$$

这是一个下三角矩阵,$|S|=1$,故 $\mathrm{r}(S)=n$,系统可控。

式(6-95)所示的状态方程总是代表系统可控的,这种形式的状态方程称为可控标准型。实际上,它为如下微分方程所描述的系统:

$$\frac{\mathrm{d}^n y}{\mathrm{d}t^n}+a_{n-1}\frac{\mathrm{d}^{n-1} y}{\mathrm{d}t^{n-1}}+\cdots+a_1\frac{\mathrm{d}y}{\mathrm{d}t}+a_0 y=b_m\frac{\mathrm{d}^m u}{\mathrm{d}t^m}+b_{m-1}\frac{\mathrm{d}^{m-1} u}{\mathrm{d}t^{m-1}}+\cdots+b_1\frac{\mathrm{d}u}{\mathrm{d}t}+b_0 u$$

例 6-9 分别用判据 2 和判据 3 判断如下状态方程描述的系统的可控性：

$$\dot{\boldsymbol{x}}=\begin{bmatrix}1&3&2\\0&2&0\\0&1&3\end{bmatrix}\boldsymbol{x}+\begin{bmatrix}2&1\\1&1\\-1&-1\end{bmatrix}\boldsymbol{u}$$

解 利用判据 2。求得

$$\boldsymbol{S}=[\boldsymbol{B}\quad \boldsymbol{AB}\quad \boldsymbol{A}^2\boldsymbol{B}]=\begin{bmatrix}2&1&3&2&5&4\\1&1&2&2&4&4\\-1&-1&-2&-2&-4&-4\end{bmatrix}$$

$\mathrm{r}(\boldsymbol{S})=2<3$，故系统不完全可控。

利用判据 3。算得矩阵 $\boldsymbol{A}$ 有三个相异的特征值：1，3，2。为将原状态方程转换为对角线规范型，取转换矩阵 $\boldsymbol{P}=\begin{bmatrix}1&1&1\\0&0&1\\0&1&-1\end{bmatrix}$，则

$$\boldsymbol{P}^{-1}=\begin{bmatrix}1&-2&-1\\0&1&1\\0&1&0\end{bmatrix}$$

$$\boldsymbol{P}^{-1}\boldsymbol{B}=\begin{bmatrix}1&-2&-1\\0&1&1\\0&1&0\end{bmatrix}\begin{bmatrix}2&1\\1&1\\-1&-1\end{bmatrix}=\begin{bmatrix}1&0\\0&0\\1&1\end{bmatrix}$$

因为 $\boldsymbol{P}^{-1}\boldsymbol{B}$ 中有一行元素全为零，故系统不完全可控。

例 6-10 分别用判据 2 和判据 3 判断如下状态方程描述的系统的可控性：

$$\dot{\boldsymbol{x}}=\boldsymbol{Ax}+\boldsymbol{Bu},\quad \boldsymbol{A}=\begin{bmatrix}0&6&-5\\1&0&2\\3&2&4\end{bmatrix},\quad \boldsymbol{B}=\begin{bmatrix}1\\2\\1\end{bmatrix}$$

解 利用判据 2。求得

$$\boldsymbol{S}=[\boldsymbol{B}\quad \boldsymbol{AB}\quad \boldsymbol{A}^2\boldsymbol{B}]=\begin{bmatrix}1&7&-37\\2&3&29\\1&11&71\end{bmatrix}$$

$\mathrm{r}(\boldsymbol{S})=3$，故系统可控。

利用判据 3。算得矩阵 $\boldsymbol{A}$ 有一个二重特征值 1 和一个单特征值 2。为将原状态方程转换为约当标准型，取转换矩阵 $\boldsymbol{Q}=\begin{bmatrix}2&1&1\\-1&-3/7&-22/49\\-2&-5/7&-46/49\end{bmatrix}$，则

$$Q^{-1}=\begin{bmatrix}-4 & -11 & 1\\ 2 & -6 & 5\\ 7 & 28 & -7\end{bmatrix}$$

$$Q^{-1}AQ=\begin{bmatrix}2 & 0 & 0\\ 0 & 1 & 1\\ 0 & 0 & 1\end{bmatrix}$$

$$Q^{-1}B=\begin{bmatrix}-25\\ -5\\ 56\end{bmatrix}$$

根据判据 3，系统要完全可控，$Q^{-1}B$ 的第一行和第三行需不为零，可见满足要求，系统可控。

在例 6-9 和例 6-10 中，分别用两种方法判断了系统的可控性，得出的结论一致。在应用判据 3 时，先对状态方程进行线性非奇异变换，然后根据变换后的结果进行判断，这说明状态方程的线性非奇异变换不改变系统的可控性。

6.3.2　线性定常系统的可观性

线性定常系统状态可观的严格数学定义如下：

对于式(6-90)所示的系统，在任意给定控制作用 $u(t)$ 的输入下，对任意初始时刻(不失一般性，取初始时刻为零)，若能在有限的时间间隔 $0\leqslant t\leqslant T$ 内，可根据输出 y 的量测值，唯一地确定在初始时刻的状态 $x(0)$，则称系统状态是完全可观的，简称系统可观。若 $x(0)$ 中哪怕只有一个分量不能被唯一确定，则称系统状态不完全可观，简称系统不可观。

线性定常系统的可观性判据与可控性判据相似，其分析和证明方法也类同，下面给出几种判据，不再加以证明。

1. 可观性判据 1

系统状态可观的充要条件是格拉姆矩阵 $W_0[0,T]=\int_0^T e^{-A^{T}t}C^{T}Ce^{-At}\,dt$ 非奇异。

2. 可观性判据 2

系统状态可观的充要条件是 $mn\times n$ 维可观性矩阵 $V=\begin{bmatrix}C\\ CA\\ \vdots\\ CA^{n-1}\end{bmatrix}$ 满秩，即

$$r(\boldsymbol{V}) = r\begin{bmatrix} \boldsymbol{C} \\ \boldsymbol{CA} \\ \vdots \\ \boldsymbol{CA}^{n-1} \end{bmatrix} = n \tag{6-96}$$

3. 可观性判据 3

(1) 当状态方程的系数矩阵 $\boldsymbol{A}$ 具有两两相异的特征值 $\lambda_1, \lambda_2, \cdots, \lambda_n$ 时，系统可观的充要条件是，用如下对角线规范型状态空间方程表示的系统中，系数 $\boldsymbol{C}$ 不包含全为零的列：

$$\dot{\boldsymbol{x}} = \begin{bmatrix} \lambda_1 & & & \\ & \lambda_2 & & \\ & & \ddots & \\ & & & \lambda_n \end{bmatrix} \boldsymbol{x} + \boldsymbol{Bu}$$

$$\boldsymbol{y} = \boldsymbol{Cx} + \boldsymbol{Du}$$

(2) 当状态方程的系数矩阵 $\boldsymbol{A}$ 具有重特征值时，经线性非奇异变换，将系统变为用如下约当标准型来描述：

$$\dot{\boldsymbol{x}} = \begin{bmatrix} \boldsymbol{J}_1 & & & \\ & \boldsymbol{J}_2 & & \\ & & \ddots & \\ & & & \boldsymbol{J}_k \end{bmatrix} \boldsymbol{x} + \boldsymbol{Bu}$$

$$\boldsymbol{y} = \boldsymbol{Cx} + \boldsymbol{Du}$$

其中，$\boldsymbol{J}_1, \boldsymbol{J}_2, \cdots, \boldsymbol{J}_k$ 为各重特征值对应的约当块。则系统完全可观的充要条件是每个约当块首行对应的矩阵 $\boldsymbol{C}$ 中的那些列，其元素不全为零。

例如，一系统化成约当标准型后，$\boldsymbol{A} = \begin{bmatrix} -3 & 1 & 0 \\ 0 & -3 & 0 \\ 0 & 0 & -1 \end{bmatrix}$，$\boldsymbol{C} = \begin{bmatrix} 0 & 1 & -2 \\ 0 & 2 & 3 \end{bmatrix}$，由于第一个约当块首行（即 $\boldsymbol{A}$ 的第一行）对应的 $\boldsymbol{C}$ 中的第一列元素全为零，故系统不完全可观。又如 $\boldsymbol{A} = \begin{bmatrix} 3 & 1 & 0 & 0 & 0 \\ 0 & 3 & 1 & 0 & 0 \\ 0 & 0 & 3 & 0 & 0 \\ 0 & 0 & 0 & -1 & 1 \\ 0 & 0 & 0 & 0 & -1 \end{bmatrix}$，$\boldsymbol{C} = \begin{bmatrix} 2 & 3 & 1 & 2 & 0 \\ 0 & 3 & 2 & 0 & 0 \end{bmatrix}$，由于第一个约当块首行（即 $\boldsymbol{A}$ 的第一行）对应的 $\boldsymbol{C}$ 中的第一列元素以及第二个约当块首行（即 $\boldsymbol{A}$ 的第四行）对应的 $\boldsymbol{C}$ 中的第四列元素均不全为零，故系统可观。

例 6-11 判断如下状态空间方程所描述的单输出系统的状态可观性：

$$\begin{cases}\dot{\boldsymbol{x}}=\begin{bmatrix}0 & 0 & \cdots & 0 & -a_0\\ 1 & 0 & \ddots & \cdots & -a_1\\ \vdots & 1 & \ddots & 0 & \vdots\\ & & \ddots & 0 & -a_{n-2}\\ 0 & & & 1 & -a_{n-1}\end{bmatrix}\boldsymbol{x}+\boldsymbol{B}\boldsymbol{u}\\ \boldsymbol{y}=\begin{bmatrix}0 & \cdots & 0 & 1\end{bmatrix}\boldsymbol{x}+\boldsymbol{D}\boldsymbol{u}\end{cases}\tag{6-97}$$

解　求系统的可观性矩阵，为

$$\boldsymbol{V}=\begin{bmatrix}\boldsymbol{C}\\ \boldsymbol{CA}\\ \vdots\\ \boldsymbol{CA}^{n-1}\end{bmatrix}=\begin{bmatrix}0 & & & & 1\\ & & & 1 & -a_{n-1}\\ & & \therefore & -a_{n-1} & \\ & 1 & \therefore & & \\ 1 & -a_{n-1} & & & \end{bmatrix}$$

这是一个下三角矩阵，$|\boldsymbol{V}|=1$，故 $\mathrm{r}(\boldsymbol{V})=n$，系统可观。

式(6-97)所示的状态空间方程定义为可观标准型。

例 6-12　分别用判据 2 和判据 3 判断如下状态空间方程描述的系统的可观性：

$$\dot{\boldsymbol{x}}=\begin{bmatrix}1 & 3 & 2\\ 0 & 2 & 0\\ 0 & 1 & 3\end{bmatrix}\boldsymbol{x}+\boldsymbol{B}\boldsymbol{u}$$

$$\boldsymbol{y}=\begin{bmatrix}2 & 1 & 1\\ 0 & 1 & 0\end{bmatrix}\boldsymbol{x}$$

解　利用判据 2。算得 $\boldsymbol{V}=\begin{bmatrix}\boldsymbol{C}\\ \boldsymbol{CA}\\ \boldsymbol{CA}^2\end{bmatrix}=\begin{bmatrix}2 & 1 & 1\\ 0 & 1 & 0\\ 2 & 9 & 7\\ 0 & 2 & 0\\ 2 & 31 & 25\\ 0 & 4 & 0\end{bmatrix}$，$\mathrm{r}(\boldsymbol{V})=3$，故系统可观。

利用判据 3。在例 6-9 中已算得矩阵 $\boldsymbol{A}$ 有三个相异的特征值：1,3,2，以及将原状态方程转换为对角线规范型的转换矩阵

$$\boldsymbol{P}=\begin{bmatrix}1 & 1 & 1\\ 0 & 0 & 1\\ 0 & 1 & -1\end{bmatrix}$$

则 $\boldsymbol{CP}=\begin{bmatrix}2 & 1 & 1\\ 0 & 1 & 0\end{bmatrix}\begin{bmatrix}1 & 1 & 1\\ 0 & 0 & 1\\ 0 & 1 & -1\end{bmatrix}=\begin{bmatrix}2 & 3 & 2\\ 0 & 0 & 1\end{bmatrix}$，因为 $\boldsymbol{CP}$ 中各列元素均不全为零，故系统

可观。

例 6-13 一线性定常系统，状态空间方程的系数 $\boldsymbol{A}$ 和 $\boldsymbol{C}$ 分别为

$$\boldsymbol{A}=\begin{bmatrix}-0.5 & 0.5 & 1\\ 0.5 & 0.5 & 0\\ 0.5 & -0.5 & 1\end{bmatrix},\quad \boldsymbol{C}=\begin{bmatrix}0.5 & -0.75 & 0.25\end{bmatrix}$$

判断其可观性。

解 利用判据 2。计算其可观性矩阵，得

$$\boldsymbol{V}=\begin{bmatrix}\boldsymbol{C}\\ \boldsymbol{CA}\\ \boldsymbol{CA}^2\end{bmatrix}=\begin{bmatrix}0.5 & -0.75 & 0.25\\ -0.5 & -0.25 & 0.75\\ 0.5 & -0.75 & 0.25\end{bmatrix}$$

由于 $\mathrm{r}(\boldsymbol{S})=2$，故系统不可观。

利用判据 3。算得矩阵 $\boldsymbol{A}$ 有一个二重特征值 1 和一个单特征值 -1。为将原状态方程转换为约当标准型，取转换矩阵 $\boldsymbol{Q}=\begin{bmatrix}0.5 & 0.5 & 1.5\\ 0.5 & -0.5 & -0.5\\ 0.5 & 1.5 & -0.5\end{bmatrix}$，算得

$$\boldsymbol{Q}^{-1}=\begin{bmatrix}0.5 & 1.25 & 0.25\\ 0 & -0.5 & 0.5\\ 0.5 & -0.25 & -0.25\end{bmatrix},\quad \boldsymbol{Q}^{-1}\boldsymbol{AQ}=\begin{bmatrix}1 & 1 & 0\\ 0 & 1 & 0\\ 0 & 0 & -1\end{bmatrix},\quad \boldsymbol{CQ}=\begin{bmatrix}0 & 1 & 1\end{bmatrix}$$

系统若完全可观，$\boldsymbol{CQ}$ 的第一列和第三列需不为零，不满足要求，系统不可观。

在例 6-12 和例 6-13 中，分别用两种方法判断了系统的可观性。在应用判据 3 时，先对状态方程和输出方程进行线性非奇异变换，然后根据变换后的结果进行判断，两种判据得到的结果一样，这说明状态空间方程的线性非奇异变换不改变系统的可观性。

6.3.3 线性系统的结构分解

一个实际的线性系统，可以看成是由如下子系统的部分或全部组成的：可控可观子系统、可控不可观子系统、不可控可观子系统和不可控不可观子系统。因此，为了更深刻地了解系统的结构，可以按着系统的可控可观性将系统分解，如图 6-8 所示。

分解的方法是利用状态空间方程的线性非奇异变换，将状态方程和输出方程变换成一种可以明显看出有关状态变量的可控性和可观性的形式，而进行分解的关键是找到一个变换矩阵。限于篇幅，下面不讨论分解的过程而只给出分解的结果，并就一些重要问题进行说明。由于输出方程中的系数 $\boldsymbol{D}$ 不影响系统的

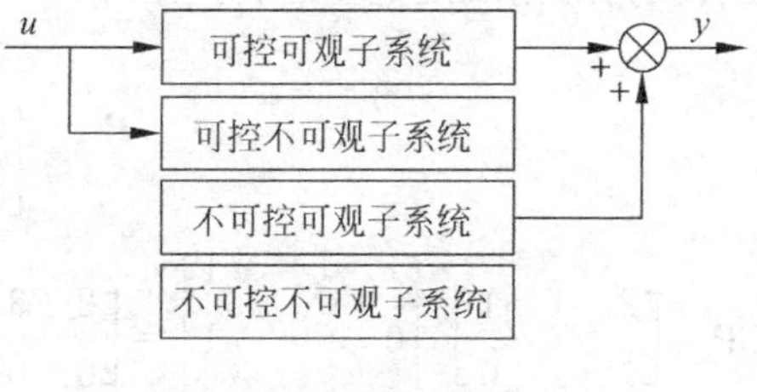

图 6-8 线性系统的结构分解

可控性和可观性，故设 $\boldsymbol{D}=\mathbf{0}$。

1. 按可控性分解

分解的目的是将系统分成可控的和不可控的两个子系统，用线性非奇异变换将状态方程和输出方程变成如下形式：

$$
\begin{cases}
\begin{bmatrix}\dot{\boldsymbol{x}}_1\\ \dot{\boldsymbol{x}}_2\end{bmatrix}=\begin{bmatrix}\boldsymbol{A}_{11} & \boldsymbol{A}_{12}\\ \mathbf{0} & \boldsymbol{A}_{22}\end{bmatrix}\begin{bmatrix}\boldsymbol{x}_1\\ \boldsymbol{x}_2\end{bmatrix}+\begin{bmatrix}\boldsymbol{B}_1\\ \mathbf{0}\end{bmatrix}\boldsymbol{u}\\
\boldsymbol{y}=\begin{bmatrix}\boldsymbol{C}_1 & \boldsymbol{C}_2\end{bmatrix}\begin{bmatrix}\boldsymbol{x}_1\\ \boldsymbol{x}_2\end{bmatrix}
\end{cases}
\tag{6-98}
$$

可以看出，状态变量组 $\boldsymbol{x}_1$ 受 $\boldsymbol{u}$ 的控制，为可控部分，状态变量组 $\boldsymbol{x}_2$ 不受 $\boldsymbol{u}$ 的控制，为不可控部分。

2. 按可观性分解

利用线性非奇异变换将状态方程和输出方程变成如下形式：

$$
\begin{cases}
\begin{bmatrix}\dot{\boldsymbol{x}}_1\\ \dot{\boldsymbol{x}}_2\end{bmatrix}=\begin{bmatrix}\boldsymbol{A}_{11} & \mathbf{0}\\ \boldsymbol{A}_{21} & \boldsymbol{A}_{22}\end{bmatrix}\begin{bmatrix}\boldsymbol{x}_1\\ \boldsymbol{x}_2\end{bmatrix}+\begin{bmatrix}\boldsymbol{B}_1\\ \boldsymbol{B}_2\end{bmatrix}\boldsymbol{u}\\
\boldsymbol{y}=\begin{bmatrix}\boldsymbol{C}_1 & \mathbf{0}\end{bmatrix}\begin{bmatrix}\boldsymbol{x}_1\\ \boldsymbol{x}_2\end{bmatrix}
\end{cases}
\tag{6-99}
$$

可以看出，状态变量组 $\boldsymbol{x}_1$ 影响输出 $\boldsymbol{y}$，为可观部分，状态变量组 $\boldsymbol{x}_2$ 不影响输出 $\boldsymbol{y}$，为不可观部分，于是完成了按系统的可观性进行分解。

3. 同时按可控性和可观性分解

系统同时按可控性和可观性分解就是将系统分解成图 6-8 所示的结构，这时通过线性非奇异变换，状态方程和输出方程的形式如下：

$$
\begin{cases}
\begin{bmatrix}\dot{\boldsymbol{x}}_1\\ \dot{\boldsymbol{x}}_2\\ \dot{\boldsymbol{x}}_3\\ \dot{\boldsymbol{x}}_4\end{bmatrix}=\begin{bmatrix}\boldsymbol{A}_{11} & \mathbf{0} & \boldsymbol{A}_{13} & \mathbf{0}\\ \boldsymbol{A}_{21} & \boldsymbol{A}_{22} & \boldsymbol{A}_{23} & \boldsymbol{A}_{24}\\ \mathbf{0} & \mathbf{0} & \boldsymbol{A}_{33} & \mathbf{0}\\ \mathbf{0} & \mathbf{0} & \boldsymbol{A}_{43} & \boldsymbol{A}_{44}\end{bmatrix}\begin{bmatrix}\boldsymbol{x}_1\\ \boldsymbol{x}_2\\ \boldsymbol{x}_3\\ \boldsymbol{x}_4\end{bmatrix}+\begin{bmatrix}\boldsymbol{B}_1\\ \boldsymbol{B}_2\\ \mathbf{0}\\ \mathbf{0}\end{bmatrix}\boldsymbol{u}\\
\boldsymbol{y}=\begin{bmatrix}\boldsymbol{C}_1 & \mathbf{0} & \boldsymbol{C}_3 & \mathbf{0}\end{bmatrix}\begin{bmatrix}\boldsymbol{x}_1\\ \boldsymbol{x}_2\\ \boldsymbol{x}_3\\ \boldsymbol{x}_4\end{bmatrix}
\end{cases}
\tag{6-100}
$$

为了更清楚地看出各状态变量组的特点，将式(6-100)写成方程组的形式，为

$$
\begin{cases}
\dot{\boldsymbol{x}}_1 = \boldsymbol{A}_{11}\boldsymbol{x}_1 + \boldsymbol{A}_{13}\boldsymbol{x}_3 + \boldsymbol{B}_1\boldsymbol{u} \\
\dot{\boldsymbol{x}}_2 = \boldsymbol{A}_{21}\boldsymbol{x}_1 + \boldsymbol{A}_{22}\boldsymbol{x}_2 + \boldsymbol{A}_{23}\boldsymbol{x}_3 + \boldsymbol{A}_{24}\boldsymbol{x}_4 + \boldsymbol{B}_2\boldsymbol{u} \\
\dot{\boldsymbol{x}}_3 = \boldsymbol{A}_{33}\boldsymbol{x}_3 \\
\dot{\boldsymbol{x}}_4 = \boldsymbol{A}_{43}\boldsymbol{x}_3 + \boldsymbol{A}_{44}\boldsymbol{x}_4 \\
\boldsymbol{y} = \boldsymbol{C}_1\boldsymbol{x}_1 + \boldsymbol{C}_3\boldsymbol{x}_3
\end{cases}
\tag{6-101}
$$

可见，变量组 $\boldsymbol{x}_1$ 受 $\boldsymbol{u}$ 的控制且能由 $\boldsymbol{y}$ 反映，为可控可观部分；变量组 $\boldsymbol{x}_2$ 受 $\boldsymbol{u}$ 的控制但不能由 $\boldsymbol{y}$ 反映，为可控不可观部分；变量组 $\boldsymbol{x}_3$ 不受 $\boldsymbol{u}$ 的控制但能由 $\boldsymbol{y}$ 反映，为不可控但可观部分；变量组 $\boldsymbol{x}_4$ 既不受 $\boldsymbol{u}$ 的控制也不能由 $\boldsymbol{y}$ 反映，为不可控不可观部分。另外，各变量组之间存在一些耦合，但分析式(6-101)所表示的耦合方式可知，这些耦合不影响上述的可控可观性结论。

下面通过一个例子说明系统结构分解的方法。

例 6-14 分别按可控性、可观性和可控性可观性分解如下状态空间方程描述的线性定常系统：

$$
\dot{\hat{\boldsymbol{x}}} = \hat{\boldsymbol{A}}\hat{\boldsymbol{x}} + \hat{\boldsymbol{B}}u, \quad y = \hat{\boldsymbol{C}}\hat{\boldsymbol{x}}
$$

$$
\hat{\boldsymbol{A}} = \begin{bmatrix} 1 & 2 & -1 \\ 0 & 1 & 0 \\ 1 & -4 & 3 \end{bmatrix}, \quad \hat{\boldsymbol{B}} = \begin{bmatrix} 0 \\ 0 \\ 1 \end{bmatrix}, \quad \hat{\boldsymbol{C}} = \begin{bmatrix} 1 & -1 & 1 \end{bmatrix}
$$

解 按可控性分解。可控性矩阵 $\hat{\boldsymbol{S}} = [\hat{\boldsymbol{B}} \quad \hat{\boldsymbol{A}}\hat{\boldsymbol{B}} \quad \hat{\boldsymbol{A}}^2\boldsymbol{B}] = \begin{bmatrix} 0 & -1 & -4 \\ 0 & 0 & 0 \\ 1 & 3 & 8 \end{bmatrix}$，$\mathrm{r}(\hat{\boldsymbol{S}}) = 2 < 3$，故系统不完全可控，为将系统分解成式(6-98)所示的形式，可取转换矩阵 $\boldsymbol{P}$ 的前两列为 $\hat{\boldsymbol{S}}$ 的两个线性无关的列，$\boldsymbol{P}$ 的另一列在保证其为非奇异的条件下任取。这里取 $\boldsymbol{P} = \begin{bmatrix} 0 & -1 & 0 \\ 0 & 0 & 1 \\ 1 & 3 & 0 \end{bmatrix}$，算得 $\boldsymbol{P}^{-1} = \begin{bmatrix} 3 & 0 & 1 \\ -1 & 0 & 0 \\ 0 & 1 & 0 \end{bmatrix}$，于是对给定的状态方程和输出方程进行线性非奇异转换，得

$$
\boldsymbol{A} = \boldsymbol{P}^{-1}\hat{\boldsymbol{A}}\boldsymbol{P} = \begin{bmatrix} 0 & -4 & 2 \\ 1 & 4 & -2 \\ 0 & 0 & 1 \end{bmatrix}, \quad \boldsymbol{B} = \boldsymbol{P}^{-1}\hat{\boldsymbol{B}} = \begin{bmatrix} 1 \\ 0 \\ 0 \end{bmatrix}, \quad \boldsymbol{C} = \hat{\boldsymbol{C}}\boldsymbol{P} = \begin{bmatrix} 1 & 2 & -1 \end{bmatrix}
$$

可见，$\boldsymbol{A}$，$\boldsymbol{B}$，$\boldsymbol{C}$ 符合式(6-98)要求的形式。状态方程和输出方程为

$$\begin{cases}\begin{bmatrix}\dot{x}_1\\ \dot{x}_2\\ \dot{x}_3\end{bmatrix}=\begin{bmatrix}0 & -4 & 2\\ 1 & 4 & -2\\ 0 & 0 & 1\end{bmatrix}\begin{bmatrix}x_1\\ x_2\\ x_3\end{bmatrix}+\begin{bmatrix}1\\ 0\\ 0\end{bmatrix}u\\ y=\begin{bmatrix}1 & 2 & -1\end{bmatrix}\begin{bmatrix}x_1\\ x_2\\ x_3\end{bmatrix}\end{cases} \tag{6-102}$$

进一步写成方程组的形式为

$$\begin{cases}\dot{x}_1=-4x_2+2x_3+u\\ \dot{x}_2=x_1+4x_2-2x_3\\ \dot{x}_3=x_3\end{cases}$$

$$y=x_1+2x_2-x_3$$

可见,变量 x_1 受 u 的控制,为可控量; x_2 的表达式中虽然没有 u,但有可控量 x_1,故它也是可控量; 变量 x_3 不受 u 的控制,为不可控量。

按可观性分解。计算可观性矩阵$\hat{\boldsymbol{V}}=[\hat{\boldsymbol{C}}\quad \hat{\boldsymbol{C}}\hat{\boldsymbol{A}}\quad \hat{\boldsymbol{C}}\hat{\boldsymbol{A}}^2]=\begin{bmatrix}1 & -1 & 1\\ 2 & -3 & 2\\ 4 & -7 & 4\end{bmatrix}$,$\mathrm{rank}\hat{\boldsymbol{V}}=2<3$,故系统不完全可观,为将系统分解成式(6-99)所示的形式,可取转换矩阵 $\boldsymbol{P}$ 的前两行为$\hat{\boldsymbol{V}}$的两个线性无关的行,另一行在保证其为非奇异的条件下任取。这里取 $\boldsymbol{P}=\begin{bmatrix}1 & -1 & 1\\ 2 & -3 & 2\\ 0 & 0 & 1\end{bmatrix}$,算得 $\boldsymbol{P}^{-1}=\begin{bmatrix}3 & -1 & -1\\ 2 & -1 & 0\\ 0 & 0 & 1\end{bmatrix}$,于是对给定的状态方程和输出方程进行线性非奇异转换,得

$$\boldsymbol{A}=\boldsymbol{P}^{-1}\hat{\boldsymbol{A}}\boldsymbol{P}=\begin{bmatrix}0 & 1 & 0\\ -2 & 3 & 0\\ -5 & 3 & 2\end{bmatrix},\quad \boldsymbol{B}=\boldsymbol{P}^{-1}\hat{\boldsymbol{B}}=\begin{bmatrix}1\\ 2\\ 1\end{bmatrix},\quad \boldsymbol{C}=\hat{\boldsymbol{C}}\boldsymbol{P}=\begin{bmatrix}1 & 0 & 0\end{bmatrix}$$

可见,$\boldsymbol{A}$,$\boldsymbol{B}$,$\boldsymbol{C}$ 符合式(6-99)要求的形式。状态方程和输出方程为

$$\begin{cases}\begin{bmatrix}\dot{x}_1\\ \dot{x}_2\\ \dot{x}_3\end{bmatrix}=\begin{bmatrix}0 & 1 & 0\\ -2 & 3 & 0\\ -5 & 3 & 2\end{bmatrix}\begin{bmatrix}x_1\\ x_2\\ x_3\end{bmatrix}+\begin{bmatrix}1\\ 2\\ 1\end{bmatrix}u\\ y=\begin{bmatrix}1 & 0 & 0\end{bmatrix}\begin{bmatrix}x_1\\ x_2\\ x_3\end{bmatrix}\end{cases}$$

进一步写成方程组的形式为

$$\begin{cases}\dot{x}_1 = x_2 + u \\ \dot{x}_2 = -2x_1 + 3x_2 + 2u \\ \dot{x}_3 = -5x_1 + 3x_2 + 2x_3 + u\end{cases}$$

$$y = x_1$$

可见,变量 x_1 影响 y,为可观量; y 的表达式中虽然没有 x_2,但可观量 x_1 的表达式中含有 x_2,故 x_2 也是可观量; 变量 x_3 不影响 y,为不可观量。

同时按可观性和可控性分解。一般的方法是找一个转换矩阵,通过线性非奇异变换使系统变成式(6-100)的形式,但转换矩阵的求取十分繁琐,故一般采用如下的方法: 先按可控性(或可观性)将系统分解成两个子系统,对可控子系统(或可观子系统)和不可控性子系统(或不可观子系统)再按可观性(或可控性)分解,得到要求的结果。下面采用先按可控性分解的方法。

按可控性分解的结果如式(6-102)所示,它将原系统分解成了如下两个子系统。

可控子系统

$$\begin{cases}\begin{bmatrix}\dot{x}_1 \\ \dot{x}_2\end{bmatrix} = \begin{bmatrix}0 & -4 \\ 1 & 4\end{bmatrix}\begin{bmatrix}x_1 \\ x_2\end{bmatrix} + \begin{bmatrix}1 \\ 0\end{bmatrix}u + \begin{bmatrix}2 \\ -2\end{bmatrix}x_3 \\ y_1 = \begin{bmatrix}1 & 2\end{bmatrix}\begin{bmatrix}x_1 \\ x_2\end{bmatrix}\end{cases} \tag{6-103}$$

不可控子系统

$$\begin{cases}\dot{x}_3 = x_3 \\ y_2 = -x_3\end{cases} \tag{6-104}$$

由式(6-104)可见,x_3 为可观不可控变量,故只按可观性再分解可控子系统即可。利用上面介绍的方法,式(6-103)所示的系统按可观性分解的结果如下 $\left(\text{取转换矩阵 } \boldsymbol{P} = \begin{bmatrix}1 & 2 \\ 2 & -1\end{bmatrix}\right)$:

$$\begin{cases}\begin{bmatrix}\dot{x}_1 \\ \dot{x}_2\end{bmatrix} = \begin{bmatrix}2 & 0 \\ -5 & 2\end{bmatrix}\begin{bmatrix}x_1 \\ x_2\end{bmatrix} + \begin{bmatrix}0.2 \\ 0.4\end{bmatrix}u + \begin{bmatrix}-0.4 \\ 1.2\end{bmatrix}x_3 \\ y_1 = \begin{bmatrix}5 & 0\end{bmatrix}\begin{bmatrix}x_1 \\ x_2\end{bmatrix}\end{cases} \tag{6-105}$$

注意,为使表示方法简单,式(6-105)中转换后的状态向量仍记为 $\boldsymbol{x}$,实际上它与式(6-102)中的 $\boldsymbol{x}$ 不同。由式(6-105)可知,x_1 可控可观,x_2 可控不可观,于是分解完毕。

为了更清楚地了解系统的结构，将分解后分别由式(6-104)和式(6-105)表示的子系统用一个方程表示为

$$\begin{cases}\begin{bmatrix}\dot{x}_1\\ \dot{x}_2\\ \dot{x}_3\end{bmatrix}=\begin{bmatrix}2&0&-0.4\\-5&2&1.2\\0&0&1\end{bmatrix}\begin{bmatrix}x_1\\x_2\\x_3\end{bmatrix}+\begin{bmatrix}0.2\\0.4\\0\end{bmatrix}u\\ y=\begin{bmatrix}5&0&-1\end{bmatrix}\begin{bmatrix}x_1\\x_2\\x_3\end{bmatrix}\end{cases}\tag{6-106}$$

因为它不存在不可控不可观的变量，故式(6-106)与式(6-100)前三组变量对应的形式一致。

式(6-106)表示的系统可用图6-9所示的方框图表示。

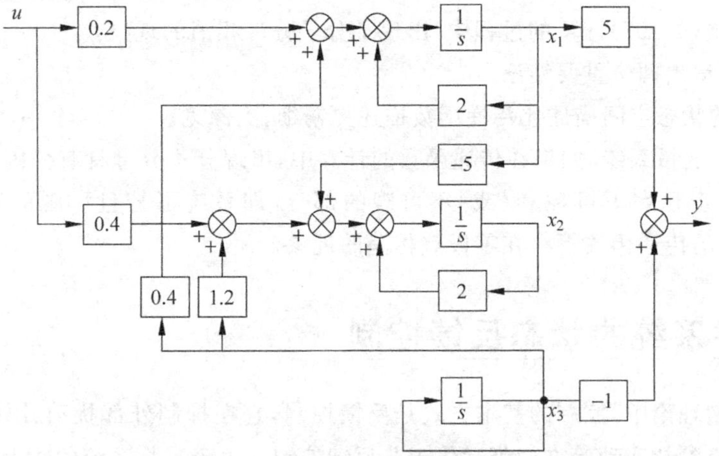

图6-9　例6-14系统结构的方框图

6.3.4　可控性可观性和传递函数的关系

在例6-14中，根据图6-9可直接得到系统的传递函数为

$$G(s)=\frac{Y(s)}{U(s)}=\frac{1}{s-2}$$

这个结果也可以根据式(6-42)和式(6-106)求得，由式(6-42)，系统的传递函数为

$$G(s)=\frac{Y(s)}{U(s)}=\boldsymbol{C}(s\boldsymbol{I}-\boldsymbol{A})^{-1}\boldsymbol{B}=\frac{\boldsymbol{C}(s\boldsymbol{I}-\boldsymbol{A})^{*}\boldsymbol{B}}{|s\boldsymbol{I}-\boldsymbol{A}|}\tag{6-107}$$

把式(6-106)的数值代入上式，得

$$(s\boldsymbol{I}-\boldsymbol{A})=\begin{vmatrix} s-2 & 0 & 0.4 \\ 5 & s-2 & -1.2 \\ 0 & 0 & s-1 \end{vmatrix}$$

$$(s\boldsymbol{I}-\boldsymbol{A})^{*}=\begin{vmatrix} (s-2)(s-1) & 0 & -0.4(s-2) \\ -5(s-1) & (s-2)(s-1) & 1.2(s-2)+2 \\ 0 & 0 & (s-2)^2 \end{vmatrix}$$

则传递函数的分母为$|s\boldsymbol{I}-\boldsymbol{A}|=(s-2)^2(s-1)$，分子为$\boldsymbol{C}(s\boldsymbol{I}-\boldsymbol{A})^{*}\boldsymbol{B}=(s-2)(s-1)$。得到的传递函数与根据图 6-9 得到的结果一样。

由上可知，传递函数仅反映了系统中可控可观的部分，而没有反映其余可控不可观、不可控可观和不可控不可观的部分。对于单变量系统，其结果将使传递函数的阶次小于矩阵$\boldsymbol{A}$的特征方程的阶次（在例 6-14 中，传递函数为一阶，而$\boldsymbol{A}$的特征方程为三阶），这是因为在利用式(6-107)计算的过程中，出现了分子分母相消的现象。

由上，可以得出两个重要结论：

(1) 系统的状态空间描述比传递函数描述更精细、更深刻。

(2) 对于单变量系统，如果在传递函数的计算中，出现分子分母具有公因子而相消的现象，则系统一定存在不可控和(或)不可观的部分，即系统可控且可观的充要条件是式(6-107)所示的传递函数不存在零极点相消的现象。

6.4 线性系统的状态反馈控制

在经典控制理论中，控制的基本方式是反馈控制，它在抑制外部扰动、跟踪给定值变化以及适应对象参数变动等方面都远优于非反馈控制。由于是将系统的输出反馈至系统的输入，故这种控制也叫输出反馈控制。同样，在现代控制理论中，反馈仍然是一种基本的控制方式，但因为系统的特性是用状态方程和输出方程描述的，故可采用状态反馈控制，即将系统的状态反馈至系统的输入。本节以线性定常系统为对象，讨论状态反馈控制的基本理论和方法，从中可以看出，状态反馈控制较之输出反馈控制具有更优良的性能。

6.4.1 状态反馈的基本概念

一个线性定常系统，其状态方程和输出方程为

$$\dot{\boldsymbol{x}}=\boldsymbol{A}\boldsymbol{x}+\boldsymbol{B}\boldsymbol{u}$$
$$\boldsymbol{y}=\boldsymbol{C}\boldsymbol{x}$$

其中，$\boldsymbol{x}$，$\boldsymbol{y}$和$\boldsymbol{u}$分别为n维、m维和r维行向量，$\boldsymbol{A}$为$n\times n$阵，$\boldsymbol{B}$为$n\times r$阵，$\boldsymbol{C}$为$m\times n$阵。构成状态反馈系统，如图 6-10 所示。图中，$\boldsymbol{K}$为反馈矩阵，它是$r\times n$维的，一般其元素取

为常数，这时，反馈为线性状态反馈。$\boldsymbol{v}$ 为 r 维参考输入向量。另外，图中的信号线上传输的均为信号向量。

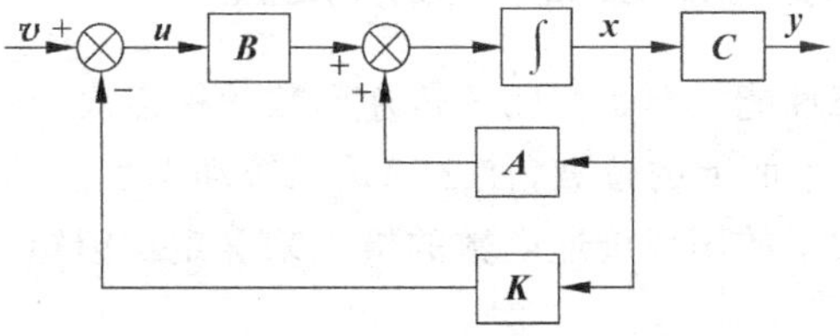

图 6-10　状态反馈控制系统

系统闭环后，控制作用 $\boldsymbol{u}$ 为

$$\boldsymbol{u} = -\boldsymbol{Kx} + \boldsymbol{v} \tag{6-108}$$

把式(6-108)代入系统的原方程，可得系统的闭环状态方程和输出方程为

$$\begin{aligned}\dot{\boldsymbol{x}} &= (\boldsymbol{A} - \boldsymbol{BK})\boldsymbol{x} + \boldsymbol{Bv} \\ \boldsymbol{y} &= \boldsymbol{Cx}\end{aligned} \tag{6-109}$$

由式(6-42)可知，系统的开环传递函数阵为

$$\boldsymbol{G}(s) = \boldsymbol{C}(s\boldsymbol{I} - \boldsymbol{A})^{-1}\boldsymbol{B}$$

则系统的闭环传递函数阵为

$$\boldsymbol{G}_{\mathrm{b}}(s) = \boldsymbol{C}(s\boldsymbol{I} - \boldsymbol{A} + \boldsymbol{BK})^{-1}\boldsymbol{B} \tag{6-110}$$

一个线性定常系统，引入状态反馈后，作为系统基本特性的可控性将不受影响，即状态反馈不改变系统的可控性，这个结论证明如下：

开环系统的可控性矩阵为

$$\boldsymbol{S} = [\boldsymbol{B} \quad \boldsymbol{AB} \quad \cdots \quad \boldsymbol{A}^{n-1}\boldsymbol{B}]$$

闭环系统的可控性矩阵为

$$\boldsymbol{S}_{\mathrm{b}} = [\boldsymbol{B} \quad (\boldsymbol{A} - \boldsymbol{BK})\boldsymbol{B} \quad \cdots \quad (\boldsymbol{A} - \boldsymbol{BK})^{n-1}\boldsymbol{B}] \tag{6-111}$$

因为，$(\boldsymbol{A}-\boldsymbol{BK})\boldsymbol{B}$ 的列可以表示为$[\boldsymbol{B} \quad \boldsymbol{AB}]$的列的线性组合，$(\boldsymbol{A}-\boldsymbol{BK})^2\boldsymbol{B}$ 的列可以表示为$[\boldsymbol{B} \quad \boldsymbol{AB} \quad \boldsymbol{A}^2\boldsymbol{B}]$的列的线性组合，等等。这表明，$\boldsymbol{S}_{\mathrm{b}}$ 的各列均可表示为 $\boldsymbol{S}$ 的列的线性组合，于是有

$$\mathrm{r}(\boldsymbol{S}_{\mathrm{b}}) \leqslant \mathrm{r}(\boldsymbol{S}) \tag{6-112}$$

另外，开环系统的状态方程可以写为

$$\dot{\boldsymbol{x}} = \boldsymbol{Ax} + \boldsymbol{Bu} = [(\boldsymbol{A} - \boldsymbol{BK}) + \boldsymbol{BK}]\boldsymbol{x} + \boldsymbol{Bu}$$

与式(6-109)所示的闭环系统的状态方程相比，上式表明，开环系统相当于闭环系统再引入一个反馈矩阵为$-\boldsymbol{K}$(参考输入为 $\boldsymbol{u}$)的状态反馈。于是有

$$\mathrm{r}(\boldsymbol{S}) \leqslant \mathrm{r}(\boldsymbol{S}_{\mathrm{b}}) \tag{6-113}$$

式(6-112)和式(6-113)表明 $\mathrm{r}(\boldsymbol{S}_{\mathrm{b}})=\mathrm{r}(\boldsymbol{S})$，即开环系统和闭环系统的可控性相同。但这个

结论不能推广到系统的可观性上，系统闭环后可观性的情况将在下面论及。

6.4.2 状态反馈控制系统的极点配置

一个控制系统的动态性能主要是由闭环传递函数的极点决定的，反馈的目的也可以认为就是要改变极点在 s 平面上的位置，使之满足系统动态性能的要求。状态反馈控制系统的设计就是根据所要求的闭环传递函数的极点来确定反馈矩阵。下面以单输入、单输出系统为例进行说明。

设系统的输入、输出微分方程为

$$\begin{aligned}&\frac{\mathrm{d}^n y}{\mathrm{d}t^n}+a_{n-1}\frac{\mathrm{d}^{n-1} y}{\mathrm{d}t^{n-1}}+\cdots+a_1\frac{\mathrm{d}y}{\mathrm{d}t}+a_0 y\\&=b_m\frac{\mathrm{d}^m u}{\mathrm{d}t^m}+b_{m-1}\frac{\mathrm{d}^{m-1} u}{\mathrm{d}t^{m-1}}+\cdots+b_1\frac{\mathrm{d}u}{\mathrm{d}t}+b_0 u,\quad m<n\end{aligned}$$

则其传递函数为

$$G(s)=\frac{Y(s)}{U(s)}=\frac{b_m s^m+b_{m-1}s^{m-1}+\cdots+b_1 s+b_0}{s^n+a_{n-1}s^{n-1}+\cdots+a_1 s+a_0}\tag{6-114}$$

根据 6.3 节介绍的将传递函数转换成状态空间描述的方法，可得到其状态空间描述：

$$\begin{cases}\dot{\boldsymbol{x}}=\begin{bmatrix}0&1&0&\cdots&0\\0&0&1&\cdots&0\\\vdots&\vdots&\vdots&&\vdots\\0&0&0&\cdots&1\\-a_0&-a_1&-a_2&\cdots&-a_{n-1}\end{bmatrix}\boldsymbol{x}+\begin{bmatrix}0\\0\\\vdots\\0\\1\end{bmatrix}u\\y=[b_0\quad\cdots\quad b_m\quad 0\quad\cdots\quad 0]\boldsymbol{x}\end{cases}\tag{6-115}$$

即可控标准型的描述方法，比较式(6-114)和式(6-115)可知，当状态空间描述为可控标准型时，传递函数的分母多项式的系数由状态方程系数矩阵 $\boldsymbol{A}$ 的最后一行决定，而传递函数的分子多项式的系数由输出方程系数矩阵 $\boldsymbol{C}$ 决定。

设状态反馈向量为

$$\boldsymbol{K}=[k_0\quad k_1\quad\cdots\quad k_{n-1}]$$

通过计算得到闭环后状态方程中 $\boldsymbol{x}$ 的系数矩阵为

$$\boldsymbol{A}-\boldsymbol{BK}=\begin{bmatrix}0&1&0&\cdots&0\\0&0&1&\cdots&0\\\vdots&\vdots&\vdots&&\vdots\\0&0&0&\cdots&1\\-a_0&-a_1&-a_2&\cdots&-a_{n-1}\end{bmatrix}-\begin{bmatrix}0&0&\cdots&0\\0&0&\cdots&0\\\vdots&\vdots&&\vdots\\k_1&k_2&\cdots&k_n\end{bmatrix}$$

$$= \begin{bmatrix} 0 & 1 & 0 & \cdots & 0 \\ 0 & 0 & 1 & \cdots & 0 \\ \vdots & \vdots & \vdots & & \vdots \\ 0 & 0 & 0 & \cdots & 1 \\ -a_0-k_0 & -a_1-k_1 & -a_2-k_2 & \cdots & -a_{n-1}-k_{n-1} \end{bmatrix}$$

则闭环系统的状态方程和输出方程为

$$\begin{cases} \dot{\boldsymbol{x}} = \begin{bmatrix} 0 & 1 & 0 & \cdots & 0 \\ 0 & 0 & 1 & \cdots & 0 \\ \vdots & \vdots & \vdots & & \vdots \\ 0 & 0 & 0 & \cdots & 1 \\ -a_0-k_0 & -a_1-k_1 & -a_2-k_2 & \cdots & -a_{n-1}-k_{n-1} \end{bmatrix}\boldsymbol{x} + \begin{bmatrix} 0 \\ 0 \\ \vdots \\ 0 \\ 1 \end{bmatrix} u \\ y = [b_0 \ \cdots \ b_m \ 0 \ \cdots \ 0]\boldsymbol{x} \end{cases} \tag{6-116}$$

它也是可控标准型，根据前面所述可控标准型描述与传递函数的关系，可得闭环传递函数为

$$G_b(s) = \frac{b_m s^m + b_{m-1}s^{m-1} + \cdots + b_1 s + b_0}{s^n + (a_{n-1}+k_{n-1})s^{n-1} + \cdots + (a_1+k_1)s + (a_0+k_0)} \tag{6-117}$$

可见，闭环后系统仍为 n 阶系统，即状态反馈不改变系统的阶次。由于闭环传递函数分母多项式的 n 个系数可以通过选择状态反馈向量的 n 个元素而任意改变，故系统的极点可以任意配置。

由以上分析可以得出如下一些重要结论：

(1) 利用状态反馈可任意配置极点，即能使闭环极点均位于 s 平面上所要求的位置，这意味着可以使系统得到希望的优良性能。这个结论对于多输入、多输出系统也是成立的。状态反馈的这种性能是输出反馈所不具备的。

(2) 一个系统能通过状态反馈实现极点任意配置的充要条件是开环系统是状态完全可控的，上面的推导过程实际上已经对这个结论的充分性做了证明。至于其必要性也很容易理解，因为对于不完全可控的系统，有些状态变量是不受控制的，要想通过控制作用影响不可控变量对应的极点显然是不可能的。

(3) 对于单输入、单输出系统，给定希望的极点后，反馈矩阵是唯一的，但对于多输入、多输出系统，给定 n 个要求的极点，因为状态反馈矩阵 $\boldsymbol{K}$ 是 $r\times n$ 维的，有 $r\times n$ 个元素可以选择，故 $\boldsymbol{K}$ 的选择不是唯一的。这一方面增加了设计的自由度，但另一方面，也使 $\boldsymbol{K}$ 的选择变得复杂。

(4) 对于单输入、单输出系统，状态反馈不改变系统的零点，但这个结论不适于多输入、多输出系统。

(5) 由于状态反馈可实现极点的任意配置，这就存在着一种可能，即一个或多个要求

的极点恰好等于系统的零点，这样就出现零极点相消的现象，而系统的可控性不会由于状态反馈发生改变，故系统的零极点相消只会引起可观性的改变，这说明状态反馈有可能改变系统的可观性。

(6) 状态反馈的直接控制目标是使闭环极点位于希望的位置，所以如何根据系统的动态性能指标要求来确定闭环极点的位置是设计者首先要解决的问题，这往往需要丰富的经验才能恰当地确定。

(7) 如果不是假定所有状态变量都可测量，则无法实现上面分析的状态反馈控制，而实际上往往有一些状态变量是不可测的，这时为实现状态反馈，需要由系统的输出 $\boldsymbol{y}$ 或 $\boldsymbol{y}$ 和输入 $\boldsymbol{u}$ 来估计状态 $\boldsymbol{x}$，即所谓状态观测和状态估计，有关这方面的内容不再深入介绍。

(8) 以上介绍的状态反馈控制是将全部状态变量都反馈至系统的输入，有时为了简化系统或由于某些状态变量不可测量而只将部分状态变量反馈至系统的输入，称之为局部状态反馈。局部状态反馈将使极点的配置受到限制。

例 6-15 一单输入、单输出系统，传递函数为

$$G(s)=\frac{10}{s(s+1)(s+2)}$$

利用状态反馈，使系统的闭环极点分别为 -2，$-1\pm \mathrm{j}$。

解 系统的能控标准型状态方程为

$$\begin{bmatrix}\dot{x}_1\\ \dot{x}_2\\ \dot{x}_3\end{bmatrix}=\begin{bmatrix}0 & 1 & 0\\ 0 & 0 & 1\\ 0 & -2 & -3\end{bmatrix}\begin{bmatrix}x_1\\ x_2\\ x_3\end{bmatrix}+\begin{bmatrix}0\\ 0\\ 1\end{bmatrix}u$$

系统可控，取状态反馈向量为 $\boldsymbol{K}=[k_0\quad k_1\quad k_2]$，则闭环后 $\boldsymbol{x}$ 的系数矩阵为

$$\boldsymbol{A}-\boldsymbol{BK}=\begin{bmatrix}0 & 1 & 0\\ 0 & 0 & 1\\ -k_0 & -2-k_1 & -3-k_2\end{bmatrix}$$

闭环特征方程为

$$|s\boldsymbol{I}-(\boldsymbol{A}-\boldsymbol{BK})|=\begin{vmatrix}s & -1 & 0\\ 0 & s & -1\\ k_0 & 2+k_1 & s+3+k_2\end{vmatrix}$$

$$=s^3+(3+k_2)s^2+(2+k_1)s+k_0=0$$

由要求的极点可确定特征方程为

$$(s+2)(s+1-\mathrm{j})(s+1+\mathrm{j})=s^3+4s^2+6s+4=0$$

使上述两个特征方程对应项系数相等，可得

$$k_0=4,\quad k_1=4,\quad k_2=1$$

6.4.3　稳态性能的改进

状态反馈只能任意配置闭环系统的极点，而不能使系统的零点处于希望的位置。由于一个控制系统的稳态性能不但取决于传递函数的极点，也与传递函数的零点和扰动的类型有关，因此状态反馈控制系统一般不能满足系统要求的稳态指标。在热工过程控制领域，扰动一般取阶跃形式，系统的稳态指标可以从两方面来考虑，对于定值控制系统，要求具有扰动抑制的作用，即在外部扰动作用下，系统的稳态偏差应为零；对于程序控制和随动控制系统，要求系统的输出能及时跟踪给定值的变化。这些稳态性能的要求，是前面介绍的状态反馈控制系统不能达到的。

图 6-11 所示是一个具有外部扰动和定值扰动的控制对象采用状态反馈控制的系统。图中，系数矩阵 $\boldsymbol{A}$,$\boldsymbol{B}$,$\boldsymbol{C}$ 及状态变量 $\boldsymbol{x}$、输出 $\boldsymbol{y}$、输入 $\boldsymbol{u}$ 同图 6-10 所示，$\boldsymbol{z}_1$,$\boldsymbol{z}_2$ 是加在系统不同位置的外部扰动，它们分别是 n 维和 m 维列向量；$\boldsymbol{r}$ 为 m 维给定值列向量，$\boldsymbol{K}$ 为 $r\times n$ 维反馈矩阵，$\boldsymbol{e}$ 为 m 维偏差列向量。

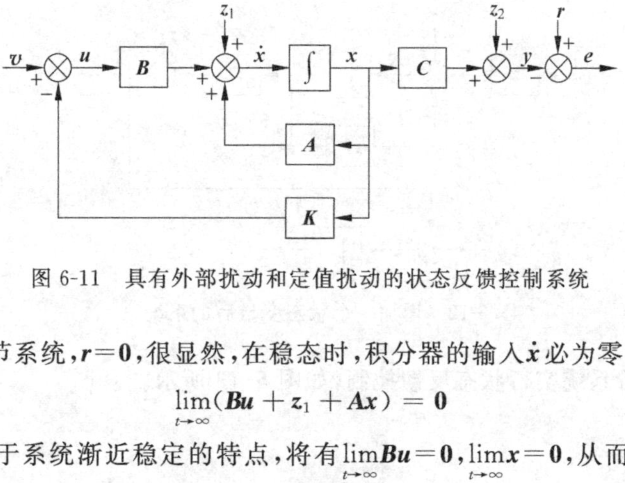

图 6-11　具有外部扰动和定值扰动的状态反馈控制系统

对于定值调节系统，$\boldsymbol{r}=\boldsymbol{0}$，很显然，在稳态时，积分器的输入 $\dot{\boldsymbol{x}}$ 必为零，为此，必须使

$$\lim_{t\to\infty}(\boldsymbol{Bu}+\boldsymbol{z}_1+\boldsymbol{Ax})=\boldsymbol{0}$$

如果 $\lim\limits_{t\to\infty}\boldsymbol{z}_1=\boldsymbol{0}$，由于系统渐近稳定的特点，将有 $\lim\limits_{t\to\infty}\boldsymbol{Bu}=\boldsymbol{0}$，$\lim\limits_{t\to\infty}\boldsymbol{x}=\boldsymbol{0}$，从而 $\lim\limits_{t\to\infty}\boldsymbol{y}=\boldsymbol{0}$，系统无稳态偏差。但如果 $\lim\limits_{t\to\infty}\boldsymbol{z}_1\neq\boldsymbol{0}$，由于系统无法保证 $\lim\limits_{t\to\infty}(\boldsymbol{Bu}+\boldsymbol{z}_1)=\boldsymbol{0}$，故 $\lim\limits_{t\to\infty}\boldsymbol{x}\neq\boldsymbol{0}$，从而 $\lim\limits_{t\to\infty}\boldsymbol{y}\neq\boldsymbol{0}$，即系统出现稳态偏差。另外，在图 6-11 中，扰动 $\boldsymbol{z}_2$ 位于状态反馈的外部，故其稳态值将直接附加在输出 $\boldsymbol{y}$ 上，也将使系统出现稳态偏差。给定值 $\boldsymbol{r}$ 也位于状态反馈外部，它的变化同样不会影响状态反馈的调节作用，故也会不可避免地产生稳态偏差。

解决上述问题的办法是将系统的偏差信号 $\boldsymbol{e}$ 引入反馈控制系统内部。下面针对单输入、单输出系统进行讨论，其结果可以直接推广到多输入、多输出系统中去。

对于单输入、单输出系统，u,y,r 和 e 均为标量，由图 6-11，可写出开环系统（即控制对象）的状态空间方程

$$\begin{cases}\dot{\boldsymbol{x}} = \boldsymbol{A}\boldsymbol{x} + \boldsymbol{B}u + z_1 \\ y = \boldsymbol{C}\boldsymbol{x} + z_2\end{cases} \tag{6-118}$$

为了在状态反馈控制中引入偏差信号 e,引入第 $n+1$ 个状态变量 x_{n+1}:

$$x_{n+1} = \int e(t)\,\mathrm{d}t \tag{6-119}$$

则

$$\dot{x}_{n+1} = e = r - y = -\boldsymbol{C}\boldsymbol{x} - z_2 + r \tag{6-120}$$

式(6-118)和式(6-120)合在一起,形成一个 $n+1$ 阶系统,其状态方程和输出方程为

$$\begin{cases}\begin{bmatrix}\dot{\boldsymbol{x}} \\ \dot{x}_{n+1}\end{bmatrix} = \begin{bmatrix}\boldsymbol{A} & 0 \\ -\boldsymbol{C} & 0\end{bmatrix}\begin{bmatrix}\boldsymbol{x} \\ x_{n+1}\end{bmatrix} + \begin{bmatrix}\boldsymbol{B} \\ 0\end{bmatrix}u + \begin{bmatrix}z_1 \\ -z_2 + r\end{bmatrix} \\ y = \begin{bmatrix}\boldsymbol{C} & 0\end{bmatrix}\begin{bmatrix}\boldsymbol{x} \\ x_{n+1}\end{bmatrix} + z_2\end{cases} \tag{6-121}$$

这个系统如图 6-12 所示。

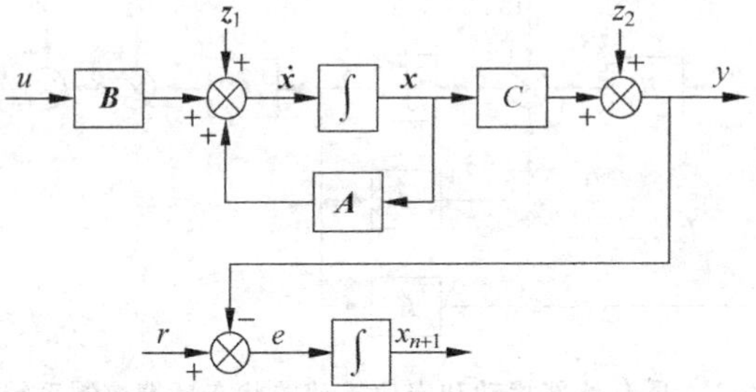

图 6-12 增加一个状态变量后的系统

对这个 $n+1$ 阶系统实行状态反馈控制,如图 6-13 所示。

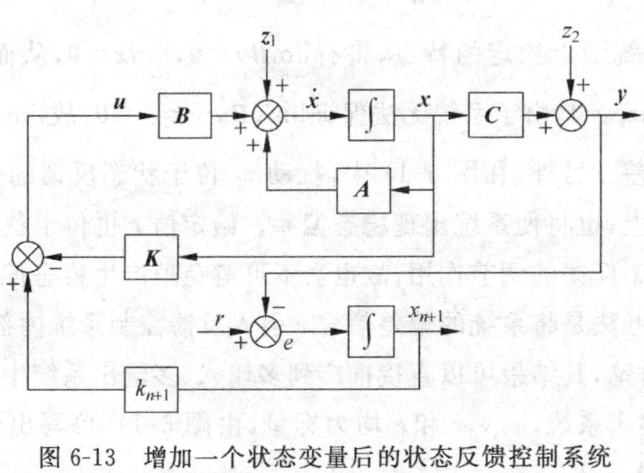

图 6-13 增加一个状态变量后的状态反馈控制系统

为了更清楚地分析这个控制系统保证稳态精度的作用，将图 6-13 重画为图 6-14。可以看出，偏差相当于进入一个积分调节器，无论是外部还是给定值的阶跃扰动，都能使稳态偏差为零。

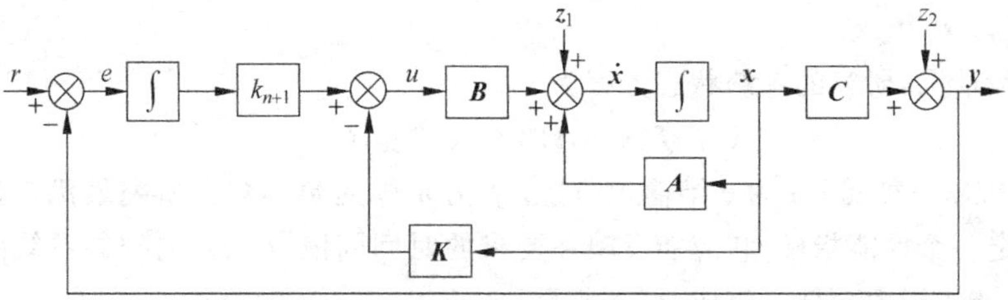

图 6-14　图 6-13 系统的等效系统

可以采取上述方案改善系统稳态性能的条件是构造的 $n+1$ 阶系统是完全可控的，由式(6-121)，其可控性矩阵为

$$\boldsymbol{S}'=\left[\begin{bmatrix}\boldsymbol{B}\\0\end{bmatrix}\begin{bmatrix}\boldsymbol{A} & \boldsymbol{0}\\-\boldsymbol{C} & 0\end{bmatrix}\begin{bmatrix}\boldsymbol{B}\\0\end{bmatrix}\cdots\begin{bmatrix}\boldsymbol{A} & \boldsymbol{0}\\-\boldsymbol{C} & 0\end{bmatrix}^n\begin{bmatrix}\boldsymbol{B}\\0\end{bmatrix}\right]$$

$$=\begin{bmatrix}\boldsymbol{B} & \boldsymbol{AB} & \boldsymbol{A}^2\boldsymbol{B} & \cdots & \boldsymbol{A}^n\boldsymbol{B}\\0 & -\boldsymbol{CB} & -\boldsymbol{CAB} & \cdots & -\boldsymbol{CA}^{n-1}\boldsymbol{B}\end{bmatrix}$$

考虑到原系统的可控性矩阵为

$$\boldsymbol{S}=[\boldsymbol{B}\quad \boldsymbol{AB}\quad \boldsymbol{A}^2\boldsymbol{B}\quad \cdots\quad \boldsymbol{A}^{n-1}\boldsymbol{B}]$$

故有

$$\boldsymbol{S}'=\begin{bmatrix}\boldsymbol{B} & \boldsymbol{AS}\\0 & -\boldsymbol{CS}\end{bmatrix}=\begin{bmatrix}\boldsymbol{A} & \boldsymbol{B}\\-\boldsymbol{C} & 0\end{bmatrix}\begin{bmatrix}\boldsymbol{0} & \boldsymbol{S}\\1 & \boldsymbol{0}\end{bmatrix}$$

原系统可控，即 $\mathrm{r}(\boldsymbol{S})=n$，显然 $\mathrm{r}\begin{bmatrix}\boldsymbol{0} & \boldsymbol{S}\\1 & \boldsymbol{0}\end{bmatrix}=n+1$，因此，要使构造的 $n+1$ 阶系统可控，即使 $\mathrm{r}(\boldsymbol{S}')=n+1$，需且仅需 $\mathrm{r}\begin{bmatrix}\boldsymbol{A} & \boldsymbol{B}\\-\boldsymbol{C} & 0\end{bmatrix}=n+1$ 即可。因此，构造的 $n+1$ 阶系统可控的充要条件是：

(1) 原系统完全可控；

(2) $\mathrm{r}\begin{bmatrix}\boldsymbol{A} & \boldsymbol{B}\\-\boldsymbol{C} & 0\end{bmatrix}=n+1$。

6.5　最优控制概述

6.5.1　最优控制的提法

最优控制是现代控制理论的一个重要组成部分。它所研究和解决的主要问题是：如何选择控制规律才能使控制系统的品质在某种意义下是最优的。一般来说，在经典控制理论中，控制系统的设计属于探索性质，系统的品质在很大程度上取决于设计人员的经验，而最优控制理论则可以从数学上获得一个控制规律，使得系统的品质在某个性能指标上达到最优值。

考虑一般情况，研究的系统状态方程为

$$\dot{\boldsymbol{x}} = \boldsymbol{f}(\boldsymbol{x},\boldsymbol{u},t), \quad t \in [t_0, t_f] \tag{6-122}$$

式中，$\boldsymbol{x}$ 为 n 维状态变量；$\boldsymbol{u}$ 为 r 维输入向量；$\boldsymbol{f}$ 为 n 维向量函数。研究最优控制问题的第一步是确定一个性能指标，它应能反映在要求的时间间隔$[t_0, t_f]$内控制系统的综合品质。通常，性能指标由两部分组成，如下所示：

$$J = K[\boldsymbol{x}(t_f), t_f] + \int_{t_0}^{t_f} L(\boldsymbol{x},\boldsymbol{u},t)\mathrm{d}t \tag{6-123}$$

式中第一部分称为末值型性能指标，$K[\boldsymbol{x}(t_f), t_f]$仅与末值时刻 t_f 和末值时刻的状态 $\boldsymbol{x}(t_f)$有关，故它强调了对系统末值状态的要求；第二部分称为积分型性能指标，被积函数 $L(\boldsymbol{x},\boldsymbol{u},t)$取决于系统的状态和控制输入，它代表了对系统整个过渡过程(包括状态和输入)的要求。

根据以上分析，最优控制的问题可以归结为：对于式(6-122)所示的系统，若其初始条件为 $\boldsymbol{x}(t_0)=\boldsymbol{x}_0$，寻找一种控制 $\boldsymbol{u}(t)$(这种控制应该是系统能够实现的，即容许控制)，在时间间隔$[t_0, t_f]$内，将系统从初始状态 $\boldsymbol{x}(t_0)$转移到终了状态 $\boldsymbol{x}(t_f)$，并且使式(6-123)所示的性能指标 J 极小(如果原问题要求使 J 极大，只要使性能指标为 $-J$，即转变成求极小的问题)。

因此，求解最优控制规律，就是在满足状态方程(6-122)的条件下，求式(6-123)中 J 的极值，即所谓条件极值问题。

为求 J 的极值，需要用到泛函和变分的知识。在数学中，函数定义了变量和变量间的对应关系，而泛函则定义了变量和函数的关系，如果一个变量的值取决于一个或多个函数的值，则这种对应关系称为泛函。式(6-123)所示的性能指标即是一个泛函，因为变量 J 取决于函数 $\boldsymbol{x}(t)$，$\boldsymbol{u}(t)$和 $\boldsymbol{x}(t_f)$的取值。

在函数中，变量的微小变化叫做微分。与此类似，在泛函中，函数和变量的微小变化叫做变分。例如在泛函 $y=y[x(t)]$中，函数 $x(t)$的微小变化，称为 $x(t)$的变分，表示为 δx，但应注意 δx 并不是由 t 的变化引起的，而是在同一个 t 值上函数 $x(t)$的微小增量。由 δx 引起的 y 的变化称为 y 的变分，用 δy 表示。

在函数中，函数值在某一点取极大或极小值的必要条件是在这一点上函数的一阶微分为零。在泛函中，也有类似的结论，即对于泛函 $y=y[x(t)]$，如果其变分存在，则 y 在 $x(t)=x_0(t)$处取极大或极小值的必要条件是：在 $x(t)=x_0(t)$处，$\delta y=0$。

在泛函中，如果变量的值取决于多个函数的值，则这种对应关系称为复合泛函。复合泛函的变分法与复合函数的微分法类似，即对于复合泛函，$y=y[x_1(t),x_2(t),t]$，y 的变分为(t 不变化)

$$\delta y=\frac{\partial y}{\partial x_1}\delta x_1+\frac{\partial y}{\partial x_2}\delta x_2$$

6.5.2　最优控制的基本关系式

现给定如下条件，求解最优控制：

(1) 状态方程如式(6-122)所示；

(2) 初始条件为

$$\boldsymbol{x}(t_0)=\boldsymbol{x}_0 \tag{6-124}$$

(3) 性能指标如式(6-123)所示；

(4) 初始时刻 t_0 和末端时刻 t_f 固定；

(5) 末端条件自由，即 $\boldsymbol{x}(t_f)$可以变化。

为得到上述问题的解，引入拉格朗日(Lagrange)乘子

$$\boldsymbol{\lambda}(t)=[\lambda_1(t)\quad \lambda_2(t)\quad \cdots\quad \lambda_n(t)]^{\mathrm{T}}$$

为把条件极值变为无条件极值，考虑到 $\boldsymbol{f}(\boldsymbol{x},\boldsymbol{u},t)-\dot{\boldsymbol{x}}=\boldsymbol{0}$，性能指标可写为

$$J=K[\boldsymbol{x}(t_f),t_f]+\int_{t_0}^{t_f}\{L(\boldsymbol{x},\boldsymbol{u},t)+\boldsymbol{\lambda}^{\mathrm{T}}[\boldsymbol{f}(\boldsymbol{x},\boldsymbol{u},t)-\dot{\boldsymbol{x}}]\}\mathrm{d}t$$

记

$$H(\boldsymbol{x},\boldsymbol{u},\boldsymbol{\lambda},t)=L(\boldsymbol{x},\boldsymbol{u},t)+\boldsymbol{\lambda}^{\mathrm{T}}\boldsymbol{f}(\boldsymbol{x},\boldsymbol{u},t) \tag{6-125}$$

上式定义的函数称为哈密尔顿(Hamiltan)函数。则

$$J=K[\boldsymbol{x}(t_f),t_f]+\int_{t_0}^{t_f}[H(\boldsymbol{x},\boldsymbol{u},\boldsymbol{\lambda},t)-\boldsymbol{\lambda}^{\mathrm{T}}\dot{\boldsymbol{x}}]\mathrm{d}t$$

J 取极值时，其变分 $\delta J=0$。应特别注意，是哪些函数的变分会引起 J 的变分，当 $\boldsymbol{u}$ 的扰动 $\delta\boldsymbol{u}$ 产生后，将使 $\boldsymbol{x}(t)$产生变分 $\delta\boldsymbol{x}$，从而使 $\boldsymbol{x}(t_f)$产生变分 $\delta\boldsymbol{x}(t_f)$，而时间间隔 t_f-t_0，初始状态 $\boldsymbol{x}_0$，未知函数$\boldsymbol{\lambda}(t)$均不变分，故引起 δJ 的有 $\delta\boldsymbol{u}$，$\delta\boldsymbol{x}$ 和 $\delta\boldsymbol{x}(t_f)$。于是

$$\begin{aligned}\delta J&=\left[\frac{\partial K}{\partial\boldsymbol{x}(t_f)}\right]^{\mathrm{T}}\delta\boldsymbol{x}(t_f)-\boldsymbol{\lambda}^{\mathrm{T}}(t_f)\delta\boldsymbol{x}(t_f)+\int_{t_0}^{t_f}\left[\left(\frac{\partial H}{\partial\boldsymbol{x}}\right)^{\mathrm{T}}\delta\boldsymbol{x}+\left(\frac{\partial H}{\partial\boldsymbol{u}}\right)^{\mathrm{T}}\delta\boldsymbol{u}+\dot{\boldsymbol{\lambda}}^{\mathrm{T}}\delta\boldsymbol{x}\right]\mathrm{d}t\\&=\left[\frac{\partial K}{\partial\boldsymbol{x}(t_f)}-\boldsymbol{\lambda}(t_f)\right]^{\mathrm{T}}\delta\boldsymbol{x}(t_f)+\int_{t_0}^{t_f}\left[\left(\frac{\partial H}{\partial\boldsymbol{x}}+\dot{\boldsymbol{\lambda}}\right)^{\mathrm{T}}\delta\boldsymbol{x}+\left(\frac{\partial H}{\partial\boldsymbol{u}}\right)^{\mathrm{T}}\delta\boldsymbol{u}\right]\mathrm{d}t\end{aligned}$$

令上式为零，由于 $\delta\boldsymbol{u}$，$\delta\boldsymbol{x}$ 和 $\delta\boldsymbol{x}(t_f)$的任意性，故有

$$\dot{\boldsymbol{\lambda}}=-\frac{\partial H}{\partial\boldsymbol{x}} \tag{6-126}$$

$$\boldsymbol{\lambda}(t_f)=\frac{\partial K}{\partial\boldsymbol{x}(t_f)} \tag{6-127}$$

$$\frac{\partial H}{\partial \boldsymbol{u}}=0 \tag{6-128}$$

利用式(6-122),式(6-124),式(6-126),式(6-127)和式(6-128)五个方程可求得最优控制解,因为在上述五个方程中,需要求解的未知量有 $\boldsymbol{x}$(n 个),$\boldsymbol{\lambda}$(n 个)和 $\boldsymbol{u}$(r 个),共 $2n+r$ 个,式(6-122),式(6-126)和式(6-128)共含有 $2n+r$ 个方程,其中式(6-128)为 r 个代数方程,式(6-122)和式(6-126)为 $2n$ 个微分方程,式(6-124)和式(6-127)给出了求解这 $2n$ 个微分方程需要的 $2n$ 个边值条件。这样,就将最优控制的求解变成了求解微分方程的两点边值问题,虽然解出它也不是容易的,但问题总是前进了一步。

解出的控制规律 $\boldsymbol{u}(t)$即最优控制规律,记作 $\boldsymbol{u}^*(t)$,得到的 $\boldsymbol{x}(t)$称为最优轨线,记作 $\boldsymbol{x}^*(t)$。如果 $\boldsymbol{u}^*(t)$与 $\boldsymbol{x}(t)$无关,则最优控制为开环控制,如果 $\boldsymbol{u}^*(t)$取决于 $\boldsymbol{x}(t)$,则最优控制为状态反馈控制。

在上面的分析中,认为控制 $\boldsymbol{u}(t)$是任意的,但实际上,$\boldsymbol{u}(t)$往往受到一定限制,即容许控制只能在一定的控制域 U 内取值,即

$$\boldsymbol{u}\in U$$

在域 U 内,$\delta\boldsymbol{u}$ 是任意的,而在域 U 的边界上和边界外,不存在任意的 $\delta\boldsymbol{u}$,于是式(6-128)所示的极值条件也不再适用。根据庞特里亚金(Понтрягин)极大值原理,式(6-128)所示的极值条件应改为

$$H(\boldsymbol{x}^*,\boldsymbol{u}^*,\boldsymbol{\lambda}^*,t)=\min_{\boldsymbol{u}\in U}H(\boldsymbol{x}^*,\boldsymbol{u}^*,\boldsymbol{\lambda}^*,t) \tag{6-129}$$

或

$$H(\boldsymbol{x}^*,\boldsymbol{u}^*,\boldsymbol{\lambda}^*,t)\leqslant H(\boldsymbol{x}^*,\boldsymbol{u},\boldsymbol{\lambda}^*,t) \tag{6-130}$$

上两式表明,在最优轨线上,与最优控制 $\boldsymbol{u}^*(t)$相对应的哈密尔顿函数 H 取极小值。

6.5.3 线性系统的二次型最优控制

根据以上结果,可以得到线性系统的二次型性能指标的最优控制解法。设线性系统的状态方程和初始条件分别为

$$\dot{\boldsymbol{x}}=\boldsymbol{A}\boldsymbol{x}+\boldsymbol{B}\boldsymbol{u}$$
$$\boldsymbol{x}(t_0)=\boldsymbol{x}_0$$

性能指标为

$$J=\frac{1}{2}\boldsymbol{x}^{\mathrm{T}}(t_f)\boldsymbol{S}\boldsymbol{x}(t_f)+\frac{1}{2}\int_{t_0}^{t_f}[\boldsymbol{x}^{\mathrm{T}}\boldsymbol{Q}\boldsymbol{x}+\boldsymbol{u}^{\mathrm{T}}\boldsymbol{R}\boldsymbol{u}]\mathrm{d}t \tag{6-131}$$

式中,$\boldsymbol{S}$ 为 $n\times n$ 维半正定对称常阵;$\boldsymbol{Q}$ 为 $n\times n$ 维半正定对称时变阵;$\boldsymbol{R}$ 为 $r\times r$ 维正定对称时变阵。指标中的第一项 $\boldsymbol{x}^{\mathrm{T}}(t_f)\boldsymbol{S}\boldsymbol{x}(t_f)$表示对稳态的偏差要求,其中加权阵 $\boldsymbol{S}$ 用来调整各分量的权重,指标中被积分项中 $\boldsymbol{x}^{\mathrm{T}}\boldsymbol{Q}\boldsymbol{x}$ 表示对过渡过程的要求,$\boldsymbol{u}^{\mathrm{T}}\boldsymbol{R}\boldsymbol{u}$ 表示对控制能

量的限制，同样利用加权阵 $\boldsymbol{Q}$ 和 $\boldsymbol{R}$ 分别给予 $\boldsymbol{x}$ 和 $\boldsymbol{u}$ 的各分量以不同的加权。式中的 $\frac{1}{2}$ 是为了计算方便而加入的。因为指标中各项均为二次式，故称为二次型性能指标。它是工程上应用最广泛的一种性能指标。

与6.5.2节中一般情况下的关系式相比，有

$$\boldsymbol{f}(\boldsymbol{x},\boldsymbol{u},t) = \boldsymbol{Ax} + \boldsymbol{Bu}$$

$$K[\boldsymbol{x}(t_f),t_f] = \frac{1}{2}\boldsymbol{x}^{\mathrm{T}}(t_f)\boldsymbol{Sx}(t_f)$$

$$L(\boldsymbol{x},\boldsymbol{u},t) = \frac{1}{2}[\boldsymbol{x}^{\mathrm{T}}\boldsymbol{Qx} + \boldsymbol{u}^{\mathrm{T}}\boldsymbol{Ru}]$$

$$H = \frac{1}{2}[\boldsymbol{x}^{\mathrm{T}}\boldsymbol{Qx} + \boldsymbol{u}^{\mathrm{T}}\boldsymbol{Ru}] + \boldsymbol{\lambda}^{\mathrm{T}}[\boldsymbol{Ax} + \boldsymbol{Bu}]$$

由式(6-126)，有

$$\dot{\boldsymbol{\lambda}} = -\frac{\partial H}{\partial \boldsymbol{x}} = -\boldsymbol{Qx} - \boldsymbol{A}^{\mathrm{T}}\boldsymbol{\lambda} \tag{6-132}$$

由式(6-127)，有

$$\boldsymbol{\lambda}(t_f) = \frac{\partial K}{\partial \boldsymbol{x}(t_f)} = \boldsymbol{Sx}(t_f) \tag{6-133}$$

由式(6-128)，有

$$\frac{\partial H}{\partial \boldsymbol{u}} = \boldsymbol{Ru} + \boldsymbol{B}^{\mathrm{T}}\boldsymbol{\lambda} = \boldsymbol{0} \tag{6-134}$$

由于 $\boldsymbol{R}$ 正定，则可得最优控制为

$$\boldsymbol{u}(t) = -\boldsymbol{R}^{-1}\boldsymbol{B}^{\mathrm{T}}\boldsymbol{\lambda} \tag{6-135}$$

$\boldsymbol{\lambda}$ 可由式(6-132)和式(6-133)求出。式(6-132)是一个 $\boldsymbol{\lambda}$ 与 $\boldsymbol{x}$ 的线性方程，式(6-133)也表明终值 $\boldsymbol{\lambda}(t_f)$ 和 $\boldsymbol{x}(t_f)$ 成线性关系，故可断定 $\boldsymbol{x}$ 与 $\boldsymbol{\lambda}$ 在任何时刻均为线性关系，即

$$\boldsymbol{\lambda} = \boldsymbol{Px} \tag{6-136}$$

式中 $\boldsymbol{P}(t)$ 为 $n\times n$ 时变阵，所以求解最优控制变成求解 $\boldsymbol{P}$ 的问题。对式(6-136)求导数，得

$$\dot{\boldsymbol{\lambda}} = \dot{\boldsymbol{P}}\boldsymbol{x} + \boldsymbol{P}\dot{\boldsymbol{x}} = \dot{\boldsymbol{P}}\boldsymbol{x} + \boldsymbol{P}(\boldsymbol{Ax} + \boldsymbol{Bu})$$

将式(6-135)，式(6-136)代入上式，得

$$\begin{aligned}\dot{\boldsymbol{\lambda}} &= \dot{\boldsymbol{P}}\boldsymbol{x} + \boldsymbol{P}\dot{\boldsymbol{x}} = \dot{\boldsymbol{P}}\boldsymbol{x} + \boldsymbol{P}(\boldsymbol{Ax} - \boldsymbol{BR}^{-1}\boldsymbol{B}^{\mathrm{T}}\boldsymbol{\lambda}) \\ &= \dot{\boldsymbol{P}}\boldsymbol{x} + \boldsymbol{P}(\boldsymbol{Ax} - \boldsymbol{BR}^{-1}\boldsymbol{B}^{\mathrm{T}}\boldsymbol{Px})\end{aligned} \tag{6-137}$$

式(6-137)和式(6-132)恒等，则得

$$\dot{\boldsymbol{P}}\boldsymbol{x} + \boldsymbol{P}(\boldsymbol{Ax} - \boldsymbol{BR}^{-1}\boldsymbol{B}^{\mathrm{T}}\boldsymbol{Px}) = -\boldsymbol{Qx} - \boldsymbol{A}^{\mathrm{T}}\boldsymbol{Px}$$

在一般情况下，$\boldsymbol{x}\neq\boldsymbol{0}$，故

$$-\dot{\boldsymbol{P}}=\boldsymbol{PA}+\boldsymbol{A}^{\mathrm{T}}\boldsymbol{P}-\boldsymbol{PBR}^{-1}\boldsymbol{B}^{\mathrm{T}}\boldsymbol{P}+\boldsymbol{Q} \tag{6-138}$$

此即为著名的黎卡提(Riccati)方程。比较式(6-133)和式(6-136)，可得求解黎卡提方程的边界条件为

$$\boldsymbol{P}(t_f)=\boldsymbol{S} \tag{6-139}$$

黎卡提方程是一个 $n\times n$ 维的非线性微分方程，只有在最简单的情况下，才能得到解析解，一般只能利用计算机求其数值解。

将求得的 $\boldsymbol{P}$ 代入式(6-135)，得最优控制规律为

$$\boldsymbol{u}^{*}(t)=-\boldsymbol{R}^{-1}\boldsymbol{B}^{\mathrm{T}}\boldsymbol{Px}^{*} \tag{6-140}$$

可见它表示为状态变量 $\boldsymbol{x}$ 的函数，可实现状态反馈控制。把 $\boldsymbol{u}^{*}(t)$的结果代入状态方程，可得最优轨线 $\boldsymbol{x}^{*}(t)$的方程为

$$\dot{\boldsymbol{x}}^{*}=(\boldsymbol{A}-\boldsymbol{BR}^{-1}\boldsymbol{B}^{\mathrm{T}}\boldsymbol{P})\boldsymbol{x}^{*},\quad \boldsymbol{x}^{*}(t_0)=\boldsymbol{x}_0 \tag{6-141}$$

下面分析在最优控制下，系统所达到的性能指标。

考虑到

$$\frac{\mathrm{d}}{\mathrm{d}t}(\boldsymbol{x}^{\mathrm{T}}\boldsymbol{Px})=\dot{\boldsymbol{x}}^{\mathrm{T}}\boldsymbol{Px}+\boldsymbol{x}^{\mathrm{T}}\dot{\boldsymbol{P}}\boldsymbol{x}+\boldsymbol{x}^{\mathrm{T}}\boldsymbol{P}\dot{\boldsymbol{x}}$$

以状态方程代入上式，得

$$\frac{\mathrm{d}}{\mathrm{d}t}(\boldsymbol{x}^{\mathrm{T}}\boldsymbol{Px})=\boldsymbol{x}^{\mathrm{T}}\boldsymbol{A}^{\mathrm{T}}\boldsymbol{Px}+\boldsymbol{u}^{\mathrm{T}}\boldsymbol{B}^{\mathrm{T}}\boldsymbol{Px}+\boldsymbol{x}^{\mathrm{T}}\dot{\boldsymbol{P}}\boldsymbol{x}+\boldsymbol{x}^{\mathrm{T}}\boldsymbol{PAx}+\boldsymbol{x}^{\mathrm{T}}\boldsymbol{PBu}$$

把黎卡提方程代入上式，得

$$\begin{aligned}\frac{\mathrm{d}}{\mathrm{d}t}(\boldsymbol{x}^{\mathrm{T}}\boldsymbol{Px})=&\boldsymbol{x}^{\mathrm{T}}\boldsymbol{A}^{\mathrm{T}}\boldsymbol{Px}+\boldsymbol{u}^{\mathrm{T}}\boldsymbol{B}^{\mathrm{T}}\boldsymbol{Px}-\boldsymbol{x}^{\mathrm{T}}\boldsymbol{PAx}-\boldsymbol{x}^{\mathrm{T}}\boldsymbol{A}^{\mathrm{T}}\boldsymbol{Px}\\&+\boldsymbol{x}^{\mathrm{T}}\boldsymbol{PBR}^{-1}\boldsymbol{B}^{\mathrm{T}}\boldsymbol{Px}-\boldsymbol{x}^{\mathrm{T}}\boldsymbol{Qx}+\boldsymbol{x}^{\mathrm{T}}\boldsymbol{PAx}+\boldsymbol{x}^{\mathrm{T}}\boldsymbol{PBu}\\=&\boldsymbol{u}^{\mathrm{T}}\boldsymbol{B}^{\mathrm{T}}\boldsymbol{Px}+\boldsymbol{x}^{\mathrm{T}}\boldsymbol{PBR}^{-1}\boldsymbol{B}^{\mathrm{T}}\boldsymbol{Px}-\boldsymbol{x}^{\mathrm{T}}\boldsymbol{Qx}+\boldsymbol{x}^{\mathrm{T}}\boldsymbol{PBu}\end{aligned}$$

根据式(6-140)所示的最优控制规律，上式可记为

$$\frac{\mathrm{d}}{\mathrm{d}t}(\boldsymbol{x}^{\mathrm{T}}\boldsymbol{Px})=\boldsymbol{u}^{\mathrm{T}}\boldsymbol{B}^{\mathrm{T}}\boldsymbol{Px}-\boldsymbol{x}^{\mathrm{T}}\boldsymbol{PBu}-\boldsymbol{x}^{\mathrm{T}}\boldsymbol{Qx}+\boldsymbol{x}^{\mathrm{T}}\boldsymbol{PBu}=\boldsymbol{u}^{\mathrm{T}}\boldsymbol{B}^{\mathrm{T}}\boldsymbol{Px}-\boldsymbol{x}^{\mathrm{T}}\boldsymbol{Qx}$$

而由式(6-140)，$\boldsymbol{B}^{\mathrm{T}}\boldsymbol{Px}=-\boldsymbol{Ru}$，则

$$\frac{\mathrm{d}}{\mathrm{d}t}(\boldsymbol{x}^{\mathrm{T}}\boldsymbol{Px})=-\boldsymbol{u}^{\mathrm{T}}\boldsymbol{Ru}-\boldsymbol{x}^{\mathrm{T}}\boldsymbol{Qx}$$

求积分得

$$\begin{aligned}\frac{1}{2}\int_{t_0}^{t_f}\frac{\mathrm{d}}{\mathrm{d}t}(\boldsymbol{x}^{\mathrm{T}}\boldsymbol{Px})\mathrm{d}t&=-\frac{1}{2}\int_{t_0}^{t_f}(\boldsymbol{u}^{\mathrm{T}}\boldsymbol{Ru}+\boldsymbol{x}^{\mathrm{T}}\boldsymbol{Qx})\mathrm{d}t\\&=\frac{1}{2}\boldsymbol{x}^{\mathrm{T}}(t_f)\boldsymbol{P}(t_f)\boldsymbol{x}(t_f)-\frac{1}{2}\boldsymbol{x}^{\mathrm{T}}(t_0)\boldsymbol{P}(t_0)\boldsymbol{x}(t_0)\end{aligned}$$

考虑到 $\boldsymbol{P}(t_f)=\boldsymbol{S}$ 及 $\boldsymbol{x}(t_0)=\boldsymbol{x}_0$，则由上式可得

$$J=\frac{1}{2}\boldsymbol{x}^{\mathrm{T}}(t_f)\boldsymbol{S}\boldsymbol{x}(t_f)+\frac{1}{2}\int_{t_0}^{t_f}(\boldsymbol{x}^{\mathrm{T}}\boldsymbol{Q}\boldsymbol{x}+\boldsymbol{u}^{\mathrm{T}}\boldsymbol{R}\boldsymbol{u})\mathrm{d}t=\frac{1}{2}\boldsymbol{x}_0^{\mathrm{T}}\boldsymbol{P}(t_0)\boldsymbol{x}_0 \qquad (6\text{-}142)$$

此式即为在最优控制下系统的性能指标。

由以上分析，可得出如下结论：

(1) 对线性系统(时变的或定常的)，可用状态反馈实现二次型性能指标下的最优控制，状态反馈阵是时变的、唯一的，求解最优控制的关键是求解黎卡提方程。

(2) 即使对于定常系统且在性能指标中的加权阵 $\boldsymbol{Q},\boldsymbol{R}$ 均为常阵的情况下，最优控制规律仍然是时变的。

(3) 在以上的推导中，并没有用到系统可控性的条件，故最优控制的存在不依赖系统的可控性。这是因为性能指标中积分项的上限为有限值，即使系统状态不完全可控，但在有限的时间内，积分值也是有限的。

例 6-16　一个一阶的线性定常系统，状态方程为 $\dot{x}=ax+u$(a 为常数)，初始条件为 $x(0)=0$，性能指标为 $J=\frac{1}{2}\int_0^{t_f}[qx^2(t)+ru^2(t)]\mathrm{d}t\ (q>0,r>0)$，求最优控制规律。

解　最优控制为

$$u^*(t)=-\frac{1}{r}p(t)x(t)$$

其中 $p(t)$ 满足如下黎卡提方程：

$$-\dot{p}(t)=2ap(t)-\frac{1}{r}p^2(t)+q$$

$$p(t_f)=0$$

解此常系数非线性微分方程，得

$$p(t)=r\frac{(a+c)[1-\mathrm{e}^{2c(t-t_f)}]}{1-\dfrac{a+c}{a-c}\mathrm{e}^{2c(t-t_f)}} \qquad (6\text{-}143)$$

其中 $c=\sqrt{\frac{q}{r}+a^2}$。

6.5.4　线性定常系统的无限时间最优控制

在热工过程控制领域，经常遇到的调节问题是不要求控制系统在一有限的时间间隔内达到某一指标，而只要求在从过渡过程开始到过渡过程结束的整个时间内(这个时间为无穷)系统满足一定的要求，故在式(6-131)所示性能指标中，积分下限取 0，积分上限取∞。另外，一个最优控制系统应该是渐近稳定的，即在 $t\to\infty$ 时，状态变量趋向于零，故式(6-131)所示性能指标中的第一项可以省掉，于是性能指标变为

$$J=\frac{1}{2}\int_0^{\infty}(\boldsymbol{x}^{\mathrm{T}}\boldsymbol{Q}\boldsymbol{x}+\boldsymbol{u}^{\mathrm{T}}\boldsymbol{R}\boldsymbol{u})\mathrm{d}t \qquad (6\text{-}144)$$

式中，加权阵均为常阵，即 Q 为 $n\times n$ 维半正定对称常阵，R 为 $r\times r$ 维正定对称常阵。另外，应附加一个原系统能控的条件，这是因为当控制区间扩大至无穷时，若系统不完全可控，则不可控的状态必然会使性能指标达到无穷大。

在上述条件下，求得的最优控制规律不再是时变的，而是线性定常控制规律，即黎卡提方程的解 P 变为一个常阵，且它是正定对称的。这样的结果对工程实现带来极大的方便，具有重要的实际意义。

关于上述结论，这里不作数学上的严格证明，只作一些直观的解释。

在 A,B,Q,R 均为常阵的情况下，式(6-138)所示的黎卡提方程变成一个非时变方程，根据非时变的特点，在给定终端条件 $P(t_f)$ 的情况下，其解仅与 (t_f-t) 有关，而与 t_f 和 t 的具体值无直接关系，即 P 是 (t_f-t) 的函数，显然当 $t_f\to\infty$ 时，P 即变成一个与 t 无关的常阵。例 6-16 中得到的结果式(6-143)也证明了这个结论。于是黎卡提方程变为

$$PA+A^{T}P-PBR^{-1}B^{T}P+Q=0 \tag{6-145}$$

这是一个代数方程。另外，由于 Q,R 是对称阵以及式(6-145)的对称性，可知 P 必为对称阵，其对称性可简化求解的过程。求解得到 P 后，最优控制规律仍为式(6-140)所示，最优轨线方程如式(6-141)所示(初始条件 $x^*(0)=x_0$)。而由式(6-142)，最优性能指标为

$$J=\frac{1}{2}x_0^{T}Px_0 \tag{6-146}$$

例 6-17 有如下系统：

$$\begin{bmatrix}\dot{x}_1\\ \dot{x}_2\end{bmatrix}=\begin{bmatrix}0 & 1\\ 0 & 0\end{bmatrix}\begin{bmatrix}x_1\\ x_2\end{bmatrix}+\begin{bmatrix}0\\ 1\end{bmatrix}u$$

性能指标如式(6-144)所示，其中 $Q=\begin{bmatrix}1 & 1\\ 1 & 2\end{bmatrix}$，$R=1$，求最优控制。

解 首先检查系统的可控性，由于 $\mathrm{r}[B\quad AB]=\mathrm{r}\begin{bmatrix}0 & 1\\ 1 & 0\end{bmatrix}=2$，故系统可控。根据 P 的对称性，设 $P=\begin{bmatrix}p_1 & p_2\\ p_2 & p_3\end{bmatrix}$，则由式(6-145)所示的黎卡提方程，有

$$\begin{bmatrix}p_1 & p_2\\ p_2 & p_3\end{bmatrix}\begin{bmatrix}0 & 1\\ 0 & 0\end{bmatrix}+\begin{bmatrix}0 & 0\\ 1 & 0\end{bmatrix}\begin{bmatrix}p_1 & p_2\\ p_2 & p_3\end{bmatrix}-\begin{bmatrix}p_1 & p_2\\ p_2 & p_3\end{bmatrix}\begin{bmatrix}0\\ 1\end{bmatrix}1[0\quad 1]\begin{bmatrix}p_1 & p_2\\ p_2 & p_3\end{bmatrix}+\begin{bmatrix}1 & 1\\ 1 & 2\end{bmatrix}=\mathbf{0}$$

变成代数方程组，为

$$\begin{cases}-p_2^2+1=0\\ p_1-p_2p_3+1=0\\ 2p_2-p_3^2+2=0\end{cases}$$

考虑到 P 的正定性，解得 $p_1=1,p_2=1,p_3=2$。于是最优控制为

$$u^*(t)=-\boldsymbol{R}^{-1}\boldsymbol{B}^{\mathrm{T}}\boldsymbol{P}\boldsymbol{x}=-\begin{bmatrix}0 & 1\end{bmatrix}\begin{bmatrix}1 & 1\\1 & 2\end{bmatrix}\begin{bmatrix}x_1\\x_2\end{bmatrix}=-x_1(t)-2x_2(t)$$

6.5.5　输出最优调节器

以上讨论的最优控制都是以状态变量和输入量的函数为性能指标的，得到的最优控制可以通过状态反馈来实现，这种问题称为最优状态调节器问题。但在很多实际应用中，一个控制系统往往是对输出量提出要求，这时问题变为最优输出调节器的求解问题。下面以线性定常系统无穷时间二次型性能指标的最优输出调节器为例，说明设计的一般方法。

系统的状态方程和输出方程为

$$\dot{\boldsymbol{x}}=\boldsymbol{A}\boldsymbol{x}+\boldsymbol{B}\boldsymbol{u}$$

$$\boldsymbol{y}=\boldsymbol{C}\boldsymbol{x}$$

其中，$\boldsymbol{x},\boldsymbol{u},\boldsymbol{y}$ 分别为 n 维、r 维和 m 维向量；$\boldsymbol{A},\boldsymbol{B},\boldsymbol{C}$ 分别为 $n\times n$，$n\times r$ 和 $m\times r$ 常阵。

性能指标为

$$J=\frac{1}{2}\int_0^{\infty}(\boldsymbol{y}^{\mathrm{T}}\boldsymbol{Q}\boldsymbol{y}+\boldsymbol{u}^{\mathrm{T}}\boldsymbol{R}\boldsymbol{u})\mathrm{d}t \tag{6-147}$$

式中，$\boldsymbol{Q}$ 为 $n\times n$ 维半正定对称常阵，$\boldsymbol{R}$ 为 $r\times r$ 维正定对称常阵。

为实现式(6-147)所示的性能指标，除要求系统可控外，还要求系统是完全可观的。

在定值控制系统中，输出 $\boldsymbol{y}$ 即为系统的偏差，故式(6-147)所示的性能指标反映了对过渡过程的偏差、调节时间和控制能量的综合要求。

以系统的输出方程代入式(6-147)，得

$$J=\frac{1}{2}\int_0^{\infty}(\boldsymbol{x}^{\mathrm{T}}\boldsymbol{C}^{\mathrm{T}}\boldsymbol{Q}\boldsymbol{C}\boldsymbol{x}+\boldsymbol{u}^{\mathrm{T}}\boldsymbol{R}\boldsymbol{u})\mathrm{d}t$$

设

$$\boldsymbol{Q}'=\boldsymbol{C}^{\mathrm{T}}\boldsymbol{Q}\boldsymbol{C} \tag{6-148}$$

则

$$J=\frac{1}{2}\int_0^{\infty}(\boldsymbol{x}^{\mathrm{T}}\boldsymbol{Q}'\boldsymbol{x}+\boldsymbol{u}^{\mathrm{T}}\boldsymbol{R}\boldsymbol{u})\mathrm{d}t \tag{6-149}$$

与式(6-144)相比，形式完全一样，只是将 $\boldsymbol{Q}$ 变成了 $\boldsymbol{Q}'$，相应的黎卡提方程为

$$\boldsymbol{P}\boldsymbol{A}+\boldsymbol{A}^{\mathrm{T}}\boldsymbol{P}-\boldsymbol{P}\boldsymbol{B}\boldsymbol{R}^{-1}\boldsymbol{B}^{\mathrm{T}}\boldsymbol{P}+\boldsymbol{Q}'=\boldsymbol{0} \tag{6-150}$$

最优控制规律仍如式(6-140)所示，为

$$\boldsymbol{u}^*(t)=-\boldsymbol{R}^{-1}\boldsymbol{B}^{\mathrm{T}}\boldsymbol{P}\boldsymbol{x}^*$$

求解最优轨线 $\boldsymbol{x}^*(t)$的方程也和式(6-141)一样，结果为

$$\dot{\boldsymbol{x}}^*=(\boldsymbol{A}-\boldsymbol{B}\boldsymbol{R}^{-1}\boldsymbol{B}^{\mathrm{T}}\boldsymbol{P})\boldsymbol{x}^*,\quad \boldsymbol{x}^*(t_0)=\boldsymbol{x}_0$$

习题

6-1 一个三阶系统，状态表达式中的系数矩阵 $A=\begin{bmatrix}0 & 1 & 0\\ 0 & 0 & 1\\ -a_0 & -a_1 & -a_2\end{bmatrix}$，证明：

(1) 若系统特征方程有一个二重根 λ_1 和一个单根 λ_2，则可用转换矩阵 $P=\begin{bmatrix}1 & 0 & 1\\ \lambda_1 & 1 & \lambda_2\\ \lambda_1^2 & 2\lambda_1 & \lambda_2^2\end{bmatrix}$ 将系统的状态空间表达式变换成约当标准型；

(2) 若系统特征方程有一个三重根 λ，则可用转换矩阵 $P=\begin{bmatrix}1 & 0 & 0\\ \lambda & 1 & 0\\ \lambda^2 & 2\lambda & 1\end{bmatrix}$ 将系统的状态空间表达式变换成约当标准型。

6-2 对如下用微分方程描述的单输入、单输出系统，直接由微分方程写出其状态空间描述，再转变成规范型表达式，最后根据规范表达式画出系统方框图。

(1) $\dfrac{d^3y}{dt^3}+6\dfrac{d^2y}{dt^2}+11\dfrac{dy}{dt}+6y=5u$；

(2) $\dfrac{d^3y}{dt^3}+5\dfrac{d^2y}{dt^2}+8\dfrac{dy}{dt}+4y=\dfrac{d^2u}{dt^2}+2\dfrac{du}{dt}+5u$；

(3) $\dfrac{d^3y}{dt^3}+3\dfrac{d^2y}{dt^2}+3\dfrac{dy}{dt}+y=2\dfrac{d^3u}{dt^3}+\dfrac{d^2u}{dt^2}+3\dfrac{dy}{dt}+u$。

6-3 根据如下系统的传递函数，写出其规范型或约当标准型状态空间表达式。

(1) $G(s)=\dfrac{s^2+4s+2}{(s+1)(2s+1)(3s+1)}$；

(2) $G(S)=\dfrac{s+3}{(s+1)^2(s+2)}$。

6-4 已知 $A=\begin{bmatrix}0 & 1 & 0 & 0\\ 0 & 0 & 1 & 0\\ 0 & 0 & 0 & 1\\ 0 & 0 & 0 & 0\end{bmatrix}$，利用矩阵指数的定义求 e^{At}。

6-5 一系统的状态方程为 $\dot{x}=\begin{bmatrix}0 & 1\\ -4 & -4\end{bmatrix}x+\begin{bmatrix}0\\ 1\end{bmatrix}u$，初始条件为 $x(0)=\begin{bmatrix}1\\ 1\end{bmatrix}$，输入 u 为单位阶跃，分别用传递函数法和矩阵变换法求状态转移阵，并求其响应 $x(t)$。

6-6　已知一系统的状态方程为

$$\dot{\boldsymbol{x}} = \boldsymbol{A}\boldsymbol{x}$$

当 $\boldsymbol{x}(0)=\begin{bmatrix}1\\-2\end{bmatrix}$时，$\boldsymbol{x}(t)=\begin{bmatrix}\mathrm{e}^{-2t}\\-2\mathrm{e}^{-2t}\end{bmatrix}$；当 $\boldsymbol{x}(0)=\begin{bmatrix}1\\-1\end{bmatrix}$时，$\boldsymbol{x}(t)=\begin{bmatrix}\mathrm{e}^{-t}\\-\mathrm{e}^{-t}\end{bmatrix}$。求状态转移阵$\boldsymbol{\Phi}(t)$及$\boldsymbol{A}$。

6-7　判断如下两系统的可控性和可观性：

(1) $\boldsymbol{A}=\begin{bmatrix}-3 & 0 & -1\\1 & 0 & 0\\1 & 1 & -1\end{bmatrix}$，$\boldsymbol{B}=\begin{bmatrix}1\\0\\0\end{bmatrix}$，$\boldsymbol{C}=[1\quad 1\quad 0]$；

(2) $\boldsymbol{A}=\begin{bmatrix}-3 & 1 & 0\\0 & -3 & 0\\0 & 0 & -1\end{bmatrix}$，$\boldsymbol{B}=\begin{bmatrix}0 & -1\\0 & 0\\2 & 0\end{bmatrix}$，$\boldsymbol{C}=\begin{bmatrix}1 & 0 & 0\\-1 & 0 & 1\end{bmatrix}$。

6-8　有两个线性定常系统，系统1的状态空间表达式系数矩阵为$\boldsymbol{A}_1$，$\boldsymbol{B}_1$，$\boldsymbol{C}_1$，系统2的状态空间表达式系数矩阵为$\boldsymbol{A}_2$，$\boldsymbol{B}_2$，$\boldsymbol{C}_2$，且$\boldsymbol{A}_1=\boldsymbol{A}_2^{\mathrm{T}}$，$\boldsymbol{B}_1=\boldsymbol{C}_2^{\mathrm{T}}$，$\boldsymbol{C}_1=\boldsymbol{B}_2^{\mathrm{T}}$。证明：若系统1是可控的，则系统2是可观的；若系统1是可观的，则系统2是可控的。

6-9　一系统的状态方程和输出方程分别为

$$\dot{\boldsymbol{x}}=\begin{bmatrix}-2 & 1\\1 & -2\end{bmatrix}\boldsymbol{x}+\begin{bmatrix}1\\1\end{bmatrix}\boldsymbol{u}$$

$$\boldsymbol{y}=[0\quad 1]\boldsymbol{x}$$

(1) 证明系统是不完全可控的。

(2) 取线性非奇异变换$\hat{\boldsymbol{x}}=\begin{bmatrix}\frac{1}{2} & \frac{1}{2}\\\frac{1}{2} & -\frac{1}{2}\end{bmatrix}\boldsymbol{x}$，使系统按可控性分解，并画出分解后的方框图。

6-10　对于单输入、单输出系统，系统可控且可观的充要条件是传递函数$\boldsymbol{G}(s)=\dfrac{\boldsymbol{C}(s\boldsymbol{I}-\boldsymbol{A})^{*}\boldsymbol{B}}{|s\boldsymbol{I}-\boldsymbol{A}|}$无零极点相消。试判断如下系统的可控性、可观性，并计算它们的传递函数，说明上述结论应用于多变量系统时的局限性。

$$\boldsymbol{A}=\begin{bmatrix}1 & 3 & 2\\0 & 4 & 2\\0 & 0 & 1\end{bmatrix},\quad \boldsymbol{B}=\begin{bmatrix}0 & 1\\0 & 0\\1 & 0\end{bmatrix},\quad \boldsymbol{C}=\begin{bmatrix}1 & 0 & 0\\0 & 0 & 1\end{bmatrix}$$

6-11　一单输入、单输出系统，传递函数为

$$G(s)=\frac{Y(s)}{U(s)}=\frac{1}{s(s+1)(s+2)}$$

建立系统的能控标准型状态方程，采用状态反馈控制，并在分别满足如下两种要求的情况

下求状态反馈矩阵。

(1) 闭环极点由一对主导复极点和一个远离此复极点的负实极点组成。衰减指数 $m=0.2$，振荡频率 $\omega=5$，负实极点距虚轴的距离是复极点距虚轴距离的 10 倍。

(2) 闭环复极点同(1)，负实极点与复极点在同一条直线上。

6-12 一双输入、双输出系统，状态方程为

$$\dot{\boldsymbol{x}} = \boldsymbol{A}\boldsymbol{x} + \boldsymbol{B}\boldsymbol{u}$$

式中，$\boldsymbol{x}=\begin{bmatrix}x_1\\x_2\end{bmatrix}$，$\boldsymbol{u}=\begin{bmatrix}u_1\\u_2\end{bmatrix}$，$\boldsymbol{A}=\begin{bmatrix}0 & 1\\-1 & -2\end{bmatrix}$，$\boldsymbol{B}=\begin{bmatrix}1 & 0\\0 & 1\end{bmatrix}$。

(1) 只采用状态 x_1 进行反馈，使系统闭环极点分别为 -2 和 -3；

(2) 只采用状态 x_2 进行反馈，使系统闭环极点分别为 -2 和 -3；

(3) 证明不能采用状态 x_1，x_2 分别反馈至输入 u_1，u_2 的方法满足闭环极点分别为 -2 和 -3 的要求。

6-13 一系统如题图 6-1 所示。图中，$K=1$，$K_1=2$，$K_2=3$，$T_1=1$，$T_2=0.5$，y 为被调量，r 为给定值。利用状态反馈(状态 x_1，x_2 如图所示)使系统闭环后，

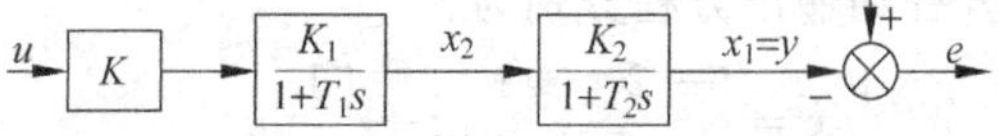

题图 6-1

(1) 在阶跃扰动下无稳态偏差；

(2) 三个极点分别为 -3，$-3\pm \mathrm{j}$，并画出方框图。

6-14 一个简单的一阶系统，状态方程和初始条件为

$$\dot{x} = u, \quad x(t_0) = x_0$$

性能指标为 $J=\frac{1}{2}ax^2(T)+\frac{1}{2}\int_{t_0}^{T} u^2\,\mathrm{d}t$，其中，$a>0$，为常数，$t_0$，$T$ 均固定。

(1) 根据黎卡提方程的推导过程，说明此题不能通过该方程求解。

(2) 求出使 J 最小的最优控制。

6-15 一系统的状态方程和初始条件分别为

$$\dot{\boldsymbol{x}} = \begin{bmatrix}0 & 1\\0 & 0\end{bmatrix}\boldsymbol{x} + \begin{bmatrix}0\\1\end{bmatrix}u$$

$$\boldsymbol{x}(0) = \begin{bmatrix}1\\0\end{bmatrix}$$

性能指标为 $J = \frac{1}{2}\int_0^{\infty}\left[2x_1^2 + \frac{1}{2}u^2\right]\mathrm{d}t$。试求在无约束控制下的最优控制、最优轨线和最优控制下的性能指标。

6-16　一二阶系统的状态变量表达式为

$$\dot{\boldsymbol{x}}=\begin{bmatrix}0 & 1\\0 & 0\end{bmatrix}\boldsymbol{x}+\begin{bmatrix}0\\1\end{bmatrix}u$$

$$y=\begin{bmatrix}1 & 0\end{bmatrix}\boldsymbol{x}$$

要求如下的性能指标最小：

$$J=\frac{1}{2}\int_0^\infty[qy^2+ru^2]\mathrm{d}t,\quad q>0;r\geqslant 0$$

(1) 求最优控制规律；

(2) 画出闭环系统方框图；

(3) 证明在最优控制下，系统的阻尼系数只与 q 有关。

第7章 离散控制系统

CHAPTER 7

7.1 离散控制系统的基本结构

7.1.1 离散控制系统的结构

在一个控制系统中，如果存在一个或一个以上的离散信号，则这个控制系统叫做离散控制系统。对于热工对象，常见的离散控制系统是用计算机或其他数字设备代替调节器后而形成的，较之模拟调节器，它有如下优点：

(1) 计算速度快，可以分时处理多个控制回路，实现几个、几十个甚至更多的单回路 PID 控制。

(2) 运算能力强，程序编制灵活，可以方便地对 PID 算法进行改进以及实现前馈控制、串级控制、解耦控制和纯滞后补偿等复杂的控制规律。

(3) 在数据计算和传递过程中，具有很高的精度，并且可以方便地对信号进行滤波、线性化等处理。

图 7-1 所示为用计算机代替模拟调节器后的系统结构。图中，计算机的输入、输出均为离散信号，而系统中的对象、测量设备等为连续设备，其输入、输出为连续(模拟)信号。故系统中引入离散设备后，需同时增加 A/D 转换器(由模拟信号转换为数字信号)和 D/A 转换器(由数字信号转换为模拟信号)。

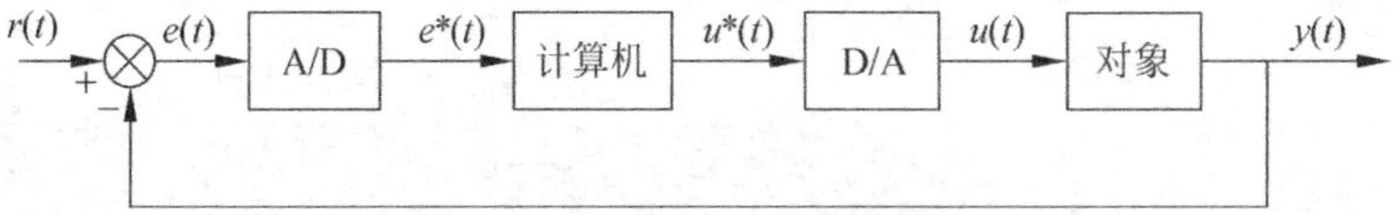

图 7-1 离散控制系统的结构

图 7-1 与典型连续控制系统的区别仅在于由计算机代替控制器后增加了必需的 A/D 和 D/A 转换器，下面对这两部分分别进行讨论。

7.1.2 连续信号的采样

1. A/D 转换器的数学描述

图 7-1 中，A/D 转换器的作用是将时间上和幅值上都连续的信号变

为时间上和幅值上都是离散的信号。即 A/D 转换器完成如下两种功能：

(1) 将信号在时间上离散化——采样；

(2) 将信号在幅值上离散化——量化。

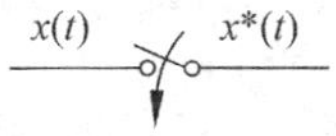

图 7-2　采样开关

因为量化引起的误差可依靠提高 A/D 转换器的精度而减至很小，故本章忽略量化误差，仅讨论信号的采样，此时 A/D 转换器相当于图 7-2 所示的采样开关。

图 7-2 中，开关以周期 T 动作。假定在理想情况下，开关接通的时间无限小，则采样过程中的信号如图 7-3 所示。

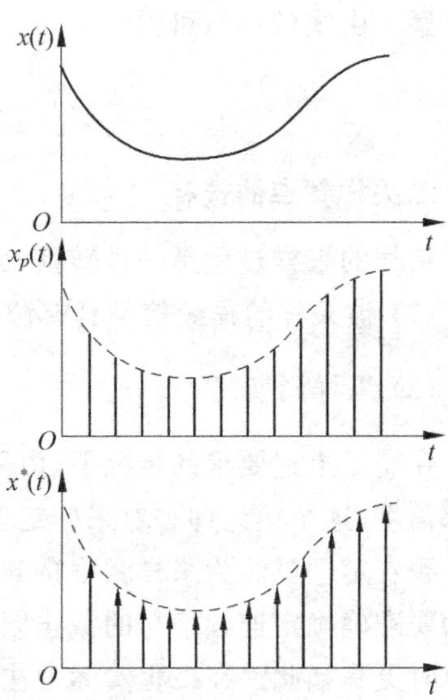

图 7-3　采样过程

图 7-3 中，$x(t)$是连续信号，$x_p(t)$是通过采样开关实际得到的离散信号，它可表示为

$$x_p(t) = \begin{cases} x(nT), & n = 0,1,2,\cdots \\ 0, & \text{其他} \end{cases} \tag{7-1}$$

但为了在数学上处理方便，把采样器的输出看做是图 7-3 中的 $x^*(t)$，即在每一个采样时刻，采样器的输出为一 δ 脉冲，脉冲的强度等于 $x(t)$在此时刻的数值，即

$$x^*(t) = \sum_{n=0}^{\infty} x(nT)\delta(t-nT) = x(t)\sum_{n=0}^{\infty}\delta(t-nT) \tag{7-2}$$

于是，采样器可认为是由图 7-4 所示的两部分构成。

图 7-4 中，第 2 个环节是为了得到 $x^*(t)$而假想引入的，实际的采样器只有第 1 个环节。因为采样器实际得到的物理信号是 $x(nT)$而不是 $x^*(t)$，不能够也没有必要在物理上实现 $x^*(t)$。

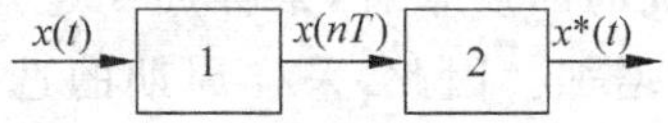

图 7-4　采样器的结构

关于信号的采样，应注意以下几个问题：

(1) 采样器输入 $x(t)$和输出 $x(nT)$($x_p(t)$)或 $x^*(t)$间并无一一对应关系。不同的 $x(t)$，只要在 nT 时刻($n=0,1,2,\cdots$)函数值一样，就具有同样的 $x(nT)$或 $x^*(t)$。

(2) 如一个离散信号为

$$x(nT) = \begin{cases} 0, & n \neq 0 \\ 1, & n = 0 \end{cases} \tag{7-3}$$

则称它为离散 δ 函数，记为 $\delta(nT)$，其对应的 $x^*(t)$为 $\delta(t)$，可见，离散 δ 函数的形式较连

续δ函数简单得多。

(3) 引入实际上并不存在的$x^*(t)$的目的，主要在于便于进行拉氏变换，因为$x(nT)$为离散信号，不能利用积分求其拉氏变换，故利用广义函数$\delta(t)$，由$x(nT)$得到$x^*(t)$，$x^*(t)$的拉氏变换是存在的，记为$X^*(s)$：

$$X^*(s)=\mathrm{L}[x^*(t)]=\sum_{n=0}^{\infty}\mathrm{L}[x(nT)\delta(x-nT)]=\sum_{n=0}^{\infty}x(nT)\mathrm{e}^{-nTs} \tag{7-4}$$

可见，任何信号$x^*(t)$，其拉氏变换都是e^{Ts}的幂级数。

例 7-1 求单位阶跃函数$u(t)$采样后的拉氏变换。

解 由式(7-4)，可得

$$U^*(s)=\sum_{n=0}^{\infty}\mathrm{e}^{-nTs}=\frac{1}{1-\mathrm{e}^{-Ts}} \tag{7-5}$$

2. 采样频率的选择

信号的采样过程是一种转换，为了保证在这个转换过程中不丢失信号的特性，要求：

(1) 被采样的连续信号具有截止频率f_c；

(2) 采样周期$T\leqslant\frac{1}{2f_c}$。

在满足上述要求的情况下，由采样后的$x^*(t)$可以恢复$x(t)$，即$x^*(t)$包含了$x(t)$的全部信息，这个结论即香农采样定理。

香农定理虽然为采样频率的选择奠定了理论基础，但在实际应用时却有一定困难。因为要准确确定连续信号的截止频率不是一件轻而易举的事，特别是信号中混杂有干扰噪声时更是如此。在工程实际中往往根据经验和分析的方法来确定采样频率，主要的考虑有两个方面，一方面是被测信号的变化速度，对于流量、压力、液位等变化较快的信号，采样周期可取得短一些，而对于温度、成分等变化较慢的信号，可取较长的采样周期；另一方面是干扰噪声的强度和频率，如果噪声较强，在选择采样周期时必须考虑噪声的频率(它一般高于有用信号的频率)。当然从控制系统的品质来看，采样周期越短，系统的品质越高，但过高的采样频率势必使计算量大大增加。因此，采样周期的选择是一个需要综合考虑的问题，往往需要结合工程实际的要求和对实际信号的分析通过经验和实验确定。

3. 信号的滤波

测量信号中不可避免地会混杂有干扰噪声，所以滤波处理是必要的。滤波处理有两种方法，模拟滤波和数字滤波。一般在A/D转换器的入口都加有由RC电路构成的模拟滤波器，这种滤波器对于高频干扰易于滤除，但滤除低频干扰较为困难。而数字滤波器对周期性干扰和脉冲性干扰都能得到比较好的滤波效果。

数字滤波器实际上是一段计算机程序，使用灵活方便。下面介绍两种常用的数字滤波方法。

1）平均滤波

测量信号往往会附加有一些小的波动，这些波动可能来源于物理量的实际波动，如流量、压力信号的脉动，沸腾液位信号的随机波动等，也可能来源于外界的干扰，如电源的工频干扰等。无论什么性质的波动，都是调节系统不希望遇到的，因为它会导致调节机构频繁动作，产生不必要的调节作用，既影响调节机构的使用寿命，又破坏生产过程的稳定进行，因此必须滤除这些波动。常用的技术是采用平均的方法对测量信号进行平滑处理。

一种最简单的方法是采用 N 点采样值的算术平均，即实际送往调节系统的第 k 次参数值 $s(k)$ 取本次（第 k 次）和前 $N-1$ 次采样值的算术平均，其算法为

$$s(k)=\frac{1}{N}\sum_{i=0}^{N-1}x(k-i)$$

式中，$x(i)$ 为第 i 次采样值。

这种方法的关键是选择合适的 N，N 增大，信号平滑效果变好，但信号反应灵敏度降低。一般 N 根据信号的特性和采样时间来选取。例如对于流量、压力等变化较快的信号，N 的取值要大一些，而对于像温度这样变化缓慢的信号，N 的取值可小一些，甚至可以不必作平均处理。

上述的平均处理是对 N 次采样值平等对待，但更合理的方法是在平均时对越靠后采集的信号给予越多的重视，即给予越大的加权，由此得到所谓的加权平均滤波方法。其算法为

$$s(k)=\sum_{i=0}^{N-1}C_i x(k-i)$$

式中，$C_i(i=0,1,2,\cdots,N-1)$ 为加权系数。i 越大，C_i 的取值也越大，但应满足

$$\sum_{i=0}^{N-1}C_i=1$$

2）一阶惯性滤波

从一阶惯性环节的频率特性可知，它具有低通滤波的性质，故可利用它实现低通滤波。因为一阶惯性环节很容易用简单的模拟设备实现，故信号在采样前，常配置模拟滤波器。当然用计算机实现一阶惯性滤波也很方便。

7.1.3　连续信号的恢复

由 $x^*(t)$ 恢复连续信号 $x(t)$ 可有多种方法，其中最常用的是利用零阶保持器。零阶保持器在 $x^*(t)$ 的输入下得到输出 $x(t)$ 的过程如图 7-5 所示。

其工作过程可看做由如下两步组成：①由 $x^*(t)$转换为 $x(nT)$；②再由 $x(nT)$得到如图 7-5 所示的$x(t)$。故零阶保持器的结构如图 7-6 所示。

因为在系统中实际得到的离散信号不是 $x^*(t)$而是 $x(nT)$,故实际的零阶保持器只有图 7-6 中的第 2 个环节,这在物理上是很容易实现的。

利用零阶保持器的脉冲响应(如图 7-7 所示)可容易地得到其传递函数。

在图 7-6 中,取

$$x^*(t) = \delta(t)$$

则

$$x(nT) = \delta(nT) = \begin{cases} 1, & n = 0 \\ 0, & n \neq 0 \end{cases}$$

$$x(t) = u(t) - u(t-T)$$

于是,可得零阶保持器的传递函数为

$$\begin{aligned} G(s) &= \mathrm{L}[x(t)] \\ &= \frac{1}{s} - \frac{\mathrm{e}^{-Ts}}{s} = \frac{1-\mathrm{e}^{-Ts}}{s} \end{aligned} \tag{7-6}$$

以 $s=\mathrm{j}\omega$ 代入式(7-6),可得零阶保持器的频率特性

$$G(\mathrm{j}\omega) = \frac{1-\mathrm{e}^{-\mathrm{j}\omega T}}{\mathrm{j}\omega} = \frac{\mathrm{e}^{-\mathrm{j}\frac{\omega T}{2}}\left(\mathrm{e}^{\mathrm{j}\frac{\omega T}{2}} - \mathrm{e}^{-\mathrm{j}\frac{\omega T}{2}}\right)}{\mathrm{j}\omega} = \frac{2\sin\frac{\omega T}{2}}{\omega}\mathrm{e}^{-\mathrm{j}\frac{\omega T}{2}} = \frac{T\sin\frac{\omega T}{2}}{\frac{\omega T}{2}}\mathrm{e}^{-\mathrm{j}\frac{\omega T}{2}}$$

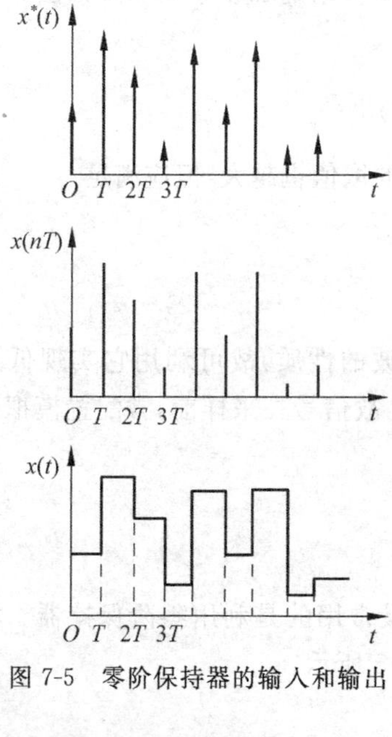

图 7-5 零阶保持器的输入和输出

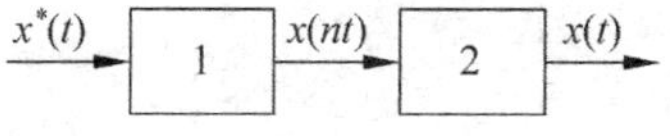

图 7-6 零阶保持器结构

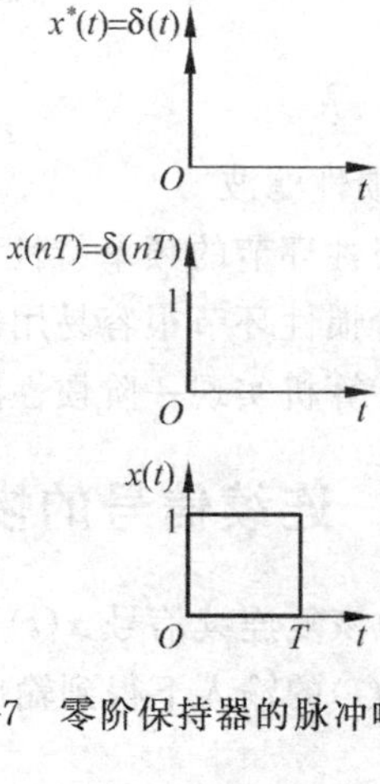

图 7-7 零阶保持器的脉冲响应

其模和幅角分别为

$$\begin{cases} M(\omega) = \dfrac{T\sin\dfrac{\omega T}{2}}{\dfrac{\omega T}{2}} \\ \phi(\omega) = -\omega T/2 \end{cases} \tag{7-7}$$

可见，零阶保持器具有负的相角。

7.2　z 变换

7.2.1　z 变换的定义

由式(7-4)可见，离散信号的拉氏变换为 s 的超越函数，不便于运算，为此，引入 z 变换。使 z 和 s 满足如下关系：

$$\begin{cases} z = \mathrm{e}^{Ts} \\ s = \dfrac{1}{T}\ln z \end{cases} \tag{7-8}$$

于是，由式(7-4)，得

$$X(z) = \sum_{n=0}^{\infty} x(nT)z^{-n} \tag{7-9}$$

上式称为信号 $x^*(t)$的 z 变换，用符号 $Z[\cdot]$表示，而 z 反变换用符号 $Z^{-1}[\cdot]$表示。

若

$$\mathrm{L}[x(t)] = X(s)$$
$$\mathrm{L}[x^*(t)] = X^*(s)$$

则为方便起见，可把 z 变换记为

$$X(z) = Z[x(t)] = Z[x^*(t)] = Z[x(nT)] = Z[X(s)] = Z[X^*(s)]$$

即不论用何种形式表示，其 z 变换都是按式(7-9)计算得到的结果。

例 7-2　求 $x(t)=u(t)$的 z 变换。

解　由式(7-9)可直接写出

$$X(z) = Z[u(t)] = \sum_{n=0}^{\infty} z^{-n} = 1 + z^{-1} + z^{-2} + \cdots \tag{7-10}$$

这是一种级数表达式，如果$|z|>1$，则上述级数收敛，可写成

$$X(z) = Z[u(t)] = \frac{z}{z-1} \tag{7-11}$$

这是一种闭式表达式。

任何一个函数的 z 变换都具有级数和闭式两种表达形式，闭式只是在级数的收敛域内才有意义。严格说来，用闭式表示的 z 变换必须同时注明其收敛域，但在以后的讨论中常常省略。

例 7-3 求 $Z[t]$。

解 根据 z 变换的定义，函数 t 的 z 变换的级数表达式和闭式表达式为

$$Z[t]=\sum_{n=0}^{\infty}nTz^{-n}=Tz^{-1}+2Tz^{-2}+\cdots=\frac{Tz}{(z-1)^2} \tag{7-12}$$

例 7-4 求 $Z[\mathrm{e}^{-at}]$。

解 根据 z 变换的定义，可得指数函数 z 变换的级数表达式和闭式表达式为

$$\begin{aligned}Z=[\mathrm{e}^{-at}]&=\sum_{n=0}^{\infty}\mathrm{e}^{-anT}z^{-n}=1+\mathrm{e}^{-aT}z^{-1}+\mathrm{e}^{-2aT}z^{-2}+\mathrm{e}^{-3aT}z^{-3}+\cdots\\&=\frac{1}{1-\mathrm{e}^{-aT}z^{-1}}=\frac{z}{z-\mathrm{e}^{-aT}}\end{aligned} \tag{7-13}$$

例 7-5 求离散 δ 函数的 z 变换。

解 由于离散 δ 函数为

$$\delta(nT)=\begin{cases}1, & n=0\\0, & n\neq 0\end{cases}$$

故可得其 z 变换为

$$Z[\delta(nT)]=\sum_{n=0}^{\infty}\delta(nT)z^{-n}=1 \tag{7-14}$$

7.2.2 z 变换的性质

1. 线性

若 $Z[x_1(t)]=X_1(z)$，$Z[x_2(t)]=X_2(z)$，a，b 为常数，则

$$Z[ax_1(t)+bx_2(t)]=aX_1(z)+bX_2(z) \tag{7-15}$$

此性质可由 z 变换的定义直接证明。

2. 平移定理

1) 左移

如 $Z[x(nT)]=X(z)$，则

$$Z\{x[(n+k)T]\}=z^k\left[X(z)-\sum_{r=0}^{k-1}x(rT)z^{-r}\right] \tag{7-16}$$

证明 $Z\{x[(n+k)T]\}=\sum_{n=0}^{\infty}x[(n+k)T]z^{-n}$

令 $r=n+k$,则

$$Z\{x[(n+k)T]\}=\sum_{r=k}^{\infty}x(rT)z^{-(r-k)}=z^{k}\left[\sum_{r=0}^{\infty}x(rT)z^{-r}-\sum_{r=0}^{k-1}x(rT)z^{-r}\right]$$

$$=z^{k}\left[X(z)-\sum_{r=0}^{k-1}x(rT)z^{-r}\right]$$

2) 右移

如 $Z[x(nT)]=X(z)$,则

$$Z\{x[(n-k)T]\}=z^{-k}\left[X(z)+\sum_{r=-k}^{-1}x(rT)z^{-r}\right] \tag{7-17}$$

证明 $Z\{x[(n-k)T]\}=\sum_{n=0}^{\infty}x[(n-k)T]z^{-n}$

令 $r=n-k$,则

$$Z\{x[(n-k)T]\}=\sum_{r=-k}^{\infty}x(rT)z^{-(r+k)}=z^{-k}\left[\sum_{r=0}^{\infty}x(rT)z^{-r}+\sum_{r=-k}^{-1}x(rT)z^{-r}\right]$$

$$=z^{-k}\left[X(z)+\sum_{r=-k}^{-1}x(rT)z^{-r}\right]$$

一般,有 $x(t)=0,t<0$ 时,则

$$Z\{x[(n-k)T]\}=z^{-k}X(z) \tag{7-18}$$

3. 初值定理

$$\lim_{t\to 0}x(t)=\lim_{z\to\infty}X(z) \tag{7-19}$$

证明 $X(z)=\sum_{n=0}^{\infty}x(nT)z^{-n}=x(0)+x(T)z^{-1}+x(2T)z^{-2}+\cdots$

当 $z\to\infty$时,式中等号右边除第一项 $x(0)$外均趋于零,故式(7-19)得证。

4. 终值定理

$$\lim_{t\to\infty}x(t)=\lim_{z\to 1}(z-1)X(z) \tag{7-20}$$

证明 由 z 变换定义得

$$Z\{x[(n+1)T]-x(nT)\}=\sum_{n=0}^{\infty}\{x[(n+1)T]-x(nT)\}z^{-n}$$

由左移定理,有

$$Z\{x[(n+1)T]-x(nT)\}=zX(z)-zx(0)-X(z)=(z-1)X(z)-zx(0)$$

使上二式右边相等,得

$$(z-1)X(z)=zx(0)+\sum_{n=0}^{\infty}\{x[(n+1)T]-x(nT)\}z^{-n}$$

两边取极限 $z\to 1$,得

$$\lim_{z\to 1}(z-1)X(z)=x(0)+\sum_{n=0}^{\infty}\{x[(n+1)T]-x(nT)\}$$
$$=x(0)+x(\infty)-x(0)=\lim_{t\to\infty}x(t)$$

5. 叠加定理

若 $X(z)=Z[x(nT)]$,且在 $n<0$ 时,$x(nT)=0$。定义 $x(nT)$的叠加序列为

$$f(nT)=\sum_{i=0}^{n}x(iT),\quad n=0,1,2,\cdots$$

则有

$$F(z)=Z[f(nT)]=\frac{X(z)}{1-z^{-1}} \tag{7-21}$$

证明 $f(nT)-f[(n-1)T]=\sum_{i=0}^{n}x(iT)-\sum_{i=0}^{n-1}x(iT)=x(nT)$

由于

$$x(nT)=0,\quad n<0$$

故

$$f(nT)=0,\quad n<0$$
$$Z\{f[(n-1)T]\}=z^{-1}F(z)$$
$$Z\{f(nT)-f[(n-1)T]\}=F(z)-z^{-1}F(z)=X(z)$$

于是

$$F(z)=\frac{X(z)}{1-z^{-1}}$$

6. 乘以指数序列 e^{-anT}

$$Z[e^{-anT}x(nT)]=X(e^{aT}z) \tag{7-22}$$

此性质可由 z 变换的定义直接证出。

7. 卷积定理

两个离散信号的卷积定义为

$$x_1(nT)*x_2(nT)=\sum_{k=-\infty}^{\infty}x_1(kT)x_2[(n-k)T]$$

通常,当 $t<0$ 时,$x_1(nT)=x_2(nT)=0$,则

$$x_1(nT)*x_2(nT)=\sum_{k=0}^{n}x_1(kT)x_2[(n-k)T] \tag{7-23}$$

卷积定理指出，对于式(7-23)，有

$$Z[x_1(nT) * x_2(nT)] = X_1(z)X_2(z) \tag{7-24}$$

证明

$$\begin{aligned} Z[x_1(nT) * x_2(nT)] &= \sum_{n=0}^{\infty}\sum_{k=0}^{n} x_1(kT)x_2[(n-k)T]z^{-n} \\ &= \sum_{n=0}^{\infty}\sum_{k=0}^{\infty} x_1(kT)x_2[(n-k)T]z^{-n} \\ &= \sum_{k=0}^{\infty} x_1(kT)\sum_{n=0}^{\infty} x_2[(n-k)T]z^{-n} \end{aligned}$$

令 $r=n-k$，则

$$\begin{aligned} Z[x_1(nT) * x_2(nT)] &= \sum_{k=0}^{\infty} x_1(kT)\sum_{r=-k}^{\infty} x_2(rT)z^{-(r+k)} \\ &= \sum_{k=0}^{\infty} x_1(kT)z^{-k}\sum_{r=0}^{\infty} x_2(rT)z^{-r} = X_1(z)X_2(z) \end{aligned}$$

7.2.3　z 变换的求取方法

常用函数的 z 变换和广义 z 变换见表 7-1(广义 z 变换将在 7.5 节介绍)。表 7-2 列出了 z 变换的一些重要性质。如求表 7-1 中未列的一些函数的 z 变换，可有如下几种方法：

表 7-1　常用函数的 z 变换和广义 z 变换

序号	$X(t)$ 或 $x(n)$	$X(s)$	$X(z)$	$Z(z,m)$
1	$u(t)$	$\frac{1}{s}$	$\frac{z}{z-1}$	$\frac{1}{z-1}$
2	$\delta(t)$	1	1	0
3	$\delta(t-nT)$	e^{-nTs}	z^{-n}	z^{-n-1+m}
4	t	$\frac{1}{s^2}$	$\frac{Tz}{(z-1)^2}$	$\frac{mT}{z-1}+\frac{T}{(z-1)^2}$
5	e^{-at}	$\frac{1}{s+a}$	$\frac{z}{z-e^{-aT}}$	$\frac{e^{-amT}}{z-e^{-aT}}$
6	$\sin\omega t$	$\frac{\omega}{s^2+\omega^2}$	$\frac{z\sin\omega T}{z^2-2z\cos\omega T+1}$	$\frac{z\sin\omega mT+\sin(1-m)\omega T}{z^2-2z\cos\omega T+1}$
7	$\cos\omega t$	$\frac{s}{s^2+\omega^2}$	$\frac{z(z-\cos\omega T)}{z^2-2z\cos\omega T+1}$	$\frac{z\cos\omega mT-\cos(1-m)\omega T}{z^2-2z\cos\omega T+1}$
8	te^{-at}	$\frac{1}{(s+a)^2}$	$\frac{Tze^{-aT}}{(z-e^{-aT})^2}$	$\frac{Te^{-amT}[e^{-aT}+m(z-e^{-aT})]}{(z-e^{-aT})^2}$

续表

序号	$X(t)$或$x(n)$	$X(s)$	$X(z)$	$Z(z,m)$
9	$e^{-at}\sin\omega t$	$\frac{\omega}{(s+a)^2+\omega^2}$	$\frac{ze^{-aT}\sin\omega T}{z^2-2ze^{-aT}\cos\omega T+e^{-2aT}}$	$\frac{e^{-amT}[z\sin\omega mT+e^{-aT}\sin(1-m)\omega T]}{z^2-2ze^{-aT}\cos\omega T+e^{-2aT}}$
10	$e^{-at}\cos\omega t$	$\frac{s+a}{(s+a)^2+\omega^2}$	$\frac{z^2-ze^{-aT}\cos\omega T}{z^2-2ze^{-aT}\cos\omega T+e^{-2aT}}$	$\frac{e^{-amT}[z\cos\omega mT-e^{-aT}\cos(1-m)\omega T]}{z^2-2ze^{-aT}\cos\omega T+e^{-2aT}}$
11	t^2	$\frac{2}{s^3}$	$\frac{T^2z(z+1)}{(z-1)^3}$	$T^2\left[\frac{m^2}{z-1}+\frac{2m+1}{(z-1)^2}+\frac{2}{(z-1)^3}\right]$
12	a^n		$\frac{z}{z-a}$	
13	$a^n\cos n\pi$		$\frac{z}{z+a}$	

表 7-2　z 变换的性质

线性	$Z[ax_1(t)+bx_2(t)]=aX_1(z)+bX_2(z)$
平移定理	(1) 左移　$Z\{x[(n+k)T]\}=z^k\left[X(z)-\sum_{m=0}^{k-1}x(mT)z^{-m}\right]$ (2) 右移　$Z\{x[(n-k)T]\}=z^{-k}\left[X(z)+\sum_{m=-k}^{-1}x(mT)z^{-m}\right]$
初值定理	$x(0)=\lim\limits_{z\to\infty}X(z)$
终值定理	$\lim\limits_{t\to\infty}x(t)=\lim\limits_{z\to1}(z-1)X(z)$
叠加定理	$Z\left[\sum_{i=0}^{n}x(iT)\right]=\frac{X(z)}{1-z^{-1}}$
乘以指数序列	$Z[e^{-anT}x(nT)]=X(e^{aT}z)$
乘以 n	$Z[nx(n)]=-z\frac{d}{dz}[X(z)]$
卷积定理	$Z[x_1(nT)*x_2(nT)]=X_1(z)X_2(z)$

1. 级数求和

根据 z 变换定义式(7-9)，直接对级数求和，得到其 z 变换。

2. 利用 z 变换的性质求 z 变换

一般是将给定的 $x(t)$变为几个函数的和，然后分别查表。

例 7-6　求正弦函数和余弦函数的 z 变换。

解　首先由欧拉公式将正弦函数变为两个指数函数的差，然后求 z 变换。

$$Z[\sin\omega t]=\frac{1}{2\mathrm{j}}Z[\mathrm{e}^{\mathrm{j}\omega t}-\mathrm{e}^{-\mathrm{j}\omega t}]=\frac{1}{2\mathrm{j}}\left[\frac{z}{z-\mathrm{e}^{\mathrm{j}\omega T}}-\frac{z}{z-\mathrm{e}^{-\mathrm{j}\omega T}}\right]$$

$$=\frac{z\sin\omega T}{z^2-2z\cos\omega T+1} \tag{7-25}$$

同理可得

$$Z[\cos\omega t]=\frac{z^2-z\cos\omega T}{z^2-2z\cos\omega T+1} \tag{7-26}$$

例 7-7　求衰减正弦函数和衰减余弦函数的 z 变换。

解　利用例 7-6 的结果和性质 6，可直接写出

$$Z[\mathrm{e}^{-at}\sin\omega t]=\frac{z\mathrm{e}^{aT}\sin\omega T}{z^2\mathrm{e}^{2aT}-2z\mathrm{e}^{aT}\cos\omega T+1}=\frac{z\mathrm{e}^{-aT}\sin\omega T}{z^2-2z\mathrm{e}^{-aT}\cos\omega T+\mathrm{e}^{-2aT}} \tag{7-27}$$

$$Z[\mathrm{e}^{-at}\cos\omega t]=\frac{z^2-z\mathrm{e}^{-aT}\cos\omega T}{z^2-2z\mathrm{e}^{-aT}\cos\omega T+\mathrm{e}^{-2aT}} \tag{7-28}$$

3. 由 X(s) 求 X(z)

如给定 $X(s)$求 $X(z)$，一般是先由 $X(s)$得到 $x(t)$，然后再由 $x(t)$求 $X(z)$。但对于表 7-1 中列出的 $X(s)$，可直接写出 $X(z)$。另外，给定 $X(s)$后，也可利用下面介绍的留数法求 $X(z)$。

4. 留数法

利用留数法由 $X(s)$计算 $X(z)$的公式为

$$X(z)=\sum_{i=1}^{k}\mathrm{Res}\left[\frac{z}{z-\mathrm{e}^{sT}}X(s)\right]\Bigg|_{s\to s_i} \tag{7-29}$$

式中，$\mathrm{Res}\left[\frac{z}{z-\mathrm{e}^{sT}}X(s)\right]\Bigg|_{s\to s_i}$ 表示函数 $\frac{z}{z-\mathrm{e}^{sT}}X(s)$ 在 s_i 处的留数。s_i 是 $X(s)$ 的极点，$i=1,2,\cdots,k$ 表示 $X(k)$的所有 k 个相异极点。

留数的计算方法如下：

(1) 一个 s 的函数 $F(s)$在其单重极点 $s=s_i$ 处的留数为

$$\mathrm{Res}[F(s)]\,|_{s\to s_i}=\lim_{s\to s_i}F(s)(s-s_i) \tag{7-30}$$

(2) $F(s)$在其 m 重极点 $s=s_i$ 处的留数为

$$\mathrm{Res}[F(s)]_{s\to s_i}=\lim_{s\to s_i}\left\{\frac{1}{(m-1)!}\frac{\mathrm{d}^{m-1}}{\mathrm{d}s^{m-1}}[F(s)(s-s_i)^m]\right\} \tag{7-31}$$

例 7-8　利用留数法求 $Z\left[\frac{1}{s^2(s+1)}\right]$。

解 $\dfrac{1}{s^2(s+1)}$有一个单重极点 $s=-1$ 和一个二重极点 $s=0$。

在单重极点 $s=-1$ 处的留数为

$$\mathrm{Res}\left[\frac{z}{z-\mathrm{e}^{sT}}\frac{1}{s^2(s+1)}\right]\Bigg|_{s\to-1}=\lim_{s\to-1}\frac{z}{(z-\mathrm{e}^{sT})s^2}=\frac{z}{z-\mathrm{e}^{-T}}$$

在二重极点 $s=0$ 处的留数为

$$\mathrm{Res}\left[\frac{z}{z-\mathrm{e}^{sT}}\frac{1}{s^2(s+1)}\right]\Bigg|_{s\to0}=\lim_{s\to0}\frac{\mathrm{d}}{\mathrm{d}s}\left[\frac{z}{(z-\mathrm{e}^{sT})(s+1)}\right]=\frac{Tz}{(z-1)^2}-\frac{z}{z-1}$$

故

$$Z\left[\frac{1}{s^2(s+1)}\right]=\frac{z}{z-\mathrm{e}^{-T}}+\frac{Tz}{(z-1)^2}-\frac{z}{z-1}$$

7.2.4 z 反变换

由 $X(z)$求 $x(nT)$称 z 反变换。在求 z 反变换时，没必要求出 $x^*(t)$。至于 $x(t)$，因为 $x(nT)$和 $x(t)$无一一对应关系，同样的 $x(nt)$可有无数个 $x(t)$与之对应，故不能由 $X(z)$求出 $x(t)$。

1. 长除法（幂级数展开法）

根据 z 变换的定义：

$$X(z)=\sum_{n=0}^{\infty}x(nT)z^{-n}=x(0)+x(T)z^{-1}+x(2T)z^{-2}+x(3T)z^{-3}+\cdots$$

故只要能把 $X(z)$写成上述按 z^{-1}的升幂排列的无穷项级数，即可由其系数确定 $x(nT)$在不同 n 时的取值。

在控制系统中，$X(z)$多为分式形式，这时可利用长除法将其变成幂级数形式。

例 7-9 求 $Z^{-1}\left[\dfrac{z^2+z+1}{z^2+2z+2}\right]$。

解 作长除运算：

$$\begin{array}{r}
1-z^{-1}+z^{-2}-2z^{-4}\cdots \\
z^2+2z+2\ \overline{)\ z^2+z+1\qquad\qquad} \\
\underline{z^2+2z+2\qquad\qquad} \\
-z-1\qquad\qquad \\
\underline{-z-2-2z^{-1}\qquad} \\
1+2z^{-1}\qquad \\
\underline{1+2z^{-1}+2z^{-2}} \\
-2z^{-2}
\end{array}$$

则

$$X(z) = 1 - z^{-1} + z^{-2} - 2z^{-4}\cdots$$

可得

$$x(0) = 1,\quad x(T) = -1,\quad x(2T) = 1,\quad x(3T) = 0,\quad x(4T) = -2,\quad \cdots$$

2. 部分分式法

其方法同拉氏变换一样，但为了便于查表，一般先求 $X(z)/z$。

例 7-10　已知 $X(z)=\dfrac{0.5z}{z^2-1.5z+0.5}$，求 $x(nT)$。

解　$\dfrac{X(z)}{z}=\dfrac{0.5}{(z-1)(z-0.5)}=\dfrac{1}{z-1}-\dfrac{1}{z-0.5}$

$$X(z) = \frac{z}{z-1} - \frac{z}{z-0.5}$$

$$x(nT) = 1 - 0.5^n$$

例 7-11　已知 $X(z)=\dfrac{-3z^2+z}{z^2-2z+1}$，求 $x(nT)$。

解　$\dfrac{X(z)}{z}=\dfrac{-3z+1}{(z-1)^2}=\dfrac{-2}{(z-1)^2}-\dfrac{3}{z-1}$

$$X(z) = -\frac{2z}{(z-1)^2} - \frac{3z}{z-1}$$

$$x(nT) = -2n - 3$$

3. 留数计算法

设 $z_i(i=1,2,\cdots,k)$ 是 $X(z)$ 的全部 k 个相异极点，则 $x(nT)$ 可表示为

$$x(nT) = \sum_{i=1}^{k} \mathrm{Res}[X(z)z^{n-1}]\Big|_{z\to z_i} \tag{7-32}$$

利用此关系可以求出 $x(nT)$。

例 7-12　利用留数法求例 7-10 中 $X(z)$ 的反变换。

解　$X(z)=\dfrac{0.5z}{z^2-1.5z+0.5}=\dfrac{0.5z}{(z-1)(z-0.5)}$

它有两个单实极点：1 和 0.5。因此有

$$X(z)z^{n-1} = \frac{0.5z^n}{(z-1)(z-0.5)}$$

则在极点 $z=1$ 处的留数为

$$\mathrm{Res}[X(z)(z-1)]\Big|_{z\to 1} = \lim_{z\to 1}\frac{0.5z^n}{z-0.5} = 1$$

则在极点 $z=0.5$ 处的留数为

$$\text{Res}[X(z)(z-0.5)]\big|_{z\to 0.5}=\lim_{z\to 0.5}\frac{0.5z^n}{z-1}=-0.5^n$$

故

$$x(nT)=1-0.5^n$$

7.3 离散系统的数学描述

7.3.1 差分方程

一个离散系统，输入和输出都是离散序列，记输入为 $x(iT)(i=n,n-1,\cdots,n-L)$，输出为 $y(iT)(i=n,n-1,\cdots,n-K)$，反映 $x(iT)$ 和 $y(iT)$ 关系的数学方程叫做差分方程。同微分方程描述连续系统的特性一样，差分方程描述了离散系统的动态特性。

描述线性离散系统的差分方程具有如下形式：

$$\begin{aligned}&a_0y(nT)+a_1y[(n-1)T]+\cdots+a_Ky[(n-K)T]\\&=b_0x(nT)+b_1x[(n-1)T]+\cdots+b_Lx[(n-L)T]\end{aligned}$$

即

$$\sum_{i=0}^{K}a_iy[(n-i)T]=\sum_{i=0}^{L}b_ix[(n-i)T]$$

对于定常系统，式中的全部系数均为常数。

从上式可以看出，当 $a_0=0$ 而 $b_0\neq 0$ 时，有

$$a_1y[(n-1)T]=-\sum_{i=2}^{K}a_iy[(n-i)T]+\sum_{i=0}^{L}b_ix[(n-i)T]$$

记 $p=n-1$，则

$$a_1y(pT)=-\sum_{i=2}^{K}a_iy[(p-i+1)T]+\sum_{i=0}^{L}b_ix[(p-i+1)T]$$

可见，pT 时刻的输出要依赖于 $(p+1)T$ 时刻的输入，也就是说，当前的输出依赖于以后的输入，这在物理上是不能实现的。

对于物理上可实现的系统，不失一般性，令系数 $a_0=1$，则描述线性定常离散系统的差分方程为

$$\begin{aligned}&y(nT)+a_1y[(n-1)T]+\cdots+a_Ky[(n-K)T]\\&=b_0x(nT)+b_1x[(n-1)T]+\cdots+b_Lx[(n-L)T]\end{aligned}\tag{7-33}$$

7.3.2 脉冲传递函数

一个离散系统，输入(离散信号)和输出(离散信号) z 变换的比值叫做系统的脉冲传

递函数 $G(z)$，表示为

$$G(z)=\frac{z[y(nT)]}{z[x(nT)]}=\frac{Y(z)}{X(z)} \tag{7-34}$$

显然，如果在 $n<0$ 时 $x(nT)=y(nT)=0$，则对差分方程(7-33)两边取 z 变换，即可得 $G(z)$：

$$G(z)=\frac{Y(z)}{X(z)}=\frac{b_0+b_1z^{-1}+\cdots+b_Lz^{-L}}{1+a_1z^{-1}+\cdots+a_Kz^{-K}} \tag{7-35}$$

和描述连续系统的传递函数一样，脉冲传递函数表示离散系统本身的特性，而与输入信号无关。

在式(7-35)所示的表达式中，分子和分母都是 z^{-1} 的多项式，如果分子 z 的幂次高于分母 z 的幂次，则利用长除法将 $G(z)$ 表示成级数形式时，将出现 z 的正幂次项，这样的系统在物理上是不能实现的。例如，在差分方程中，如 $y(nt)$ 的系数 $a_0=0$，则其脉冲传递函数分母的常数项为 0。这样，$G(z)$ 分子 z 的最高幂次为 0，而分母 z 的最高幂次为 -1，分子 z 的幂次高于分母 z 的幂次，系统在物理上不能实现，这正是前面已说明的结论。

对于多数物理系统，$G(z)$ 的分子中常数项为 0，即 $b_0=0$，由式(7-33)可知，它所对应的差分方程为

$$\begin{aligned}&y(nT)+a_1y[(n-1)T]+\cdots+a_Ky[(n-K)T]\\=&b_1x[(n-1)T]+\cdots+b_Lx[(n-L)T]\end{aligned}$$

这意味着，当前时刻(nT)的输入 $x(nT)$ 不会影响到当前时刻的输出 $y(nT)$，这是由于多数系统都存在惯性或滞后造成的。

7.3.3 离散系统的脉冲响应

当系统输入 $x(nT)=\delta(nT)$ 时，输出 $y(nT)$ 叫做系统的脉冲响应，记为 $g(nT)$。由于此时 $Y(z)=G(z)X(z)=G(z)Z[\delta(nT)]=G(z)$，故 $g(nT)=y(nT)=Z^{-1}[G(z)]$。即脉冲响应 $g(nT)$ 和脉冲传递函数 $G(z)$ 为一 z 变换对。

在任意输入 $x(nT)$ 下，因为

$$Y(z)=G(z)X(z)$$

所以 $y(nT)$ 等于 $g(nT)$ 和 $x(nT)$ 的卷积，即

$$y(nT)=g(nT)*x(nT) \tag{7-36}$$

7.3.4 离散系统的方框图表示

一个离散系统，往往是离散信号和连续信号共存，离散环节和连续环节并存，为了利用方框图表示离散系统的结构，特作如下规定。

规定 1：方框图中的信号只有在采样开关后才是离散信号。

规定 2：方框图中任何一个环节的输出都是连续信号。

另外，利用方框图分析离散系统时，有如下几点需要注意：

(1) 只有在输入为离散信号时，其特性才能用脉冲传递函数表示，如图 7-8 所示。

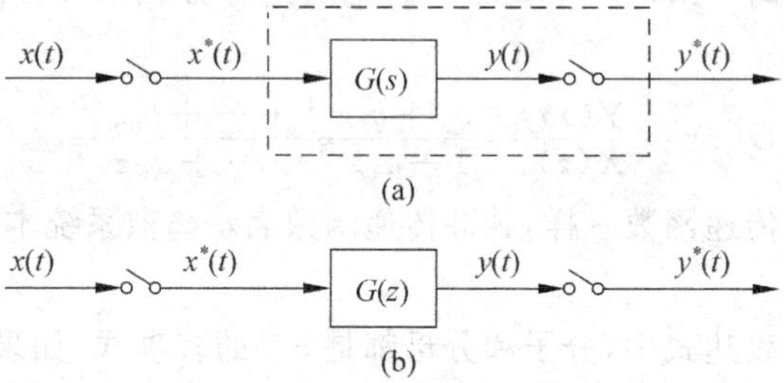

图 7-8　脉冲传递函数

在图 7-8(a)中，用 $G(z)$表示虚线框内的脉冲传递函数：

$$G(z)=\frac{Y(z)}{X(z)}=\frac{Z[y^*(t)]}{Z[x^*(t)]}$$

即 $G(z)$包含了输出部分的采样开关。

对于实际的离散设备，根据上述两个规定，应表示为图 7-8(b)的形式，图中脉冲传递函数 $G(z)$表示的仍是 $y^*(t)$和 $x^*(t)$的关系。

(2) 如果系统的输入是离散的，而输出是连续的，系统本身的传递函数为 $G(s)$。在这种情况下，仍可写出其脉冲传递函数 $G(z)$，它表示输出 $y(t)$在采样时刻 nT 时的值 $y(nT)$与离散输入的关系，如图 7-9 所示。

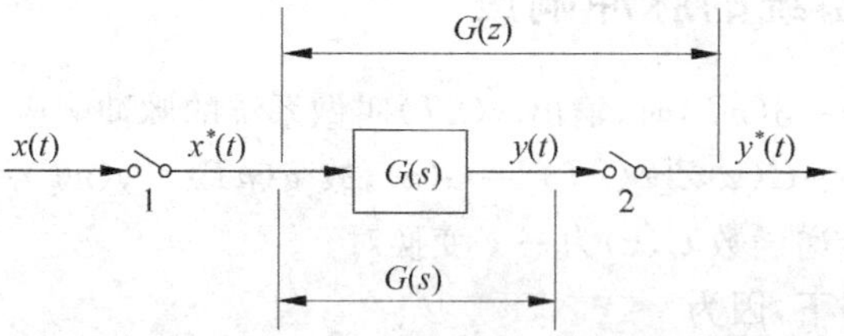

图 7-9　$G(s)$和 $G(z)$的关系

图 7-9 中，采样开关 2 是假想的一个设备，实际上并不存在。此时 $G(s)$和 $G(z)$分别为

$$G(s)=\frac{Y(s)}{X^*(s)}\neq\frac{Y^*(s)}{X^*(s)}\neq\frac{Y(s)}{X(s)}$$

$$G(z)=\frac{Y(z)}{X(z)}=\frac{Z[y^*(t)]}{Z[x^*(t)]}$$

当 $x^*(t)=\delta(t)$时，

$$y(t)=\mathrm{L}^{-1}[G(s)]=g(t)$$

$$y^{*}(t)=g^{*}(t)=\sum_{n=0}^{\infty}g(nT)\delta(t-nT)=Z^{-1}[G(z)]$$

上两式中,$g(t)$和 $g^{*}(t)$分别为系统连续输出和离散输出时的脉冲响应。因此,$G(s)$和 $G(z)$的关系可表示为

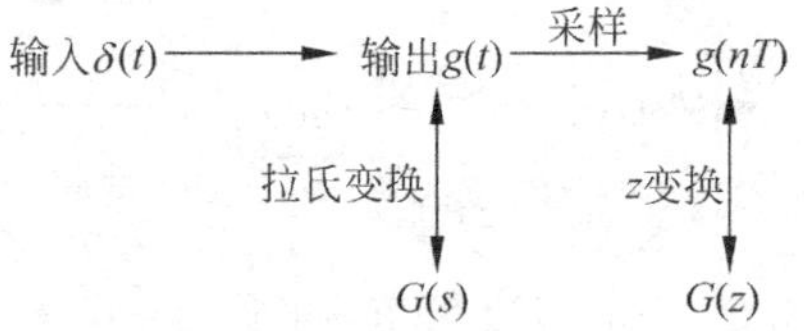

故由 $G(s)$求 $G(z)$的步骤为:

① 由拉氏变换求 $g(t)=\mathrm{L}^{-1}[G(s)]$;

② 对 $g(t)$进行 z 变换得 $G(z)$:

$$G(z)=Z[g(t)]=Z[G(s)] \tag{7-37}$$

(3) 系统在连续信号输入下,不能写出其脉冲传递函数,但可写出输出的 z 变换。

如图 7-10 所示,系统输入为连续信号 $x(t)$,此时不存在脉冲传递函数。由于

$$Y(s)=\mathrm{L}[y(t)]=X(s)G(s)$$

故输出 $y(t)$的 z 变换如下:

$$Y(z)=Z[X(s)G(s)]$$

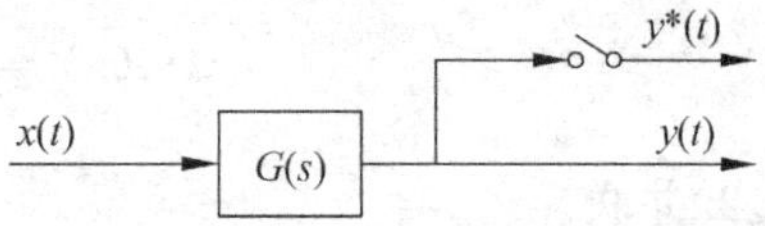

图 7-10　系统在连续信号输入时的情况

将上式 z 变换的求取过程记为 $XG(z)$,它表示先求 $X(s)$和 $G(s)$乘积,再对 $X(s)G(s)$求 z 变换。

7.3.5　利用方框图求脉冲传递函数或输出 z 变换

一个离散系统用方框图表示其结构后,可利用方框图所表示的信号之间的关系求系统的脉冲传递函数。如果系统输入是连续的,则脉冲传递函数不存在,但可求出输出 z 变换。

由于离散系统中既有连续信号,又有离散信号,故不能完全利用连续系统中介绍的方框图等效变换的准则,一般是根据系统的结构建立一个方程组,然后对其求解得到所需的关系。下面通过几种典型连接方式的分析来看其一般方法。

1. 串联

视两个串联的环节间存在采样开关与否,环节的串联可有两种形式,如图 7-11 所示。

对于图 7-11(a),两个环节间无采样开关,中间为连续信号,有

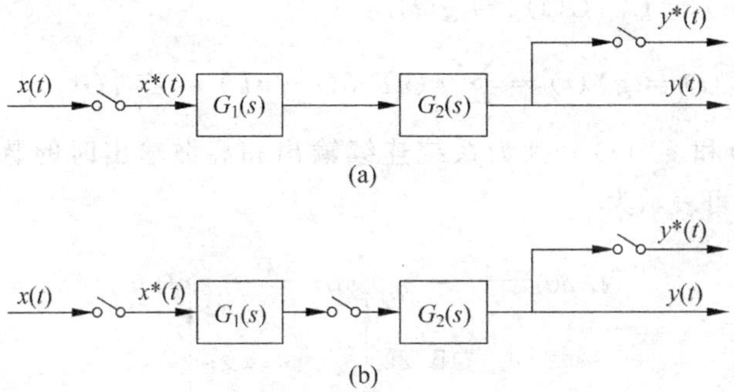

图 7-11　环节的串联

$$Y(z)=X(z)G_1G_2(z)$$

$$G(z)=\frac{Y(z)}{X(z)}=G_1G_2(z)$$

对于图 7-11(b),两个环节间存在采样开关,则

$$Y(z)=X(z)G_1(z)G_2(z)$$

$$G(z)=\frac{Y(z)}{X(z)}=G_1(z)G_2(z)$$

2. 并联

并联的结构如图 7-12(a)所示,输入信号经采样后,分别进入两个环节,显然它等效于图 7-12(b)。

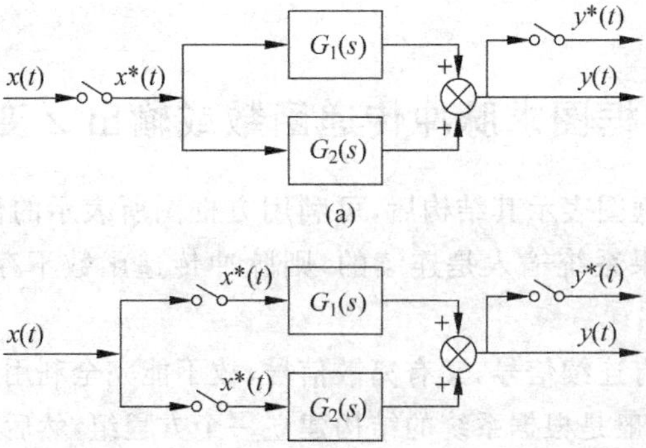

图 7-12　环节的并联

容易得到

$$Y(z)=X(z)G_1(z)+X(z)G_2(z)$$

$$G(z)=\frac{Y(z)}{X(z)}=G_1(z)+G_2(z)$$

3. 反馈

视采样开关位置不同，反馈连接可有不同的方式。

(1) 采样开关在主通道上，如图 7-13(a)所示。

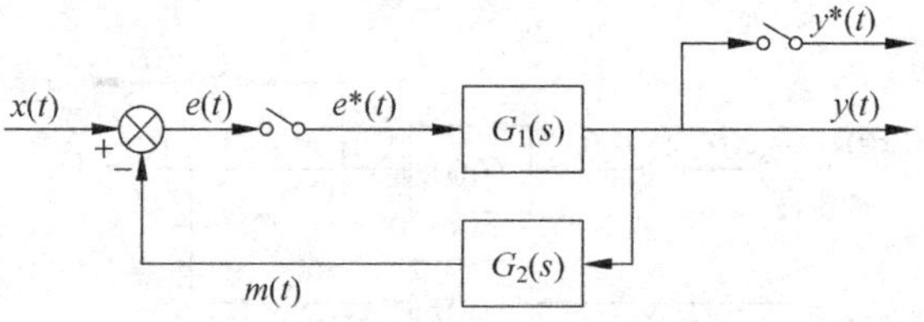

(a)

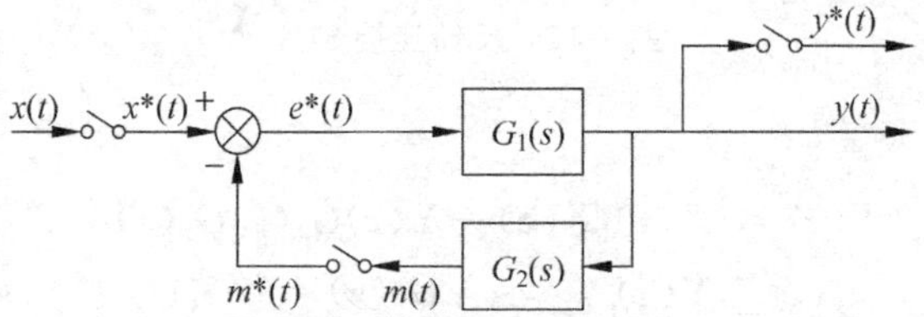

(b)

图 7-13　反馈连接 1

图 7-13(a)可等效为图 7-13(b)，据图，可得

$$E(z)=X(z)-M(z)$$

$$M(z)=E(z)G_1G_2(z)$$

$$Y(z)=E(z)G_1(z)$$

上三式联立，可得出反馈系统的脉冲传递函数为

$$G(z)=\frac{Y(z)}{X(z)}=\frac{G_1(z)}{1+G_1G_2(z)}$$

(2) 采样开关在反馈通道上，如图 7-14 所示。

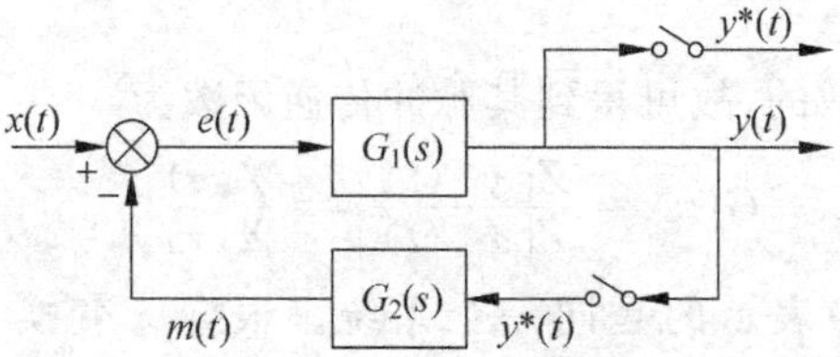

图 7-14　反馈连接 2

由图 7-14 可写出

$$Y(z) = XG_1(z) - Y(z)G_1G_2(z)$$

$$Y(z) = \frac{XG_1(z)}{1+G_1G_2(z)}$$

由于输入为连续信号,故只能求出其输出的 z 变换,不能写出其脉冲传递函数。

(3) 采样开关在反馈及主通道上,如图 7-15 所示。

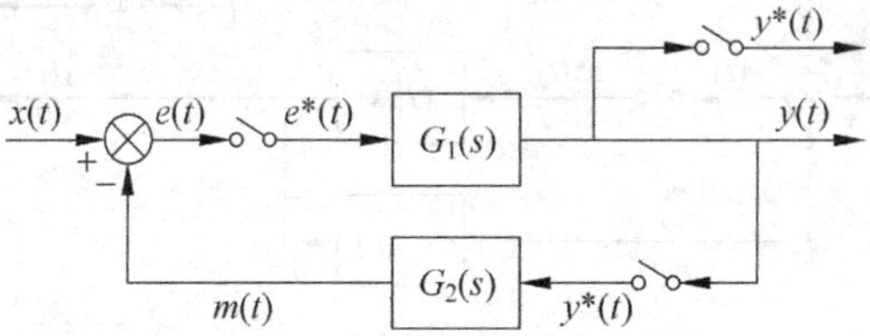

图 7-15 反馈连接 3

由图 7-15 可得

$$Y(z) = X(z)G_1(z) - Y(z)G_2(z)G_1(z)$$

$$G(z) = \frac{Y(z)}{X(z)} = \frac{G_1(z)}{1+G_1(z)G_2(z)}$$

7.4 离散系统的稳定性

7.4.1 脉冲传递函数极点与系统稳定性

设系统输入为 $x^*(t)$,输出为 $y^*(t)$,由于 $x^*(t)$和 $y^*(t)$均存在拉氏变换,故可写出其传递函数为

$$G(s) = \frac{\mathrm{L}[y^*(t)]}{\mathrm{L}[x^*(t)]} = \frac{Y^*(s)}{X^*(s)} \tag{7-38}$$

$G(s)$的极点分布决定了系统的稳定性。即系统稳定的充要条件是 $G(s)$的极点均在 s 平面左半部。

由于系统的输入是离散的,故可得到其脉冲传递函数为

$$G(z) = \frac{Z[y^*(t)]}{Z[x^*(t)]} = \frac{Y(z)}{X(z)} \tag{7-39}$$

可见,式(7-38)和式(7-39)表示的是同一个系统。根据 z 变换与拉氏变换的关系,在式(7-38)中,令 $z=e^{sT}$,即可得式(7-39)中的 $G(z)$。

设

$$s = \sigma + j\omega$$

则

$$z = e^{sT} = e^{\sigma T} e^{j\omega T} \tag{7-40}$$

即

$$\begin{cases} |z| = e^{\sigma T} \\ \angle z = \omega T \end{cases}$$

根据式(7-40)，可把$G(s)$极点在s平面上的分布映射成$G(z)$极点在z平面上的分布。如图7-16所示。

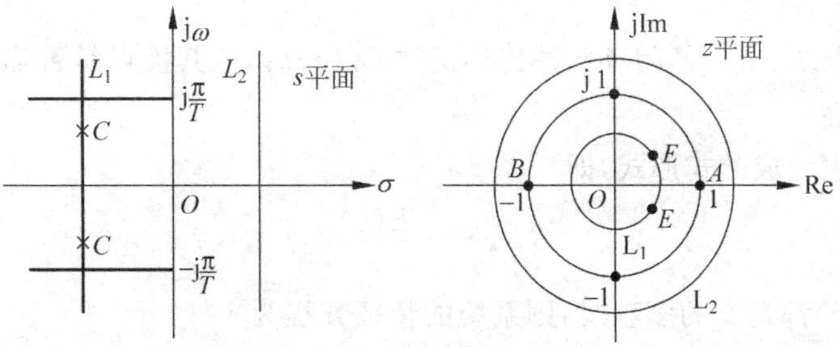

图7-16　s平面到z平面的映射

对于$G(s)$的任一极点s_i，$G(z)$有一个极点z_i与之对应。若$s_i=\sigma_i+j\omega_i$，则$z_i=e^{\sigma_i T}e^{j\omega_i T}$。

(1) 当s_i在原点时，$\sigma_i=0$，$|z_i|=1$，$\omega_i T=0$，则对应的z_i在图7-16的A点。

(2) 当s_i沿虚轴从原点向上移动到$\mathrm{j}\frac{\pi}{T}$时，z_i模保持为1，其相角从0变到$+\pi$，故在图7-16中，z_i在z平面上从A点沿上半个单位圆移动到B点。而当s_i沿虚轴从原点向下移到$-\mathrm{j}\frac{\pi}{T}$时，z_i沿下半个单位圆从A点移动到B点。

由上可知，当s_i从$-\mathrm{j}\frac{\pi}{T}$沿虚轴移动到$\mathrm{j}\frac{\pi}{T}$时，z_i沿单位圆转一圈。

如果s_i从$\mathrm{j}\frac{\pi}{T}$沿虚轴移到$\mathrm{j}\frac{3\pi}{T}$，z_i又绕单位圆转一圈……故s平面上的虚轴对应于z平面上的单位圆，并且z平面上的一点对应于s平面上的无数点。

(3) 当s_i在s平面左半部，即$\sigma_i<0$时，则$|z_i|<1$，即s平面整个左半平面对应z平面上单位圆内。s左半平面上平行于虚轴的直线L_1对应于z平面上的一个半径小于1的圆，L_1距虚轴越远，此圆的半径越小，如图7-16所示。

(4) s平面右半部对应于z平面单位圆外的区域，图7-16中s右半平面上直线L_2对应于z平面上一个半径大于1的圆，L_2距虚轴越远，则圆半径越大。

由以上分析，可得出如下结论：

(1) 只有当系统闭环脉冲传递函数的极点均在 z 平面单位圆内时，系统才是稳定的。有一对极点在单位圆上，其余均在单位圆内时，系统处于临界状态。即离散系统稳定的充要条件是其闭环脉冲传递函数的全部极点的模都小于 1。

(2) 由 s 平面和 z 平面的对应关系，可由极点在 z 平面上的分布得知系统响应的形式。如图 7-16 中，z 平面上极点 E 对应于 s 平面上极点 C，故可知其对应的阶跃输出响应为衰减振荡形式。

7.4.2 代数准则

给定一离散系统，求出其闭环脉冲传递函数 $G_b(z)$ 后，从其极点是否都在单位圆内可判断系统的稳定性。

将传递函数表示成分式形式，即

$$G_b(z) = \frac{B(z)}{A(z)}$$

式中，$A(z)$ 和 $B(z)$ 都是 z 的多项式，则系统的特征方程为

$$A(z) = 0 \tag{7-41}$$

如果特征方程的根的模都小于 1，则系统是稳定的。

同连续系统一样，稳定性判断可利用代数准则和频率准则。

为了利用连续系统中的劳斯准则，需对式(7-41)所示的特征方程进行某种变换，即用一个新变量代替 z，只要这种变换满足如下两个条件，即可应用劳斯准则来进行稳定性判别。

(1) 变换使得 z 平面上的单位圆对应于这个新变量的虚轴，而 z 平面的单位圆内和单位圆外分别对应这个新变量的左半平面和右半平面。

(2) 式(7-41)所示的特征方程经变换后，得到的新变量的方程是一个代数方程。

根据上述要求，有如下两种变换可以利用。

1. ω 变换

取

$$z = \frac{1+\omega}{1-\omega} \tag{7-42}$$

可得

$$\omega = \frac{z-1}{z+1} \tag{7-43}$$

设 $z=a+\mathrm{j}b$，$\omega=c+\mathrm{j}d$，则

$$\omega = c + \mathrm{j}d = \frac{(a-1)+\mathrm{j}b}{(a+1)+\mathrm{j}b} = \frac{a^2+b^2-1}{(a+1)^2+b^2} + \mathrm{j}\,\frac{2b}{(a+1)^2+b^2}$$

$$\begin{cases} c = \dfrac{a^2 + b^2 - 1}{(a+1)^2 + b^2} = \dfrac{|z|^2 - 1}{(a+1)^2 + b^2} \\ d = \dfrac{2b}{(a+1)^2 + b^2} \end{cases} \tag{7-44}$$

由式(7-44)可以看出，当$|z|>1$时，$c>0$，故z平面上单位圆外的极点变换到ω平面的右半部；当$|z|=1$时，$c=0$，故z平面上单位圆上的极点变换到ω平面的虚轴；而当$|z|<1$时，$c<0$，即z平面上单位圆内的极点变换到ω平面的左半部。并且由式(7-42)和式(7-43)可知，z的代数方程变换成ω的方程后，仍为代数方程，故满足上述两个要求。

另外，由式(7-44)可以看出，当$a=-1$，$b=0$时，c和d的分母为0，故ω变换应不含$z=-1$点，但这并不影响它的应用。

2. r变换

取

$$z = \frac{r+1}{r-1} \tag{7-45}$$

则

$$r = \frac{z+1}{z-1} \tag{7-46}$$

设$z=a+\mathrm{j}b$，$r=c+\mathrm{j}d$，则

$$r = c + \mathrm{j}d = \frac{(a+1)+\mathrm{j}b}{(a-1)+\mathrm{j}b} = \frac{a^2+b^2-1}{(a-1)^2+b^2} - \mathrm{j}\frac{2b}{(a-1)^2+b^2}$$

$$\begin{cases} c = \dfrac{a^2 + b^2 - 1}{(a-1)^2 + b^2} = \dfrac{|z|^2 - 1}{(a-1)^2 + b^2} \\ d = -\dfrac{2b}{(a-1)^2 + b^2} \end{cases}$$

可以看出，这种变换也满足上述两个要求。同样为使变换有意义，r变换应不含$z=1$点。

因此，利用代数准则判别离散系统稳定性的步骤为：

(1) 求闭环传递函数$G_{\mathrm{b}}(z)$。

(2) 对特征方程进行ω变换或r变换，变成以ω或r为变量的方程。

(3) 利用劳斯准则判别新方程的根的分布情况，如果其根均具有负实部，系统稳定；否则不稳定或临界稳定。

例 7-13 已知$G_{\mathrm{b}}(z)=\dfrac{K(1-\mathrm{e}^{-T})z}{z^2+[K(1-\mathrm{e}^{-T})-(1+\mathrm{e}^{-T})]z+\mathrm{e}^{-T}}$，分析$K$对稳定性的影响。

解 采用r变换，即取$z=\dfrac{r+1}{r-1}$，则特征方程为

$$\frac{(r+1)^2}{(r-1)^2}+\frac{K(1-e^{-T})-(1+e^{-T})}{r-1}(r+1)+e^{-T}=0$$

经整理得

$$K(1-e^{-T})r^2+2(1-e^{-T})r+2(1+e^{-T})-K(1-e^{-T})=0$$

$$Kr^2+2r+\frac{2(1+e^{-T})}{1-e^{-T}}-K=0$$

根据劳斯准则,容易得到,当 $0<K<\frac{2(1+e^{-T})}{1-e^{-T}}$ 时系统稳定。

7.4.3 频率准则

设系统开环脉冲传递函数为 $G_K(z)$,相应的传递函数为 $G_K(e^{sT})$,令 $s=j\omega$,得开环频率特性 $G_K(e^{j\omega T})$。在复平面上画出此相量轨迹(当 ω 从 $-\infty$ 变到 $+\infty$ 时),根据其与 $(-1,j0)$ 点的位置关系即可判别系统的稳定性。

对于离散系统,由于各基本环节的频率特性比较复杂,故频率准则应用较少。

7.4.4 采样时间 T 对系统稳定性的影响

对于图 7-1 所示的典型离散系统,A/D 为采样开关,D/A 为零阶保持器,假定控制器为一放大倍数为 K 的比例环节,对象的传递函数为 $\frac{1}{s(s+1)}$,则图 7-1 可表示为图 7-17。由图 7-17 可见,传递函数中含有参数 T(采样时间),下面通过图 7-17 所示的具体系统讨论 T 对系统稳定性的影响。

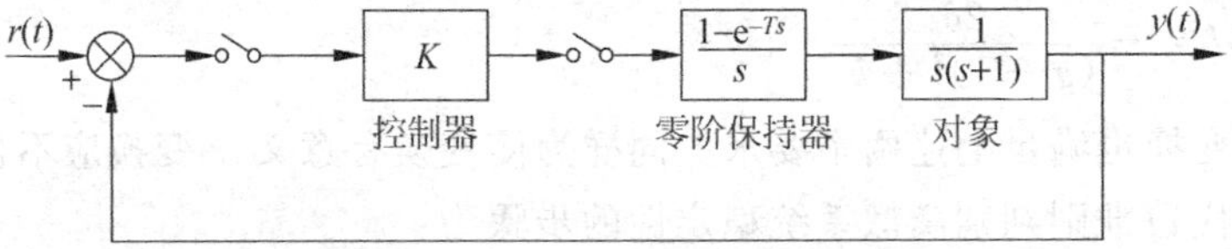

图 7-17 离散控制系统

为了求取闭环传递函数,先求 $G_0(z)$:

$$G_0(z)=Z\left[\frac{1-e^{-Ts}}{s^2(s+1)}\right]=Z\left[\frac{1}{s^2(s+1)}\right]-Z\left[e^{-Ts}\left(\frac{1}{s^2(s+1)}\right)\right]$$

其中

$$Z\left[\frac{1}{s^2(s+1)}\right]=Z\left(\frac{1}{s^2}-\frac{1}{s}+\frac{1}{s+1}\right)=\frac{Tz}{(z-1)^2}-\frac{z}{z-1}+\frac{z}{z-e^{-T}}$$

由于$\frac{1}{s^2(s+1)}$和 $e^{-Ts}\left(\frac{1}{s^2(s+1)}\right)$仅相差一个因子 e^{-sT}，故后者对应的时间函数相当于前者对应的时间函数右移时间 T。另外，在控制系统中，一般认为在 $t<0$ 时，信号为 0，故应用 z 变换的右平移定理，得

$$Z\left[e^{-Ts}\left(\frac{1}{s^2(s+1)}\right)\right]=z^{-1}\left[\frac{Tz}{(z-1)^2}-\frac{z}{z-1}+\frac{z}{z-e^{-T}}\right]$$

$$\begin{aligned}G_0(z)&=\left[\frac{Tz}{(z-1)^2}-\frac{z}{z-1}+\frac{z}{z-e^{-T}}\right]-z^{-1}\left[\frac{Tz}{(z-1)^2}-\frac{z}{z-1}+\frac{z}{z-e^{-T}}\right]\\&=\frac{(T-1+e^{-T})z+(1-e^{-T}-Te^{-T})}{z^2-(1+e^{-T})z+e^{-T}}\end{aligned}$$

由图 7-17 可得

$$Y(z)=[R(z)-Y(z)]KG_0(z)$$

故闭环传递函数为

$$G_b(z)=\frac{Y(z)}{R(z)}=\frac{KG_0(z)}{1+KG_0(z)}$$

特征方程 $1+KG_0(z)=0$，即

$$z^2+[K(T-1+e^{-T})-(1+e^{-T})]z+K(1-e^{-T}-Te^{-T})+e^{-T}=0 \quad (7\text{-}47)$$

1. 当 T=1 时

特征方程为

$$z^2+(0.368K-1.368)z+0.264K+0.368=0$$

令 $z=\frac{r+1}{r-1}$，代入上式，整理得

$$0.632Kr^2+(1.264-0.528K)r+2.736-0.104K=0$$

稳定条件为

$$\begin{cases}0.632K>0\\1.264-0.528K>0\\2.736-0.104K>0\end{cases}$$

得 $0<K<2.394$，在 $K=2.394$ 时，系统临界。

与图 7-17 相应的连续系统如图 7-18 所示。

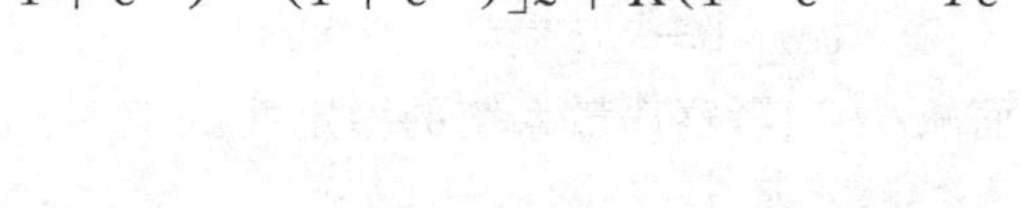

图 7-18　与图 7-17 相应的连续系统

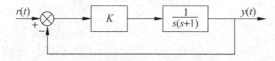

传递函数 $G_b(s)$ 为

$$G_b(s)=\frac{\dfrac{K}{s(s+1)}}{1+\dfrac{K}{s(s+1)}}=\frac{K}{s^2+s+K}$$

这是一个二阶系统，只要 $K>0$，系统就是稳定的。可见，连续系统变为离散系统后，稳定性降低了。

当 $K=2.394$ 时，此连续系统的稳定性可计算如下：

$$\omega_n=\sqrt{K}=\sqrt{2.394}=1.547$$

$$\xi=\frac{1}{2\omega_n}=\frac{1}{2\times1.547}=0.323$$

两个极点为

$$s_{1,2}=-\xi\omega_n\pm\omega_n\sqrt{1-\xi^2}=-0.5\pm j1.464$$

振荡频率

$$\omega=1.464$$

衰减率

$$\psi=1-e^{-\frac{2\pi\xi}{\sqrt{1-\xi^2}}}=0.883$$

下面，取 $K=2.394$ 而减小 T，考察离散系统的稳定性。

2. 当 T=0.8 时

将 $K=2.394$，$T=0.8$ 代入式(7-47)，得

$$z^2-0.852z+0.907=0$$

$$z=0.426\pm j0.852$$

$$|z|=\sqrt{0.426^2+0.852^2}=0.952$$

由 $z=e^{sT}$，$s=\sigma+j\omega$，$z=e^{\sigma T}e^{j\omega T}$ 可知

$$\sigma=\frac{1}{T}\ln|z|=\frac{1}{0.8}\ln0.952=-0.061$$

$$\omega T=\angle z=\arctan\frac{0.852}{0.426}=1.107$$

$$\omega=\frac{1.107}{0.8}=1.384$$

衰减指数

$$m=\frac{0.061}{1.384}=0.044$$

$$\psi=1-e^{-2\pi m}=0.242$$

T 取不同值，重复上述计算，结果见表 7-3。

表 7-3　采样时间 T 对系统稳定性的影响

	T	s 平面上极点位置		ψ
		σ	ω	
离散系统	1			0
	0.8	−0.061	1.384	0.242
	0.4	−0.252	1.477	0.657
	0.2	−0.375	1.488	0.795
	0.1	−0.439	1.481	0.845
	0.05	−0.470	1.473	0.865
连续系统		−0.5	1.464	0.883

注：表中数据按图 7-17 所示系统计算，$K=2.394$。

由表 7-3 可见，T 越小，系统越稳定，当 $T\to 0$ 时，近似为连续系统。

上述结论虽然是针对一个具体的对象得出的，但具有一般性。连续系统通过信号采样离散化后，因为只有采样时刻的值起作用，故其稳定性能会变差。采样时间 T 越大，变差得越严重，故在选择采样时间 T 时，除需满足采样定理外，还应考虑其对稳定性能的影响。但 T 太小，会使运算量增大。一般可取 $T=0.05T_s$，T_s 为连续系统时的振荡周期。本例中，$T_s=2\pi/1.464=4.292$。故可取 $T=0.05\times 4.295\approx 0.2\text{s}$。

7.5　广义 z 变换及其应用

z 变换只反映一个信号在采样时刻的值。为了了解信号在任意时刻的数值，需要利用广义 z 变换。

7.5.1　广义 z 变换

如图 7-19 所示，A 点位于 $x(t)$ 两次采样之间，z 变换不能反映 A 点的函数值。有两种方法可以解决这个问题。

(1) 将 $x(t)$ 前移 ΔT，得 $x_\Delta(t)$，如图 7-19 所示，表示为

$$x_\Delta(t)=x(t+\Delta T)$$

则 $x_\Delta(t)$ 的第 $k-1$ 次采样值即 A 点值。

(2) 将 $x(t)$ 后移 $(1-\Delta)T$，得 $x_m(t)$，如图 7-19 所示，表示为

$$x_m(t)=x[t-(1-\Delta)T]$$

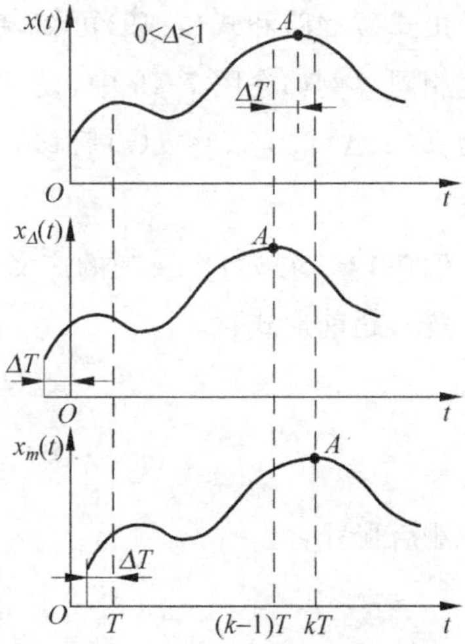

图 7-19　广义 z 变换

则 $x_m(t)$的第 k 次采样值即 A 点值。

为与前移时相区别，在后移时，记 $m=\Delta$，则

$$x_m(t) = x[t-(1-m)T]$$

于是，可有如下两种广义 z 变换。

1. 超前广义 z 变换

取 $x_\Delta(t)$的 z 变换作为超前广义 z 变换，记为 $X(z,\Delta)$：

$$X(z,\Delta) = Z[x_\Delta(t)] = Z[x(t+\Delta T)] = \sum_{n=0}^{\infty} x(nT+\Delta T)z^{-n}$$

显然，$X(z,\Delta)$亦可表示为

$$X(z,\Delta) = \sum_{n=0}^{\infty} x(nT+\Delta T)z^{-n} = Z[X(s)e^{\Delta Ts}] \tag{7-48}$$

2. 滞后广义 z 变换

取 $x_m(t)$的 z 变换作为滞后广义 z 变换，记为 $X(z,m)$：

$$\begin{aligned} X(z,m) &= Z[X_m(t)] = Z\{x[t-(1-m)T]\} \\ &= \sum_{n=0}^{\infty} x(nT-T+mT)z^{-n} = z^{-1}\sum_{n=0}^{\infty} x(nT+mT)z^{-n} \end{aligned}$$

$X(z,m)$亦可表示为

$$X(z,m) = z^{-1}\sum_{n=0}^{\infty} x(nT+mT)z^{-n} = z^{-1}Z[X(s)e^{mTs}] \tag{7-49}$$

由式(7-48)和式(7-49)可知，超前广义 z 变换和滞后广义 z 变换仅差因子 z^{-1}，其他完全相同。例如在图 7-19 中，设 $T=1\text{s}$，$\Delta=m=0.2$，将 $x(t)$前移 0.2s 得到的广义 z 变换为 $X(z,\Delta)|_{\Delta=0.2}$，将 $x(t)$后移 0.8s 得到的广义 z 变换为 $X(z,m)|_{m=0.2}$，二者相差因子 z^{-1}。

例 7-14 求 $x(t)=e^{-at}$的广义 z 变换。

解 超前形式：

$$x_\Delta(t) = e^{-a(t+\Delta t)} = e^{-at}e^{-a\Delta t}$$

$$X(z,\Delta) = \frac{ze^{-\Delta aT}}{z-e^{-aT}}$$

滞后形式：

$$X(z,m) = \frac{e^{-maT}}{z-e^{-aT}}$$

一些常用函数的滞后 z 变换见表 7-1。

7.5.2 含有纯迟延的控制系统的分析

含有纯迟延的控制系统如图 7-20 所示。

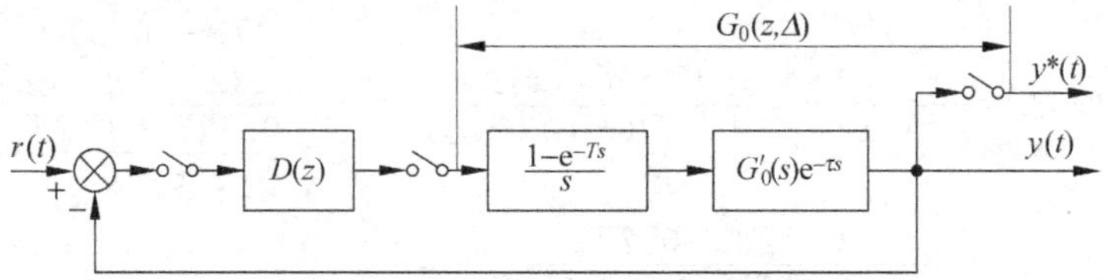

图 7-20 含有纯迟延的控制系统

图 7-20 中，对象具有纯迟延，纯迟延时间为 τ。当 τ 是采样间隔 T 的整数倍时，用一般 z 变换即可；当 τ 不是 T 的整数倍时，需要用广义 z 变换进行分析。

设 $\tau=kT-\Delta T$，其中 k 为正整数，$0<\Delta<1$。

图 7-20 所示的 $G_0(z,\Delta)$ 为

$$G_0(z,\Delta)=Z\left[\frac{1-e^{-Ts}}{s}G_0'(s)e^{-(kT-\Delta T)s}\right]=Z\left[(1-e^{-Ts})e^{-kTs}\frac{G_0'(s)}{s}e^{\Delta Ts}\right]$$

$$=z^{-k}(1-z^{-1})Z\left[\frac{G_0'(s)}{s}e^{\Delta Ts}\right]=(1-z^{-1})z^{-k}F(z,\Delta)$$

式中，$F(s)=\dfrac{G_0'(s)}{s}$，则闭环传递函数 $G_b(z,\Delta)$ 为

$$G_b(z,\Delta)=\frac{Y(z,\Delta)}{R(z)}=\frac{D(z)G_0(z,\Delta)}{1+D(z)G_0(z,\Delta)}$$

则系统的性能可根据上式进行分析。

例 7-15 如图 7-20 所示系统，若 $D(z)=1,G_0'(s)=\dfrac{1}{s},\tau=0.2T$，求使系统稳定的 T 的取值范围。

解 $$G_0(z,\Delta)=Z\left[\frac{1-e^{-Ts}}{s^2}e^{-0.2Ts}\right]=Z\left[\frac{1-e^{-Ts}}{s^2}e^{-Ts}e^{0.8Ts}\right]$$

$$=(1-z^{-1})z^{-1}Z\left[\frac{1}{s^2}e^{0.8Ts}\right]=(1-z^{-1})F(z,m)\big|_{m=0.8}$$

其中

$$F(s)=\frac{1}{s^2}$$

查表 7-1 得

$$F(z,m)\big|_{m=0.8}=\frac{mT}{z-1}\bigg|_{m=0.8}+\frac{T}{(z-1)^2}=\frac{0.8T}{z-1}+\frac{T}{(z-1)^2}$$

故

$$G_0(z,\Delta) = (1-z^{-1})F(z,m)\big|_{m=0.8} = (1-z^{-1})\left[\frac{0.8T}{z-1}+\frac{T}{(z-1)^2}\right] = \frac{0.8Tz+0.2T}{z(z-1)}$$

闭环传递函数 $G_b(z,\Delta)$ 为

$$G_b(z,\Delta) = \frac{Y(z,\Delta)}{R(z)} = \frac{D(z)G_0(z,\Delta)}{1+D(z)G_0(z,\Delta)} = \frac{\dfrac{0.8Tz+0.2T}{z(z-1)}}{1+\dfrac{0.8Tz+0.2T}{z(z-1)}}$$

$$= \frac{0.8Tz+0.2T}{z^2+(0.8T-1)z+0.2T}$$

对其特征方程作 r 变换，有

$$\frac{(r+1)^2}{(r-1)^2}+(0.8T-1)\frac{r+1}{r-1}+0.2T=0$$

整理得

$$Tr^2+(2-0.4T)r+2-0.6T=0$$

根据劳斯准则，稳定的条件是 $0<T<10/3$。

7.5.3 连续时间环节在非采样时刻的输出

如图 7-21 所示系统，其输出 $y(t)$ 为连续信号，为考察 $y(t)$ 在非采样时刻的值，需用广义 z 变换。

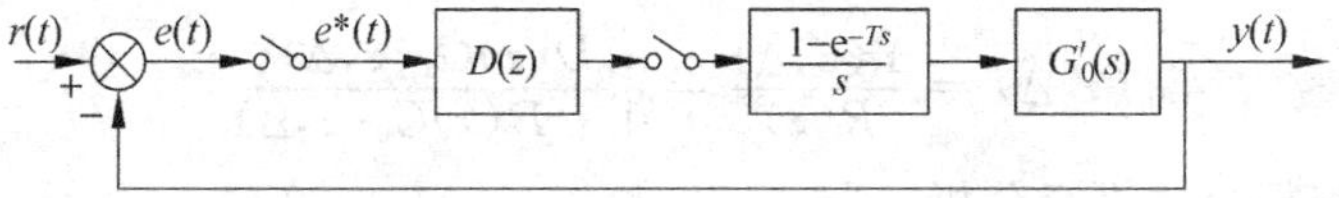

图 7-21 具有连续信号输出的离散控制系统

设

$$G_0(z) = Z\left[\frac{1-e^{-Ts}}{s}G_0'(s)\right]$$

则

$$G_0(z,\Delta) = Z\left[\frac{1-e^{-Ts}}{s}G_0'(s)e^{\Delta Ts}\right]$$

根据图 7-21 所示系统的结构，可得如下方程组：

$$\begin{cases} Y(z) = E(z)D(z)G_0(z) \\ Y(z,\Delta) = E(z)D(z)G_0(z,\Delta) \\ E(z) = R(z) - Y(z) \end{cases}$$

解得

$$E(z)=\frac{1}{1+D(z)G_0(z)}R(z)$$

$$Y(z,\Delta)=\frac{D(z)G_0(z,\Delta)}{1+D(z)G_0(z)}R(z)$$

在已知 $R(z)$输入下，可由上式得 $Y(z,\Delta)$，取不同的 Δ，即可得到任意时刻的 $y(t)$值。

例 7-16　如图 7-21 所示系统，若 $D(z)=1, G_0'(s)=\frac{a}{s+a}, R(s)=\frac{1}{s}$，求输出 $y(t)$的广义 z 变换及其反变换。

解　在上面的分析中，采用的是超前广义 z 变换，显然也可利用滞后广义 z 变换进行计算。本例采用滞后广义 z 变换求解。

根据给定条件，有

$$G_0(z)=Z\left[\frac{a(1-\mathrm{e}^{-Ts})}{s(s+a)}\right]=(1-z^{-1})Z\left[\frac{a}{s(s+a)}\right]=\frac{1-\mathrm{e}^{-aT}}{z-\mathrm{e}^{-aT}}$$

$$G_0(z,m)=\frac{(1-\mathrm{e}^{-amT})z-\mathrm{e}^{-aT}+\mathrm{e}^{-amT}}{z(z-\mathrm{e}^{-aT})}$$

$$R(z)=\frac{z}{z-1}$$

$$Y(z,m)=\frac{G_0(z,m)}{1+G_0(z)}R(z)=\frac{\dfrac{(1-\mathrm{e}^{-amT})z-\mathrm{e}^{-aT}+\mathrm{e}^{-amT}}{z(z-\mathrm{e}^{-aT})}}{1+\dfrac{1-\mathrm{e}^{-aT}}{z-\mathrm{e}^{-aT}}}\frac{z}{z-1}$$

$$=\frac{(1-\mathrm{e}^{-amT})z-\mathrm{e}^{-aT}+\mathrm{e}^{-amT}}{(z-1)(z-2\mathrm{e}^{-aT}+1)}$$

对上式进行反变换，得 $y_m(nT)=y[nT-(1-m)T]$，由于 z 变换是对 $t\geqslant0$ 时的时间函数进行变换，故求 $y_m(nT)=y[nT-(1-m)T]$时，有意义的是在 $n\geqslant1$ 时的值。按照求 z 反变换的方法，可得

$$y_m(nT)=y[nT-(1-m)T]=\frac{1}{2}+\left(\frac{1}{2}-\mathrm{e}^{-amT}\right)(2\mathrm{e}^{-aT}-1)^{n-1},\quad n\geqslant0$$

利用上式可求出在任意时刻 $y(t)$的值。

7.6　数字控制器的设计

7.6.1　离散控制系统设计的一般方法

在热工过程控制中，对象和被调量均是连续的，其离散控制系统的基本形式如图 7-22 所示。

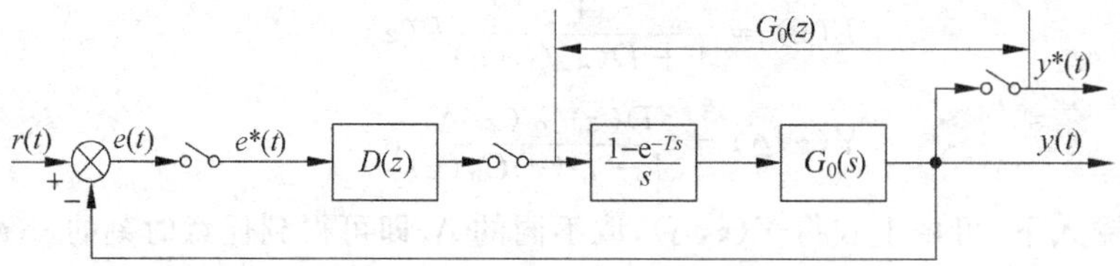

图 7-22　热工过程离散控制系统的基本形式

图 7-22 中，$r(t)$为给定值，$y(t)$为被调量，$G_0(s)$为对象传递函数，$\frac{1-e^{-Ts}}{s}$为零阶保持器传递函数，$D(z)$为控制器脉冲传递函数。输出通道上的采样开关及 $y^*(t)$并不存在，是为分析方便加上去的。

在对象特性已知的情况下，设计 $D(z)$使系统指标满足规定的要求，一般有如下两种方法。

1. 数字控制器的直接设计

这种方法是根据离散控制系统的基本理论、对象的特性和性能要求，直接设计物理上可实现的数字控制器。

由图 7-22 可得闭环脉冲传递函数为

$$G_b(z)=\frac{Y(z)}{R(z)}=\frac{D(z)G_0(z)}{1+D(z)G_0(z)} \tag{7-50}$$

其中

$$G_0(z)=Z\left[\frac{1-e^{-Ts}}{s}G_0(s)\right]$$

和连续控制系统一样，理想情况是：选择 $D(z)$，使 $G_b(z)=1$，则 $y(nT)$和 $r(nT)$始终保持一致。但实际上不可能做到。因为设计出的 $D(z)$要在物理上能够实现，其展开式不能含有 z 的正幂次项(否则，$D(z)$需超前输出)。因此，实际上选择 $D(z)$不是使 $G_b(z)=1$，而是按一些简单的原则来考虑，这些原则有：

(1) 响应最快；

(2) 误差方差最小；

(3) 能量最小；

(4) 使 $G_b(z)$等效为某一简单的传递函数。

2. 模拟控制器的数字仿真

这种方法充分利用连续系统分析、整定的经验来设计离散控制器，是目前热工过程控制中广泛采用的方法。

本章将分三节讨论离散控制器的设计。本节主要讨论以响应最快为目标的离散控制系统，即直接设计 $D(z)$，使系统的调节时间最短，这样的控制系统叫做最少拍控制系统，它与连续控制系统具有不同的特点。本节最后，在最少拍系统的基础上，简单说明了以误差方差最小为目标的系统的工程设计方法。7.7节，讨论模拟控制器的数字仿真。7.8节将针对含有纯滞后环节的对象，讨论使 $G_b(z)$ 等效为某一简单传递函数的 $D(z)$ 的直接设计方法。

7.6.2　最少拍控制系统

在连续控制系统中，需经过 $t\to\infty$ 长的时间，过程才能结束。但在离散控制系统中，有可能使过渡过程经过有限几拍(每一个采样周期称为一拍)结束。所谓最少拍控制系统即是系统过渡过程最短的系统。

1. 随动系统的最少拍控制

系统结构如图7-22所示，要求在 $r(t)$ 扰动下，系统过渡过程最快。

系统的闭环传递函数如式(7-50)所示。

误差传递函数为

$$G_e(z)=\frac{E(z)}{R(z)}=\frac{1}{1+D(z)G_0(z)} \tag{7-51}$$

比较式(7-50)和式(7-51)有

$$G_e(z)=1-G_b(z) \tag{7-52}$$

误差为

$$E(z)=R(z)G_e(z) \tag{7-53}$$

输入 $r(t)$ 可有如下几种典型形式。

阶跃输入：$r(t)=u(t),R(z)=\dfrac{z}{z-1}=\dfrac{1}{1-z^{-1}}$

线性输入：$r(t)=t,R(z)=\dfrac{Tz}{(z-1)^2}=\dfrac{Tz^{-1}}{(1-z^{-1})^2}$

抛物线输入：$r(t)=t^2,R(z)=\dfrac{T^2(z+1)z}{(z-1)^3}=\dfrac{T^2z^{-1}(1+z^{-1})}{(1-z^{-1})^3}$

综合上述三种输入 z 变换的形式，有

$$R(z)=\frac{A(z)}{(1-z^{-1})^m} \tag{7-54}$$

其中 $A(z)$ 为不含 $(1-z^{-1})$ 因子的 z^{-1} 的多项式。

将式(7-54)代入式(7-53)，有

$$E(z)=\frac{A(z)}{(1-z^{-1})^m}G_e(z) \tag{7-55}$$

$$\lim_{n\to\infty}e(nT)=\lim_{z\to 1}(z-1)\frac{A(z)}{(1-z^{-1})^m}G_e(z)$$

$$=\lim_{z\to 1}(1-z^{-1})\frac{A(z)}{(1-z^{-1})^m}G_e(z) \tag{7-56}$$

为保证系统无静态偏差，即使式(7-56)为零，显然 $G_e(z)$应含有$(1-z^{-1})^m$ 因子，即

$$G_e(z)=(1-z^{-1})^m F(z) \tag{7-57}$$

式中，$F(z)$不含有$(1-z^{-1})$因子。

将式(7-57)代入式(7-55)，有

$$E(z)=A(z)F(z) \tag{7-58}$$

为使过渡过程在有限拍内结束，即使 $e(nT)$只有有限项，则 $E(z)$应为 z^{-1}的有限项多项式，并且项数越少越好。

因为 $A(z)$是 z^{-1}的多项式，为保证式(7-58)的 $E(z)$为 z^{-1}的多项式，$F(z)$亦应为 z^{-1}的多项式。

显然，当取 $F(z)=1$ 时，$E(z)$的项数最少，过渡时间最短。此时

$$G_e(z)=(1-z^{-1})^m \tag{7-59}$$

$$E(z)=A(z) \tag{7-60}$$

(1) 在阶跃输入下

$$E(z)=A(z)=1,\quad m=1$$

则

$$G_e(z)=1-z^{-1}$$

$$e(0)=1,\quad e(T)=e(2T)=e(3T)=\cdots=0$$

过渡过程一拍结束。

(2) 在线性输入下

$$E(z)=A(z)=Tz^{-1},\quad m=2,$$

$$G_e(z)=(1-z^{-1})^2$$

$$e(0)=0,\quad e(T)=T,\quad e(2T)=e(3T)=\cdots=0$$

过渡过程两拍结束。

(3) 在抛物线输入下

$$E(z)=A(z)=T^2z^{-1}(1+z^{-1})=T^2z^{-1}+T^2z^{-2},\quad m=3$$

$$G_e(z)=(1-z^{-1})^3$$

$$e(0)=0,\quad e(T)=e(2T)=T^2,\quad e(3T)=e(4T)=\cdots=0$$

过渡过程三拍结束。

$G_e(z)$确定后，由式(7-51)，可得

$$D(z)=\frac{1-G_e(z)}{G_e(z)G_0(z)} \tag{7-61}$$

则可求出控制器的脉冲传递函数。在阶跃、线性、抛物线输入下，最少拍控制系统控制器的脉冲传递函数分别如式(7-62)～式(7-64)所示：

$$D(z)=\frac{z^{-1}}{(1-z^{-1})G_0(z)} \tag{7-62}$$

$$D(z)=\frac{2z^{-1}-z^{-2}}{(1-z^{-1})^2G_0(z)} \tag{7-63}$$

$$D(z)=\frac{1-(1-z^{-1})^3}{(1-z^{-1})^3G_0(z)} \tag{7-64}$$

以上讨论是使式(7-57)中 $F(z)=1$ 的理想情况，在某些情况下，对象 $G_0(z)$的特性使 $F(z)$不能取1。讨论如下。

由式(7-50)，式(7-51)，式(7-52)和式(7-59)可得

$$\begin{aligned}G_b(z)&=D(z)G_e(z)G_0(z)\\&=D(z)G_0(z)(1-z^{-1})^mF(z)\\&=1-(1-z^{-1})^mF(z)\end{aligned} \tag{7-65}$$

在实际设计 $D(z)$时，应考虑：①保证系统闭环稳定，即 $G_b(z)$的全部极点都在 z 平面单位圆内；②$D(z)$在物理上可以实现，即 $D(z)$展开式中不含有 z 的正次幂项；③$D(z)$除可含有 $z=1$ 的极点外(它相当于连续控制器的积分作用)，其余极点均在单位圆内，即使 $D(z)$稳定。

由于这些要求，有如下几方面的限制使 $F(z)$不能取1。

限制1：如果 $G_0(z)$中含有单位圆外的极点，由式(7-65)，为了使闭环稳定，这些极点必须由 $D(z)$或 $F(z)$的相应零点抵消。但一般它不能依靠 $D(z)$的零点抵消，因为 $D(z)$的任何偏移，会使抵消不完全，故必须由 $F(z)$抵消，这样，$F(z)$就不能取1。

如果 $G_0(z)$中含有单位圆上 $z=1$ 的极点，例如含有$\frac{1}{(1-z^{-1})^p}$项，由式(7-65)可见，如果 $p\leqslant m$，$F(z)$仍可取1，但若 $p>m$，则 $F(z)$不能取1。

限制2：对于 $G_0(z)$在单位圆上或单位圆外的零点，它既不能由 $D(z)$的极点抵消(否则 $D(z)$不稳定)，也不能由 $F(z)$的极点抵消(因为 $F(z)$已确定为 z^{-1}的多项式，只有零点而无极点)，故这些零点将包含在 $G_b(z)$中，作为 $G_b(z)$的零点。但 $G_b(z)=1-G_e(z)=1-(1-z^{-1})^mF(z)$，要使它包含某些特定的零点，一般取 $F(z)=1$ 是不行的。

限制3：如 $G_0(z)$分子中含有因子 z^{-p}时(p 为正整数)，即

$$G_0(z)=\frac{z^{-p}M(z)}{N(z)}$$

其中，$M(z)$，$N(z)$皆为 z^{-1}的多项式，则由式(7-61)：

$$D(z)=\frac{1-G_e(z)}{G_e(z)G_0(z)}=\frac{[1-(1-z^{-1})^mF(z)]N(z)}{z^{-p}M(z)(1-z^{-1})^mF(Z)}$$

为使 $D(z)$ 展开式中不含有 z 的正次幂，闭环传递函数 $G_b(z)=1-(1-z^{-1})^m F(z)$ 中应含有 z^{-p} 因子。当 $p=1$ 时，$F(z)$ 取为 1 可使 $G_b(z)$ 中含有 z^{-1} 因子。但当 $p>1$ 时，不能取 $F(z)=1$。

以上三个限制，都使 $F(z)$ 不能取 1，因而使 $E(z)$ 项数增多，过渡时间加长。

在实际设计控制器时，应考虑上述限制条件，首先确定 $F(z)$。

(1) 如限制 1 成立，即 $G_0(z)$ 中含有单位圆外的极点，则 $F(z)$ 应包含同样的一个零点。如果 $G_0(z)$ 中含有 $\frac{1}{(1-z^{-1})^p}$ 项，且 $p>m$ 时，则 $F(z)$ 应包含 $(1-z^{-1})^{p-m}$ 因子，如 $p\leqslant m$，$F(z)$ 则可取 1。

(2) 如限制 2 成立，即 $G_0(z)$ 存在单位圆上或单位圆外的零点，则 $G_b(z)=1-(1-z^{-1})^m F(z)$ 也将包含这些零点，由此确定 $F(z)$。

(3) 如果限制 3 成立，即 $G_0(z)$ 分子中含有因子 z^{-p}，则 $G_b(z)=1-(1-z^{-1})^m F(z)$ 中也应含有 z^{-p} 因子，由此确定 $F(z)$。

例 7-17 对于图 7-22 所示系统，若

$$G_0(s)=\frac{10}{s(0.1s+1)(0.05s+1)}$$

设计在阶跃扰动下的最少拍控制系统，采样间隔 $T=0.2\text{s}$。

解 首先求出 $G_0(z)$：

$$\begin{aligned}G_0(z)&=Z\left[\frac{1-e^{-0.2s}}{s}\times\frac{10}{s(0.1s+1)(0.05s+1)}\right]\\&=\frac{0.76z^{-1}(1+0.05z^{-1})(1+1.065z^{-1})}{(1-z^{-1})(1-0.135z^{-1})(1-0.0185z^{-1})}\end{aligned}$$

由于是针对阶跃输入，故

$$G_e(z)=(1-z^{-1})F(z)$$

$$G_b(z)=1-G_e(z)=1-(1-z^{-1})F(z)$$

考察 $G_0(z)$：

(1) 由于 $G_0(z)$ 在单位圆外无极点，在单位圆上只有一个一重极点，故不受限制 1 的约束。

(2) 由于 $G_0(z)$ 在单位圆外有一个零点（-1.065），根据限制 2，$G_b(z)=1-(1-z^{-1})F(z)$ 应包含应因子 $(1+1.065z^{-1})$。

(3) 由于 $G_0(z)$ 含有因子 z^{-1}，根据限制 3，$G_b(z)=1-(1-z^{-1})F(z)$ 也应包含应因子 z^{-1}。

由上，可得 $G_b(z)$ 应为如下形式：

$$G_b(z)=az^{-1}(1+1.065z^{-1}) \tag{7-66}$$

其中，a 为特定常数。

由于 $G_e(z)=1-G_b(z)$，故 $G_e(z)$ 和 $G_b(z)$ 同阶次。由式(7-66)知，$G_b(z)$ 为二次，则 $G_e(z)$ 亦为二次，故 $F(z)$ 应为 z^{-1} 的一次式，记为

$$F(z)=1+bz^{-1}$$

式中，b 为待定系数。则

$$G_e(z)=(1-z^{-1})(1+bz^{-1}) \tag{7-67}$$

联立式(7-66)和式(7-67)，并考虑到 $G_b(z)=1-G_e(z)$，可解得

$$a=0.484,\quad b=0.516$$

故

$$G_b(z)=0.484z^{-1}(1+1.065z^{-1})$$

$$G_e(z)=(1-z^{-1})(1+0.516z^{-1})$$

$$D(z)=\frac{G_b(z)}{G_e(z)G_0(z)}=\frac{0.637(1-0.135z^{-1})(1-0.0185z^{-1})}{(1+0.05z^{-1})(1+0.516z^{-1})}$$

$$E(z)=G_e(z)R(z)=(1-z^{-1})(1+0.516z^{-1})\frac{1}{1-z^{-1}}=1+0.516z^{-1}$$

即

$$e(0)=1,\quad e(T)=0.516,\quad e(2T)=e(3T)=\cdots=0$$

过渡过程两拍结束，比理想情况 $F(z)=1$ 时增加了一拍，这是由于 $G_0(z)$ 含有单位圆外极点，$F(z)$ 只能取一次式的缘故。

2. 定值系统的最少拍控制

与随动系统不同，定值系统考虑的不是给定值扰动，而是其他扰动，系统如图 7-23 所示。

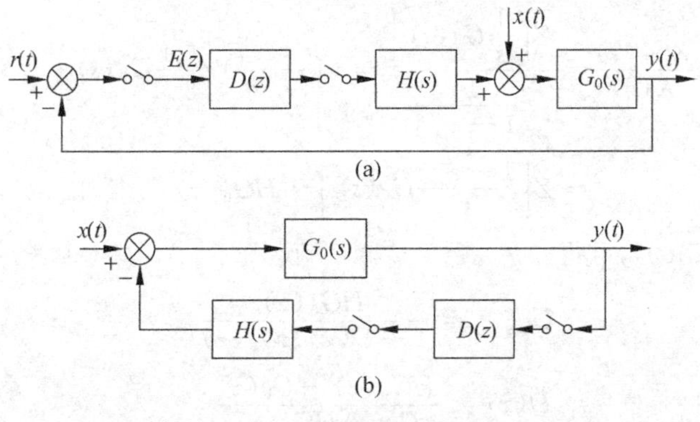

图 7-23　定值系统的最少拍控制

图 7-23(a)为系统结构，其中 $H(s)$ 为零阶保持器，$x(t)$ 为外部扰动。对于定值系统，$r(t)$ 维持不变，故在 $x(t)$ 扰动下，系统等效为图 7-23(b)，则有

$$Y(z)=Z[X(s)G_0(s)]-Y(z)D(z)Z[H(s)G_0(s)]$$
$$=XG_0(z)-Y(z)D(z)HG_0(z)$$

故

$$Y(z)=\frac{XG_0(z)}{1+D(z)HG_0(z)}$$

由于 $x(t)$ 为连续信号，故不能写出其脉冲传递函数 $G_b(z)=Y(z)/X(z)$，但可以设想：

$$G_b(z)=\frac{Y(z)}{X(z)}=\frac{XG_0(z)/X(z)}{1+D(z)HG_0(z)} \tag{7-68}$$

于是可求出

$$D(z)=\frac{XG_0(z)/X(z)-G_b(z)}{G_b(z)HG_0(z)} \tag{7-69}$$

误差：

$$E(z)=Y(z)$$

稳态误差：

$$\lim_{n\to\infty}y(nT)=\lim_{z\to 1}(1-z^{-1})Y(z)=\lim_{z\to 1}(1-z^{-1})G_b(z)X(z) \tag{7-70}$$

当 $x(t)$ 为典型扰动，即 $X(z)=\frac{A(z)}{(1-z^{-1})^m}$ 时，由式(7-70)，取 $G_b(z)=(1-z^{-1})^mF(z)$ 可使稳态误差为零。其中 $F(z)$ 为 z^{-1} 的多项式。$F(z)$ 项数越少，过渡过程越快。同随动系统一样，$F(z)$ 的选择应保证 $D(z)$ 能在物理上实现。

例如，当 $x(t)=u(t)$ 时，$X(s)=\frac{1}{s}$，$X(z)=\frac{1}{1-z^{-1}}$，有

$$\frac{XG_0(z)}{X(z)}=\frac{Z\left[\frac{1}{s}G_0(s)\right]}{\frac{1}{1-z^{-1}}}=(1-z^{-1})Z\left[\frac{1}{s}G_0(s)\right]$$
$$=Z\left[\frac{1-e^{-sT}}{s}G_0(s)\right]=HG_0(z)$$

代入式(7-68)，式(7-69)，可得

$$G_b(z)=\frac{HG_0(z)}{1+D(z)HG_0(z)}$$
$$D(z)=\frac{HG_0(z)-G_b(z)}{G_b(z)HG_0(z)}$$

取 $G_b(z)=(1-z^{-1})^mF(z)$，则

$$D(z)=\frac{HG_0(z)-(1-z^{-1})^mF(z)}{(1-z^{-1})^mF(z)HG_0(z)}$$

7.6.3　无波纹的最少拍控制系统

1. 最少拍系统存在的问题

(1) 所谓最少拍系统是针对某种特定的扰动而言的，如果扰动的地点和形式改变，则不再是最少拍系统。例如，设计的在阶跃扰动下的最少拍系统在线性或抛物线扰动下不是最少拍系统。

(2) 最少拍系统在几拍内结束可能是假象，即在几拍之后，偏差在采样时刻为零，而在非采样时刻不为零，这种情况称为有波纹存在。下面将讨论无波纹的最少拍控制系统。

2. 波纹的产生

如图7-24所示的最少拍控制系统，$y(t)$的波动是由于控制作用$m(nT)$的波动产生的。只要使$m(nT)$在有限的几个采样周期后保持相对稳定，即可使$y(t)$不发生波动。这是因为：

$$Y(s)=M^*(s)\frac{1-e^{-Ts}}{s}G_0(s)$$

如果$m(nT)$相对稳定，则$Y(s)$亦相对稳定。所谓$m(nT)$相对稳定，是指：

(1) 对于$r(t)=u(t)$的扰动，要求当$n\geqslant k$(k为某一常数)时，$m(nT)$为常数。

(2) 对于$r(t)=t$的扰动，要求当$n\geqslant k$时，$m(nT)=m[(n-1)T]+$常数。

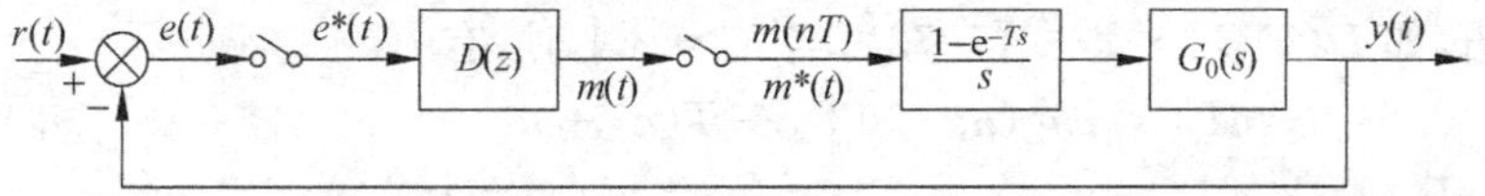

图7-24　无波纹最少拍系统

3. 如何使 m(nT) 相对稳定

为使$m(nT)$相对稳定，只要使$D(z)G_e(z)$是z^{-1}的有限次多项式即可。下面证明这个结论：

$$M(z)=E(z)D(z)=D(z)G_e(z)R(z) \tag{7-71}$$

若$D(z)G_e(z)$是z^{-1}的有限次多项式，即

$$D(z)G_e(z)=a_0+a_1z^{-1}+a_2z^{-2}+\cdots+a_kz^{-k}=\sum_{i=0}^{k}a_iz^{-i} \tag{7-72}$$

(1) 当$r(t)=u(t)$时

$$R(z)=\frac{1}{1-z^{-1}}$$

为简单起见，假定式(7-72)中$k=2$，即

$$D(z)G_e(z) = a_0 + a_1 z^{-1} + a_2 z^{-2}$$

则

$$M(z) = \frac{a_0 + a_1 z^{-1} + a_2 z^{-2}}{1 - z^{-1}}$$
$$= a_0 + (a_0 + a_1)z^{-1} + (a_0 + a_1 + a_2)(z^{-2} + z^{-3} + z^{-4} + \cdots)$$

故在 $n \geqslant 2$ 时，

$$m(nT) = a_0 + a_1 + a_2 = \text{常数}$$

同样可以证明，如 $D(z)G_e(z)$ 取式(7-72)，当 $n \geqslant k$ 时，$m(nT)$ 为常数，即

$$m(nT) = a_0 + a_1 + \cdots + a_k$$

(2) 当 $r(t) = t$ 时

$$R(z) = \frac{Tz^{-1}}{(1-z^{-1})^2} = \frac{Tz^{-1}}{1 - 2z^{-1} + z^{-2}}$$

仍取 $k=2$，则

$$M(z) = \frac{(a_0 + a_1 z^{-1} + a_2 z^{-2})Tz^{-1}}{1 - 2z^{-1} + z^{-2}}$$
$$= Ta_0 z^{-1} + T(2a_0 + a_1)z^{-2} + T(3a_0 + 2a_1 + a_2)z^{-3}$$
$$+ T(4a_0 + 3a_1 + 2a_2)z^{-4} + \cdots$$

可见，当 $n \geqslant 3$ 时，

$$m(nT) = m[(n-1)T] + T(a_0 + a_1 + a_2)$$

同样可以证明，如 $D(z)G_c(z)$ 取式(7-72)，当 $n \geqslant k+1$ 时，有

$$m(nT) = m[(n-1)T] + T(a_0 + a_1 + \cdots + a_k)$$

4. D(z) 的设计

$D(z)$ 设计的关键是保证 $D(z)G_e(z)$ 为 z^{-1} 的有限次多项式。下面针对随动系统的最少拍控制讨论 $D(z)$ 的设计。

由式(7-50)和式(7-51)，有

$$D(z)G_e(z) = \frac{G_b(z)}{G_0(z)} \tag{7-73}$$

根据最少拍系统的要求，

$$G_e(z) = (1 - z^{-1})^m F(z)$$
$$G_b(z) = 1 - G_e(z) = 1 - (1 - z^{-1})^m F(z)$$

设 $G_0(z) = \dfrac{M(z)}{N(z)}$。上式中，$F(z)$，$M(z)$，$N(z)$ 皆为 z^{-1} 的有限次多项式，代入式(7-73)，得

$$D(z)G_e(z) = \frac{[1 + (1 - z^{-1})^m F(z)]N(z)}{M(z)} \tag{7-74}$$

为确保 $D(z)G_e(z)$ 为 z^{-1} 的有限次多项式，$G_b(z) = 1 - (z^{-1})^m F(z)$ 应含有 $M(z)$ 中

除常数以外的全部因子，即 $G_b(z)$ 含有 $G_0(z)$ 的全部零点。下面举例说明其设计过程。

例 7-18　已知 $G_0(s)=\dfrac{10}{s(s+1)}$，系统如图 7-24 所示，采样间隔 $T=1$，设计在 $r(t)=u(t)$ 时的无波纹最少拍控制系统。

解　$$G_0(z)=Z\left[\frac{1-e^{-Ts}}{s}\frac{10}{s(s+1)}\right]=(1-z^{-1})Z\left[\frac{1}{s^2}-\frac{1}{s}+\frac{1}{s+1}\right]$$
$$=\frac{3.68z^{-1}(1+0.718z^{-1})}{(1-z^{-1})(1-0.368z^{-1})}$$

根据最少拍系统的要求：
$$G_e(z)=(1-z^{-1})F(z)$$
根据无波纹要求，$G_b(z)$ 要含有 $G_0(z)$ 的全部零点，又 $G_b(z)$ 和 $G_0(z)$ 同阶次，故取
$$G_b(z)=az^{-1}(1+0.718z^{-1})$$
$$G_e(z)=(1-z^{-1})(1+bz^{-1})$$
上两式联立，并考虑到 $G_e(z)=1-G_b(z)$，解出
$$a=0.582,\quad b=0.418$$
于是可得
$$D(z)=\frac{G_b(z)}{G_e(z)G_0(z)}=\frac{0.582z^{-1}(1+0.718z^{-1})(1-z^{-1})(1-0.368z^{-1})}{3.68z^{-1}(1-z^{-1})(1+0.418z^{-1})(1+0.718z^{-1})}$$
$$=\frac{0.158(1-0.368z^{-1})}{1+0.418z^{-1}}$$
$$E(z)=G_e(z)R(z)=1+bz^{-1}=1+0.418z^{-1}$$
即
$$e(0)=1,\quad e(T)=0.418,\quad e(2T)=e(3T)=\cdots=0$$
过渡过程两拍结束。可见，由于附加了无波纹的要求，系统的过渡过程时间由一拍增加到两拍。

可以用广义 z 变换检查系统输出是否无波纹。为此，先求对象的广义 z 变换：
$$G_0(z,m)=Z\left[\frac{1-e^{-Ts}}{s}\frac{10}{s(s+1)}e^{-Ts}e^{mTs}\right]=10(1-z^{-1})Z_m\left[\frac{1}{s^2}-\frac{1}{s}+\frac{1}{s+1}\right]$$
$$=10(1-z^{-1})\left[\frac{m-1}{z-1}+\frac{1}{(z-1)^2}+\frac{e^{-m}}{z-0.368}\right]$$
$$=10z^{-1}\left[(m-1)+\frac{z^{-1}}{1-z^{-1}}+\frac{e^{-m}(1-z^{-1})}{1-0.368z^{-1}}\right]$$
式中，符号 $Z_m[\cdot]$ 表示对 $[\cdot]$ 中的函数求滞后广义 z 变换。

输出广义 z 变换：
$$Y(z,m)=E(z)D(z)G_0(z,m)$$
代入相应数值并整理可得

$$Y(z,m)=1.582(m-1+e^{-m})z^{-1}+(0.582m+1-1.582e^{-m})z^{-2}+z^{-3}+z^{-4}+z^{-5}+\cdots$$

可见,无论 m 在 0 和 1 之间取任何值,均不影响 z^{-3} 项以后各项系数,故无波纹。

7.6.4 以最少拍系统为基础的最小方差控制

最小方差控制系统的控制目标是使 $\sum_{n=0}^{\infty}e^2(nT)$ 最小。

以最少拍系统为基础的最小方差系统一般采用工程设计方法,其步骤如下。

1. 按最少拍系统设计

先按最少拍系统设计,得 $G_e(z)$,它是 z^{-1} 的多项式。

2. 减小动态偏差

最少拍系统一般动态偏差较大,为了使方差最小,需减少其动态偏差,方法是在 $G_e(z)$ 上附加一个极点,即取

$$G_e(z)=\frac{G_e^*(z)}{1-az^{-1}}$$

式中,$G_e^*(z)$是按最少拍系统设计的结果。

为保证系统稳定,应使$|a|<1$。

加了一个极点后,相当于加了一个惯性环节,可望使系统的动态偏差减小。但 $G_e(z)$ 已不再是 z^{-1} 的有限次多项式,故系统不再是最少拍系统。

3. 具体确定 a 值

a 值的确定有如下两种方法:

1) 计算法

$E(z)=G_e(z)R(z)$,它也是 a 的函数,则

$$e(nT)=\frac{1}{2\pi j}\oint_c E(z)z^{n-1}dz$$

式中,c 为 z 平面上的单位圆周,因此有

$$\sum_{n=1}^{\infty}e^2(nT)=\sum_{n=0}^{\infty}\left[e(nT)\frac{1}{2\pi j}\oint_c E(z)z^{n-1}dz\right]=\frac{1}{2\pi j}\oint_c E(z)z^{-1}dz\sum_{n=0}^{\infty}e(nT)z^n$$

$$=\frac{1}{2\pi j}\oint_c E(z)E(z^{-1})z^{-1}dz$$

选择 a 值,使上式最小。

2) 实验法

选取不同的 a 值,求取 $e(nT)$,计算方差,选其中最小者。

7.7　模拟调节器的数字模拟

连续系统采用PID调节器的整定计算，已积累了丰富的经验。当连续的PID调节器用数字计算机代替时，由于采样时间 T 一般很小，故连续PID调节器的整定参数可以直接用于离散系统，至少可以作为实验整定的基础。本节讨论怎样把微分方程或传递函数表示的连续PID控制规律变成离散的计算机可以计算的形式，即模拟调节器的数字模拟问题。

7.7.1　理想PID调节规律的实现

设调节器输出为 $u(t)$，输入为 $e(t)$，则理想PID调节器的特性可用下式所示的微分方程表示：

$$u(t)=K_P\left[e(t)+\frac{1}{T_I}\int_0^t e(t)\mathrm{d}t+T_D\frac{\mathrm{d}e(t)}{\mathrm{d}t}\right] \tag{7-75}$$

式中，$K_P=\frac{1}{\delta}$，为调节器的放大倍数（δ 为调节器的比例带），T_I 和 T_D 分别为积分时间和微分时间。

为在计算机上实现PID规律，需要将式(7-75)所示的微分方程变为差分方程形式。若采样间隔为 T，初始条件为零。在 nT 时刻，输入 $e(nT)$、输出 $u(nT)$ 分别用 $e(n)$、$u(n)$ 表示，则式(7-75)中的微分 $\frac{\mathrm{d}e(t)}{\mathrm{d}t}$ 可用 $\frac{e(n)-e(n-1)}{T}$ 代替，积分 $\int_0^t e(t)\mathrm{d}t$ 可用求和 $\sum_{k=0}^{n}e(k)T$ 代替，于是得差分方程如下：

$$u(n)=K_P\left[e(n)+\frac{1}{T_I}\sum_{k=0}^{n}e(k)T+T_D\frac{e(n)-e(n-1)}{T}\right] \tag{7-76}$$

按上式计算在 nT 时刻的输出 $u(n)$ 需利用 nT 时刻之前的全部输入值 $e(k)(k=0,1,\cdots,n)$，显然，这样既浪费存储空间，计算又很繁琐。故一般不采用式(7-76)所示的算法，而是采用如下所述的递推形式。

1. 位置式算法

由式(7-76)可得

$$u(n-1)=K_P\left[e(n-1)+\frac{1}{T_I}\sum_{k=0}^{n-1}e(k)T+T_D\frac{e(n-1)-e(n-2)}{T}\right]$$

式(7-76)减去上式得

$$\begin{aligned}u(n)=&u(n-1)+K_P\Big\{e(n)-e(n-1)+\frac{T}{T_I}e(n)\\&+\frac{T_D}{T}[e(n)-2e(n-1)+e(n-2)]\Big\}\end{aligned} \tag{7-77}$$

按式(7-77)计算 $u(n)$ 只需最近三个输入 $e(n)$,$e(n-1)$,$e(n-2)$ 和上一次的输出 $u(n-1)$。

式(7-77)称为位置式算法,它的计算值 $u(n)$ 对应于确定的控制量,或者说,对应于控制阀门等调节设备的一定位置。

2. 增量式算法

由式(7-77)得

$$\Delta u(n)=u(n)-u(n-1)$$
$$=K_P\left\{e(n)-e(n-1)+\frac{T}{T_I}e(n)+\frac{T_D}{T}[e(n)-2e(n-1)+e(n-2)]\right\} \tag{7-78}$$

式(7-78)称为增量式算法,它的输出为控制量的增量。这时,需通过一个积分元件(例如步进电机)来完成 Δu 的累积。控制系统中采用位置式算法和增量式算法时的结构分别如图 7-25(a),(b)所示。

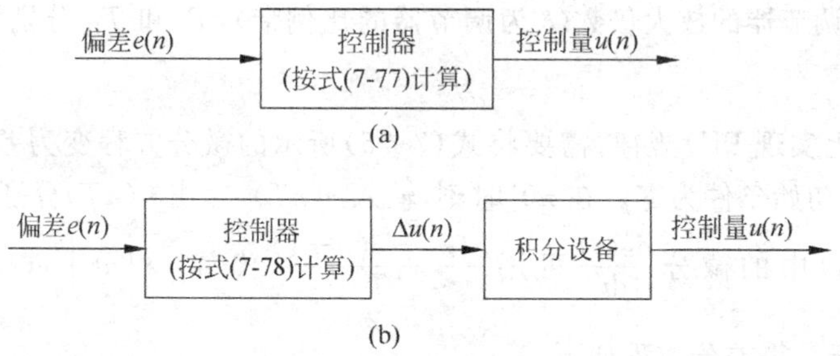

图 7-25 位置算法和增量算法

为便于计算机计算,式(7-78)可整理成下式的形式:

$$\Delta u(n)=K_P[e(n)-e(n-1)]+K_Ie(n)+K_D[e(n)-2e(n-1)+e(n-2)] \tag{7-79}$$

式中,$K_I=K_P\dfrac{T}{T_I}$ 称为积分系数;$K_D=K_P\dfrac{T_D}{T}$ 称为微分系数。

3. 速度式算法

将式(7-78)所示的增量式算法除以采样周期 T,即可得速度式算法,如下式所示:

$$v(n)=\frac{\Delta u(n)}{T}=K_P\left\{\frac{1}{T}[e(n)-e(n-1)]+\frac{1}{T_I}e(n)+\frac{T_D}{T^2}[e(n)-2e(n-1)+e(n-2)]\right\} \tag{7-80}$$

几种算法对系统的控制来说，没有任何区别，但增量式算法和速度式算法较位置式算法有如下优点：

(1) 计算机只输出控制增量，当发生故障(如突然断电)时，$u(n)$的变化幅度不大，有利于安全生产。并且在必要时可通过逻辑判断限制或禁止本次输出，对系统状态也无重要影响。

(2) 实现无扰动手动自动切换简单，这是因为在增量算法的系统中阀门位置与积分设备对应。

(3) 算法中不需要累加上次计算值，而仅与本次及前两次的输入有关，容易通过加权处理获得较好的控制效果。

式(7-77)～式(7-80)都是把 PID 三种作用分开表示的。实际上，在计算机进行计算时，可以脱离 PID 的概念，采用更简单的表达形式，例如增量算法表示成下式的形式：

$$\Delta u(n) = Ae(n) + Be(n-1) + Ce(n-2) \tag{7-81}$$

其中

$$A = K_P\left(1 + \frac{T}{T_I} + \frac{T_D}{T}\right)$$

$$B = -K_P\left(1 + 2\frac{T_D}{T}\right)$$

$$C = K_P\frac{T_D}{T}$$

7.7.2　离散 PID 调节系统的试验整定

1. 扩充临界比例带法

离散 PID 调节系统的整定需要确定四个参数：采样间隔 T 及 K_P，T_I，T_D。常用的试验方法为扩充临界比例带法，它与连续系统中的临界比例带法类似。步骤为：

1) 初步选择 T

根据 7.4 节讨论的原则选择 T。

2) 获取临界参数

用初选的 T，使调节器只具有 P 作用，逐步增大 K_P，使系统处于临界振荡状态。记下此时的比例增益 K_P^* 及振荡周期 T^*。

3) 选定控制度

理论和实践都证明，连续系统变成离散系统后，如果系统中各参数不变，系统的性能将降低，控制度就是表示这种降低的程度。它定义为连续系统的控制性能和离散系统控制性能的比值，这里控制性能用误差的平方积分来表示。控制度 Q 定义为

$$Q=\frac{\left[\left(\int_{0}^{\infty}e^{2}(t)\mathrm{d}t\right)_{\min}\right]_{\text{离散系统}}}{\left[\left(\int_{0}^{\infty}e^{2}(t)\mathrm{d}t\right)_{\min}\right]_{\text{连续系统}}} \tag{7-82}$$

显然，Q 的最小值为 1，越接近 1，性能越好，离散系统越接近连续系统。

4）根据 Q,T^*,K_P^* 按表 7-4 求取 T,K_P,T_I,T_D

另外，还有一种简化的扩充临界比例带整定法(Z-R 法)。在式(7-81)中取

$$T=0.1T^*,\quad T_I=0.5T^*,\quad T_D=0.125T^*$$

则式(7-81)中 $A=2.45K_P,B=-3.5K_P,C=1.25K_P$，于是式(7-81)变为

$$\Delta u(n)=K_P[2.45e(n)-3.5e(n-1)+1.25e(n-2)] \tag{7-83}$$

这样，式(7-83)中只有一个可变参数 K_P 需要整定，K_P 亦可由表 7-4 中查出。投入运行后，观察控制效果，如不满意，改变 K_P 值。这种方法可方便地实现系统的自整定控制。

表 7-4 扩充临界比例带法参数整定表

Q	控制规律	T/T^*	K_P/K_P^*	T_I/T^*	T_D/T^*
1.05	PI	0.03	0.55	0.88	
	PID	0.014	0.63	0.49	0.14
1.20	PI	0.05	0.49	0.91	
	PID	0.043	0.47	0.47	0.16
1.50	PI	0.14	0.42	0.99	
	PID	0.09	0.34	0.43	0.20
2.0	PI	0.22	0.36	1.05	
	PID	0.16	0.27	0.40	0.22
模拟调节器	PI		0.57	0.85	
	PID		0.70	0.50	0.13
简化的扩充临界比例带法(Z-R)法	PI		0.45	0.83	
	PID	0.1	0.60	0.50	0.125

2. 扩充响应曲线法

对于模拟调节器，可根据对象的特征参数(ε,ρ,τ)进行整定。与此类似，数字调节器的整定也可以采用这种方法。扩充响应曲线法即把有自平衡能力的对象近似为时间常数为 T_0 的一阶惯性环节和迟延时间为 τ_0 的纯滞后环节相串联，T_0 和 τ_0 可以通过阶跃响应实验得到，然后按表 7-5 给出的数据进行整定。

应当注意，表 7-5 中的 τ 并不等于实验得到的 τ_0，这是因为系统中附加了由 D/A 转换器引起的滞后，由式(7-7)可知，D/A 转换器具有$\frac{\omega T}{2}$的相角滞后，可近似视为一个滞后

时间为$\frac{T}{2}$的纯滞后环节，故表 7-5 中的 τ 应按下式计算：

$$\tau=\tau_0+\frac{T}{2}$$

表 7-5　扩充响应曲线法参数整定表

Q	控制规律	$\frac{T}{\tau}$	$\frac{K_P}{T_0/\tau}$	$\frac{T_I}{\tau}$	$\frac{T_D}{\tau}$
1.05	PI	0.10	0.84	3.40	
	PID	0.05	1.15	2.00	0.45
1.20	PI	0.20	0.78	3.60	
	PID	0.16	1.00	1.90	0.55
1.50	PI	0.50	0.68	3.90	
	PID	0.34	0.85	1.62	0.65
2.00	PI	0.80	0.57	4.20	
	PID	0.60	0.60	1.50	0.82
模拟调节器	PI		0.90	3.30	
	PID		1.20	2.00	0.40
简化的扩充临界比例带法(Z-R 法)	PI		0.90	3.30	
	PID		1.20	3.00	0.50

7.7.3　PID 控制算法的发展

由计算程序来实现 PID 调节规律，具有很大的灵活性，针对不同的对象，可在 PID 调节中引入一些其他的运算方法，以改善系统的控制质量。

1. 带有死区的 PID 控制

有些对象要求控制精度不高，但希望控制量变动不要太频繁。这时，可采用带有死区的 PID 控制，其算法为

$$\Delta u(n)=\begin{cases}\Delta u(n), & |e(n)|>B\\ 0, & |e(n)|\leqslant B\end{cases}\tag{7-84}$$

式中，B 为人为设定的死区，当偏差大于 B 时，$\Delta u(n)$按式(7-79)的增量形式计算；当偏差小于等于 B 时，$\Delta u(n)$取零，本次不进行计算。

这种控制算法实际上是一种非线性控制，其偏差和增量输出之间的关系如图 7-26 所示(图中，当 $|e(n)|>B$ 时，认为 $\Delta u(n)$和 $e(n)$近似成线性关系)。

2. 积分分离的 PID 控制

在控制规律中加入积分作用的目的是为了消除在阶跃扰动下的静态偏差，但积分作

用的加入会使系统的动态指标恶化。即在保持稳定性不变的情况下，动态偏差增大，调节时间增长。这对于在短时间内有很大偏差的情况（例如停机、启动及给定值大幅度改变时）尤为严重。为了克服上述缺点，可以采用积分分离手段，即在偏差很大时，取消积分作用，而当偏差接近零时，再把积分作用投入。其算法为

$$\Delta u(n) = K_P[e(n) - e(n-1)] + K_1 K_I e(n) + K_D[e(n) - 2e(n-1) + e(n-2)] \tag{7-85}$$

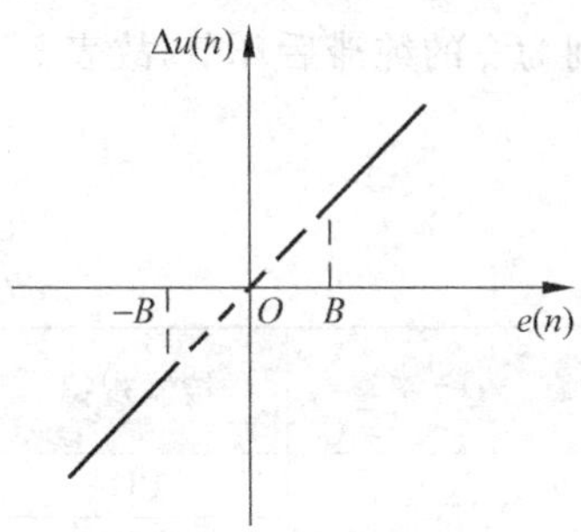

图 7-26　带有死区的 PID 控制特性

与式(7-79)相比，在积分项上附加了一个系数 K_1，称为逻辑系数：

$$K_1 = \begin{cases} 0, & |e(n)| > A \\ 1, & |e(n)| \leqslant A \end{cases} \tag{7-86}$$

式中，A 为预定偏差限，当$|e(n)|>A$ 时，K_1 取零，取消积分作用；当 $|e(n)|\leqslant A$ 时，K_1 取 1，投入积分作用。

3. 不完全微分的 PID 控制

在给定值阶跃变化时，由于微分作用的存在，使调节作用大幅度变化，这会使系统产生剧烈振荡，为了改善在给定值阶跃变化时的控制性能，可采用不完全微分的 PID 控制。

由于

$$e(n) = r(n) - y(n)$$

式中，$r(n)$为给定值，$y(n)$为被调量。代入式(7-79)，得

$$\Delta u(n) = K_P[e(n) - e(n-1)] + K_I e(n) + K_D\{[r(n) - 2r(n-1) + r(n-2)] - [y(n) - 2y(n-1) + y(n-2)]\}$$

去掉微分作用中给定值变化的影响，得

$$\Delta u(n) = K_P[e(n) - e(n-1)] + K_I e(n) - K_D[y(n) - 2y(n-1) + y(n-2)] \tag{7-87}$$

式(7-87)即不完全微分的 PID 控制算法。

4. 带有一阶滤波器的 PID 控制

为了抑制系统中的高频干扰，在控制系统中常加入滤波环节，简单的低通滤波器就是一个一阶非周期环节，其传递函数为

$$G(s) = \frac{k}{Ts+1}$$

把它和 PID 调节器串联，可得带有一阶滤波器的 PID 调节器，其传递函数为

$$\frac{U(s)}{E(s)}=\frac{K_P\left(1+\frac{1}{T_I s}+T_D s\right)}{Ts+1} \tag{7-88}$$

在模拟调节器中，实现式(7-88)所示的传递函数比较困难。一般是采用图7-27所示的结构。

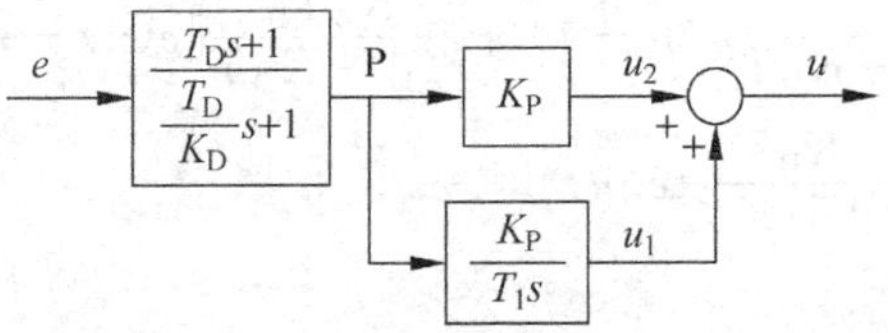

图7-27　带有一阶滤波的PID控制器结构图

图7-27所示结构的传递函数为

$$\frac{U(s)}{E(s)}=\frac{K_P(T_D s+1)\left(1+\frac{1}{T_I s}\right)}{\frac{T_D}{K_D}s+1} \tag{7-89}$$

其分子可以变换为

$$K_P(T_D s+1)\left(1+\frac{1}{T_I s}\right)=K_P\left(1+\frac{T_D}{T_I}+\frac{1}{T_I s}+T_D s\right)$$

设

$$F=1+\frac{T_D}{T_I}$$

则

$$K_P(T_D s+1)\left(1+\frac{1}{T_I s}\right)=K_P F\left(1+\frac{1}{T_I F s}+\frac{T_D}{F}s\right)$$

设 $K_P^*=K_P F, T_I^*=T_I F, T_D^*=T_D/F$，则式(7-89)可写为

$$\frac{U(s)}{E(s)}=\frac{K_P^*\left(1+\frac{1}{T_I^* s}+T_D^* s\right)}{\frac{T_D}{K_D}s+1} \tag{7-90}$$

式(7-90)与式(7-88)一致，为带有一阶滤波环节的PID控制。图7-27所示的为模拟调节器结构，将它离散化，即可得计算机算法。

1）微分加滤波部分

$$\frac{P(s)}{E(s)}=\frac{T_D s+1}{\frac{T_D}{K_D}s+1}$$

写成微分方程形式：

$$\frac{T_D}{K_D}\frac{dp(t)}{dt}+p(t)=T_D\frac{de(t)}{dt}+e(t)$$

变成差分方差：

$$\frac{T_D}{K_D}\frac{p(n)-p(n-1)}{T}+p(n)=T_D\frac{e(n)-e(n-1)}{T}+e(n)$$

$$p(n)=\frac{T_D}{T_D+K_DT}p(n-1)+\frac{K_DT_D}{T_D+K_DT}[e(n)-e(n-1)]$$

$$+\frac{K_DT}{T_D+K_DT}e(n) \tag{7-91}$$

2）积分部分

$$\frac{U_1(s)}{P(s)}=\frac{K_P}{T_Is}$$

微分方程为

$$T_I\frac{du_1(t)}{dt}=K_Pp(t)$$

差分方程为

$$T_I\frac{u_1(n)-u_1(n-1)}{T}=K_Pp(n)$$

$$u_1(n)=u_1(n-1)+K_P\frac{T}{T_I}p(n) \tag{7-92}$$

3）比例部分

$$\frac{U_2(s)}{P(s)}=K_P$$

$$u_2(n)=K_Pp(n) \tag{7-93}$$

调节器总输出为

$$u(n)=u_1(n)+u_2(n) \tag{7-94}$$

式(7-91)～式(7-94)即带有一阶滤波器的PID控制算法。

7.7.4 PID 调节规律的脉冲传递函数

用脉冲传递函数对系统进行综合分析时，需要知道PID调节规律的脉冲传递函数，离散PID算法如式(7-76)所示。

对该式两边取 z 变换，并考虑到 $Z\left[\sum_{k=0}^{n}e(k)\right]=\frac{E(z)}{1-z^{-1}}$(见式(7-21))，则有

$$U(z)=K_P\left\{E(z)+\frac{T}{T_I}\frac{E(z)}{1-z^{-1}}+\frac{T_D}{T}[E(z)-z^{-1}E(z)]\right\}$$

$$=K_P\left[E(z)+\frac{T}{T_I}\frac{E(z)}{1-z^{-1}}+\frac{T_D}{T}(1-z^{-1})E(z)\right]$$

因此，PID 数字控制器的脉冲传递函数 $D(z)$ 为

$$D(z)=\frac{U(z)}{E(z)}=K_{\mathrm{P}}\left[1+\frac{T}{T_{\mathrm{I}}}\frac{1}{1-z^{-1}}+\frac{T_{\mathrm{D}}}{T}(1-z^{-1})\right]$$

$$=K_{\mathrm{P}}\frac{1+\frac{T}{T_{\mathrm{I}}}+\frac{T_{\mathrm{D}}}{T}-\left(1+\frac{2T_{\mathrm{D}}}{T}\right)z^{-1}+\frac{T_{\mathrm{D}}}{T}z^{-2}}{1-z^{-1}} \tag{7-95}$$

7.8　含有纯滞后对象的控制系统

在被控对象含有较大的纯滞后时，采用 PID 控制规律往往得不到满意的结果。1968 年，美国 IBM 公司的 E. B. Dahlin 提出了一种控制算法，对于含有纯滞后的对象，具有较好的控制效果，这种算法称为 Dahlin 算法。

7.8.1　Dahlin 算法

Dahlin 算法针对如下两种控制对象：

(1) 带纯滞后的一阶惯性环节

$$G_0(s)=\frac{k}{T_1s+1}\mathrm{e}^{-\tau s} \tag{7-96}$$

(2) 带纯滞后的二阶惯性环节

$$G_0(s)=\frac{k}{(T_1s+1)(T_2s+1)}\mathrm{e}^{-\tau s} \tag{7-97}$$

在上述两种对象中，都假定滞后时间 τ 是采样时间 T 的整数倍，即

$$\tau=NT \tag{7-98}$$

式中，N 为正整数。

Dahlin 算法的设计目标是使系统闭环后的传递函数 $G_{\mathrm{b}}(s)$ 为一阶惯性环节和一个纯滞后环节串联，且纯滞后时间等于对象的滞后时间 τ，即

$$G_{\mathrm{b}}(s)=\frac{1}{1+T_{\mathrm{b}}s}\mathrm{e}^{-\tau s} \tag{7-99}$$

控制系统仍如图 7-22 所示。系统闭环后相当于一个采样开关和 $G_{\mathrm{b}}(s)$ 串联，如图 7-28 所示。则

$$G_{\mathrm{b}}(z)=\frac{Y(z)}{R(z)}=Z\left[\frac{1-\mathrm{e}^{-Ts}}{s}G_{\mathrm{b}}(s)\right]=Z\left[\frac{1-\mathrm{e}^{-Ts}}{s(T_{\mathrm{b}}s+1)}\mathrm{e}^{-NTs}\right]$$

$$=(1-z^{-1})z^{-N}Z\left[\frac{1}{s(1+T_{\mathrm{b}}s)}\right]=\frac{z^{-(N+1)}(1-\mathrm{e}^{-T/T_{\mathrm{b}}})}{1-\mathrm{e}^{-T/T_{\mathrm{b}}}z^{-1}}$$

$$G_{\mathrm{e}}(z)=1-G_{\mathrm{b}}(z)=\frac{1-\mathrm{e}^{-T/T_{\mathrm{b}}}z^{-1}-(1-\mathrm{e}^{-T/T_{\mathrm{b}}})z^{-(N+1)}}{1-\mathrm{e}^{-T/T_{\mathrm{b}}}z^{-1}}$$

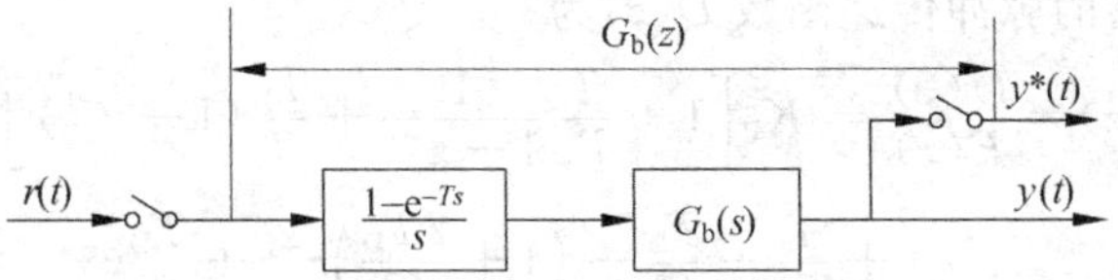

图 7-28　Dahlin 算法的闭环传递函数

因此，控制器脉冲传递函数 $D(z)$ 为

$$D(z)=\frac{G_b(z)}{G_0(z)G_e(z)}=\frac{1}{G_0(z)}\frac{(1-e^{-T/T_b})z^{-(N+1)}}{1-e^{-T/T_b}z^{-1}-(1-e^{-T/T_b})z^{-(N+1)}} \tag{7-100}$$

式中，$G_0(z)=Z\left[\frac{1-e^{-Ts}}{s}G_0(s)\right]$。另外，式中分母除 $G_0(z)$ 以外的部分可以变为

$$\begin{aligned}
&1-e^{-T/T_b}z^{-1}-(1-e^{-T/T_b})z^{-(N+1)}\\
&=1-z^{-1}+(1-e^{-T/T_b})z^{-1}-(1-e^{-T/T_b})z^{-2}\\
&\quad+(1-e^{-T/T_b})z^{-2}-(1-e^{-T/T_b})z^{-3}+(1-e^{-T/T_b})z^{-3}+\cdots-(1-e^{-T/T_b})z^{-(N+1)}\\
&=(1-z^{-1})+(1-e^{-T/T_b})z^{-1}(1-z^{-1})+(1-e^{-T/T_b})z^{-2}(1-z^{-1})+\cdots\\
&\quad+(1-e^{-T/T_b})z^{-N}(1-z^{-1})\\
&=(1-z^{-1})[1+(1-e^{-T/T_b})(z^{-1}+z^{-2}+\cdots+z^{-N})]
\end{aligned}$$

故 $D(z)$ 也可表示为

$$D(z)=\frac{G_b(z)}{G_0(z)G_e(z)}=\frac{1}{G_0(z)}\frac{(1-e^{-T/T_b})z^{-(N+1)}}{(1-z^{-1})[1+(1-e^{-T/T_b})(z^{-1}+z^{-2}+\cdots+z^{-N})]}$$

（1）当对象为一阶惯性加纯滞后（如式(7-96)所示）时

$$G_0(z)=Z\left[\frac{1-e^{-Ts}}{s}\frac{k}{T_1s+1}e^{-NTs}\right]=\frac{k(1-e^{-T/T_1})z^{-(N+1)}}{1-e^{-T/T_1}z^{-1}}$$

代入式(7-100)，得

$$\begin{aligned}
D(z)&=\frac{(1-e^{-T/T_b})(1-e^{-T/T_1}z^{-1})}{k(1-e^{-T/T_1})[1-e^{-T/T_b}z^{-1}-(1-e^{-T/T_b})z^{-(N+1)}]}\\
&=\frac{(1-e^{-T/T_b})(1-e^{-T/T_1}z^{-1})}{k(1-e^{-T/T_1})(1-z^{-1})[1+(1-e^{-T/T_b})(z^{-1}+z^{-2}+\cdots+z^{-N})]}
\end{aligned} \tag{7-101}$$

（2）当对象为二阶惯性加纯滞后（如式(7-97)所示）时

$$G_0(z)=Z\left[\frac{1-e^{-Ts}}{s}\frac{k}{(T_1s+1)(T_2s+1)}e^{-NTs}\right]=\frac{k(C_1+C_2z^{-1})z^{-(N+1)}}{(1-e^{-T/T_1}z^{-1})(1-e^{-T/T_2}z^{-1})}$$

式中

$$C_1=1+\frac{1}{T_2-T_1}(T_1e^{-T/T_1}-T_2e^{-T/T_2})$$

$$C_2=e^{-\left(\frac{T}{T_1}+\frac{T}{T_2}\right)}+\frac{1}{T_2-T_1}(T_1e^{-T/T_2}-T_2e^{-T/T_1})$$

代入式(7-100)得

$$D(z)=\frac{(1-e^{-T/T_b})(1-e^{-T/T_1}z^{-1})(1-e^{-T/T_2}z^{-1})}{k(C_1+C_2z^{-1})[1-e^{-T/T_b}z^{-1}-(1-e^{-T/T_b})z^{-(N+1)}]}$$

$$=\frac{(1-e^{-T/T_b})(1-e^{-T/T_1}z^{-1})(1-e^{-T/T_2}z^{-1})}{k(C_1+C_2z^{-1})(1-z^{-1})[1+(1-e^{-T/T_b})(z^{-1}+z^{-2}+\cdots+z^{-N})]} \tag{7-102}$$

7.8.2 振铃现象及其消除

根据 Dahlin 算法设计的 $D(z)$，有一个严重缺陷，即其输出会产生振铃现象(ringing)。所谓振铃，是指 $D(z)$输出以 0.5 倍采样频率大幅度上下摆动。这种现象将使执行机构磨损增加，控制量剧烈起伏。这当然是不希望的，必须设法消除。

1. 振铃的衡量

把 $D(z)$的表达式写成如下一般形式：

$$D(z)=kz^{-N}Q(z)$$

其中

$$Q(z)=\frac{1+b_1z^{-1}+b_2z^{-2}+\cdots}{1+a_1z^{-1}+a_2z^{-2}+\cdots}$$

在 $D(z)$表达式中，z^{-N}只会产生延迟，不会引起振铃，引起振铃的是 $Q(z)$。因此在单位阶跃输入下，控制量 $U(z)=\frac{D(z)}{1-z^{-1}}$的振荡情况只与 $Q(z)$有关。$Q(z)$的单位阶跃响应为

$$U_1(z)=Q(z)\times\frac{1}{1-z^{-1}}=\frac{1+b_1z^{-1}+b_2z^{-2}+\cdots}{(1-z^{-1})(1+a_1z^{-1}+a_2z^{-2}+\cdots)}$$

$$=\frac{1+b_1z^{-1}+b_2z^{-2}+\cdots}{1+(a_1-1)z^{-1}+(a_2-a_1)z^{-2}+\cdots}$$

$$=1+(b_1-a_1+1)z^{-1}+\cdots$$

于是

$$u_1(0)=1,\quad u_1(T)=b_1-a_1+1$$

振铃用振铃幅度 RA(ringing amplitude)来衡量，RA 定义为 $Q(z)$的阶跃响应中第零次输出减去第一次输出的值，即

$$\mathrm{RA}=u_1(0)-u_1(T)=a_1-b_1 \tag{7-103}$$

可以证明，当 RA>0 时，有振铃，当 RA≤0 时，无振铃。

对于一阶惯性加纯滞后对象，其控制器如式(7-101)所示，故

$$Q(z)=\frac{1-e^{-T/T_1}z^{-1}}{1-e^{-T/T_b}z^{-1}-(1-e^{-T/T_b})z^{-(N+1)}}$$

即

$$a_1 = -e^{-T/T_b}, \quad b_1 = -e^{-T/T_1}$$

故

$$RA = a_1 - b_1 = e^{-T/T_1} - e^{-T/T_b}$$

如果 $T_b < T_1$，RA>0，有振铃；如果 $T_b \geqslant T_1$，则 RA$\leqslant$0，无振铃。实际上，设计的闭环响应的时间常数总比开环响应的时间常数小，即 $T_b < T_1$，故振铃总是存在的。

2. 振铃产生的原因

在单位阶跃函数作用下，输出 $U_1(z)$ 为

$$U_1(z) = \frac{1}{1-z^{-1}} Q(z)$$

因为，因子$\frac{1}{1-z^{-1}}$对应于单位阶跃函数，它不会附加振荡成分，故仅研究 $U_1(z)$ 中的 $Q(z)$ 即可，它相当于在单位脉冲函数 $\delta(nT)$ 作用下的输出。

$Q(z)$ 可写为

$$\begin{aligned} Q(z) &= \frac{1 + b_1 z^{-1} + b_2 z^{-2} + \cdots}{1 + a_1 z^{-1} + a_2 z^{-2} + \cdots} \\ &= \frac{d_1}{1 - c_1 z^{-1}} + \frac{d_2}{1 - c_2 z^{-1}} + \cdots + \frac{d_i}{1 - c_i z^{-1}} + \cdots \\ &= \sum_{i=1}^{\infty} \frac{d_i}{1 - c_i z^{-1}} = \sum_{i=1}^{\infty} d_i (1 + c_i z^{-1} + c_i^2 z^{-2} + c_i^3 z^{-3} + \cdots) \end{aligned}$$

式中，c_i 为 $Q(z)$ 的极点。它所对应的输出分量为

$$q_i(0) = d_i, \quad q_i(T) = d_i c_i, \quad q_i(2T) = d_i c_i^2, \quad \cdots$$

为保证 $Q(z)$ 稳定，需使 $|c_i| < 1$。由上式可以看出，在 c_i 为实数时，如 $1 > c_i > 0$，不会产生振铃。如 $-1 < c_i < 0$，则有振铃产生，并且极点越靠近 -1，振铃越严重。图 7-29 是极点 c_i 对应分量 $q_i(nT)$ 的变化情况，其中图(a)对应于 $-1 < c_i < 0$，图(b)对应于 $0 < c_i < 1$。当然复数极点也会产生振铃。表 7-6 列出了几种脉冲传递函数的振铃特性。

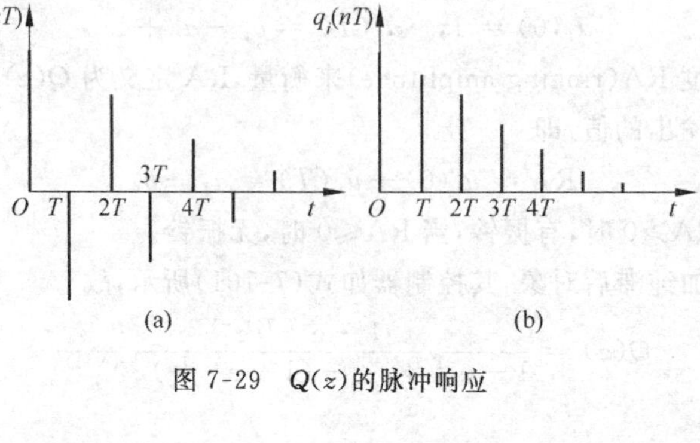

图 7-29　$Q(z)$ 的脉冲响应

表 7-6　振铃特性

$D(z)$	输入为 $u^*(t)$时的输出序列图	输出值		RA
$\frac{1}{1+z^{-1}}$	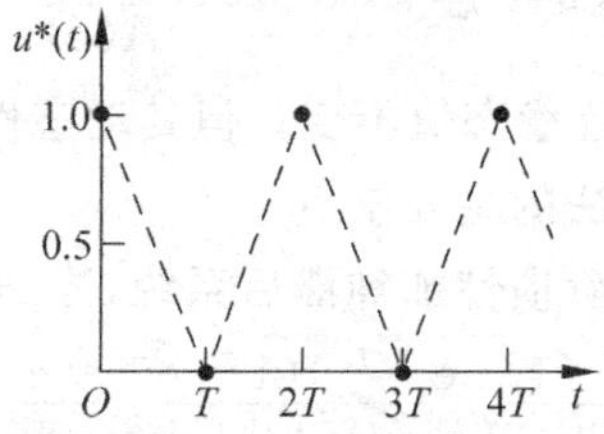	0 1T 2T 3T 4T 5T	1 0 1 0 1 0	1
$\frac{1}{1+0.5z^{-1}}$	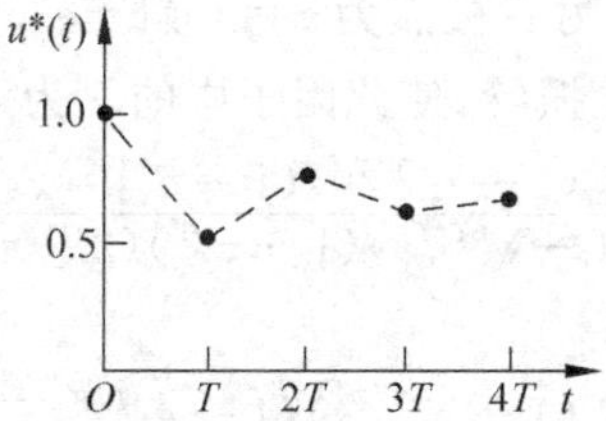	0 1T 2T 3T 4T	1.0 0.5 0.75 0.625 0.645	0.5
$\frac{1}{(1+0.5z^{-1})(1-0.2z^{-1})}$	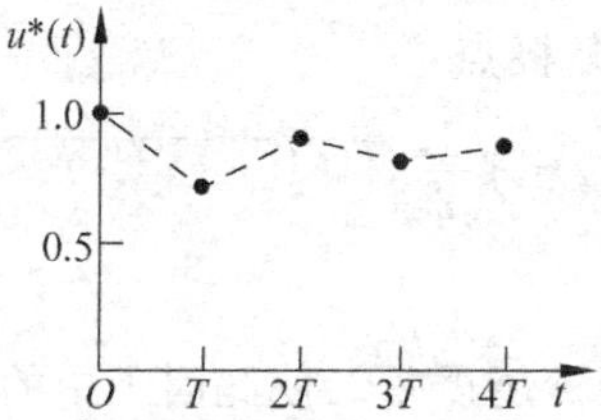	0 1T 2T 3T 4T	1.0 0.7 0.89 0.800 0.848	0.3
$\frac{1-0.5z^{-1}}{(1+0.5z^{-2})(1-0.2z^{-1})}$	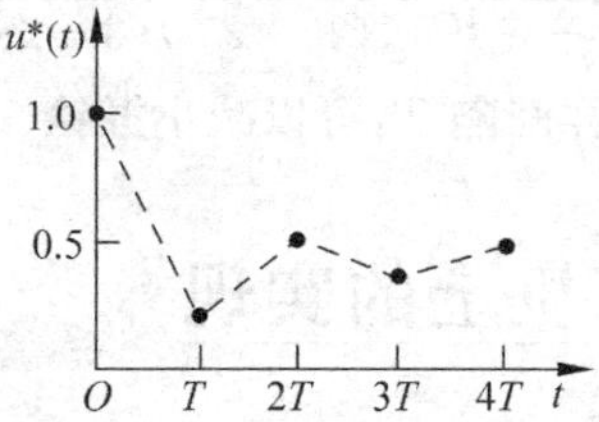	0 1T 2T 3T 4T	1.0 0.2 0.5 0.37 0.46	0.8

3. 消除振铃的方法

首先找出 $D(z)$的极点，靠近−1 的极点是引起振铃的原因。设 $D(z)$的一个极点 z_0 靠近−1，$D(z)$可表示为

$$D(z) = kz^{-N}\frac{B(z)}{A(z)(1-z_0 z_1^{-1})} \tag{7-104}$$

消除振铃的方法是消除振铃因子 $1-z_0z^{-1}$，但不能把这个因子简单去掉，因为这会

影响稳态输出，使系统出现稳态偏差。为消除振铃因子而不影响稳态值，根据 z 变换的终值定理，只要使 $1-z_0z^{-1}$ 中的 $z=1$ 即可。于是式(7-104)的 $D(z)$ 成为 $D'(z)$：

$$D'(z)=kz^{-N}\frac{B(z)}{(1-z_0)A(z)} \tag{7-105}$$

用 $D'(z)$代替 $D(z)$后，振铃消除，且稳态值不变。但其动态性能却发生了变化，且这种变化不总是可以预测的，这正是此方法的主要缺点。

例如对于式(7-101)表示的一阶惯性加纯滞后系统，当 $N=1$ 时，

$$D(z)=\frac{(1-\mathrm{e}^{-T/T_b})(1-\mathrm{e}^{-T/T_1}z^{-1})}{k(1-\mathrm{e}^{-T/T_1})(1-z^{-1})[1+(1-\mathrm{e}^{-T/T_b})z^{-1}]}$$

除极点 $z=1$(它不会引起振铃)外，另一极点为 $z=-(1-\mathrm{e}^{-T/T_b})$，$T$ 越大或 T_b 越小，此极点越靠近-1，振铃越严重。为消除振铃，使此因子中的 z 为 1，得

$$D(z)=\frac{(1-\mathrm{e}^{-T/T_b})(1-\mathrm{e}^{-T/T_1}z^{-1})}{k(1-\mathrm{e}^{-T/T_1})(1-z^{-1})(2-\mathrm{e}^{-T/T_b})}$$

当 $N=2$ 时，

$$D(z)=\frac{(1-\mathrm{e}^{-T/T_b})(1-\mathrm{e}^{-T/T_1}z^{-1})}{k(1-\mathrm{e}^{-T/T_1})(1-z^{-1})[1+(1-\mathrm{e}^{-T/T_b})(z^{-1}+z^{-2})]}$$

它有一个实极点 $z=1$ 和如下一对复极点：

$$z=-\frac{1}{2}(1-\mathrm{e}^{-T/T_b})\pm \mathrm{j}\,\frac{1}{2}\sqrt{4(1-\mathrm{e}^{-T/T_b})-(1-\mathrm{e}^{-T/T_b})^2}$$

$$|z|=\sqrt{1-\mathrm{e}^{-T/T_b}}$$

T 越大或 T_b 越小，$|z|$越接近 1，振铃越严重。使此因子中的 $z=1$，得

$$D(z)=\frac{(1-\mathrm{e}^{-T/T_b})(1-\mathrm{e}^{-T/T_1}z^{-1})}{k(1-\mathrm{e}^{-T/T_1})(1-z^{-1})(3-2\mathrm{e}^{-T/T_b})}$$

由以上分析也可看出，减小采样间隔 T，可以减小振铃。

7.9 $D(z)$在数字计算机上的实现

本节讨论如何把用脉冲传递函数表示的 $D(z)$变成可在计算机上计算的算法。

7.9.1 直接程序计算法

$D(z)$的输入为偏差 e，输出为控制量 u，$D(z)$的一般形式为

$$D(z)=\frac{b_0+b_1z^{-1}+b_2z^{-2}+\cdots+b_mz^{-m}}{1+a_1z^{-1}+a_2z^{-2}+\cdots+a_nz^{-n}}=\frac{\sum\limits_{i=0}^{m}b_iz^{-i}}{1+\sum\limits_{j=1}^{n}a_jz^{-j}}$$

则输出为

$$U(z)=\sum_{i=0}^{m}b_i z^{-i}E(z)-\sum_{j=1}^{n}a_j z^{-j}U(z)$$

在零初始条件下，作 z 反变换，得

$$u(nT)=\sum_{i=0}^{m}b_i e[(n-i)T]-\sum_{j=1}^{n}a_j u[(n-j)T] \tag{7-106}$$

按式(7-106)可根据输出的过去值 $u(0),u(T),\cdots,u[(n-1)T]$ 和输入的过去值和现在值 $e(0),e(T),\cdots,e(nT)$ 计算输出的现在值 $u(nT)$。

7.9.2　串联程序计算法

把 $D(z)$ 表示成如下零极点形式：

$$D(z)=\frac{U(z)}{E(z)}=\frac{K(z+c_1)(z+c_2)\cdots(z+c_m)}{(z+d_1)(z+d_2)\cdots(z+d_n)},\quad n\geqslant m$$

上式可表示成

$$\begin{aligned}D(z)&=K\frac{z+c_1}{z+d_1}\frac{z+c_2}{z+d_2}\cdots\frac{z+c_m}{z+d_m}\frac{1}{z+d_{m+1}}\cdots\frac{1}{z+d_n}\\&=\frac{1+c_1z^{-1}}{1+d_1z^{-1}}\frac{1+c_2z^{-1}}{1+d_2z^{-1}}\cdots\frac{1+c_mz^{-1}}{1+d_mz^{-1}}\frac{z^{-1}}{1+d_{m+1}z^{-1}}\cdots\frac{z^{-1}}{1+d_{n-1}z^{-1}}\frac{kz^{-1}}{1+d_nz^{-1}}\\&=D_1(z)D_2(z)\cdots D_n(z)\end{aligned}$$

式中

$$D_i(z)=\begin{cases}\dfrac{1+c_iz^{-1}}{1+d_iz^{-1}}, & 1\leqslant i\leqslant m\\[2mm]\dfrac{z^{-1}}{1+d_iz^{-1}}, & m+1\leqslant i\leqslant n-1\\[2mm]\dfrac{kz^{-1}}{1+d_iz^{-1}}, & i=n\end{cases}$$

即把 $D(z)$ 看成是 n 个环节串联，如图 7-30 所示。

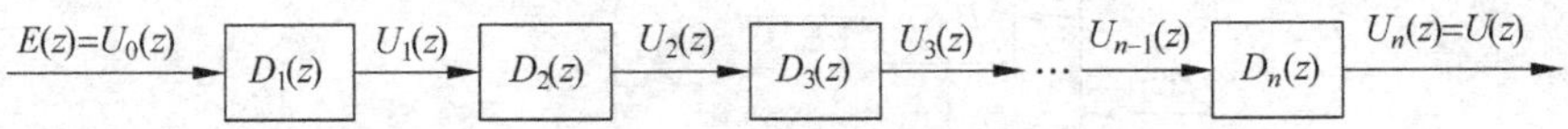

图 7-30　串联程序计算法

(1) 当 $1\leqslant i\leqslant m$ 时

$$D_i(z)=\frac{U_i(z)}{U_{i-1}(z)}=\frac{1+c_iz^{-1}}{1+d_iz^{-1}}$$

$$U_i(z)=U_{i-1}(z)+c_iz^{-1}U_{i-1}(z)-d_iz^{-1}U_i(z)$$

$$u_i(nT) = u_{i-1}(nT) + c_i u_{i-1}[(n-1)T] - d_i u_i[(n-1)T]$$

(2) 当 $m+1 \leqslant i \leqslant n-1$ 时

$$D_i(z) = \frac{U_i(z)}{U_{i-1}(z)} = \frac{z^{-1}}{1+d_i z^{-1}}$$

$$U_i(z) = z^{-1}U_{i-1}(z) - d_i z^{-1} U_i(z)$$

$$u_i(nT) = u_{i-1}[(n-1)T] - d_i u_i[(n-1)T]$$

(3) 当 $i=n$ 时

$$D_n(z) = \frac{U(z)}{U_{n-1}(z)} = \frac{kz^{-1}}{1+d_n z^{-1}}$$

$$u(nT) = ku_{n-1}[(n-1)T] - d_n u[(n-1)T]$$

采用这种方法可以很方便地调整 $D(z)$ 的极点和零点。

7.9.3 并联程序计算法

把 $D(z)$ 表示成如下形式：

$$D(z) = \frac{c_1}{1+d_1 z^{-1}} + \frac{c_2}{1+d_2 z^{-2}} + \cdots + \frac{c_n}{1+d_n z^{-1}}$$

$$= D_1(z) + D_2(z) + \cdots + D_n(z)$$

式中

$$D_i(z) = \frac{c_i}{1+d_i z^{-1}}, \quad i = 1,2,\cdots,n$$

即把 $D(z)$ 看成是 n 个环节的并联，如图 7-31 所示。按图分别计算 $u_1(nT), u_2(nT), \cdots, u_n(nT)$，然后按

$$u(nT) = u_1(nT) + u_2(nT) + \cdots + u_n(nT)$$

计算 $u(nT)$。

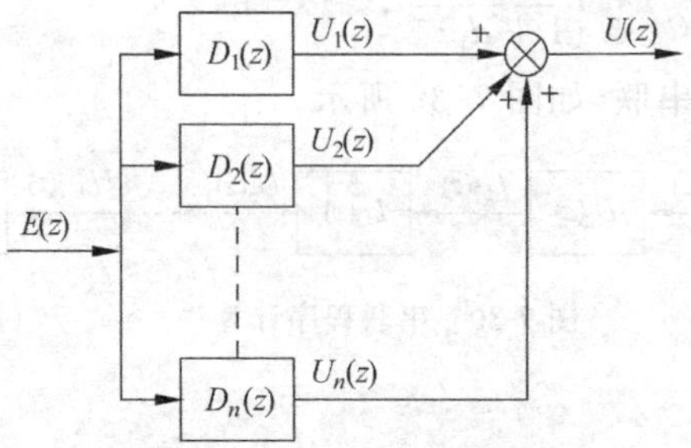

图 7-31　并联程序计算法

习题

7-1 设 $X(z)=Z[x(t)]$，T 为采样周期，证明：

(1) $Z[x(s)\mathrm{e}^{-NTs}]=z^{-N}X(z)$；

(2) $Z[tx(t)]=-Tz\dfrac{\mathrm{d}}{\mathrm{d}z}X(z)$；

(3) $Z\left[\dfrac{1}{t}x(t)\right]=\displaystyle\int_z^{\infty}\dfrac{X(z)}{Tz}\mathrm{d}z+\lim_{t\to 0}\dfrac{1}{t}x(t)$。

7-2 求下列 z 变换(采样周期为 T)：

(1) $x(t)=\dfrac{1}{t}u(t-T)$(利用习题 7-1(2)的结果)；

(2) $x(t)=\begin{cases}1, & 0\leqslant t\leqslant(N-1)T,\\ 0, & t<0,\\ 0, & t\geqslant NT;\end{cases}$

(3) $x(t)=t^2$(不直接查表)。

7-3 已知 $X(s)$如下，利用由 $X(s)$求 $X(z)$的两种方法求 $X(z)$。

(1) $X(s)=\dfrac{1}{s(s+2)^2}$；

(2) $X(s)=\dfrac{s+3}{s(s+1)(s+2)}$。

7-4 求 $Z\left[\dfrac{1-\mathrm{e}^{-Ts}}{s}\dfrac{k}{s(s+a)}\right]$。

7-5 若 $X(s)=Z[x(t)]$，求证：$\displaystyle\sum_{n=0}^{\infty}x(nT)=\lim_{z\to 1}X(z)$。

7-6 求下列 $X(z)$的原函数。

(1) $X(z)=\ln(1+az^{-1})$(用幂级数展开法)；

(2) $X(z)=(1-az^{-1})^{-1}(1-bz^{-1})^{-1}$(用部分分式法)；

(3) $X(z)=\dfrac{-3+z^{-1}}{1-2z^{-1}+z^{-2}}$(用留数法)。

7-7 如题图 7-1 所示的系统，求在输入 $x(t)=u(t)$时，输出的 z 变换 $y(z)$，对于能用脉冲传递函数表示的系统，求出其脉冲传递函数。

7-8 一离散控制系统闭环脉冲传递函数的极点如题图 7-2 所示。分析各极点对应的阶跃响应分量的形态。

7-9 求保证题图 7-3 所示系统闭环稳定的 k 的取值范围($T=1\mathrm{s}$)。

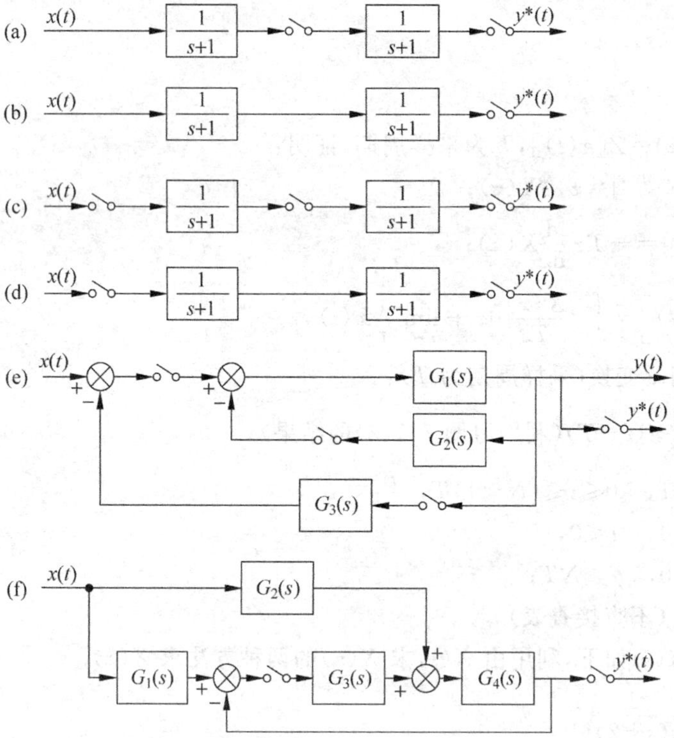

题图 7-1

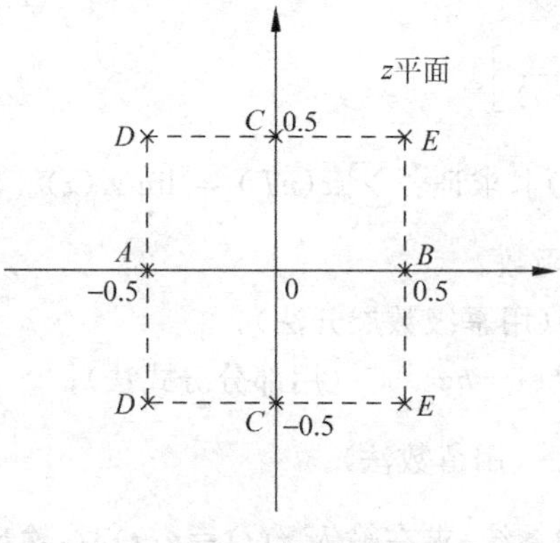

题图 7-2

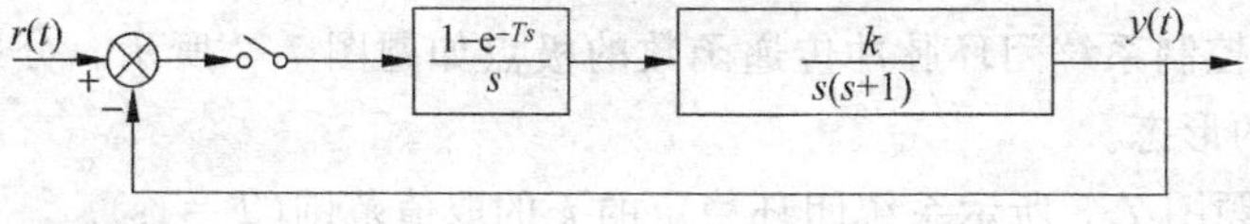

题图 7-3

7-10　有题图 7-4 所示系统，求当取 $T=0.3\mathrm{s}$ 和 $T=1\mathrm{s}$ 时，使系统稳定的 k 的取值范围。

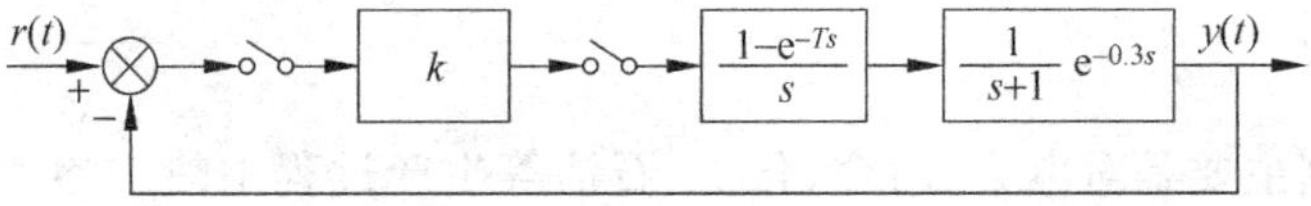

题图　7-4

7-11　在题图 7-5 所示系统中，$T=1\mathrm{s}$：

(1) 设计 $D(z)$(允许极点在单位圆上)，使在 $r(t)=t$ 时，调节时间最短，且在采样时刻无稳态偏差。

(2) 按(1)所设计的 $D(z)$，求当 $b(t)=u(t)$时，系统的稳态偏差。

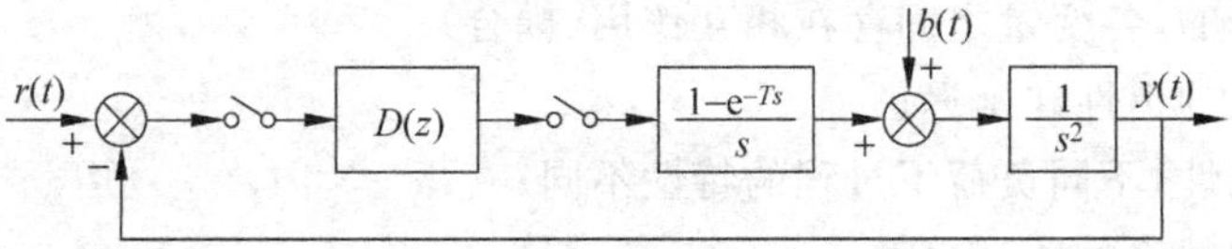

题图　7-5

7-12　设对象传递函数为$\dfrac{1}{1+10s}\mathrm{e}^{-2s}$，要求闭环传递函数为$\dfrac{1}{1+2s}\mathrm{e}^{-2s}$。

(1) 取采样间隔 $T=2\mathrm{s}$，按 Dahlin 算法设计控制器，计算振铃幅度 RA，并消除振铃。

(2) 取采样间隔 $T=1\mathrm{s}$，按 Dahlin 算法设计控制器，计算振铃幅度 RA，并消除振铃。

(3) 在(1)的情况下，计算消除振铃后系统的闭环脉冲传递函数，据此说明消除振铃对闭环特性的影响。

7-13　系统如题图 7-6 所示。$P=NT$(T 为采样间隔，N 为正整数)，设计 $D(z)$，使在 $r(t)=u(t)$时，$y(nT)=\begin{cases}0, & n\leqslant m\\ 1, & n>m\end{cases}$　(m 为正整数)。

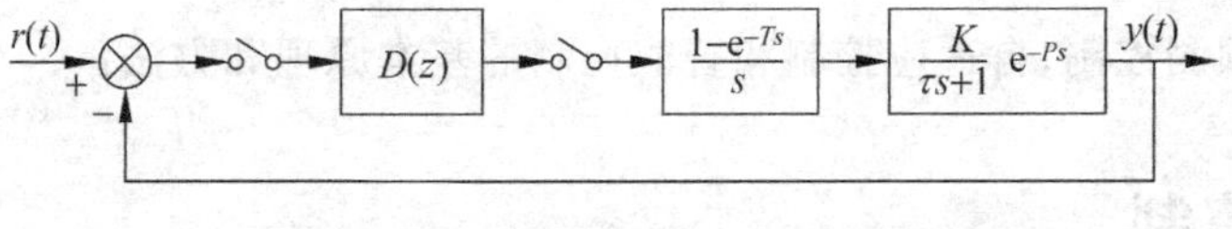

题图　7-6

第8章 先进过程控制系统简介

CHAPTER 8

热工过程控制主要是对电力、冶金、化工、石油等生产过程中热工参数的控制。目前广泛应用的控制系统是由 PID 控制器组成的反馈控制系统。随着工业生产规模的不断扩大,对控制质量的要求也越来越高。为了进一步改善参数控制的质量、确保大型热力设备的安全经济运行,人们研究设计了多种先进的过程控制系统。这些控制系统体现了最新的控制思想和理论成果,而且大多是基于计算机的。

复杂的热力过程往往具有如下特点:

(1) 是多变量的,各变量之间存在相互作用(耦合);

(2) 具有较大的惯性和延迟;

(3) 存在非线性,不同负荷下过程的特性不同;

(4) 难以得到精确的数学模型。

复杂热工对象的上述特点使得传统的 PID 控制技术难以达到满意的控制效果,其数学模型的不确定性又限制了现代控制理论的有效应用。因此,各种先进过程控制技术的研究、发展为解决复杂热工对象的控制开辟了一条新的途径。虽然目前先进过程控制在热工过程控制领域的成功应用还不多,但是可以肯定,热工过程控制必将成为一个先进过程控制技术的重要应用领域。

先进过程控制系统一般包括预测控制、自适应控制、智能控制、最优控制、推理控制、多变量频域方法等。各种不同的系统设计方案之间还可以相互引用和借鉴设计思想和方法,从而形成新的设计方案。目前这一领域的研究成果还在不断涌现,在控制理论界也还无法给出一个详细的分类。

本章仅讨论预测控制、自适应控制和智能控制的基本原理和方法。

8.1 预测控制

预测控制是 20 世纪 70 年代后发展起来的。当时,现代控制理论已经成熟,并在航空航天等领域获得了卓有成效的应用。但是,由于它要求较高精度的对象数学模型,因而在热工自动控制系统中的应用较少。为了摆脱这种对被控对象模型的严重依赖,人们设想从被控过程的特点出发，寻求对被控对象模型精度要求不高但同样能够实现高质量控制性能的方法。预测控制就是人们选择的方法之一。

8.1.1　预测控制的基本原理

预测控制有多种控制算法，但不论算法的形式如何，都包括如下三个部分。

1. 预测模型

预测控制是一种基于模型的控制算法，这种模型称为预测模型。在预测控制中，预测模型的作用是根据对象的历史信息和未来输入预测未来输出，因此，只要能实现此功能的模型，不管其形式如何，都可以作为预测模型。状态方程、传递函数可以作为预测模型，脉冲响应、阶跃响应这类非参数模型也可作为预测模型。对于热工过程这种复杂的工业对象，由于建立其参数模型往往需要花费很大代价，使得基于传递函数或状态方程的控制算法难以实现。而预测控制可以利用容易得到的脉冲响应或阶跃响应作为预测模型，这对于其工业应用无疑具有巨大的吸引力。

2. 滚动优化

预测控制是一种优化控制算法，即它通过使某一性能指标最优来确定未来的控制作用。性能指标中涉及系统未来的行为，它是预测模型根据未来的控制策略给出的。但预测控制中的优化与传统意义上的优化有很大区别，它不是利用一个对全局相同的优化性能指标，而是利用一种有限时间的滚动优化。即在每一采样时刻，优化性能指标只涉及从该时刻起一段有限的时间。而到下一采样时刻，这一优化时间段向后推移。因此，预测控制中的优化不是一次离线进行，而是反复在线进行，此即滚动优化的含义。

3. 反馈校正

预测控制是一种闭环控制算法。在通过优化确定了未来一段时间的控制作用后，预测控制并不把这些控制作用逐一全部实施，而只是实施本时刻的控制作用。到下一采样时刻，控制系统首先检测对象的实际输出，并利用它对模型的预测进行校正，然后再进行新的优化。因此，预测控制的优化利用了反馈信息，从而使预测建立在系统实际的基础上。这种滚动闭环优化策略虽然不一定能达到全局最优，但由于实际上不可避免地存在模型失配和环境干扰，滚动闭环优化策略可以不断校正这些不确定性的影响，因而往往比依靠模型的一次优化更能适应实际过程，具有更好的性能。

根据以上分析，预测控制系统的基本结构如图 8-1 所示。

根据建立的预测模型和系统的控制量 u 产生预测输出 y_m，因为此预测只利用了系统的输入，故称为开环预测。y_m 与系统的实际输出 y 相比较，得到 e，它为开环预测的偏差。利用此偏差和输入 u 对 y_m 进行校正，产生预测值 y_p，这一过程由于利用了系统的实际输

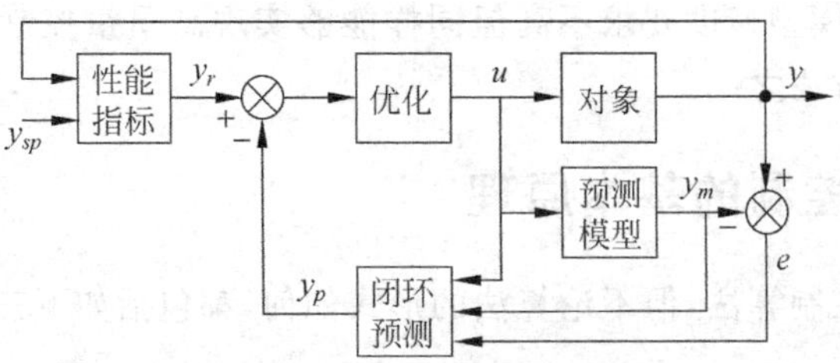

图 8-1　预测控制基本结构图

出，故称为闭环预测，它反映了预测控制中的反馈校正功能。控制系统的控制目标由图中的性能指标环节根据被控量 y 和给定值 y_{sp} 计算，产生系统的期望输出 y_r，优化环节根据闭环预测输出 y_p 和期望输出 y_r 的偏差计算系统的控制量 u，作用于对象。

预测控制有多种算法，本节简要介绍典型的几种。

8.1.2　模型算法预测控制

模型算法预测控制 MAC(model algorithmic control)是在 20 世纪 70 年代后期提出的，它已在西方许多工业过程的控制中得到了应用，并取得显著成效。

模型算法预测控制的预测模型是对象的脉冲响应，它适用于渐近稳定的对象。对于无自平衡能力的对象，可通过常规控制方法(如使用 PID 控制器)首先使其动态特性稳定，然后再应用预测控制算法。

1. 预测模型

用 $g(t)$表示一个有自平衡能力的线性系统实验测得的脉冲响应，如图 8-2 所示。

由于渐近稳定，故 $\lim\limits_{t\to\infty} g(t)=0$，则必存在一个时刻 $t_N=NT$，使得在此之后的 $g(t)(t>t_N)$值可以认为是零。以 T 为采样间隔，N 为采样点数，则序列$\{g_1,g_2,\cdots,g_N\}$即 MAC 控制算法的预测模型，这里 $g_j=g(jT)$。

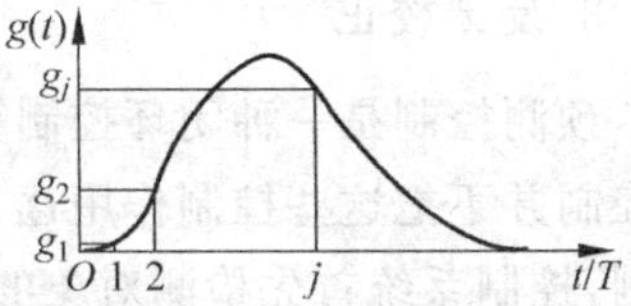

图 8-2　对象的脉冲响应曲线

对于线性系统，已知其脉冲响应 $g(t)$，则在任意输入 $u(t)$作用下，系统的输出 $y(t)$为 $g(t)$和 $u(t)$的卷积，即

$$y(t)=g(t)*u(t)=\int_0^{\infty} g(\tau)u(t-\tau)\mathrm{d}\tau$$

式中，$g(t)$取实验值，$y(t)$用预测值 $y_m(t)$代替，得

$$y_m(t)=g(t)*u(t)=\int_0^{\infty} g(\tau)u(t-\tau)\mathrm{d}\tau$$

将此式离散化并设采样时间 $T=1$，有

$$y_m(k)=\sum_{j=1}^{\infty}g_j u(k-j) \tag{8-1}$$

式中，$y_m(k)=y_m(kT)$，$u(k-j)=u[(k-j)T]$。

根据上述 N 的选择方法，式(8-1)可写成有限卷积的形式，为

$$y_m(k)=\sum_{j=1}^{N}g_j u(k-j) \tag{8-2}$$

式(8-2)即为由对象的脉冲响应和 k 时刻以前的 N 个输入预测 k 时刻输出的关系式。如果需要预测 k 以后的 P 个时刻的输出，则式(8-2)成为

$$y_m(k+i)=\sum_{j=1}^{N}g_j u(k-j+i),\quad i=1,2,\cdots,P \tag{8-3}$$

通常规定 $P\leqslant N$。

控制作用也可用增量的形式来表示，由式(8-3)可得

$$y_m(k+i-1)=\sum_{j=1}^{N}g_j u(k-j+i-1),\quad i=1,2,\cdots,P \tag{8-4}$$

式(8-4)与式(8-3)相减，得

$$y_m(k+i)=y_m(k+i-1)+\sum_{j=1}^{N}g_j\Delta u(k-j+i) \tag{8-5}$$

式中，$\Delta u(k-j+i)=u(k-j+i)-u(k-j+i-1)$为控制增量。

2. 反馈校正

由式(8-3)可知，预测值 $y_m(k+i)$依赖于预测模型(脉冲响应)和对象的输入，而与对象的实际输出无关，故称它为开环预测。为了能及时排除由模型失配和各种随机干扰引起的预测误差，需要对 $y_m(k+i)$进行修正，修正的方法是：将第 k 步的实际对象输出测量值 $y(k)$与预测模型输出 $y_m(k)$之间的误差附加到模型的预测输出 $y_m(k+i)$上，作为实际预测输出。这实际上是一种反馈校正的方法，校正的结果用 $y_p(k+i)$表示，称为闭环预测，表示为

$$y_p(k+i)=y_m(k+i)+[y(k)-y_m(k)],\quad i=1,2,\cdots,P \tag{8-6}$$

表示为向量形式，为

$$\boldsymbol{y}_p(k+1)=\boldsymbol{y}_m(k+1)+\boldsymbol{h}_0[y(k)-y_m(k)] \tag{8-7}$$

式中

$$\boldsymbol{y}_p(k+1)=[y_p(k+1),y_p(k+2),\cdots,y_p(k+P)]^{\mathrm{T}}$$

$$\boldsymbol{h}_0=[1\ \ 1\ \ \cdots\ \ 1]^{\mathrm{T}}$$

3. 滚动优化

(1) 参考轨迹

控制的目标是使系统的输出量 $y(t)$ 沿着一条事先规定的曲线逐渐到达设定值 y_{sp}。这条指定的曲线称为参考轨迹，用 y_r 表示。参考轨迹通常采用从现在时刻实际输出值出发的一阶指数形式。它在未来 P 个时刻的值为

$$\begin{cases} y_r(k+i) = \alpha^i y(k) + (1-\alpha^i) y_{sp}, \quad i = 1,2,\cdots,P \\ y_r(k) = y(k) \end{cases} \tag{8-8}$$

式中，$\alpha = \exp(-T/\tau)$，T 为采样周期，τ 为参考轨迹的时间常数。

由式(8-8)知，采用这种形式的参考轨迹，可减小过量的控制作用，使系统的输出能平滑地达到设定值。从理论上可以证明，参考轨迹的时间常数 α 越大，系统的“柔性”也就越好，但控制的快速性将变差。实际应用中 α 是一个重要的设计参数。

(2) 性能指标

在模型算法控制中，k 时刻的性能指标即优化准则是选择未来若干个控制量，使在未来 P 个时刻的闭环预测输出 $y_p(k+i)(i=1,2,\cdots,P)$ 尽量接近由参考轨迹确定的期望值 $y_r(k+i)(i=1,2,\cdots,P)$。这一指标可写作

$$\min J(k) = \sum_{i=1}^{P} q_i [y_p(k+i) - y_r(k+i)]^2 \tag{8-9}$$

式中，q_i 为非负权系数，它们决定了各采样时刻的误差在性能指标 $J(k)$ 中所占的比重。

(3) 控制算法

首先考虑一步优化问题，即在式(8-9)中，取 $P=1$，确定 k 时刻的控制量 $u(k)$。此时，式(8-9)成为

$$y_p(k+1) - y_r(k+1) = 0 \tag{8-10}$$

其中

$$\begin{aligned} y_p(k+1) &= y(k) + y_m(k+1) - y_m(k) \\ &= y(k) + \sum_{j=1}^{N} g_j u(k+1-j) - \sum_{j=1}^{N} g_j u(k+1-j) \\ &= g_1 u(k) + y(k) - g_N u(k-N) - \sum_{j=1}^{N-1} (g_j - g_{j-1}) u(k-j) \end{aligned} \tag{8-11}$$

$$y_r(k+1) = \alpha y(k) + (1-\alpha) y_{sp} \tag{8-12}$$

将式(8-11)和(8-12)代入式(8-10)并加以整理即得到优化控制规律 $u(k)$：

$$u(k) = \frac{1}{g_1}\Big[(1-\alpha)(y_{sp} - y(k)) + g_N u(k-N) + \sum_{j=1}^{N-1} (g_j - g_{j-1}) u(k-j)\Big] \tag{8-13}$$

由上式可以看出，只需在计算机中存储对象的脉冲响应采样值 $g_1, g_2, \cdots, g_N$，过去 N

个时刻的控制量 $u(k-1),u(k-2),\cdots,u(k-N)$ 和参考轨迹的参数 α,y_{sp}，在测得当前时刻(k 时刻)的输出值 $y(k)$ 后，即可通过简单的计算，得到当前时刻的控制作用 $u(k)$。

但式(8-13)也表明，它不适用于具有时滞的对象，因为这时 $g_1=0$，将使计算失效。对非最小相位对象，式(8-13)的计算还将产生不稳定的控制。此外，对于小的 g_1 值，控制效果会显著变差，因为很小的模型误差将会使 $u(k)$ 大幅度偏离最优值。鉴于上述原因，这种一步优化算法很难为工业界所接受。为了使其成为一种实用的工业控制算法，需要在以下两方面加以改进。

(1) 采用多步优化，且取不同的控制域。即在 k 时刻，根据 $y_p(k+1),y_p(k+2),\cdots,y_p(k+P)$ P 个预测值计算 $u(k),u(k+1),\cdots,u(k+M-1)$ M 个控制量，P 称为优化域，M 称为控制域，且 $M\leqslant P$。在 $K+M-1$ 时刻后，认为控制量 $u(k+M),u(k+M+1),\cdots,u(k+P-1)$ 维持 $u(k+M-1)$ 时的值不变。

在上述条件下，式(8-3)可写成

$$\begin{cases} y_m(k+i)=\sum_{j=1}^{N}g_ju(k-j+i),\quad i=1,2,\cdots,M \\ y_m(k+M+1)=(g_1+g_2)u(k+M-1) \\ \qquad +g_3u(k+M-2)+\cdots+g_Nu(k+M-N+1) \\ \vdots \\ y_m(k+P)=(g_1+\cdots+g_{P-M+1})u(k+M-1) \\ \qquad +g_{P-M+2}u(k+M-2)+\cdots+g_Pu(k+P-N) \end{cases} \tag{8-14}$$

式(8-14)写成向量的形式为

$$\boldsymbol{y}_m(k+1)=\boldsymbol{G}_1\boldsymbol{u}_1(k)+\boldsymbol{G}_2\boldsymbol{u}_2(k) \tag{8-15}$$

式中

$$\boldsymbol{y}_m(k+1)=[y_m(k+1)\quad\cdots\quad y_m(k+P)]^{\mathrm{T}}$$
$$\boldsymbol{u}_1(k)=[u(k)\quad\cdots\quad u(k+M-1)]^{\mathrm{T}}$$
$$\boldsymbol{u}_2(k)=[u(k-1)\quad\cdots\quad u(k+1-N)]^{\mathrm{T}}$$

$$\boldsymbol{G}_1=\begin{bmatrix} g_1 & 0 & 0 & \cdots & 0 & 0 \\ g_2 & g_1 & 0 & \cdots & 0 & 0 \\ \vdots & \vdots & \vdots & & \vdots & \vdots \\ g_{M-1} & g_{M-2} & g_{M-3} & \cdots & g_1 & 0 \\ g_M & g_{M-1} & g_{M-2} & \cdots & g_2 & g_1 \\ g_{M+1} & g_M & g_{M-1} & \cdots & g_3 & g_1+g_2 \\ g_{M+2} & g_{M+1} & g_M & \cdots & g_4 & g_1+g_2+g_3 \\ \vdots & \vdots & \vdots & & \vdots & \vdots \\ g_P & g_{P-1} & g_{P-2} & \cdots & g_{P-M+2} & g_1+g_2+\cdots+g_{P-M+1} \end{bmatrix}_{P\times M}$$

$$G_2 = \begin{bmatrix} g_2 & g_3 & \cdots & g_{N-1} & g_N \\ g_3 & g_4 & \cdots & g_N & 0 \\ \vdots & \vdots & & \vdots & \vdots \\ g_{P+1} & g_{P+2} & \cdots & 0 & 0 \end{bmatrix}_{P\times(N-1)}$$

可见，在式(8-15)中，开环预测值 $\boldsymbol{y}_m(k+1)$ 由两部分组成，因为 $N-1$ 维向量 $\boldsymbol{u}_2(k)$ 是 k 时刻以前的输入信息，故 $\boldsymbol{G}_2\boldsymbol{u}_2(k)$ 项表示过去的输入对预测值的影响；M 维向量 $\boldsymbol{u}_1(k)$ 是 k 时刻及其以后的输入信息，故 $\boldsymbol{G}_1\boldsymbol{u}_1(k)$ 项表示现在和未来输入对预测值的影响。

期望输出的向量形式为

$$\boldsymbol{y}_r(k+1) = [y_r(k+1) \quad \cdots \quad y_r(k+P)]^{\mathrm{T}} \tag{8-16}$$

式中 $y_r(k+i)$ 如式(8-8)所示。

闭环预测值的向量形式为

$$\begin{aligned} \boldsymbol{y}_p(k+1) &= \boldsymbol{y}_m(k+1) + \boldsymbol{h}[y(k) - y_m(k)] \\ &= \boldsymbol{y}_m(k+1) + \boldsymbol{h}e(k) \end{aligned} \tag{8-17}$$

式中

$$\boldsymbol{y}_p(k+1) = [y_p(k+1) \quad \cdots \quad y_p(k+P)]^{\mathrm{T}}$$

$$\boldsymbol{y}_m(k+1) = [y_m(k+1) \quad \cdots \quad y_m(k+P)]^{\mathrm{T}}$$

$$\boldsymbol{h} = [h_1 \quad h_2 \quad \cdots \quad h_P]^{\mathrm{T}}$$

这里采用加权误差校正方法，即 $h_1, h_2, \cdots, h_P$ 可不为1。

(2) 性能指标在式(8-9)的基础上加上控制项，即

$$\begin{aligned} \min J(k) &= \sum_{i=1}^{P} q_i[y_p(k+i) - y_r(k+i)]^2 + \sum_{j=1}^{M} r_j u^2(k+j-1) \\ &= [\boldsymbol{y}_p(k+1) - \boldsymbol{y}_r(k+1)]^{\mathrm{T}}\boldsymbol{Q}[\boldsymbol{y}_p(k+1) - \boldsymbol{y}_r(k+1)] + [\boldsymbol{u}_1(k)]^{\mathrm{T}}\boldsymbol{R}\boldsymbol{u}_1(k) \end{aligned} \tag{8-18}$$

式中，$\boldsymbol{Q} = \mathrm{diag}(q_1, q_2, \cdots, q_P)$，$\boldsymbol{R} = \mathrm{diag}(r_1, r_2, \cdots, r_M)$，$q_1, q_2, \cdots, q_P$ 和 $r_1, r_2 \cdots, r_M$ 为非负加权系数。

使 $\dfrac{\mathrm{d}J(k)}{\mathrm{d}\boldsymbol{u}_1(k)} = 0$，可得最优控制 $\boldsymbol{u}_1(k)$ 为

$$\boldsymbol{u}_1(k) = (\boldsymbol{G}_1^{\mathrm{T}}\boldsymbol{Q}\boldsymbol{G}_1 + \boldsymbol{R})^{-1}\boldsymbol{G}_1^{\mathrm{T}}\boldsymbol{Q} \cdot [\boldsymbol{y}_r(k+1) - \boldsymbol{G}_2\boldsymbol{u}_2(k) - \boldsymbol{h}e(k)] \tag{8-19}$$

在实际上，并不把计算得到的 $\boldsymbol{u}_1(k)$ 中的 M 个控制量逐一施加于对象，而只施加即时的控制量 $u(k)$，它即是 $\boldsymbol{u}_1(k)$ 中的第一个元素：

$$u(k) = [1 \quad 0 \quad \cdots \quad 0]\boldsymbol{u}_1(k) \tag{8-20}$$

8.1.3 动态矩阵控制

动态矩阵控制 DMC(dynamic matrix control)算法 1974 年开始应用在美国石油装置的控制上，20 多年来，它已在石油、化工等许多部门的过程控制中得到了成功的应用。

1. 预测模型

动态矩阵控制算法利用对象的阶跃响应作为预测模型，和模型算法控制一样，它也只能直接应用于有自平衡能力的对象。图 8-3 所示为某一渐近稳定对象的实测单位阶跃响应曲线。从 $t=0$ 到输出 $y(t)$ 的变化已趋向稳态值 a_s 的时刻 t_N，把曲线分割成 N 段，采样周期为 $T=t_N/N$。故构成预测模型的阶跃响应序列为 $\{a_1, a_2, \cdots, a_N\}$，共有 N 个元素，且满足

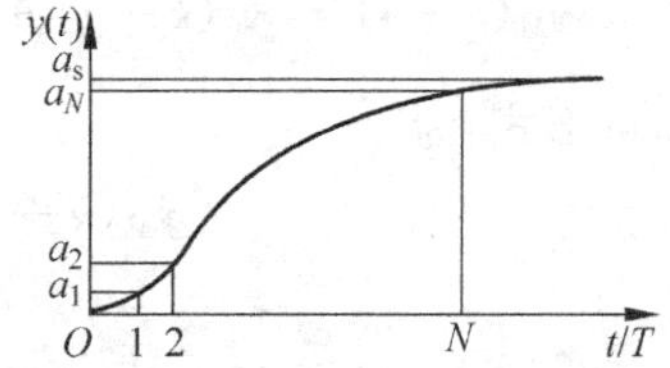

图 8-3　对象的单位阶跃响应曲线

$$a_i = \begin{cases} 0, & i < 1 \\ a_i, & 1 \leqslant i < N \\ a_s, & i \geqslant N \end{cases}$$

DMC 预测问题的提法是：在 $k, k+1, \cdots, k+M-1$ 时刻分别将 M 个控制增量 $\Delta u(k), \Delta u(k+1), \cdots, \Delta u(k+M-1)$ 施加于对象时，预测未来 P 个时刻 $(k+1, k+2, \cdots, k+P)$ 对象的输出。为了使问题有意义，需满足

$$N \geqslant P \geqslant M$$

对象的预测输出用 $y_j(k+i)$ 表示，其中，$k+i(i=1,2,\cdots,P)$ 表示 $k+i$ 时刻的预测值，$j(1 \leqslant j \leqslant M)$ 表示施加的控制增量的个数，它意味着在 $k, k+1, \cdots, k+j-1$ 时刻，分别向对象施加控制增量 $\Delta u(k), \Delta u(k+1), \cdots, \Delta u(k+j-1)$，而在 $k+j-1$ 时刻以后，控制量不再变化，即 $\Delta u(k+j)=\Delta u(k+j+1)=\cdots=0$。特别当 $j=0$ 时，$y_0(k+i)$ 表示在 k 及 k 时刻以后控制量不再变化的条件下对未来输出的预测。

对于线性系统，根据叠加性，它从 k 时刻起施加 M 个控制增量后，其在 $k+i$ 时刻的输出值 $y_M(k+i)$ 等于不施加任何控制增量时 $k+i$ 时刻的输出 $y_0(k+i)$ 加上单独施加这 M 个控制增量引起的 $k+i$ 时刻的输出 $\Delta y_M(k+i)$，即

$$y_M(k+i) = y_0(k+i) + \Delta y_M(k+i)$$

另外，$k+i$ 时刻的控制增量不会引起 $k+i-1$ 时刻的输出的变化，由于 $a_0=0$，故它也不会引起 $k+i$ 时刻的输出的变化。由此可得

$$\begin{aligned}
& y_M(k+1) = y_0(k+1) + a_1\Delta u(k) \\
& y_M(k+2) = y_0(k+2) + a_2\Delta u(k) + a_1\Delta u(k+1) \\
& y_M(k+3) = y_0(k+3) + a_3\Delta u(k) + a_2\Delta u(k+1) + a_1\Delta u(k+2) \\
& \quad\vdots \\
& y_M(k+M) = y_0(k+M) + a_M\Delta u(k) + a_{M-1}\Delta u(k+1) + \cdots + a_1\Delta u(k+M-1) \\
& y_M(k+M+1) = y_0(k+M+1) + a_{M+1}\Delta u(k) + a_M\Delta u(k+1) + \cdots \\
& \qquad + a_2\Delta u(k+M-1) \\
& \quad\vdots
\end{aligned}$$

$$y_M(k+P) = y_0(k+P) + a_P\Delta u(k) + a_{P-1}\Delta u(k+1) + \cdots + a_{P-M+1}\Delta u(k+M-1)$$

上述关系可写为

$$y_M(k+i) = y_0(k+i) + \sum_{j=1}^{\min(M,i)} a_{i-j+1}\Delta u(k+j-1), \quad i = 1,2,\cdots,P \tag{8-21}$$

写成向量形式，为

$$\boldsymbol{y}_M(k+1) = \boldsymbol{y}_0(k+1) + \boldsymbol{A}\Delta\boldsymbol{u}(k) \tag{8-22}$$

式中

$$\boldsymbol{y}_M(k+1) = [y_M(k+1) \quad y_M(k+2) \quad \cdots \quad y_M(k+P)]^{\mathrm{T}}$$

$$\boldsymbol{y}_0(k+1) = [y_0(k+1) \quad y_0(k+2) \quad \cdots \quad y_0(k+P)]^{\mathrm{T}}$$

$$\Delta\boldsymbol{u}(k) = [\Delta u(k) \quad \Delta u(k+1) \quad \cdots \quad \Delta u(k+M-1)]^{\mathrm{T}}$$

$$\boldsymbol{A} = \begin{bmatrix} a_1 & 0 & 0 & \cdots & 0 \\ a_2 & a_1 & 0 & \cdots & 0 \\ \vdots & \vdots & \vdots & & \vdots \\ a_M & a_{M-1} & a_{M-2} & \cdots & a_1 \\ a_{M+1} & a_M & a_{M-1} & \cdots & a_2 \\ \vdots & \vdots & \vdots & & \vdots \\ a_P & a_{P-1} & a_{P-2} & \cdots & a_{P-M+1} \end{bmatrix}$$

2. 滚动优化

预测控制的期望值为

$$\boldsymbol{y}_r(k+1) = [y_r(k+1) \quad y_r(k+2) \quad \cdots \quad y_r(k+P)]^{\mathrm{T}}$$

性能指标取式(8-18)的形式，则

$$\begin{aligned} J(k) &= [\boldsymbol{y}_r(k+1) - \boldsymbol{y}_M(k+1)]^{\mathrm{T}}\boldsymbol{Q}[\boldsymbol{y}_r(k+1) - \boldsymbol{y}_M(k+1)] + [\Delta\boldsymbol{u}(k)]^{\mathrm{T}}\boldsymbol{R}\Delta\boldsymbol{u}(k) \\ &= [\boldsymbol{y}_r(k+1) - \boldsymbol{y}_0(k+1) - \boldsymbol{A}\Delta\boldsymbol{u}(k)]^{\mathrm{T}}\boldsymbol{Q}[\boldsymbol{y}_r(k+1) - \boldsymbol{y}_0(k+1) - \boldsymbol{A}\Delta\boldsymbol{u}(k)] \\ &\quad + [\Delta\boldsymbol{u}(k)]^{\mathrm{T}}\boldsymbol{R}\Delta\boldsymbol{u}(k) \end{aligned}$$

令 $\dfrac{\mathrm{d}J(k)}{\mathrm{d}\Delta\boldsymbol{u}(k)}=0$，得

$$-2\boldsymbol{A}^{\mathrm{T}}\boldsymbol{Q}[\boldsymbol{y}_r(k+1) - \boldsymbol{y}_0(k+1) - \boldsymbol{A}\Delta\boldsymbol{u}(k)] + 2\boldsymbol{R}\Delta\boldsymbol{u}(k) = 0$$

整理得

$$\Delta\boldsymbol{u}(k) = (\boldsymbol{A}^{\mathrm{T}}\boldsymbol{Q}\boldsymbol{A} + \boldsymbol{R})^{-1}\boldsymbol{A}^{\mathrm{T}}\boldsymbol{Q}[\boldsymbol{y}_r(k+1) - \boldsymbol{y}_0(k+1)] \tag{8-23}$$

式(8-23)给出了 M 个控制增量的最优值，同 MAC 预测控制一样，DMC 预测控制也只是将即时控制增量 $\Delta u(k)$ 施加于对象。到下一时刻，按同样的优化方法求得 $\Delta u(k+1)$，此即所谓“滚动优化”的策略。即时控制增量为

$$
\begin{aligned}
\Delta u(k) &= [1\quad 0\quad \cdots\quad 0]\Delta \boldsymbol{u}(k)\\
&= [1\quad 0\quad \cdots\quad 0](\boldsymbol{A}^{\mathrm{T}}\boldsymbol{QA}+\boldsymbol{R})^{-1}\boldsymbol{A}^{\mathrm{T}}\boldsymbol{Q}[\boldsymbol{y}_r(k+1)-\boldsymbol{y}_0(k+1)]\\
&= \boldsymbol{d}[\boldsymbol{y}_r(k+1)-\boldsymbol{y}_0(k+1)]
\end{aligned}
\tag{8-24}
$$

式中，P 维行向量 $\boldsymbol{d}=[1\quad 0\quad \cdots\quad 0](\boldsymbol{A}^{\mathrm{T}}\boldsymbol{QA}+\boldsymbol{R})^{-1}\boldsymbol{A}^{\mathrm{T}}\boldsymbol{Q}$。可见一旦优化策略确定，即 P，M，$\boldsymbol{Q}$ 和 $\boldsymbol{R}$ 均为常量，$\boldsymbol{d}$ 即可一次离线算出。

3. 闭环校正

$\boldsymbol{d}$ 离线算出后，即可在线计算式(8-24)，求得 $\Delta u(k)$。其中 $\boldsymbol{y}_r(k+1)$ 为给定的期望输出(例如按式(8-8)计算)，$\boldsymbol{y}_0(k+1)=[y_0(k+1)\quad y_0(k+2)\quad y_0(k+P)]^{\mathrm{T}}$ 为在 k 和 k 以后的时刻不加任何控制增量时对 $k+1,k+2,\cdots,k+P$ 各时刻输出的预测，显然 $\boldsymbol{y}_0(k+1)$ 没有利用系统的实际输出，为开环预测，则式(8-24)的计算是建立在开环预测的基础上的。为了避免模型误差和各种随机扰动的影响，必须利用对象的实际输出对开环预测的结果进行校正，即采用闭环预测的策略。为了做到这一点，只要在式(8-24)中将开环预测值 $\boldsymbol{y}_0(k+1)$ 换成闭环预测值即可，此闭环预测值记为 $\boldsymbol{y}_{p0}(k+1)$：

$$
\boldsymbol{y}_{p0}(k+1)=[y_{p0}(k+1)\quad y_{p0}(k+2)\quad \cdots\quad y_{p0}(k+P)]^{\mathrm{T}}
$$

它表示在 k 和 k 以后的时刻不加任何控制增量时对 $k+1,k+2,\cdots,k+P$ 各时刻输出的闭环预测。于是式(8-24)成为

$$
\Delta u(k)=\boldsymbol{d}[\boldsymbol{y}_r(k+1)-\boldsymbol{y}_{p0}(k+1)] \tag{8-25}
$$

按式(8-25)计算得到的 $\Delta u(k)$ 是建立在闭环校正的基础上的，是 DMC 预测控制中实际采用的计算式。

$\boldsymbol{y}_{p0}(k+1)$ 可根据 MAC 预测控制中闭环校正的方法(见式(8-17))求出，即

$$
\boldsymbol{y}_{p0}(k+1)=\boldsymbol{y}_0(k+1)+\boldsymbol{h}[y(k)-y_0(k)] \tag{8-26}
$$

式中，$y(k)$ 为 k 时刻对象的实际输出值，$y_0(k)$ 为 k 时刻对本时刻的开环输出预测值，$\boldsymbol{h}=[h_1\quad h_2\quad \cdots\quad h_P]^{\mathrm{T}}$，其各元素的值可以全部取 1，也可取不同值(即对不同时刻的误差校正取不同的加权)。

由式(8-26)可见，要计算 $\boldsymbol{y}_{p0}(k+1)$，需要知道 $y_0(k),y_0(k+1),\cdots,y_0(k+P)$ 共 $P+1$ 个量，这些量可根据 k 的前一时刻的一步控制预测得到，即如设 $k_1=k-1$，则

$$
\begin{cases}
y_0(k)=y_1(k_1+1)\\
y_0(k+1)=y_1(k_1+2)\\
\quad\vdots\\
y_0(k+P-1)=y_1(k_1+P)\\
y_0(k+P)=y_1(k_1+P)
\end{cases}
\tag{8-27}
$$

式中，$y_1(k_1+i)$，$(i=1,2,\cdots,P)$ 表示在 k_1 时刻施加控制增量 $\Delta u(k_1)$ 后对未来 P 个时刻输出值的预测。

由于在 k_1 时刻，只能得到一步控制预测的 P 个值，故式(8-27)中最后一个式子取 $y_0(k+P)=y_1(k_1+P)$。

由式(8-22)可以看出，计算 $\boldsymbol{y}_1(k_1+i)$ 时，需要 $\boldsymbol{y}_0(k_1+i)$，而 $y_0(k_1+i)$ 又需根据 k_1 前一时刻的预测值算出。实际计算时，设开始时刻为 0 时刻，此时需要的 $y_{p0}(1)$ 即取此时刻的实际输出值 $y(0)$，计算并施加控制增量 $\Delta u(0)$，同时计算一步控制预测值 $y_1(i)(i=1,2,\cdots,P)$，然后进入下一时刻(1 时刻)，根据 $y_1(1)$ 按式(8-4)计算 $y_0(1+i)(i=1,2,\cdots,P)$，按式(8-26)计算 $\boldsymbol{y}_{p0}(1+1)$，按式(8-25)计算 1 时刻的控制增量 $\Delta u(1)$，并同时计算 $y_1(1+i)(i=1,2,\cdots,P)$，为下一步的计算做好准备。依此类推，预测控制一步步进行下去。

8.1.4 广义预测控制

1. 预测模型

在广义预测控制 GPC(generalized predictive control)中，预测模型采用受控自回归积分滑动模型 CARIMA(controlled auko-regressive inkegraked moving average)，它为如下形式的差分方程：

$$\begin{aligned}&\Delta y(k)+a_1\Delta y(k-1)+\cdots+a_n\Delta y(k-n)\\&=b_0u(k-1)+b_1u(k-2)+\cdots+b_mu(k-m-1)+\xi(k)\end{aligned} \tag{8-28}$$

式中，$y(k)$，$u(k)$ 分别为对象在 k 时刻的输出和输入，$y(k-i)$，$u(k-i)$ 分别为对象在 $k-i$ 时刻的输出和输入，$\xi(k)$ 为均值为零的不相关随机噪声。

定义后移算子 q^{-i}：$q^{-i}x(k)=x(k-i)$，则上式中的 $\Delta=1-q^{-1}$ 为差分算子，并记

$$A=A(q^{-1})=1+a_1q^{-1}+\cdots+a_nq^{-n}$$

$$B=B(q^{-1})=b_0+b_1q^{-1}+\cdots+b_mq^{-m}$$

则式(8-28)可写成

$$Ay(k)=Bu(k-1)+\frac{\xi(k)}{\Delta} \tag{8-29}$$

显然，A 和 B 包括了预测模型的全部参数。

设定多项式 E_j 和 F_j：

$$\begin{cases}E_j=E_j(q^{-1})=e_{j,0}+e_{j,1}q^{-1}+e_{j,2}q^{-2}+\cdots+e_{j,j-1}q^{-(j-1)}\\F_j=F_j(q^{-1})=f_{j,0}+f_{j,1}q^{-1}+f_{j,2}q^{-2}+\cdots+f_{j,n}q^{-n}\end{cases} \tag{8-30}$$

使之满足 Diophankine 方程

$$E_jA\Delta+q^{-j}F_j=1 \tag{8-31}$$

式(8-29)两边同乘 $E_j\Delta q^j$，得

$$E_jA\Delta y(k+j)=E_jB\Delta u(k+j-1)+E_j\xi(k+j) \tag{8-32}$$

由式(8-31)和式(8-32)可得

$$y(k+j)=E_jB\Delta u(k+j-1)+F_jy(k)+E_j\xi(k+j) \tag{8-33}$$

可见，要在 k 时刻计算 $k+j$ 时刻的 $y(k+j)$，需要知道 k 时刻及其以前的输出、$k+j$ 时刻以前的输入及 k 时刻以后的噪声，但未来时刻的噪声未知，由于噪声的均值为 0，故在 k 时刻对 $y(k+j)$ 的一个合理的预测（记作 $y_m(k+j)$）是

$$y_m(k+j)=E_jB\Delta u(k+j-1)+F_jy(k) \tag{8-34}$$

式(8-34)即广义预测控制的预测计算式。在计算时需首先得到 E_j 和 F_j，它们可按如下的递推方法求出。

由式(8-31)，可写出

$$E_{j+1}A\Delta+q^{-(j+1)}F_{j+1}=1$$

与式(8-31)相减，得

$$A\Delta(E_{j+1}-E_j)+q^{-j}(q^{-1}F_{j+1}-F_j)=0 \tag{8-35}$$

记

$$\begin{aligned}\widetilde{A}&=A\Delta=(1+a_1q^{-1}+\cdots+a_nq^{-n})(1-q^{-1})\\&=1+(a_1-1)q^{-1}+\cdots+(a_n-a_{n-1})q^{-n}-a_nq^{-(n+1)}\\&=1+\tilde{a}_1q^{-1}+\cdots+\tilde{a}_{n+1}q^{-(n+1)}\end{aligned}$$

式中

$$\tilde{a}_1=a_1-1,\quad \tilde{a}_i=a_i-a_{i-1}(i=2,3,\cdots,n),\quad \tilde{a}_{n+1}=a_n$$

根据式(8-30)，有

$$\begin{cases}E_{j+1}=E_{j+1}(q^{-1})=e_{j+1,0}+e_{j+1,1}q^{-1}+e_{j+1,2}q^{-2}+\cdots+e_{j+1,j}q^{-j}\\F_{j+1}=F_{j+1}(q^{-1})=f_{j+1,0}+f_{j+1,1}q^{-1}+f_{j+1,2}q^{-2}+\cdots+f_{j+1,n}q^{-n}\end{cases} \tag{8-36}$$

于是

$$\begin{aligned}E_{j+1}-E_j&=(e_{j+1,0}-e_{j,0})+(e_{j+1,1}-e_{j,1})q^{-1}+\cdots\\&\quad+(e_{j+1,j-1}-e_{j,j-1})q^{-(j-1)}+e_{j+1,j}q^{-j}\\&=\widetilde{E}+e_{j+1,j}q^{-j}\end{aligned} \tag{8-37}$$

式中

$$\widetilde{E}=(e_{j+1,0}-e_{j,0})+(e_{j+1,1}-e_{j,1})q^{-1}+\cdots+(e_{j+1,j-1}-e_{j,j-1})q^{-(j-1)} \tag{8-38}$$

则式(8-35)可写为

$$\widetilde{A}\,\widetilde{E}+q^{-j}(q^{-1}F_{j+1}-F_j+\widetilde{A}e_{j+1,j})=0 \tag{8-39}$$

满足此方程的解为

$$\begin{cases}\widetilde{E}=0\\q^{-1}F_{j+1}=F_j-\widetilde{A}e_{j+1,j}\end{cases} \tag{8-40}$$

由上式中的第二个方程，可得

$$
\begin{aligned}
& f_{j+1,0}q^{-1}+f_{j+1,1}q^{-2}+f_{j+1,2}q^{-3}+\cdots+f_{j+1,n}q^{-(n+1)} \\
&= f_{j,0}+f_{j,1}q^{-1}+f_{j,2}q^{-2}+\cdots+f_{j,n}q^{-n} \\
&\quad -e_{j+1,j}-\tilde{a}_1 e_{j+1,j}q^{-1}-\tilde{a}_2 e_{j+1,j}q^{-2}-\cdots-\tilde{a}_{n+1}e_{j+1,j}q^{-(n+1)}
\end{aligned}
$$

故有

$$
\begin{cases}
e_{j+1,j}=f_{j,0} \\
f_{j+1,i}=f_{j,i+1}-\tilde{a}_{i+1}e_{j+1,j}=f_{j,i+1}-\tilde{a}_{i+1}f_{j,0}, \quad i=0,1,\cdots,n-1 \\
f_{j+1,n}=-\tilde{a}_{n+1}e_{j+1,j}=-\tilde{a}_{n+1}f_{j,0}
\end{cases}
\tag{8-41}
$$

式(8-41)的后两个方程即由 F_j 递推 F_{j+1} 的关系式，写成向量形式，为

$$
\boldsymbol{f}_{j+1}=\boldsymbol{a}\boldsymbol{f}_j \tag{8-42}
$$

式中

$$
\boldsymbol{f}_{j+1}=[f_{j+1,0}\quad f_{j+1,1}\quad \cdots\quad f_{j+1,n}]^{\mathrm{T}}
$$

$$
\boldsymbol{f}_j=[f_{j,0}\quad f_{j,1}\quad \cdots\quad f_{j,n}]^{\mathrm{T}}
$$

$$
\boldsymbol{a}=\begin{bmatrix}
-\tilde{a}_1 & 1 & 0 & \cdots & 0 \\
-\tilde{a}_2 & 0 & 1 & \cdots & 0 \\
\vdots & \vdots & \vdots & \ddots & \\
-\tilde{a}_{n-1} & 0 & 0 & \cdots & 1 \\
-\tilde{a}_n & 0 & 0 & \cdots & 0
\end{bmatrix}
=\begin{bmatrix}
1-a_1 & 1 & 0 & \cdots & 0 \\
a_1-a_2 & 0 & 1 & \cdots & 0 \\
\vdots & \vdots & \vdots & \ddots & \\
a_{n-1}-a_n & 0 & 0 & \cdots & 1 \\
a_n & 0 & 0 & \cdots & 0
\end{bmatrix}
$$

E_{j+1} 的递推公式可由式(8-37)，式(8-40)和式(8-41)中的第一个关系式得到，为

$$
E_{j+1}=E_j+f_{j,0}q^{-j} \tag{8-43}
$$

$\boldsymbol{f}_j$ 和 E_j 的初值分别取 $\boldsymbol{f}_0=[1\quad 0\quad \cdots\quad 0]^{\mathrm{T}}$ 和 $E_0=0$。

2. 滚动优化

广义预测控制规律的优化目标是

$$
\min J(k)=E\left\{\sum_{j=1}^{P}q_j[y(k+j)-y_r(k+j)]^2+\sum_{j=1}^{M}r_j[\Delta u(k+j-1)]^2\right\} \tag{8-44}
$$

式中，E 表示取均值，$y_r(k+j)$ 为输出期望值，采用 MAC 控制中采用的形式。q_j，r_j 为加权系数，对具有纯迟延的对象，q_j 的前几个数值应取 0，P 为优化时域，M 为控制域，$M\leqslant P$。

以预测值 $y_m(k+j)$ 代替式(8-44)中的 $y(k+j)$，则性能指标为

$$
\min J(k)=\sum_{j=1}^{P}q_j[y_m(k+j)-y_r(k+j)]^2+\sum_{j=1}^{M}r_j[\Delta u(k+j-1)]^2 \tag{8-45}
$$

在式(8-34)中，记

$$
\begin{aligned}
G_j=E_jB&=[e_{j,0}+e_{j,1}q^{-1}+e_{j,2}q^{-2}+\cdots+e_{j,j-1}q^{-(j-1)}](b_0+b_1q^{-1}+\cdots+b_mq^{-m}) \\
&=g_{j,0}+g_{j,1}q^{-1}+\cdots+g_{j,j+m-1}q^{-(j+m-1)}
\end{aligned}
$$

式中，$g_{j,0}, g_{j,1}, \cdots, g_{j,j+m-1}$ 可由 E_j 和 B 求出。

设对象的单位阶跃响应采样值为 $\{g_1, g_2, \cdots, g_P\}$，它可在式(8-34)中令 $F_j y(k)=0$ 且使 $u(k)=u(k+1)=\cdots=1$ 求出，容易看出

$$g_{i+1} = g_{j,i} \quad i<j$$

由式(8-34)：

$$\begin{aligned}
y_m(k+j) &= E_j B \Delta u(k+j-1) + F_j y(k) \\
&= g_{j,0}\Delta u(k+j-1) + g_{j,1}\Delta u(k+j-2) + \cdots \\
&\quad + g_{j,j+m-1}\Delta u(k-m) + F_j y(k) \\
&= [g_{j,j+m-1} \ \cdots \ g_{j,j} \mid g_{j,j-1} \ \cdots \ g_{j,0}][\Delta u(k-m)\cdots \\
&\quad \Delta u(k-1) \mid \Delta u(k) \ \cdots \ \Delta u(k+j-1)]^{\mathrm{T}} + F_j y(k) \\
&= \boldsymbol{G}_{j1}\Delta \boldsymbol{u}_1 + \boldsymbol{G}_{j2}\Delta \boldsymbol{u}_2 + F_j y(k)
\end{aligned}$$

式中

$$\begin{aligned}
\boldsymbol{G}_{j1} &= [g_{j,j-1} \ \cdots \ g_{j,0}] \\
\boldsymbol{G}_{j2} &= [g_{j,j+m-1} \ \cdots \ g_{j,j}] \\
\Delta \boldsymbol{u}_1 &= [\Delta u(k) \ \cdots \ \Delta u(k+j-1)]^{\mathrm{T}} \\
\Delta \boldsymbol{u}_2 &= [\Delta u(k-m) \ \cdots \ \Delta u(k-1)]^{\mathrm{T}}
\end{aligned}$$

上式中的第一项为 k 及其以后时刻的输入对输出的影响，第二项为 k 时刻以前的输入对输出的影响，第三项为 k 及其以前时刻的输出对未来输出的影响。

考虑到控制域为 M，则上式中的 $\Delta \boldsymbol{u}_1$ 应为

$$\Delta \boldsymbol{u}_1 = [\Delta u(k) \ \cdots \ \Delta u(k+M-1)]^{\mathrm{T}}$$

进一步，设

$$\boldsymbol{G} = \begin{bmatrix} \boldsymbol{G}_{11} \\ \boldsymbol{G}_{21} \\ \vdots \\ \boldsymbol{G}_{P1} \end{bmatrix} = \begin{bmatrix} g_{1,0} & 0 & \cdots & 0 \\ g_{2,1} & g_{2,0} & \cdots & 0 \\ & \vdots & & \\ g_{P,P-1} & g_{P,P-2} & \cdots & g_{P,P-M} \end{bmatrix} = \begin{bmatrix} g_1 & 0 & \cdots & 0 \\ g_2 & g_1 & \cdots & \\ & \vdots & & \\ g_P & g_{P-1} & \cdots & g_{P-M+1} \end{bmatrix}$$

$$\boldsymbol{f} = \begin{bmatrix} \boldsymbol{G}_{12}\Delta \boldsymbol{u}_2 + F_1 y(k) \\ \boldsymbol{G}_{22}\Delta \boldsymbol{u}_2 + F_2 y(k) \\ \vdots \\ \boldsymbol{G}_{P2}\Delta \boldsymbol{u}_2 + F_P y(k) \end{bmatrix}$$

$$\boldsymbol{y}_m = [y_m(k+1) \quad y_m(k+2) \quad \cdots \quad y_m(k+P)]$$

则可得输出预测值的矩阵方程

$$\boldsymbol{y}_m = \boldsymbol{G}\Delta \boldsymbol{u}_1 + \boldsymbol{f} \tag{8-46}$$

结合上式，按照在 MAC 和 DMC 中求最优解的方法，可求得使性能指标式(8-45)最小的

最优解为

$$\Delta \boldsymbol{u}_1 = (\boldsymbol{G}^{\mathrm{T}}\boldsymbol{Q}\boldsymbol{G} + \boldsymbol{R})^{-1}\boldsymbol{G}^{\mathrm{T}}\boldsymbol{Q}(\boldsymbol{y}_r - \boldsymbol{f}) \tag{8-47}$$

式中

$$\boldsymbol{Q} = \mathrm{diag}(q_1 \quad q_2 \quad \cdots \quad q_P)$$

$$\boldsymbol{R} = \mathrm{diag}(r_1 \quad r_2 \quad \cdots \quad r_M)$$

$$\boldsymbol{y}_r = [y_r(t+1) \quad y_r(t+2) \quad \cdots \quad y_r(t+N)]^{\mathrm{T}}$$

即时最优控制为

$$\Delta u(k) = [1 \quad 0 \quad \cdots \quad 0](\boldsymbol{G}^{\mathrm{T}}\boldsymbol{Q}\boldsymbol{G} + \boldsymbol{R})^{-1}\boldsymbol{G}^{\mathrm{T}}\boldsymbol{Q}(\boldsymbol{y}_r - \boldsymbol{f}) \tag{8-48}$$

3. 在线辨识与校正

在 MAC 和 DMC 中，利用一个固定的预测模型，并用实际输出对预测值进行校正。与此不同，在 GPC 中，是利用对象的实际输出和已施加的输入对模型参数 A 和 B 实时进行在线辨识和校正。实际上它是在本章后面将要介绍的自校正控制的基础上发展起来的。

式(8-29)可写成

$$\Delta y(k) = (1 - A)y(k) + B\Delta u(k-1) + \xi(k) \tag{8-49}$$

因为 $1-A=-(a_1q^{-1}+a_2q^{-2}+\cdots+a_nq^{-n})$，故可将上式中的模型参数$(A,B)$和数据参数$(y,u)$分别用向量表示为 $\boldsymbol{\theta}_k$ 和 $\boldsymbol{\varphi}_k$：

$$\boldsymbol{\theta}_k = [a_1 \quad \cdots \quad a_n \quad | \quad b_0 \quad \cdots \quad b_m]$$

$$\boldsymbol{\varphi}_k = [-\Delta y(k-1) \quad \cdots \quad -\Delta y(k-n) \quad | \quad \Delta u(k-1) \quad \cdots \quad \Delta u(k-m)]$$

则式(8-49)成为

$$\Delta y(k) = \boldsymbol{\varphi}_k^{\mathrm{T}}\boldsymbol{\theta}_k + \xi(k) \tag{8-50}$$

模型参数向量 $\boldsymbol{\theta}_k$ 可用带遗忘因子的最小二乘方法递推估计：

$$\begin{cases} \boldsymbol{\theta}_k = \boldsymbol{\theta}_{k-1} + \boldsymbol{K}_k(\Delta y(k) - \boldsymbol{\varphi}_k^{\mathrm{T}}\boldsymbol{\theta}_{k-1}) \\ \boldsymbol{K}_k = \boldsymbol{P}_{k-1}\boldsymbol{\varphi}_k(\boldsymbol{\varphi}_k^{\mathrm{T}}\boldsymbol{P}_{k-1}\boldsymbol{\varphi}_k + \beta)^{-1} \\ \boldsymbol{P}_k = \dfrac{1}{\beta}(1 - \boldsymbol{K}_k\boldsymbol{\varphi}_k^{\mathrm{T}})\boldsymbol{P}_{k-1} \end{cases} \tag{8-51}$$

式中，$\boldsymbol{K}_k$ 为权因子；$\boldsymbol{P}_k$ 为正定协方差阵；β 为遗忘因子，其值越小，表明遗忘得越快，即越重视当前数据的作用；其值越大，表示重视利用更多的历史数据。当 $\beta=1$ 时，表示没有“遗忘”。对慢时变对象，一般取 $0.95<\beta<1$。在控制启动时，需要给定初值，通常取 $\boldsymbol{\theta}_0=\boldsymbol{0}$，$\boldsymbol{P}_0=\alpha^2\boldsymbol{I}$，$\alpha$ 是一个足够大的正数。

以上针对单变量系统，且在输入、输出均没有约束的情况下，简要地介绍了三种典型的预测控制算法的基本原理。现对它们评价比较如下：

(1) MAC 和 DMC 分别采用脉冲响应和阶跃响应模型这种工业中容易得到的非参

数模型，是适合于工程应用的方法。

(2) 三种方法都适用于非最小相位系统，并对系统参数、结构的变化具有较好的适应性。DMC 和 MAC 只适用于稳定的对象，GPC 能用于不稳定的对象。

(3) 由于 GPC 采用的是受控自回归积分滑动平均模型，可以以自然的方式消除控制系统的稳态偏差，而 DMC 和 MAC 则是通过人为校正预测向量来消除偏差。

关于预测控制，目前它的理论和应用都在发展中，本节所介绍的仅是其最基本的原理，关于各种算法的设计、机理分析以及对多变量系统的应用，这里都没有涉及。

8.2 自适应控制

当被控对象是已知的定常系统或其参数变化较小以致可以忽略时，一般采用常规反馈控制、模型匹配控制或最优控制等方法便可以得到较为满意的控制效果。但是，当被控对象参数未知，或者由于环境条件影响，参数发生较大变化时，上述控制方式就不适用了。对象参数的变化会使本来处于某种最优指标状态下工作的系统不再是最优的，甚至会变得不稳定。为了解决上述问题，使系统始终维持在最优或接近最优状态下工作，自适应控制方式便是行之有效的方法之一。

自适应控制系统的基本特点是它包含一个自适应机构，在运行过程中，它根据系统的期望输出、实际输出以及控制作用和已知外部干扰等可测参数实时改变控制器的参数，使系统的性能指标达到最优或接近最优。

当前研究比较系统的自适应控制系统有模型参考自适应控制和自校正控制两种，本节对这两种自适应控制系统进行简要的讨论。

8.2.1 模型参考自适应控制

模型参考自适应控制系统的工作原理可通过图 8-4 加以说明。系统由参考模型、被控对象、控制器和适应机构组成。根据被控对象要求达到的性能指标，设计一个参考模型，使它的输出 $y_m(t)$ 即是系统在 $r(t)$ 输入下希望的动态响应，并将其与被控对象并联。在同一个参考输入 $r(t)$ 的作用下，比较 $y_m(t)$ 和实际对象输出 $y_p(t)$，如果二者不同，则产生偏差信号 $e(t)$。$e(t)$ 通过自适应机构的运算，去调整控制器的参数，或者产生一个辅助控制输入量，叠加到被控对象的输入上，最终达到 $e(t)\to 0$，自适应调节过程自动停止。在运行中如果对象特性发生变化，又会有 $e(t)$ 产生，则重复上述的自适应过程。下面以单输入、单输出系统为例，介绍这种方法的基本原理和设计思想。

参考模型用线性状态方程表示为

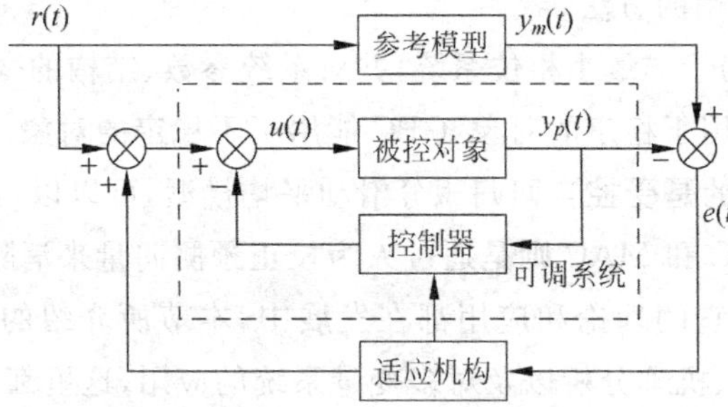

图 8-4　模型参考自适应控制系统结构图

$$\begin{cases}\dot{\boldsymbol{x}}_m(t)=\boldsymbol{A}_m\boldsymbol{x}_m(t)+\boldsymbol{B}_m r(t)\\ y_m(t)=\boldsymbol{h}_m\boldsymbol{x}_m(t)\end{cases}\tag{8-52}$$

式中，$\boldsymbol{x}_m(t)$为模型的 n 维状态矢量；$y_m(t)$，$r(t)$分别为参考模型的输出和参考输入，它们均为标量；$\boldsymbol{A}_m$，$\boldsymbol{B}_m$ 和 $\boldsymbol{h}_m$ 分别为 $n\times n$ 维、$n\times 1$ 维和 $1\times n$ 维常数矩阵，它们的选择原则是保证参考模型的输出 $y_m(t)$具有所希望的特性。

被控对象的状态方程为

$$\begin{cases}\dot{\boldsymbol{x}}_p(t)=\boldsymbol{A}_p(t)\boldsymbol{x}_p(t)+\boldsymbol{B}_p(t)u(t)\\ y_p(t)=\boldsymbol{h}_p(t)\boldsymbol{x}_p(t)\end{cases}\tag{8-53}$$

式中，$\boldsymbol{x}_p(t)$为被控对象的 n 维状态矢量；$\boldsymbol{A}_p(t)$，$\boldsymbol{B}_p(t)$和 $\boldsymbol{h}_p(t)$的维数分别同 $\boldsymbol{A}_m$，$\boldsymbol{B}_m$ 和 $\boldsymbol{h}_m$；标量 $y_p(t)$和 $u(t)$分别为对象的输出和控制输入。

定义状态广义误差为

$$\boldsymbol{e}(t)=\boldsymbol{x}_m(t)-\boldsymbol{x}_p(t)\tag{8-54}$$

如使控制器由前馈和反馈两部分组成，则采用状态方程描述的模型参考自适应控制系统如图 8-5 所示。图中，$\boldsymbol{F}$ 为可调系统的反馈向量，g 为可调系统的前馈增益，它们的值由适应机构来调节。

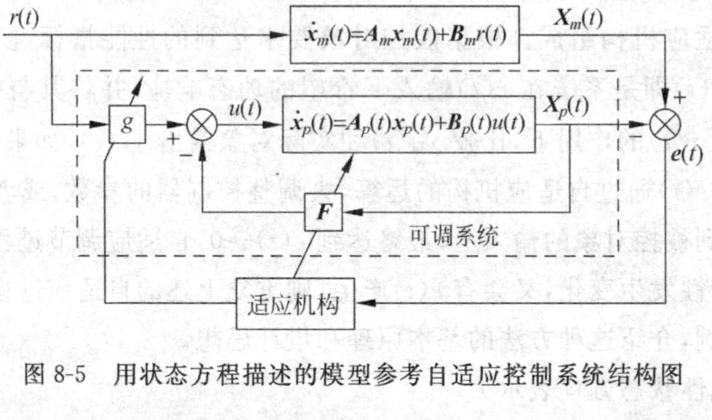

图 8-5　用状态方程描述的模型参考自适应控制系统结构图

由图 8-5 可见

$$u(t)=gr(t)-\boldsymbol{F}\boldsymbol{x}_p(t)$$

代入式(8-53)，可得

$$\begin{aligned}\dot{\boldsymbol{x}}_p(t)&=\boldsymbol{A}_p(t)\boldsymbol{x}_p(t)+\boldsymbol{B}_p(t)[gr(t)-\boldsymbol{F}\boldsymbol{x}_p(t)]\\&=[\boldsymbol{A}_p(t)-\boldsymbol{B}_p(t)\boldsymbol{F}]\boldsymbol{x}_p(t)+\boldsymbol{B}_p(t)gr(t)\end{aligned}\tag{8-55}$$

比较式(8-55)和式(8-52)可见，为使式(8-54)所示的广义状态误差为零，需满足

$$\begin{cases}\boldsymbol{A}_p(t)-\boldsymbol{B}_p(t)\boldsymbol{F}=\boldsymbol{A}_m\\ \boldsymbol{B}_p(t)g=\boldsymbol{B}_m\end{cases}\tag{8-56}$$

控制系统的设计任务是：选择控制器参数 $\boldsymbol{F}$ 和 g，使式(8-56)得到满足。当对象的模型已知时(即 $\boldsymbol{A}_p(t)$，$\boldsymbol{B}_p(t)$ 为已知的常数阵)，则可以根据式(8-56)确定 $\boldsymbol{F}$ 和 g。当对象模型未知或对象为慢时变时，则自适应控制系统中的适应机构应当自动调整 $\boldsymbol{F}$ 和 g，以达到希望的控制目标。所谓希望的控制目标指的是：对象状态渐近地跟踪参考模型的状态，即

$$\begin{cases}\lim\limits_{t\to\infty}[\boldsymbol{A}_p(t)-\boldsymbol{B}_p(t)\boldsymbol{F}]=\boldsymbol{A}_m\\ \lim\limits_{t\to\infty}\boldsymbol{B}_p(t)g=\boldsymbol{B}_m\end{cases}\tag{8-57}$$

此时

$$\begin{aligned}&\lim_{t\to\infty}\boldsymbol{x}_p(t)=\lim_{t\to\infty}\boldsymbol{x}_m(t)\\&\lim_{t\to\infty}\boldsymbol{e}(t)=\boldsymbol{0}\end{aligned}\tag{8-58}$$

如果对象的状态不能得到，也可以根据对象的输出量设计模型参考自适应控制系统。下面以一简单情况为例进行讨论。

设一个单输入、单输出被控对象的传递函数为

$$G_0(s)=\frac{k_0B(s)}{A(s)}$$

式中，$A(s)$和 $B(s)$已知，而增益 k_0 未知或是时变的。

参考模型传递函数为

$$G_c(s)=\frac{kB(s)}{A(s)}$$

为了消除 k_0 变化造成的影响，在控制系统中加入一个增益可调的比例环节 k_c，来补偿 k_0 的变化。现在的任务是设计一个自适应机构来实时地调整 k_c，使 k_ck_0 尽可能与 k 一致。

按照上述思路设计的模型参考自适应控制系统如图 8-6 所示。图中，$y_p(t)$和 $y_m(t)$分别为被控对象和参考模型的输出，广义误差为

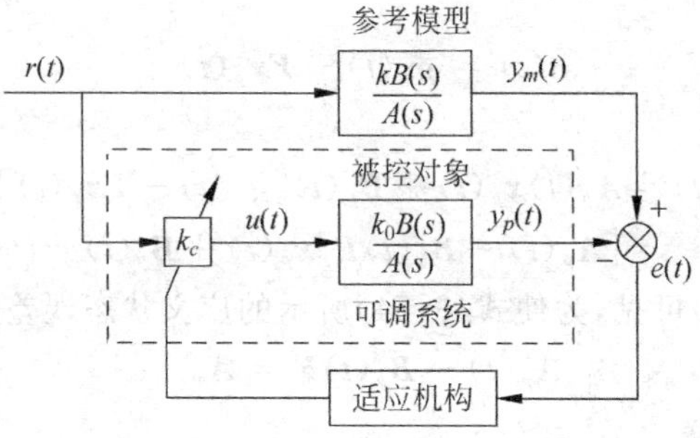

图 8-6 可调增益的模型参考自适应控制系统结构图

$$e(t)=y_m(t)-y_p(t) \tag{8-59}$$

规定性能指标为

$$J=\int_{t_0}^{t} e^2(\tau)\mathrm{d}\tau \tag{8-60}$$

对适应机构的要求是：调整 k_c 使性能指标 J 达到最小值。k_c 的寻优采用梯度法，即取 k_c 的增量为

$$\Delta k_c=-a\frac{\partial J}{\partial k_c}=-a\int_{t_0}^{t}2e(\tau)\frac{\partial e(\tau)}{\partial k_c}\mathrm{d}\tau$$

式中 a 为正的常数。则新的 k_c 值为

$$k_c=k_{c0}+\Delta k_c=k_{c0}-a\int_{t_0}^{t}2e(\tau)\frac{\partial e(\tau)}{\partial k_c}\mathrm{d}\tau \tag{8-61}$$

式中 k_{c0} 是 k_c 的初值。上式对 t 求导，得

$$\dot{k}_c=-2ae(t)\frac{\partial e(t)}{\partial k_c} \tag{8-62}$$

可见，要得到 k_c 的自适应规律，需要求 $e(t)$ 的导数。但在实际系统中，求导不利于系统的抗干扰性能，一般应尽量避免。

由图 8-6 可得

$$E(s)=\frac{kB(s)}{A(s)}R(s)-\frac{k_0k_cB(s)}{A(s)}R(s)$$

故

$$e(t)=\mathrm{L}^{-1}\left[\frac{kB(s)}{A(s)}R(s)\right]-\mathrm{L}^{-1}\left[\frac{k_0k_cB(s)}{A(s)}R(s)\right]=y_m(t)-\frac{k_0k_c}{k}y_m(t)$$

则

$$\frac{\partial e(t)}{\partial k_c}=-\frac{k_0}{k}y_m(t) \tag{8-63}$$

代入式(8-62)，有

$$\dot{k}_c = 2ae(t)\frac{k_0}{k}y_m(t) = be(t)y_m(t) \tag{8-64}$$

式中

$$b = \frac{2ak_0}{k} \tag{8-65}$$

式(8-64),式(8-65)即实际采用的自适应规律。上述设计方法是麻省理工学院首先提出的,通常称为 MIT 自适应规律,图 8-7 是实际控制系统结构图。

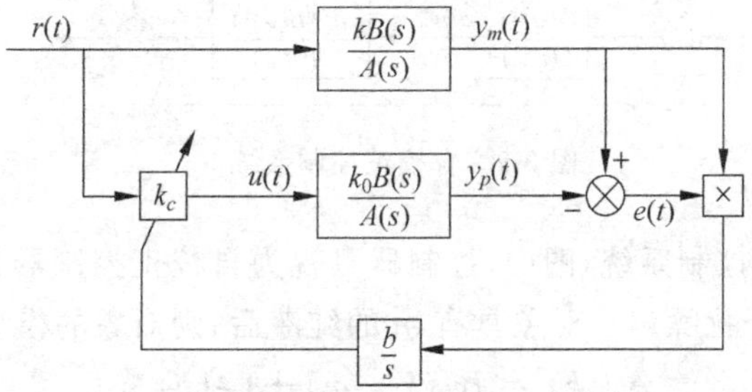

图 8-7 按 MIT 规律调节增益的模型参考自适应控制系统结构图

在上述推导过程中,并没有考虑系统的稳定性,而稳定性是一个控制系统首先要保证的,故按上述方法设计的系统必须经过稳定性验证。但对于比较复杂的系统,这种验证往往十分困难,因而就出现了以稳定性理论为基础的模型参考自适应控制系统的设计方法。其中最主要的是利用李雅普诺夫稳定性理论来设计自适应机构的自适应规律。关于这方面的内容,这里不再讨论。

8.2.2 自校正控制

自校正控制的工作原理如图 8-8 所示。由图 8-8 可以看出,自校正控制器由参数估计器、控制器参数计算器和可变参数控制器三部分组成。系统运行中,参数估计器不断根据被控对象的输入和输出在线辨识对象模型参数,控制器参数计算器根据最新辨识得到的对象的数学模型,在使规定的控制目标最优的条件下,在线计算控制器的参数,控制器根据控制器参数计算器的计算结果,改变其控制参数或控制算法,确定应施加的控制作用,使得在对象特性发生变化时,控制系统仍能保持最优的状态。

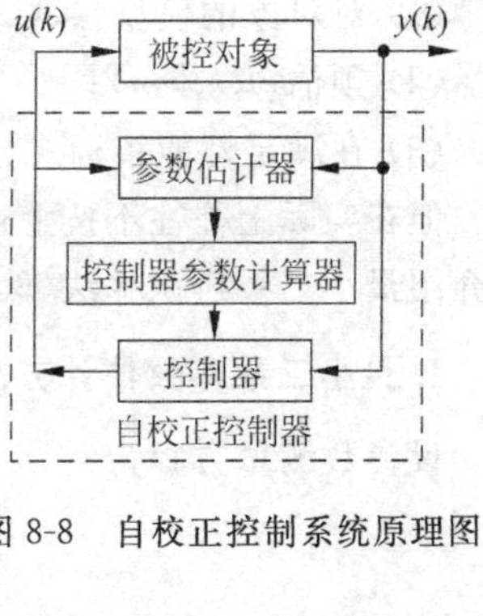

图 8-8 自校正控制系统原理图

上述在线辨识一般是针对一个结构不变、参数变化的模型来进行的,故要求预先知道对象的模型结构(阶次),这可在系统开环时通过某种辨识方法来得到。

根据控制目标和参数辨识方法的不同，可以设计出不同的自校正控制系统，本节只讨论最常用的以递推最小二乘法为参数估计方法、以最小方差为控制目标函数的自校正控制系统。

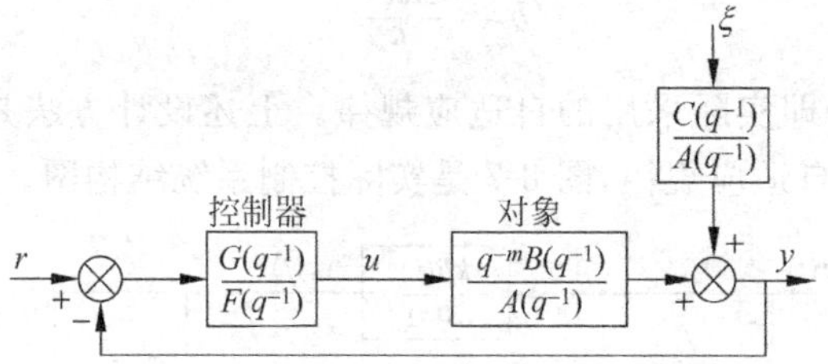

图 8-9　自校正控制系统

考虑图 8-9 所示的控制系统，图中，控制器可视为自校正控制器，ξ 为均值为零、方差为 σ^2 且不相关的随机干扰噪声。对象具有 m 的纯滞后，则对象的模型描述为

$$Ay(k) = Bu(k-m) + C\xi(k) \tag{8-66}$$

式中

$$A = A(q^{-1}) = 1 + a_1 q^{-1} + \cdots + a_{n_a} q^{-n_a}$$
$$B = B(q^{-1}) = b_0 + b_1 q^{-1} + \cdots + b_{n_b} q^{-n_b}$$
$$C = C(q^{-1}) = 1 + c_1 q^{-1} + \cdots + c_{n_c} q^{-n_c}$$

因为对象具有 m 的纯滞后，故 k 时刻的控制作用只能影响 $k+m$ 时刻的输出 $y(k+m)$，所谓最小方差控制就是使性能指标

$$J = E\{[y(k+m) - y_r(k+m)]^2\} \tag{8-67}$$

为最小的控制。式中，$E\{\cdot\}$表示求方差，$y_r(k+m)$表示 $k+m$ 时刻的期望输出。

由于在 k 时刻不知道 $k+m$ 时刻的实际输出 $y(k+m)$，故为了使式(8-67)所示的性能指标最小，必须根据对象模型、k 时刻及其以前的输出和 k 时刻以前的输入对其进行预估，所以自校正控制的一个直观的实现步骤是：

(1) 对对象的模型参数 A,B 进行辨识；

(2) 预估 $y(k+m)$；

(3) 在满足性能指标式(8-67)的条件下，确定 $u(k)$。

但在实际上往往不按上述步骤进行，而是利用一些技巧以减少计算量。下面首先简单介绍最小二乘辨识算法，然后讨论自校正调节器的基本原理和实现方法。

1. 最小二乘参数估计方法

设参数测量方程为

$$y = \boldsymbol{x}^{\mathrm{T}}\boldsymbol{\theta} + e \tag{8-68}$$

式中，y 为测量值；$\boldsymbol{\theta}=[\theta_1 \quad \theta_2 \quad \cdots \quad \theta_n]^{\mathrm{T}}$ 为 n 个待估计的参数；$\boldsymbol{x}=[x_1 \quad x_2 \quad \cdots \quad x_n]^{\mathrm{T}}$ 为已知系数，它可以随时间变化；e 表示观测噪声和方程不准引起的误差。若进行 N 次测量，可得矩阵方程为

$$\boldsymbol{Y}_N = \boldsymbol{X}_N\boldsymbol{\theta} + \boldsymbol{E}_N \tag{8-69}$$

式中

$$\boldsymbol{Y}_N = [y_1 \quad y_2 \quad \cdots \quad y_N]^{\mathrm{T}}$$

$$\boldsymbol{X}_N = \begin{bmatrix} x_{11} & x_{12} & \cdots & x_{1n} \\ x_{21} & x_{22} & \cdots & x_{2n} \\ \vdots & \vdots & & \vdots \\ x_{N1} & x_{N2} & \cdots & x_{Nn} \end{bmatrix}$$

$$\boldsymbol{E}_N = [e_1 \quad e_2 \quad \cdots \quad e_N]^{\mathrm{T}}$$

根据这 N 次测量值估计参数 θ，使

$$J = \sum_{k=1}^{N} e^2(k) = \boldsymbol{E}_N^{\mathrm{T}}\boldsymbol{E}_N = (\boldsymbol{Y}_N - \boldsymbol{X}_N\boldsymbol{\theta})^{\mathrm{T}}(\boldsymbol{Y}_N - \boldsymbol{X}_N\boldsymbol{\theta}) \tag{8-70}$$

最小。

使 $\dfrac{\partial J}{\partial \theta}=0$，得到 $\boldsymbol{\theta}$ 的估计值 $\hat{\boldsymbol{\theta}}$ 满足

$$\boldsymbol{X}_N^{\mathrm{T}}\boldsymbol{X}_N\hat{\boldsymbol{\theta}} = \boldsymbol{X}_N^{\mathrm{T}}\boldsymbol{Y}_N$$

在测量次数 $N \geqslant n$ 时，$\boldsymbol{X}_n^{\mathrm{T}}\boldsymbol{X}_N$ 满秩，则

$$\hat{\boldsymbol{\theta}} = (\boldsymbol{X}_N^{\mathrm{T}}\boldsymbol{X}_N)^{-1}\boldsymbol{X}_N^{\mathrm{T}}\boldsymbol{Y}_N \tag{8-71}$$

此即参数估计的最小二乘算法。

在实际应用中，最有意义的是最小二乘参数估计的递推算法，它根据通过 N 次测量得到的估计值 $\hat{\boldsymbol{\theta}}_N$、第 $N+1$ 次的测量值 $y(N+1)$ 和表示 $y(N+1)$ 与 $\boldsymbol{\theta}$ 关系的系数向量 $\boldsymbol{x}_{N+1}=[x_{N+1,1} \quad x_{N+1,2} \quad \cdots \quad x_{N+1,n}]^{\mathrm{T}}$ 来计算 $\hat{\boldsymbol{\theta}}_{N+1}$。其递推式为

$$\begin{cases} \hat{\boldsymbol{\theta}}_{N+1} = \hat{\boldsymbol{\theta}}_N + \boldsymbol{K}_{N+1}[y(N+1) - \boldsymbol{x}_{N+1}^{\mathrm{T}}\hat{\boldsymbol{\theta}}_N] \\ \boldsymbol{K}_{N+1} = \dfrac{\boldsymbol{P}_N\boldsymbol{x}_{N+1}}{1 + \boldsymbol{x}_{N+1}^{\mathrm{T}}\boldsymbol{P}_N\boldsymbol{x}_{N+1}} \\ \boldsymbol{P}_{N+1} = \boldsymbol{P}_N - \dfrac{\boldsymbol{P}_N\boldsymbol{x}_{N+1}\boldsymbol{x}_{N+1}^{\mathrm{T}}\boldsymbol{P}_N}{1 + \boldsymbol{x}_{N+1}^{\mathrm{T}}\boldsymbol{P}_N\boldsymbol{x}_{N+1}} \end{cases} \tag{8-72}$$

在递推开始时，需设定初始值 $\hat{\boldsymbol{\theta}}_0$ 和 $\boldsymbol{P}_0$，$\hat{\boldsymbol{\theta}}_0$ 可根据对被估参数的了解大致设置，或取为 $\mathbf{0}$，取 $\boldsymbol{P}_0=\alpha^2\boldsymbol{I}$（$\alpha$ 为足够大的正数）。

上述估计方法，对历次的测量数据给予同样的重视，为了对新的测量数据给予较大的加权，可采用带遗忘因子的递推算法，如下所示：

$$\begin{cases} \hat{\boldsymbol{\theta}}_{N+1} = \hat{\boldsymbol{\theta}}_{N} + \boldsymbol{K}_{N+1}[y(N+1) - \boldsymbol{x}_{N+1}^{\mathrm{T}}\hat{\boldsymbol{\theta}}_{N}] \\ \boldsymbol{K}_{N+1} = \dfrac{\boldsymbol{P}_N \boldsymbol{x}_{N+1}}{\beta + \boldsymbol{x}_{N+1}^{\mathrm{T}} \boldsymbol{P}_N \boldsymbol{x}_{N+1}} \\ \boldsymbol{P}_{N+1} = \dfrac{1}{\beta}\left[\boldsymbol{P}_N - \dfrac{\boldsymbol{P}_N \boldsymbol{x}_{N+1} \boldsymbol{x}_{N+1}^{\mathrm{T}} \boldsymbol{P}_N}{\beta + \boldsymbol{x}_{N+1}^{\mathrm{T}} \boldsymbol{P}_N \boldsymbol{x}_{N+1}}\right] \end{cases} \tag{8-73}$$

式中，$0<\beta<1$，为遗忘因子。β 越小，表示遗忘得越快，对当前的测量数据给予越多的重视，当 $\beta=1$ 时，即为一般的递推算法。

2. y(k+m)的估计

由式(8-66)可得

$$y(k+m) = \frac{B}{A}u(k) + \frac{C}{A}\xi(k+m) \tag{8-74}$$

式中 $\dfrac{C}{A}$ 可表示为

$$\frac{C}{A} = D + \frac{q^{-m}E}{A} \tag{8-75}$$

其中 D 为 $\dfrac{C}{A}$ 的商式，$\dfrac{q^{-m}E}{A}$ 为 $\dfrac{C}{A}$ 的余式。且 D 和 E 具有如下的形式：

$$D = 1 + d_1 q^{-1} + \cdots + d_{m-1} q^{-(m-1)}$$
$$E = e_0 + e_1 q^{-1} + \cdots + e_{n_a-1} q^{-(n_a-1)}$$

则

$$y(k+m) = \frac{B}{A}u(k) + \frac{E}{A}\xi(k) + D\xi(k+m) \tag{8-76}$$

由式(8-66)，得

$$\xi(k) = \frac{A}{C}y(k) - \frac{q^{-m}B}{C}u(k)$$

将上式代入式(8-76)并注意到式(8-75)，可得

$$y(k+m) = \frac{E}{C}y(k) + \frac{BD}{C}u(k) + D\xi(k+m) \tag{8-77}$$

$y(k+m)$ 的最优预估值 $y_m(k+m)$ 是使得预估误差的方差最小，即目标函数为

$$\min J = E\{[y(k+m) - y_m(k+m)]^2\} \tag{8-78}$$

把式(8-77)代入式(8-78)，得

$$J = E\left\{\left[\frac{E}{C}y(k) + \frac{BD}{C}u(k) + D\xi(k+m) - y_m(k+m)\right]^2\right\}$$

因为

$$D\xi(k+m) = (1 + d_1 q^{-1} + \cdots + d_{m-1} q^{-(m-1)})\xi(k+m)$$

$$=\xi(k+m)+d_1\xi(k+m-1)+\cdots+d_{m-1}\xi(k+1)$$

表示干扰噪声的未来值，而$\frac{E}{C}y(k)$和$\frac{BD}{C}u(k)$分别表示 y 和 u 的当前和过去的值，故它们与$D\xi(k+m)$不相关，于是

$$J=E\left\{\left[\frac{E}{C}y(k)+\frac{BD}{C}u(k)+D\xi(k+m)-y_m(k+m)\right]^2\right\}$$

$$=E\left\{\left[\frac{E}{C}y(k)+\frac{BD}{C}u(k)-y_m(k+m)\right]^2\right\}+E[D\xi(k+m)]^2$$

上式中，第二项不可知，故使预估误差最小的预估值是使第一项为零，即

$$y_m(k+m)=\frac{E}{C}y(k)+\frac{BD}{C}u(k) \tag{8-79}$$

此即最优预估的表达式。

3. 最小方差控制率

最小方差控制率即确定使目标函数式(8-67)取最小值的控制 $u(k)$。将式(8-77)代入式(8-67)，得

$$J=E\left\{\left[\frac{E}{C}y(k)+\frac{BD}{C}u(k)+D\xi(k+m)-y_r(k+m)\right]^2\right\}$$

$$=E\left\{\left[\frac{E}{C}y(k)+\frac{BD}{C}u(k)-y_r(k+m)\right]^2\right\}+E[D\xi(k+m)]^2$$

当上式中第一项为零时，J 取最小值，于是可得最优控制率为

$$u(k)=\frac{Cy_r(k+m)-Ey(k)}{BD} \tag{8-80}$$

对于定值控制系统，$y_r(k+m)=0$，则

$$u(k)=-\frac{Ey(k)}{BD} \tag{8-81}$$

4. 最小方差自校正调节器算法

以定值控制系统为例，讨论最小方差自校正调节器算法。为简化计算，希望直接估计出式(8-81)中所需的参数，式(8-81)可写为

$$BDu(k)=-Ey(k)$$

上面已给出 B,D,E 的形式分别为

$$B=b_0+b_1q^{-1}+\cdots+b_{n_b}q^{-n_b}$$

$$D=1+d_1q^{-1}+\cdots+d_{m-1}q^{-(m-1)}$$

$$E=e_0+e_1q^{-1}+\cdots+e_{n_e}q^{-n_e},\quad n_e=n_a-1$$

设 $F=F(q^{-1})=BD=f_0+f_1q^{-1}+\cdots+f_{n_f}q^{-n_f}$，$f_0=b_0$，$n_f=n_b+m-1$，则可得

$$(f_0+f_1q^{-1}+\cdots+f_{n_f}q^{-n_f})u(k)=-(e_0+e_1q^{-1}+\cdots+e_{n_e}q^{-n_e})y(k)$$

即

$$u(k)=-\frac{1}{b_0}\boldsymbol{x}^{\mathrm{T}}(k)\boldsymbol{\theta}(k) \tag{8-82}$$

式中

$$\boldsymbol{x}(k)=[y(k)\quad y(k-1)\quad\cdots\quad y(k-n_e)\quad u(k-1)\quad u(k-2)\quad\cdots\quad u(k-n_f)]^{\mathrm{T}}$$

因为在 k 时刻 $x(k)$ 已知，故在 b_0 已知的条件下，只要得到 $\boldsymbol{\theta}(k)$ 的估计值，即可由式(8-82)算得最优控制 $u(k)$。

为估计 $\boldsymbol{\theta}(k)$，在 $C=1$ 时，式(8-77)可写为

$$\begin{aligned}y(k+m)&=Ey(k)+BDu(k)+D\xi(k+m)\\&=Ey(k)+(b_0+f_1q^{-1}+\cdots+f_{n_f}q^{-n_f})u(k)+D\xi(k+m)\end{aligned} \tag{8-83}$$

故

$$y(k+m)-b_0u(k)=Ey(k)+(f_1q^{-1}+\cdots+f_{n_f}q^{-n_f})u(k)+D\xi(k+m)$$

$$\begin{aligned}y(k)-b_0u(k-m)&=Ey(k-m)+(f_1q^{-1}+\cdots+f_{n_f}q^{-n_f})u(k-m)+D\xi(k)\\&=\boldsymbol{x}^{\mathrm{T}}(k-m)\boldsymbol{\theta}(k)+\varepsilon(k)\end{aligned} \tag{8-84}$$

式中，$\varepsilon(k)=D\xi(k)=\xi(k)+d_1\xi(k-1)+\cdots+d_{m-1}\xi(k-m+1)$为现在和过去各时刻随机噪声的线性组合。

式(8-84)中，$y(k)-b_0u(k-m)$和 $\boldsymbol{x}^{\mathrm{T}}(k-m)$可通过测量得到，故利用最小二乘法可得到 $\boldsymbol{\theta}(k)$的估计值。

利用上述方法时，要求已知 b_0，它可通过实验的方法或根据经验确定。

在以上的分析中，已假定 $C=1$。如果 $C\neq1$，则设

$$\frac{1}{C}=1+c_1'q^{-1}+c_2'q^{-2}+\cdots$$

由式(8-77)，得

$$\begin{aligned}y(k+m)&=\frac{1}{C}[Ey(k)+BDu(k)]+D\xi(k+m)\\&=(1+c_1'q^{-1}+c_2'q^{-2}+\cdots)[Ey(k)+BDu(k)]+D\xi(k+m)\\&=Ey(k)+BDu(k)+c_1'[Ey(k-1)+BDu(k-1)]\\&\quad+c_2'[Ey(k-2)+BDu(k-2)]+\cdots+D\xi(k+m)\end{aligned}$$

当参数估计收敛时，各参数的估计值趋于其真值，由式(8-81)，上式中各 $Ey(k-i)+BDu(k-i)$ $(i>0)$项为零，则上式与 $C=1$ 时的预估式(8-83)相同。因此，不论 C 是否为1，式(8-83)均可作为预估模型。

以上针对定值调节系统($y_r(k+m)=0$)讨论了最小方差调节器的算法，按类似的方

法也可得到跟踪调节系统中($y_r(k+m)\neq 0$)最小方差调节器的算法。

最小方差调节器的缺点是它不适于非最小相位系统,因为这时参数估计的不准确会导致系统的不稳定。另外,它所得到的最优控制作用可能过大,这从式(8-82)可以看出:当$|b_0|$很小时,$u(k)$将很大,这在工程上是难以实现的。

为了克服最小方差控制的上述缺点,提出了广义最小方差控制策略和极点配置控制策略两种改进的自校正控制。这里只对它们的基本思想说明如下:

(1) 广义最小方差控制策略

这种控制策略把最小方差控制中的目标函数(见式(8-67))修改为

$$J=E[y(k+m)-y_r(k+m)]^2+Ru^2(k)$$

(2) 极点配置控制策略

这种控制方法是在图8-9的闭环系统中,确定控制器的参数$G(q^{-1})$和$F(q^{-1})$,使控制系统闭环传递函数的极点处于希望的位置上,然后由$G(q^{-1})$和$F(q^{-1})$算得控制作用$u(k)$。

有关这两种控制策略的详细内容,这里不再深入讨论。

8.2.3 PID参数的自整定

PID调节器由于其整定参数少、应用经验丰富,在工业控制领域获得了广泛的应用。但是当对象参数变化时,其工作性能会受到破坏。为了提高PID调节器的适应能力,一个很自然的想法是将自适应技术和PID调节结合起来,于是就产生了自校正PID调节器。它的设计有多种方法,但从工业应用的观点来看,希望这种自校正简单易行,故常规的自适应方案一般不适宜用于PID参数的自整定。下面介绍几种已经在过程控制中获得应用的自整定技术。

1. 极限环法

图8-10为这种方法的示意图,当开关S在A位置时,即为一般的PID调节系统。需要对调节器参数进行整定时,将S切换至T侧,此时继电器代替调节器工作,系统将出现极限环。由于继电器具有图8-11所示的特性,其输出为周期性的对称方波。

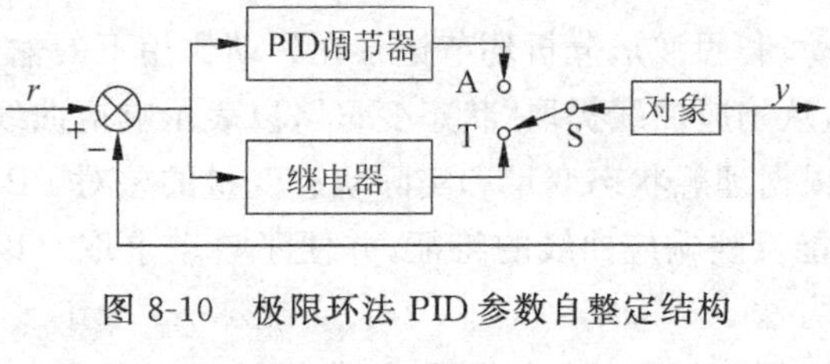

图8-10　极限环法PID参数自整定结构

根据非线性控制理论中的描述函数分析方法可知，当出现极限环时，满足

$$\begin{cases}\theta(\omega)=-\pi \\ K_a=\dfrac{4d}{\pi a}=\dfrac{1}{M(\omega)}\end{cases} \tag{8-85}$$

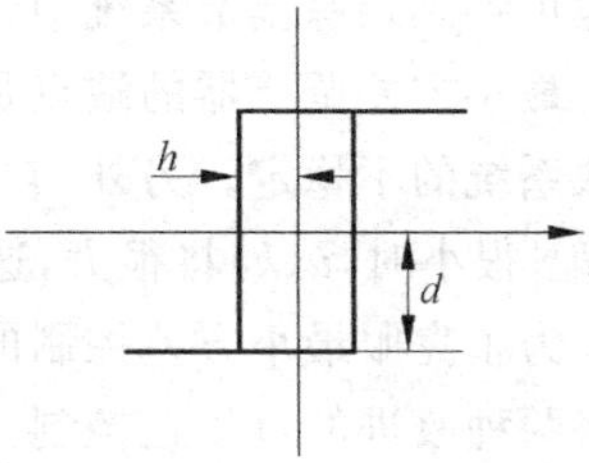

图 8-11　继电器特性

式中，$\theta(\omega)$和 $M(\omega)$分别为对象频率特性 $G(j\omega)$的相角和模；d 为继电器特性的幅值；a 为继电器输入端一次谐波的振幅（一般对象具有低通滤波特性，一次谐波分量占优势）。

利用傅里叶级数展开继电器输出的幅度为 d 的对称方波，其一次谐波幅度为$\dfrac{4d}{\pi}$，故 K_a 可视为继电器的增益。

根据第 4 章对调节系统临界状态的分析，式(8-85)相当于一个用比例增益为 K_a 的纯比例调节器调节时出现临界的情况，故由极限环实验得到 K_a 和极限环振荡周期后，即可根据第 4 章介绍的临界比例带法得到调节器的整定参数。

这种方法的特点是概念清楚，方法简单。虽然由于干扰，会使实验结果出现偏差，但通过几个振荡周期的比较和平均，可以有效地消除干扰的影响。

2. 模式识别法（图像识别法）

在第 4 章介绍的图表整定法中，由对象的阶跃响应实验得到特征参数 ε,ρ,τ 后，即可以查表得到调节器参数的整定值。模式识别法就是基于这种方法发展起来的。其结构如图 8-12 所示。图中，在一般的调节系统的基础上增加了波形分析和参数调整两个环节，其整定步骤是：

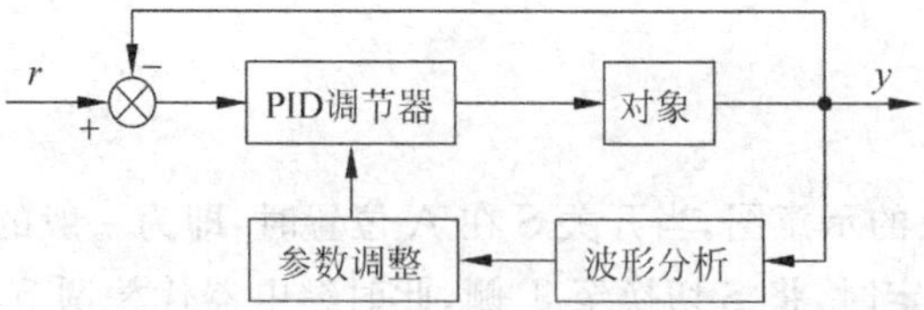

图 8-12　模式识别法 PID 参数自整定结构

(1) 对系统施加扰动，利用波形分析环节记录在扰动作用下的输出响应；

(2) 通过波形分析，从响应曲线提取“状态变量”，以表示响应曲线的特征；

(3) 参数调整环节根据理想状态变量和实际状态变量的差对 PID 参数进行整定。

状态变量的选择应能反映响应曲线的特征，并便于自动求取。以下介绍两种工程中采用的状态变量的选取方法。

图 8-13 是在定值扰动下的误差响应曲线，从曲线得到三个状态变量：T_L，F_1 和 F_2，

它们都可以用计算机方便求取。其中 T_L 作为闭环谐振周期的量度，它反映系统的响应速度；面积 F_1 和 F_2 的差别反映系统的衰减状况。

状态变量选取的另一种方法如图 8-14 所示。图(a)是在定值扰动下的误差响应曲线；图(b)是在外部扰动下的误差响应曲线。

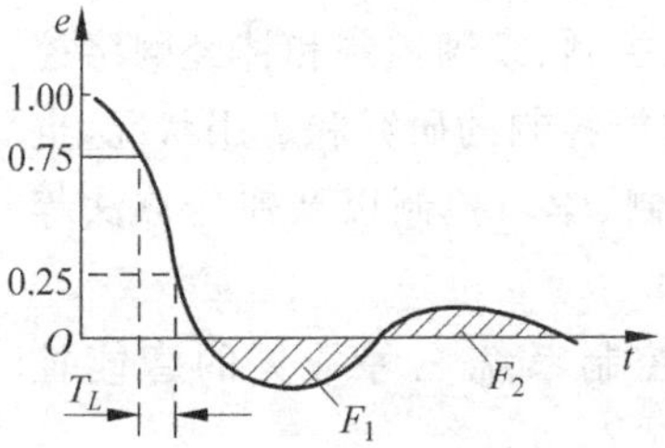

图 8-13　状态变量的选取方法之一

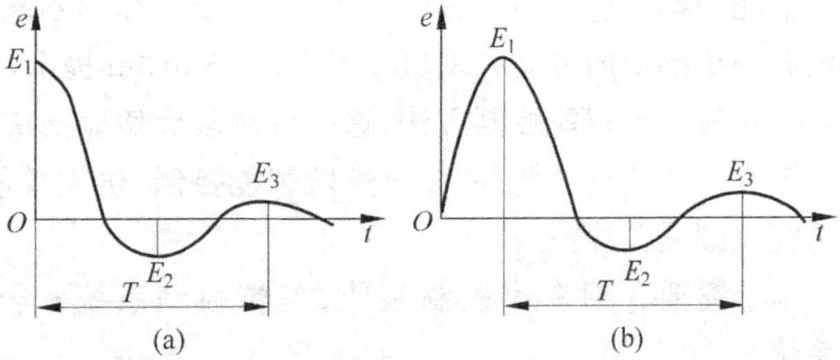

图 8-14　状态变量的选取方法之二

根据图示曲线，选取振荡周期 T、超调量 $-\frac{E_2}{E_1}$ 和衰减比 $\frac{E_3-E_2}{E_1-E_2}$ 为三个状态变量。它们既可以描述响应曲线的基本特征，又能自动求取。

8.3　智能控制概述

智能控制研究是模拟人类的智能活动，并将其用于工程控制中。它是人工智能、控制理论和管理科学互相结合的产物。它依靠知识模型，把技术和非技术的人类行为和经验归纳为若干系统化的规则或规律，实现对系统的“拟人智能”控制。

智能控制有以下两个特点：一是智能控制系统以知识为基础进行推理，用启发式来引导求解过程；二是对实际环境或过程进行决策和规划，采用符号信息处理、启发式程序设计、知识表示和自动推理与决策等相关技术，实现广义的问题求解。

经典控制理论和现代控制理论都是建立在被控对象模型基础上的。实际上，许多工业被控对象或过程常常具有非线性、时变性、变结构、多层次、多因素以及各种不确定性等，难以建立精确的数学模型。即使对一些复杂对象能够建立起数学模型，模型也往往过于复杂，既不利于设计也难于实现有效控制。随着科学技术的不断进步，被控对象变得越来越复杂，人们对控制精度的要求也越来越高，这样就产生了复杂性和精确性之间的矛盾。传统的控制理论只有单纯的数学解析结构，难于表达和处理有关被控对象的一些不确定信息，不能利用人的经验知识、技巧和直觉进行推理，所以在解决复杂性和精确性之间的矛盾时显得无能为力。

智能控制利用或部分利用被控对象的知识模型设计控制策略，该知识模型是通过人们对被控对象认识的大量信息的归纳和运行经验的总结建立的，也包括由计算机智能程序自动推理、演算形成的知识。另外,智能控制具有良好的人机智能结合能力,能够方便地将人的直觉推理和新经验、新知识传递给计算机,以充实和修正知识模型,也可以通过人机对话方式确定某些控制器参数,选择某些多目标决策的满意解等,即实现人机共同决策。

智能控制所包括的内容十分丰富,随着研究的不断深入,其理论体系日趋庞大,目前尚没有一个确切的分类。瑞典学者 K. J. Aström 提出,专家控制、模糊控制和神经网络控制是三种典型的智能控制方法,这一说法较确切地反映了智能控制的研究和应用状况,也为大多数人所接受。此外,多级递阶智能控制、仿人智能控制、学习控制以及遗传算法等的研究也颇受关注。

本节简要介绍专家控制系统、模糊控制系统和神经控制系统三种常见的智能控制系统。

8.3.1 专家控制系统与专家控制器

专家控制又称专家智能控制,它将专家系统的理论、技术与控制理论相结合,在未知环境下,仿效专家的智能,实现对系统的控制。基于专家控制的原理所设计的系统称为专家控制系统,将专家控制系统根据实际工业过程的控制要求进行简化,即形成专家控制器。专家控制器结构简单,研制代价低,性能又能满足工业过程控制的要求,故获得了比专家控制系统更广泛的应用。

1. 专家控制系统

通常的专家系统是综合有关领域专家的知识、仿照专家解决问题的方法设计的计算机智能软件系统,它一般离线工作。与此不同,专家控制系统需要在线运行,具有实时性的要求,并且它不仅是独立的决策者,还可以获得反馈信息实施在线控制。

专家控制系统的完整结构如图 8-15 所示。一般说来,专家控制系统由以下几部分组成:

(1) 数据库。主要存储事实、证据和目标等。对过程控制而言,事实包括传感器测量误差、操作阈值、报警阈值、操作约束等静态数据;证据包括传感器及仪表的实时测量数据等;目标即规定的控制系统的静态目标和动态目标。数据库还用来存放推理的中间结果。

(2) 知识库。在控制系统中又称规则库,用来存储作为专家经验的判断性知识、启发性知识和有关领域的理论知识和常识性知识,例如建议、推断、策略等规则。这些规则一般以"产生式"表达,其典型描述为

"如果(条件),那么(结果)"

其中,"条件"表示来源于数据库的事实、证据、假设和目标;"结果"表示在条件成立的前

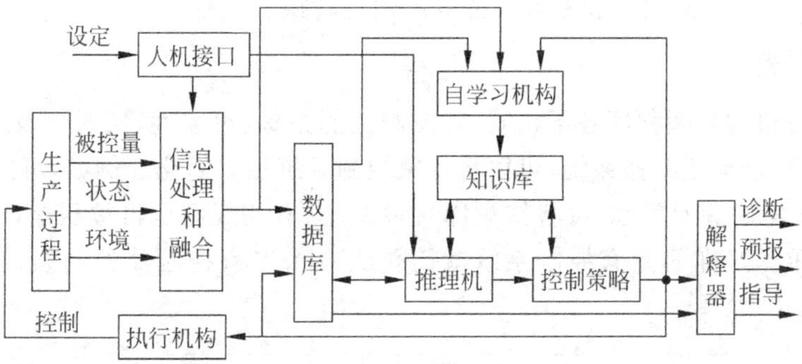

图 8-15　专家控制系统的结构

提下，应产生的作用或估计算法。

知识库的建造包括知识获得和知识表示两个过程，前者通过适当的方式获得专家的经验，后者的核心是选择合适的数据结构把所获得的专家知识进行形式化处理并存入知识库中。

(3) 推理机。它利用数据库和知识库中两类不同的知识，进行自动推理，以得到问题的解答(即控制作用)。具体来说，它有两种功能，一种功能是利用规则库中的判断性知识推导出新的知识；另一种功能是决定判断性知识的使用次序。推理机的具体结构决定于控制问题的特点和知识库中规则的表示方法。

推理机的推理方式有正向推理、反向推理和正反向混合推理三种。正向推理是根据原始数据和已知条件推断出结论；如果先提出结论或假设，再寻找支持这个结论或假设的条件或证据，如成功则结论成立，否则再重新假设，这种推理方式称为反向推理；运用正向推理帮助系统提出假设，再运用反向推理寻找证据，这种推理方式称为正反向混合推理。

(4) 控制策略。控制策略是对被控过程的各种控制模式和经验的归纳和总结，它可作为知识库的一部分，为适应过程控制的特点，常把它从知识库中分离出来。

(5) 自学习机构。采用专家控制的对象，往往具有时变性和不确定性，为适应对象的这些特点，知识库的内容和控制规则应根据对象特性的变化而进行相应的修改。自学习机构的功能就是根据在线获得的信息，补充和修改知识库的内容和控制规则。

(6) 信息处理和融合。它包括实时数据的获取、特征信息的提取和信息融合三部分。实时数据获取即利用各种传感器得到过程的实时信息；特征信息提取即对实时数据进行一定的加工处理，为控制决策和自学习机构提供依据；信息融合即利用一定的理论和方法对实时数据进行综合处理，使各相关数据彼此协调，并用统一的表达方式表示其特征。

(7) 解释器。它输出故障诊断、各种预报和生产操作指导的有关信息。

(8) 执行机构。专家控制系统的输出通过它实现对过程的控制。

(9) 人机接口。负责用户和系统间的双向信息转换。

2. 专家控制器

工业被控对象的复杂程度各不相同,对控制性能指标、可靠性、实时性及对性价比的要求也不相同,所以对于某些系统,可以将专家控制系统加以简化。例如,可以不设人-机自然语言对话;考虑到专用性,可将知识库规模减小,有关规则也可被压缩,因而使推理机变得相当简单。这样的专家控制系统就简化为一个专家控制器控制系统,其结构如图 8-16 所示。

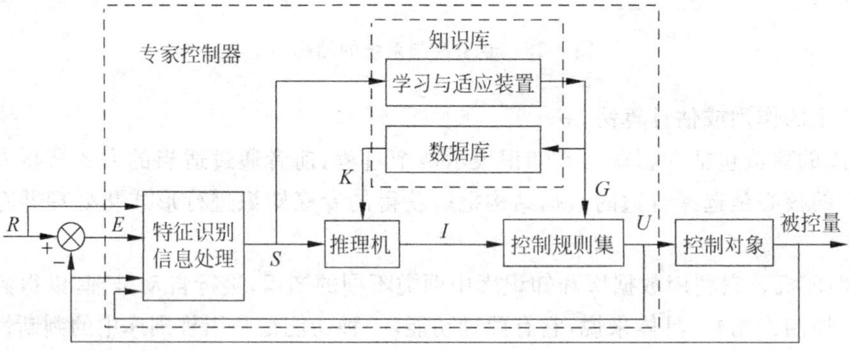

图 8-16　专家控制器的结构

因为在专家控制器中,数据量比较小,知识库简化为由数据库和学习与适应装置两部分组成。另外,由于控制规则比较少,推理机可以采用简单的正向推理,并逐次判定各条规则的条件是否满足,若满足则执行,否则继续搜索。图中的特征识别和信息处理部分接收被控量、给定值、偏差和控制量,完成对这些信息的提取和加工处理,为控制器推理提供依据。

从图 8-16 可以看出,专家控制器实际上是建立了控制量 U 和偏差 E 之间的一个映射关系,这个关系可用下式表示:

$$U=f(E)$$

式中,f 为智能算子,U 和 E 分别为输出和输入的集合,即

$$\begin{cases} E=\{e_1,e_2,\cdots,e_n\} \\ U=\{u_1,u_2,\cdots,u_n\} \end{cases}$$

智能算子反映了控制规则。全部控制规则的集合构成控制规则集,它是在知识集的基础上概括、总结、归纳而成的,它体现了专家的专门知识和经验,集中反映了人在操作过程中的智能控制行为和决策艺术。例如控制规则集可以包括下述 6 条规则:

(1) if　$E>E_{PB}$　then　$U=U_{NB}$

(2) if　$E<E_{NB}$　then　$U=U_{PB}$

(3) if　$C>C_{PB}$　then　$U=U_{NB}$

(4) if　$C<C_{NB}$　then　$U=U_{PB}$

(5) if　$E\cdot C<0$ or $E=0$　then　$U=\mathrm{INT}[\alpha E+(1-\alpha)C]$

(6) if　$E\cdot C>0$ or $C=0$　and　$E\neq 0$　then　$U=\mathrm{INT}\left[\beta E+(1-\beta)C+\gamma\sum_{i=1}^{k}\mathrm{E_i}\right]$

其中，C 为误差变化量，其量化等级选择与 E,U 完全相同；E_{PB},C_{PB}及 U_{PB}分别为 E,C 及 U 的正向最大值；而 E_{NB},C_{NB}及 U_{NB}分别为 E,C 及 U 的负向最大值；α,β 及 γ 为待调整的因子，由知识集中的经验规则确定；$\sum_{i=1}^{k}E_i$ 为对误差的智能积分项，用以改善控制系统的稳态性能，符号 $\mathrm{INT}[a]$表示取最接近于 a 的一个整数。

8.3.2　模糊控制

模糊控制是以模糊集合论、模糊语言变量及模糊逻辑推理为基础的一类计算机数字控制方法。模糊集合论是 20 世纪 60 年代中期由 L. A. Zadeh 提出的。此后，模糊数学得到迅速发展，形成了一系列比较完整的基础理论。模糊集合的引入，使得人们有可能用比较简单的方法对复杂系统作出合乎实际的、符合人类思维方式的处理。1973 年，L. A. Zadeh 继续丰富和发展了模糊集合论，提出了一种把逻辑规则的语言表达转化成相关控制量的思想，从而为模糊控制的形成奠定了理论基础。

模糊控制方法与通常系统分析所用的定量方法有着本质的区别。它有如下三个主要特点：①用语言变量代替数学变量或两者结合应用；②用模糊条件语句来刻画变量间的函数关系；③用模糊算法来刻画复杂关系。

从 20 世纪 70 年代中期以来，模糊控制在小型汽轮机控制、反应炉温度控制、小型热交换器控制、水泥窑控制、连续发酵过程递阶控制以及核反应堆控制等实际生产工程中获得了成功的应用。此外，由于模糊控制理论研究较为成熟，实际实现比较简单，故在一些非生产过程中（如水质控制、列车自动驾驶、起重机自动操作系统、电梯自动运行和十字路口交通管理系统等），模糊控制的应用也日趋广泛。

模糊控制的数学基础是模糊数学，模糊数学中的两个重要概念——模糊集合和隶属度函数对于模糊控制系统的分析和设计十分重要。下面通过一个例子对它们进行简要说明。

在日常用语中，“几个”是一个模糊的概念，如把“几个”视为一个集合，它便是一个模糊集合，记为 A。现在讨论 1,2,…,10 共 10 个整数，这 10 个数是所要讨论的全体，称为论域，记为 X：

$$X=\{1,2,3,4,5,6,7,8,9,10\}$$

它是一个离散论域，共有 10 个元素，每一个元素 x 属于“几个”这个模糊集合 A 的程度叫

做 x 属于 A 的隶属度或隶属度函数，记为 $\mu_A(x)$，它是一个 0～1 间的实数。例如根据一般的概念，可设 $\mu_A(1)=0$，$\mu_A(2)=0$，$\mu_A(3)=0.3$，$\mu_A(4)=0.7$，$\mu_A(5)=1$，$\mu_A(6)=1$，$\mu_A(7)=0.7$，$\mu_A(8)=0.3$，$\mu_A(9)=0$，$\mu_A(10)=0$。表示 1 和 2 这两个数属于"几个"这个模糊集合 A 的程度为 0，3 属于 A 的程度为 0.3，4 属于 A 的程度为 0.7，……

根据以上说明，可给出模糊集合的定义为：给定论域 X，X 上的一个模糊子集 A 是指，对任何 $x\in X$，都有一个数 $\mu_A(x)\in[0,1]$与之相对应。这里[0,1]表示从 0～1 的闭区间。$\mu_A(x)$称为 x 属于模糊子集 A 的隶属度函数。

模糊集合可用下述方法中的一种来表示。

第一种方法：$A=\{(x,\mu_A(x))\mid x\in X\}$，称为序偶形式。它把论域中的各元素及其隶属度函数以序偶的形式逐一列出。如上例，有

$$A=\{(1,0),(2,0)(3,0.3),(4,0.7),(5,1),(6,1),(7,0.7),(8,0.3),(9,0),(10,0)\}$$

第二种方法：$A=\sum\limits_{i=1}^{n}\dfrac{\mu_A(x_i)}{x_i}$。它以普通数学中"分数"的形式列出论域中的各元素及其隶属度函数，并把各"分数"用"＋"号连接起来。各"分数"中，"分母"为论域中的元素，"分子"为其隶属度函数。但这里分数线"——"不表示相除，"＋"也不表示相加。如上例，有

$$A=\frac{0}{1}+\frac{0}{2}+\frac{0.3}{3}+\frac{0.7}{4}+\frac{1}{5}+\frac{1}{6}+\frac{0.7}{7}+\frac{0.3}{8}+\frac{0}{9}+\frac{0}{10}$$

第三种方法：$A=[\mu_A(x_1)\quad \mu_A(x_2)\quad \cdots\quad \mu_A(x_n)]$。这是一种向量表示方法，即不列写论域中的元素，只列写出其隶属度函数。如上例，有

$$A=[0\quad 0\quad 0.3\quad 0.7\quad 1\quad 1\quad 0.7\quad 0.3\quad 0\quad 0]$$

模糊控制系统的基本结构同数字控制系统，只不过用模糊控制器代替一般的数字控制器，如图 8-17 所示。图中，小写字母表示精确量信号，其中黑体表示模拟量，非黑体表示数字量；大写字母表示模糊量。以下结合图 8-17，分析模糊控制器的构成及工作原理。

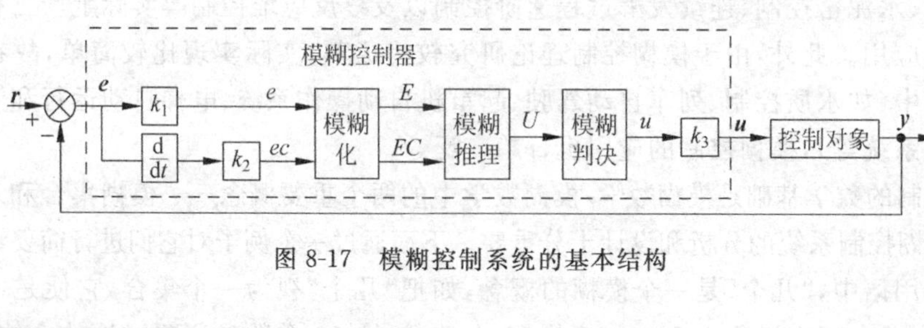

图 8-17　模糊控制系统的基本结构

1. 精确量的模糊化

由图 8-17 可以看出，模糊控制器中模糊推理部分的输入、输出均为模糊量，但实际得到的测量信号都是精确量，故需要对其进行模糊化处理。处理的过程分两步，首先确定论

域，并把实际的精确量转换成论域中的元素，然后再进行模糊化。

1）精确量到论域元素的转换

在模糊控制系统中，一般需要偏差和偏差的变化率两个信号。图 8-17 中 k_1，k_2 分别为对它们进行量化时的转换系数，转换的结果分别为数字信号 e 和 ec，即

$$e = k_1\boldsymbol{e}$$

$$ec = k_2\dot{\boldsymbol{e}}$$

另外，图 8-17 中输出的控制量 u（数字信号）需要经过 D/A 转换成模拟量 $\boldsymbol{u}$，设其转换系数为 k_3，即

$$\boldsymbol{u} = k_3 u$$

在控制系统中，一般论域取为离散的。例如对偏差 e 和偏差的变化率 ec，取论域为

$$\begin{cases} e=\{-6,-5,-4,-3,-2,-1,-0,+0,+1,+2,+3,+4,+5,+6\} \\ ec=\{-6,-5,-4,-3,-2,-1,-0,+0,+1,+2,+3,+4,+5,+6\} \end{cases} \tag{8-86}$$

将实际量转换成规定的论域可按下式进行：

$$y = \frac{2n}{b-a}\left(x - \frac{a+b}{2}\right)$$

式中，$[a,b]$为变量 x 的实际变化范围，规定的论域为$[-n,n]$，y 为论域中的变量。

2）模糊化

在模糊控制中，偏差和偏差变化率用一些语言词汇（模糊量）来表示，一般取为

{负大，负中，负小，负零，正零，正小，正中，正大}

用英文字头简记为

$$\begin{cases} E = \{\mathrm{PB,PM,PS,PZ,NZ,NS,NM,NB}\} \\ EC = \{\mathrm{PB,PM,PS,PZ,NZ,NS,NM,NB}\} \end{cases} \tag{8-87}$$

式中 E 和 EC 分别表示偏差和偏差变化率的模糊集合，大括号内的每一个词汇都是一个模糊子集。

所谓模糊化就是确定式(8-86)所示论域中的各元素隶属于式(8-87)中各模糊子集的程度，在模糊控制中通常制成隶属度赋值表，通过查表得到有关隶属函数。表 8-1 是一个常用的和式(8-86)，式(8-87)相对应的隶属度赋值表。

2. 模糊推理

在图 8-17 中，模糊推理部分的输入为偏差 E 和偏差变化率 EC，输出为控制作用 U，它们都是模糊量，它决定 U 和 E，EC 间的关系，即模糊控制规则。模糊控制规则是根据生产运行经验和对生产过程的分析得到的，全部规则的组合构成模糊控制规则集。例如一生产过程，将偏差分为正大、正中、正小、正零、负零、负小、负中、负大 8 种状况，偏差的变化率和控制输出分为正大、正中、正小、零、负小、负中、负大 7 种状况，即

表 8-1　隶属度赋值表

E \ μ \ e	−6	−5	−4	−3	−2	−1	−0	+0	+1	+2	+3	+4	+5	+6
PB	0	0	0	0	0	0	0	0	0	0	0.1	0.4	0.8	1.0
PM	0	0	0	0	0	0	0	0	0	0.2	0.7	1.0	0.7	0.2
PS	0	0	0	0	0	0	0	0.3	0.8	1.0	0.5	0.1	0	0
PZ	0	0	0	0	0	0	0	1.0	0.6	0.1	0	0	0	0
NZ	0	0	0	0	0.1	0.6	1.0	0	0	0	0	0	0	0
NS	0	0	0.1	0.5	1.0	0.8	0.3	0	0	0	0	0	0	0
NM	0.2	0.7	1.0	0.7	0.2	0	0	0	0	0	0	0	0	0
NB	1.0	0.8	0.4	0.1	0	0	0	0	0	0	0	0	0	0

$$E=\{NB,NM,NS,NO,PO,PS,PM,PB\}$$
$$EC=\{NB,NM,NS,ZO,PS,PM,PB\}$$
$$U=\{NB,NM,NS,ZO,PS,PM,PB\}$$

则一种可能的控制规则集如表 8-2 所示。表 8-2 中包含了许多条控制规则，例如，if $E=$ NB and $EC=$PM，then $U=$PB（如果偏差为负大，偏差的变化率为正中，则控制输出为正大）等。可以看出，模糊控制规则是用条件语句描述，其最简单的形式为

$$\text{if } A \text{ then } B$$

表 8-2　模糊控制规则集

EC \ U \ E	NB	NM	NS	NO	PO	PS	PM	PB
PB	PB	PM	NB	NB	NB	NB		
PM	PB	PM	NM	NM	NS	NS		
PS	PB	PM	NS	NS	NS	NS	NM	NB
ZO	PB	PM	PS	ZO	ZO	NS	NM	NB
NS	PB	PM	PS	PS	PS	PS	NM	NB
NM			PS	PS	PM	PM	NM	NB
NB			PB	PB	PB	PB	NM	NB

这样的条件语句，规定了条件 A 和结论 B 之间的模糊关系，用 R 表示这个模糊关系，模糊控制的推理机制就是由模糊关系 R 确定的。也可认为，模糊关系 R 规定了一个输入、输出均为模糊量的系统，系统的输入为 A，输出为 B。A，B 和 R 满足

$$B = A \circ R \tag{8-88}$$

式中符号"∘"表示模糊数学中模糊集合的合成，R 定义为

$$R = A \times B, \quad \mu_R(x,y) = \min[\mu_A(x), \mu_B(y)] \tag{8-89}$$

式中，"×"表示模糊集合的直积；$x \in X$，X 为模糊集合 A 对应的论域；$y \in Y$，Y 为模糊集合 B 对应的论域；$(x,y) \in R$，直积 $X \times Y$ 为 R 对应的论域。若 $X = \{x_1, x_2, \cdots, x_n\}$，$Y = \{y_1, y_2, \cdots, y_m\}$，则

$$R = \begin{bmatrix} \mu_R(x_1,y_1) & \mu_R(x_1,y_2) & \cdots & \mu_R(x_1,y_m) \\ \mu_R(x_2,y_1) & \mu_R(x_2,y_2) & \cdots & \mu_R(x_2,y_m) \\ \vdots & \vdots & & \vdots \\ \mu_R(x_n,y_1) & \mu_R(x_n,y_2) & \cdots & \mu_R(x_n,y_m) \end{bmatrix}$$

可见，R 为一模糊矩阵，其各个元素按式(8-89)算出。

式(8-88)的计算方法为

$$\mu_B(y) = \bigcup_{y \in Y} (\mu_R(x,y) \cap \mu_A(x)) \tag{8-90}$$

式中 ∪ 和 ∩ 分别表示求大和求小运算。上式的具体计算方法类似于普通矩阵的相乘，只不过将普通矩阵相乘运算中对应元素的相乘用取小运算"∩"代替，将普通矩阵相乘运算中的相加用取大运算"∩"代替。

例 8-1　已知一模糊关系，当输入为模糊集合 A 时，输出为 B，A 对应的论域为 $\{a_1, a_2, a_3\}$，B 对应的论域为 $\{b_1, b_2, b_3\}$，且

$$A = \frac{1.0}{a_1} + \frac{0.5}{a_2} + \frac{0}{a_3} = [1.0 \quad 0.5 \quad 0]$$

$$B = \frac{0.8}{b_1} + \frac{1.0}{b_2} + \frac{0.3}{b_3} = [0.8 \quad 1.0 \quad 0.3]$$

(1) 求模糊关系 R；

(2) 求当输入为 $A' = \frac{0.6}{a_1} + \frac{1.0}{a_2} + \frac{0.6}{a_3} = [0.6 \quad 1.0 \quad 0.6]$ 时，输出 B'。

解　(1) 由式(8-88)可算得

$$R = \begin{bmatrix} 1.0 \cap 0.8 & 1.0 \cap 1.0 & 1.0 \cap 0.3 \\ 0.5 \cap 0.8 & 0.5 \cap 1.0 & 0.5 \cap 0.3 \\ 0 \cap 0.8 & 0 \cap 1.0 & 0 \cap 0.3 \end{bmatrix} = \begin{bmatrix} 0.8 & 1.0 & 0.3 \\ 0.5 & 0.5 & 0.3 \\ 0 & 0 & 0 \end{bmatrix}$$

(2) 在 R 已知的情况下，对于输入为给定的 A'，输出 B' 可由式(8-90)算出，为

$$B' = A' \circ R = [0.6 \quad 1.0 \quad 0.6] \circ \begin{bmatrix} 0.8 & 1.0 & 0.3 \\ 0.5 & 0.5 & 0.3 \\ 0 & 0 & 0 \end{bmatrix}$$

$$=\begin{bmatrix}(0.6\cap 0.8)\cup(1.0\cap 0.5)\cup(0.6\cap 0)\\(0.6\cap 1.0)\cup(1.0\cap 0.5)\cup(0.6\cap 0)\\(0.6\cap 0.3)\cup(1.0\cap 0.3)\cup(0.6\cap 0)\end{bmatrix}^{\mathrm{T}}$$

$$=[0.6\cup 0.5\cup 0\quad 0.6\cup 0.5\cup 0\quad 0.3\cup 0.3\cup 0]$$

$$=[0.6\quad 0.6\quad 0.3]=\frac{0.6}{b_1}+\frac{0.6}{b_2}+\frac{0.3}{b_3}$$

在表 8-2 中规定的控制规则，均为如下的条件语句形式：

$$\text{if}\quad E=E_i\quad \text{and}\quad EC=EC_j\quad \text{then}\quad U=U_{ij}$$

它相当于两个输入和一个输出的模糊关系，利用这个模糊关系进行模糊推理时，可先利用一个中间模糊矩阵 D_{ij} 将两个输入按直积运算合并，即

$$D_{ij}=E_i\times EC_j$$

变成一个输入一个输出的模糊关系，再按上面的方法求解。

例 8-2 已知输入为 $E_1=\frac{0.5}{e_1}+\frac{1.0}{e_2}, EC_1=\frac{0.1}{c_1}+\frac{1.0}{c_2}+\frac{0.6}{c_3}$ 时，输出为 $U_{11}=\frac{0.4}{u_1}+\frac{1.0}{u_2}$，

(1) 求模糊关系 R；

(2) 若输入为 $E_2=\frac{1.0}{e_1}+\frac{0.5}{e_2}, EC_2=\frac{0.1}{ec_1}+\frac{0.5}{ec_2}+\frac{1.0}{ec_3}$，求输出 U_{22}。

解 (1) 首先求出

$$D_{11}=E_1\times EC_1=\begin{bmatrix}0.5\cap 0.1 & 0.5\cap 1.0 & 0.5\cap 0.6\\1.0\cap 0.1 & 1.0\cap 1.0 & 1.0\cap 0.6\end{bmatrix}=\begin{bmatrix}0.1 & 0.5 & 0.5\\0.1 & 1.0 & 0.6\end{bmatrix}$$

为了便于计算，将 D_{11} 写成单列向量的形式，为

$$D_{11}=[0.1\quad 0.5\quad 0.5\quad 0.1\quad 1.0\quad 0.6]^{\mathrm{T}}$$

于是

$$R=D_{11}\times U_{11}=\begin{bmatrix}0.1\\0.5\\0.5\\0.1\\1.0\\0.6\end{bmatrix}\times[0.4\quad 1.0]=\begin{bmatrix}0.4\cap 0.1 & 1.0\cap 0.1\\0.4\cap 0.5 & 1.0\cap 0.5\\0.4\cap 0.5 & 1.0\cap 0.5\\0.4\cap 0.1 & 1.0\cap 0.1\\0.4\cap 1.0 & 1.0\cap 1.0\\0.4\cap 0.6 & 1.0\cap 0.6\end{bmatrix}=\begin{bmatrix}0.1 & 0.1\\0.4 & 0.5\\0.4 & 0.5\\0.1 & 0.1\\0.4 & 1.0\\0.4 & 0.6\end{bmatrix}$$

(2) 同样先求

$$D_{22}=E_2\times EC_2=\begin{bmatrix}0.1 & 0.5 & 1.0\\0.1 & 0.5 & 0.5\end{bmatrix}$$

写成单行向量为

$$D_{22}=[0.1\quad 0.5\quad 1.0\quad 0.1\quad 0.5\quad 0.5]$$

于是

$$U_{22}=D_{22}\circ R=\begin{bmatrix}0.1\\0.5\\1.0\\0.1\\0.5\\0.5\end{bmatrix}^{\mathrm{T}}\circ\begin{bmatrix}0.1 & 0.1\\0.4 & 0.5\\0.4 & 0.5\\0.1 & 0.1\\0.4 & 1.0\\0.4 & 0.6\end{bmatrix}=[0.4\quad 0.5]$$

故所求输出控制量为$U_{22}=\frac{0.4}{u_1}+\frac{0.5}{u_2}$。

若模糊控制集中共有n条控制规则，它们对应的模糊关系分别为$R_1,R_2,\cdots,R_n$，则整个系统的控制规则集所对应的模糊关系R为

$$R=R_1\cup R_2\cup\cdots\cup R_n=\bigcup_{i=1}^{n}R_i \tag{8-91}$$

这里，符号“$\cup$”代表模糊子集的并运算。

3. 输出信息的模糊判决

因为实际的被控对象只能接受精确的控制量，故需将模糊推理得到的模糊控制量U转换成精确控制量u。在图8-17中，模糊判决部分即实现这种转换。模糊判决的方法有最大隶属度方法、取中位数方法等。下面介绍一种隶属度加权平均判别方法。

设模糊集$U=[\mu(u_1)/u_1\quad \mu(u_2)/u_2\quad \cdots\quad \mu(u_r)/u_r]$，取各隶属度为权系数，则精确控制量$u$由下式算出：

$$u=\frac{\sum_{i=1}^{n}[\mu(u_i)u_i]}{\sum_{i=1}^{n}\mu(u_i)} \tag{8-92}$$

例如，若$U=\frac{0.1}{2}+\frac{0.8}{3}+\frac{1.0}{4}+\frac{0.8}{5}+\frac{0.1}{6}$，则可算得

$$u=\frac{2\times 0.1+3\times 0.8+4\times 0.1+5\times 0.8+6\times 0.1}{0.1+0.8+1.0+0.8+0.1}=4$$

在实际控制系统中，并不需要把一个关系矩阵存储于计算机，然后再实时计算控制作用，而只要离线算出直积$ExCE$上每一点的控制作用，列成表格的形式，称它为模糊控制查询表，然后把查询表存入计算机，进行查询控制。这种方法既节省计算时间，又可节省计算机内存。

8.3.3 神经网络控制

虽然单个神经元结构十分简单，功能极其有限，但是众多神经元构成的神经网络却能实现非常复杂的功能，它具有大规模并行处理、自适应、自学习以及分布式存储的能力，在

包括自动控制在内的诸多领域获得了广泛的应用。

1. 神经元模型

1）生物神经元结构

从信息处理的角度来看，单个生物神经元的结构如图 8-18 所示。其中，树突为细胞体向外伸出的许多较短的分支，它的功能是接收来自其他神经元的信息，为神经元的输入端；轴突相当于细胞的输出端，其端部的许多神经末梢将信息传送给其他神经元。

神经元具有两种工作状态：抑制和兴奋。当传入的神经冲动使细胞膜电位升高超过其阈值时，神经元进入兴奋状态，产生神经冲动并由轴突输出；当传入的神经冲动使细胞膜电位下降低于其阈值时，神经元进入抑制状态，没有神经冲动输出。

2）人工神经元模型

人工神经元是对生物神经元的简化和模拟，它是复杂神经网络的基本处理单元，一种常用的模拟方法如图 8-19 所示。图中，$u_1, u_2, \cdots, u_n$ 为输入，$\omega_1, \omega_2, \cdots, \omega_n$ 为权系数，θ 为阈值，y 为输出。由图可见，此模型由相加环节、传递函数为 $H(s)$ 的线性环节和一个变换关系为 $f(\cdot)$ 的非线性环节构成，为一非线性多输入、单输出系统，其数学模型为

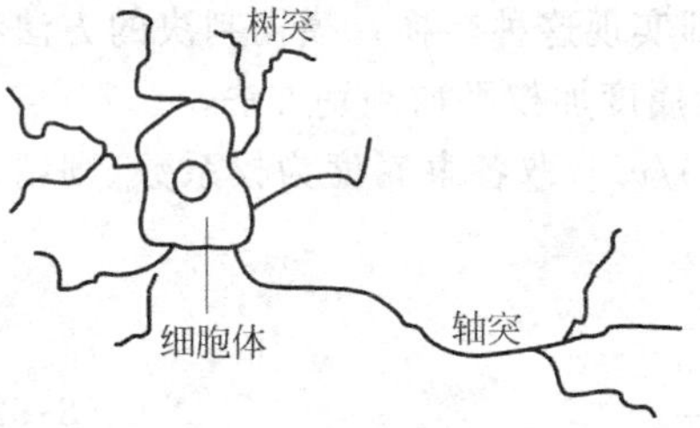

图 8-18 神经元结构

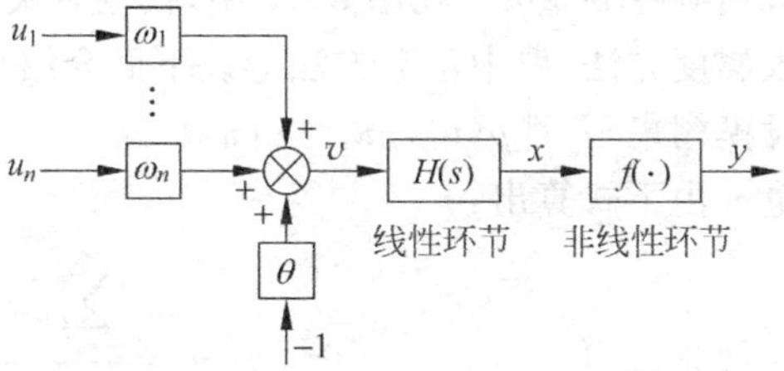

图 8-19 人工神经元模型

$$\begin{cases} v = \sum_{i=1}^{n} \omega_i u_i - \theta \\ X(s) = H(s)V(s) \\ y = f(x) \end{cases} \tag{8-93}$$

其中，$H(s)$ 常取为比例环节、积分环节、一阶惯性环节或纯滞后环节。$f(x)$ 常取为阶跃函数、分段线性函数或 S 型函数 $\left(f(x)=\dfrac{1}{1+e^{-x+C}}\right)$ 等。

2. 神经元的学习功能

神经网络处理信号的能力完全决定于各神经单元之间耦合的权值，即图 8-19 中的 ω_i，但一个由许许多多神经元组成的网络，其权值不可能一一设定，故要求网络本身必须有学习功能，即能够从示范的模式中逐渐调整权值。网络的学习方法有两种：有教师学

习和无教师学习。前者由外部给定期望值(教师信号),权值根据实际输出和期望值的差进行调整;后者无教师信号,其权值按预先设定的规则调整。

神经元学习的规则可用下式所示的基本算法表示:

$$\omega_i(k+1)=\omega_i(k)+\Delta\omega_i(k) \tag{8-94}$$

式中,$\omega_i(k+1)$为$k+1$时刻的权值;$\omega_i(k)$为k时刻的权值;$\Delta\omega_i(k)$为权值的增量。由于$\Delta\omega_i(k)$的计算方法不同,便产生了不同的学习规则,下面介绍常用的几种。

1) 无教师的 Hebb 学习规则

这一规则的基本思想是,两个相连的神经元,它们之间的耦合程度(即ω_i的大小)取决于这两个神经元的状态,当它们都处于兴奋状态时,它们之间的耦合应当加强。这一规则可表示为

$$\omega_{ij}(k+1)=\omega_{ij}(k)+\eta y_i(k)y_j(k) \tag{8-95}$$

式中,$\omega_{ij}(k+1)$和$\omega_{ij}(k)$分别表示i神经单元到j神经单元在$k+1$时刻和k时刻的连接权值;$y_i(k)$和$y_j(k)$分别表示i神经单元和j神经单元在k时刻的输出;$\eta>0$,为学习速率。

显然,这是一种无教师的学习规则。

2) 有教师的 Delta 学习规则或 Widrow-Hoff 学习规则

在无教师的 Hebb 学习规则中,引入教师信号$y_{dj}(k)$,将式(8-95)中的$y_j(k)$换成$y_{dj}(k)$和$y_j(k)$的差,即形成有教师的 Delta 学习规则,如下式所示:

$$\omega_{ij}(k+1)=\omega_{ij}(k)+\eta[y_{dj}(k)-y_j(k)]y_i(k) \tag{8-96}$$

3) 有教师的 Hebb 学习规则

将上述两种规则结合起来,即形成有教师的 Hebb 学习规则,如下式所示:

$$\omega_{ij}(k+1)=\omega_{ij}(k)+\eta[y_{dj}(k)-y_j(k)]y_i(k)y_j(k) \tag{8-97}$$

3. 神经网络模型

目前研究的神经网络已有数十种之多,就其结构来看,可分成前向网络、反馈网络和自组织网络三种,下面结合典型的网络简单介绍前两种类型。

1) 典型的前向网络——BP 网络

BP 网络的结构如图 8-20 所示。由图可见,BP 网络共由m层组成,第 1 层为输入层,第m层为输出层,中间层为隐层,每一层的输入是前一层的输出。设输入层包含l个神经元,输出层包含n个神经元。第k层的第i个神经元的输入、输出分别记为x_i^k和y_i^k,它们满足下式:

$$\begin{cases} x_i^k=\sum\limits_j \omega_{ij}^k y_j^{k-1}-\theta_i \\ y_i^k=f(x_i^k)=\dfrac{1}{1+\mathrm{e}^{-x_i^k}} \end{cases} \tag{8-98}$$

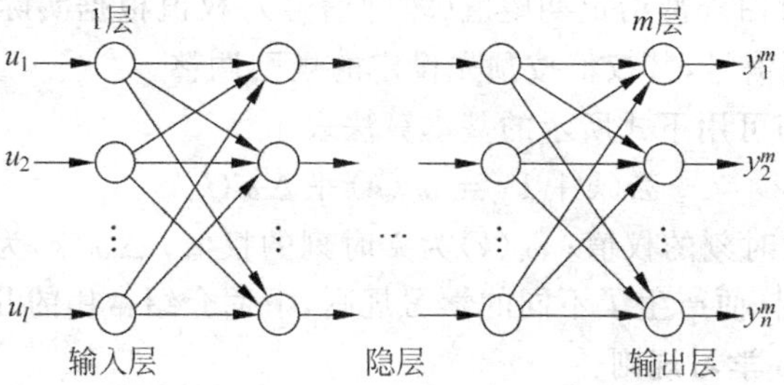

图 8-20　BP 网络

式中，非线性环节取 S 型函数。

BP 网络学习的目标是使网络的误差(即期望信号和实际输出间的差)最小，故目标函数选为

$$J=\frac{1}{2}\sum_{j=1}^{n}(y_{dj}^{m}-y_{j}^{m})^{2} \tag{8-99}$$

式中，y_{dj}^{m} 为第 m 层第 j 个神经元的教师信号。

为了得到 J 的最小值，采用线性规划中的“最速下降法”调整权值，即使权值沿 J 的负梯度方向变化。对于第 k 层的加权值 ω_{ij}^{k}，其调整规律(学习规则)为

$$\begin{cases}\omega_{ij}^{k}(K+1)=\omega_{ij}^{k}(K)+\Delta\omega_{ij}\\ \Delta\omega_{ij}=-\eta\dfrac{\partial J}{\partial\omega_{ij}^{k}}\end{cases} \tag{8-100}$$

式中 $\eta>0$，$\dfrac{\partial J}{\partial\omega_{ij}^{k}}$ 为

$$\frac{\partial J}{\partial\omega_{ij}^{k}}=\frac{\partial J}{\partial x_{i}^{k}}\frac{\partial x_{i}^{k}}{\partial\omega_{ij}^{k}}=\frac{\partial J}{\partial x_{i}^{k}}\frac{\partial}{\partial\omega_{ij}^{k}}\left(\sum_{j}\omega_{ij}^{k}y_{j}^{k-1}\right)=\frac{\partial J}{\partial x_{i}^{k}}y_{j}^{k-1}=d_{i}^{k}y_{j}^{k-1}$$

式中

$$d_{i}^{k}=\frac{\partial J}{\partial x_{i}^{k}} \tag{8-101}$$

于是，BP 网络的学习规则可记为

$$\omega_{ij}^{k}(K+1)=\omega_{ij}^{k}(K)-\eta d_{i}^{k}y_{j}^{k-1} \tag{8-102}$$

可见，只要得到了 d_{i}^{k}，则可算出权值的增量，从而得到新的权值。式(8-101)表示的 d_{i}^{k} 可按如下方法计算。因为，由式(8-98)可得

$$\frac{\partial y_{i}^{k}}{\partial x_{i}^{k}}=\frac{\partial}{\partial x_{i}^{k}}\left(\frac{1}{1+\mathrm{e}^{-x_{i}^{k}}}\right)=y_{i}^{k}(1-y_{i}^{k})$$

故

$$d_{i}^{k}=\frac{\partial J}{\partial x_{i}^{k}}=\frac{\partial J}{\partial y_{i}^{k}}\frac{\partial y_{i}^{k}}{\partial x_{i}^{k}}=y_{i}^{k}(1-y_{i}^{k})\frac{\partial J}{\partial y_{i}^{k}} \tag{8-103}$$

对于输出层（m 层），$\frac{\partial J}{\partial y_i^m}=y_{di}^m-y_i^m$，故由式(8-103)，得

$$d_i^m = y_i^m(1-y_i^m)(y_{di}^m-y_i^m) \tag{8-104}$$

对于第 $m-1$ 层：

$$\frac{\partial J}{\partial y_i^{m-1}} = \sum_{p=1}^{n} \frac{\partial J}{\partial x_p^m} \frac{\partial x_p^m}{\partial y_i^{m-1}}$$

由式(8-101)，上式中的$\frac{\partial J}{\partial x_p^m}=d_p^m$。由式(8-98)，可得

$$\frac{\partial x_p^m}{\partial y_i^{m-1}} = \frac{\partial\left(\sum_{j=1}^{n}\omega_{pj}^m y_j^{m-1}-\theta_p\right)}{\partial y_i^{m-1}} = \omega_{pi}^m$$

$$\frac{\partial J}{\partial y_i^{m-1}} = \sum_{p=1}^{n} d_p^m \omega_{pi}^m$$

把上式代入式(8-103)，得

$$d_i^{m-1} = y_i^{m-1}(1-y_i^{m-1})\sum_{p=1}^{n} d_p^m \omega_{pi}^m$$

类似的，可得任意第 k 层的 d_i^k，为

$$d_i^k = y_i^k(1-y_i^k)\sum_{p} d_p^{k+1}\omega_{pi}^{k+1} \tag{8-105}$$

式(8-102)，式(8-104)和式(8-105)即构成了 BP 网络的学习规则。由式(8-105)可见，在计算 d_i^k 时，需用到 d_i^{k+1}，故网络在逼近性能指标的学习过程中，首先从输出层开始，然后逐层向前反向传播(back propagation)，这也是 BP 网络名称的由来。

在对网络进行训练时，给定一组样本，它包括开始层的输入及教师信号(期望值)，并给网络赋初值($\omega_{ij}^k(0)$)，然后计算各层输出和性能指标，如果不满足要求，则按上述学习方法反向调整各层的加权值，直到达到要求的性能指标为止。

2) 典型的反馈网络——Hopfield 网络

反馈网络是一种动态网络，它需要工作一段时间后，才能达到稳定。这种网络是 Hopfield 首先提出的，故通常称为 Hopfield 网络。它分离散的和连续的两种，图 8-21 所示为离散的 Hopfield 网络结构。由图可见，它是一单层网络，共包括 n 个神经元，每个神经元的输出均连接到其他神经元的输入。对于每个神经元，其数学模型为

$$\begin{cases} x_i = \sum_{j=1}^{n}\omega_{ij}y_j-\theta_i, \\ y_i = f(x_i), \end{cases} \quad i=1,2,\cdots,n \tag{8-106}$$

上式中，$\omega_{ii}=0$，函数 $f(x)$ 通常取如下两种形式：

$$f(x) = \begin{cases} 1, & x \geqslant 0 \\ -1, & x < 0 \end{cases}$$

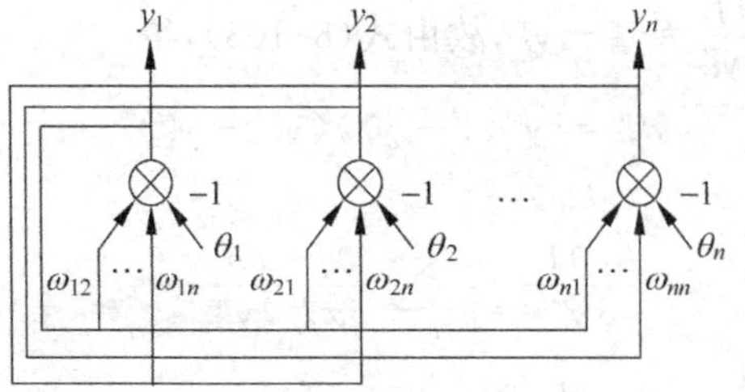

图 8-21 Hopfield 网络

或

$$f(x)=\begin{cases}1, & x\geqslant 0\\ 0, & x<0\end{cases}$$

网络的工作方式可有两种：异步方式和同步方式。对于异步方式，每次只有一个神经元进行调整计算，其他神经元状态保持不变，如式(8-107)所示；对于同步方式，所有神经元同时调整状态，如式(8-108)所示。

$$\begin{cases}y_i(k+1)=f\left(\sum_{j=1}^{n}\omega_{ij}y_j-\theta_i\right)\\ y_j(k+1)=y_j(k), \quad j\neq i\end{cases} \tag{8-107}$$

$$y_i(k+1)=f\left(\sum_{j=1}^{n}\omega_{ij}y_j-\theta_i\right), \quad i=1,2,\cdots,n \tag{8-108}$$

每个神经元取 1 和 0 或 1 和 −1 两种状态。网络的初始状态为 $y_1(0),y_2(0),\cdots,y_n(0)$，稳定状态为 $\lim\limits_{k\to\infty}y_1(k),\lim\limits_{k\to\infty}y_2(k),\cdots,\lim\limits_{k\to\infty}y_n(k)$。

将 $n\times n$ 个权值 $\omega_{ij}(i,j=1,2,\cdots,n)$ 写成矩阵 $\boldsymbol{W}$，可以证明，按异步方式调整状态时，如 $\boldsymbol{W}$ 为对称阵，则网络是稳定的，即它从任意初始状态开始，最后都能收敛到一个稳态值；按同步方式调整状态时，如 $\boldsymbol{W}$ 为非负定对称阵，则网络是稳定的。

4. 神经网络控制系统

神经网络具有学习功能，它能够适应环境的变化，自动修改网络参数，因此，为解决复杂过程的自动控制提供了一条有效的途径。

1) 神经网络控制系统的基本结构

一个基本的神经网络控制系统如图 8-22 所示。图中，若对象的输入、输出满足

$$y=f(u)$$

则控制器的设计目标是寻找控制量 u，使系统的输出 y 达到期望值 r，故 u 需满足

$$u=f^{-1}(r)$$

若 $f(u)$ 是简单的函数，可以按上式得到 u，但在一般情况下，$f(u)$ 并不清楚，或者知道

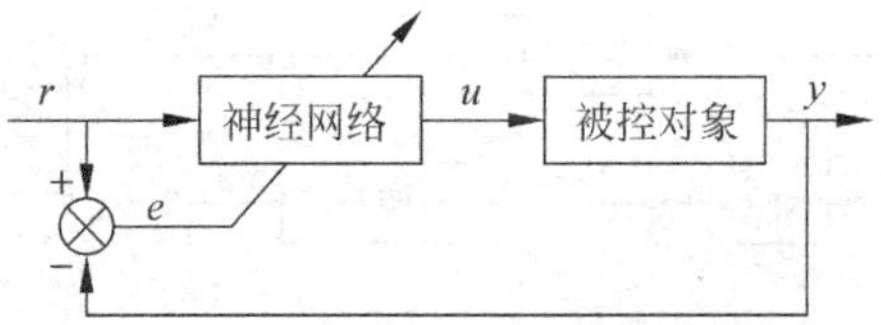

图 8-22　神经网络控制系统的基本结构

$f(u)$却难以得到其反函数，这也正是一般控制器的局限所在。如果用一个神经网络来模拟 $f^{-1}(r)$，利用它的自学习能力，总可以找到 $u=f^{-1}(r)$作为其输出。在图 8-22 中，利用偏差信号 e 来控制神经网络学习，通过调整其加权值，使 $e=0$。

2）神经网络预测控制

实际应用中，往往把神经网络同其他控制技术结合起来，以完成复杂过程的控制。将神经网络同预测控制的思想结合起来，形成神经网络预测控制，如图 8-23 所示。

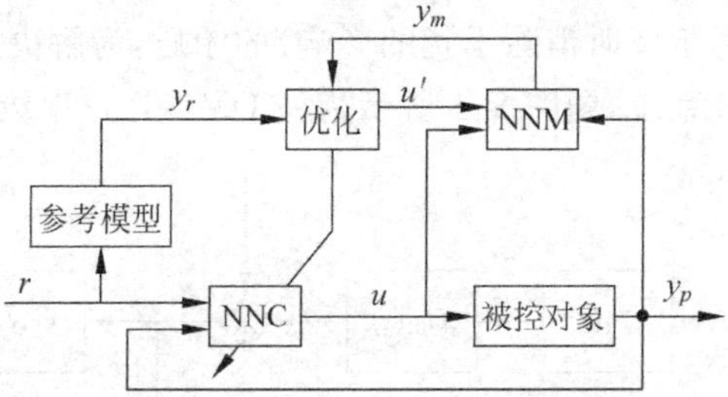

图 8-23　神经网络预测控制系统

控制系统采用了两个神经网络：NNM 和 NNC。NNM 用来实现对象预测，NNC 作为控制器。NNM 产生预测信号 y_m，优化计算选择控制量 u'，使如下的滚动优化目标函数最小：

$$J=\sum_{j=N_1}^{N_2}[y_r(t+j)-y_m(t+j)]^2+\sum_{j=1}^{N_2}\lambda_j[u'(t+j-1)-u'(t+j-2)]^2$$

式中，N_1 和 N_2 限定跟踪误差和控制增量的范围；λ_j 是控制增量的权值。按上式得到最优控制轨迹 u'后，再训练作为控制器的神经网络 NNC，使其输出 u 逼近 u'。训练结束后，由 NNC 对对象实施在线控制。

3）神经网络模型参考自适应控制

将神经网络同模型参考自适应控制结合起来，形成神经网络模型参考自适应控制，其结构如图 8-24 所示。控制系统采用两个神经网络 NNP 和 NNC，NNP 用来辨识对象的特性，它用误差信号 $e_p=y'_p-y_p$ 来训练；NNC 作为控制器，它用 $e_c=y'_p-y_m$ 来训练。

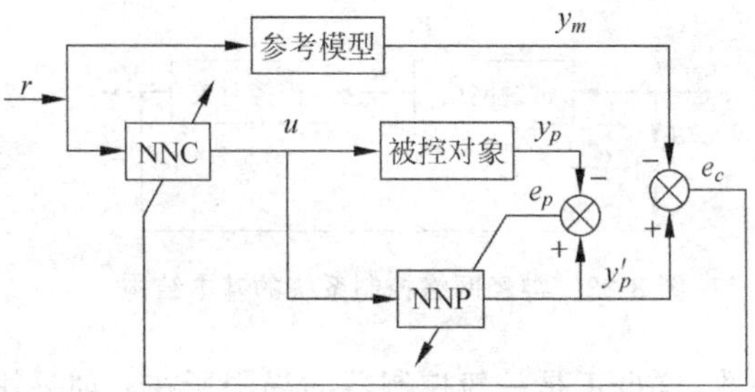

图 8-24　神经网络模型参考自适应控制系统结构

习题

8-1　预测控制在工程实施中，存在采样周期（由于计算复杂，采样周期不能太短）和抑制干扰（长采样周期不利于及时消除干扰的影响）的矛盾，为解决这一矛盾，在条件许可的情况下，可采用串级调节系统，题图 8-1 所示为一 DMC-PID 串级控制系统。

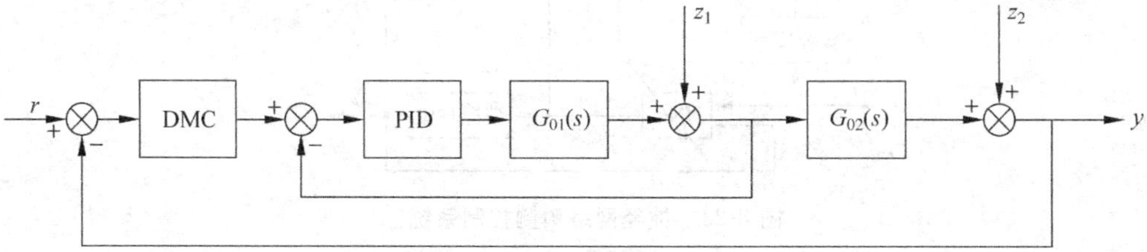

题图 8-1　DMC-PID 串级控制系统

(1) 分析系统的工作原理；

(2) 说明 DMC 控制所需阶跃响应模型的获取方法。

8-2　一对象模型如式(8-66)所示，其中，

$$A = 1 - 2q^{-1} + q^{-2}$$
$$B = 1 + q^{-1}$$
$$C = 1 + 2q^{-1} + 2q^{-2}$$

$\xi(k)$为均值为零、方差为 σ^2 且不相关的干扰噪声，求当 m 分别为 1 和 2 时定值控制系统的最小方差控制率和性能指标 $J = E\{[y(k+m)]^2\}$。

8-3　分析说明：若图 8-17 中的模糊控制器采用表 8-2 所示的模糊控制规则集，则其具有 PD 控制器的特点。

8-4　题图 8-2 所示为一自适应模糊 PI 控制系统的原理图。图中，模糊推理部分根

据偏差和偏差的变化率在线调整PID调节器的2个参数(K_P,K_I)。说明它比一般的单回路PI控制系统可以获得更优良的控制性能。

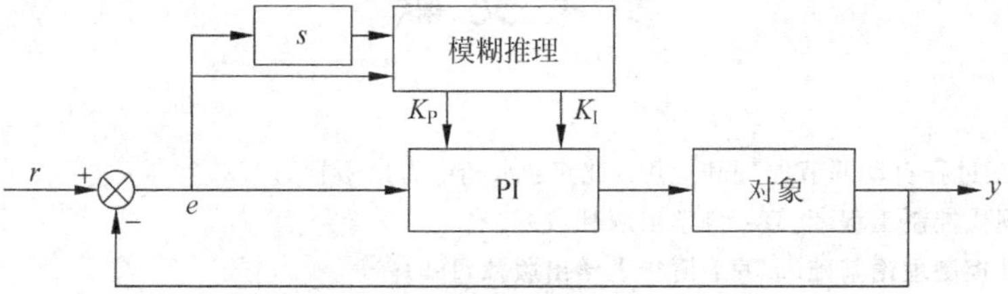

题图 8-2　自适应模糊PI控制系统

8-5　神经网络在控制系统中的主要应用之一是用来优化传统PID控制器的参数(K_P,K_I,K_D),构成自适应神经网络PID控制系统。

(1) 仿照题图 8-2,画出系统的方框图;

(2) 若神经网络采用三层BP网络,输入为 $x_1(k)=e(k)$,$x_2(k)=e(k)-e(k-1)$ 和 $x_3(k)=e(k)-2e(k-1)+e(k-2)$,输出为 K_P,K_I 和 K_D,画出网络结构图。

参 考 文 献

1 陈来九. 热工过程自动调节原理和应用. 北京：水利电力出版社,1982
2 绪方胜彦. 现代控制工程. 北京：科学出版社,1976
3 戴忠达. 自动控制理论基础. 北京：清华大学出版社,1991
4 金以慧. 过程控制. 北京：清华大学出版社,1993
5 钱学森,宋健. 工程控制论. 北京：科学出版社,1980
6 何克中,李伟. 计算机控制系统. 北京：清华大学出版社,1998
7 王锦标,方崇智. 过程计算机控制. 北京：清华大学出版社,1992
8 郑大钟. 线性系统理论. 北京：清华大学出版社,1990
9 王照林. 现代控制理论基础. 北京：国防工业出版社,1981
10 袁南儿等. 计算机新型控制策略及其应用. 北京：清华大学出版社,1998
11 孙增圻. 智能控制理论与技术. 北京：清华大学出版社. 南宁：广西科学技术出版社,1997
12 李士勇. 模糊控制·神经控制和智能控制论. 哈尔滨：哈尔滨工业大学出版社,1996
13 蔡自兴,徐光佑. 人工智能及其应用. 北京：清华大学出版社,1996
14 张曾科. 模糊数学在自动化技术中的应用. 北京：清华大学出版社,1997
15 赵振宇,徐用懋. 模糊理论和神经网络的基础与应用. 北京：清华大学出版社. 南宁：广西科学技术出版社,1996
16 楼世博,孙章,陈化成. 模糊数学. 北京：科学出版社,1987
17 顾晓栋,徐耀文. 电厂热工过程自动调节. 北京：电力工业出版社,1981
18 席裕庚. 预测控制. 北京：国防工业出版社,1993
19 中国动力工程学会. 火力发电厂设备技术手册. 第3卷. 自动控制. 北京：机械工业出版社,2000
20 华东六省一市电机工程(电力)学会. 热工自动化. 北京：中国电力出版社,2006
21 张丽香,王琦. 模拟量控制系统. 北京：中国电力出版社,2006
22 肖大雏. 控制设备及系统. 北京：中国电力出版社,2006
23 刘吉臻,白焰. 电站过程自动化. 北京：机械工业出版社,2006